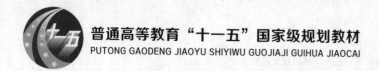

普通高等教育"十一五"国家级规划教材

PUTONG GAODENG JIAOYU SHIYIWU GUOJIAJI GUIHUA JIAOCAI

电力工程

编　著　尹克宁

主　审　杨以涵　李庚银

U0351391

中国电力出版社

CHINA ELECTRIC POWER PRESS

内 容 提 要

本书为普通高等教育"十一五"国家级规划教材。

本书全面介绍了电力系统、电力网以及发电厂和变电所电气部分的基本知识、原理及其分析方法。全书共分为七章，主要内容包括电力系统概述、电力网及其稳态分析、发电厂和变电所的一次系统、电力系统短路、电力系统稳定、发电厂和变电所的二次系统、远距离输电等。

本书主要作为高等院校电气工程及其自动化专业的本科生、研究生教材，也可作为高职高专和函授教材，还可供电力行业以及高压电气设备制造行业中的工程技术人员参考。

图书在版编目（CIP）数据

电力工程/尹克宁编著 . —北京：中国电力出版社，2008.5（2019.5 重印）

普通高等教育"十一五"国家级规划教材

ISBN 978 - 7 - 5083 - 7032 - 3

Ⅰ. 电… Ⅱ. 尹… Ⅲ. 电力工程—高等学校—教材 Ⅳ. TM7

中国版本图书馆 CIP 数据核字（2008）第 054110 号

中国电力出版社出版、发行

（北京市东城区北京站西街 19 号　100005　http://www.cepp.sgcc.com.cn）

北京雁林吉兆印刷有限公司印刷

各地新华书店经售

*

2008 年 5 月第一版　2019 年 5 月北京第九次印刷

787 毫米×1092 毫米　16 开本　24.5 印张　600 千字

定价 50.00 元

前　言

本书是根据笔者于 20 世纪 80 年代以及 2005 年先后三度出版的同名教材重新编著而成的。

原《电力工程》教材出版后，受到了广大读者的欢迎。在 20 多年中曾先后印刷了 11 次，读者遍及全国各地和各部门，并于 1992 年在全国高校优秀教材评选中荣获能源部优秀教材二等奖，2007 年被评为电力行业精品教材。同时，2006 年列为教育部"普通高等教育'十一五'国家级规划教材"，本书正是因此而重新编著的。

本书基本上保持了前几版的内容与风格，但增加了近年来在我国电力工业飞速发展中所出现的一些新技术、新设备以及可持续发展所面临的新课题（如特高压交直流输电、节能降耗、节能减排、可再生能源发电、电子式互感器等）的介绍，还针对中性点接地、无功补偿、谐波治理、直流输电、FACTS 技术、环境保护等热点课题着重进行了介绍，并删除了部分陈旧内容。此外，笔者在总结了多年以来教学经验的基础上，吸取了广大读者提出的意见和建议，对印刷错误进行了改正、对文字进行了修饰润色，并增加了较多的复习思考题与习题，以利于教学的深化。

鉴于当前很多高校的专业课学时数有所紧缩，建议在使用本教材时除最基本内容外，可根据各专业方向的特点适当选学有关章节，其余内容可留待未来工作中继续学习、参考。

为便于教师授课与学生学习，本书随后将制作相应的多媒体课件，课件中对本书中的习题将给出标准答案。

华北电力大学杨以涵教授、李庚银教授对全书进行了审核，提出了许多宝贵的意见和建议，笔者在此表示最深切的感谢。此外，本书的编写还得到了西安交通大学、中国电力出版社等相关部门的大力支持，笔者谨在此一并表示衷心的谢意。

尽管本书已历经多次出版，但由于本书涉及面广，仍将有疏漏与不妥之处，恳请读者提出宝贵意见，批评指正（E-mail：yinkn@tom.com）。

笔　者

2008 年 1 月于西安交通大学

目 录

第一章 电力系统概述

第一节 电力工业在国民经济中的地位和我国电力工业的发展

电力工业是国民经济的重要部门之一。它承担着把自然界提供的能源转换为供人们直接使用的电能，它既为现代工业、现代农业、现代科学技术和现代国防提供必不可少的动力，又和广大人民群众的日常生活有着密切的关系。电力又是工业的先行，电力工业的发展必须优先于其他的工业部门，整个国民经济才能不断前进。

据记载，世界上第一个发电厂是于1882年在美国纽约市建立的，机组容量只有30 kW。此后，随着生产和科学技术的进步，电力工业有了迅速的发展，特别是近半个世纪以来发展得更快。据统计，到1997年底为止，全世界的发电厂的总装机容量已达313300万kW，最高交流输电电压已超过1000 kV，最高直流输电电压已达到±600 kV，最远输电距离已超过1000 km。从世界各国经济发展的进程来看，国民经济每增长1%，就要求电力工业增长1.3%～1.5%。因此，一些工业发达的国家几乎是每7～10年（个别的为5～6年）装机容量就要增长1倍。

我国具有丰富的能源资源。据最新统计，我国水能资源的蕴藏量为69400万kW（其中可开发利用的约为40200万kW），居世界首位。此外，煤的资源也很丰富。这些优越的自然条件为我国电力工业的发展提供了良好的物质基础。但是，旧中国的电力工业却是非常落后的，到1949年，全国的总发电装机容量还不到200万kW。新中国成立后，在党和政府的领导下，我国的电力工业有了很大的发展。到了1979年我国的发电装机容量和年发电量已分别为1949年的21倍和65倍，特别是进入1980年后，随着改革开放的深入，我国电力工业的发展更快，到1987年全国发电装机容量突破了1亿kW，2000年4月突破了3亿kW，2004年5月底，我国总发电装机容量已突破了4亿kW大关，达到40060万kW，2005年底达到了50841万kW，2007年底已突破了7亿kW，并早已跃升到世界的第二位。电力工业的发展为我国的国民经济的高速发展做出了巨大的贡献。

不仅如此，目前我国的电力工业已进入"大电网"、"大机组"、"特高压交、直流输电"、"电网调度自动化"、"状态检修"等新技术发展的新阶段，一些世界先进的高新技术，已在我国电力系统中得到了广泛的应用。举世无双的三峡水电厂（总装机容量为1820万kW）已经在2003年投产发电，预计在2009年全部机组发电后，将进一步促使全国统一电力系统的形成。500 kV的超高压直流输电线路已遍及全国各地，并将进一步促使全国统一电力系统的形成，而750 kV的超高压交流输电线路也已建成投运。±500 kV超高压直流输电线路已投运和正建设中的共达6条以上，而且1000 kV的特高压交流输电与±800 kV的特高压直流输电线路均已在建设中。所有这些，都表明我国电力工业在技术水平上正迈向世界的前列。

但是，随着近年来我国国民经济的高速发展与人民生活用电的急剧增长，电力工业的发展仍不能满足整个社会发展的需要，未能很好地起到先行的作用，仅以2004年夏季的供电负荷高峰期为例，全国预计总共缺电 3000 万 kW 左右，有 24 个省区先后出现了拉闸限电的情况，这样的局面近年来虽已基本缓解，但仍未得到彻底的解决。

另外，由于我国人口众多，因此在按人口平均用电量方面，迄今不仅仍远远落后于一些发达国家，即使在发展中国家中也只处于中等水平，尚不及全世界平均人口用电量的一半。因而，要实现在 21 世纪初全面建设小康社会的要求，我国的电力工业必须持续地、稳步地大力发展，一方面是要大力加强电源建设，搞好"西电东送"，以确保电力先行，另一方面，要继续深化电力体制改革，实施厂网分开、竞价上网，并建立起符合社会主义市场经济法则的、规范的电力市场。

为了满足国民经济可持续发展的需求，按目前的计划，到"十一五"规划末期，全国装机将超过 8 亿 kW，到 2020 年全国装机将达到 12 亿 kW 左右，尽管这个任务是非常艰巨的，但我们坚信，在新世纪中，中国的电力工业必将持续、高速地发展，取得更加辉煌的成就。

第二节　电力系统的组成和特点

一、电力系统的形成和优越性

（一）电力系统的形成

在电力工业发展的初期，发电厂都建设在用户附近，规模很小，而且是孤立运行的。随着生产的发展和科学技术的进步，用户的用电量和发电厂的容量都在不断增大。由于电能生产是一种能量形态的转换，发电厂宜于建设在动力资源所在地，而蕴藏动力资源的地区与电能用户之间又往往隔有一定距离。例如，水能资源集中在河流落差较大的偏僻地区，热能资源则集中在盛产煤、石油、天然气的矿区；而大城市、大工业中心等用电部门则由于原材料供应、产品协作配套、运输、销售、农副产品供应等原因以及各种地理、历史条件的限制，往往与动力资源所在地相距较远，为此就必须建设升压变电所和架设高压输电线路以实现电能的远距离输送。而当电能输送到负荷中心后，又必须经过降压变电所降压，再经过配电线路，才能向各类用户供电。

随着生产的发展和用电量的增加，发电厂的数目也不断增加。这样一来，一个个发电厂再保持孤立运行的状态就没有什么好处了。当一个个地理上分散在各处、原来孤立运行的发电厂通过输电线路、变电所等相互连接形成一个"电"的整体以供给用户用电时，就逐步形成了现代的电力系统。换句话说，电力系统就是由发电厂、变电所、输配电线路直到用户等在电气上相互连接的一个整体❶，它包括了从发电、输电、配电直到用电这样一个全过程。另外，还把由输配电线路以及由它联系起来的各类变电所总称为电力网络（简称电力网），所以，电力系统也可以看作是由各类发电厂和电力网以及用户所组成的。

图 1-1 所示是现代高压电力系统单线接线图，该系统具有较大容量的水力发电厂、火力发电厂和热电厂。图中的水力发电厂由于容量较大、输电距离较远，所以把电压升高到 500 kV 后经线路送出。火力发电厂-1 的电能升压至 220 kV 后由线路送到变电所-3，并通过

---

❶ 按传统说法还有"动力系统"和"电力系统"的区别。动力系统还包括发电厂的热力部分（或核动力部分）和水力部分，而电力系统只包括从发电机起的发电厂电气部分以及变电所、线路、用户等，由于本书的重点是电气部分，故本书仅着重提出电力系统的概念。

线路与 220 kV 电力网相联系。所谓热电厂是指装有供热式汽轮发电机组的发电厂，它除了发电外，还兼向附近的工厂供热，这样可以提高热能利用的效率。由于它要兼供热，所以总是把热电厂建在用户附近，它除了用 10 kV 电压供给附近的地区用电外，还通过升压变压器与 220 kV 电力网相联系，以进行功率交换。火力发电厂-2 为建设在燃料产区的区域性火力发电厂，它所发出的电能主要通过 220 kV 线路送往负荷中心。图中由变电所-1、变电所-2 和火力发电厂-2 以及高压线路所构成的 220 kV 环形电力网是本系统的主要电力网，它是联系发电厂和用户的核心部分。

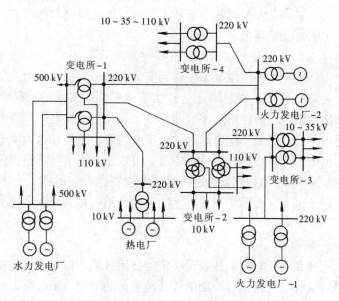

图 1-1　电力系统单线接线图

为了进一步了解电力系统的组成，就必须了解发电厂、电力网和变电所的组成、分类等情况。关于发电厂的类型及其生产过程将在第三节中介绍。这里先简单介绍一下电力网和变电所的类型。

电力网按其供电容量和供电范围的大小以及电压等级的高低可分为地方电力网、区域电力网以及超高压远距离输电网等三种类型。地方电力网是指电压不超过 110 kV、输电距离在几十千米以内的电力网，主要是城市、工矿区、农村等的配电网。区域电力网则把范围较广的地区的发电厂联系在一起，而且输电线路也较长、用户类型也较多。目前在我国，区域电力网主要是电压为 220 kV 级的电力网，基本上各省（区）都有。超高压远距离输电网主要是由电压为 330～500 kV 及以上电压的远距离输电线路所组成。它担负着将远区发电厂的功率送往负荷中心的任务，同时往往还联系几个区域电力网，以形成跨省（区）的、全国的、甚至国与国之间的联合电力系统。

下面再谈谈变电所的类型。电力网中的变电所除了有升压、降压的分类方法外，还可分为系统枢纽变电所、地区变电所、中间变电所以及终端变电所等。枢纽变电所一般都汇集多个电源和大容量联络线，且容量较大，处于联系电力系统的各部分的中枢位置，地位重要，如图 1-1 中的变电所-1 和变电所-2 都属于这种类型。中间变电所则处于发电厂和负荷中心之间，从这里可以转送或抽引一部分负荷，见图 1-1 中的变电所-3。终端变电所一般都是降压变电所，它只是负责供给局部地区的负荷而不承担转送功率，如图1-1中的变电所-4。

（二）系统联系的优越性与存在问题

实践表明，当各孤立运行的发电厂通过电力网连接起来形成并联运行的电力系统后，将在技术经济上带来很大好处，下面分别加以叙述。

1. 减少系统中的总装机容量

由于负荷特性、地理位置等的不同，电力系统中各发电厂孤立运行的最大负荷并不是同时出现的，因此系统的综合最大负荷常小于各个发电厂单独供电时的最大负荷的总和，从而相应的可减少系统中的总装机容量。

2. 合理利用动力资源，充分发挥水力发电厂的作用

如果不形成电力系统，很多能源就难以得到充分利用。例如，水力发电厂的出力决定于河流的来水情况，一年中的水流情况却是受自然条件影响而多变的，很难与电力负荷相适应，往往枯水季节出力不足，而在丰水季节却要弃水。当水力发电厂并入电力系统以后，则它的运行情况就可以与火电厂相互配合调剂。在丰水季节，可以让水力发电厂尽量多发电以减少火力发电厂的出力、节省燃料；在枯水季节，可以让水力发电厂担负尖峰负荷，火力发电厂则担负固定的基本负荷。这样既充分利用了水能资源，又提高了火力发电厂的运行效率，降低了煤耗。至于风力、太阳能等可再生能源的利用，都只有依靠电力系统才得以发挥其最大效益。

3. 提高供电的可靠性

通常，孤立运行的发电厂必须单独装设一定的备用容量，以防止机组检修或事故时中断对用户的供电。但当联成电力系统后，则随着系统容量的增大，不仅可以减少备用机组的台数与容量，提高设备的利用率，而且不同发电厂之间在电厂或线路故障时还可以相互支援，因而也提高了供电可靠性。

4. 提高运行的经济性

除了前述可以充分利用动力资源特别是可再生的能源资源外，在电力系统中还可以通过在各发电厂之间合理地分配负荷，使得整个系统的电能成本降低。另外，随着系统容量的增大，则有可能采用单台容量较大的大型发电机组，从而降低了单位千瓦的设备投资和运行损耗以及煤耗。以上这些因素都提高了系统运行的经济性。

从上述可知，随着系统联系的扩大，显著地提高了运行的可靠性与经济性。因此，不妨把电力事业的发展史就看成是电力系统不断扩展与增强联系的历史。但是，随着电力系统的日益壮大、联系的日益增强，由于一处发生故障而波及其他广大地区的情况也极易发生。这种事故波及现象可以说是连成系统后所带来的问题。近数十年，世界上发生的著名大停电事故都是由于事故波及所致。另外，系统短路容量也将随着系统容量的增大而不断增加，甚至达到设备所不能容许的程度。因此，如果不采用有效的措施，系统联系的增强将是有限度的。换句话说，并不是在所有场合下都是系统规模越大就越好，而是应当区别不同情况以适当的方式、按照适当的程度来实现系统的联系才是最重要的。

二、电力系统的特点以及对电力系统的要求

（一）电力系统的特点

由于电能生产本身所固有的特点以及联成电力系统后所出现的问题，决定了电力系统与

其他工业部分有着许多不同特点，其中主要有以下几点。

（1）电能不易储藏。由于电能生产是一种能量形态的转换，从而要求生产与消费同时完成。迄今为止尽管人们对电能的储存进行了大量的研究，并在一些新的储藏电能方式上（如超导储能、燃料电池储能等）取得了一定突破性的进展，但是仍未能解决经济而高效率的大容量储能问题。因此电能难于储存，可以说是电能生产的最大特点。

从电能难于储存的这个特点出发，在运行时就要求经常保持电源和负荷之间的功率平衡；在规划设计与电源建设时则要求确保电力先行，否则其他工厂即使建成也因缺电而无法投产。再者，由于发电和用电同时实现，还使得电力系统的各个环节之间具有十分紧密的相互依赖关系。不论变换能量的原动机或发电机，或输送、分配电能的变压器、输配电线路以及用电设备等，只要其中的任何一个元件故障，都将影响到电力系统的正常工作。

（2）电能生产与国民经济各部门和人民生活有着极为密切的关系。现代工业、农业、交通运输业等都广泛用电作为动力来进行生产，可以把电力系统视为各工业企业共同的"动力车间"。此外，在人民的日常生活中还广泛使用着各种家用电器。随着现代化的进展，各部门中电气化的程度将愈来愈高。尤其是随着信息化社会的发展，各个部门对电力的依赖程度都非常高。因而，电能供应的中断或不足，不仅将直接影响国防与工农业生产、交通，造成人民生活紊乱，在某些情况下甚至会酿成极其严重的社会性灾难。历史上一些大停电事故的教训，都证实了这一点。

（3）暂态过程十分短暂。由于电是以光速传播的，所以运行情况发生变化所引起的电磁方面和机电方面的暂态过程都是十分迅速的。电力系统中的正常操作（如变压器、输电线路的投入运行或切除）是在极短时间内完成的；用户的电力设备（如电动机、电热设备等）的启停或负荷增减也是很快的；电力系统中出现的故障（如短路故障、发电机失去稳定等）及其发展进程都是极其短暂的，往往只用微秒（μs）、毫秒（ms）甚至纳秒（ns）来计量时间。因此，不论是正常运行时所进行的调整和切换等操作，还是故障时为切除故障或为把故障限制在一定范围内以迅速恢复供电所进行的一系列操作，仅仅依靠人工操作是不能达到满意的效果的，甚至是不可能的，必须采用先进的信息控制技术和各种自动装置来迅速而准确地完成各项调整和操作任务。电力系统的这个特点给运行、操作带来了许多复杂的课题。

（4）电力系统的地区性特点较强。由于各个电力系统的电源结构与其资源分布情况和特点有关，而负荷结构却与工业布局、城市规划、电气化水平、人均用电量等有关，至于输电线路的电压等级、线路配置等则与电源负荷间的距离、负荷的集中程度等有关，因而各个电力系统的组成情况将不尽相同，甚至可能很不一样。例如：有的系统是以水力发电厂为主，而有的系统则是以火力发电厂或核能发电厂为主（或完全没有水力发电厂）；有的系统电源与负荷距离近、联系紧密，而有的系统却正好相反，等等。因而，在系统规划设计与运行管理时，必须针对系统特点从实际出发来进行，如果盲目地搬用其他系统或国外系统的一些经验而不加以具体分析，则必将违反客观规律，酿成错误。

（二）对电力系统的要求

从电力系统上述特点出发，根据电力工业在国民经济中的地位和作用，决定了对电力系统有下列基本要求。

（1）最大限度地满足用户的用电需要，为国民经济的各个部门提供充足的电力。为此，首先应按照电力先行的原则做好电力系统的规划设计，认真搞好电力建设，以确保电力工业的建设优先于其他的工业部门。其次还要加强现有设备的维护，以充分发挥潜力，确保电力工业得以优先发展。

（2）保证供电的可靠性。这是电力系统运行中的一项极为重要的任务。运行经验表明，电力系统中的整体性事故往往是由于局部性事故扩大而造成的。所以为保证供电的可靠性：首先要保证系统各元件的工作可靠性，这就需要搞好设备的正常运行维护和定期的检修试验；其次要提高运行水平，防止误操作的发生，在事故发生后应及时采取措施以防止事故扩大。

应当指出，要绝对防止事故的发生是不可能的，而各种用户对供电可靠性的要求也是不一样的。因此，必须根据实际情况区别对待那些不同类型的用户。对于某些重要用户（如某些矿井，连续生产的化工厂、钢铁厂，市政中心和交通枢纽，军事设施，医院等），停电将会带来人身危险、设备损坏和产生大量废品以及社会生活混乱等严重后果时，则在任何情况下都必须确保供电不致发生中断。而对于一些次要用户，则可以容许不同程度的短时停电。

（3）保证电能的良好质量。这主要是指维持电压和频率以及波形偏差不超出一定的范围，具体详见本章第四节。

（4）保证电力系统运行的经济性。这要致力于使电能在生产、输送和分配过程中效率高、损耗小、能效高，以期最大限度地降低电能成本，并实现节能减排。电能成本的降低不仅意味着能源的节省，还将影响到各用电部门成本的降低，因而给整个国民经济所带来的好处是很大的。

把上述各点归纳起来可知：保证对用户不间断地供给充足、优质而又价廉的电能，这就是电力系统的基本任务。

第三节　发电厂的类型及其生产过程简介

众所周知，电能是由一次能源转换而得的，所以发电厂的类型一般根据一次能源来分类。以往，电力系统中主要是水力发电厂和火力发电厂，从 20 世纪 60 年代以来，核能发电厂的建设逐年增加，在一些国家的电力系统中已占据有很大的比重。另外，根据节能减排的要求，目前我国正大力开发可再生能源（如风力、太阳能等）发电。下面将主要介绍这几类发电厂的简况。但是，考虑到能源资源对电能生产的重大影响，首先需要对一次能源资源的有关情况作一个简要介绍。

一、一次能源与电力生产

一次能源，可以说与粮食和水一样，是人类赖以生存以及支撑现代社会文明的主要物质基础之一。从原始社会起，人类就是通过消耗能量而生活，并进行各种社会活动的，目前世界上可以利用的一次能源资源主要为化石能源（煤、石油、天然气）、可再生能源（水能、风能、太阳能等）以及核能源等，电能主要通过这些一次性能源转换而生产出来。能源形态与电能生产的相互关系，可简略地用图 1-2 表示。

由于电能可以很容易转变为其他能量形态（如机械能、热能、光能、化学能等），其转换过程中的损耗极小，电能还可以高效率地实现远距离的大容量输送。所有这些优点，都使电能在整个社会的能源消耗中所占比重愈来愈大，尤其是随着家用电器的普及与信息技术的发展其作用日益突出，今后人类对电能的需要将与日俱增。

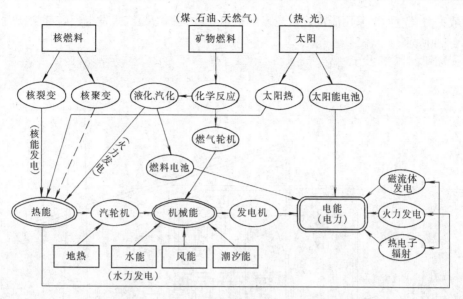

图 1-2　能源形态与电能生产的相互关系

　　但是，地球上的一次能源资源的储存量是有限的，如不注意节约与合理使用，必有一天人类将面临能源枯竭的危险。因此，在 21 世纪中，对节约能源与开发新能源特别是对可再生能源利用的研究，将是人类社会的可持续发展所面临的一项重大的课题。

二、火力发电厂

　　火力发电厂是以煤、石油、天然气等作为燃料，燃料燃烧时的化学能被转换为热能，再借助汽轮机等热力机械将热能转换为机械能，并由汽轮机带动发电机将机械能变为电能。迄今为止，在世界上的绝大多数国家中，火力发电厂在系统中所占的比重都是较大的，据统计，全世界发电厂的总装机容量中，火力发电厂占了 70％以上。迄今，我国的发电厂总装机容量中，火电厂占 75％以上。

　　火力发电厂所用燃料种类较多。煤既是基础能源资源，优质煤还是冶金、化工等部门所必需的，我国目前的方针是尽量利用低质煤来发电。在世界上其他一些国家，由于燃料供求关系等原因，也有不少火力发电厂主要是用石油或天然气作燃料的。我国的煤矿资源极其丰富，根据我国的能源政策，在相当一段时期内，火力发电厂的燃料将主要用煤。但是，用燃煤来发电，不仅需要的燃煤量大，而且排出的烟尘（主要是具有温室效应的 CO_2 气体以及 SO_2 气体）等废弃物都极易污染环境，而按环保部门的要求，对这些废弃物进行处理则是一项繁重的任务。相对而言，用石油及天然气发电，在环保方面的问题就要少一些。

　　火力发电厂按其作用来分有单纯发电的和既发电同时又兼供热的这样两种类型，前者即指一般的火力发电厂，后者称为兼供热式火力发电厂（或称热电厂）。一般火力发电厂应尽量建设在燃料基地或矿区附近，将发出的电用高压线路送往负荷中心，这样既避免了燃料的长途运输、提高了能量输送的效益（燃料中的灰分、杂质可就地处理而不必为此耗费运力），而且还防止了对大城市周围地区的环境污染。通常把这种火力发电厂称为"矿口火力发电厂"，这是我国建设大型火力发电厂（特别是烧劣质煤的火力发电厂）的主要方向。热电厂的建设是为了提高热能的利用效率，它由于要兼供热，所以必须建在大城市或工业区附近。

一般火力发电厂多采用凝汽式汽轮发电机组，故又称为凝汽式发电厂，其生产过程示意图如图1-3所示。

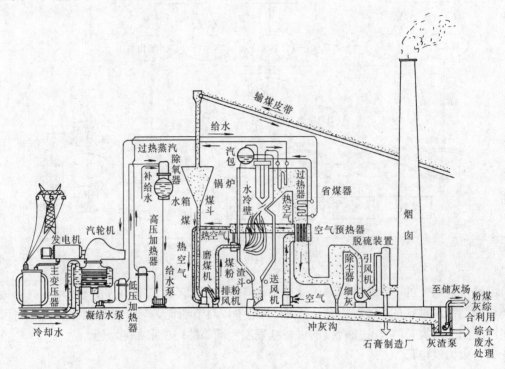

图1-3　凝汽式发电厂生产过程示意图

煤先由输煤皮带运送到锅炉房的煤斗中，再由煤斗进入磨煤机被磨成煤粉，在热空气的输送下，经喷燃器送入燃烧室内燃烧。助燃空气由送风机先送入空气预热器加热为热空气，其中一部分热空气进入磨煤机以干燥和输送煤粉，另一部分热空气则进入燃烧室助燃。在燃烧室内燃料燃烧并放出热量，其热量的一部分将传给燃烧室四周的水冷壁，并在流过水平烟道内的过热器及尾部烟道内的省煤器、空气预热器时，继续把热量传给蒸汽、水和空气；而被冷却后的烟气则经除尘器除去飞灰，由引风机从烟囱排入大气。另外，通常用水把由锅炉下部排出的灰渣和由除尘器下部排出的细灰冲到灰渣泵房，再经灰渣泵排往储灰场。

在水冷壁中产生的蒸汽在流经过热器时进一步吸收烟气的热量而变为过热蒸汽，然后通过主蒸汽管道被送入汽轮机。进入汽轮机的蒸汽，膨胀做功推动汽轮机的转子旋转，将热能变为机械能。汽轮机带动发电机旋转，将机械能再变为电能。在汽轮机内做功后的排汽将进入凝汽器内放出汽化热而凝结为水，凝结水再由凝结水泵经由低压加热器加热送入除氧器。除氧后的水由给水泵打入高压加热器加热，进一步提高温度后送入锅炉，不断地重复上述过程以连续生产出电能。

将汽轮机的排汽冷凝为水是由循环水泵把冷却水送入凝汽器来实现的。冷却水经循环水泵打入凝汽器的循环水管中，在吸收了蒸汽的热量后，经排水管排出，从而将热量带走。通常，由于循环水系统带走很大一部分热能，因此一般凝汽式发电厂的热效率是不高的，目前比较先进的指标也只能达到37%～40%，很少有超过40%的。

为了提高这种发电厂的热效率，人们自然想到能否尽量减少被循环水所带走的热能，而把做过功的蒸汽中所含的热能也充分利用起来，这就是发展供热式发电厂的原因。供热式发电厂与凝汽式发电厂的不同的地方，只是在汽轮机的中段抽出了供热能用户的蒸汽，而这些蒸汽实际上已经在汽轮机中做了一部分功，再把这些蒸汽引到一个给水加热器去加热供用户的热水，或把蒸汽直接送给热力用户。这样一来，进入凝汽器内的蒸汽量就大大减少了，于是循环水所带走的热量消耗也就相应的减少，从而提高了热效率。据报道，现代化大型供热电厂的热效率可达 60% 以上，从供电和供热的全局来看，可节约燃料 20%～25%。由于供热网络不能太长，所以供热式发电厂总是建设在热力用户附近。此外，为了使供热式发电厂维持较高的热效率，当需要热量多时，发电厂必须相应多发电；需要热量少时，则应减少发电出力。因而，这类发电厂在电力系统中的运行方式远不如凝汽式发电厂灵活。

另外，火力发电机组退出运行与再度投入运行，不仅要消耗启动能量，而且要花费不少时间。以 5 万 kW 的小型机组为例，由冷状态启动到带满负荷要 6 h，热状态启动也要 4.5 h。因此火力发电机组不适于频繁地启动、停止，使它在系统中适应运行方式突然变化的能力受到一定限制。

为了提高热效率，目前火力发电厂均向高温（530 ℃ 以上）、高压（8.83～23.54 MPa）的大容量机组（600 MW 以上）以及超临界参数机组方向发展。目前世界上最大的火力发电机组容量已达 1300 MW。

近年来我国在一些经济发达地区，还发展了用燃气轮机发电的火力发电厂，燃气轮机是燃烧天然气等燃料的一种热力发电机组。燃气轮机的起动速度快，既可作为调峰电源承担日负荷曲线的尖峰负荷，又可作为系统事故或容量不足时的紧急备用机组，或作为系统中的移动电源使用。总之，它的使用增强了系统电源的运行灵活性和可靠性。另外，近年来还推广了燃气—蒸汽联合循环的运行方式，它可进一步提高火力发电厂的热效率。

三、水力发电厂

水力发电厂是利用河流所蕴藏的水能资源来发电，水能资源是最干净、价廉的可再生能源。

水力发电厂（简称水电厂）的发电出力（容量）可估算为

$$P_{sf} = 9.81QH\eta \qquad\qquad (1-1)$$

式中　P_{sf}——水电厂可能的发电出力（容量），kW；

　　Q——用于发电的河川流量，m^3/s；

　　H——水电厂上、下游的水位差（又称落差），m；

　　η——水轮发电机组的效率。

通常，水轮机及发电机组的综合效率值 η 一般为 0.85 左右，因而式（1-1）可以进一步简化为

$$P_{sf} = (8～8.5)QH \qquad\qquad (1-2)$$

水力发电厂可能的发电出力（容量）的大小决定于上下游的水位差（简称水头）和流量的大小，可用式（1-1）和式（1-2）估算。因此，水力发电厂往往需要修建拦河大坝等水工建筑物以形成集中的水位差，并依靠大坝形成具有一定容积的水库以调节河川流量。根据地形、地质、水能资源特点等的不同，水力发电厂的形式是多种多样的，例如有坝后式、河床式、引水式、地下式、坝内式等。

由式（1-1）、式（1-2）可知，水力发电厂的生产过程要比火力发电厂简单。下面以坝

后式水电厂为例来进行介绍，如图1-4所示。由拦河坝维持在高水位的水，经压力水管进入螺旋形蜗壳推动水轮机转子旋转，将水能变为机械能，水轮机转子再带动发电机转子旋转，使机械能变成了电能。而做功后的水则经过尾水管排往下游。发电机发出的电则经变压器升压后由高压输电线路送入系统。由于水力发电厂的生产过程较简单，故它所需的运行维护人员较少，且易于实现全盘自动化。再加之水力发电厂不消耗燃料，所以它的电能成本要比火力发电厂低得多。此外，水力发电机组的效率较高、承受变动负荷的性能较好，故在系统中的运行方式较为灵活；水力发电机组起动迅速，在事故时能有力地发挥其后备作用。再者，随着水力发电厂的兴建往往还可以同时解决发电、防洪、灌溉、航运等多方面的问题，从而实现河流的综合利用，使国民经济取得更大的效益。水力发电厂的另一个优点是不像火力发电厂、核能发电厂那样存在环境污染问题。而且，水能资源是属于可再生利用的清洁能源，这种发电方式对节能减排有利。但是，由于水力发电厂需要建设大量的水工建筑物，所以相对于火力发电厂来说，建设投资较大，工期较长，特别是水库还将淹没一部分土地，带来淹没损失，从而给农业生产带来一定不利影响，并存在库区移民安置等难题。加之水力发电厂的运行方式还受气象、水文等条件的影响有丰水期、枯水期之别，发电出力不如火电厂稳定，也给电力系统的运行带来一定不利因素。更不可忽视的是，随着大型水电工程的兴建，还在一定程度上破坏了自然界的生态平衡，并有可能破坏生态环境，造成更加深远的影响，所有这些都是水力发电厂存在的问题。

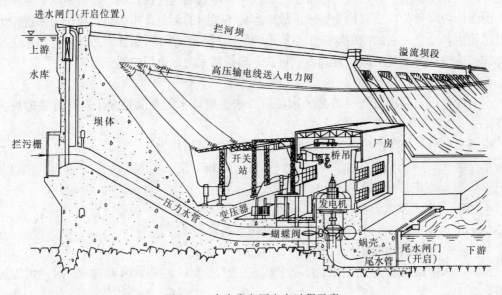

图1-4   水力发电厂生产过程示意

如前所述，我国具有极其丰富的水能资源，尽管近年来，已建成并投运了不少大中型水力发电厂，举世无双的三峡水电厂也已于2003年发电。但迄今我国水力资源的开发率仅为25%左右，仍有大量的水力资源有待开发。反之，世界上一些工业发达国家的水能资源却基本上开发殆尽。据规划，今后准备在金沙江、长江以及黄河上游、大渡河、澜沧江、雅砻江等河流上将建设许多个大型水力发电基地，并以这些基地为中心，依靠超高压交直流输电线路建立起若干个跨省的现代化大电力网。迄今，我国水电总装机容量已突破1亿kW，位居世界第一位，约占全国总装机容量的 1/4。预期到 2020 年，我国的水力发电厂的总装机容量将达到 3 亿 kW。

最后，再介绍一下另一种类型的水力发电厂，即抽水蓄能式水电厂。建设这种水力发电厂的想法，主要是在一些尖峰负荷很大但又缺乏水能资源的地区，建设一个"人工的"水力发电厂。世界上一些发达的国家中，早在半个世纪前，就已经有了这样的水力发电厂。

抽水蓄能式水电厂的工作原理可示意于图 1-5。它主要由人工开挖的上部储水池与下部储水池所组成，下池与上池之间有水位差 H 存在，水电厂位于下池，在这种水电厂内安装有既可作水泵又可作水轮机的双向水轮发电机组。它可以在电力系统需电量较少（例如深夜）时，利用电力系统的多余电能作为动力，将下池的存水抽到上池（这时水轮发电机组按电动机—水泵方式运行），再到电力系统需电量较多时（如尖峰负荷时期），将上池的水放入下池，机组按水轮机—发电机方式运行，从而向系统供给电力。

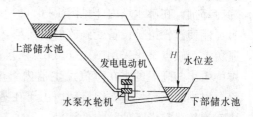

图 1-5　抽水蓄能式水电厂的工作原理示意图

这种水电厂通常在电力系统中可以发挥如下作用。

（1）调峰填谷：可使系统中的大型火力发电厂及核能发电厂的机组保持在高效率稳定的负荷下运行，从而提高整个系统运行的经济性；尽管抽水蓄能式水电厂在能量相互转换中要消耗一部分电能，但从整个系统来看，"得"还是大于"失"的。

（2）调频：由于水轮发电机组起停快，能适应负荷急剧增长或下降的变化，从而可保证电力系统电压和频率的稳定性。当频率过高时，抽水蓄能机组便作为用户抽水；反之，出现低频率时，便用于发电。

（3）调相：一般抽水蓄能式水电厂都选在负荷中心附近或靠近抽水电源附近。因而，当水电厂既不抽水又不发电时，可将机组作为调相机运行，以担任系统无功电源及调节电压。

（4）事故备用：当电力系统中某些电厂或机组发生事故时，抽水蓄能式水电厂能迅速灵活地投入系统，提供事故备用电源。

我国早在 20 世纪 80 年代前后已在北京、华东、广东等电力网中建设了大型抽水蓄能式水电厂，预期在一些经济发达地区或缺乏水电的系统，今后还将建设一批抽水蓄能式水电厂。在"十一五"规划期间，全国将有 10 余座抽水蓄能式水电厂建成投产，总装机达 1000 万 kW 以上。

四、核能发电厂

核能的利用是近代科学技术的一项重大成就。它为人类提供了一种新的巨大的能源。由于煤、石油等燃料资源的储存量有限，加之一些国家的水能资源已开发殆尽，故从 20 世纪 50 年代起一些国家就转向于研究核能发电。从 1954 年世界上第一个核能发电厂建成迄今，全世界已有几十个国家先后建成了数量众多的核能发电厂。目前，从全世界看，核能发电厂的装机容量已占总发电装机容量的 16% 以上，个别国家的核能发电厂容量甚至达到了总发电装机容量的 50% 以上。多年来，一些资源贫乏的发达国家由于受到"能源危机"的冲击，迫使他们不得不走核能发电的道路，这是促使核能发电迅速发展的主要原因。

核能发电的基本原理是：核燃料在反应堆内发生可控核裂变，即所谓链式反应，释放出大量热能，由冷却剂（水或气体）带出，在蒸汽发生器中将水加热为蒸汽，然后同一般火力发电厂一样，用蒸汽推动汽轮机，再带动发电机发电。冷却剂在把热量传给水后，又被泵打回反应堆里去吸热，这样反复使用就可以不断地把核裂变释放的热能引导出来。核能发电厂与火力发电厂在构成上的最主要区别是，前者用核—蒸汽发电系统（核反应堆、蒸汽发生器、泵和管道等）来代替后者的蒸汽锅炉。所以核能发电厂中的反应堆又被称为原子锅炉。

根据核反应堆的形式不同，核能发电厂可分为好几种类型。图 1-6 所示为目前使用较广的轻水堆型（包括沸水堆和压水堆）核能发电厂的生产过程示意图。这种反应堆是用水作为冷却剂。在沸水堆内［见图 1-6（a）］，水被直接变成蒸汽，它的系统构成较为简单，但有可能使汽轮机等设备受到放射性污染，以致使这些设备的运行、维护和检修复杂化。为了避免这个缺点，可采用图 1-6（b）所示的压水堆。这时，增设了一个蒸汽发生器，从反应堆中引出的高温的水在蒸汽发生器内将热量传给另一个独立回路的水，使之加热成高温蒸汽，以推动汽轮发电机组旋转。由于在蒸汽发生器内两个回路是完全隔离的，所以就不会造成对汽轮机等设备的放射性污染。

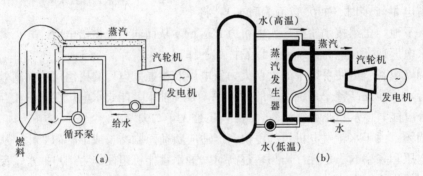

图 1-6　轻水堆型核能发电厂生产过程示意图
（a）沸水堆型反应堆；（b）压水堆型反应堆

核能发电厂的其他设备基本上与一般火力发电厂相同。

核能发电厂的主要优点之一是可以大量节省煤、石油等燃料。例如，1 kg 的铀裂变所产生的热量，相当于 2700 t 标准煤燃烧产生的热量。具体而言，一座容量为 50 万 kW 的火力发电厂每年至少要烧掉 150 万 t 煤，而同容量的核能发电厂每年只要消耗 600 kg 铀燃料就够了，从而可避免大量的燃料运输。核能发电厂的另一个特点是燃烧时不需要空气助燃，所以核能发电厂可以建设在地下、山洞里、水下或空气稀薄的高原地区。此外，从发电厂的建设投资和发电成本来看，核能发电厂的造价虽较火力发电厂的要高，但发电成本比火力发电厂的要低 30%～50%，它的规模愈大，单位千瓦投资费用下降愈多。另外，核能发电厂适宜于担任电力系统的基本负荷，这样可以保证运行时的效率最高。此外，核能发电厂的另一个主要优点是较之一般燃煤电厂而言，它的 CO_2 等温室气体的排放量要低得多，从而对节能减排有利。目前也有一种提法是"核电是清洁能源"。

核能发电厂的主要问题是对放射性泄漏污染的担心。以往尽管在发电厂建设时采取了相应的措施，但放射性污染事故仍有发生。随着技术的进步，目前在技术上已能够较好地解决污染的防护问题以及放射性废弃物的处理问题。虽然世界上对核能发电厂的建设（主要是其安全性）还存在着争论，但是在"能源危机"的冲击之下，对一些国家来说，别无其他选择，唯有继续执行建设核能发电厂的计划。

在我国，核能发电厂的建设起步较晚。迄今，在全世界的总发电容量中，核能发电厂占了约16%，而我国核电仅占1.6%，可见今后核电的增长潜力巨大。目前除自主建成的秦山核电厂之外，还有容量更大的与国外合作建设的大亚湾、岭澳等核能发电厂。在"十一五"规划期间已有一批大型核能发电厂正在兴建中，这些核电厂采用了先进的第三代核电技术。应当指出的是，由于我国的能量资源在地区上分布极不均匀，总的能源资源紧缺，今后在一些经济发达地区，预期还将建设一批大型核能发电厂。据规划，到2020年中国的核电装机容量将达到4000万kW，约占当时全国装机容量的4%。

五、可再生能源发电与分布式发电

就全世界范围而言，现今正面临着能源资源日益紧缺与温室效应气体排放不断增加所导致的气候变暖这二者的严峻的挑战，对于国民经济不断高速发展中的我国，同样面临着"节能减排"的急迫形势。为了保证国民经济的可持续发展，中央提出了"建设资源节约型、环境友好型社会"的号召，为此，政府当前十分重视清洁的、可再生能源的利用。

一般而言，可再生利用的能源主要是指水能、风能和太阳能。这种能源又是清洁能源，对环保十分有利。关于水能，在水力发电厂一节中已有过介绍，这里不再重复。下面仅就风力发电与太阳能发电作一简单介绍。

（一）风力发电

在可再生能源中，以风力发电最受重视，近年来，风电在世界范围内一直保持快速发展的势头。截至2005年底，全世界风电装机容量达6万MW，预计下一个20年内将继续保持这种增长势头，到2020年风电将达到世界电力总量的12%。我国的风能资源非常丰富，西北、华北、东北和东南沿海地区都具备建设大型风电场的潜力。由于政府大力提倡发展可再生能源，并制定了发展可再生能源的倾斜政策，我国风电正在进入大规模发展阶段。

风力发电有离网型和并网型两种类型。离网型风力发电规模较小，通过蓄电池等储能装置或者与其他能源发电技术相结合（如风力—太阳能互补运行系统、风力—柴油机组联合供电系统等），可以解决偏远地区的供电问题。并网型风力发电是大规模开发风电的主要形式，容量为几兆瓦到几百兆瓦，由几十台甚至上百台风电机组构成。并网型的风电场可以得到大电力网的补偿和支撑，可以更充分地开发可利用的风能资源，这是近几年来国内外风力发电发展的主要方向。

并网型的风力发电系统又可以分为恒速恒频风力发电系统和变速恒频风力发电系统两种。

恒速恒频风力发电系统的基本结构如图1-7所示。自然风吹动风力机转动，并把风能转化为机械能，再经齿轮箱升速后驱动异步发电机将机械能转化为电能。目前国内外普遍使用的是水平轴、上风向、定桨距（或变桨距）风力机，其有效风速范围为3～30 m/s，额定风速一般设计为8～15 m/s，额定转速为20～30 r/min。恒速恒频风力发电机组具有结构简单、成本低、过负荷能力强以及运行可靠性高等优点，是目前主要的风力发电设备。

变速恒频风力发电系统的发展主要依赖于大容量电力电子技术的成果，从结构和运行方面可分为直接驱动的同步发电机系统和双馈感应发电机系统。在直接驱动的同步发电机系统中，风力机直接与发

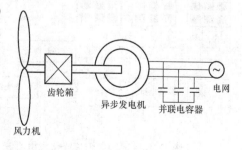

图1-7 恒速恒频风力发电系统

电机相连，不需要经过齿轮箱升速，发电机输出电压的频率随转速变化，通过交—直—或者交—交变频器与电力网相连，在电力网侧得到频率恒定的电压，如图1-8所示。双馈感应发电机系统的基本结构如图1-9所示。其定子绕组直接接入电力网，转子采用三相对称绕组，经背靠背的双向电压源变频器与电力网相连接，以给发电机提供交流励磁。发电机既可亚同步运行，又可超同步运行，变速范围宽。

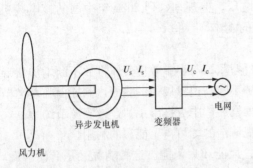

图1-8　直接驱动的同步发电机系统　　　　图1-9　双馈感应发电机系统

　　变速恒频风力发电机组实现了发电机转速和电力网频率的柔性连接，从而减少了风力发电和电力网之间的相互影响，但它的结构复杂、成本高、技术难度大，至今仍不是风力发电设备的主流。随着电力电子技术的发展，变速恒频风力发电技术将进一步成熟，特别是双馈感应发电机系统，不仅改善了风力发电机组的运行性能，还大大降低了变频器的容量，将会成为今后主要的风力发电设备。

　　（二）太阳能发电

　　太阳一年投射到地面上的能量高达 1.05×10^{18} kW·h，相当于 1.3×10^6 亿 t 标准煤，我国每年接受的太阳辐射能相当于 2.4×10^4 亿 t 标准煤，可以说太阳能是"取之不尽，用之不竭"的能源。利用太阳能的转换方式有光—热转换、光—电转换以及光—化学转换三种。其中太阳能的光—电转换分为直接转换和间接转换。直接转换就是将太阳辐射能直接转换为电能，有两种转换形式。一种是通过太阳能电池直接将太阳辐射能转换为电能，即光伏发电；另一种是利用太阳能的热能直接发电，目前有利用半导体材料的温差发电、真空器件中的热电子和热离子发电以及磁流体发电等。间接发电主要是太阳能热动力发电。它的工作原理是首先将太阳能转换为热能，然后利用热能驱动热机循环发电。热动力发电站技术虽然已经达到了实际应用水平，但从技术经济效益看，还存在不少问题。下面主要介绍目前实用较多的太阳能发电，即光伏发电。

　　太阳能电池是利用半导体 PN 结的光伏效应将太阳能直接转换成电能的器件。单个太阳能电池不能作为电源使用，而要用若干片电池组成的电池阵进行发电。太阳能光伏发电系统由太阳能电池阵、蓄电池、逆变器、负荷以及控制器等组成，如图1-10所示。

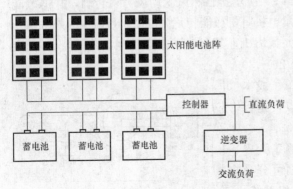

图1-10　离网太阳能光伏发电系统

太阳能电池阵分为平板式和聚光式两种。其中平板式结构简单，只需要有一定数量的单体电池经过适当的连接即可，多用于固定场合。聚光式则相对复杂，需要安装聚光镜，以增强照射到电池表面的光强度，可以比相同功率的平板式电池阵的面积更小，成本较低。但是此类电池阵一般需要附带向日跟踪装置，增加了转动部件，可靠性降低。

由于日夜、天气的阴晴和季节的变化，太阳的日照并不稳定，因此光伏发电需要蓄电池储能，以保证夜间或某个时间的用电。并且因为太阳能电池产生的是直流电，而普通用电设备大多要用交流电，因此需要逆变器将直流电转换为交流电供给交流负载使用。

光伏发电也有离网和并网两种。离网光伏发电系统（见图 1-10）大多用于偏远的无电地区，而且以户用及村庄用的小型用户居多。并网光伏发电不需要配备蓄电池，逆变器的输出通过分电盘分别与本地负荷和电力网相连。当光伏发电功率大于本地负荷时，电力一部分供给本地负荷使用，剩余的流向电力网；当光伏发电功率小于本地负荷时，电力不足部分由电力网提供。这样，当在夜晚或者阴雨天气时，太阳能电池基本上不发电，此时本地负荷用电则完全来自于电力网；在夏季用电高峰时，正好太阳辐射最强，光伏发电系统输出功率最大，对电力网还可以起到调峰作用。

与大型并网光伏发电系统相比，并网屋顶太阳能光伏发电系统（见图 1-11）由于将太阳能电池安装在屋顶及外墙上，易于普及，不占用土地资源，适合于一家一户使用，非常适应太阳能能量密度较低的特点，且不需要长距离输送，节省了输配电设备，减少了电力网损耗，其灵活性和经济性都远远优于大型并网光伏发电系统，因而受到了广泛重视。德国、美国、日本等国政府先后推行了屋顶光伏并网发电计划，光伏发电技术得到了快速发展，预计到 2010 年，仅美国、日本和欧盟的光伏发电系统的总容量将达 11 GW。

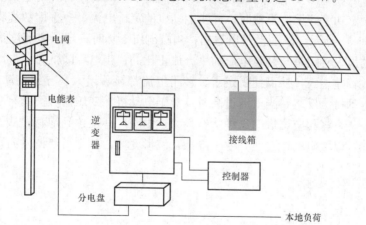

图 1-11 并网屋顶太阳能光伏发电系统示意图

虽然太阳能发电有间歇性、能量密度低、初期成本高的缺点，但是随着太阳能发电技术的进步，预期这些问题都会得到很好的解决。同时，太阳能发电具有资源广泛并可再生、环保、不消耗水资源、运行维护费用低、安装灵活等优点，其经济性优于核能发电，同时随着常规能源电力生产成本的增长，太阳能发电成本却在逐步降低，必将能够和常规的化石能源发电相竞争。可以预测，随着太阳能发电技术的发展，太阳能将不再仅仅是一种补充能源，而将成为新的可再生的替代能源。

基于节能减排的要求，我国政府十分重视推进可再生能源的利用。2007 年国家发改委发布了《可再生能源中长期发展规划》，该规划提出，到 2010 年中国可再生能源消费量占能源消费总量的比重要达到 10%，2020 年达到 15%，并形成以自有知识产权为主的可再生能源技术装备的生产能力，预计到 2020 年水力发电厂装机容量将达到 3 亿 kW，风电将达到 3000 万 kW，太阳能发电将达到 180 万 kW。

最后再谈一下分布式发电。它是指风力、太阳能、潮汐、地热、植物秸秆发电，垃圾发电和磁流体发电等。这种发电方式一般都容量不大，具有各自的运行特点且并不都与系统相连，它可以分散于各处，其中多数属于上述的可再生利用的清洁能源。尽管分布式发电的技术尚不成熟，容量也有限，但是作为一种替代能源，它还是很有潜力的。为了解决长远的能源资源紧缺问题，世界上许多国家都出台了一些支持分布式发电的政策，我国也不例外，今后对它的发展还是非常值得关注的。

第四节 电能的质量指标

通常衡量电能质量的主要指标是电压、频率和波形。

一、电压

电压质量对各类用电设备的安全经济运行都有直接的影响。图 1-12 表示照明负荷的电压特性。从图上可以看出，对照明负荷来说，白炽灯对电压的变化是敏感的。当电压降低时，白炽灯的发光效率和光通量都急剧下降；当电压上升时，白炽灯的寿命将大为缩短。例如，电压较额定值降低 10%，则光通量减少 30%；电压额定值上升 10%，则寿命缩减一半。

对电力系统的负荷中大量使用的异步电动机而言，它的运行特性对电压的变化也是较敏感的。当输出额定功率并保持不变时，异步电动机的定子电流、效率因数和功率随电压而变化的特性如图 1-13 所示。从图上可以看出：当端电压下降时，定子电流增加很快，这是由于异步电动机的最大转矩是与其端电压的平方成正比的；当电压降低时，电动机最大转矩将显著减小，以致转差增大，从而使得定子、转子电流都显著增大，导致电动机的温度上升，甚至可能烧坏电动机。反之，当电压过高时，对于电动机、变压器一类具有励磁铁心的电气设备而言，铁心磁密将相应增大（这种状态称为过励磁）甚至达到饱和，从而励磁电流与铁损耗都大大增加，以致电动机过热，效率降低，波形变坏，甚至可能诱发高频谐振。

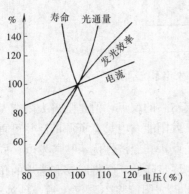

图 1-12 照明负荷（白炽灯）的电压特性

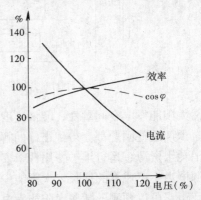

图 1-13 输出功率一定时异步电动机的定子电流、功率因数和效率随电压而变化的特性

（图中的 100% 表示额定值）

对电热装置来说，这类设备的功率也是与电压的平方成正比，显然过高的电压将损坏设备，过低的电压则达不到所需要的温度。

此外，对电视、广播、信息技术、计算机、雷达等电子设备来说，它们对电压质量的要求更高。电子设备中的各种电子管、半导体器件、集成电路、磁心等装置的特性，对电压也都极其敏感，电压过高或过低都将使其特性严重改变从而影响正常工作。

总之，由于现代系统中的各类用户的工作情况均与电压的变化有着极为密切的关系，故在运行中必须规定电压的容许变化范围，这也就是电压的质量标准。据统计，目前世界上许多国家根据运行实践所规定的电压容许变化范围一般为额定电压的$\pm5\%$，少数国家所规定的电压容许变化范围也有高到额定电压的$\pm10\%$或低到额定电压的$\pm3\%$。

我国目前所规定的用户处的容许电压变化范围为：

(1) 由 35 kV 及以上电压供电的用户为$\pm5\%$。

(2) 由 10 kV 及以下的高压供电的用户和低压电力用户为$\pm7\%$。

(3) 低压照明用户为$-10\%\sim5\%$。

由于电力网中存在电压损失，各负荷点的电压将随着运行方式的变化而改变，因而为了保证电能质量合乎标准，需要采取一定的调压措施，关于这方面的情况将在第二章中进一步加以介绍。

二、频率

频率的偏差同样将严重影响电力用户的正常工作。对电动机来说，频率降低将使其转速下降，从而使生产率降低，并影响电动机的寿命；反之，频率增高将使电动机的转速上升，增加功率消耗，并使经济性降低。特别是某些对转速要求较严格的工业部门（如纺织、造纸等），频率的偏差将大大影响产品质量，甚至产生废品。另外，频率偏差对发电厂（尤其是火力发电厂）本身将造成更为严重的影响。例如，对锅炉的给水泵和风机之类的离心式机械，当频率降低时其出力将急剧下降，从而迫使锅炉的出力大大减小，甚至紧急停炉，这样就势必进一步减少系统电源的出力，导致系统频率的进一步下降。另外，在频率降低的情况下运行时，汽轮机叶片将因振动加大而产生裂纹，以致缩短汽轮机的寿命。因此，如果系统频率急剧下降的趋势不能及时制止，势必将造成恶性循环而导致更大的事故发生。

此外，频率的变化还将影响到电子信息设备以及计算机、自控装置等电子设备的准确工作等。

目前世界上除美国外的绝大多数国家规定的额定频率为 50 Hz（美国为 60 Hz），而各国对频率变化的容许偏差的规定不一，有的国家规定为不超过±0.5 Hz，也有一些国家规定为不超过$\pm(0.2\sim0.1)$ Hz 的。我国的技术标准规定电力系统的额定频率为 50 Hz，而频率变化的容许偏差为$\pm(0.5\sim0.2)$ Hz。

从同步电机的原理可知，不论系统容量的大小、地域范围的广阔程度，在并联运行的电力系统中，全系统所有机组在任一瞬间的频率值是一致的。在稳定运行的情况下，频率值决定于所有机组的转速。而机组的转速则主要决定于输出功率与输入功率的平衡情况。所以，要保证频率的偏差不超过规定值，首先应当维持电源与负荷间的有功功率平衡。其次当负荷变化时还要采取一定的调频措施，即通过调节使电源与负荷间的有功功率恢复平衡，从而维持频率的偏差在规定范围之内。对此，在第二章中还将进行介绍。

三、波形

通常，要求电力系统给用户供电的电压及电流的波形应为标准的正弦波。为此，首先要求发电机发出符合标准的正弦波形电压。其次在电能输送和分配过程中不应使波形产生畸变（例如，当变压器的铁心饱和时或变压器无三角形接法的绕组时，都可能导致波形畸变）。此外，还应注意消除电力系统中可能出现的其他谐波源（如电力电子装置、各种整流装置、家电设备以及输电线路的电晕等）。

当由于上述各种原因而造成供电电压（电流）的波形不是标准的正弦波时，必然包含着各种高次谐波成分，这些谐波成分的出现将大大影响电动机的效率和正常运行，还可使系统因容抗、感抗等参数的改变而产生高次谐波共振以及增大元件的谐波损耗而危及设备的安全运行。此外，谐波成分还将影响电子设备的正常工作并造成对通信线路的干扰以及其他不良后果等等。凡此种种，通称之为谐波污染，从"电气环保"的观点出发，这是必须加以治理的（详见第二章）。

通常，严格保证电源电压波形的问题在发电机、变压器等的设计制造时即已考虑并采取了相应的措施。但是，随着电力系统的发展和技术进步，尤其是电力电子技术和家电设备、电子信息设备等的广泛应用，已经形成了一个强大的谐波源，如不及时采取措施加以消除和治理，就难于保证供电波形的质量。

第五节　电力系统的接线方式和电压等级

一、电力系统的接线方式

（一）系统发展的基本结构形式

近代电力系统的接线是很复杂的，这是由于一个具有一定规模的电力系统常常是逐步发展壮大的，往往包括了各种新旧设备，反应了新老技术的结合，这也是电力系统的又一个特点。下面首先从发展的角度来研究系统结构的基本形式。

通常，根据电源位置、负荷分布等的不同，电力系统的结构是各不相同的，但大致可区别为下列两类。

（1）大城市型。这类系统是面向大城市为中心的负荷密度很高的地区供电的电力系统，它以围绕城市周围的环形系统作为主干。以大城市为中心的环形主干电力系统见图 1-14。其电源既有一些地区性火力发电厂，也有从远方水力发电厂、矿口火力发电厂以及核能发电厂输送来的功率。

（2）远距离型。这类系统一般是指通过远距离输电线路把远处的大型水力发电厂、矿口火力发电厂、核能发电厂的功率送往负荷中心的开式系统。图 1-15 所示为远距离型输电系统。这种大容量、远距离的功率输送，既可以采用超高压交流输电线路，也可以用超高压或特高压直流或交、直流并列的

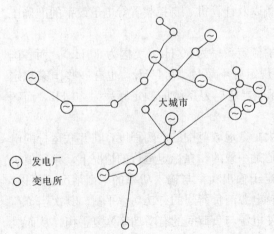

图 1-14　以大城市为中心的环形主干电力系统

输电线路。

图 1-15　远距离型输电系统

（二）电力网络的接线

电力网络的接线大致可以分为无备用和有备用两种类型。

（1）无备用电力网接线：是指用户只能从一个方向取得电源的接线方式，也称为开式电力网。这类接线方式可分为单回线路放射式、单回线路干线式、单回线路链式等，如图 1-16 所示。

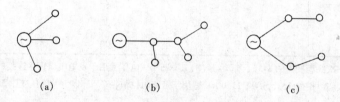

图 1-16　无备用电力网接线

（a）单回线路放射式；（b）单回线路干线式；（c）单回线路链式

无备用电力网接线的主要优点是简单、经济、运行方便，主要缺点是可靠性差，因而不能用于对重要用户供电。

（2）有备用电力网接线：它是指用户可以从两个或两个以上方向取得电源的接线方式，如双回线路放射式、双回线路干线式、双回线路链式、环网以及两端供电式等，如图 1-17 所示。

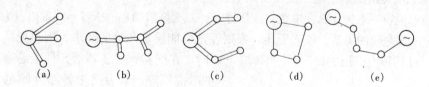

图 1-17　有备用电力网接线

（a）双回线路放射式；（b）双回线路干线式；（c）双回线路链式；（d）环网；（e）两端供电式

有备用电力网接线的特点是供电可靠，缺点是运行操作和继电保护复杂、经济性也较差。但是由于保证对用户不间断供电是电力系统的首要目标之一，所以目前采用有备用电力网接线（尤其是两端供电式）较多。

二、电力系统的额定电压等级

我们知道，电力系统中的电机、电器和用电设备都规定有额定电压，只有在额定电压下运行时，其技术经济性能才最好，也才能保证安全可靠运行。此外，为了使电力工业和电工制造业的生产标准化、系列化和统一化，世界上的许多国家和有关国际组织都制定有关额定电压等级的标准。我国所制定的电压在 1000 V 以上电气设备的国家标准所规定的额定电压如表 1-1 所示。

表 1 - 1　　　　　　　　　　　国家标准所规定的额定电压　　　　　　　　　　单位：kV

用电设备额定电压	交流发电机额定电压	变压器额定电压	
		一次绕组	二次绕组
3	3.15	3 及 3.15	3.15 及 3.3
6	6.3	6 及 6.3	6.3 及 6.6
10	10.5	10 及 10.5	10.5 及 11.0
—	13.8，15.75，20	13.8，15.75，20	—
35	—	35	38.5
63	—	63	69
110	—	110	121
220	—	220	242
330	—	330	363
500	—	500	550

注　1. 变压器的一次绕组栏内的 3.15、6.3、10.5、15.75 kV 电压适用于发电机端直接连接的升压变压器；
　　　2. 变压器二次绕组栏内 3.3、6.6、11.0 kV 适用于短路阻抗值在 7.5％以上的降压变压器。

对表 1 - 1 进行分析，可以发现下列特点。

（1）发电机的额定电压较用电设备的额定电压高出 5％。

（2）变压器的一次绕组是接受电能的，可以看成是用电设备，其额定电压与用电设备的额定电压相等，而直接与发电机相连接的升压变压器的一次绕组额定电压应与发电机额定电压相配合。

（3）变压器的二次绕组相当于一个供电电源，从表 1 - 1 可以看出，它的额定电压要比用电设备的额定电压高出 10％。但在 3、6、10 kV 电压时，如为短路阻抗小于 7.5％的配电变压器，则二次绕组的额定电压仅高出用电设备额定电压的 5％。

下面简单说明一下为什么发电机、变压器一、二次绕组额定电压各不一致以及它们与用电设备的额定电压之间的关系。如前所述，根据保证电能质量标准的要求，用户处的电压波动一般不得超过其额定电压的±5％。当传输电能时，在线路、变压器等元件上总会产生一定的阻抗压降，电力网中各部分的电压分布大致示意图如图 1 - 18 所示（图中 U_N 为额定电压）。因此当一般情况下规定线路正常运行时的压降不超过 10％时，为保证末端用户的电压不低于额定电压的 95％，需要使发电机的额定电压比用电设备的额定电压高出 5％。

对于变压器来说，其一次侧接电源，相当于用电设备，二次侧向负荷供电，又相当于发电机。所以它的一次绕组的额定电压应等于用电设备的额定电压；只有当发电机出口直接与升压变压器相连接时，升压变压器的一次绕组的额定电压才应与发电机绕组的额定电压相配合。这时它的额定电压应比用

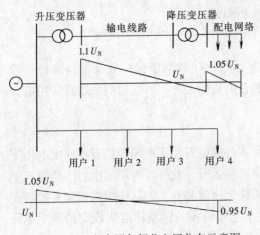

图 1 - 18　电力网各部分电压分布示意图

电设备的额定电压高出 5%。由于变压器本身还有阻抗压降，为了保证电能质量，在制造时就规定变压器的二次绕组的额定电压一般应该比用电设备的额定电压高出 10%，只有当内部阻抗较小时，其二次绕组的额定电压才可以只比用电设备的额定电压高出 5%。

三、电压等级的选择

输配电网络额定电压的选择在规划设计时又称为电压等级的选择，它是关系到电力系统建设费用高低、运行是否方便、设备制造是否经济合理的一个综合性问题，因而是较为复杂的，下面只作简略的介绍。

我们知道，在输送距离和传输功率的一定条件下，如果所选用的额定电压愈高，则线路上的电流愈小，相应线路上的功率损耗、电能损耗和电压损耗也就愈小。并且可以采用较小截面的导线以节约有色金属。但是电压等级愈高，线路的绝缘愈要加强，杆塔的几何尺寸也要随导线之间的距离和导线对地之间的距离的增加而增大。这样线路的投资和杆塔等的材料消耗就要增加。同样线路两端的升压、降压变电所的变压器以及断路器等设备的投资也要随着电压的增高而增大。因此，采用过高的额定电压并不一定恰当。一般来说，传输功率愈大、或输送距离愈远，选择较高的电压等级就比较有利。

关于交流输电电压的选择，以往在国外有著名的 Still 公式，即

$$U = 5.5\sqrt{0.6l + \frac{P_R}{100}} \tag{1-3}$$

式中　U——线电压，kV；

　　　l——线路全长，km；

　　　P_R——受端功率，kV。

式 (1-3) 常用于估算输电电压，可按所计算出的值，就近选择标准的额定电压值。此外，还可以根据自然功率、稳定条件等来估计输电电压值，对此，本书后面还要作介绍。

根据以往的设计和运行经验，我国的电力网的额定电压、输送距离和传输功率之间的大致关系如表 1-2 所示。此表可供选择电力网额定电压时的参考。

表 1-2　　电力网的额定电压、传输功率与输送距离的大致关系（供参考）

额定电压 (kV)	传输功率 (kW)	输送距离 (km)	额定电压 (kV)	传输功率 (kW)	输送距离 (km)
6	100~1200	4~15	220	100000~500000	100~300
10	200~2000	6~20	330	200000~1000000	200~600
35	2000~10000	20~50	500	600000~1500000	400~800
110	10000~50000	50~150			

目前，我国的超高压交流远距离输电电压为 330、500、750 kV（其中 330 kV 及 750 kV 仅在我国西北地区使用），即将有 1000 kV 的特高压线路投入运行。以大区（省）为中心的电力网电压为 750、500 kV 或 330 kV，市、专区（或县）电力网的电压为 220~110 kV，城市电力网供电电压为 110~220 kV。城网的配电电压为 10 kV。只有个别城市仍采用 35 kV。在东北地区的个别城市由于历史原因仍有采用 66 kV 电压级的。农网供电电压一般为 35~10 kV，6 kV 已较少采用。此外，近年来个别地区的配电网电压还有采用 20 kV 的。

第六节   电力系统的负荷和负荷曲线

一、负荷与负荷特性

（一）负荷

通常把用户的用电设备所取用的功率统称之为负荷（以往又称负载）。因此，电力系统的总用电负荷就是系统中所有用电设备所消耗功率的总和。它们大致分为异步电动机、同步电动机、电热电炉、整流设备、电力电子设备、信息技术设备、交通运输及城市公用事业用电设备、家电设备以及照明设备等若干类别。在不同的用电部门与工业企业中，上述各类负荷所占的比重是各不相同的。

另外，把用户所消耗的总用电负荷再加上网络中线路和变压器所损耗的功率就得出系统中各个发电厂所应供给的功率，称其为系统的供电负荷。供电负荷再加上发电厂本身所消耗的功率（发电厂和自用电）就是系统中各个发电厂所应发出的总功率。

（二）负荷的分类

（1）按物理性能分类。可分为有功负荷与无功负荷。有功负荷由有功电源来供给，它将电能转换为机械能、热能等其他形式的能量，是绝大多数用电设备所实际消耗的功率。无功负荷由一般电路中的储能元件（电感和电容）所产生，在晶闸管（过去全名为晶体闸流管，现改为闸流晶体管）控制的电力电子电路中，由触发角所引起的电流畸变形成了在逆变与整流过程中所消耗的无功功率，在系统规划设计中，除了需要考虑有功负荷的电力平衡之外，还需要进行无功平衡，并对无功问题进行分析。为此，在第二章中还要谈到。

（2）按电力生产和销售过程分类。如前所述，可分为发电负荷、供电负荷和用电负荷等。

（3）按突然中断供电对用户所造成的损失分类。一般可分一类、二类和三类用户。所谓一类负荷，是指对这类用户停止供电，将会带来人身伤亡、设备损坏、交通及通信混乱，从而在政治上、经济上以及人民生活秩序上造成重大损失的负荷；二类负荷是指停电将带来减产、并使城市公用事业及人民生活受到较大影响的负荷；三类负荷是指短时停电不会带来严重后果，且不属于一类、二类用户的其他用户。目前，对城市电力网及大、中型矿区的供电，基本上都属于一、二类负荷。

随着科技进步与社会的发展，可以说整个社会对电的依赖程度日益提高，也就对供电的可靠性要求越来越高。因此，上述一类、二类、三类用户的分类方法在具体实施上就难于严格界定。所以有的国家把突然中断供电对用户的影响按照"停电时用户所反应的不愉快程度"来分类，这也不是没有道理的。

对用户的分类，还有一些其他方法，如按用电特性分类、按所属行业分类等。本书就不再逐个介绍了。

（三）负荷特性

负荷特性是指负荷功率随负荷端电压或系统的频率变化而变化的规律，又有静态特性与动态特性之分。静态特性是指进入稳态后，负荷功率与电压或频率的关系；动态特性是指在电压、频率变化过程中的负荷功率与电压、频率的关系。另外，由于负荷的有功功率与无功功率变化对电压、频率的影响各不相同，所以负荷特性还分为有功特性与无功特性两种。例如，图 1-19 所示为某工业城市负荷的静态电压特性和静态频率特性。

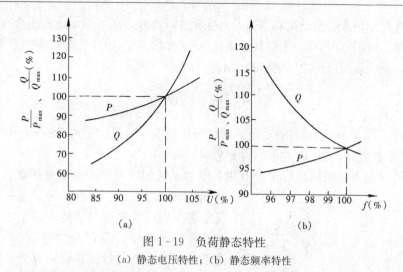

图 1-19 负荷静态特性

(a) 静态电压特性；(b) 静态频率特性

上述负荷的静态电压、频率特性可用来分析有功、无功负荷变化对电压、频率的影响，与研究调压、调频的措施有着直接的关系。

二、电力系统的日负荷曲线及其用途

把有功负荷及无功负荷随时间变化的情况用图形来表示就称为负荷曲线。图 1-20 是电力系统的典型日有功负荷曲线的一个例子。从图上可以看出，晚上 24 点到次日凌晨 6 点负荷较低，把它称为负荷低谷；而早上 8 点后负荷开始增加，并持续到 18～22 点，负荷达到高峰值，通常把它称为尖峰负荷；最高处称为最大负荷 P_{max}；最低处称为最小负荷 P_{min}。而把最小负荷以下的部分称为基本负荷，显然，基本负荷是在 24 h 内均不随时间而变化的。

不同类型的用户其负荷曲线是很不相同的，一般来说，负荷曲线的变化规律取决于负荷的性质、厂矿企业的生产班次、地理位置、城市的繁华程度、交通运输及公用事业的现代化程度以及家电与信息技术的普及程度、地区的负荷密度以及气候等许多因素，因而是各式各样的。

下面再来看电力系统的典型日无功负荷曲线等的情况，如图 1-21 所示。它与图 1-20 的日有负荷曲线并不完全相同。因为在一天内功率因数是变化的，在低负荷时相对功率因数较低，而在高峰负荷时，则功率因数较高。换句话说，最大无功负荷多出现在白天，而最大有功负荷则多出现在晚上。

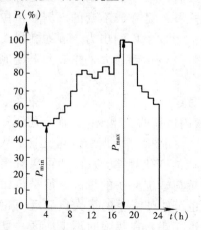

图 1-20 电力系统的典型日有功负荷曲线

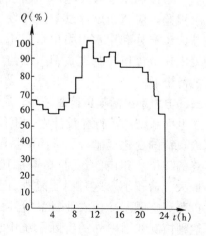

图 1-21 电力系统的典型日无功负荷曲线

负荷曲线除了用来表示负荷功率随时间变化的规律外，还可用来计算用户所消费的电能的大小。在某一时间 Δt 内用户所消耗的电能 ΔA 为该时间内用户的有功功率 P 和时间 Δt 的乘积。因此，在一昼夜内用户所消费的总电能为

$$A = \int_0^{24} P \mathrm{d}t \quad (\mathrm{kW \cdot h}) \tag{1-4}$$

显然，式（1-4）即表示日有功负荷曲线下所包围的面积。在式（1-4）中 P 的单位为 kW，时间的单位为 h，则电能的单位为 kW·h。

负荷曲线对电力系统的运行十分有用，电力系统的计划生产主要是建立在预测的负荷曲线的基础之上的。通常，为了事先安排电力系统中各个电厂的生产（即要求各个电厂在某个时刻应开几台机组、发多少电等），必须事前由电力系统调度中心（指挥和协调电力系统中各个发电厂生产的一个部门）制定出电力系统每天的预测负荷曲线。这种负荷曲线常绘制成阶梯形，如图 1-22 所示。为了向各发电厂分配发电任务，应该在预测的负荷曲线上再加上电力系统在各个时刻自身的耗电量（如线路损耗、电厂和变电所的自用电等）即可得出总的发电负荷曲线。有了这个总的负荷曲线，调度中心就可以根据各个发电厂的运行特点来具体分配一昼夜的发电任务。

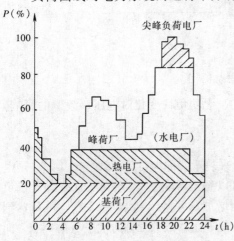

图 1-22 电力系统日负荷曲线的分配

一般来说，对于热效率高的火力发电厂、核能发电厂总是希望由它担任基本负荷，因为这类发电厂担任较大的变动负荷时，热效率将大为降低。对于供热式火力发电厂，由于其发电出力的大小受热力负荷所决定，所以它在负荷曲线上所占据的位置也是相对固定不变的。至于尖峰负荷一般都是由水力发电厂来担任，这是由于水力机组开停方便，且负荷波动对机组效率影响不大。另外，作为一次能源的水不用时还可储存在上游水库中，也不会造成浪费。对于负荷曲线最顶端的最尖峰部分，可以利用水力发电厂、抽水蓄能式水电厂或者热效率低的电厂每天短时发电来承担。但是，应当指出，以上这种发电任务分配方式并不是一成不变的。例如，在洪水季节就应该充分利用水力发电厂发电，以尽量减少火力发电厂的出力，节约燃料，这时水力发电厂应该担任基本负荷，以使电力系统的经济效益达到最大，并最大限度地节约自然能源资源。

三、电力系统的年负荷曲线和年最大负荷利用小时数

在电力系统的运行和设计中，不仅要知道一昼夜内负荷的变化规律，而且还要知道一年之内负荷的变化规律，最常用的是年最大负荷曲线，如图 1-23 所示。它反应了从年初到年终的整个一年内的逐月（或逐日）综合最大负荷的变化规律。从图上可以看出，夏季的最大负荷较小，这是由于夏季日长夜短、照明负荷普遍减少的缘故。但是，如果季节性负荷（空调制冷、农业排灌等）的比重较大，也可能使夏季的最大负荷反而超过冬季。这种情况在国内外的实际系统中也是很多的，近年来，在我国的不少地区，夏季都出现了全年的最大负荷，供电十分紧张。至于年终的负荷较年初为大，则是由于随着用

电负荷的不断增长所致。年最大负荷曲线可以用来决定整个系统的装机容量，以便有计划地扩建发电机或新建发电厂，此外，还可利用负荷较小的时段来安排发电机组的检修计划，如图1-23所示。

此外，在电力系统的分析计算中还常常用到所谓年负荷持续曲线，如图1-24所示。它是按照全年的负荷变化，根据各个不同大小的负荷值在一年中的累计持续时间而排列组成的。例如，曲线中的A点反应了在一年内负荷值超过P_1的累计持续时间为t_1。显然，根据年负荷持续曲线可以计算出一年内所消耗的总电能A来，即

$$A = \int_0^{8760} P \mathrm{d}t \quad (\mathrm{kW \cdot h}) \tag{1-5}$$

不难看出式（1-5）就是年负荷持续曲线下所包围的面积。

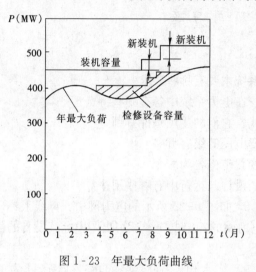

图1-23 年最大负荷曲线

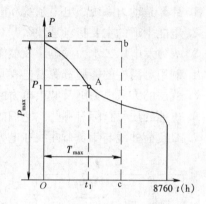

图1-24 年负荷持续曲线

如果把用户全年所消耗的电能与一年内的最大负荷相比，所得到的时间称为年最大负荷利用小时数T_{max}，则有

$$T_{max} = \frac{A}{P_{max}} = \frac{\int_0^{8760} P \mathrm{d}t}{P_{max}} \quad (\mathrm{h}) \tag{1-6}$$

或

$$P_{max} T_{max} = A = \int_0^{8760} P \mathrm{d}t \quad (\mathrm{kW \cdot h}) \tag{1-7}$$

从式（1-7）可以看出，T_{max}的物理意义为：若用户始终保持最大负荷P_{max}运行，在经过T_{max}小时后所消耗的电能恰好等于其全年实际消耗的总电能。

年最大负荷利用小时数的大小在一定程度上反应了实际负荷在一年内的变化程度。如果负荷曲线较为平坦，则T_{max}值较大；反之，则T_{max}值较小。因此，它在一定程度反应了用户的用电特点。根据电力系统长期实测资料积累，对于各类用户的年最大负荷利用小时数T_{max}值大体在一定范围内，如表1-3所示。

表 1 - 3　　　　　　　　各类用户的年最大负荷利用小时数 T_{max}

负 荷 类 型	年最大负荷利用小时数 T_{max}（h）	负 荷 类 型	年最大负荷利用小时数 T_{max}（h）
屋内照明及生活用电	2000～4000	三班制工业企业	6000～7000
单班制工业企业	1500～2500	农业排灌用电	1000～1500
两班制工业企业	3000～4500		

在知道了 T_{max} 值后，运用式（1 - 7）即可大致估算出用户全年的耗电量。这种方法在系统与电力网规划设计时是常用的。

复习思考题与习题

1. 什么是动力系统、电力系统和电力网？
2. 电能生产的主要特点是什么？对电力系统主要有哪些要求？
3. 火力发电厂、水力发电厂及核能发电厂在电力系统中各有哪些特点？
4. 利用可再生的能源资源发电有几种方式？它们的适用条件有哪些？
5. 我国的大区电力网及城市电力网的主要电压等级有哪些？
6. 电能的质量指标有哪些？它们的容许变化范围各为多少？
7. 日负荷曲线与年负荷曲线在电力系统的设计与运行中有哪些用途？

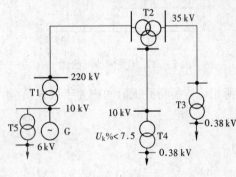

图 1 - 25　习题 8 附图

8. 如图 1 - 25 所示的电力网中，母线上标出的是电力网的额定电压，试写出图中电气设备的额定电压。

9. 某水电厂在 1 年间的平均流量为 $Q = 10 \text{ m}^3/\text{s}$，有效落差 $H = 30 \text{ m}$，综合效率为 85%，试估算发电机的出力（kW）和年发电量（kW·h）值。

10. 已知铀 235 在核裂变时，每千克的核能为 1000 MW·日。试求某 1000 MW 的核电厂在运行 2 年间所需要的铀 235 的量为多少？（假定热效率为 33%）。

11. 电力工业应从哪些方面着手去实现节能减排？如何为建设资源节约型、环境友好型的社会作贡献？

第二章　电力网及其稳态分析

第一节　电力线路的结构

　　电力线路可分为架空线路与电缆线路两大类。架空线路将线路导线架设在杆塔上，它敷设于屋外并露置于大气中，如图2-1所示；电缆线路则一般埋于地下，图2-2为敷设于地下电缆廊道内的电缆。

　　一般说来，架空线路的建设费用要比电缆线路低得多，特别是当电压等级愈高时，二者在投资上的差异就愈显著。再者，架空线路也易于架设、维护和修理，因此电力网中的绝大多数线路采用架空线路，只有在一些不适宜于用架空线路的地方（如城市电力网供电以及过江、跨海、严重污秽区等）才采用电缆线路。但是，近年来，出于紧缩线路走廊、安全防护、环保治理、景观等的需要，电缆线路的使用正不断增加。

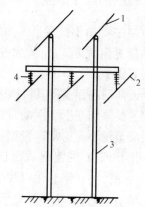

图 2-1　架空线路
1—避雷线；2—导线；3—杆塔；
4—绝缘子

　　本节将重点介绍架空线路结构，对电缆线路的结构也将作一简介。

一、架空线路的结构

　　架空线路主要由导线、避雷线（架空地线）、杆塔、绝缘子和金具等部件所组成（见图2-1)，它们的作用分别是：

　　（1）导线——传导电流、输送电能；

　　（2）避雷线——将雷电流引入大地，以保护线路免受雷击；

　　（3）绝缘子——将不同带电体之间及其与接地杆塔之间保持良好的绝缘；

　　（4）金具——连接导线，或将导线固定在绝缘子上以及将绝缘子固定在杆塔上，也可作连接绝缘子或保护绝缘子和导线等用；

　　（5）杆塔——支持导线和避雷线，并使导线之间、导线和杆塔以及大地间保持一定的距离。

　　下面分别介绍上述各部件的大致结构以及对它们的要求。

（一）导线和避雷线

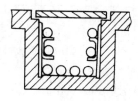

图 2-2　敷设于地下电缆
廊道内的电缆

　　架空线路的导线和避雷线都在露天环境下工作，要承受自重、风力、覆冰等机械力的作用，同时还要受到温度变化的影响。因此，对导线材料除了要求有良好的导电性能外，还要求有相当高的机械强度与抗化学腐蚀能力。

　　导线的材料主要是铝、铜、钢等，目前主要采用铝线；个别情况下也有采用铝合金线的，这种导线的机械强度与抗化学腐蚀能力都优于铝线，但成本较铝线高。钢线由于电阻率高，仅在个别小容量线路中采用。但是，由于钢线的机械强度高且价格低廉，故避雷线一般采用钢线。

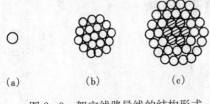

图2-3　架空线路导线的结构形式
(a) 单股线；(b) 多股绞线；(c) 钢芯铝绞线

架空线路导线的结构形式主要有单股线、多股绞线、钢芯铝绞线三种，其结构如图2-3所示。由于多股绞线的性能优越于单股线，所以架空线路一般均采用多股绞线。但是，多股铝绞线的机械强度差，所以目前一般都采用钢芯铝绞线［见图2-3(c)］。这种绞线是将铝线绕在钢线的外层，由于集肤效应，电流主要从铝线部分通过，而导线的机械负荷则主要由钢线负担。由于它结合了铝和钢两者的优点，在某些方面它甚至较铜线的性能更为优越，所以这种导线目前在架空线路上应用最广，可以说是架空线路导线的主要形式。

通常钢芯铝线按其机械强度的大小，可分为普通型、轻型和加强型三种。这三者在结构上的主要差别在于铝钢截面比。铝钢截面比越小，机械强度越大；反之，铝钢截面比越大，导线质量越小。通常，轻型结构（标号为LGJQ）的铝钢截面比为$8.0\sim8.1$；普通型结构（标号为LGJ）的铝钢截面比为$5.3\sim6.0$；加强型结构（标号为LGJJ）的铝钢截面比为$4.3\sim4.4$。关于钢芯铝绞线的技术数据可参阅附录三的附表3-1。

最后，再介绍一下关于架空线路导线型号的表示方法。根据国家标准规定，架空线路导线的型号是用导线材料和结构（拉丁字母）以及载流截面积（mm^2）这三部分来表示的，如T—铜线、L—铝线、G—钢线、J—多股绞线、TJ—铜绞线、LJ—铝绞线、GJ—钢绞线、HLJ—铝合金绞线、LGJ—钢芯铝绞线。如LGJ-120表示截面积为120 mm^2 的钢芯铝绞线。

（二）杆塔

根据所用材料的不同，架空线路的杆塔可分为木杆、铁塔和钢筋混凝土杆这三种类型。目前，木杆基本上不采用。铁塔主要用在超高压、大跨越的线路以及某些受力较大的耐张杆塔、转角杆塔上。由于钢筋混凝土杆不仅可以节省大量钢材，而且机械强度较高，目前它的应用仍然不少。图2-4为钢筋混凝土杆塔的外形，主要有单杆式与Ⅱ形杆塔这样两种形式。

根据杆塔的使用目的和受力情况的不同，架空线路的杆塔大致可分为下列五种类型。

1. 直线杆塔

用于线路走向成直线处。在正常情况下直线杆塔只承受导线自重、覆冰重以及导线所承受的风压，所以这种杆塔在强度上较耐张杆塔要求低，价格也低。图2-5所示为500 kV架空线路的单回线路直线铁塔。

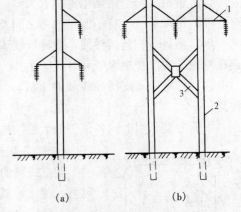

图2-4　钢筋混凝土杆塔的外形
(a) 单杆式；(b) Ⅱ形
1—横担；2—主杆；3—斜撑

2. 耐张杆塔

耐张杆塔又称为承力杆塔，它是每隔几个直线杆塔就设置的一种能承受较大拉力的杆塔，其作用是当线路发生断线或直线杆塔倒塌时，在两侧拉力不平衡的情况下将故障限制在两个耐张杆塔之间，并便于施工、检修。因此这种杆塔对机械强度要求较高，结构也较复杂。图 2-6 所示为一个耐张线段内的直线杆塔和耐张杆塔布置示意，图 2-7 所示为 500 kV 耐张杆塔外观。在耐张杆塔上，导线是通过耐张线夹和耐张绝缘子串悬挂在杆塔上，杆塔两侧的绝缘子串位于导线的延伸方向上，其两侧的导线则通过跳线相连接。

图 2-5　500 kV 架空线路的单回线路直线铁塔

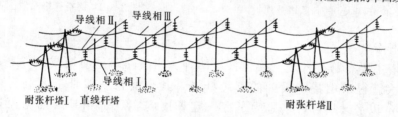

图 2-6　直线杆塔和耐张杆塔布置示意

3. 转角杆塔

这种杆塔装设在线路的转角处，这时杆塔两边导线的拉力不在一条直线上，将产生不平衡拉力如图 2-8 所示。因此转角杆塔在结构上必须考虑承受这种不平衡拉力的要求。转角杆塔可以作成耐张杆塔型，也可以作成直线杆塔型，应视转角大小等具体条件而定。如采用直线杆塔型，则需要在杆塔上装设拉线以平衡这种不平衡拉力（见图 2-8）。图 2-9 为 500 kV 转角铁塔的外观。

4. 终端杆塔

终端杆塔是设置在进入发电厂或变电所的线路末端的杆塔，由它来承受最后一个耐张档距中导线的拉力，如图 2-10 所示，它属于耐张杆塔型。如不设置终端杆塔，则这种拉力将加到建筑物上，从而使发电厂、变电所的土建投资增加。因此，这种杆塔的特点，就是在正常运行时所承受的两侧的拉力差很大。

图 2-7　500 kV 耐张杆塔外观

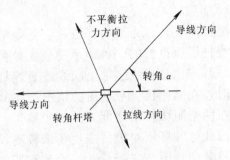

图 2-8　转角杆塔的拉力分布

图 2-9　500 kV 转角铁塔外观

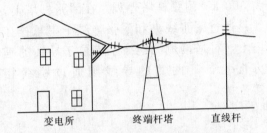

图 2-10　终端杆塔布置图

5. 特种杆塔

特种杆塔主要有跨越杆塔与换位杆塔两种。当线路跨越河流或山谷等地段时，若跨越档距很大就得采用特殊设计的跨越杆塔，其高度较一般杆塔要高得多，有的甚至高达 200 m 以上。换位杆塔是为了在一定长度内实现三相导线的轮流换位，以便三相导线的电气参数均衡（详见第二节）。图 2-11 表示了三相导线在 Ⅱ 形杆塔上轮流换位的情况。

（三）绝缘子

架空线路所使用的绝缘子主要有针式和悬式两类，下面对其结构与使用进行简要介绍。

1. 针式绝缘子

它的外形如图 2-12 所示。针式绝缘子主要用于电压不超过 35 kV 的线路上。这种绝缘子制造简易、价廉，但耐雷水平不高，雷击下容易闪络。

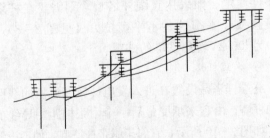

图 2-11　三相导线在 Ⅱ 形杆塔上轮流换位的情况

图 2-12　针式绝缘子的外形

2. 悬式绝缘子

这种绝缘子广泛用于电压为 35 kV 以上的线路，其外形如图 2-13（a）所示。悬式绝缘子的标号为 X，X 后的数字表示可以承受的机械荷重的吨数，如 X-4.5 型悬式绝缘子所能承受的机械荷重为 4.5 t。

悬式绝缘子通常都组装成绝缘子链来使用，如图 2-13（b）所示，每串绝缘子链的绝缘子数目与线路额定电压有关，如表 2-1 所示。

表 2-1　　　　　　　　　　悬式绝缘子链的绝缘子最小用量表

额定电压（kV）	35	63	110	220	330	500
每链绝缘子的最少个数	2~3	5	7	13~14	19~22	24~26

注　用于耐张杆塔上的绝缘子数量要多一些。例如，在 35~110 kV 线路上要多用一个，在 220 kV 线路上要多用两个。

3. 瓷横担绝缘子

这种绝缘子是可以同时起到横担与绝缘子作用的一种绝缘子结构，其外形如图 2-14 所示。瓷横担绝缘子的绝缘水平较高，并且由于部分地代替了横担，因此能大量节约木材、钢材，并有效降低了杆塔高度。这种绝缘子的主要缺点是机械抗弯强度较低。目前瓷横担绝缘子已广泛应用于 110 kV 及以下的线路上。

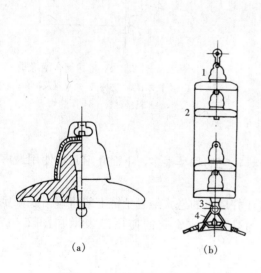

图 2-13　悬式绝缘子的外形
（a）单个悬式绝缘子；（b）悬式绝缘子链
1—耳环；2—绝缘子；3—吊环；4—线夹

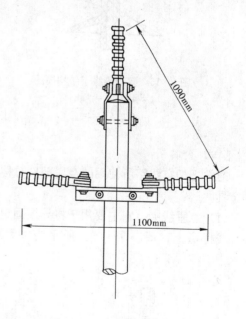

图 2-14　瓷横担绝缘子外形

4. 复合绝缘子

关于绝缘子所用材料，以往最常用的是电瓷，它能耐受不利的大气环境和酸碱污秽等的长期作用而不受腐蚀，抗老化性能也好，且具有足够的电气强度和机械强度（决定于配方与工艺），但是瓷是一种脆性材料，它的抗压强度比抗拉强度大得多。后来又发展了盘形悬式钢化玻璃绝缘子等类型，同样在性能上也存在某些缺陷。

自 20 世纪 60 年代起出现了由环氧树脂玻璃纤维芯棒和高分子聚合物伞盘、护套组成的复合绝缘子，如图 2-15 所示。其中，芯棒承受机械负荷的作用，伞盘、护套用于保护芯棒免受环境因素影响和提供必要的泄漏距离。合成树脂玻璃纤维引拨棒的机械强度比钢还高，也具有良好的电气性能，是制造芯棒的合适材料。而高温硫化硅橡胶具有一定的机械强度、良好的电气性能与环境稳定性，是制造伞盘、护套的合适材料。与上述的电瓷及玻璃绝缘子相比，复合绝缘子具有许多优点，如工艺简单、生产过程对环境污染小、质量小、体积小、运输安装方便，尤其是它具有优良的耐污闪性能，所以近年来复合绝缘子的应用日益增加。图2-16是用来代替普通盘式悬式绝缘子串的 220 kV 悬式复合绝缘子，其质量为 10 kg，仅为前者质量的 14％，其优点十分突出。

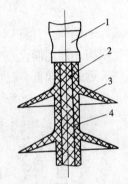

图 2-15　复合绝缘子结构简图
1—铁帽；2—芯棒；
3—伞盘；4—护套

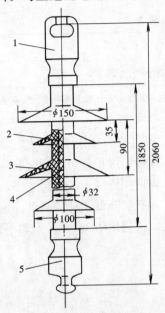

图 2-16　220 kV 悬式复合绝缘子
1—上铁帽；2—芯棒；3—伞盘及护套；
4—粘接材料；5—下铁帽

（四）金具

通常把架空线路所使用的金属部件总称为金具，它的种类很多，下面介绍几种使用最广的金具。

（1）悬垂线夹。它主要用于将导线固定在直线杆塔上的悬式绝缘子链上或将避雷线固定在直线杆塔上，图2-17（a）所示为一种常见的悬垂线夹，它的使用已表示在图 2-17（b）中。

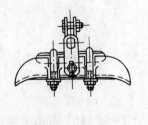
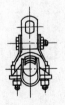
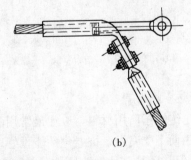

（a）　　　　　　　　　　　　　　　（b）

图 2-17　悬垂线夹和耐张线夹
（a）悬垂线夹；（b）耐张线夹

（2）耐张线夹。它主要用于将导线固定在非直线杆塔的耐张绝缘子链上或将避雷线固定在非直线杆塔上。图 2-17（b）所示为一种常见的耐张线夹。耐张线夹在线路上的具体应用情况则如图 2-18 所示。

（3）接续金具。这种金具主要用于导线或避雷线的两个终端的连接处，如图 2-19 所示的压接管、钳接管等。

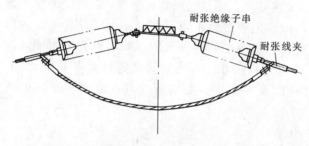

图 2-18　耐张线夹在线路上的具体应用情况

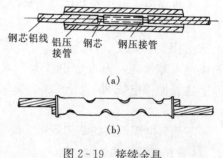

图 2-19　接续金具
(a) 压接管；(b) 钳接管

（4）连接金具。这种金具用于将绝缘子组装成链或将线夹、绝缘子链、杆塔横担等相互连接。

（5）保护金具。保护金具包括防振保护金具和绝缘保护金具。防振保护金具用来防止导线或避雷线因风所引起的周期性振动而造成的损坏，其形式有护线条、防振锤、阻尼线等。其中，护线条的作用在于减小导线振动时所受的机械应力，是加强导线抗振能力的金具。防振锤和阻尼线则是在导线振动时产生与振动方向相反的阻尼力，以削弱导线振动的金具。护线条与防振锤的结构分别如图 2-20 中的（a）、（b）所示。

图 2-20（c）中的悬重锤是一种绝缘保护金具，它可以减少悬重锤绝缘子链的偏移，防止其过分靠近杆塔。

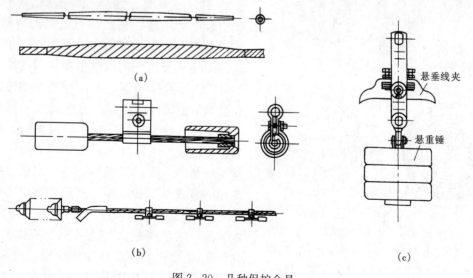

图 2-20　几种保护金具
（a）护线条；（b）防振锤；（c）悬重锤

二、电缆线路的结构

在人口密度大与负荷密度高的大城市及其近郊区，由于受到环境、安全、景观等多方面的限制，大多采用埋设于地下的电缆配电线路。近年来我国的大城市的城网改造中这种趋势愈来愈明显。同样，这也是世界各国城网供电的共同趋势，目前世界上已有电压高达500 kV的地下电缆输电线路。

一般来说，电缆线路的造价较之架空线路要高，而且电压等级愈高，二者的差别也愈大，且电缆线路的检修也费事、费时。但由于电缆线路不需要在地面上架设杆塔，占用土地面积少、美观、营造绿色的居住环境，且极少受到各种气象因素与外力的影响，因而供电可靠性高，对人身也较安全、更符合环保要求，等等，其优越性是非常突出的。除上述城网供电之外，在过江、穿越海峡以及发电厂、变电所内部，也常常采用电缆线路。

下面对电缆线路的结构等作一简单介绍。

（一）电缆的构造

如前所述，电缆的构造一般包括三部分：导体、绝缘层和包护层。

电缆的导体一般采用铝或铜的单股或多股线，通常用多股线。

电缆绝缘层的材料有橡胶、沥青、聚乙烯（PE）、交联聚乙烯（XLPE）、聚氯乙烯（PVC）、聚丁烯、棉、麻、绸、纸、浸渍纸和矿物油、植物油等液体绝缘材料。

包护层分内护层和外护层两部分。内护层由铝或铜制成，用以保护绝缘不受损伤，防止浸渍剂的外溢和水分的侵入。外护层的作用在于防止外界的机械损伤和化学腐蚀。外护层由内衬层、铠装层和外被层组成。内衬层一般由麻绳或麻布带经沥青浸渍后制成，用以作铠装的衬垫，以避免钢带或钢丝损伤内护层。铠装层一般由钢带或钢丝绕包而成，是外护层的主要部分。外被层的制作与内衬层相同，作用是防止铠装层的腐蚀。

电缆线路常用电缆的构造如图2-21所示。图2-21（a）为铝（铜）芯线绝缘铝（铅）包钢带铠装电力电缆。它的特点是扇形导线截面，三根芯线组成电缆后再外包铝（铅）内护层。这是10 kV及以下电压级电缆常用的结构。图2-21（b）为铝（铜）芯纸绝缘分相铝（铅）包裸钢带铠装电力电缆。它的特点是每根圆形芯线绝缘后分别包铝（铅）层以屏蔽电场，最后组成电缆。这是20 kV和35 kV电压级电缆常用的结构。110 kV及以上电压级的电缆采用充油电缆或XLPE电缆，有单芯和三芯的。单芯充油电缆的构造如图2-22所示。其中粗钢丝铠装的，能承受较大拉力，适宜在水中敷设。这种电缆的最大特点是导体中空、内部充油。XLPE电缆的结构则如图2-23所示。另外，在10 kV电压级PVC电缆目前也使用较广，其结

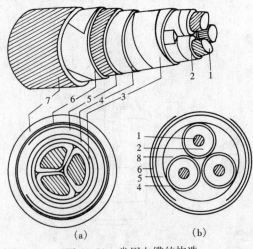

图 2-21　常用电缆的构造
（a）铝（铜）芯线绝缘铝（铅）包钢带铠装电力电缆；
（b）纸绝缘分相铝（铅）包裸钢带铠装电力电缆
1—导体；2—相绝缘；3—带绝缘；4—铝（铅）包；
5—麻衬；6—钢带铠装；7—麻被；8—填麻

构如图 2-24 所示。

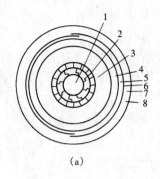 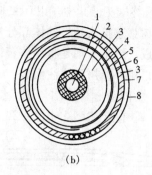

(a)   (b)

图 2-22 充油电缆的构造

(a) 铅包铜带加固；(b) 铅包铜带加固粗钢丝铠装

1—油道；2—导体；3—绝缘；4—铅包；

5—内衬层；6—铜带加固；7—外被层；8—粗钢丝铠装

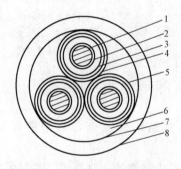 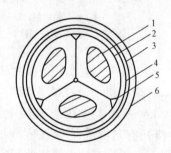

图 2-23 XLPE 电缆结构   图 2-24 PVC 电缆结构

1—导线；2—导线屏蔽层；3—XLPE 绝缘层；   1—导线；2—PVC 绝缘；3—PVC 内护套；

4—半导电层；5—铜带；6—填料；   4—铠装层；5—填料；6—PVC 外护套

7—扎紧布带；8—PVC 外护套

最后，应当特别指出的是，将 PE 材料通过辐照、温水以及过氧化物等交链方法，可以将线性的 PE 材料转变为三度空间结构的 XLPE 材料，这样既保留了 PE 材料的优越性，又大大提高了它的耐热性与机械强度。所以近年来，在国内外 XLPE 电缆均获得了广泛的应用。由于 XLPE 电缆是在缆芯上靠挤塑 XLPE 而成，不用液体浸渍，因而也避免了油纸电缆中的浸渍材料因落差、温度等所带来的困难，而且电缆附件也可大大简化。今后，不仅 6～35 kV 的 XLPE 电缆将基本取代油纸电缆，而且 110～220 kV 的 XLPE 高压塑料电缆也已大量使用。而只有电压在 220 kV 及以上时，仍采用充油电缆。XLPE 电缆的最高电压已达 500 kV。

（二）电缆的附件

电缆附件主要有连接头（盒）和终端头（盒），而充油电缆则还有一整套供油系统。

电缆连接头是连接两段电缆的部件。电缆终端头则是电缆线路末端用以保护缆芯绝缘并将缆芯导体与其他电气设备相连的部件。它们都是电缆线路的薄弱环节，应特别注意维护。

10 kV 及以下电缆的附件有用铸铁（铝）制成的连接盒和终端盒，也有用尼龙或环氧树脂制成的连接头和终端头。其中，以环氧树脂制成的连接头和终端头较好。环氧树脂连接头是将导体部分对接并裹以绝缘后，用环氧树脂浇注而成。终端头则是将导体裹以绝缘后，套以预制的环氧树脂外壳，再用环氧树脂浇注而成。它们具有工艺简便、机械强度高、密封性能好、体积小、质量轻、成本低等优点。图2-25所示为环氧树脂连接头；图2-26为环氧树脂户外终端头。

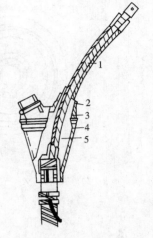

图2-26　环氧树脂户外终端头

1—缆芯；2—预制袖口套管；

3—预制模盖；4—预制底壳；

5—环氧树脂

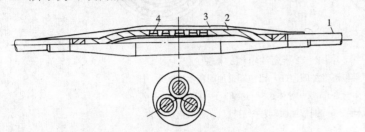

图2-25　环氧树脂连接头

1—铝（铅）包；2—线芯绝缘；

3—环氧树脂；4—压接管

20、35 kV 分相电缆的连接盒和终端盒也是分相的，和单芯电缆相似。其中，连接盒由铝制成，三个一组。瓷质终端盒结构简单，体积很小。

110 kV 及以上电压级充油电缆的连接盒和终端盒结构较复杂，它们要保证连接处和终端处有足够的绝缘强度和油流的畅通。

此外，还需为充油电缆线路配置一套供油装置，以形成完整的油路系统，并需保持绝缘油压为定值。

第二节　输电线路的电气参数

输电线路的电气参数是指线路的电阻、电导、电感（电抗）和电容，通常，这些参数是均匀分布的。正确计算这些参数是线路电气计算的基础。一般来说，线路的电气参数主要决定于导线的种类、尺寸和布置方式等因素。在本节中主要讨论对称运行时的参数，不对称运行时的线路参数将在第四章中介绍。另外，本节中所介绍的计算方法主要适用于架空线路，对电缆线路的参数计算，可参阅有关资料。

一、电阻

单根导线单位长度的直流电阻计算为

$$r_1 = \frac{\rho}{F} \quad (\Omega/km) \tag{2-1}$$

式中　ρ——导线材料的电阻率，$\Omega \cdot mm^2/km$；

　　　F——导线的截面积，mm^2。

在应用式（2-1）来计算架空线路的电阻时，必须注意到以下几点：

（1）由于交流电路内存在着集肤效应和邻近效应的影响，故交流电阻值要较直流电阻值大，但要精确计算其影响却是比较复杂的。一般可近似认为在工频交流下，这些效应使电阻值增加 0.2%～1%。

（2）架空线路的导线大部分采用多股绞线，由于绞扭使导线的实际长度增加了 2%～3%，故可以认为它们的电阻率要比同样长度的单股导线的电阻率增大 2%～3%。

（3）计算架空线路的电气参数时，都是根据导线的额定截面（标称截面）来进行的，但大多数情况下，导线的实际截面要比额定截面小。例如，LGJ-120 型钢芯铝绞线，其额定截面为 120 mm^2，而实际截面为 115 mm^2。因而在实际计算时必须把导线的电阻率适当地增大，归算到与它的额定截面相适应。

考虑了上述这些因素后，在作一般性计算时，导线材料的电阻率可近似采用下列数值：铜为 31.5 Ω·mm^2/km；铝为 18.8 Ω·mm^2/km。

在实际应用时，导线的电阻往往可以从产品目录或手册中查到，附录三中的附表 3-2 就是其一例。

由于从产品目录或手册中所查得的通常都是 20℃ 时的电阻值，当线路实际运行的温度不等于 20℃ 时，应修正其电阻值，修正式为

$$r_t = r_{20}[1 + \alpha(t - 20)] \quad (\Omega/km) \tag{2-2}$$

式中　r_t、r_{20}——分别为 t℃，20℃ 时的电阻，Ω/km。

　　　　α——电阻的温度系数。对于铝，$\alpha = 0.0036$；对于铜，$\alpha = 0.00382$。

二、电导

输电线路在输送功率的过程中，除了电流在线路电阻内产生有功功率损耗之外，在周围的绝缘介质中还将产生功率损耗。输电线路的电导即与后一部分功率损耗有关。

具体而言，架空线路的电导，或称为泄漏电导，它主要与沿绝缘子串及金具的泄漏损耗以及电晕损耗有关，严格说来它应理解为等值电导。

通常，泄漏损耗的值很小，往往可以略去不计，而线路的电晕损耗往往是决定线路电导值的主要因素。

电晕是一种气体放电现象。电晕放电是当导线的表面电场强度达到并超过一定数值时，导线周围的空气分子被游离而产生的。产生电晕需要消耗功率与能量，这就形成了电晕损耗。电晕损耗的大小与导线表面电场强度值、导线的表面状态、气象条件、导线的布置方式等因素有关，而与线路的电流值无关。目前还难以用理论公式来精确计算电晕损耗值，只能依靠实测或按经验公式来近似计算线路的电晕损耗。当已知架空线路单位长度的电晕损耗后，即可计算出线路单位长度的等值电导 g_1 来，其计算式为

$$g_1 = \frac{\Delta p_g}{U^2} \times 10^{-3} \quad (S/km) \tag{2-3}$$

式中　Δp_g——三相线路单位长度的电晕损耗功率，kW/km；

　　　　U——线路的线电压，kV。

电晕的产生不仅将损耗大量功率，还将产生电晕噪声以及干扰无线电通信、电视接收等（详见第七章）。因此，对高压和超高压架空线路，应尽量避免电晕的产生。下面简单介绍为减少电晕损耗所采取的一般措施。

为了减少电晕损耗，应设法降低导线表面电场强度值，当导线表面电场强度值低于产

生电晕的临界电场强度值时就不致发生电晕。从电场特性知道，当导线截面愈小时，其表面电场强度也愈强。所以，限制和避免电晕产生的基本措施之一，就是对不同电压等级的架空线路限制其导线外径不小于某个临界值。例如，对于 110 kV 线路，其导线外径不应小于 9.6 mm；对于 220 kV 线路，其导线外径不应小于 21.3 mm；对 330 kV 线路，其导线外径不应小于 33.2 mm；等等。但是，对于超高压输电线路而言，单纯依靠增大导线截面来限制电晕的产生是不经济的。实践证明，采用每相导体分裂为几根子导体的分裂导线结构，可降低其表面电场强度，这是目前国内外超高压输电线路上广为采用的导线形式。图 2 - 27 所示为分裂导线的结构示意图。目前 500 kV 线路一般采用四分裂导线，而 1000 kV 线路则需要八分裂导线。

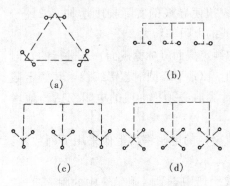

图 2 - 27　分裂导线结构示意图
(a) $n=2$；(b) $n=2$；(c) $n=3$；(d) $n=4$；
n—每相导线分裂根数

除了采用分裂导线可以改善线路的电晕特性外，还可以采用扩径导线，这样既不增大导线载流部分的截面，又可以改善其电晕特性。目前采用较多的是扩径钢芯铝绞线。例如 LGJK-300 型扩径钢芯铝绞线的铝线部分的截面积为 300.8 mm²，相当于 LGJQ-300 型钢芯铝绞线；而直径都为 27.44 mm（见图 2 - 28），则相当于 LGJQ-400 型钢芯铝绞线，这种导线和普通钢芯铝绞线不同的地方在于支撑层并不用铝线所填满，仅 6 股，它主要起支撑作用。

通常，由于架空线路的泄漏损耗值很小，而电晕损耗在设计时总是要尽力采取各种措施（如合理选择导线的结构和尺寸）将其限制在较小的数值内。因此，一般在进行电力网的电气特性计算时，除特高压线路之外，电导一项往往可以忽略不计，即近似认为 $g_1=0$。

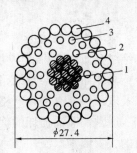

图 2 - 28　扩径钢芯铝绞线
1—钢芯（19 股钢线）；2—支撑层（铝线 6 股）；3—内层（铝线 18 股）；4—外层（铝线 24 股）

三、电抗

关于输电线路的电感（电抗）计算的基本原理，在"电磁场"课程中已经介绍过了。下面将在复习原有概念的基础上着重介绍三相架空输电线路的电感和电抗的计算方法。

（一）两线输电线路的电感

对于图 2 - 29 所示的往返两线输电线路，它相当于单相线路的情况。按电磁场理论的分析推导，可得出单相导线的单位长度电感计算式为

$$L_1 = L_n + L_w = \frac{\mu_0}{8\pi} + \frac{\mu_0}{2\pi} \ln \frac{D}{r}$$

$$= \frac{\mu_0}{2\pi} \left(\frac{1}{4} + \ln \frac{D}{r} \right) \text{ (H/m)} \tag{2-4}$$

式中　L_n——单位长度导线的内部电感，H/m；

　　　L_w——单位长度导线的外部电感，H/m；

μ_0——真空磁导率，$\mu_0 = 4\pi \times 10^{-7}$；

r——导线的半径，m；

D——两导线的几何轴线距离，m。

如将 μ_0 的值代入式（2-4）并适当化简后可得

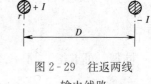

图 2-29　往返两线
输电线路

$$L_1 = \left(0.5 + 2\ln\frac{D}{r}\right) \times 10^{-7}\ (\text{H/m}) \qquad (2-5)$$

（二）三相输电线路的电感

1. 三相导线按等边三角形布置时的电感

当三相导线按等边三角形布置时，如图 2-30（a）所示。若流过各相导线的电流为对称三相电流，即 $\dot{I}_A + \dot{I}_B + \dot{I}_C = 0$ 或 $\dot{I}_B + \dot{I}_C = -\dot{I}_A$，由于当线间距离均为 D 时，B、C 相导线的电流所产生的磁链中其匝链导线 A 的部分将与流过 $-\dot{I}_A$ 电流、并与导线 A 相距 D 的一根单相导线所产生的匝链导线 A 的磁链相等效。因此，从物理概念出发，完全与上述往返两线输电线路的电感计算相等效。可以直接用式（2-5）来计算电感，这时三相中每相导线的电感值均完全相同。

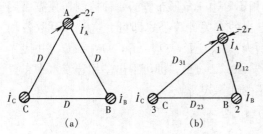

图 2-30　三角形布置的三相导线
（a）等边三角形布置；（b）不等边三角形布置

2. 三相导线按不等边三角形布置时的电感

当三相导线按不等边三角形布置，如图 2-30（b）所示。若流过下列对称的三相交流时，有

$$\left.\begin{array}{l} i_A = I_m\sin\omega t \\ i_B = I_m\sin(\omega t - 120°) \\ i_C = I_m\sin(\omega t + 120°) \end{array}\right\} \qquad (2-6)$$

这时，可以利用附录一中多导线系统的磁链计算式来推导这种布置的导线电感计算式。根据附录一中式（附1-8），多导线系统的磁链计算的一般式为

$$\psi_1 = 2 \times 10^{-7}\left[\frac{1}{4}i_1 + \left(\ln\frac{1}{r_1}\right)i_1 + \left(\ln\frac{1}{D_{12}}\right)i_2 + \cdots + \left(\ln\frac{1}{D_{1n}}\right)i_n\right]\ (\text{Wb/m})$$

对于图 2-30（b）所示的三相不等边三角形布置方式，由于 $n = 3$，且三相导线的半径均等于 r，应用式（附1-8）可得匝链 A 相导线的总磁链为

$$\psi_A = 2 \times 10^{-7}\left[\frac{1}{4}i_A + \left(\ln\frac{1}{r_1}\right)i_A + \left(\ln\frac{1}{D_{12}}\right)i_B + \left(\ln\frac{1}{D_{13}}\right)i_C\right]\ (\text{Wb/m}) \qquad (2-7)$$

将式（2-6）的电流关系式代入式（2-7），进行整理化简，最后从物理概念出发仅取公式的实数部分❶作为计算电感的磁链，于是式（2-7）可化简为

$$\psi_A = i_A\left(0.5 + 2\ln\frac{\sqrt{D_{12}D_{31}}}{r}\right) \times 10^{-7}\ (\text{Wb/m}) \qquad (2-8)$$

---

❶　理论分析表明，其虚数部分相当于不对称布置时各相阻抗的不均衡值，在线路经过完全换位后，虚数部分即不再存在。

于是，相应 A 相导线的电感值为

$$L_A = \frac{\psi_A}{i_A} = \left(0.5 + 2\ln\frac{\sqrt{D_{12}D_{31}}}{r}\right)\times 10^{-7}\ (H/m) \qquad (2-9)$$

同理，可求得 B 相、C 相的电感值分别为

$$L_B = \left(0.5 + 2\ln\frac{\sqrt{D_{23}D_{12}}}{r}\right)\times 10^{-7}\ (H/m) \qquad (2-10)$$

$$L_C = \left(0.5 + 2\ln\frac{\sqrt{D_{31}D_{23}}}{r}\right)\times 10^{-7}\ (H/m) \qquad (2-11)$$

3. 三相导线按水平布置时的电感

三相导线按水平方式布置也是一种常见的布置方式，如图 2-31 所示。由于各相之间的距离并不相等，故它的电感计算可认为是上述三相不等边三角形布置的一种特例，只需引用

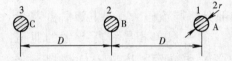

图 2-31　三相导线按水平方式布置

上面已推导出的有关计算公式即可。这时，可取各相间距离分别为：$D_{12}=D$，$D_{23}=D$，$D_{31}=2D$，并代入式（2-9）～式（2-11），即可得出三相导线水平布置时各相电感的计算式为

$$L_A = \left(0.5 + 2\ln\frac{\sqrt{2}D}{r}\right)\times 10^{-7}\ (H/m) \qquad (2-12)$$

$$L_B = \left(0.5 + 2\ln\frac{D}{r}\right)\times 10^{-7}\ (H/m) \qquad (2-13)$$

$$L_C = \left(0.5 + 2\ln\frac{\sqrt{2}D}{r}\right)\times 10^{-7}\ (H/m) \qquad (2-14)$$

4. 三相导线完全换位时的电感

从上述可知，当三相导线的布置在几何上不对称时（例如不等边三角形布置，水平布置等），则各相的电感值就不会相等。因而，当流过相同的电流时，各相的压降也不相等，从而造成三相电压的不平衡。为了克服这个缺点，三相输电线路应当进行换位。所谓换位就是轮流改换三相导线在杆塔上的位置，如图 2-32 所示。当线路进行完全换位时，在一次整换位循环内，各导线将轮流地占据 A、B、C 相的几何位置，因而在这个长度范围内各相的电感（电抗）值就变得一样了。此外，换位对改善输电线路对通信线路的干扰也是十分必要的。当布置位置不对称的三相导线与通信线路邻近或平行时，与通信线路所交链的各相磁链之和并不为零，从而可能在通信线路上感应出危险的干扰电压，不仅影响正常通信，甚至可能危及设备和人身的安全。当三相导线经完全换位后，则与通信线路所交链的各相磁链之和将接近于零，从而消除了干扰影响。

目前，电压在 110 kV 以上、线路长度在 100 km 以上的输电线路，一般均需要进行完全换位，只有当线路不长、电压不高时才可以不进行换位。

当线路经完全换位后，各相电感值就变得相等。这时的电感值应取为由式（2-9）～式（2-11）所计算出的电感 L_A，L_B，L_C，的平均值，即

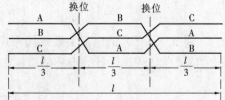

图 2-32　三相输电线路的一次整换位循环

$$L_1 = \frac{1}{3}(L_A + L_B + L_C) = \left(0.5 + 2\ln\frac{\sqrt[3]{D_{12}D_{23}D_{31}}}{r}\right) \times 10^{-7}$$

$$= \left(0.5 + 2\ln\frac{D_{jp}}{r}\right) \times 10^{-7} \quad (\text{H/m}) \tag{2-15}$$

式中 L_1——三相导线经完全换位后每相导线单位长度的电感;

D_{jp}——三相导线间的几何均距,$D_{jp} = \sqrt[3]{D_{12}D_{23}D_{31}}$。

从式(2-15)可知,当各相布置不对称的三相导线经完全换位后,其电感计算公式即与三相对称布置时的计算公式基本一致,只要用线间几何均距 D_{jp} 来代替对称布置时的线间距离 D 即可。

显然,线间几何均距主要与导线的具体布置方式有关。对于上述的水平布置方式,由于 $D_{12} = D$, $D_{23} = D$, $D_{31} = 2D$,故有

$$D_{jp} = \sqrt[3]{D_{12}D_{23}D_{31}} = \sqrt[3]{DD2D} = \sqrt[3]{2}D = 1.26D$$

5. 三相单回线路电抗的适用计算公式

根据式(2-15),可得出相应的电抗计算式为

$$x_1 = \omega L_1 = \omega\left(0.5 + 2\ln\frac{D_{jp}}{r}\right) \times 10^{-7}$$

$$= \omega\left(0.5 + 2\ln\frac{D_{jp}}{r}\right) \times 10^{-4} \quad (\Omega/\text{km}) \tag{2-16}$$

如将 $f = 50$ Hz, $\omega = 2\pi f = 2\pi \times 50 = 100\pi$ 代入式(2-16),并将自然对数换算为常用对数后即可得

$$x_1 = 100\pi\left(4.6\lg\frac{D_{jp}}{r} + 0.5\right) \times 10^{-4}$$

$$= 0.1445\lg\frac{D_{jp}}{r} + 0.0157 \quad (\Omega/\text{km}) \tag{2-17}$$

式(2-17)即为一般完全换位的三相单回线路电抗的适用计算公式。在计算时须注意 D_{jp} 与 r 应取相同的单位。

另外,对式(2-15),还可进行下列变换,有

$$L_1 = \left(0.5 + 2\ln\frac{D_{jp}}{r}\right) \times 10^{-7} = 2\left(\ln\frac{D_{jp}}{r} + \frac{1}{4}\right) \times 10^{-7}$$

$$= 2\left(\ln\frac{D_{jp}}{r} + \ln e^{\frac{1}{4}}\right) \times 10^{-7} = 2\ln\frac{D_{jp}}{re^{-\frac{1}{4}}} \times 10^{-7}$$

$$= 2\ln\frac{D_{jp}}{0.779r} \times 10^{-7} \quad (\text{H/m}) \tag{2-18}$$

因而,相应的电抗适用计算式可改写为

$$x_1 = 2\pi f L_1 = 0.1445\lg\frac{D_{jp}}{0.779r} \quad (\Omega/\text{km}) \tag{2-19}$$

或 $$x_1 = 0.1445\lg\frac{D_{jp}}{r'} \quad (\Omega/\text{km}) \tag{2-20}$$

式中,r' 为导线的等值半径,在式(2-20)中 $r' = 0.779r$。但这是按单股导线的条件推导而得的。对多股铝线和铜线,r'/r 将小于 0.779;而钢芯铝绞线的 r'/r 则可取为 0.81~0.95。

　　由于电抗值与几何均距、导线半径之间为对数关系，所以导线在杆塔上的布置方式及导线截面积的大小对线路电抗值影响不大。通常，架空线路的电抗值一般都在 $0.4\Omega/km$ 左右，在近似计算时就可取这个值。

　　再者，工程上为了方便起见，常根据各种导线截面，对其在不同几何均距下的电抗值事先进行系列计算，然后制作成表格，在使用时仅需查表即可。附录三中的附表 3-2 即为常用的钢芯铝绞线电抗值计算表。

　　最后还应该指出，当采用钢导线时，由于相对磁导率 $\mu_r \neq 1$，故式（2-17）应改写为

$$x_1 = 0.1445\lg\frac{D_{jp}}{r} + 0.0157\mu_r \quad (\Omega/km) \tag{2-21}$$

　　【例 2-1】 某三相单回输电线路，采用 LGJJ-300 型导线，已知导线的相间距离为 $D=6\,m$。试求：

　　（1）三相导线水平布置且完全换位时，每千米线路的电抗值；

　　（2）三相导线按等边三角形布置时，每千米线路的电抗值。

　　解 从附录三附表 3-1 中查到 LGJJ-300 型导线的计算外径为 25.68 mm，因而相应的计算半径为

$$r = 25.68/2 \ (mm) = 1.284 \times 10^{-2} \ (m)$$

　　（1）当三相导线水平布置时：由于这时 $D_{jp}=1.26D=1.26\times6=7.56$（m），代入式（2-17）后可得

$$x_1 = 0.1445\lg\frac{D_{jp}}{r} + 0.0157$$

$$= 0.1445\lg\frac{7.56}{1.28\times10^{-2}} + 0.0157 = 0.40 + 0.0157$$

$$\approx 0.416 \ (\Omega/km)$$

　　（2）当三相导线按等边三角形布置时：由于这时 $D_{jp}=D=6.0$（m），代入式（2-17）后可得

$$x_1 = 0.1445\lg\frac{D_{jp}}{r} + 0.0157$$

$$= 0.1445\lg\frac{6.0}{1.284\times10^{-2}} + 0.0157 = 0.386 + 0.0157$$

$$\approx 0.402 \ (\Omega/km)$$

6. 分裂导线电抗的计算公式

　　如前所述，对于超高压输电线路，为了降低导线表面电场强度以达到减低电晕损耗和抑制电晕干扰的目的，目前广泛采用了分裂导线。由于电流分布的改变所引起的周围电磁场的变化，使得分裂导线的电抗计算将不同于一般的导线。可以设想，如将每相导线分裂为若干根子导体，并将它们均匀布置在半径为 r_D 的圆周上 ［见图 2-33（d）］，则决定每相导线电抗的将不再是每根子导体的半径 r，而是圆的半径 r_D，这样就等效地增大了导线半径，从而减低了导线的电抗。但是，在实际应用时，由于结构上的原因，每相导线的分裂数不可能很多，一般为 2～4 根，且都布置在正多角形的顶点上，如图 2-33（b）、（c）、（d）所示。

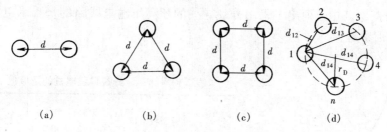

图 2-33　分裂导线

(a) 双分裂；(b) 三分裂；(c) 四分裂；(d) n 分裂

理论分析表明，分裂导线的电抗仍然可以用式（2-17）来计算。不同的是公式中的第二项应除以子导体数 n，第一项中导线的半径要用等值半径 r_D 来代替，于是分裂导线电抗的适用计算式为

$$x_1 = 0.1445 \lg \frac{D_{jp}}{r_D} + \frac{0.0157}{n} \quad (\Omega/\mathrm{km}) \qquad (2-22)$$

式中　n——每相导线的分裂根数（即子导体数）；

　　　r_D——分裂导线的等值半径，m；

　　　D_{jp}——三相导线的几何均距，m。

下面进一步介绍等值半径 r_D 的计算方法。理论分析证明，根据电感计算中几何均距的概念，分裂导线的等值半径 r_D 的一般计算式为

$$r_D = \sqrt[n]{r d_m^{(n-1)}} \qquad (2-23)$$

式中　r——每根子导体的半径；

　　　d_m——各根子导体间的几何均距，它的一般计算式可根据电感计算的原理推导而得，由于较繁琐，这里从略。读者如有需要，可参阅有关书籍。

根据理论推导的结果，在实际使用时，d_m 值可计算为

$$d_m = \alpha d \qquad (2-24)$$

式中　α——分裂导线的各子导体之间的间距系数。在不同分裂根数、不同布置方式时分裂导线的 α 值，经理论推导结果，列于表 2-2 内；

　　　d——分裂导线的子导体间距，目前一般取为 $0.2 \sim 0.4$ m。

表 2-2　　　　　　　　　　不同布置方式时分裂导线的 α 值

分裂根数 与布置方式	双分裂	三分裂 （正三角形）	三分裂 （水平）	四分裂 （正四边形）	五分裂 （正五边形）	六分裂 （正六边形）
α	1	1	1.26	1.12	1.27	1.4

从式（2-22）可以看出，采用分裂导线可以显著降低输电线路单位长度的电抗。通常，当采用双分裂导线时，x_1 值减低 20% 左右。显然分裂根数愈多，则电抗值也减低愈多，但当每相分裂根数超过 3 根时，x_1 值的降低已不明显，而导线与金具的结构、线路的架设与运行等却随着分裂根数的增加而大为复杂化，所以目前导线的分裂根数一般不超过 4 根。图 2-34所示曲线为 500 kV 线路采用分裂导线时，分裂根数 n 与每千米电抗 x_1 值之间关系的实例。

另外，在表 2-3 中还列出了采用分裂导线的超高压输电线路的每千米电抗 x_1 的近似值，可供估算时参考。

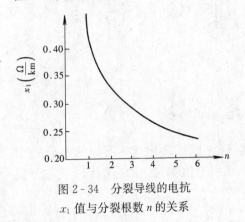

图 2-34 分裂导线的电抗
x_1 值与分裂根数 n 的关系

表 2-3　　　　分裂导线电抗的近似值

电压 (kV)	分裂根数	电抗近似值 (Ω/km)	电压 (kV)	分裂根数	电抗近似值 (Ω/km)
220~330	2	0.3~0.33	750	4	0.29
500	3	0.3		6	0.28
	4	0.29			

【例 2-2】 某 500 kV 三相架空输电线路采用三分裂导线，已知每根子导体的半径为 $r=136$ mm，子导体间距为 $d=400$ mm，子导体间按正三角形布置，三相导线为水平布置并经完全换位，相间距离 $D=12$ m。试求该线路每千米的电抗值。

解 已知 $D=12$ m，导线为水平排列，故 $D_{jp}=1.26D=15.12$ m。

又查表 2-2 知，正三角形布置的三分裂导线的 $\alpha=1$，故从式（2-24）知 $d_m=d=0.4$ m。代入式（2-23）中可得

$$r_D = \sqrt[n]{rd_m^{(n-1)}} = \sqrt[3]{1.36\times10^{-2}\times0.4^{(3-1)}}$$
$$= 0.1295\ (\text{m})$$

将以上各值代入式（2-22），即可求得该线路每千米的电抗值为

$$x_1 = 0.1445\lg\frac{D_{jp}}{r_D} + \frac{0.0157}{n} = 0.1445\lg\frac{15.12}{0.1295} + \frac{0.0157}{3}$$
$$= 0.2989 + 0.0052 = 0.3041\ (\Omega/\text{km})$$

还应当指出，当同一杆塔上布置双回三相线路时，尽管每回线路的电抗要受另一回线路的互感磁场的影响，但理论分析与实践证明，当三相对称时，这种互感影响可以略去不计，仍可近似按单回线路的公式去计算 x_1 值。同时，在三相对称运行时，架空地线对 x_1 值的影响也可以不考虑。

最后，再简单谈一下电缆线路的电感与电容参数计算。由于电缆线路与架空线路在结构上完全不同。三相电缆的三相导线相距很近，缆芯截面可能为扇形或圆形，导线的绝缘介质也不是空气，绝缘层外又用铅包或铝包，最外层还有钢铠，这一切因素使得电缆的参数计算不仅与架空线路大不相同，而且是较为复杂的。本书限于篇幅，对此不拟详述，在附录三的附表 3-5 中附有典型的电缆线路的感抗和电纳值可供参考。读者如有需要，尚可进一步参阅有关手册。

四、电容和电纳

通常，架空线路的相间和相对地之间都存在着电位差，而它们之间又依靠空气等绝缘介质隔开，因而相间和相对地之间必有一定的电容存在，相应地也有一定的容性电纳存在。电容的大小与相间距离、导线截面、杆塔结构尺寸等因素有关。由于线路的电容对

高压和超高压输电线路的运行情况影响较大，因而在设计和运行时正确计算电容值是很有必要的。

关于电容的基本概念及其计算方法在"物理学"、"电磁场"等课程中已学过了。下面将在复习原有概念的基础上着重介绍三相架空线路的电容和电纳的计算。

（一）两线输电线路的电容

对于图 2-35 所示一组分别带有电荷为 q_A，q_B，q_C，…，q_M 的平行导线，根据静电场的原理，它们在导线 A、B 间所引起的电位差 U_{AB} 为

$$U_{AB} = \frac{1}{2\pi\varepsilon} \left(q_A \ln \frac{D_{AB}}{r_A} + q_B \ln \frac{r_B}{D_{AB}} + q_C \ln \frac{D_{BC}}{D_{AC}} + \cdots + q_M \ln \frac{D_{BM}}{D_{AM}} \right) \text{ (V)} \qquad (2-25)$$

式中 q_A、q_B、q_C、…、q_M——各平行导线单位长度所带的电荷，C/m；

r_A、r_B、r_C、…、r_M——各导线的计算半径，m；

D_{AB}、D_{BC}、D_{AC}、…、D_{AM}——各导线的间距，m；

ε——介质的介电常数，真空的介电常数为 $\varepsilon_0 = 8.85 \times 10^{-12}$ F/m，

而一般电介质的相对介电常数为 $\varepsilon_r = \varepsilon/\varepsilon_0$。

式（2-25）将作为分析后面内容的重要基础。

下面研究图 2-36 所示往返两线输电线路的电容。已知导体 A、B 的半径为 $r_A = r_B = r$，另外由于是往返两线输电线路，导体的电荷间存在着 $q_A = -q_B = q$ 的关系。根据式（2-25）可知，导线 A、B 间的电位差为

$$U_{AB} = \frac{1}{2\pi\varepsilon} \left(q_A \ln \frac{D_{AB}}{r_A} + q_B \ln \frac{r_B}{D_{AB}} \right)$$

$$= \frac{1}{2\pi\varepsilon} \left(q \ln \frac{D}{r} - q \ln \frac{r}{D} \right)$$

$$= \frac{q}{2\pi\varepsilon} \left(\ln \frac{D}{r} - \ln \frac{r}{D} \right) = \frac{q}{\pi\varepsilon} \ln \frac{D}{r} \qquad (2-26)$$

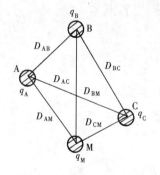

图 2-35 一组带电的平行导线

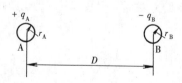

图 2-36 往返两线输电线路

根据电容的定义可知

$$C_{AB} = \frac{q}{U_{AB}} = \frac{\pi\varepsilon}{\ln \dfrac{D}{r}} \qquad (2-27)$$

将介电常数 ε 的值代入式（2-27），再把自然对数换算成常用对数，并进行适当的单位换算后可得

$$C_{AB} = \frac{0.012}{\ln \dfrac{D}{r}} \times 10^{-6} \quad (F/km) \tag{2-28}$$

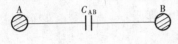

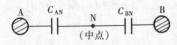

图 2-37　两线输电线路间的
线间电容与对地电容

式（2-28）给出了往返两线输电线路的导体 A、B 之间的电容量，即线间电容量，但是作为电力网计算用的等值电容都是指线对地的电容。为此，人们常设想在两导线间正好有一个零电位点处于导线间的几何中心处，因此可以把线间电容 C_{AB} 看成是两个导线对地电容（即对中点 N 的电容）C_{AN} 及 C_{BN} 相串联（见图 2-37）。故导线的对地电容为

$$C_{AN} = C_{BN} = 2C_{AB} \tag{2-29}$$

根据式（2-28）、式（2-29）可得

$$C_{AN} = C_{BN} = \frac{0.024}{\lg \dfrac{D}{r}} \times 10^{-6} \quad (F/km) \tag{2-30}$$

或

$$C_{AN} = C_{BN} = \frac{0.024}{\lg \dfrac{D}{r}} \quad (\mu F/km)$$

（二）　三相输电线路的电容和电纳

（1）三相导线按等边三角形布置时。如图 2-38 所示，当三相导线 A、B、C 在空间成等边三角形布置时，如各导线的电荷量分别为 q_A，q_B，q_C，相间距离为 D，导线的半径为 r，则根据式（2-25）可知，导线 A、B 间的电位差为

$$\dot{U}_{AB} = \frac{1}{2\pi\varepsilon} \left(\dot{q}_A \ln \frac{D}{r} + \dot{q}_B \ln \frac{r}{D} + \dot{q}_C \ln \frac{D}{D} \right) \quad (V)$$

同理，导线 A、C 间的电位差为

$$\dot{U}_{AC} = \frac{1}{2\pi\varepsilon} \left(\dot{q}_A \ln \frac{D}{r} + \dot{q}_B \ln \frac{D}{D} + \dot{q}_C \ln \frac{r}{D} \right) \quad (V)$$

以上两式相加可得

$$\dot{U}_{AB} + \dot{U}_{AC} = \frac{1}{2\pi\varepsilon} \left[2\dot{q}_A \ln \frac{D}{r} + (\dot{q}_B + \dot{q}_C) \ln \frac{r}{D} \right] \quad (V) \tag{2-31}$$

当三相系统对称时，从图 2-39 所示的该系统电压相量图可知

$$\dot{U}_{AB} + \dot{U}_{AC} = 3\dot{U}_{AN} \tag{2-32}$$

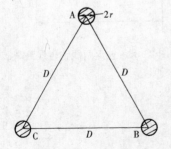

图 2-38　三相导线按
等边三角形对称布置

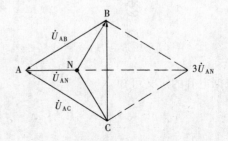

图 2-39　三相对称系统的
电压相量图

式中　$\dot{U}_{AB}$、$\dot{U}_{AC}$——相间电压（线电压）；

$\dot{U}_{AN}$——A 相对中性点的电压（相电压）。

另外，由于是对称三相系统，还存在 $\dot{q}_A + \dot{q}_B + \dot{q}_C = 0$ 的关系，故有

$$\dot{q}_B + \dot{q}_C = -\dot{q}_A \tag{2-33}$$

把式（2-32）及式（2-33）代入式（2-31）后可得

$$3\dot{U}_{AN} = \frac{1}{2\pi\varepsilon}\left(3\dot{q}_A \ln\frac{D}{r}\right) \text{ (V)}$$

如取绝对值则有

$$U_{AN} = \frac{q_A}{2\pi\varepsilon}\ln\frac{D}{r} \text{ (V)} \tag{2-34}$$

因此，当三相导线对称布置时每相导线的对地（中性点）电容为

$$C_1 = C_N = \frac{q_A}{U_{AN}} = \frac{2\pi\varepsilon}{\ln\dfrac{D}{r}} = \frac{0.024}{\lg\dfrac{D}{r}} \text{ (}\mu\text{F/km)} \tag{2-35}$$

式中　C_1——每千米线路的相对地电容，μF/km。

因而，相应的容性电纳 b_1 为

$$b_1 = 2\pi f C_1 = 2\pi \times 50 \times \frac{0.024}{\lg\dfrac{D}{r}} \times 10^{-6}$$

$$= \frac{7.56}{\lg\dfrac{D}{r}} \times 10^{-6} \text{ (S/km)} \tag{2-36}$$

（2）三相导线不对称布置时。当三相导线采用如图 2-40所示的不等边三角形布置或如图 2-31 所示的水平布置时，都属于不对称布置的情况，这时各相之间的距离一般不相等，即 $D_{12} \neq D_{23} \neq D_{31}$。

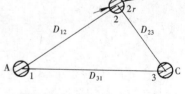

图 2-40　三相导线按不等边三角形布置

如前所述，对于不对称布置的三相线路，为了均衡各相的电抗，需要进行导线换位。下面即根据完全换位的情况来推导相对地电容的计算式。

根据式（2-25），当 A 相导线处在位置 1，B 相导线处在位置 2，C 相导线处在位置 3 时，导线 A、B 间的电位差为

$$\dot{U}'_{AB} = \frac{1}{2\pi\varepsilon}\left(\dot{q}_A \ln\frac{D_{12}}{r} + \dot{q}_B \ln\frac{r}{D_{12}} + \dot{q}_C \ln\frac{D_{23}}{D_{31}}\right) \text{ (V)} \tag{2-37}$$

同理，当 A 相导线处于位置 2，B 相处于位置 3，C 相处于位置 1 时，则有

$$\dot{U}''_{AB} = \frac{1}{2\pi\varepsilon}\left(\dot{q}_A \ln\frac{D_{23}}{r} + \dot{q}_B \ln\frac{r}{D_{23}} + \dot{q}_C \ln\frac{D_{31}}{D_{12}}\right) \text{ (V)} \tag{2-38}$$

同理，当 A 相导线处于位置 3，B 相处于位置 1，C 相处于位置 2 时，则有

$$\dot{U}'''_{AB} = \frac{1}{2\pi\varepsilon}\left(\dot{q}_A \ln\frac{D_{31}}{r} + \dot{q}_B \ln\frac{r}{D_{31}} + \dot{q}_C \ln\frac{D_{12}}{D_{23}}\right) \text{ (V)} \tag{2-39}$$

因而，在一个完全换位的循环内导线 A、B 间的电位差 $\dot{U}_{AB}$ 应为上述三式之和取平均值，即

$$\dot{U}_{AB} = \frac{\dot{U}'_{AB} + \dot{U}''_{AB} + \dot{U}'''_{AB}}{3}$$

$$= \frac{1}{6\pi\varepsilon}\left[\dot{q}_A \ln\left(\frac{D_{12}D_{23}D_{31}}{r^3}\right) + \dot{q}_B \ln\left(\frac{r^3}{D_{12}D_{23}D_{31}}\right) + \dot{q}_C \ln\left(\frac{D_{12}D_{23}D_{31}}{D_{12}D_{23}D_{31}}\right)\right] \text{ (V)} \quad (2-40)$$

式 (2-40) 可简化为

$$\dot{U}_{AB} = \frac{1}{2\pi\varepsilon}\left(\dot{q}_A \ln\frac{D_{jp}}{r} + \dot{q}_B \ln\frac{r}{D_{jp}}\right) \text{ (V)} \quad (2-41)$$

$$D_{jp} = \sqrt[3]{D_{12}D_{23}D_{31}}$$

式中 D_{jp}——三相导线的几何均距，m。

同理，可求得导线 A、C 间的电位差为

$$\dot{U}_{AC} = \frac{1}{2\pi\varepsilon}\left(\dot{q}_A \ln\frac{D_{jp}}{r} + \dot{q}_C \ln\frac{r}{D_{jp}}\right) \text{ (V)} \quad (2-42)$$

故有

$$\dot{U}_{AB} + \dot{U}_{AC} = \frac{1}{2\pi\varepsilon}\left(2\dot{q}_A \ln\frac{D_{jp}}{r} + \dot{q}_B \ln\frac{r}{D_{jp}} + \dot{q}_C \ln\frac{r}{D_{jp}}\right) \text{ (V)} \quad (2-43)$$

如前所述，当三相系统对称时，具有 $3\dot{U}_{AN} = \dot{U}_{AB} + \dot{U}_{AC}$ 以及 $\dot{q}_A = -(\dot{q}_B + \dot{q}_C)$ 的关系，将其代入式 (2-43) 并取绝对值后可得

$$U_{AN} = \frac{q_A}{2\pi\varepsilon}\ln\frac{D_{jp}}{r} \text{ (V)} \quad (2-44)$$

因而，每根导线的对地电容为

$$C_1 = \frac{q_A}{U_{AN}} = \frac{2\pi\varepsilon}{\ln\frac{D_{jp}}{r}} = \frac{0.024}{\lg\frac{D_{jp}}{r}} \times 10^{-6} \text{ (F/km)} \quad (2-45)$$

或

$$C_1 = \frac{0.024}{\lg\frac{D_{jp}}{r}} \text{ (μF/km)}$$

比较式 (2-30)、式 (2-35) 以及式 (2-45) 可知，对于两线输电线路、三相导线对称布置以及三相导线不对称布置这三种情况而言，其对地电容的计算公式在形式上是相同的，只是当三相导线不对称布置时，相间距离应取为导线间的几何均距而已，这与前述导线电感计算的情况相类似。

这时，相应的电纳计算式为

$$b_1 = 2\pi f C_1 = 2\pi \times 50 \frac{0.024}{\lg\frac{D_{jp}}{r}} \times 10^{-6}$$

$$= \frac{7.56}{\lg\frac{D_{jp}}{r}} \times 10^{-6} \text{ (S/km)} \quad (2-46)$$

通常为简化计算，b_1 的值可直接从有关的手册中查出。本书附录三的附表 3-3 中列出了常用的钢芯铝绞线的电纳值可供参考。一般架空线路的 b_1 的典型值为 3×10^{-6} S/km。

【例 2-3】 对 [例 2-1] 中的输电线路，当三相导线水平布置并经完全换位时，试求每千米线路的电容值和电纳值。

解　从［例2-1］中已知，LGJJ-300型导线的计算半径 $r = 1.284 \times 10^{-2}$ m，另外相间距离 $D = 6$ m，故相间几何均距为 $D_{jp} = 1.26D = 7.56$ m。代入式（2-45）可得

每千米线路的相对地电容为

$$C_1 = \frac{0.024}{\lg \dfrac{7.56}{1.284 \times 10^{-2}}} \times 10^{-6} = \frac{0.024}{\lg 589} \times 10^{-6}$$

$$= \frac{0.024}{2.77} \times 10^{-6} = 8.66 \times 10^{-9} \text{ (F/km)}$$

另外，再代入式（2-46）可得每千米线路的容性电纳为

$$b_1 = \frac{7.56}{\lg \dfrac{D_{jp}}{r}} \times 10^{-6} = 2.74 \times 10^{-5} \text{ (S/km)}$$

（三）分裂导线的电容和电纳

如前所述，分裂导线的采用将改变导线周围的电场分布，可以认为它等效地增大了导线半径，从而相应增大了每相导线的电纳。理论推导表明，采用分裂导线的线路仍可分别采用式（2-45）和式（2-46）来计算其电容与电纳，只是这时导线的半径应当用按式（2-23）所确定的等值半径 r_D 来代替。其具体计算公式如下。

1. 相对地电容

$$C_1 = \frac{0.024}{\lg \dfrac{D_{jp}}{r_D}} \times 10^{-6} \text{ (F/km)} \tag{2-47}$$

式中　D_{jp}——三相导线的几何均距，m；

　　　r_D——分裂导线的等值半径，按式（2-23）计算，m。

2. 电纳

$$b_1 = \frac{7.56}{\lg \dfrac{D_{jp}}{r_D}} \times 10^{-6} \text{ (S/km)} \tag{2-48}$$

一般来说，采用分裂导线的线路的每相电纳，在截面相同时，要比一般线路的每相电纳大，其增大的程度与分裂根数等有关。对采用双分裂导线的线路，增大20％左右。图2-41所示曲线为采用分裂导线的500 kV线路的每千米电纳 b_1 与分裂根数 n 的关系曲线。

【例2-4】　试求［例2-2］中的分裂导线的每千米电容和电纳值。

　　解　从［例2-2］中已知分裂导线的数据为

　　　　$D_{jp} = 15.12$ m；$r_D = 0.1295$ m

代入式（2-47）后可得相对地电容为

$$C_1 = \frac{0.024}{\lg \dfrac{D_{jp}}{r_D}} \times 10^{-6} = \frac{0.024}{\lg \dfrac{15.12}{0.1295}} \times 10^{-6}$$

$$= \frac{0.024}{2.068} \times 10^{-6} = 1.16 \times 10^{-8} \text{ (F/km)}$$

代入式（2-48）后可得每相电纳为

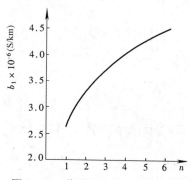

图2-41　分裂导线的电纳 b_1 值与
分裂根数 n 的关系曲线

$$b_1 = \frac{7.56}{\lg \dfrac{D_{\mathrm{JP}}}{r_{\mathrm{D}}}} \times 10^{-6} = \frac{7.58}{2.068} \times 10^{-6} = 3.665 \times 10^{-6} \ (\mathrm{S/km})$$

（四）大地对三相输电线路电容的影响

上述计算电容的公式是在没有考虑大地影响的前提下得出的。但是，由于大地的存在将使输电线路导线的电场发生畸变，从而影响到输电线路的电容值。

首先看一看如图 2-42 所示由具有电荷 q 的单根导线与大地间所形成的电场。如果设想大地是一个无限大平面的完全导体，则大地表面可以看成是一个等位面。根据电磁场理论中的"镜像法"原理，可以设想有一根虚构的镜像导线位于地面以下，它距地面的距离就等于架空导线的离地高度 H。如果将大地移去而将与架空导线上的电荷大小相等但符号相反的电荷 $-q$ 充于假想导体上，则在架空导线与假想导体之间的中间平面将形成一个等位面，这正是原来大地的位置，这时电力线分布情况将与大地存在时完全一致。这表明完全可以用镜像法来处理大地对导线电容的影响，现进一步推导于后。

设三相导线的布置如图 2-43 所示。导线 A、B、C 的电荷量分别为 q_{A}，q_{B}，q_{C}，导线采用完全换位，并且在换位的第一个循环中分别占据 1、2、3 的位置。

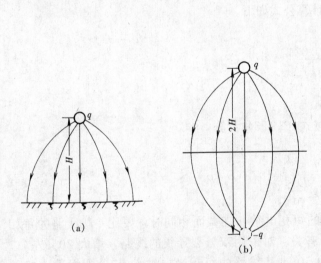

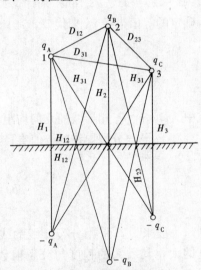

图 2-42 大地对单根导线电场分布的影响 　　　图 2-43 利用镜像法来分析考虑
（a）单根导线的对地电场；（b）导线的镜像 　　　　　　大地影响时的电容计算

在作出其镜像图后，根据式（2-25），可求出在上述位置时导线 A、B 间的电位差为

$$\dot{U}'_{\mathrm{AB}} = \frac{1}{2\pi\varepsilon}\left[\dot{q}_{\mathrm{A}}\left(\ln\frac{D_{12}}{r} - \ln\frac{H_{12}}{H_1}\right) + \dot{q}_{\mathrm{B}}\left(\ln\frac{r}{D_{12}} - \ln\frac{H_2}{H_{12}}\right)\right.$$
$$\left. + \dot{q}_{\mathrm{C}}\left(\ln\frac{D_{23}}{D_{31}} - \ln\frac{H_{23}}{H_{31}}\right)\right] \ (\mathrm{V}) \tag{2-49}$$

而当导体 A 在位置 2、B 在位置 3、C 在位置 1 时，则有

$$\dot{U}''_{\mathrm{AB}} = \frac{1}{2\pi\varepsilon}\left[\dot{q}_{\mathrm{A}}\left(\ln\frac{D_{23}}{r} - \ln\frac{H_{23}}{H_2}\right) + \dot{q}_{\mathrm{B}}\left(\ln\frac{r}{D_{23}} - \ln\frac{H_3}{H_{23}}\right)\right.$$
$$\left. + \dot{q}_{\mathrm{C}}\left(\ln\frac{D_{31}}{D_{21}} - \ln\frac{H_{31}}{H_{12}}\right)\right] \ (\mathrm{V}) \tag{2-50}$$

而当导体 A 在位置 3，B 在位置 1，C 在位置 2 时，则有

$$\dot{U}'''_{AB} = \frac{1}{2\pi\varepsilon}\left[\dot{q}_A\left(\ln\frac{D_{31}}{r}-\ln\frac{H_{31}}{H_3}\right)+\dot{q}_B\left(\ln\frac{r}{D_{31}}-\ln\frac{H_1}{H_{31}}\right)\right.$$
$$\left.+\dot{q}_C\left(\ln\frac{D_{12}}{D_{23}}-\ln\frac{H_{12}}{H_{23}}\right)\right]\quad(V) \tag{2-51}$$

将上述三式相加并取平均值后可得在一个完全换位循环内的 $\dot{U}_{AB}$ 平均值为

$$\dot{U}_{AB}=\frac{\dot{U}'_{AB}+\dot{U}''_{AB}+\dot{U}'''_{AB}}{3}=\frac{1}{2\pi\varepsilon}\left[\dot{q}_A\left(\ln\frac{D_{jp}}{r}-\ln\frac{\sqrt[3]{H_{12}H_{23}H_{31}}}{\sqrt[3]{H_1H_2H_3}}\right)\right.$$
$$\left.+\dot{q}_B\left(\ln\frac{r}{D_{jp}}-\ln\frac{\sqrt[3]{H_1H_2H_3}}{\sqrt[3]{H_{12}H_{23}H_{31}}}\right)\right]\quad(V) \tag{2-52}$$

用同样的方法可求得 A、C 相间电压 $\dot{U}_{AC}$ 的平均值为

$$\dot{U}_{AC}=\frac{1}{2\pi\varepsilon}\left[\dot{q}_A\left(\ln\frac{D_{jp}}{r}-\ln\frac{\sqrt[3]{H_{12}H_{23}H_{31}}}{\sqrt[3]{H_1H_2H_3}}\right)\right.$$
$$\left.+\dot{q}_C\left(\ln\frac{r}{D_{jp}}-\ln\frac{\sqrt[3]{H_1H_2H_3}}{\sqrt[3]{H_{12}H_{23}H_{31}}}\right)\right]\quad(V) \tag{2-53}$$

将式（2-52）与式（2-53）相加，并根据三相对称运行时具有 $\dot{U}_{AB}+\dot{U}_{AC}=3\dot{U}_{AN}$ 以及 $\dot{q}_A=-(\dot{q}_B+\dot{q}_C)$ 的关系，即可得

$$\dot{U}_{AN}=\frac{1}{2\pi\varepsilon}\dot{q}_A\left(\ln\frac{D_{jp}}{r}-\ln\frac{\sqrt[3]{H_{12}H_{23}H_{31}}}{\sqrt[3]{H_1H_2H_3}}\right)\quad(V) \tag{2-54}$$

因而，在考虑大地影响后，每相的对地电容为

$$C_1=\frac{q_A}{U_{AN}}=\frac{2\pi\varepsilon}{\ln\dfrac{D_{jp}}{r}-\ln\dfrac{\sqrt[3]{H_{12}H_{23}H_{31}}}{\sqrt[3]{H_1H_2H_3}}}$$
$$=\frac{0.024}{\lg\dfrac{D_{jp}}{r}-\lg\dfrac{\sqrt[3]{H_{12}H_{23}H_{31}}}{\sqrt[3]{H_1H_2H_3}}}\times10^{-6}\quad(F/km) \tag{2-55}$$

式中　H_1、H_2、H_3、H_{12}、H_{23}、H_{31}——各导线与镜像导线之间的距离，m，可参见图2-43。

比较式（2-55）与式（2-45）可知，大地的影响将使线路的电容增大。但由于一般架空线路距地面较高，以致 H_{12}、H_{23}、H_{31} 与 H_1、H_2、H_3 的值很接近，于是分母中的第二项可以忽略不计，这样一来，式（2-55）又变成了式（2-45）。换句话说，在一般情况下大地的影响可以不考虑。

应当指出，上述结论是针对三相对称运行情况而作出的。当输电线路的运行情况出现不对称以致使三根导线的总电荷量不为零时，就不能应用上述公式和结论。这时大地对电容的影响较大，必须重新考虑电容的计算公式。关于这种情况下的电容计算将在第四章中作进一步介绍。

此外，在附录二中，还介绍了考虑大地影响后多导线系统的电容计算的一般方法（包括电位系数等概念），可供深入学习与推导时参考。

第三节 电力网参数计算中变压器
参数的计算方法

一、双绕组变压器的参数计算

从电机学课程中可知，在进行实际的工程计算时，双绕组变压器常常可以用图 2-44 所示的简化等值电路来表示。其中图 2-44 (a) 为只有短路阻抗的简化等值电路，图 2-44 (b) 为励磁支路用导纳表示的近似等值电路（又称 Γ 形电路）。从图中可知，双绕组变压器的基本参数为：短路电阻 R_k [1]，短路电抗 X_k，励磁电导 G_m，励磁电纳 B_m。

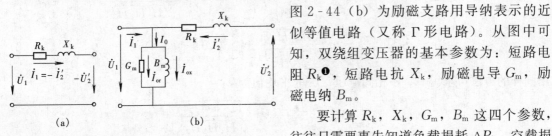

图 2-44 双绕组变压器的简化等值电路

(a) 简化等值电路；(b) 近似等值电路

要计算 R_k，X_k，G_m，B_m 这四个参数，往往只需要事先知道负载损耗 ΔP_k、空载损耗 ΔP_0、短路阻抗 $U_k\%$、空载电流 $I_0\%$ 这四个铭牌数据即可。这四个数据一般都于出厂时标注在产品铭牌上或出厂试验书上，也可以根据空载试验和负载试验求得或从有关手册资料中查找。下面介绍各个参数的计算方法。

（一）短路电阻 R_k

短路电阻 R_k 值可按负载损耗 ΔP_k 值求得，其具体计算式为

$$R_k = \frac{\Delta P_k U_N^2 \times 10^3}{S_N^2} \quad (\Omega) \tag{2-56}$$

式中 ΔP_k——变压器的额定负载损耗，kW；

U_N——变压器的额定电压，应根据电力网计算的需要选取高压侧或低压侧的额定电压，kV；

S_N——变压器的额定容量，kV·A。

（二）短路电抗 X_k

短路电抗为经折算后一、二次绕组的总漏抗，它可以直接按短路阻抗 $U_k\%$ 的值求得，其具体计算公式为

$$X_k = \frac{U_{kx}\% U_N^2 \times 10}{S_N} \quad (\Omega) \tag{2-57}$$

而

$$U_{kx}\% = \sqrt{U_k(\%)^2 - U_{kr}(\%)^2}$$

其中

$$U_{kr}\% = \frac{\Delta P_k(W)}{10 S_N(kV \cdot A)} (\%)$$

式中 $U_{kx}\%$——短路阻抗的电阻分量；

$U_{kr}\%$——短路阻抗的电抗分量。

---

[1] 短路电阻以往多标为 R_k，短路电抗多标为 X_k，如按汉语拼音的标记原则应分别标为 R_D 及 X_D。本书中为了照顾习惯，仍标记为 R_k 及 X_k，变压器的短路阻抗仍标记为 $U_k\%$，特此说明。

对于大中型变压器而言，由于 $U_{kr}\% \gg U_{kr}\%$，故可以认为 $U_k\% \approx U_{kr}\%$，这时 X_k 值可按式 (2-58) 计算，即

$$X_k = \frac{U_k\% U_N^2 \times 10}{S_N} \quad (\Omega) \tag{2-58}$$

式中，U_N、S_N 的意义同前。

（三）励磁电导 G_m

G_m 值决定于空载损耗 ΔP_0（即铁心损耗），其具体计算式为

$$G_m = \frac{\Delta P_0 \times 10^{-3}}{U_N^2} \quad (S) \tag{2-59}$$

式中　ΔP_0——变压器的额定空载损耗，kW。

（四）励磁电纳 B_m

B_m 值与空载电流 $I_0\%$ 有关，具体计算式为

$$B_m = \frac{I_0\% S_N}{U_N^2} \times 10^{-5} \quad (S) \tag{2-60}$$

式中　$I_0\%$——额定空载电流的百分值。

【例 2-5】 某 110 kV 降压变电所装有一台 SFL1-20000 型变压器。其铭牌数据为：$S_N = 20000$ kV·A，$U_{1N}/U_{2N} = 110/10$ kV；$\Delta P_k = 135$ kW，$\Delta P_0 = 22$ kW，$U_k\% = 10.5$，$I_0\% = 2.8$，试求以变压器高压侧为基准的各参数值。

解　根据式（2-56）可得

$$R_k = \frac{\Delta P_k U_N^2 \times 10^3}{S_N^2} = \frac{135 \times 110^2 \times 10^3}{20000^2} = 4.08 \quad (\Omega)$$

根据式（2-58）可得

$$X_k = \frac{U_k\% U_N^2 \times 10}{S_N} = \frac{10.5 \times 110^2 \times 10}{20000} = 63.525 \quad (\Omega)$$

根据式（2-59）可得

$$G_m = \frac{\Delta P_0 \times 10^{-3}}{U_N^2} = \frac{22 \times 10^{-3}}{110^2} = 1.82 \times 10^{-6} \quad (S)$$

根据式（2-60）可得

$$B_m = \frac{I_0\% S_N}{U_N^2} \times 10^{-5} = \frac{2.8 \times 20000}{110^2} \times 10^{-5} = 4.63 \times 10^{-5} \quad (S)$$

二、三绕组变压器的参数计算

在电力网计算中，三绕组变压器一般采用如图 2-45 所示的星形等值电路来表示。其中励磁电导 G_m 与励磁电纳 B_m 的计算方法与双绕组变压器相同，这里不再重复。下面只着重介绍各绕组的等值短路电阻 R_k 与等值短路电抗 X_k 的计算方法。

（一）短路电阻 R_k

在介绍三绕组变压器的等值短路阻抗的计算方法之前，首先应当弄清楚三绕组变压器的容量关系。根据现行国家标准《三相油浸式电力变压器技术参数和

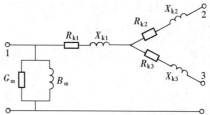

图 2-45　三绕组变压器的等值电路

要求》（GB/T 6451—2008）的规定，三绕组变压器的容量比主要有三种类型，如表2-4所示。

表2-4　　　　　　　　　　　三绕组变压器的容量比

类　别	绕组额定容量与变压器额定容量之比（%）		
	高压绕组	中压绕组	低压绕组
Ⅰ	100	100	50
Ⅱ	100	50	100
Ⅲ	100	100	100

通常，三绕组变压器在出厂时，制造厂都要提供分别在一个绕组开路、另两个绕组之间按双绕组变压器来进行短路试验时所实测出的负载损耗、短路阻抗值等数据。这些数据也可从有关技术标准、手册中查到。在这些数据中，负载损耗都用两个绕组之间的短路损耗来表示，即 $\Delta P_{k(1-2)}$、$\Delta P_{k(2-3)}$ 和 $\Delta P_{k(1-3)}$。当三个绕组的容量均等于变压器的额定容量时，则各绕组的等值负载损耗为

$$
\left.
\begin{aligned}
\Delta P_{k1} &= \frac{\Delta P_{k(1-2)} + \Delta P_{k(1-3)} - \Delta P_{k(2-3)}}{2} \\
\Delta P_{k2} &= \frac{\Delta P_{k(1-2)} + \Delta P_{k(2-3)} - \Delta P_{k(1-3)}}{2} \\
\Delta P_{k3} &= \frac{\Delta P_{k(1-3)} + \Delta P_{k(2-3)} - \Delta P_{k(1-2)}}{2}
\end{aligned}
\right\}
\tag{2-61}
$$

然后再参照计算双绕组变压器短路电阻的公式（2-56），即可分别得出各个绕组归算到同一侧电压下的等值短路电阻值的计算公式为

$$
\left.
\begin{aligned}
R_{k1} &= \frac{\Delta P_{k1} U_N^2}{S_N^2} \times 10^3 \ (\Omega) \\
R_{k2} &= \frac{\Delta P_{k2} U_N^2}{S_N^2} \times 10^3 \ (\Omega) \\
R_{k3} &= \frac{\Delta P_{k3} U_N^2}{S_N^2} \times 10^3 \ (\Omega)
\end{aligned}
\right\}
\tag{2-62}
$$

应当指出：对于三个绕组中有一个绕组的容量不等于额定容量的三绕组变压器，例如，容量比为 100/100/50 的三绕组变压器，制造厂给出的短路损耗，往往是指在一对绕组中当容量较小的一侧（例如 $S_{N3} = 50\%S_N$）达到其额定电流（即变压器额定容量的 $\frac{1}{2}$）时的数值。这时，应当首先按式（2-63）把2、3绕组间和1、3绕组间的短路损耗值归算到变压器的额定容量下，即

$$
\left.
\begin{aligned}
\Delta P_{k(2-3)} &= \Delta P'_{k(2-3)} \left(\frac{S_N}{S_{N3}}\right)^2 \\
\Delta P_{k(1-3)} &= \Delta P'_{k(1-3)} \left(\frac{S_N}{S_{N3}}\right)^2
\end{aligned}
\right\}
\tag{2-63}
$$

式中　$\Delta P'_{k(2-3)}$、$\Delta P'_{k(1-3)}$——未归算前的短路损耗，即绕组3通过自身的额定电流时的短路损耗值。

然后，把归算后的 $\Delta P_{k(2-3)}$、$\Delta P_{k(1-3)}$ 值以及 $\Delta P_{k(1-2)}$ 值，代入式（2-61），以求出各个绕组的等值的负载损耗 ΔP_{k1}、ΔP_{k2} 和 ΔP_{k3}，再代入式（2-62），即可求出各绕组的等值短路电阻值。

（二）短路电抗 X_k

与短路电阻的计算方法相同，先根据三次短路试验结果所实测出的各绕组间的短路电压值 $U_{k(1-2)}\%$，$U_{k(2-3)}\%$ 和 $U_{k(1-3)}\%$❶。分别求出各绕组的等值短路电压值为

$$
\left.
\begin{aligned}
U_{k1}\% &= \frac{U_{k(1-2)}\% + U_{k(1-3)}\% - U_{k(2-3)}\%}{2} \\
U_{k2}\% &= \frac{U_{k(2-3)}\% + U_{k(1-2)}\% - U_{k(1-3)}\%}{2} \\
U_{k3}\% &= \frac{U_{k(1-3)}\% + U_{k(2-3)}\% - U_{k(1-2)}\%}{2}
\end{aligned}
\right\} \tag{2-64}
$$

再参照式（2-58），可得出归算到同一侧电压下的各个绕组的等值短路电抗的计算式为

$$
\left.
\begin{aligned}
X_{k1} &= \frac{U_{k1}\% \, U_N^2 \times 10}{S_N} \ (\Omega) \\
X_{k2} &= \frac{U_{k2}\% \, U_N^2 \times 10}{S_N} \ (\Omega) \\
X_{k3} &= \frac{U_{k3}\% \, U_N^2 \times 10}{S_N} \ (\Omega)
\end{aligned}
\right\} \tag{2-65}
$$

应当指出，三绕组变压器各绕组的等值电抗与绕组的布置方式密切相关。一般来说，从绝缘要求出发，高压绕组都布置在最外层，而中、低压绕组的布置则与功率传输方向有关。例如：就降压型的三绕组变压器而言，往往采用低压绕组最靠近铁心，中压绕组居中，高压绕组在外的所谓"高—中—低"布置［见图 2-46（a）］，这是由于降压型三绕组变压器的功率主要是由高压侧送往中压侧之故；反之，升压型三绕组变压器则多采用中压绕组在内、低压绕组居中、高压绕组在外的所谓"高—低—中"布置［见图 2-46（b）］，这是由于它的功率传输方向为由低压侧到高压侧与中压侧之故。当三个绕组同心布置时，往往最内层与最外层绕组之间的漏电抗较大，从而使得各绕组间的等值电抗因布置方式不同而不一样。另外，居于中间的绕组由于内、外侧绕组的互感作用很强，当超过其本身自感时，常常会出现其等值电抗很小或甚至为负值的情况，但由于这个负值往往很小，计算时可近似取为零值。

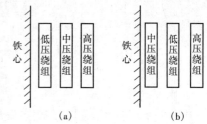

图 2-46 三绕组变压器的绕组布置方式
（a）高—中—低布置（降压型）；（b）高—低—中布置（升压型）

【例 2-6】 某 SFSL1-20000/110 型三相三绕组电力变压器的铭牌数据为：容量比 20000/20000/20000 kV·A，电压比 121/38.5/10.5 kV，$\Delta P_0 = 43.3$ kW，$I_0\% = 3.46$，

❶ 当三个绕组的容量不等时，应参照后面的式（2-67）折合为以额定容量为基准的值。但是，制造厂（或手册）提供的短路阻抗百分数，一般都已归算为与变压器容量相对应的值，这点与上述计算电阻时制造厂提供的未经归算的短路损耗是不相同的。

$\Delta P_{k(1-2)} = 145$ kW，$\Delta P_{k(1-3)} = 158$ kW，$\Delta P_{k(2-3)} = 117$ kW，$U_{k(1-2)}\% = 10.5$，$U_{k(1-3)}\% = 18$，$U_{k(2-3)}\% = 6.5$。试计算以变压器高压侧电压为基准的变压器各参数值。

解 （1）按式（2-59）计算，可得

$$G_m = \frac{\Delta P_0 \times 10^{-3}}{U_N^2} = \frac{43.3 \times 10^{-3}}{121^2} = 2.96 \times 10^{-6} \text{ (S)}$$

（2）按式（2-60）计算，可得

$$B_m = \frac{I_0\% S_N}{U_N^2} \times 10^{-5} = \frac{3.46 \times 20000}{121^2} \times 10^{-5} = 4.72 \times 10^{-5} \text{ (S)}$$

（3）等值电阻 R_k 的计算，先按式（2-61）求等值短路损耗：

$$\Delta P_{k1} = \frac{\Delta P_{k(1-2)} + \Delta P_{k(1-3)} - \Delta P_{k(2-3)}}{2} = 93 \text{ (kW)}$$

$$\Delta P_{k2} = \frac{\Delta P_{k(1-2)} + \Delta P_{k(2-3)} - \Delta P_{k(1-3)}}{2} = 52 \text{ (kW)}$$

$$\Delta P_{k3} = \frac{\Delta P_{k(1-3)} + \Delta P_{k(2-3)} - \Delta P_{k(1-2)}}{2} = 65 \text{ (kW)}$$

再按式（2-62）可得

$$R_{k1} = \frac{\Delta P_{k1} U_N^2}{S_N^2} \times 10^3 = \frac{93 \times 121^2 \times 10^3}{20000^2} = 3.40 \text{ (}\Omega\text{)}$$

$$R_{k2} = \frac{\Delta P_{k2} U_N^2}{S_N^2} \times 10^3 = \frac{52 \times 121^2 \times 10^3}{20000^2} = 1.90 \text{ (}\Omega\text{)}$$

$$R_{k3} = \frac{\Delta P_{k3} U_N^2}{S_N^2} \times 10^3 = \frac{65 \times 121^2 \times 10^3}{20000^2} = 2.38 \text{ (}\Omega\text{)}$$

（4）等值电抗 X_k 的计算，先按式（2-64）可得

$$U_{k1}\% = \frac{U_{k(1-2)}\% + U_{k(1-3)}\% - U_{k(2-3)}\%}{2}$$

$$= \frac{10.5 + 18 - 6.5}{2} = 11$$

$$U_{k2}\% = \frac{U_{k(1-2)}\% + U_{k(2-3)}\% - U_{k(1-3)}\%}{2}$$

$$= \frac{10.5 + 6.5 - 18}{2} = -0.5$$

$$U_{k3}\% = \frac{U_{k(1-3)}\% + U_{k(2-3)}\% - U_{k(1-2)}\%}{2}$$

$$= \frac{18 + 6.5 - 10.5}{2} = 7$$

再按式（2-65）可得

$$X_{k1} = \frac{U_{k1}\% U_N^2 \times 10}{S_N} = \frac{11 \times 121^2 \times 10}{20000} = 80.52 \text{ (}\Omega\text{)}$$

$$X_{k2} = \frac{U_{k2}\% U_N^2 \times 10}{S_N} = \frac{-0.5 \times 121^2 \times 10}{20000} = -3.66 \text{ (}\Omega\text{)}$$

$$X_{k3} = \frac{U_{k3}\% U_N^2 \times 10}{S_N} = \frac{7 \times 121^2 \times 10}{20000} = 51.24 \text{ (}\Omega\text{)}$$

三、自耦变压器的参数计算

由于自耦变压器所特有的优越性，目前它已在中性点直接接地的高压和超高压电力系统中得到了广泛的应用。这种自耦变压器一般都作成三绕组的，即高、中压绕组间具有自耦联系并采用星形连接，为了改善感应电动势波形，还设有一个单独接成三角形的第三绕组，其原理接线如图 2-47 所示。第三绕组与高、中压绕组间只有磁路上的联系，并无电路上的联系。第三绕组除补偿三次谐波电流之外，它还可以连接发电机、同步补偿机、并联电抗器以及作为向变电所附近的用户供电的电源或变电所的自用电源。一般情况下，第三绕组的容量总是小于自耦变压器的额定容量，这是它与一般的三绕组变压器的不同之处。

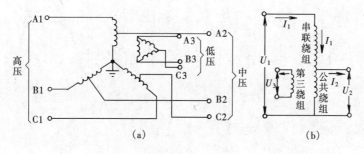

图 2-47　三绕组自耦变压器原理接线图

(a) 三相接线；(b) 单相电路

由于从端点条件看，自耦变压器完全等值于普通变压器，所以三绕组自耦变压器的参数计算就完全可以采用上面介绍的一般三绕组变压器的参数计算方法。但是，由于它的第三绕组的容量总是小于额定容量 S_N，因而存在一个容量归算的问题。通常，三绕组自耦变压器与一般的三绕组变压器尽管参数计算原则相同，但在制造厂所提供的短路试验数据中，不仅负载损耗 ΔP_k 未归算，甚至短路阻抗 $U_k\%$ 也是未经归算的数值。因此，当给出的值中 $\Delta P_{k(1-2)}$ 是以变压器的额定容量 S_N 为基准，而 $\Delta P_{k(2-3)}$ 及 $\Delta P_{k(1-3)}$ 是以低压绕组的容量 S_{3N} 为基准时，则其相应的负载损耗必须以额定容量为基准按容量比值的平方关系来进行归算，即

$$\left.\begin{aligned}\Delta P_{k(2-3)} &= \Delta P_{k(2-3)}^{*}\left(\frac{S_N}{S_{3N}}\right)^2\\[2mm]\Delta P_{k(1-3)} &= \Delta P_{k(1-3)}^{*}\left(\frac{S_N}{S_{3N}}\right)^2\end{aligned}\right\} \tag{2-66}$$

式中　$\Delta P_{k(2-3)}^{*}$、$\Delta P_{k(1-3)}^{*}$——以低压绕组额定容量 S_{3N} 为基准的负载损耗值。

此外，当所给出的 $U_{k(1-2)}\%$ 是以额定容量 S_N 为基准，而 $U_{k(2-3)}^{*}\%$、$U_{k(1-3)}^{*}\%$ 是以低压绕组的容量 S_{3N} 为基准时，则必须按容量比值来进行归算，即

$$\left.\begin{aligned}U_{k(2-3)}\% &= U_{k(2-3)}^{*}\%\left(\frac{S_N}{S_{3N}}\right)\\[2mm]U_{k(1-3)}\% &= U_{k(1-3)}^{*}\%\left(\frac{S_N}{S_{3N}}\right)\end{aligned}\right\} \tag{2-67}$$

式中　$U_{k(2-3)}^{*}\%$、$U_{k(1-3)}^{*}\%$——以低压绕组额定容量为基准的短路阻抗值。

自耦变压器的电导、电纳计算与一般双绕组变压器完全相同，这里就不再重复。

【例 2-7】 已知一台 OSFPSL1 型、容量比为 90000/90000/45000 kV·A 的三相三绕组自耦变压器的参数为 $U_{1N}=220$ kV，$U_{2N}=121$ kV，$U_{3N}=11$ kV，$\Delta P_{k(1-2)}=325$ kW，$\Delta P_{k(1-3)}^*=345$ kW，$\Delta P_{k(2-3)}^*=270$ kW，$\Delta P_0=104$ kW，$U_{k(1-2)}\%=10$，$U_{k(1-3)}^*\%=18.6$，$U_{k(2-3)}^*\%=12.1$，$I_0\%=0.65$。试求以高压侧电压为基准的该变压器的基本参数（说明：凡带 * 号的数据是以低压绕组容量为基准的值，未归算到额定容量）。

解 （1）首先将应归算的负载损耗和短路阻抗归算到以变压器的额定容量为基准的值，即

$$\Delta P_{k(1-3)} = \Delta P_{k(1-3)}^* \left(\frac{S_N}{S_{3N}}\right)^2 = 345\left(\frac{90000}{45000}\right)^2 = 1380 \text{ (kW)}$$

$$\Delta P_{k(2-3)} = \Delta P_{k(2-3)}^* \left(\frac{S_N}{S_{3N}}\right)^2 = 270\left(\frac{90000}{45000}\right)^2 = 1080 \text{ (kW)}$$

$$U_{k(1-3)}\% = U_{k(1-3)}^*\% \left(\frac{S_N}{S_{3N}}\right) = 18.6\left(\frac{90000}{45000}\right) = 37.2$$

$$U_{k(2-3)}\% = U_{k(2-3)}^*\% \left(\frac{S_N}{S_{3N}}\right) = 12.1\left(\frac{90000}{45000}\right) = 24.2$$

（2）计算 G_m，按式（2-59）可得

$$G_m = \frac{\Delta P_0 \times 10^{-3}}{U_N^2} = \frac{104 \times 10^{-3}}{220^2} = \frac{104 \times 10^{-3}}{48400}$$

$$= 2.15 \times 10^{-6} \text{ (S)}$$

（3）计算 B_m 值，按式（2-60）可得

$$B_m = \frac{I_0\% S_N}{U_N^2} \times 10^{-5} = \frac{0.65 \times 90000}{220^2} \times 10^{-5}$$

$$= \frac{58500}{48400} \times 10^{-5} = 1.2 \times 10^{-5} \text{ (S)}$$

（4）计算各绕组的等值电阻，按式（2-61）可得

$$\Delta P_{k1} = \frac{\Delta P_{k(1-2)} + \Delta P_{k(1-3)} - \Delta P_{k(2-3)}}{2}$$

$$= 0.5(325 + 1380 - 1080) = 312.5 \text{ (kW)}$$

$$\Delta P_{k2} = \frac{\Delta P_{k(1-2)} + \Delta P_{k(2-3)} - \Delta P_{k(1-3)}}{2}$$

$$= 0.5(325 + 1080 - 1380) = 12.5 \text{ (kW)}$$

$$\Delta P_{k3} = \frac{\Delta P_{k(1-3)} + \Delta P_{k(2-3)} - \Delta P_{k(1-2)}}{2}$$

$$= 0.5(1380 + 1080 - 325) = 1067.5 \text{ (kW)}$$

再按式（2-62）可得

$$R_{k1} = \frac{\Delta P_{k1} U_N^2 \times 10^3}{S_N^2} = \frac{312.5 \times 220^2 \times 10^3}{90000^2}$$

$$= \frac{1.5125 \times 10^{10}}{81 \times 10^8} = 1.87 \text{ (}\Omega\text{)}$$

$$R_{k2} = \frac{\Delta P_{k2} U_N^2 \times 10^3}{S_N^2} = \frac{12.5 \times 220^2 \times 10^3}{90000^2}$$

$$= \frac{6.05 \times 10^8}{81 \times 10^8} = 0.075 \ (\Omega)$$

$$R_{k3} = \frac{\Delta P_{k3} U_N^2 \times 10^3}{S_N^2} = \frac{1067.5 \times 220^2 \times 10^3}{90000^2}$$

$$= \frac{516.6 \times 10^8}{81 \times 10^8} = 6.38 \ (\Omega)$$

（5）计算各绕组的等值电抗，按式（2-64）可得

$$U_{k1}\% = \frac{U_{k(1-2)}\% + U_{k(1-3)}\% - U_{k(2-3)}\%}{2}$$

$$= \frac{10 + 37.2 - 24.2}{2} = 11.5$$

$$U_{k2}\% = \frac{U_{k(1-2)}\% + U_{k(2-3)}\% - U_{k(1-3)}\%}{2}$$

$$= \frac{10 + 24.2 - 37.2}{2} = -1.5$$

$$U_{k3}\% = \frac{U_{k(1-3)}\% + U_{k(2-3)}\% - U_{k(1-2)}\%}{2}$$

$$= \frac{37.2 + 24.2 - 10}{2} = 25.7$$

再按式（2-65）可得

$$X_{k1} = \frac{U_{k1}\% U_N^2}{S_N} \times 10 = \frac{11.5 \times 220^2 \times 10}{90000}$$

$$= \frac{5566000}{90000} = 61.84 \ (\Omega)$$

$$X_{k2} = \frac{U_{k2}\% U_N^2}{S_N} \times 10 = \frac{-1.5 \times 220^2 \times 10}{90000}$$

$$= \frac{-726000}{90000} = -8.06 \ (\Omega)$$

$$X_{k3} = \frac{U_{k3}\% U_N^2}{S_N} \times 10 = \frac{25.7 \times 220^2 \times 10}{90000}$$

$$= \frac{12438800}{90000} = 138.2 \ (\Omega)$$

第四节 输电线路的等值电路

如前所述，输电线路的电阻、电感、电容等电气参数都是沿线路均匀分布的，所以严格说来输电线路的等值电路应是均匀的分布参数等值电路，但这种电路的计算比较复杂，只是在计算远距离输电线路时才有必要，通常在计算中、短距离输电线路时，可以用集中参数的等值电路来代替它。因而，在实际应用时，根据输电线路的长短，可以有下列三种类型的等值电路。

一、短距离输电线路

通常对于长度不超过 50 km、电压在 35 kV 及以下的架空线路都可以作为短距离输

电线路（见图 2-48）来处理。这时，线路参数中电容的影响可以不考虑，电阻和电感也可以作为集中参数来处理，于是线路的等值电路就成为一个具有电阻 R 和电抗 X 的串联电路，如图 2-48（a）所示。

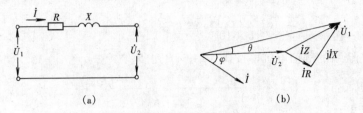

图 2-48　短距离输电线路
(a) 等值电路；(b) 相量图

根据等值电路和相量图，可知送端电压 $\dot{U}_1$ 和受端电压 $\dot{U}_2$ 之间的关系为

$$\dot{U}_1 = \dot{U}_2 + \dot{I}(R + jX) \tag{2-68}$$

根据几何关系，则 U_1 的模值为

$$U_1 = \sqrt{(U_2\cos\varphi + IR)^2 + (U_2\sin\varphi + IX)^2} \tag{2-69}$$

或

$$U_1 \approx U_2 + I(R\cos\varphi + X\sin\varphi) \tag{2-70}$$

根据等值电路，送、受端的电流关系为

$$\dot{I}_1 = \dot{I}_2 = \dot{I} \tag{2-71}$$

因此，送端功率应为

$$\begin{aligned}
\dot{S}_1 &= 3\dot{U}_1 \hat{I}_1 \\
&= 3U_1 I_1 [\cos(\varphi + \theta) + j\sin(\varphi + \theta)] = P_1 + jQ_1
\end{aligned} \tag{2-72}$$

而受端功率则为

$$\dot{S}_2 = 3\dot{U}_2 \hat{I}_2 = 3U_2 I_2 (\cos\varphi + j\sin\varphi) = P_2 + jQ_2 \tag{2-73}$$

二、中距离输电线路

当输电线路的长度在 50 km 以上但不超过 300 km 时（电压等级一般为 110～220 kV），输电线路仍可按集中参数处理，并可忽略电导影响，但电容影响已不可忽略。对于这种中距离输电线路通常采用的等值电路有两种：一种为 Ⅱ 形等值电路，如图 2-49 所示；另一种为 T 形等值电路，如图 2-50 所示。通常，Ⅱ 形等值电路采用较多。

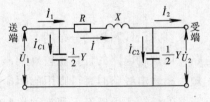

图 2-49　Ⅱ形等值电路

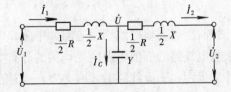

图 2-50　T形等值电路

（一）Ⅱ形等值电路的计算

从图 2-49 可知，受端视在功率应为

$$\dot{S}_2 = 3\dot{U}_2\,\hat{\dot{I}}_2 = P_2 + jQ_2 \tag{2-74}$$

而受端电容上的充电电流为

$$\dot{I}_{C2} = \frac{1}{2}j\dot{U}_2 B_C = \frac{1}{2}\dot{U}_2 Y \tag{2-75}$$

于是，输电线路上流过的电流则为

$$\dot{I} = \dot{I}_2 + \dot{I}_{C2} \tag{2-76}$$

送端的电压为

$$\dot{U}_1 = \dot{U}_2 + \dot{I}(R + jX) = \dot{U}_2 + \dot{I}Z \tag{2-77}$$

而送端电容上的充电电流为

$$\dot{I}_{C1} = \frac{1}{2}j\dot{U}_1 B_C = \frac{1}{2}\dot{U}_1 Y \tag{2-78}$$

于是，送端的电流则为

$$\dot{I}_1 = \dot{I} + \dot{I}_{C1} = \dot{I}_2 + \dot{I}_{C2} + \dot{I}_{C1} \tag{2-79}$$

相应送端的输入功率则为

$$\dot{S}_1 = 3\dot{U}_1\,\hat{\dot{I}}_1 = P_1 + jQ_1 \tag{2-80}$$

将上述各式进行归纳整理后，可得出Ⅱ形等值电路的计算公式为

$$\dot{U}_1 = \left(1 + \frac{ZY}{2}\right)\dot{U}_2 + \dot{I}_2 Z$$

$$\dot{I}_1 = Y\left(1 + \frac{ZY}{4}\right)\dot{U}_2 + \left(1 + \frac{ZY}{2}\right)\dot{I}_2 \tag{2-81}$$

$$Z = R + jX,\ X = jB_C$$

式中　Z——线路总阻抗；

　　　Y——线路总导纳，由于略去电导，故仅有容性电纳。

（二）T 形等值电路的计算

线路中央处电压为

$$\dot{U} = \dot{U}_2 + \dot{I}_1 \cdot \frac{1}{2}(R + jX) = \dot{U}_2 + \frac{1}{2}\dot{I}_1 Z \tag{2-82}$$

线路的充电电流为

$$\dot{I}_C = \dot{U}Y = j\dot{U}B_C \tag{2-83}$$

故

$$\left.\begin{array}{l} \dot{I}_1 = \dot{I}_2 + \dot{I}_C \\[4pt] \dot{U}_1 = \dot{U} + \frac{1}{2}\dot{I}_1 Z \end{array}\right\} \tag{2-84}$$

整理上述各式后，可得 T 形等值电路的计算式为

$$\left.\begin{array}{l} \dot{U}_1 = \left(1 + \frac{ZY}{2}\right)\dot{U}_2 + Z\left(1 + \frac{ZY}{4}\right)\dot{I}_2 \\[6pt] \dot{I}_1 = Y\dot{U}_2 + \left(1 + \frac{ZY}{4}\right)\dot{I}_2 \end{array}\right\} \tag{2-85}$$

最后还应当指出的是：无论用Ⅱ形或 T 形等值电路都只能计算出送端、受端的情况，

如需要计算出沿线的电压、电流分布情况，则必须采用分布参数电路。

【例 2 - 8】　一条 70 km 长线路，已知受端负荷为 20000 kW，额定线电压为 60 kV，功率因数为 0.8，线路参数 $r_1 = 0.1\ \Omega/\mathrm{km}$、$l_1 = 1.3\ \mathrm{mH/km}$、$C_1 = 0.0095\ \mu\mathrm{F/km}$。试求送端电压和电流值。

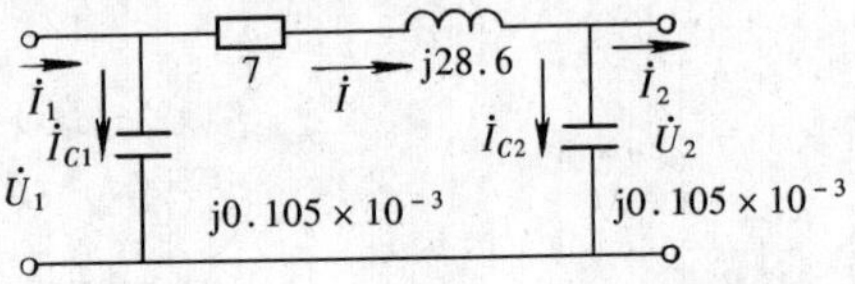

解　（一）用 Π 形等值电路计算

1. 求出线路全长的参数，并作出等值电路图

$$R = 0.1 \times 70 = 7\ (\Omega)$$

$$X = 2\pi \times 50 \times 1.3 \times 10^{-3} \times 70 = 28.6\ (\Omega)$$

$$B_C = 2\pi \times 50 \times 0.0095 \times 10^{-6} \times 70$$
$$= 0.209 \times 10^{-3}\ (\mathrm{S})$$

图 2 - 51　［例 2 - 8］的 Π 形等值电路

按此作出 Π 形等值电路如图 2 - 51 所示。

2. 将 $\dot{U}_2$ 和 $\dot{I}_2$ 换算成相电压和相电流

由于等值电路是表示对称三角系统一相的情况，所以 $\dot{U}_2$ 和 $\dot{I}_2$ 都应该换算成相电压和相电流。当以 $\dot{U}_2$ 为参考相量时，有

$$\dot{U}_2 = \dot{U}_2 + \mathrm{j}0 = \frac{60}{\sqrt{3}} + \mathrm{j}0 = 34.8 + \mathrm{j}0\ (\mathrm{kV})$$

因为

$$\hat{I}_2 = \frac{\dot{S}_2}{3\dot{U}_2} = \frac{P_2 + \mathrm{j}Q_2}{3\dot{U}_2} = \frac{P_2}{3U_2\cos\varphi}(0.8 + \mathrm{j}0.6)$$

$$= \frac{20000}{3 \times 34.8 \times 0.8}(0.8 + \mathrm{j}0.6) = 192 + \mathrm{j}144\ (\mathrm{A})$$

所以

$$\dot{I}_2 = 192 - \mathrm{j}144\ (\mathrm{A})$$

3. 计算电流 $\dot{I}$

因为

$$\dot{I}_{C2} = \frac{1}{2}\mathrm{j}\dot{U}_2 B_C = \mathrm{j}34.8 \times 10^3 \times 0.105 \times 10^{-3} = \mathrm{j}3.66\ (\mathrm{A})$$

所以

$$\dot{I} = \dot{I}_2 + \dot{I}_{C2} = 192 - \mathrm{j}144 + \mathrm{j}3.66 = 192 - \mathrm{j}140.3\ (\mathrm{A})$$

4. 计算送端电压 $\dot{U}_1$

$$\dot{U}_1 = \dot{U}_2 + \dot{I}(R + \mathrm{j}X)$$
$$= (34.8 + \mathrm{j}0) + (192 - \mathrm{j}140.3)(7 + \mathrm{j}28.6) \times 10^{-3}$$
$$= 40.15 + \mathrm{j}4.47 = 40.4\angle 6.0°\ (\mathrm{kV})$$

5. 计算送端电流 $\dot{I}_1$

$$\dot{I}_1 = \dot{I} + \dot{I}_{C1} = 192 - \mathrm{j}140.3 + \mathrm{j}4.22 = 192 - \mathrm{j}136.08 = 235\angle -35°\ (\mathrm{A})$$

（二）用 T 形等值电路进行计算

T 形等值电路如图 2 - 52 所示。

1. 计算线路中点电压 $\dot{U}$

$$\dot{U} = \dot{U}_2 + \dot{I}_2\left(\frac{R}{2} + \mathrm{j}\frac{X}{2}\right)$$

$$= (34.8 + \mathrm{j}0) + (192 - \mathrm{j}144)(3.5 + \mathrm{j}14.3) \times 10^{-3}$$

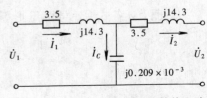

图 2 - 52　［例 2 - 8］的 T 形等值电路

$$= 37.53 + j2.24 \ (\text{kV})$$

2. 计算送端电流 $\dot{I}_1$

$$\dot{I}_1 = \dot{I}_2 + \dot{I}_C = \dot{I}_2 + jUB_C$$

$$= (192 - j144) + j0.209 \times 10^{-3}(37.53 + j2.24) \times 10^{-3}$$

$$= (192 - j144) - 0.47 + j7.85$$

$$= 191.53 - j136.15 = 235 \angle -35° \ (\text{A})$$

3. 计算送端电压 $\dot{U}_1$

$$\dot{U}_1 = \dot{U} + \dot{I}_1\left(\frac{R}{2} + j\frac{X}{2}\right)$$

$$= 37.53 + j2.24 + 2.62 + j2.27$$

$$= 40.15 + j4.51 = 40.1 \angle 6.0° \ (\text{kV})$$

可见两种计算方法的结果是基本一致的。

三、远距离输电线路（长线）

（一）长线的基本方程式

通常，对于距离在 300 km 以上的超高压线路，必须按照符合线路实际参数分布情况的分布参数等值电路来进行计算。分布参数的等值电路如图 2-53 所示。图中的 r_1，x_1，g_1，b_1，分别表示线路单位长度的电阻、电抗、电导和电纳。

图 2-53　分布参数的等值电路（长线等值电路）

在电磁场课程中曾经推导出均匀输电线路的一般方程式，并分析了线路的运行特性。下面将在此基础上，直接从线路的分布参数等值电路出发，去进一步推导长线的电压电流特性。

为了推导线路的电压、电流特性，取出等值电路中的一个单元部分，如图 2-54 所示，来讨论在一段极短的线路上电压和电流的变化情况。

设在距线路末端长度为 x 处的电压的有效值为 $\dot{U}_x$，在距末端 $x + \mathrm{d}x$ 处的电压为 $\dot{U}_x + \mathrm{d}\dot{U}$，显然电压增量可以表示为

$$\mathrm{d}\dot{U} = \dot{I}_x z_1 \mathrm{d}x \tag{2-86}$$

式中　z_1——单位长度的线路阻抗；

　　　$\dot{I}_x$——x 点处电流的均方根值。

或者

$$\frac{\mathrm{d}\dot{U}}{\mathrm{d}x} = \dot{I}_x z_1 \tag{2-87}$$

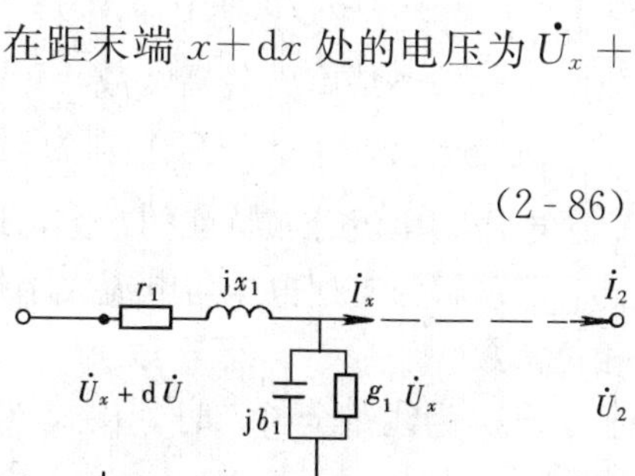

同样，由于沿线均匀分布有导纳，电流 $\dot{I}_x$ 也将沿线路不断变化，在 $\mathrm{d}x$ 段上的电流变化 $\mathrm{d}\dot{I}$ 可以表示为

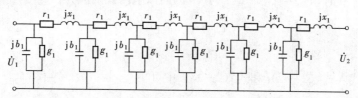

图 2-54　分布参数的
计算等值电路

$$\mathrm{d}\dot{I} = \dot{U}_x y_1 \mathrm{d}x \tag{2-88}$$

式中　y_1——单位长度的线路导纳；

　　　$\dot{U}_x$——x 点处的电压的均方根值。

或者

$$\frac{\mathrm{d}\dot{I}}{\mathrm{d}x} = \dot{U}_x y_1 \tag{2-89}$$

将式（2-87）及式（2-89）分别对 x 求导并进行代换后可得

$$\frac{\mathrm{d}^2 \dot{U}}{\mathrm{d}x^2} = y_1 z_1 \dot{U}_x \tag{2-90}$$

$$\frac{\mathrm{d}^2 \dot{I}}{\mathrm{d}x^2} = y_1 z_1 \dot{I}_x \tag{2-91}$$

解上述二阶常系数齐次微分方程式，可以很方便地得出其通解，对于式（2-90）可得

$$\dot{U}_x = C_1 \mathrm{e}^{x\sqrt{y_1 z_1}} + C_2 \mathrm{e}^{-x\sqrt{y_1 z_1}} \tag{2-92}$$

将式（2-92）代入式（2-89）中可得

$$\dot{I}_x = \frac{C_1}{\sqrt{z_1/y_1}}\mathrm{e}^{x\sqrt{y_1 z_1}} - \frac{C_2}{\sqrt{z_1/y_1}}\mathrm{e}^{-x\sqrt{y_1 z_1}} \tag{2-93}$$

式（2-93）中的 C_1 和 C_2 都是待定的积分常数，为了确定它，可以利用线路末端的边界条件，即当 $x=0$ 时，$\dot{U}_x = \dot{U}_2$，$\dot{I}_x = \dot{I}_2$，因而以上两式则成为

$$\left.\begin{aligned} C_1 + C_2 &= \dot{U}_2 \\ C_1 - C_2 &= \dot{I}_2\sqrt{z_1/y_1} \end{aligned}\right\} \tag{2-94}$$

解出 C_1、C_2 再代入式（2-92）和式（2-93）中可得

$$\left.\begin{aligned} \dot{U}_x &= \dot{U}_2 \mathrm{ch}\lambda x + \dot{I}_2 Z_c \mathrm{sh}\lambda x \\ \dot{I}_x &= \dot{I}_2 \mathrm{ch}\lambda x + \frac{\dot{U}_2}{Z_c}\mathrm{sh}\lambda x \end{aligned}\right\} \tag{2-95}$$

$$Z_c = \sqrt{z_1/y_1}, \quad \lambda = \sqrt{z_1 y_1}$$

式中　Z_c——线路的波阻抗（又称特性阻抗），当不计线路电阻和电导时，$Z_c = \sqrt{x_1/b_1} = \sqrt{L_1/C_1}$；

　　　λ——线路的传播常数，1/km 当不计线路的电阻和电导时，$\lambda = \sqrt{x_1 b_1} = \mathrm{j}\omega\sqrt{L_1 C_1}$。

应当指出，式（2-95）即为表示沿线路的电压、电流分布的关系式，式中的 Z_c 与 λ 为表示电压、电流分布特征的常数，通常 λ 还可用公式 $\lambda = \sqrt{z_1 y_1} = \alpha + \mathrm{j}\beta$ 来表示。该式中的实部 α 可理解为支配电压与电流大小的衰减常数，虚部 β 则为支配电压和电流之间的相位角的相位常数。

当 x 为线路全长 l 时，从式（2-95）可以得到线路首端和末端的电压、电流的关系式为

$$\left.\begin{aligned} \dot{U}_1 &= \dot{U}_2 \mathrm{ch}\lambda l + \dot{I}_2 Z_c \mathrm{sh}\lambda l \\ \dot{I}_1 &= \dot{I}_2 \mathrm{ch}\lambda l + \frac{\dot{U}_2}{Z_c}\mathrm{sh}\lambda l \end{aligned}\right\} \tag{2-96}$$

或

$$\left. \begin{aligned} \dot{U}_1 &= \dot{U}_2 \operatorname{ch} \sqrt{ZY} + \dot{I}_2 \sqrt{\frac{Y}{Z}} \operatorname{sh} \sqrt{ZY} \\ \dot{I}_1 &= \dot{I}_2 \operatorname{ch} \sqrt{ZY} + \dot{U}_2 \sqrt{\frac{Y}{Z}} \operatorname{sh} \sqrt{ZY} \end{aligned} \right\} \tag{2-97}$$

其中

$$Z = z_1 l = (r_1 + jx_1)l$$
$$Y = y_1 l = (g_1 + jb_1)l$$

式中　Z——线路的总阻抗；

　　　Y——线路的总导纳。

式 (2-96)、式 (2-97) 即线路首端和末端的电压、电流均方根值的表达式。另外，利用式 (2-95)，在已知末端的电压、电流的情况下，可以求出线路上的任意一点的电压、电流值。

在具体运算时应当注意的是，由于 $\sqrt{ZY}$ 以及 $\lambda x = x\sqrt{y_1 z_1}$ 均为复数，所以必须把复数的双曲线函数按式 (2-98) 展开后才能计算，即

$$\left. \begin{aligned} \operatorname{ch}(\alpha + j\beta) &= \operatorname{ch}\alpha\cos\beta + j\operatorname{sh}\alpha\sin\beta \\ \operatorname{ch}(\alpha + j\beta) &= \operatorname{sh}\alpha\cos\beta + j\operatorname{ch}\alpha\sin\beta \end{aligned} \right\} \tag{2-98}$$

（二）输电线路的二端口网络参数

下面进一步介绍用二端口网络的形式来表示输电线路首、末端的电流、电压关系的具体方法。

在"电路"课程中曾学过，对一般的二端口网络，可以用 A、B、C、D 四个参数，把首端和末端的关系表示为图 2-55 的形式，其典型的公式为

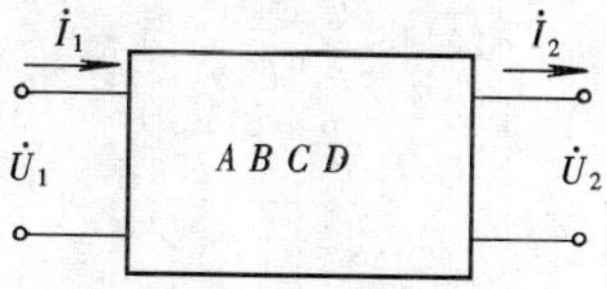

$$\left. \begin{aligned} \dot{U}_1 &= A\dot{U}_2 + B\dot{I}_2 \\ \dot{I}_1 &= C\dot{U}_2 + D\dot{I}_2 \end{aligned} \right\} \tag{2-99}$$

图 2-55　二端口网络

对于分布参数的长距离线路，只要比较式 (2-97) 与式 (2-99)，即可得出其 A、B、C、D 值为

$$\left. \begin{aligned} A &= \operatorname{ch}\sqrt{ZY}; \quad B = \sqrt{\frac{Z}{Y}}\operatorname{sh}\sqrt{ZY} \\ C &= \sqrt{\frac{Y}{Z}}\operatorname{sh}\sqrt{ZY}; \quad D = \operatorname{ch}\sqrt{ZY} \end{aligned} \right\} \tag{2-100}$$

根据同样的原则，还可以得出短距离线路、Ⅱ形等值电路、T 形等值电路的 A、B、C、D 值来。为便于比较，特汇总如表 2-5 所示。

另外，二端口网络的公式还可用矩阵的形式表示为

$$\begin{bmatrix} \dot{U}_1 \\ \dot{I}_1 \end{bmatrix} = \begin{bmatrix} A & B \\ C & D \end{bmatrix} \begin{bmatrix} \dot{U}_2 \\ \dot{I}_2 \end{bmatrix} \tag{2-101}$$

表 2-5 各种输电线等值电路的 A、B、C、D 值

分　类	A	B	C	D
短距离线路	1	$Z=R+jX$	0	1
Ⅱ形等值电路	$1+\dfrac{ZY}{2}$	Z	$Y\left(1+\dfrac{ZY}{4}\right)$	$1+\dfrac{ZY}{2}$
T形等值电路	$1+\dfrac{ZY}{2}$	$Z\left(1+\dfrac{ZY}{4}\right)$	Y	$1+\dfrac{ZY}{2}$
分布参数等值电路	$\mathrm{ch}\sqrt{ZY}$	$\sqrt{\dfrac{Z}{Y}}\,\mathrm{sh}\sqrt{ZY}$	$\sqrt{\dfrac{Y}{Z}}\,\mathrm{sh}\sqrt{ZY}$	$\mathrm{ch}\sqrt{ZY}$

（三）长线的修正Ⅱ形等值电路

尽管按分布参数的公式来计算远距离输电线路是比较准确的，但由于公式中有双曲线函数，运算起来还是比较复杂的。为此，人们进一步寻求简化计算的方法，下面介绍一种在Ⅱ形等值电路上加修正系数的方法。

为了使Ⅱ形等值电路能代替分布参数的等值电路，必须使二者的网络参数 A、B、C、D 值相等，参照表2-5，可以有

$$\left.\begin{aligned}
1+\frac{Z_{\mathrm{II}}Y_{\mathrm{II}}}{2} &= \mathrm{ch}\sqrt{ZY} \\[2mm]
Z_{\mathrm{II}} &= \sqrt{\frac{Z}{Y}}\,\mathrm{sh}\sqrt{ZY} \\[2mm]
Y_{\mathrm{II}}\left(1+\frac{Z_{\mathrm{II}}Y_{\mathrm{II}}}{4}\right) &= \sqrt{\frac{Y}{Z}}\,\mathrm{sh}\sqrt{ZY} \\[2mm]
1+\frac{Z_{\mathrm{II}}Y_{\mathrm{II}}}{2} &= \mathrm{ch}\sqrt{ZY}
\end{aligned}\right\} \tag{2-102}$$

式中　Z_{II}、Y_{II}——Ⅱ形等值电路的阻抗、导纳。

联立解上述各式后可得

$$\left.\begin{aligned}
Z_{\mathrm{II}} &= \frac{\mathrm{sh}\sqrt{ZY}}{\sqrt{ZY}}Z = k_z Z \\[2mm]
Y_{\mathrm{II}} &= \frac{2(\mathrm{ch}\sqrt{ZY}-1)Y}{\sqrt{ZY}\,\mathrm{sh}\sqrt{ZY}} = k_y Z
\end{aligned}\right\} \tag{2-103}$$

式（2-103）中 k_z、k_y 称为修正系数，其值为

$$\left.\begin{aligned}
k_z &= \frac{\mathrm{sh}\sqrt{ZY}}{\sqrt{ZY}} \\[2mm]
k_z &= \frac{2(\mathrm{ch}\sqrt{ZY}-1)}{\sqrt{ZY}\,\mathrm{sh}\sqrt{ZY}}
\end{aligned}\right\} \tag{2-104}$$

在引入上述修正系数后，对远距离输电线路即可用图 2-56 所示的Ⅱ形等值电路来代替，其结果与按分布参数电路计算相等效。

为了使系数 k_z、k_y 的值易于计算，还可进一步推导如下。

我们知道双曲线函数可以展开成如下的级数：

$$\left.\begin{aligned} \mathrm{sh}\theta &= \theta + \frac{\theta^3}{3!} + \frac{\theta^5}{3!} + \cdots \\ \mathrm{ch}\theta &= 1 + \frac{\theta^2}{2!} + \frac{\theta^4}{4!} + \cdots \end{aligned}\right\} \tag{2-105}$$

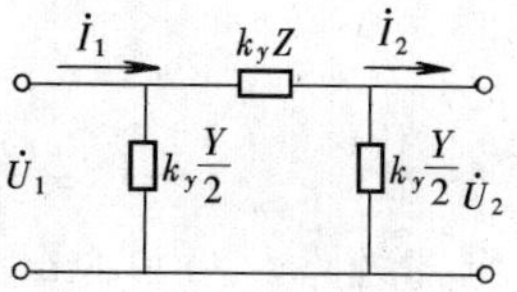

图 2 - 56　长线路的
等值Π形网络

如忽略 θ^5 以上的高次项，把上述关系代入式（2 - 104）并化简后可得

$$\left.\begin{aligned} k_z &= 1 + \frac{ZY}{6} \\ k_y &= \left(1 + \frac{ZY}{12}\right) \Big/ \left(1 + \frac{ZY}{6}\right) \end{aligned}\right\} \tag{2-106}$$

式（2 - 106）为复数形式，当输电线路电导 $g_1 = 0$ 时，式（2 - 106）可进一步简化为

$$\left.\begin{aligned} k_r &= 1 - \frac{l^2}{3} x_1 b_1 \\ k_x &= 1 - \frac{l^2}{6}\left(x_1 b_1 - r_1^2 \frac{b_1}{x_1}\right) \\ k_z &= 0.5 \times \frac{3 + k_r}{1 + k_r} \end{aligned}\right\} \tag{2-107}$$

式中　　k_r——用以修正线路电阻的系数；

　　　　k_z——用以修正线路电感的系数；

　　　　k_b——用以修正线路容性电纳的系数；

r_1、x_1、b_1——分别为线路每千米的电阻、电抗和电纳；

　　　　l——输电线路全长，km。

最后应当指出，这种修正的Π形等值电路仍只适用于计算线路的首端、末端的电压和电流，如需较准确计算远距离输电线路中任一点的电压、电流值，则仍然应当采用按分布参数推导的公式计算，如式（2 - 95），具体可参见 ［例 2 - 9］。

【例 2 - 9】 某单回 500 kV 输电线路，长 500 km，采用 LGJQ-4×300 分裂导线。已知线路参数为：$r_1 = 0.02625\ \Omega/\mathrm{km}$，$x_1 = 0.281\ \Omega/\mathrm{km}$，$b_1 = 3.956 \times 10^{-6}\ \mathrm{S/km}$，不考虑电导。另已知末端电压为 500 kV，末端负荷为 650 MW，负荷功率因数为 0.95，试分别按长线路分布参数等值电路和长线路的修正Π形等值电路，计算线路首端的电压、电流和功率并进行比较。

解　1. 按长线路分布参数等值电路计算

（1）先求线路的波阻抗 Z_c 与传播常数 λ：由于

$$z_1 = r_1 + \mathrm{j}x_1 = 0.02625 + \mathrm{j}0.281 = 0.282\underline{/84.66^\circ}(\Omega/\mathrm{km})$$

$$y_1 = \mathrm{j}b_1 = \mathrm{j}3.956 \times 10^{-6} = 3.956 \times 10^{-6} = 3.956 \times 10^{-6}\angle 90^\circ\ (\mathrm{S/km})$$

故有波阻抗

$$Z_c = \sqrt{Z_1/Y_1} = \sqrt{\frac{0.282}{3.956 \times 10^{-6}}\angle \frac{84.66^\circ - 90^\circ}{2}}$$

$$= 267.1\angle -2.67^\circ\ (\Omega)$$

传播常数为

$$\lambda = \sqrt{Z_1/Y_1} = \sqrt{0.282 \times 3.956 \times 10^{-6}} \angle \frac{84.66° + 90°}{2}$$

$$= 1.0562 \times 10^{-3} \angle 87.33° \ (1/\text{km})$$

已知线路 $l = 500$ km，故 $\lambda l = 0.5281 \angle 87.33°$。

（2）按式（2-96）来计算 $\dot{U}_1$ 及 $\dot{I}_1$：先按式（2-98）将 $\text{sh}\lambda l$ 及 $\text{ch}\lambda l$ 展开（注意 β 的单位为 rad），即

$$\text{sh}\lambda l = \text{sh}(0.5281 \angle 87.33°) = \text{sh}(\alpha + j\beta)$$

$$= \text{sh}(0.0246 + j0.5275)$$

$$= \text{sh}0.0246\cos 0.5275 + j\text{ch}0.0246\sin 0.5275$$

$$= 0.0246 \times 0.864 + j1.00 \times 0.503$$

$$= 0.02125 + j0.503 = 0.503 \angle 87.58°$$

$$\text{ch}\lambda l = \text{ch}(0.5281 \angle 87.33°) = \text{ch}(\alpha + j\beta)$$

$$= \text{ch}(0.0246 + j0.5275)$$

$$= \text{ch}0.0246\cos 0.5275 + j\text{sh}0.0246\sin 0.5275$$

$$= 1.0 \times 0.864 + j0.0246 \times 0.503$$

$$= 0.864 + j0.0123 = 0.864 \angle 0.82°$$

以末端相电压 $\dot{U}_2$ 作为参考相量，则有

$$\dot{U}_2 = \frac{500}{\sqrt{3}} = 288.67 \angle 0° \ (\text{kV})$$

于是，线路末端相电流为

$$\hat{I}_2 = \frac{\dot{S}_2}{3\dot{U}_2} = \frac{P_2 + jQ_2}{3\dot{U}_2} = \frac{P_2}{3U\cos\varphi}(0.95 + j0.312)$$

$$= \frac{650}{3 \times 288.67 \times 0.95}(0.95 + j0.312)$$

$$= 0.75 + j0.246 \ (\text{kA})$$

故

$$\dot{I}_2 = 0.75 - j0.246 = 0.789 \angle -18.15° \ (\text{kA})$$

代入式（2-96）后可得

$$\dot{U}_1 = \dot{U}_2\text{ch}\lambda l + \dot{I}_2 Z_c\text{sh}\lambda l = 288.67 \angle 0° \times 0.864 \angle 0.82°$$

$$+ 0.789 \angle -18.15° \times 267.1 \angle -2.67° \times 0.503 \angle 83.58°$$

$$= 249.41 \angle 0.82° + 106 \angle 66.76°$$

$$= 291.2 + j100.96 = 308.01 \angle 19.30° \ (\text{kV})$$

$$\dot{I}_1 = \dot{I}_2\text{ch}\lambda l + \frac{\dot{U}_2}{Z_c}\text{sh}\lambda l = 0.789 \angle -18.15° \times 0.864 \angle 0.82°$$

$$+ \frac{288.67 \angle 0°}{267.1 \angle -2.67°} \times 0.503 \angle 87.58°$$

$$= 0.682 \angle -17.33° + 0.5436 \angle 90.25°$$

$$= 0.6486 + j0.34 = 0.7323 \angle -27.66° \ (\text{kA})$$

因而线路首端视在功率为

$$\dot{S}_1 = 3\,\hat{\dot{I}}_1\,\dot{U}_1 = 3 \times (308.01\angle 19.13° \times 0.7323\angle -27.66)$$
$$= 669.17 - \text{j}100.37 \ (\text{MV·A})$$

2. 按长线路的修正 Ⅱ 形等值电路计算

首先按式（2-107）计算各项修正系数，即

$$k_r = 1 - x_1 b_1 \frac{l^2}{3} = 1 - 0.281 \times 3.956 \times 10^{-6} \times \frac{500^2}{3} = 0.9074$$

$$k_x = 1 - \frac{l^2}{6}\left(x_1 b_1 - r_1^2 \frac{b_1}{x_1}\right)$$

$$= 1 - \frac{500^2}{6} \times \left(0.281 \times 3.956 \times 10^{-6} - \frac{0.02625^2 \times 3.956 \times 10^{-6}}{0.281}\right)$$

$$= 1 - 0.046 = 0.954$$

$$k_b = 0.5 \times \frac{3 + k_r}{1 + k_r} = 0.5 \times \frac{3.9074}{1.9074} = 1.024$$

于是

$$k_r R = 0.9074 \times 0.02625 \times 500 = 11.91 \ (\Omega)$$
$$k_x X = 0.954 \times 0.281 \times 500 = 134.04 \ (\Omega)$$
$$k_b B = 1.024 \times 3.956 \times 10^{-6} \times 500 = 2.025 \times 10^{-3} \ (\text{S})$$
$$\frac{1}{2} k_b B = 1.0125 \times 10^{-3} \ (\text{S})$$

因而在按 Ⅱ 形等值电路计算时，相应的修正后的 Z 与 Y 为

$$Z = (R + \text{j}X) = (11.91 + \text{j}134.04) = 134.56\angle 84.92°$$
$$Y = \text{j}B = 2.025 \times 10^{-3}\angle 90°$$

按 Ⅱ 形等值电路计算式（2-81），即可计算出 $\dot{U}_1$ 与 $\dot{I}_1$ 为

$$\dot{U}_1 = \left(1 + \frac{ZY}{2}\right)\dot{U}_2 + \dot{I}_2 Z$$

$$= 0.8645\angle 0.8° \times 288.67\angle 0° + 0.789\angle -18.15°$$
$$\times 134.56\angle 84.92° = 291.39 + \text{j}101.03$$
$$= 308.4\angle 19.12° \ (\text{kV})$$

$$\dot{I}_1 = Y\left(1 + \frac{ZY}{4}\right)\dot{U}_2 + \left(1 + \frac{ZY}{2}\right)\dot{I}_2$$

$$= \text{j}2.025 \times 10^{-3}(0.9324\angle 0.9°) \times 288.67\angle 0°$$
$$+ 0.8645\angle 0.8° \times 0.789\angle -18.15°$$
$$= \text{j}2.025 \times 10^{-3} \times (269.11 + \text{j}4.23) + (0.651 - \text{j}0.203)$$
$$= \text{j}0.545 - 0.0086 + 0.651 - \text{j}0.203$$
$$= 0.6424 + \text{j}0.342 = 0.728\angle 28° \ (\text{kA})$$

于是，有

$$\dot{S}_1 = 3\,\hat{\dot{I}}_1\,\dot{U}_1 = 3 \times (308.4\angle 19.12° \times 0.728\angle -28°)$$
$$= 665.46 - \text{j}103.97 \ (\text{MV·A})$$

可见两种方法的计算结果很接近，而采用修正 Ⅱ 形等值电路却大大简化了计算。

第五节 电力网电压计算

一、电压降落的计算

当输电线路传输功率时，电流将在线路的阻抗上产生电压降落。由于电压变化程度是衡量电能质量的重要指标之一，所以研究电力网的电压变化规律是很有必要的。

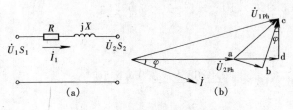

图 2-57 集中参数输电线路的
等值电路和相量图
(a) 计算用等值电路；(b) 相量图

为了分析问题简便起见，我们以集中参数的等值电路来代表输电线路，并暂时不考虑电容的影响，这时输电线路的等值电路和相量图如图 2-57 所示。

从图 2-57 (b) 的相量图中可知，输电线路首端相电压 $\dot{U}_{1ph}$ 和末端相电压 $\dot{U}_{2ph}$ 之间存在下列关系

$$\dot{U}_{1ph} - \dot{U}_{2ph} = \mathrm{d}\dot{U}_{ph} = \dot{I}(R + jX) \tag{2-108}$$

通常把这个相量差 $\mathrm{d}\dot{U}_{ph}$ 称为电压降落。它实质上就是电流在线路阻抗上的压降，相量图中的三角形 abc 就是一个阻抗压降三角形，ac 边为总的电压降落，ab 边为电阻压降（或压降的有功分量），bc 边为电抗压降（或压降的无功分量）。

但是，在进行电力网电压计算时，常采取另一种方法来将电压降落相量 $\mathrm{d}\dot{U}_{ph}$ 加以分解，即取相量 $\mathrm{d}\dot{U}_{ph}$（ac）在 $\dot{U}_{2ph}$ 相量方向上的投影 ad 称为电压降落的纵分量 $\Delta\dot{U}_{ph}$，而取与之垂直方向上的投影 dc 为电压降落的横分量 $\delta\dot{U}_{ph}$。

如以 $\Delta\dot{U}_{ph}$ 表示电压降落的纵分量，则从相量图根据几何关系可知

$$\Delta\dot{U}_{ph} = I(R\cos\varphi + X\sin\varphi) \tag{2-109}$$

如以 $\delta\dot{U}_{ph}$ 表示电压降落的横分量，则从相量图根据几何关系可知

$$\delta\dot{U}_{ph} = \dot{I}(X\cos\varphi - R\sin\varphi) \tag{2-110}$$

另外，在推导时应注意到当相位角 φ 很小时，可认为 $\cos\varphi \approx 1$。

当电流用功率来表示则有

$$I = \frac{S_2}{3U_{2ph}} \tag{2-111}$$

式中 S_2——末端的视在功率，$S_2 = P_2 + jQ_2$。

将式 (2-111) 代入式 (2-109) 可得

$$\Delta U_{ph} = \frac{S_2}{3U_{2ph}}(R\cos\varphi + X\sin\varphi) = \frac{P_2R + Q_2X}{3\dot{U}_{2ph}}$$

如将上式两端都乘以 $\sqrt{3}$ 时，则可得到以线电压表示的电压降落纵分量的计算式为

$$\Delta U_2 = \frac{P_2R + Q_2X}{U_2} \tag{2-112}$$

式中 U_2——末端的线电压。

同理可得电压降落的横分量的计算式为

$$\delta U_2 = \frac{P_2 X - Q_2 R}{U_2} \qquad (2 - 113)$$

应当指出，以上各式都是按通过的无功功率为感性的情况下作出的。当通过容性无功功率时，上两式右端与 Q 有关的项都必须相应改变符号。

显然，利用式（2 - 112）和式（2 - 113）可在已知末端电压的情况下求出线路首端电压，即

$$\dot U_1 = \dot U_2 + \Delta \dot U_2 + \mathrm{j}\delta \dot U_2 \qquad (2 - 114)$$

或绝对值为

$$U_1 = \sqrt{(U_2 + \Delta U_2)^2 + (\delta U_2)^2} \qquad (2 - 115)$$

如果已知的是首端的视在功率 S_1 和线电压 U_1，则不难求出相应的公式。

电压降落的纵分量

$$\Delta U_1 = \frac{P_1 R + Q_1 X}{U_1} \qquad (2 - 116)$$

电压降落的横分量

$$\delta U_1 = \frac{P_1 X - Q_1 R}{U_1} \qquad (2 - 117)$$

则

$$\dot U_2 = (\dot U_1 - \Delta \dot U_1) - \mathrm{j}\delta \dot U_1 \qquad (2 - 118)$$

绝对值为

$$U_2 = \sqrt{(U_1 - \Delta U_1)^2 + \delta U_1^2} \qquad (2 - 119)$$

应当指出的是，当已知末端的功率、电压求首端的电压时是取 $\dot U_2$ 作为参考轴的，而当已知首端功率、电压求末端电压时，则是以 $\dot U_1$ 为参考轴的，所以有 $\Delta U_1 \neq \Delta U_2$、$\delta U_1 \neq \delta U_2$，如图 2 - 58 所示。因此，在实际计算时应注意所取功率和电压必须是同一地点的。

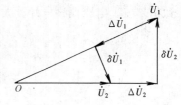

图 2 - 58　$\dot U_1$ 和 $\dot U_2$ 的关系

二、电压损耗与电压偏移

以上我们介绍了关于电压降落的计算。但是在实际生产上，为了简便起见，常常只需要计算电压损耗就已满足运行的需要了。所谓电压损耗，就是指输电线路首端和末端电压的绝对值之差。例如当首端电压为 115 kV，末端电压为 110 kV 时，电压损耗即为 5 kV。

在图 2 - 59 电压损耗的计算中，bd 为电压降，如以 a 为圆心，ad 为半径作圆弧与 $\dot U_2$ 的延长线交于 e，则 be 的大小即为电压损耗。因此，如单从计算电压损耗的需要出发，只需要计算各点电压的绝对值即可。在前述式（2 - 115）及式（2 - 119）中已经给出了首端电压 U_1 和末端电压 U_2 的绝对值的计算公式，但是，对电压为 110 kV 及以下的电力网而言，根据经验，式（2 - 115）和式（2 - 119）中的横分量一项常可以略去不计，于是该两式即简化为

$$U_1 = U_2 + \Delta U_2$$
$$U_2 = U_1 - \Delta U_1$$

或

$$U_1 = U_2 + \frac{P_2 R + Q_2 X}{U_2} \qquad (2\text{-}120)$$

$$U_2 = U_1 - \frac{P_1 R + Q_1 X}{U_1} \qquad (2\text{-}121)$$

式（2-120）、式（2-121）是电力网计算中常用的公式。但对 220 kV 及以上的超高压

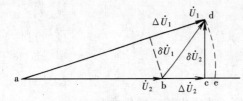

图 2-59　电压损耗的计算

电力网而言，据经验，其横分量 δU 一项则不能忽略不计。

上面所推导的公式是针对输电线路而言的，如把线路阻抗换成变压器的阻抗，则这些公式也适用于变压器内的电压降落的分析计算。

从式（2-120）及式（2-121）可知，电压损耗是由两部分所组成，即

$$\Delta U = \frac{PR}{U} + \frac{QX}{U} \qquad (2\text{-}122)$$

式（2-122）中的第一部分与有功功率和电阻有关，第二部分与无功功率和电抗有关，但这些因素对电压损耗值的影响程度归根到底与电力网特性有关。一般说来，在超高压电力网中，因输电线路的导线截面较大，$X \gg R$，所以 QX 项对电压损耗值影响较大，亦即无功功率 Q 的数值对电压影响较大；反之，在电压不太高的地区性电力网中，由于电阻 R 的值相对较大，这时 PR 项的影响将不可忽视。

最后再介绍一下关于电压偏移的概念。所谓电压偏移是指网络的实际电压与额定电压的数值之差。电压偏移只计算大小，且常用百分值表示，例如：

$$\left.\begin{array}{l} \text{首端电压偏移}(\%) = \dfrac{U_1 - U_{1N}}{U_{1N}} \times 100 \\[3mm] \text{末端电压偏移}(\%) = \dfrac{U_2 - U_{2N}}{U_{2N}} \times 100 \end{array}\right\} \qquad (2\text{-}123)$$

式中　U_{1N}、U_{2N}——首端、末端的额定电压。

从保证电压质量的观点出发，电压偏移的大小是值得令人关注的。

第六节　电力系统的无功平衡和电压调节

一、简单系统的电压与无功功率的关系

在第五节中，曾根据图 2-57 所示的简单电力网，推导出其首、末端电压 U_1、U_2 与电压降落的纵、横分量 ΔU_2、δU_2 的关系为

$$U_1^2 = \left(U_2 + \frac{P_2 R + Q_2 X}{U_2}\right)^2 + \left(\frac{P_2 X - Q_2 R}{U_2}\right)^2$$

$$= (U_2 + \Delta U_2)^2 + (\delta U_2)^2 \qquad (2\text{-}124)$$

如忽略横分量的影响，则有

$$U_1^2 = \left(U_2 + \frac{P_2 R + Q_2 X}{U_2}\right)^2 \qquad (2\text{-}125)$$

　　如前所述，对一般的高压输电线路而言，由于 $R \ll X$，因而可以近似地认为首、末端的电压降落，主要决定于线路上传输的无功功率。

　　下面再进一步看看图 2-60 所示的二机系统的情况。这里实际上是用发电机 G_A 与发电机 G_B 来等效地表示一个双电源的简单系统，两系统间通过阻抗 $Z = R + jX$ 相联系。为简化分析，可近似假定 $R \ll X$。假定发电机 G_A 的相位超前于发电机 G_B，且 $U_1 > U_2$，所以有功功率、无功功率均从 A 点流向 B 点。另外，从同步电机的相量图〔见图 2-60（b）〕也可以看出，根据同步电机的双反应原理，I_d（有功功率 P 与它成正比）由 δ 角所决定，$\dot{I}_q$（无功功率 Q 与它成正比）主要由（$U_1 - U_2$）所决定，由于 $U_1 > U_2$，所以无功功率将由 A 传输到 B。

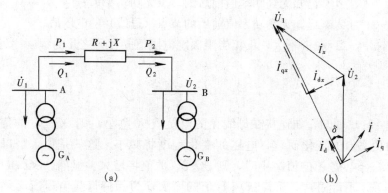

图 2-60　二机系统
（a）接线图；（b）相量图

　　反过来，如 $U_2 > U_1$，则无功功率的传输方向也将要反转过来。我们知道，有功功率是依靠适当地调节进入原动机的蒸汽（或水）的流量以改变 δ 角来控制它的传输方向的，而无功功率则是依靠调节电压来决定其方向的。只要 $R \ll X$，这两项调节基本上可以相互独立地进行而彼此无关。如前所述，无功功率将朝向电压低的母线一侧流动。所以，当电力网中某个点的无功功率不足时，由于其不足的部分必须通过联络线来供给，因而该点的电压必将降低；反过来，当该点的无功功率过剩时，则该点的电压必将上升。因而，电压的控制与无功功率的传输情况密切相关。

二、网络的节点电压与有功、无功功率的关系

　　一般来说，网络的节点电压是节点的有功功率 P 和无功功率 Q 的函数，即

$$U = f(P, Q)$$

对上式取全微分后可得

$$dU = \frac{dP}{\frac{\partial P}{\partial U}} + \frac{dQ}{\frac{\partial Q}{\partial U}} \tag{2-126}$$

　　从式（2-126）可知，电压的变化将取决于 $\dfrac{\partial P}{\partial U}$ 及 $\dfrac{\partial Q}{\partial U}$，例如对图 2-57 所示的简单网络，根据式（2-120）可以有

$$(U_1 - U_2)U_2 - P_2 R - Q_2 X = 0 \tag{2-127}$$

　　应用式（2-126）可得

$$dU_2 = \frac{R \, dP_2 + X \, dQ_2}{U_1 - 2U_2} \tag{2-128}$$

如把 U_2、dU_2 取为一定，则有

$$R dP_2 + X dQ_2 = 0$$

从而

$$dQ_2 = -(R/X)dP_2 \qquad (2-129)$$

如前所述，无功功率对电压变化的影响较大，所以 $\partial Q/\partial U$ 这一项从母线电压控制的观点来看是很重要的值。只要在某个节点（母线）上注入一定已知数量的无功功率，再根据由此而产生的电压差，即可求得 $\partial Q/\partial U$ 值来，即

$$\frac{\Delta Q}{\Delta U} = \frac{Q_a - Q_b}{U_a - U_b} \qquad (2-130)$$

式中　Q_a、Q_b——注入某已知无功功率值前后的节点无功功率值；

U_a、U_b——注入某已知无功功率值前后的节点（母线）的电压值。

在上述计算中，ΔU 值并不大，仅相当于额定电压值的百分之几的程度。另外，如参照式（2-128），则有

$$\frac{\partial Q}{\partial U} = \frac{(U_1 - 2U_2)}{X} \qquad (2-131)$$

从式（2-131）可知，如连接在母线上的电抗值 X 愈小，则 $\partial Q/\partial U$ 的值愈大，即对于一定的无功功率值的变化而言，电压的变化程度将减小。这就是说，当母线上连接的线路增加以致综合电抗 X 的值减小时，则 $\partial Q/\partial U$ 的值将增大。显然，$\partial Q/\partial U$ 值将与网络的构成情况有关。不言而喻，随着 $\partial Q/\partial U$ 值的增大，为保持母线电压所必须供给的无功功率势必增高。因而 $\partial Q/\partial U$ 值对分析无功功率变化与电压变化的关系是很重要的参数之一。

通常，$\partial Q/\partial U$ 值还可通过三相短路电流值来大致估算，其具体推导如下。

对图 2-57 所示的简单电力网，在三相线路的末端发生短路时，如假定 $R \ll X$，其短路电流 I_k 为

$$I_k = \frac{U_1}{X} \qquad (2-132)$$

另外，当空载时 $U_2 = U_1$，因此式（2-131）将变为

$$\partial Q/\partial U = -\frac{U_1}{X} \qquad (2-133)$$

比较式（2-132）与式（2-133）后可知，$\partial Q/\partial U$ 的绝对值的大小等于末端的三相短路电流值。这样就可以通过短路电流的大小或短路容量（可近似认为它正比于短路电流）的大小来近似估计无功功率变化与电压变化的关系。由于短路电流或短路容量的值便于按式（2-133）估算，所以这种推算 $\partial Q/\partial U$ 值的方法对系统的规划设计或运行都具有一定的参考价值。但是，这种计算必须用标么值计算法（参见第四章）来进行，否则得不出正确的结论。

应当指出的是，本节中所讨论的网络节点电压与有功功率及无功功率的关系，反应在实际上，往往用第一章中图 1-14（a）所示的静态电压特性来表示，该特性与工业部门、地区负荷特性等都有关，既可以按实际运行记录绘制，也可以在规划设计阶段按负荷预测等资料来事先推算。总之，该曲线对无功平衡与电压调节是极其重要的。为了进一步说明这一问题，在图 2-61 上再列出了上海地区的综合负荷的电压静态特性曲线以供参考。

三、系统的无功电源、无功负荷和无功平衡

如前所述，系统的无功平衡将影响到各节点的电压水平，因而是系统运行的一个重要问题。下面拟在介绍无功电源、无功负荷的基础上来进一步讨论无功平衡问题。

（一）系统的无功电源

1. 同步发电机

同步发电机除发出有功功率、实现机械能变电能，作为系统的有功功率电源之外，同时又是系统最基本的无功功率电源。

同步发电机在额定有功功率条件下运行时，所能提供的最大无功出力与发电机的额定功率因数有关。发电机的额定有功功率 P_N，额定无功功率 Q_N，额定视在功率 S_N 以及额定功率因数 $\cos\varphi_N$ 之间有如下的关系，即

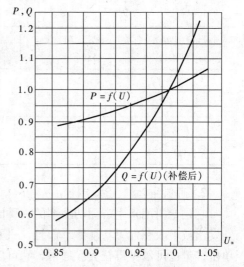

图 2-61　上海地区综合负荷的
电压静态特性曲线

$$Q_N = S_N \sin\varphi_N = P_N \frac{\sin\varphi_N}{\cos\varphi_N} = P_N \tan\varphi_N \qquad (2-134)$$

$$S_N = \sqrt{P_N^2 + Q_N^2} = P_N \sqrt{1 + \tan^2\varphi_N} \qquad (2-135)$$

从同步电机的原理可知，当过励磁时发电机可以发出感性无功功率；而欠励磁时，发电机将要吸收感性无功功率。换句话说，发电机可以作为正或负的无功电源而发挥其作用。发电机所能供给无功功率的能力不仅与短路比的值等有关，还同时与所担负的有功负载的大小有关，其最大无功出力既受额定容量的限制，还受转子电流不过载以及原动机出力的条件等所限制。通常，在运行时受发电机 P—Q 曲线的范围所限定。此外对于一些远离负荷中心的发电厂，若经过长距离输电线路传输大量无功功率，必将引起较大的有功、无功损耗，这时靠它来供给无功功率在技术经济上也是不合理的。表 2-6 为汽轮发电机的额定有功容量和无功容量表，可供参考。

表 2-6　　　　　　　　　汽轮发电机额定有功容量和无功容量表

额定有功容量 （MW）	额定无功容量 （Mvar）	$\cos\varphi$	扣除厂用电后送出的 无功容量（Mvar）	升压后高压侧可送出的 无功容量（Mvar）
3	2.25	0.8	2	1.8
6	4.5	0.8	4	3.5
12	9	0.8	8	6.7
25	18.8	0.8	17	14
50	37.5	0.8	33	27
100	62	0.85	54	40
125	77.5	0.85	67	48
200	124	0.85	110	100

额定有功容量 （MW）	额定无功容量 （Mvar）	cosφ	扣除厂用电后送出的 无功容量（Mvar）	升压后高压侧可送出的 无功容量（Mvar）
300	186	0.85	160	140
500	310	0.85	270	186
600	291	0.9	240	190
800	387	0.9	325	220

2. 同步补偿机（调相机）

它是专门用来生产无功功率的一种同步电机。在过励磁、欠励磁的不同情况下，它可分别发出或吸收感性无功功率。而且，只要改变它的励磁，就可以平滑地调节无功功率输出，单机容量也可以做得较大。通常，它可以直接装设在用户附近就近供应无功功率，从而减少输送过程中的损耗。但由于它是旋转电机，故有功功率损耗较大。加之运行维护比较复杂，运行噪声较大，所以目前同步补偿机的使用正日益减少，而逐渐代之以性能更为优越的静止补偿器。

3. 电力电容器

电力电容器只能从系统吸取容性的无功功率，它最适合补偿系统的感性无功负载。它一般单台容量不大，多成组使用，因而其容量可大可小，既可集中使用，又可分散使用，具有较大的灵活性。由于电容器组价格较低、损耗较小、维护方便、还可以提高负载的功率因数，故为目前系统中使用最广的无功电源（或无功补偿装置）之一。但是，电容器的无功功率与所在节点的电压平方成正比，即

$$Q_C = \frac{U^2}{X_C} \tag{2 - 136}$$

式中　　X_C——电容器的容抗，$X_C = \dfrac{1}{\omega C}$；

　　　　U^2——电容器所在节点的电压。

这样一来，当节点电压下降时，它所供给系统的无功功率也将减少，结果将导致电力网电压继续下降，这是电力电容器的主要缺点。

4. 静止补偿器

静止补偿器是 20 世纪 60 年代起发展起来的一种新型可控的静止无功补偿装置，它简称为 SVC。其特点是：利用晶闸管电力电子元件所组成的电子开关来分别控制电容器组与电抗器的投切，这样它的性能完全可以做到和同步补偿机一样，既可发出感性无功，又可发出容性无功，并能依靠自身装置实现快速调节，从而可以作为系统的一种动态无功电源，对稳定电压、提高系统的暂态稳定性以及减弱动态电压闪变等均能起着较大的作用，因而日益受到重视，并正在不断发展与完善之中。但是，由于使用电力电子开关投切电抗器与电容器组，将使电力系统产生一些附加的高次谐波，这是使用中存在的问题之一。另外，电力电子开关需要较多的电力电子元件的串、并联，其中任何元件的损坏都将影响整个装置的运行可靠性。

静止补偿器既可接在低压侧，也可通过升压变压器直接接在高压或超高压线路上，这样

还对改善长距离输电线路的运行性能起着较大的作用。

下面对迄今为止系统中使用较多的静止补偿装置作一个综合介绍与性能比较。

目前，电力系统中应用的静止补偿器有饱和电抗器（Saturated Reactors，SR）和晶闸管控制电抗器（Thyristor Controlled Reactors，TCR）等。其中晶闸管控制的并联静止补偿器又可分为两种类型：固定连接电容器（Fixed Capacitor）加晶闸管控制的电抗器（Thyristor Controlled Reactor），简称为 FC-TCR；晶闸管开关操作的电容器（Thyristor Switched Capacitor）加晶闸管控制的电抗器，简称为 TSC-TCR。下面分别进行介绍。

（1）FC-TCR 型静止补偿器。其原理接线如图 2-62 所示，图中 C 为固定电容器（FC），TCR 由线性电抗器 Lh 和两个反极性并联的双向晶闸管构成。调节晶闸管的导通角即可改变流过电抗器的电流及其吸收的无功功率。图中与 C 串联的电抗器 L 为高次谐波调谐电感线圈，它与 C 组成滤波电路，可按需要滤去晶闸管动作所产生的 5、7、11、13 等高次谐波。

（2）TSC-TCR 型静止补偿器。其原理接线如图 2-63 所示。图中和固定电容 C 并联的既有晶闸管控制电抗器（TCR），又有晶闸管开关操作电容器（TSC）。其中 TSC 输出的无功是阶梯式可调的，在无功调节中起粗调的作用，TCR 则用作对 TSC 粗调的补充，起细调的作用。TSC 的采用可以减小 TCR 的容量，从而减小由 TCR 带来的高次谐波分量和电抗器的损耗。TSC 和 TCR 的组合运行则可以得到平滑可调的无功功率输出，弥补了 TSC 阶梯式调压的缺陷。

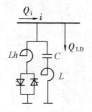

图 2-62　FC-TCR 型静止
补偿器的原理接线图

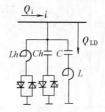

图 2-63　TSC-TCR 型静止
补偿器的原理接线图

TSC-TCR 型静止补偿器一般由 1~2 个 TCR 和 n 个 TSC 组成。

（3）饱和电抗器型静止补偿器。饱和电抗器型又分为可控饱和电抗器型和自饱和电抗器型，主要由滤波系统、稳定器、调节器、饱和电抗器与可控整流桥等组成。

可控饱和电抗器型中的饱和电抗器工作在饱和区，对应的等值电抗随饱和程度的加深而减少，它所吸收的无功因 $Q_L = U^2/X_L$ 关系而增加。其接线方式如图 2-64 所示。饱和电抗器特性、滤波电容器特性以及综合伏安特性如图 2-65 所示。由综合伏安特性可见，当系统电压增加时，饱和电抗器电流将迅速增加，从而起到调节作用。

下面再介绍一下自饱和电抗器型静止补偿器的工作原理。这种静止补偿器的原理接线如图 2-66 所示。自饱和电抗器实质上是一种大容量的磁饱和稳压器，不需要外加控制调节设备。自饱和电抗器具有如下特性：①电压低于额定电压时，铁心不饱和，呈现很大的感抗值，基本上不消耗无功功率，整个装置由并联的固定电容器组 C 发出无功功率，使母线电

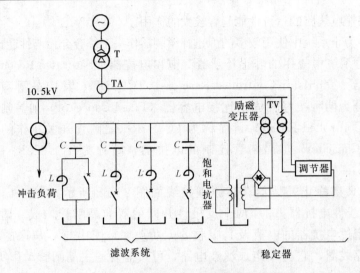

图 2-64 可控饱和电抗器型静止补偿装置

压回升；②当电压达到或略超过额定电压时，铁心急剧饱和，回路感抗急剧降低，从外界大量吸收无功功率，使母线电压降低；③在额定电压附近，电抗器吸收的无功功率将随电压波动而灵敏地变化，从而达到稳定电压的目的。

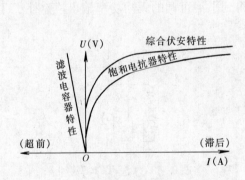

图 2-65 可控饱和电抗器型静止
补偿装置的伏安特性

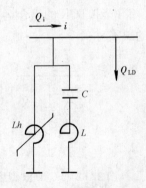

图 2-66 自饱和电抗器型
静止补偿器

　　自饱和电抗器通常与有载调压变压器联合运行，前者在一定范围内能对电压的快速变化（闪变）进行调节；后者可对电压的缓慢变化进行调节，从而使自饱和电抗器运行在最优的工作点上。

　　上述五种类型的 SVC 装置综合技术经济比较，如表 2-7 所示。

表 2-7　　　　　　　　　　　　五种 SVC 装置的技术经济比较

序号	形 式　　　　　比较项目	可控饱和电抗器型	自饱和电抗器型	TCR	TCR-TSC	TSC
1	动态响应时间（ms）	60	10	5~10	5~10	10~20
2	调节连续与否	连续	连续	连续	连续	级差调节
3	能否分相调节	三相式的不可能	不能，但能改善不平衡度	能	能	能

序号	形式 比较项目	可控饱和 电抗器型	自饱和 电抗器型	TCR	TCR-TSC	TSC
4	吸收无功能力及 抑制过电压性能	好	很好	依靠设计决定	依靠设计 决定	无
5	是否可控	可控	稳压，但无控	可控	可控	可控
6	能否快速接受 多路信号控制	能，但缓慢	不能	能	能	能
7	引发铁磁谐振 可能性	有	有	无	无	无
8	噪声	大，约 100 dB	大，约 100 dB	小，约 70 dB	稍大，约 75 dB	最小， <70 dB
9	产生谐波量	大	用曲折接线，可 消除大量谐波	较小	较小	无
10	投资	较大	与所配合的有 载调压变压器一 起具体核算	较小	较小	最小
11	本身能耗大小	较大	较大	小（0.5%～ 1.0%）	较大（2%～ 3%）	最小 （0.3%）

（二）系统的无功负荷和无功损耗

1. 系统的无功负荷

系统的无功负荷主要是指以滞后的功率因数运行的用电设备所吸收的感性无功功率，其中主要是异步电动机，特别是当异步电动机轻载时，所吸收的无功功率较多。一般情况下，系统综合负荷的功率因数大致为 0.6～0.9，异步电动机的比例愈大，则综合负荷的功率因数愈低，负荷所吸收的无功功率也愈多。

2. 系统的无功损耗

系统的无功损耗主要是输电线路与变压器内的无功功率损耗，现分述如下。

（1）输电线路的无功损耗。输电线路的电抗所产生的无功损耗与线路电流的平方成正比，这种损耗在数量级上较有功损耗要大，愈是大截面导线，无功损耗比重愈大。关于这部分无功损耗的具体计算方法可参见第八节。

另外，输电线路上还有电纳，电纳中的容性功率又称为线路的充电功率，其大小与线路电压的平方成正比。对超高压输电线路而言，这部分容性充电功率的数值常常是较大的，各级电压的高压输电线路充电功率的大致数值可参见表 2-8 以及附录三中的附表 3-4。至于电缆线路，其充电功率值就更大了，具体可参见有关手册。

表 2-8　　　　　　　　　高压输电线路充电功率的大致数值

电压等级（kV）	110	220		330	500		750
		单导线	双分裂	双分裂	三分裂	四分裂	四分裂
容量$\left(\dfrac{\text{Mvar}}{100\ \text{km}}\right)$	3.4	14	19	41	103	118	240

这部分线路充电功率，如看作无功损耗，则应带负号。它的存在将引起一种所谓"长线路的电容效应"而导致"工频电压升高"现象的产生，即这时由于容性无功使电压升高，使

得线路的末端电压反而超过首端电压。这种情况国外最早称为"弗兰梯"效应（见图 2 - 67）。为了减弱这种"工频电压升高"，常在远距离输电线路的中途或末端装设并联电抗器，如图 2 - 68 所示。依靠电抗器的感性无功来补偿线路上的容性充电功率，从而达到减低"工频电压升高"的目的。

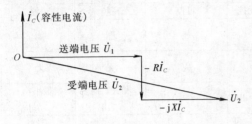 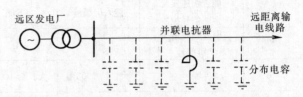

图 2 - 67 长线路空载或轻载时产生工频　　　　图 2 - 68 在远距离输电线路上装设并联电抗器
　　　　　　电压升高的原理

（2）变压器的无功损耗。变压器的无功损耗包括两个部分。一部分是励磁无功损耗，通常为不变损耗，这部分损耗所占额定容量的百分数，基本上等于空载电流的百分数 $I_0\%$。现代的低损耗的电力变压器，这部分无功损耗的比例是很小的。另一部分无功损耗是由于变压器的漏电抗所产生的，它与负荷电流的平方成正比，称为可变损耗。关于变压器的无功损耗的计算方法可参见第八节。

由于从发电厂到用户中间要经过多级变压，所以虽然每台变压器的无功损耗一般只占每台变压器容量的百分之几，但多级变压器的无功损耗的总和就很可观了。据统计，一般情况下变压器的无功损耗的总和为用户消耗的总无功负荷的 $50\%\sim75\%$。因此，如何进一步降低这部分损耗，也是很值得重视的。

（三）系统的无功平衡

所谓系统的无功平衡，就是指在运行的每一时刻，系统中各无功电源所发出的总无功功率要与系统的无功负荷及无功功率损耗相平衡。同时，为了运行可靠及适应系统的发展，还要求有一定的无功备用容量，具体可用公式表示为

$$Q_B = \sum Q_G - \sum Q_L \tag{2-137}$$

式中　$\sum Q_G$——系统中总无功电源容量；

　　　$\sum Q_L$——系统的总无功负荷与无功损耗之和；

　　　Q_B——系统的无功备用容量，一般为系统总无功负荷的 $8\%\sim10\%$。

如果 $Q_B>0$，则表示系统的无功功率不仅可以平衡，还适当留有备用。反之，如 $Q_B<0$，则表示系统无功功率不足，需要增设无功补偿装置。

如前所述，要保持节点的电压水平就必须维持无功平衡，因而保持充足的无功电源是维持电压质量的关键。由于负荷的综合功率因数一般在 $0.6\sim0.9$ 之间，多数在 $0.7\sim0.8$ 之间，加之线路无功损耗约为总无功负荷的 25%，变压器的总无功损耗最多可达总无功负荷的 75%。因而，需要由系统中各类无功电源所供给的无功负荷最多可达系统总无功负荷的两倍左右，而从数量级上看甚至与有功负荷的两倍相接近。因此，维持系统无功平衡就并非是轻而易举的事。实践表明，绝大多数电力系统必须采取专门的无功功率补偿措施，才能达到维持电压水平的目的。

四、电力系统的调压措施

电力系统的调压措施可以分为两种类型：一类是依靠调节发电机、变压器的输出端电压

而达到调节网络电压的目的；另一类则是依靠改变无功功率分布、线路参数等以实现调压的。下面分别对这两类方法进行简要的介绍。

（一）改变发电机的端电压来进行调压

我们知道，改变发电机的励磁电流就可以调节它的端电压，一般情况下发电机端电压的调节范围为±5%。这种调压措施不需要另外增加设备，是一种最经济的调压方式，故应予优先考虑。

这种调压方式的实质就是使发电机的端电压随负荷的大小而调节。当负荷大时，网络的电压损耗也大，这时应调高发电机的端电压以维持网络的电压水平；反之，当负荷轻时，网络的电压损耗也小，这时则应调低发电机的端电压。但是这种方式只是对孤立运行的小容量电厂或供电范围不大、用户性质相似的电厂才能有效地发挥作用。反之，当用户性质不同、或用户距电源远近相差悬殊时，这种调压方式就不能保证所有用户对电压质量的要求。这时应与其他调压方法配合使用。

对于具有多个发电厂的电力系统，或具有多级电压的电力网，由于其供电范围广，网络各节点上的无功功率平衡情况并不一样，因此单靠发电机调压就不能完全满足要求，而必须主要依靠其他的调压措施。但是，由于发电机调压是一种最经济的调压方式，在解决大系统的调压问题时，仍应当尽可能充分地利用发电机的调压能力。

（二）改变变压器的分接头或采用专门的调压变压器来调压

从"电机学"课程知道，改变变压器的分接头，即改变变压器的变比，就可以改变其二次侧的输出电压。这种方式可适用于任何电压等级，是目前广泛采用的一种调压方式。

通常，改换变压器分接头的方式有两种：一种是在停电的情况下改换分接头，称为无励磁调压（以往称为"无载调压"）。对容量为 6300 kV·A 以下的无励磁调压变压器，一般有三个调压分接头，分别于 $1.05U_N$、U_N、$0.95U_N$ 处引出，其调压范围为±5%。其中，U_N 为高压侧额定电压，在 U_N 处引出的分接头称为主分接头。对容量在 8000 kV·A 以上的无励磁调压变压器则有五个分接头，分别从 $1.05U_N$、$1.025U_N$、U_N、$0.975U_N$、$0.95U_N$ 处引出，其调节范围为±2×2.5%。由于无励磁调压变压器只能在停电的情况下改换分接头，因此，对每一台变压器应在考虑运行中可能出现的最大负荷与最小负荷之后，事先选择好一个分接头，以保证运行中电压偏移不致超过容许范围。

另一种调压方式称为有载调压，它可以在不停电的情况下去改换变压器的分接头，从而使调压变得很方便。有载调压变压器的关键部件是有载调压的分接开关。一般的变压器只要配用有载分接开关后，就可以作成有载调压变压器。对于 110 kV 级电压以上的有载调压变压器，一般还配有专门的调压线圈，调压范围也比较大，一般为 15% 以上。例如：国产的110 kV 级的调压范围为±3×2.5%，共 7 级分接头；220 kV 级的调压范围为±4×2%，共9 级分接头。此外，对于有特殊要求的用户，还可以制造具有 15 级、27 级甚至 48 级分接头的有载调压变压器。

（三）改变电力网无功功率分布调压

上述的调节发电机端电压或调节变压器分接头的调压方式，只有在电力系统无功电源充足的条件下才是行之有效的。反之，当系统无功电源不足时，为了防止发电机因输出过多的无功功率而严重过负荷，往往不得不降低整个电力系统的电压水平，以减少无功功率的消耗量，这时如采用调节变压器分接头等方法尽管可以局部地提高系统中某些点的电压水平，但这样做的结果反而增加了无功功率的损耗，迫使发电机不得不进一步降压运行，以限制系统中总的无功功率消耗，从而导致整个系统的电压水平更为低落，形成了电压水平低落和无功功率供应不足的恶性循环，甚至导致电压崩溃。因此，当电力系统的无功电源不足时，就必须在适当的地点装设新的无功电源对所缺的无功进行补偿，只有这样才能实现调压的目的，别无其他选择。为此而装设的无功电源，又称为并联无功功率补偿装置。当然，由于补偿装置的装设，系统的无功功率分布也就改变了。

目前，并联无功补偿装置大体上可分为三大类，即并联电容器或电容器与电抗器组合、同步补偿机（调相机）、静止补偿器。

并联电容器或电容器与电抗器组合具有投资省、电能损耗小、维护简单、建设工期短等优点，在一般情况下，应首先采用电容器与电抗器组合作为无功补偿设备。

在技术需要、经济合理的情况下，可采用同步补偿机或静止补偿器，例如在下列情况下：

（1）远距离输电线路，中间需要电压支持，以提高系统稳定时；

（2）母线电压受负荷影响而变化频繁，幅值变化较大，且影响其他用户的供电质量时；

（3）带有冲击负荷（如轧钢负荷）的母线，其无功负荷变化幅值大、速率高，需维持供电电压并防止电压闪变时；

（4）维持受端系统的电压稳定的需要时。

上述三类并联无功功率补偿装置的技术经济比较如表 2-9 所示。

表 2-9　　　　电容器与电抗器组合、同步补偿机、静止补偿器的技术经济比较

类　　型	电容器与电抗器组合	同步补偿机（调相机）	静止补偿器
过负荷能力	无	短时间 1.5 倍	无
有功损耗（参考值）	0.13%	1.7%	0.87%
维护检修	维护工作量小，检修不影响供电	维护工作量大，需有专职维护人员，2～3 年大修一次，每年平均停机 20～30 天	维护工作量较小
附属设备	无	附属设备多，有油、水冷却系统，补给水量大	晶闸管有时需要水冷却系统
冷却水量	无	需水量最多	需水量为同步补偿机的 3% 左右
响应时间	普通断路器为 25 Hz 以上	5～10 Hz	1～2 Hz
调压精度	阶跃变化	连续均匀调压	与同步补偿机相同，但响应快
对系统稳定的影响	出力受电压影响，事故时出力降低，对维持电压稳定不利	一般情况下，可维持电压、提高静态动态稳定。由于励磁装置和机械惯性影响，对连接于较弱的系统对于暂态稳定不利	响应时间快，对系统静态、动态稳定均有益
装置的谐波量	不计	不大	电力电子电路将产生谐波，需装设有 5、7 次滤波器以消除谐波
相调节方式	三相调节	三相调节	分相调节

一般来说，在负荷点适当地装设并联无功补偿装置，可以减少线路上传输的无功功率，使无功得以就地供给，从而降低了线路上的功率损耗和电压损耗，相应提高了负荷点的电压水平。只要合理地在电力系统中配置并联无功补偿装置，就既可改善电压水平，又可使线路的有功功率损耗降低。因此，依靠补偿装置来调压是目前采用极广的一种调压方式。下面以电力电容器组为例，简单介绍一下考虑调压要求时，无功补偿装置容量的选择原则。

在图 2-69 所示的简单系统中，U_1 为线路首端电压，U_2 为折算到高压侧的变电所低压侧母线电压，$Z_\Sigma = R + jX$ 为包括变压器阻抗在内的线路总阻抗（已归算到同一侧），$P_2 + jQ_2$ 为变电所低压母线上的负荷。当变

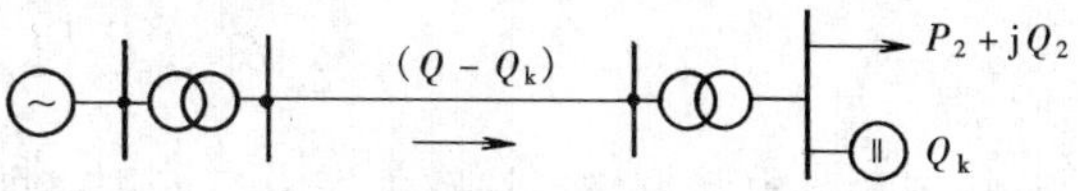

图 2-69 依靠无功补偿装置来调节电压

电所没有装设无功补偿装置时，如忽略电压降落的横分量，则首端电压 U_1 为

$$U_1 = U_2 + \frac{P_2 R + Q_2 X}{U_2} \tag{2-138}$$

当在变电所的低压母线上装设容量为 $-jQ_k$ 的容性补偿装置后，假设折算到高压侧的变电所低压侧母线电压已提高到 U_2'，则这时相应于首端电压 U_1 为

$$U_1 = U_2' + \frac{P_2 R + (Q_2 - Q_k) X}{U_2'} \tag{2-139}$$

式中 Q_k——补偿装置的容量。

在这两种情况下，如保持首端电压不变，则有

$$U_2 + \frac{P_2 R + Q_2 X}{U_2} = U_2' + \frac{P_2 R + (Q_2 - Q_k) X}{U_2'} \tag{2-140}$$

于是

$$Q_k = \frac{U_2'}{X} \Big[(U_2' - U_2) + \Big(\frac{P_2 R + Q_2 X}{U_2'} - \frac{P_2 R + Q_2 X}{U_2} \Big) \Big] \tag{2-141}$$

式（2-141）中等号右边的第二项与第三项之差，是当末端的电压由 U_2 改变到 U_2' 时，线路上所引起的电压损耗的变化，由于该值很小，故在近似计算时往往可略去不计，从而可得

$$Q_k = \frac{U_2'}{X} (U_2' - U_2) \tag{2-142}$$

若设 $\Delta U_2 = U_2' - U_2$，则有

$$Q_k = \frac{U_2' \cdot \Delta U_2}{X} \tag{2-143}$$

式（2-143）表明，为了把变电所低压侧的母线电压抬高 ΔU_2 所需要装设的补偿装置容量为 Q_k。这个公式是假设首端电压 U_1 不变的条件下进行推导的。如假设末端电压不变而必须保持线路首端电压为某一定值时，也可以推导出类似的求取补偿装置容量的计算式。

（四）改变输电线路的参数进行调压

从电压损耗的计算公式可知，改变输电线路电阻 R 和电抗 X，都可以达到改变电压损耗的目的。但是由于减小电阻将增加导线材料的消耗，加之 $\frac{QX}{U}$ 这一项对电压损耗的影响更大，所以目前一般都着眼于减低电抗 X 以降低电压损耗。

减少线路电抗的一种有力的措施是采用串联电容补偿，它的原理可示意如图 2-70 所

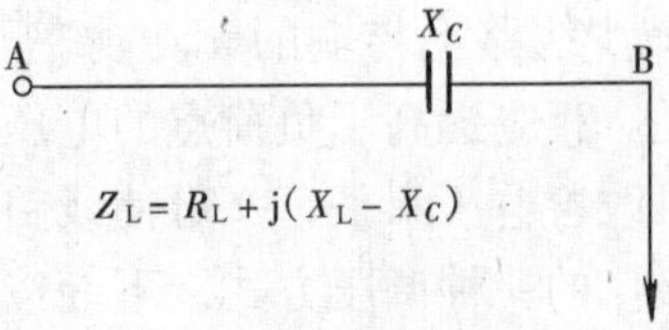

图 2-70　串联电容补偿原理

示。在未串联电容前，线路的电压损耗为

$$\Delta U_1 = \frac{P_1 R_L + Q_1 X_L}{U_1} \tag{2-144}$$

式中　P_1、Q_1、U_1——首端的有功功率、无功功率和电压；

　　　　R_L、X_L——线路的总电阻、电抗。

在线路上装设串联电容 X_C 后，则线路的电压损耗变为

$$\Delta U'_1 = \frac{P_1 R_L + Q_1 (X_L - X_C)}{U_1} \tag{2-145}$$

于是，串联电容后线路末端电压所提高的值为

$$\Delta U_1 - \Delta U'_1 = \frac{Q_1 X_C}{U_1} \tag{2-146}$$

这样，如保持线路首端电压一定，只要确定末端所需要提高的电压值后，反过来也就可以利用式（2-147）求出所需串联的电容器的电抗值为

$$X_C = \frac{U_1 (\Delta U_1 - \Delta U'_1)}{Q_1} \tag{2-147}$$

根据 X_C，可求出相应的电容器组的容量为

$$Q_C = 3 I^2 X_C = \frac{P_1^2 + Q_1^2}{U_1^2} X_C \tag{2-148}$$

式中　I——通过串联电容的最大负荷电流。

如将串联电容补偿与图 2-69 所示的并联电容补偿在调压特性方面加以比较，可以得出下列的结论。

（1）当负荷的功率因数很高，即线路上所传输的无功功率很小时，串联电容补偿在调压方面不起多大作用。

（2）串联电容补偿不能使流过线路电流减少，反之，由于总电抗减少还将增大短路电流，因此，当线路的导线受到热容量的限制时，则应当采用并联补偿方式。

（3）串联电容补偿由于响应时间很短，对减轻由于冲击负荷（如铁道交通、电炉等）所引起的电压急剧波动（闪变）最有效。

（4）当线路的电抗值相对较大时，串联电容补偿调压的效果特别显著。此外，对长距离线路，采用串联电容补偿对提高系统稳定性也很有好处（详后）。

（5）从降低线路的功率损耗来看，由于并联电容补偿能做到就近供应无功功率，故效果较显著，而串联补偿方式则由于没有改变线路所输送的无功功率，所以它对降低线路损耗的作用不大。

（6）串联电容补偿的容抗中所补偿的电压，与通过其中的线路电流成正比。当线路电流增大时，线路上的感抗压降增大，与此同时，电容器上的容性电压升高也相应增大，二者恰好互相补偿。因此，串联电容补偿有自行按需要而调整线路末端电压的优点，这是其他调压方式所难以做到的。

（7）当线路发生短路时，短路电流将流经串联电容器，并在电容器上引起危险的过电压，为此需要设置专门的过电压保护装置。

总的来说，单从调压的观点看，串联电容补偿的应用范围较并联电容补偿要小，目前它主要用于 110 kV 及以下的单端供电的一些分支线路上或一些短线路上。

五、电压调节与频率调节的比较

如第一章第四节所述，频率的调节主要是通过调节有功功率来实现的，通过本节的学习又知道电压的调节主要是通过无功功率的调节来实现的，因而粗略地看，二者很相似。但是，从实际的系统运行来看，这两种调节却存在着较大的差别，主要表现在下列几个方面。

（1）对连成一体的电力系统，不管系统中有多少机组，不管在系统的任何地点，根据同步电机原理，系统的频率都是相同的，因而无论在系统的任何地方调节有功功率，均可达到调频的目的。但是，系统中各处的电压却是不相同的，在某一个地点调节其无功功率，将只对附近的电压造成影响。这就是所谓统一性（指频率）与局部性（指电压）的关系。

（2）无功电源基本上不消耗一次能源，无论投资与运行费都较有功电源要低得多，而有功电源却正好相反。所以，在考虑有功电源的配置与有功负荷的分配时，节能与经济性的因素就较无功电源要更为突出。

（3）从数量级来看，容许的频率偏差较之容许的电压偏差要严格得多。

（4）就无功平衡而言，白天与晚上所遇到的问题是大不相同的。例如，在白天无功负荷最大时，最关心的问题是采用哪种无功分配方式可以使线路损耗减到最小；反之，当深夜无功负荷最小时，如何吸收过剩的无功就成了最关心的事。因而，从数学上看，最优的无功分配比最优的有功分配还要复杂得多。可以认为，最优的无功功率分配的标准应当是：负荷最大时为线路损耗最小；负荷最小时为如何最有效地吸收过剩的无功。

第七节 电力系统的有功平衡及频率调节

一、概述

电力系统频率的变化，主要是由有功负荷变化引起的。电力系统运行时有功功率负荷时刻都处于变化中。对系统实际负荷变化曲线的分析表明，系统负荷可以看作是由三种具有不同变化规律的负荷组成。第一种是变化幅度很小、变化周期短、变化有很大偶然性的负荷；第二种是变化幅度较大、变化周期较长的负荷，如电炉、压延机械、电气机车等；第三种是变化缓慢的持续变动负荷，如由于生产、生活、气候等变化引起的变动负荷等。

根据负荷的变化进行电力系统的频率调整，分为一次、二次、三次调整三种。频率的一次调整是指由发电机组的调速器进行的、对第一种负荷变动所引起的频率偏移所作的调整。频率的二次调整是指由发电机组的调频器进行的、对第二种负荷变动引起的频率偏移所作的调整。三次调整是指对第三种负荷变动在有功功率平衡的基础上，按照最优化的原则在系统中各发电厂之间进行负荷的经济分配，实际上是系统经济运行的问题。

二、电力系统的有功功率平衡

电力系统运行中，在任何时刻，系统中所有发电厂发出的有功功率总和，都必须和系统的总有功负荷相平衡，该总负荷应包括系统所有用户所消耗的总有功功率、所有发电厂的自用电中的有功功率以及所有网络（线路和变压器）中所损耗的总有功功率，此外还必须具有一定的备用容量，可用公式表示为

$$\sum P_F = \sum P_L + \sum \Delta P + \sum \Delta P_C + P_B \qquad (2\text{-}149)$$

式中　$\sum P_F$ ——系统中各发电厂发出的有功功率的总和；

　　　$\sum P_L$ ——系统中所有负荷所消耗的有功功率的总和；

$\sum \Delta P$ ——电力网中所损耗的总有功功率；

$\sum \Delta P_\mathrm{C}$ ——系统中各发电厂的自用电中所消耗有功功率的总和；

P_B ——系统的总备用容量。

关于系统的备用容量，一般有下列几种。

（1）负荷备用容量（即调频备用容量）。系统的负荷备用，是为了适应短时间内的负荷波动以稳定系统的频率，以及担负一天内计划外的负荷增加。负荷备用容量的大小应根据电力系统容量及系统内电力用户的组成情况来确定。在规划设计中，一般取为系统最大负荷的 3%～5%。

负荷备用容量可以在一年中不同的季节内和一昼夜中不同的时间内由不同的发电厂来担负，可以由火力发电厂来担负，也可以由水力发电厂来担负。由于水力发电厂应变能力较强，能迅速地适应负荷的变动，且运行效率高，故一般由水力发电厂担负系统的负荷备用容量较好。

担负负荷备用容量的水力发电厂，其装机容量不小于系统最大负荷的 15%，并且还需要有一定的调节库容。

（2）事故备用容量。事故备用容量是为了在电力系统中当发电设备发生偶然事故时，保证系统正常供电所需要的备用容量。事故备用容量的大小与系统总容量的大小、发电机组台数的多少、单机容量的大小、系统内各类电厂的比重以及系统对供电可靠性的要求等方面有关。

在规划设计时，系统的事故备用容量，一般取为系统最大负荷的 10%，并且不小于系统中最大一台机组的容量。

系统事故备用容量在水、火力发电厂间的配置，一般可按水、火力发电厂的工作容量的比例分配。调节性能较好的水力发电厂，可以担负较大的事故备用容量。但在水力发电厂设置的系统事故备用容量占本厂装机容量的比重较大时，应作全面的技术经济论证。另外，担负事故备用容量的水电厂，必须具有事故备用库容。再有，抽水蓄能式水电厂，也可担负一定的系统事故备用容量。

系统的负荷备用必须是热备用（或称旋转备用，即机组不满载运转），而事故备用可以是冷备用（停机备用）。动用冷备用，需要一定的时间。汽轮机从起动到满载，需要数小时甚至更多的时间；而水轮机从起动到满载则只需要几分钟。

（3）检修备用容量。在系统中必须使所有的机组有可能周期性地进行停机检修（即大修），这种修理是按计划进行的。一般都利用负荷的季节性低落所空出的容量安排机组轮流地进行大修（见图 1-18），只有当季节性低落所空出的容量还不足以保证全部机组周期性检修的需要时，才需设置检修备用容量。

三、电力系统的频率特性

（一）电力系统负荷的有功功率—频率静态特性

当电力系统稳态运行时，系统中负荷的有功功率随频率变化的特性称为负荷的有功功率—频率静态特性。根据电力系统负荷的有功功率与频率的关系可将负荷分为以下几种：与频率变化无关的负荷，如照明、电炉、整流负荷等；与频率的一次方成正比的负荷，如机床、往复式水泵、压缩机、球磨机等；与频率的二次方成正比的负荷，如变压器中的涡流损耗；与频率的三次方成正比的负荷，如通风机、循环水泵等离心式机械；与频率的更高次方成正比的负荷，如静水头很高的给水泵等。因此，系统综合负荷的有功功率—频率静态特性用数

学式可表示为

$$P_L = \alpha_0 P_{LN} + \alpha_1 P_{LN}\left(\frac{f}{f_N}\right) + \alpha_2 P_{LN}\left(\frac{f}{f_N}\right)^2 + \alpha_3 P_{LN}\left(\frac{f}{f_N}\right)^3 + \cdots \quad (2-150)$$

而

$$\alpha_0 + \alpha_1 + \alpha_2 + \cdots = 1$$

式中　　P_L——系统频率为 f 时整个系统的有功负荷；

　　　　P_{LN}——频率为额定值 f_N 时整个系统的有功负荷；

α_0、α_1、α_2——上述各有功负荷占 P_{LN} 的份额。

　　式（2-150）表明，当电力系统频率降低时，电力系统负荷的有功功率也将随之降低（在这点上，与前述电压降低时无功负荷也随之降低相类似）。一般情况下，式（2-150）的多项式写至三次方项，因为与频率更高次方成正比的有功负荷所占比重很小，可以忽略。这种关系式称为电力系统负荷的有功功率—频率静态特性方程。

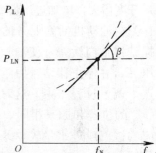

　　图2-71 表示电力系统负荷的有功功率—频率静态特性。当频率偏离额定值不多时，该特性常用一条直线来表示。也就是说，在额定频率附近，负荷的有功功率与频率呈线性关系。图中直线的斜率为

$$K_L = \tan\beta = \frac{\Delta P_L}{\Delta f} \quad (2-151)$$

图2-71　电力系统负荷的
有功功率—频率静态特性

或用标幺值表示（即加 * 号）为

$$K_{L*} = \frac{\Delta P_L / P_{LN}}{\Delta f / f_N} = \frac{\Delta P_{L*}}{\Delta f_*} \quad (2-152)$$

式中　K_L、K_{L*}——系统有功负荷的频率调节效应系数。它表示系统有功负荷的自动调节效应。如频率下降，有功负荷将自动减少。一般电力系统 $K_{L*} = 1\sim3$，它表示频率变化 1% 时，负荷的有功功率相应变化 1%～3%。

　　另外，读者还可参阅图1-14（b）所示的负荷的有功功率—频率静态特性。

（二）发电机组的有功功率—频率静态特性

发电机的频率调整是由原动机的调速系统来实现的，当系统有功功率平衡遭到破坏、引起频率变化时，原动机的调速系统将自动改变原动机的进汽（水）量，相应增加或减少发电机的出力。当调速器的调节过程结束，建立新的稳态时，发电机的有功功率与频率之间的关系称为发电机组的有功功率—频率静态特性。为了说明这种静态特性，下面首先对调速系统的作用原理作简要介绍。

　　原动机调速系统有很多类型，下面介绍广为应用的离心飞摆式机械调速系统，其原理示意如图 2-72 所示。它由四部分构成，即转速测量元件（由离心飞摆、弹簧和套筒组成）、放大元件（错油门）、执行机构（油动机）、转速控制机构（调频器）。其作用原

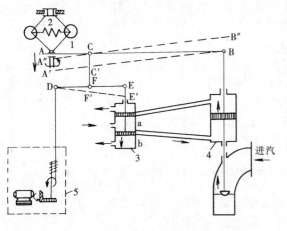

图2-72　离心飞摆式机械调速系统原理示意图

1—飞摆；2—弹簧；3—错油门；4—油动机；5—调频器

理如下。

调速器的飞摆由套筒带动转动，套筒则由原动机的主轴带动。单机运行时，因机组负荷的增大，转速下降，随之飞摆由于离心力的减小，在弹簧 2 的作用下向轴靠拢，使 A 点向下移动到 A'。但因油动机 4 的活塞两边油压相等，B 点不动，结果使杠杆 AB 绕 B 点逆时针方向转动到 A'B。在调频器 5 不动的情况下，D 点也不动，因而在 A 点下降到 A' 时，杠杆 DE 绕 D 点顺时针转动到 DE'，E 点向下移动到 E'，错油门 3 的活塞向下移动，使油管 a、b 的小孔开启，压力油经油管 b 进入油动机活塞下部，而活塞上部的油则由油管 a 经错油门上部小孔溢出。在油压作用下，油动机活塞向上移动，使汽轮机的调节汽门或水轮机的导向叶片开度增大，增加进汽量或进水量。

在油动机活塞上升的同时，杠杆 AB 绕 A' 点逆时针方向转动，通过连接点 C，从而提升错油门活塞，使油管 a、b 的小孔重新堵住。这时油动机活塞又处于上下相等的油压下，并停止移动。由于进汽或进水量的增加，机组转速上升，A 点从 A' 点回升到 A" 点，调节过程结束。这时杠杆 AB 的位置为 A"CB"。分析杠杆 AB 的位置可见，杠杆上 C 点的位置和原来相同，B" 点的位置较 B 点高，A" 点的位置较 A 点略低。这说明，相应的进汽或进水量较原来多，但机组转速却较原来略低。这就是频率的"一次调整"作用。

为使负荷增加后机组转速仍能维持原始转速，在人工手动操作或自动装置控制下，调频器转动涡轮、蜗杆，将 D 点抬高，杠杆 DE 绕 F 点顺时针转动，错油门再次向下移动，进一步增加进汽或进水量，机组转速上升，飞摆使 A 点由 A" 点向上升。而在油动机活塞向上移动时，杠杆 AB 又绕 A" 点逆时针转动，带动 C、F、E 点向上移动，再次堵住错油门小孔，并再次结束调节过程。如果调频器操作得当，使 D 点位置控制得当，A 点就可能回到原来的位置。这就是频率的"二次调整"作用。

由上述过程可见，当增大有功负荷时，在经调速器调整之后，使得发电机组输出有功功率增加，频率较初始频率低。反之，如果有功负荷减小，则调速器调整的结果将使机组输出有功功率减小，频率则较初始频率要高。如以机组频率为横坐标，以输出有功功率为纵坐标作出其关系曲线，将得到一条倾斜的直线，如图 2-73 所示，这就是发电机组的有功功率—频率静态特性曲线。

发电机组的有功功率—频率静态特性的斜率为

$$K_G = -\frac{\Delta P_G}{\Delta f} = -\tan\alpha \tag{2-153}$$

式中 K_G ——发电机的单位调节功率，负号表示发电机输出有功功率的变化与频率变化的方向相反，即发电机输出有功功率增加时，频率将要降低。

K_G 用标幺值表示则为

$$K_{G*} = -\frac{\Delta P_G/P_{GN}}{\Delta f/f_N} = -\frac{\Delta P_{G*}}{\Delta f_*} = K_G\frac{f_N}{P_{GN}} \tag{2-154}$$

与负荷的频率调节效应系数 K_{L*} 不同，发电机的单位调节功率 K_{G*} 是可以整定的，一般取下列数值：

汽轮发电机组 $K_{G*} = 33.5\sim20$；水轮发电机组 $K_{G*} = 50\sim25$。

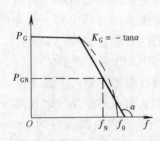

图 2-73 发电机组的有功
功率—频率静态特性

四、电力系统的频率调整

如前所述，由于电力系统的负荷随时都在变化，因此系统的频率也随之变化。欲使系统的频率变化不超过容许的范围，就必须对频率进行调整，这是电力系统调度部门的主要职责之一。

在电力系统中，各发电厂机组所带负荷的多少，是系统调度人员按系统的经济运行方式等而事先编制决定的。当系统的频率因系统负荷的变化而变化时，一般发电厂不得采用随意增减负荷来调频，因为这样做不仅不能使系统迅速平稳地恢复到额定频率，反而破坏了系统的经济运行。因此，调整频率的问题，必须与发电厂间或发电厂中发电机组间有功功率的合理分布以及全系统的经济运行同时考虑（关于有功负荷的经济分布及系统经济运行问题，本书限于篇幅，不拟述及）。

为了避免在频率调整过程中出现过调或频率长时间不能稳定的现象，频率的调整工作须在各发电厂进行分工，实行分级调整，即将所有发电厂分为主调频厂、辅助调频厂和非调频厂三类。主调频厂是负责全系统的频率调整工作，一般由一个发电厂担任。辅助调频厂是当系统频率超过了某一规定的偏移范围后才参加频率的调整工作，一般由少数几个发电厂共同担任。非调频厂是指电力系统在正常运行的情况下均按所规定的负荷曲线运行，不参加调频工作，因此，又称为基荷厂（即带基本负荷的电厂）。

（一）电力系统频率的调整过程

频率调整过程示意图如图 2-74 所示，假设系统原来运行于 a 点，负荷（包括损耗）标么值为 1.0，与发电机出力平衡，频率等于 f_a（或 $f_a = f_N$）。若负荷的功率增加到 1.1，频率则下降到 f_b。原动机调速系统动作，开大调速汽门的开度，使发电机出力增大到 P_c，频率即由 f_b 增到 f_c，这称为一次调整。通过图 2-74 看到，一次调整在很大程度上改善了频率，但没有将频率调整到原来的值。这是由于调速系统的有差特性决定的。若系统有足够的备用容量，运行人员就可以通过调频器，改变调速系统的特性，使发电机出

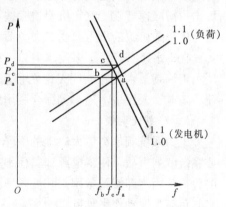

图 2-74 频率调整过程示意图

力增加到 P_d，此时，运行点过渡到 d 点，频率恢复到原来的 f_a。这个过程称为二次调整。

（二）主调频厂与基荷厂在调频过程中的负荷转移

电力系统的调频过程中的负荷转移如图 2-75 所示，图中横轴表示频率、纵轴表示主调频厂功率与基荷厂的发电机组调速系统静态特性曲线。假定电力系统按额定频率运行，频率为 $f_a(f_b = f_N)$，这时基荷厂发电机出力为 $P_{a'}$，主调频厂发电机出力为 P_a。如果负荷增加，系统频率下降，电力系统各原动机调速系统动作使频率提高到 f_c，一次调整结束。这时，主调频厂增加的功率为 $P_c - P_a$，基荷厂增加的功率 $P_{c'} - P_{a'}$，如果基荷厂仍要求按原先分配的经济功率 $P_{a'}$ 运行，则可通过主调频厂调速系统的调频器将静态特性曲线右移，使系统频率恢复到 f_a，基荷厂将增加的功率转移给主调频厂，而主调频厂总共增加的功率为 $P_d - P_a$。这个调节过程，是主调频厂的二次调整。

（三）主调频厂的选择

由于系统频率主要是由主调频厂负责调整的，所以主调频厂的选择是否恰当，将直接关

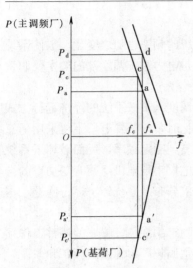

图 2-75　主调频厂与
基荷厂的负荷转移

系到频率的质量。一般在选择主调频厂时应考虑以下问题：

（1）具有足够的调频容量和调整范围；

（2）能比较迅速地调整出力；

（3）调整出力时符合安全及经济运行原则。

除了以上要求外，还应考虑电源联络线上的交换功率是否会因调频引起过负荷跳闸或失去稳定运行，以及调频引起的电压波动是否在允许的范围之内等。

在水、火力发电厂并列运行的电力系统中，一般应选择大容量的水力发电厂为主调频厂。而大型火力发电厂中高效率的机组则带基本负荷，效率较低的机组可作为辅助调频之用。因为水力发电厂调频不仅速度快、操作简便，而且调整的范围大（只受发电机容量的限制），基本上不影响水力发电厂的安全经济运行。

火力发电厂调频不仅受到暖机和锅炉出力增减速度的限制，而且还受到锅炉最低出力的限制。汽轮机增减负荷的速度，主要受汽轮机各部分热膨胀的限制，特别是高温高压机组在这方面的要求更严。锅炉出力增减速通常比汽轮机要快一些，但与燃料品质关系很大。供热式机组更不适宜调频，因为供热式机组的出力要受热力负荷的抽汽量的限制。

在丰水季节，为了多发水电，一般由大容量的水力发电厂带基本负荷，而改由火力发电厂负责调频。水力发电厂无论是带基本负荷还是调频，还必须考虑防洪、航运、灌溉、渔业、工业、人民生活用水等综合利用的要求。

（四）事故调频

电力系统频率突然大幅度的下降，说明发生了电源事故（包括发电厂内部和输电线路）或系统解列事故，使得电源和负荷不能保持平衡所造成的。通常，系统内都布置有一定容量的负荷备用（即旋转备用）和低频率减负荷装置。事故时，依靠旋转备用的迅速投入和低频率减负荷装置动作来切除部分负荷，一般能防止频率的进一步下降。如频率仍然大幅度下降，说明功率缺额太大，或上述措施未能起作用。一般从频率开始下降至电源与负荷重新恢复平衡，直至频率稳定于新的数值的全过程，对现代的电力系统应限制在极短时间之内。

电力系统在低频率下运行是很危险的。这是因为电源与负荷在低频下重新平衡是很不牢固，也就是稳定性很差，很有可能再度失去平衡，频率又重新下降，甚至产生频率"崩溃"，从而使系统瓦解。国内外许多大停电的恶性事故都源于此。例如火力发电厂的某些厂用机械（特别是高压给水泵）因频率下降引起的出力不足而影响到发电厂的出力，这又进一步使得系统频率下降，从而形成恶性循环，促使系统瓦解。

频率下降除影响厂用机械出力之外，有时还会引起厂用机械和主机的故障和跳闸。例如某些汽轮机的离心式主油泵，当频率降至 45 Hz 以下时，油压显著下降，能使汽轮机主汽门自动关闭，造成汽轮机停机，发电机不能发电，这又加剧了上述的恶性循环。

频率下降的另一不良后果是要引起电压降低。发电机由于转速的下降，电动势减小，无功功率输出降低，这在频率过低（45 Hz 左右）时，容易引起电压"崩溃"。

综上所述，当频率大幅度下降时，迅速恢复频率是非常重要的。如果电力系统出现这类事故，系统运行人员应该起用旋转备用容量，迅速起动备用发电机组，采用切除部分负荷或将系统解列、分离厂用电等措施。但上述措施，均应在系统调度人员的统一指挥下进行。对现代大电力系统而言，调度人员如何面对并及时处理好这类事故，将是一项严峻的挑战。

第八节　电力网的功率损耗和电能损耗

当电力网运行时，在线路和变压器内将产生功率损耗和电能损耗。通常电力网的损耗是由两部分所组成的：一部分是与传输功率有关的损耗，它产生在输电线路和变压器的串联阻抗内，传输功率愈大则损耗愈大；另一部分损耗则仅与电压有关，这一部分损耗产生在输电线路和变压器的并联导纳上，如输电线路的电晕损耗、变压器的励磁损耗等。在总损耗中前一部分损耗所占比重较大。

据统计，电力系统的有功功率损耗最多可达总发电容量的 $20\%\sim30\%$，也就是说大约四分之一的发电容量都将用来抵消输配电过程中的功率损耗。这不仅大大增加了发电厂和变电所的设备容量，同时也是对极其宝贵的能源资源的巨大额外消费。同时电能的损耗的大小还密切影响到电能成本，进而影响到整个国民经济。再者，为供给这部分功率损耗及电能损耗，系统中的火力发电厂还必须多发电，从而使向大气中排放的二氧化碳等温室效应气体增加，这样对环境保护也造成不利影响。

如前所述，电力系统各元件中的无功功率损耗相对来说较有功功率损耗还要大，同时，当通过输电线路和变压器输送无功功率时，也将要引起有功功率损耗以及相应的电能损耗。此外无功功率损耗要由发电机或其他无功电源来供给，因此在总的发、输电设备的视在容量为一定的条件下，无功功率的增大势必相应减低有功的发、输电容量或必须再装设更多的无功电源，这对系统而言是很不利的。

综上所述，在电力系统运行过程中，尽管功率损耗和电能损耗是不可避免的，但应尽力采取措施去降低它，这无论从节省能源、降低电能成本、提高设备利用率或减少不利的环境影响等方面来说都是必要的。尤其是在国家大力强调"节能降耗"的今天，其重要性将更为突出。

一、功率损耗的计算

（一）有功功率损耗的计算

1. 线路上的有功功率损耗计算

对于图 2-57 所示具有集中参数和集中负荷的三相输电线路，其总的有功功率损耗 ΔP 应为

$$\Delta P = 3I^2 R \times 10^{-3} \quad (\text{kW}) \tag{2-155}$$

式中　I——流过输电线路一相的电流，A；

　　　R——线路一相的电阻，Ω。

如取 $I = \dfrac{S}{\sqrt{3}U}$ 代入式（2-155）后则有

$$\begin{aligned}\Delta P &= 3I^2 R \times 10^{-3} = 3 \times \frac{S^2}{3U^2} R \times 10^{-3} = \frac{S^2}{U^2} R \times 10^{-3} \\ &= \frac{P^2 + Q^2}{U^2} R \times 10^{-3} \quad (\text{kW})\end{aligned} \tag{2-156}$$

式中　U——线电压，kV；

P——三相有功功率，kW；

Q——三相无功功率，kvar；

S——三相视在功率，kV·A。

应当指出的是，在应用式（2-156）时，必须采用线路上同一点的功率和电压，如果所取的功率是线路末端的功率，那么所用的电压必须是线路末端的电压；如果所取的功率是首端的功率，则电压也必须是首端的电压。

当线路具有几个负荷段时，线路上的总功率损耗应等于各段功率损耗之和。

2. 变压器的有功功率损耗的计算

变压器中的有功功率损耗包括空载损耗与负载损耗两部分。对双绕组变压器，其有功功率损耗计算式为

$$\Delta P_{\mathrm{T}} = \Delta P_0 + \Delta P_{\mathrm{k}} \left(\frac{S}{S_{\mathrm{N}}}\right)^2 \quad (\mathrm{kW}) \tag{2-157}$$

式中　ΔP_0——空载损耗，kW；

　　　ΔP_{k}——负载损耗，kW；

　　　S_{N}——变压器的额定容量，kV·A；

　　　S——通过变压器的视在功率，kV·A。

对三绕组变压器或三绕组自耦变压器，其有功功率损耗的计算式为

$$\Delta P_{\mathrm{T}} = \Delta P_0 + \left[\frac{P_1^2 + Q_1^2}{U_{1\mathrm{N}}^2} R_{\mathrm{k1}} + \frac{P_2^2 + Q_2^2}{U_{1\mathrm{N}}^2} R_{\mathrm{k2}} + \frac{P_3^2 + Q_3^2}{U_{1\mathrm{N}}^2} R_{\mathrm{k3}}\right] \times 10^{-3} \quad (\mathrm{kW}) \tag{2-158}$$

式中　P_1、P_2、P_3 和 Q_1、Q_2、Q_3——相应通过 1、2、3 绕组的有功功率和无功功率，kW 和 kvar；

　　　R_{k1}、R_{k2}、R_{k3}——归算到绕组 1 侧的 1、2、3 绕组的等值电阻，Ω；

　　　$U_{1\mathrm{N}}$——绕组 1 的额定电压，kV。

或计算为

$$\Delta P_{\mathrm{T}} = \Delta P_0 + \Delta P_{\mathrm{k1}} \left(\frac{S_1}{S_{\mathrm{N}}}\right)^2 + \Delta P_{\mathrm{k2}} \left(\frac{S_2}{S_{\mathrm{N}}}\right)^2 + \Delta P_{\mathrm{k3}} \left(\frac{S_3}{S_{\mathrm{N}}}\right)^2 \quad (\mathrm{kW}) \tag{2-159}$$

式中　ΔP_{k1}、ΔP_{k2}、ΔP_{k3}——折合到变压器额定容量 S_{N} 的 1、2、3 绕组的等值负载损耗，kW；

　　　S_1、S_2、S_3——通过 1、2、3 绕组的视在功率，kV·A。

假定有 n 台容量和其他参数均相等的变压器并列运行，如其中每台的额定容量为 S_{N}、总负荷为 S，则其总损耗为

$$\Delta P_{\mathrm{T}} = n\Delta P_0 + n\Delta P_{\mathrm{k}} \left(\frac{S}{nS_{\mathrm{N}}}\right)^2 \quad (\mathrm{kW}) \tag{2-160}$$

（二）无功功率损耗的计算

1. 线路无功功率损耗计算

三相输电线路中总的无功功率损耗 ΔQ 可进行计算为

$$\Delta Q = 3I^2 X \times 10^{-3} \quad (\mathrm{kvar}) \tag{2-161}$$

式中　I——流过输电线路一相的电流，A；

　　　X——线路一相的电抗，Ω。

按式（2-156）的推导方法可得

$$\Delta Q = \frac{P^2+Q^2}{U^2}X \times 10^{-3} \quad (\text{kvar})$$
(2 - 162)

2. 变压器的无功功率损耗计算

变压器的无功功率损耗包括励磁的无功损耗（与负载大小无关）和漏抗的无功损耗（与负载有关）这两部分，其具体计算公式可根据变压器等值电路推导而得。对双绕组变压器为

$$\Delta Q_{\text{T}} = \frac{I_0\%}{100}S_{\text{N}} + \frac{U_{\text{k}}\%S_{\text{N}}}{100}\left(\frac{S}{S_{\text{N}}}\right)^2 \quad (\text{kvar})$$
(2 - 163)

对三绕组变压器或三绕组自耦变压器则应为

$$\Delta Q_{\text{T}} = \frac{I_0\%S_{\text{N}}}{100} + \left[\frac{P_1^2+Q_1^2}{U_{\text{1N}}^2}X_{\text{k1}} + \frac{P_2^2+Q_2^2}{U_{\text{1N}}^2}X_{\text{k2}} + \frac{P_3^2+Q_3^2}{U_{\text{1N}}^2}X_{\text{k3}}\right] \times 10^{-3} \quad (\text{kvar})$$
(2 - 164)

式中　X_{k1}、X_{k2}、X_{k3}——归算到1侧的1、2、3绕组的等值电抗，Ω。

其余符号的意义与式（2 - 158）相同。

或计算式为
$$\Delta Q_{\text{T}} = \frac{I_0\%S_{\text{N}}}{100} + \frac{U_{\text{k1}}\%S_{\text{N}}}{100}\left(\frac{S_1}{S_{\text{N}}}\right)^2 + \frac{U_{\text{k2}}\%S_{\text{N}}}{100}\left(\frac{S_2}{S_{\text{N}}}\right)^2$$
$$+ \frac{U_{\text{k3}}\%S_{\text{N}}}{100}\left(\frac{S_3}{S_{\text{N}}}\right)^2 \quad (\text{kvar})$$
(2 - 165)

式中　$U_{\text{k1}}\%$、$U_{\text{k2}}\%$、$U_{\text{k3}}\%$——归算到额定容量的1、2、3绕组的短路阻抗百分值。

同样，如果有 n 台容量和其他参数都相同的变压器并列运行，且总负荷为 S 时，则总无功损耗为

$$\Delta Q_{\text{T}} = n\frac{I_0\%}{100}S_{\text{N}} + n\frac{U_{\text{k}}\%S_{\text{N}}}{100}\left(\frac{S}{nS_{\text{N}}}\right) \quad (\text{kvar})$$
(2 - 166)

最后，电力网的总有功功率和总无功功率损耗应当是所有线路和变压器的有功、无功损耗之和；严格说来，还应包括无功补偿设备所消耗的功率，但由于其所占比例较小，在近似计算时可以不作考虑。

二、电能损耗的计算

在求出了有功功率损耗 ΔP 后，即可计算电能损耗。如果在一段时间 t 内线路的负荷不变，则相应的电能损耗 ΔA 为

$$\Delta A = \Delta Pt = 3I^2Rt \times 10^{-3}$$
$$= \frac{P^2+Q^2}{U^2}Rt \times 10^{-3} \quad (\text{kW} \cdot \text{h})$$
(2 - 167)

式中　R——线路一相的电阻，Ω。

但是，由于电力系统的实际负荷是随时都在改变的，其变化规律一般具有较大的随机性，因此就很难采用上述简单公式去计算一个时段（日、月、年等）内的总电能损耗。所以，对于随时间 t 而变化的负荷在线路电阻 R 中的电能损耗，应当用下列积分式来表示为

$$\Delta A = \int_0^t \Delta P \text{d}t = 3R \times 10^{-3} \int_0^t I^2 \text{d}t$$

$$= R \times 10^{-3} \int_0^t \left(\frac{P^2 + Q^2}{U^2} \right) \mathrm{d}t \ (\mathrm{kW \cdot h}) \tag{2-168}$$

由于负荷随时间而变化的规律很复杂，实际是不可能严格按式（2-168）去计算电能损耗的。为此，只有采取一些近似方法去计算。例如可以采用均方根法或最大损耗时间去近似计算电能损耗。这些方法是由以统计资料制定的经验公式或曲线为基础的近似计算法。

下面主要介绍按"最大负荷损耗时间 τ"来进行电能损耗计算的具体方法，这种方法目前仍应用较广泛。τ 的定义为：如果在 τ 小时内装置按最大负荷持续运行，则它所损耗的电能恰好等于线路按实际负荷曲线所损耗的电能。

确定 τ 的方法从原理上说是这样的：把第一章中介绍过的年负荷持续曲线改绘制为纵坐标表示负荷电流 I、横坐标表示一年总小时数（8760h）的年负荷电流持续曲线 $I = f(t)$ 以及 $I^2 = f(t)$ 这两条曲线（见图 2-76）。❶

根据第一章中年最大负荷利用小时数 $T_{\max}$ 的概念可知

$$T_{\max} = \frac{\int_0^{8760} I \mathrm{d}t}{I_{\max}} \tag{2-169}$$

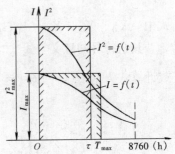

图 2-76 $I = f(t)$ 及 $I^2 = f(t)$ 的年负荷电流持续曲线

式中 $\int_0^{8760} I \mathrm{d}t$ ——曲线 $I = f(t)$ 所包围的面积。

为了求出最大负荷损耗时间 τ，必须研究曲线 $I^2 = f(t)$。根据年电能损耗 ΔA 的定义可知

$$\Delta A = 3R \int_0^{8760} I^2 \mathrm{d}t \ (\mathrm{kW \cdot h}) \tag{2-170}$$

式中 R ——一相的电阻，Ω；

$\int_0^{8760} I^2 \mathrm{d}t$ ——曲线 $I^2 = f(t)$ 所包围的面积。

同样，根据等面积的原则可以有（见图 2-76）

$$\int_0^{8760} I^2 \mathrm{d}t = I_{\max}^2 \tau \tag{2-171}$$

故最大负荷损耗时间 τ 的定义为

$$\tau = \frac{\int_0^{8760} I^2 \mathrm{d}t}{I_{\max}^2} \tag{2-172}$$

则式（2-170）还可以改写为

$$\Delta A = 3R I_{\max}^2 \tau = \Delta P_{\max} \tau \ (\mathrm{kW \cdot h}) \tag{2-173}$$

式中 $\Delta P_{\max}$ ——通过最大负荷时的有功功率损耗，kW；

---

❶ 根据定义 $I = \sqrt{\frac{P^2 + Q^2}{U^2}} = \frac{S}{U}$（$S$—视在功率；$U$—电压），而 $I^2 = \frac{S^2}{U^2} = \frac{P^2 + Q^2}{U^2}$。但在进行这种改绘时假定无功功率 Q 是不变的。

I_{max}——装置所通过的最大负荷电流，A。

通常，对线路的年电能损耗，即可按式（2-173）计算。ΔP_{max} 为年内线路输送最大负荷时的有功功率损耗。

变压器的年电能损耗，当电压为额定值时，可计算（推导从略）为

$$\Delta A = \frac{S_{max}^2}{n S_N^2} \Delta P_k \tau + n \Delta P_0 T \quad (kW \cdot h) \tag{2-174}$$

式中　S_N——变压器的额定容量，$kV \cdot A$；

S_{max}——变压器的最大负荷，$kV \cdot A$；

T——变压器每年投入运行的小时数；

n——并联运行的变压器台数；

τ——最大负荷损耗时间，h。

综上所述可知，计算电能损耗的关键在于算出 τ 值。计算 τ 值的最基本方法严格说来应当根据年负荷曲线来进行，但这样做很复杂，特别是在系统规划设计阶段尚无准确的年负荷曲线时，更难以求出 τ 值来，因此需要寻求其他的更加简便的方法。

由于年最大负荷利用小时数 T_{max} 和最大负荷损耗时间 τ 都是按年负荷曲线确定的，它们之间必然有一定的联系。如果针对性质不同的负荷，根据相应的一系列典型的年负荷曲线按上述方法求出它们的 T_{max} 和对应的 τ 值，再作成如图 2-77 所示 T_{max}—τ 关系曲线或如表 2-10 所示其关系的表格，则使用起来就很方便。

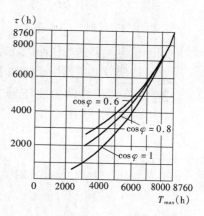

图 2-77　T_{max}—τ 关系曲线

表 2-10　　　　年最大负荷利用小时数 T_{max} 与最大负荷损耗时间 τ 的关系

T_{max}	$\cos\varphi$				
	0.8	0.85	0.9	0.95	1.0
	τ				
2000	1500	1200	1000	800	700
2500	1700	1500	1250	1100	950
3000	2000	1800	1600	1400	1250
3500	2350	2150	2000	1800	1000
4000	2750	2600	2400	2200	2000
4500	3150	3000	2900	2700	2500
5000	3600	3500	3400	3200	3000
5500	4100	4000	3950	3750	3600
6000	4650	4600	4500	4350	4200
6500	5250	5200	5100	5000	4850
7000	5950	5900	5800	5700	5600
7500	6650	6600	6550	6500	6400
8000	7400		7350		7250

从图 2-77 及表 2-10 可知，τ 值还和功率因数有关，这是因为电力网中的有功功率还应包括输送无功功率时所带来的有功功率损耗在内。即使输送相同的有功功率（也就是 T_{max} 值相同），当 $\cos\varphi$ 降低时，由于输送的无功功率增大，相应的 τ 值也就增大，这点从前述的 I（电流）与 S（视在功率）的关系也可以看出。

【例 2-10】 某 100 kV 降压变电所，由电力系统经 100 km 长的双回 110 kV 线路供电，输电线路用 LGJ-185 型导线架设，线路参数为 $r_1 = 0.17$ Ω/km、$x_1 = 0.409$ Ω/km、$b_1 = 2.82 \times 10^{-6}$ S/km。变电所内装有两台 SFL-31500 型变压器并列运行，其接线如图 2-78 所示。变压器的技术数据为：容量 $S_N = 31500$ kV·A；电压比 110/11 kV；$U_k\% = 10.5$；$\Delta P_0 = 36$ kW；$\Delta P_k = 210$ kW；$I_0\% = 0.9$。已知变电所低压母线上的最大有功负荷为 40 MW，$\cos\varphi = 0.8$（落后），$T_{max} = 4500$ h，并假定变压器运行在额定电压下。试求：

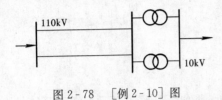

图 2-78　[例 2-10] 图

(1) 输电线路送端供给的功率；

(2) 线路及变压器中全年的电能损耗。

解　（1）计算两台变压器并列运行时的总有功功率损耗和总无功功率损耗。按式（2-160）可得

$$\Delta P_T = n\Delta P_0 + n\Delta P_k \left(\frac{S}{nS_N}\right)^2 = 2 \times 36 + 2 \times 210 \left[\frac{(40/0.8) \times 10^3}{2 \times 31500}\right]^2$$

$$= 72 + 2 \times 210 \times 0.794^2 = 72 + 2 \times 210 \times 0.63 = 72 + 258.3$$

$$= 330.3(\text{kW})$$

再按式（2-166）可得

$$\Delta Q_T = 2 \times \frac{0.9}{100} \times 31500 + 2 \times \frac{10.5}{100} \times 31500 \left[\frac{(40/0.8) \times 10^3}{2 \times 31500}\right]^2$$

$$= 567 + 2 \times 10.5 \times 315 \times 0.63 = 567 + 4167$$

$$= 4734 \ (\text{kvar})$$

因而，输入变压器的总功率为输给用户的功率和变压器的损耗的总和，即

$$S_T = 40 + \text{j}30 + 0.33 + \text{j}4.73 = 40.33 + \text{j}34.73$$

$$= 53.2\angle 40°40' \ (\text{MV} \cdot \text{A})$$

（2）计算输电线路的总功率损耗。对这种中距离线路，应按 Π 形等值电路进行计算。受端的容性功率为

$$\Delta Q_C = 2\frac{b_1 l}{2}U_N^2 = 2 \times \frac{2.82 \times 10^{-6} \times 100}{2} \times 110^2 = 3410 \ (\text{kvar})$$

于是，受端的总功率为

$$S_2 = S_T + \Delta Q_C = 40.33 + \text{j}34.73 - \text{j}3.41 = 40.33 + \text{j}31.32 \ (\text{kvar})$$

按式（2-160）及式（2-162）可求得双回线路的总有功功率和无功功率损耗分别为

$$\Delta P = \frac{(40.33)^2 + (31.32)^2}{110^2} \times \frac{0.17 \times 100}{2} \times 10^3$$

$$= 0.215 \times 8500 = 1827.5 \ (\text{kW})$$

$$\Delta Q = \frac{(40.33)^2 + (31.32)^2}{110^2} \times \frac{0.409 \times 100}{2} \times 10^3$$
$$= 0.215 \times 20450 = 4396.75 \ (\text{kvar})$$

同样，线路送端还有容性功率

$$\Delta Q_C = 3410 \ (\text{kvar})$$

（3）计算输电线路送端送出的总功率 S_1：

$$S_1 = 40.33 + \text{j}31.32 + 1.827 + \text{j}4.396 - \text{j}3.41 = 42.157 + \text{j}32.306$$
$$= 53.104 \angle 37°30' \ (\text{MV} \cdot \text{A})$$

故 $\cos\varphi_1 = 0.793$（滞后）。

（4）求变压器及线路全年的电能损耗。

当 $T_{\max} = 4500 \ \text{h}$，$\cos\varphi = 0.8$ 时，从表 2-10 知 $\tau = 3150 \ \text{h}$。

按式（2-174），计算变压器全年的电能损耗应为

$$\Delta A_\text{T} = 2\Delta P_0 T + \frac{S_{\max}^2}{n S_\text{N}^2} \Delta P_\text{k} \tau = 2 \times 36 \times 8760 + \frac{40^2/0.8^2}{2 \times 31.5^2} \times 210 \times 3150$$
$$= 630720 + 1.26 \times 210 \times 3150 = 630720 + 833490$$
$$= 1464210 \ (\text{kW} \cdot \text{h})$$

为了求线路的电能损耗，需取线路受端的功率进行计算。上面已知受端功率为 $S_2 = 40.33 + \text{j}31.32$，$\cos\varphi = 0.793$。

而全年通过线路送出的电能，应为用户消耗电能和变压器损耗电能之和，即

$$A = 40 \times 10^3 \times 4500 + 1464210 = 180000 \times 10^3 + 1464.21 \times 10^3$$
$$= 181461.21 \times 10^3 \ (\text{kW} \cdot \text{h})$$

并由此求出相应的 $T_{\max}$ 为

$$T_{\max} = \frac{181461.21 \times 10^3}{40.33 \times 10^3} = 4500 \ (\text{h})$$

现以 $T_{\max} = 4500 \ \text{h}$、$\cos\varphi_2 = 0.793$（由 $S_2 = 40.33 + \text{j}31.32$ 求得），用插入法从表 2-10 中查得 $\tau \approx 3160 \ \text{h}$。

因此，线路全年的电能损耗为

$$\Delta A_\text{L} = \Delta P \times \tau = 1827.5 \times 3160 = 5.775 \times 10^6 \ (\text{kW} \cdot \text{h})$$

而线路和变压器中全年的总电能损耗则为

$$\Delta A = \Delta A_\text{L} + \Delta A_\text{T} = 5.775 \times 10^6 + 1.464 \times 10^6 = 7.239 \times 10^6 \ (\text{kW} \cdot \text{h})$$

即一年内共损失了 700 多万 kWh 电能，这是一个不小的数字。

三、降低电力网中功率损耗和电能损耗的措施

如前所述，降低功率损耗与电能损耗，将提高整个国民经济的综合效益与改善环境，特别是能源资源的节省所带来的效果就更大。当前国家特别重视推行节能减排政策，因而降低功率损耗与电能损耗就更加值得重视。

从上面的分析中知，功率损耗与电能损耗主要产生在线路和变压器内，其大小与传输的视在功率的大小以及元件的电阻值有关，下面拟结合这些因素来进一步研究降低功率损耗与电能损耗的措施。

（一）降低电机、变压器的损耗标准，推广高效电机与节能变压器

近年来国家正大力推广生产节能的高效电机、低损耗变压器的方针，并要求逐步淘汰与

替换损耗大的旧系列产品。由于异步电动机是电力系统的主要负荷，而变压器则是电力网的主要元件，它们的数量较多，损耗在电力网总损耗中所占的比重较大，所以这两项措施所产生的节能效果将是很大的，例如，以 110 kV、31500 kV·A 的无励磁调压双绕组电力变压器为例，旧型号的空载损耗为 49 kW、负载损耗为 190 kW，而新的 S9 系列的空载损耗为38.5 kW、负载损耗为 148 kW，可见损耗值降低十分明显。而且，近年来损耗更低的电机、变压器，如 S10、S11系列变压器以及非晶合金变压器等正不断推向市场，而新的国家标准如 GB 20052—2006 等，也限制旧型高损耗变压器的市场准入。

（二）改变电力网的功率分布，提高负荷的功率因数

从电力网电能损耗的计算公式可知，提高电力网负荷的功率因数，减少线路上输送的无功功率，是降低电能损耗的有效措施。对此，可采取下列措施：

（1）合理地选择异步电动机的容量以提高用户的功率因数。由于在总的电力负荷中，异步电动机所占的比重较大，而异步电动机在轻负荷运行时其功率因数又很低（例如，当负荷仅为其额定功率的一半时，$\cos\varphi$ 不到 0.6），加之，功率因数愈低则线路损耗也就愈大，所以应当使异步电动机与它所拖动的机械在容量上相配套，竭力避免"大马拉小车"的现象。此外还要限制异步电动机的空载运行时间。

（2）采用并联无功功率补偿装置以提高供电线路的功率因数。前面已经介绍过采用并联无功补偿装置来调节电压的情况，实际上当在用户附近装设同步补偿机、电力电容器以及静止补偿器等并联无功补偿装置后，就可以就地供给用户所需的无功功率，从而减少了线路上所传输的无功功率，相应地提高了功率因数，自然也就降低了电能损耗。

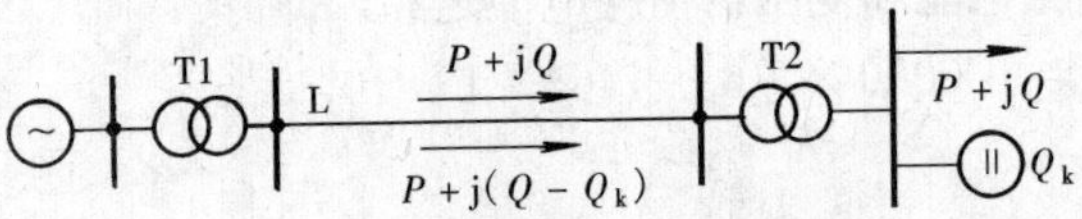

图 2-79 靠并联无功补偿装置来降低线路的功率损耗

例如，对图 2-79 所示的简单输电系统，在未装无功补偿装置前，电力网中的功率损耗大致为

$$\Delta P = \frac{P_2^2 + Q_2^2}{U_2^2} R_\Sigma = \frac{P_2^2}{U_2^2} R_\Sigma + \frac{Q_2^2}{U_2^2} R_\Sigma \qquad (2-175)$$

式中 R_Σ——包括变压器 T1、T2 以及线路 L 在内的总电阻。

当在用户附近装设了容量为 Q_k 的并联无功功率补偿装置后，线路上输送的无功功率将减为 $Q_2 - Q_k$，这时电力网的功率损耗将变为

$$\Delta P = \frac{P_2^2 + (Q_2 - Q_k)^2}{U_2^2} R_\Sigma = \frac{P_2^2}{U_2^2} R_\Sigma + \frac{(Q_2 - Q_k)^2}{U_2^2} R_\Sigma \qquad (2-176)$$

式（2-176）中的第一项与是否装设补偿装置无关，但第二项损耗则与所装设的补偿装置的容量有关，即

$$\Delta P' = \frac{(Q_2 - Q_k)^2}{U_2^2} R_\Sigma \qquad (2-177)$$

显然，当 Q_k 越是接近 Q_2，则电力网功率损耗将越小。但是当 Q_k 的容量愈大时，它本身的投资与损耗也愈大，因此合理的补偿装置容量，应通过全面的技术经济的分析比较后才能确定。

（三）提高电力网的运行电压水平

从式（2-176）可知，增大 U，即提高电力网的运行电压水平可以降低电力网的损耗。计算结果表明，一般来说，如将电压水平提高 5%，则损耗可以降低 9% 左右，可见效果还

是较显著的。因而，当系统发展且负荷增大时，即应提高电力网的电压等级。

（四）实现变压器的经济运行

首先，应当合理选择变压器的台数与容量，以保持变压器在合理的负荷率下，得以维持高效率运行（从变压器原理可知，变压器运行的最高效率与其空载损耗与负载损耗的比值有关，并非负荷率愈大效率也愈高）。另外，还要特别注意减少变压器空载运行的时间。

其次，要合理选定并列运行变压器的台数，以使其总功率损耗为最小。由于变压器运行时的功率损耗是由不变损耗（空载损耗）与随负荷而变化的损耗（负载损耗）组成的，当一台变压器运行时损耗按式（2-157）计算，当 n 台并列运行时损耗按式（2-160）来计算。因而应当根据负荷的变化来正确选定接入运行的变压器台数，实现变压器的经济运行。

图 2-80 表示在变电所的负荷功率一定的条件下，一台变压器运行与相同参数的两台变压器并列运行时变压器的总功率损耗随负荷而变化的曲线（对三台以上的相同参数的变压器并列运行，也可作类似的曲线）。从该曲线可以看出：有一个临界功率 S_k 存在，当负荷功率 $S_1 < S_k$ 时，一台变压器运行比较经济；当负荷功率 $S_2 > S_k$ 时，则两台变压器运行较为经济。通常，临界功率 S_k 的值都小于两台变压器的额定容量之和，具体的 S_k 值与变压器的空载损耗、负载损耗的比值有关，可由理论分析推导而得，具体可参见有关书籍。

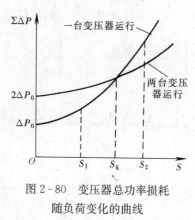

图 2-80　变压器总功率损耗
随负荷变化的曲线

（五）实现整个系统的有功、无功经济分配

这项措施是实现整个系统最优运行的根本措施。实现各有功电源、无功电源之间的最优负荷分配，可以使整个系统的燃料消耗最少，整个电力网的功率损耗最低。但是要做到这点无论在理论分析上或具体计算上都是比较复杂的，本书限于篇幅对此不拟详细述及。

第九节　电力系统潮流分布计算

一、概述

电力系统的潮流计算是为了弄清楚在给定的运行条件和系统接线下，系统各部分的运行状态。如各母线上的电压（幅值及相位角）、各元件中通过的功率的大小以及功率损耗等。潮流计算对于确定系统运行方式、分析系统的稳定性和经济性以及过电压计算等都是十分重要的，它是这些计算的共同基础。无论在系统规划设计阶段还是在运行时，都需要进行大量的潮流计算与分析工作。

潮流计算本身从电路计算的观点出发，实质上是求解复杂电气网络的计算过程。由于现代系统中往往发电机、变压器台数很多，不同电压等级的输配电线路多，且网络接线也日趋复杂，所以要对这样的电气网络进行潮流计算就是一项较为复杂的任务。以往用传统的解析法靠手算的方式，只能对简单的网络进行近似计算。即使如此，计算也是较复杂的。后来，逐步采用了一些物理模拟装置（如交流计算台等），利用在模型装置上进行实际的测量来得到各处的潮流分布。但这种方法操作复杂而且计算的精确度不高，所以，它的采用也就受到限制。近三四十年来，随着大型电子计算机应用的逐步普及，才使潮流计算获得了飞跃的进步。目前在应用大型电子计算机进行潮流计算方面，无论在计算方法与具体计算程序上都已经非常成熟，且计算的精确度也较高，尽管目前对它的研究仍在不断发展与完善之中，但它的应用已十分普及。

由于潮流计算问题的复杂性，且受本书的篇幅所限，在本节中首先以简单开式电力网的潮流计算为例，来对潮流计算的基本内容作一介绍，以便读者对潮流计算的目的、方法有一个基本了解。此外，对于两端供电网络与闭式网络的潮流计算，也将进行简单介绍，对于用计算机进行复杂电力网潮流计算也将进行概念性的介绍。

二、单侧电源的开式电力网的潮流分布计算

单侧电源的开式电力网系统图如图 2-81 所示，可以认为是最简单的一种电力网，它由一台或几台发电机经过输电线路向降压变电所供电。这里没有画出发电厂的升压变压器，而假定计算是从发电厂的高压母线算起。实际上这种简单的开式网络的潮流计算的原则性问题及有关公式在输电线路的等值电路、电压损耗计算、功率损耗计算等节中均已分别介绍过了。下面拟结合实例来说明具体的计算方法及有关问题。

这种单侧电源的开式电力网的等值电路如图 2-81（b）所示，其中输电线路可用 Π 形等值电路代替，变压器可采用 Γ 形等值电路代替，对 35 kV 以下线路还可忽略对地电容的影响。

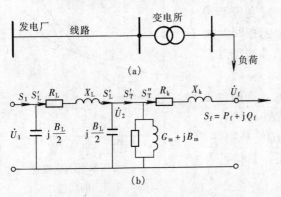

图 2-81 单侧电源的开式电力网及其等值电路

(a) 系统图；(b) 等值电路

对这种开式网络潮流计算的主要任务在于确定线路首端和末端的功率、电压这四个最基本的参数，只要这四个参数一旦确定，则各处的功率和电压分布也就相应确定了。为了确定这四个参数，工程上常需要先给定两个参数，再去求解其余的两个参数。给定的参数不同，具体计算方法和步骤也就不一样。总的来说，分为下面两种类型。

第一类是给定同一点的功率和电压，例如给出首端（发电厂）送出的功率及其母线电压，求取末端实际送给用户的功率及降压变电所低压侧的母线电压。或者，反过来已知末端的负荷功率及降压变电所低压侧的母线电压的条件下求取首端的功率和电压。由于是单侧电源的开式电力网，故这类问题的计算比较简单，只需按本章的等值电路、电压损耗计算、功率损耗计算等节中介绍过的方法逐步进行计算即可。由于其计算过程在前面的一些例题中已曾涉及，这里就不再述及。

第二类是给定不同点的电压和功率，去求另外两个未知量。例如，给出首端的电压 U_1 及末端变电所的负荷功率 P_f+jQ_f，去求首端的功率 S_1 和末端应维持的电压 U_f，或者反过来已知 S_1 和 U_f 去求 P_f+jQ_f 和 U_1 时，都是属于这类情况。由于给出的不是同一点的功率和电压，所以这类计算就比较麻烦，不可能直接计算出电压损耗和功率损耗值，只能采用"迭代法"或"逐步逼近法"之类的方法去求解。

例如，当已知负荷功率 P_f+jQ_f 及首端电压 U_1 时，可首先假定一个末端电压 U_f'（一般取为该网络的额定电压），在此基础上分别进行变压器的功率损耗和电容功率、线路功率损

耗的计算之后，即可求得首端功率 S_1。接着，再取首端功率为 S_1，电压为 U_1，而从首端到末端进行电压损耗计算，即可求出末端电压 U_f。如果 U_f 与假设的 U_f' 相近，则计算即可结束；否则还应另取一个 U_f' 值，重新进行反复计算，直到求得的 U_f 与假定的 U_f' 相接近为止。下面通过一个实例来说明其计算过程。

【例 2-11】 有一输电线路如图 2-82 所示，变压器和线路的参数在等值电路中已经注明（变压器的参数已归算到高压侧）。已知变压器在 $-2.5\%U_N$ 分接头运行，最小负荷时不切除变压器，变电所的最大负荷为 40 MW，最小负荷为 20 MW，功率因数为 0.8；发电厂高压母线在最大负荷时维持 118 kV，在最小负荷时维持 113 kV。试求：

（1）最大、最小运行方式时的潮流分布和电压分布；

（2）变电所低压侧的实际电压。

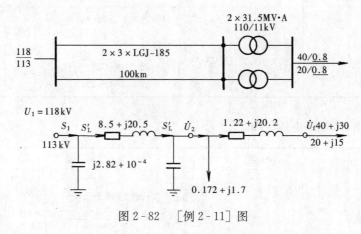

图 2-82　［例 2-11］图

解　由于需要计算两种运行方式，即最大运行方式和最小运行方式，所以最好对这两种方式同时并行计算，这样既可节约时间，又便于发现错误。

（1）取网络电压为额定电压，由末端向首端求功率分布

最大运行方式	最小运行方式	最大运行方式	最小运行方式
1. 负荷功率 $S_f = 40 + j30$（MV·A）	$S_f = 20 + j15$（MV·A）	3. 进入变压器绕组的功率 $S_T' = S_f + \Delta S_{TK}$ 　　$= 40.25 + j34.15$（MV·A）	$S_T' = 20.06 +$ 　$j16.04$（MV·A）
2. 变压器绕组内的功率损耗 $\Delta S_{TK} = \Delta P_k + j\Delta Q_k$ 　$= \left(\dfrac{S_f}{U_N}\right)^2 \times (R_k + jX_k)$ 　$= \dfrac{40^2 + 30^2}{110^2}(1.22 + j20.2)$ 　$= 0.25 + j4.15$（MV·A）	$\Delta S_{TK} = \dfrac{20^2 + 15^2}{110^2} \times$ 　　$(1.22 + j20.2)$ 　$= 0.06 + j1.04$ 　（MV·A）	4. 变压器的空载损耗（从变压器技术数据中已知） $\Delta S_{T0} = 0.17 + j1.7$（MV·A）	$\Delta S_{T0} = 0.17 +$ 　$j1.7$（MV·A）

最大运行方式	最小运行方式	最大运行方式	最小运行方式
5. 进入变压器的功率 $S'_T = S''_T + \Delta S_{T0}$ $= 40.42 + j35.85\ (MV \cdot A)$	$S'_T = 20.23 +$ $j17.74\ (MV \cdot A)$	8. 线路功率损耗 $\Delta S_L = \dfrac{40.42^2 + 32.43^2}{110^2} \times$ $(8.5 + j20.5)$ $= 1.84 + j4.7\ (MV \cdot A)$	$\Delta S_L = \dfrac{20.23^2 + 14.32^2}{110^2} \times$ $(8.5 + j20.5)$ $= 0.44 + j1.06\ (MV \cdot A)$
6. 线路末端电容功率 $-jU_N^2 \dfrac{B_C}{2} = -j110^2 \times 2.82 \times 10^{-4}$ $= -j3.42\ (MV \cdot A)$	$-j3.42\ (MV \cdot A)$	9. 线路首端功率 $S'_L = S''_L + \Delta S_L = 42.26 +$ $j37.13\ (MV \cdot A)$	$S'_L = 20.67 +$ $j15.38\ (MV \cdot A)$
7. 线路末端功率 $S''_L = S'_T - jU_N^2 \dfrac{B_C}{2}$ $= 40.42 + j32.42\ (MV \cdot A)$	$S''_L = 20.23$ $+ j14.32\ (MV \cdot A)$	10. 发电厂送出的功率 $S_1 = S'_L - jU_N^2 \dfrac{B_C}{2}$ $= 42.26 + j37.13 - j3.42$ $= 42.26 + j33.71(MV \cdot A)$	$S_1 = 20.67 + j15.38 - j3.42$ $= 20.67 + j11.96\ (MV \cdot A)$

（2）由首端向末端求电压分布

最大运行方式	最小运行方式	最大运行方式	最小运行方式
1. 发电厂电压 118 kV	113 kV	4. 变压器上的电压损耗 $\Delta U_T = \dfrac{40.25 \times 1.12 + 34.15 \times 20.2}{108.5}$ $= 6.85\ (kV)$	$\Delta U_T = \dfrac{20.06 \times 1.22 + 16.04 \times 20.2}{118.65}$ $= 3.24\ (kV)$
2. 线路电压损耗 $\Delta U_L = \dfrac{42.26 \times 8.5 + 37.13 \times 20.5}{118}$ $= 9.5\ (kV)$	$\Delta U_L = \dfrac{20.67 \times 8.5 + 15.38 \times 20.5}{113}$ $= 4.35\ (kV)$	5. 归算到高压侧的变压器低压侧电压 $U_f = U_3 - \Delta U_T$ $= 108.5 - 6.85$ $= 101.56\ (kV)$	$U_f = 108.65 - 3.24$ $= 105.41\ (kV)$
3. 线路末端电压 U_2 $U_2 = U_T - \Delta U_L = 118 - 9.5$ $= 108.5\ (kV)$	$U_2 = 113 - 4.35$ $= 108.65\ (kV)$		

说明：在以上的计算中均忽略了电压降中横分量的影响，实际上在最大负荷时线路电压降的横分量为

$$\delta U_L = \frac{42.26 \times 20.5 - 37.13 \times 8.5}{118} = 4.66\ (kV)$$

所以计及横分量时线路末端电压应为

$$U_2 = \sqrt{(118 - 9.5)^2 + 4.66^2} \approx 108.6\ (kV)$$

由此可见，在一般情况下横分量的影响在计算时完全可以略去不计。

从以上计算结果可知，线路末端电压为 108.6 kV，与先前所假定的网络额定电压 $U_N =$ 110 kV 很接近，可以不必再行计算。

（3）求变电所低压侧的实际电压

当变压器在 -2.5% 分接头运行时，其变比为

$$k = \frac{110(1-0.025)}{11} = 9.75$$

因而在最大负荷时，降压变电所低压侧的电压为

$$\frac{101.65}{9.75} = 10.4 \ (kV)$$

最小负荷时为

$$\frac{105.4}{9.75} = 10.8 \ (kV)$$

显然，在最小负荷时变电所低压母线电压偏高了。如果变压器改为采用主分接头运行，则另行计算可知：最大负荷时低压侧电压为 10.165 kV，最小负荷时为 10.54 kV，显然这时的电压水平比较理想。

三、两端供电网络与闭式电力网络的潮流计算

两端供电网络是由两个电源向用户或变电所供电，所以供电可靠性较高。闭式网络（环网）是两端电源电压相等的两端供电网络。现代电力网为提高供电可靠性基本上是采用这两种方式供电，下面简单介绍这两种网络的潮流计算。

计算开式网络时，由于开式网络的功率方向是确定的，所以其功率分布比较容易计算，而闭式网络的功率方向和量值都待确定，要精确求出其功率分布比较困难。因此，一般实用计算中都采用近似计算方法。其做法是：先忽略线路上的功率损耗，认为网络各点的电压都等于额定电压，在此条件下计算出网络各段线路的功率方向和量值，从而找出功率分点，然后把闭式网络在功率分点处拆开，变成两个开式网络，并按开式网络进行计算，进而计算出闭式网络的功率分布和各点电压。在进行上述计算时，经常要用到电路计算中的重叠原理，下面对其应用作一介绍。

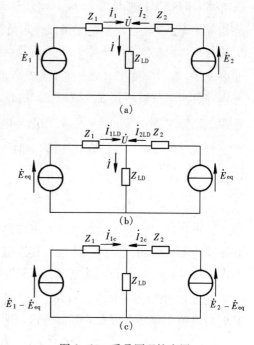

图 2-83 重叠原理的应用

(a) 等值电路；(b) 等值电路一；(c) 等值电路二

（一）重叠原理在网络计算中的应用

图 2-83 表示两个电源向一个负荷供电的网络，各电源的相电动势和支路阻抗已知，负荷以等值阻抗 Z_{LD} 表示。为了计算网络中的电压和电流分布，先利用并联有源支路等值合并的公式算出等值电动势 $\dot{E}_{eq}$ 和等值阻抗 Z_{eq} 为

$$\dot{E}_{eq} = Z_{eq}\left(\frac{\dot{E}_1}{Z_1} + \frac{\dot{E}_2}{Z_2}\right)$$

$$Z_{eq} = \frac{1}{\dfrac{1}{Z_1} + \dfrac{1}{Z_2}}$$

然后将每个电源支路的电流都表示为两个分量之和，即

$$\left. \begin{aligned} \dot{I}_1 &= \frac{\dot{E}_1 - \dot{U}}{Z_1} = \frac{\dot{E}_{eq} - \dot{U}}{Z_1} + \frac{\dot{E}_1 - \dot{E}_{eq}}{Z_1} = \dot{I}_{1LD} + \dot{I}_{1c} \\ \dot{I}_2 &= \frac{\dot{E}_2 - \dot{U}}{Z_2} = \frac{\dot{E}_{eq} - \dot{U}}{Z_2} + \frac{\dot{E}_2 - \dot{E}_{eq}}{Z_2} = \dot{I}_{2LD} + \dot{I}_{2c} \end{aligned} \right\} \qquad (2\text{-}178)$$

显然，可以证明

$$\dot{I}_{1c} + \dot{I}_{2c} = 0, \quad \dot{I}_{1LD} + \dot{I}_{2LD} = \frac{\dot{E}_{eq} - \dot{U}}{Z_{eq}} = \dot{I}$$

由此可得

$$\dot{I}_{1LD} = \frac{Z_{eq}}{Z_1} \dot{I}, \quad \dot{I}_{2LD} = \frac{Z_{eq}}{Z_2} \dot{I}$$

将 $\dot{I}_{1LD}$、$\dot{I}_{2LD} = \dfrac{Z_{eq}}{Z_2} \dot{I}$ 代入式（2-178），可得

$$\dot{I}_i = \frac{Z_{eq}}{Z_i} \dot{I} + \frac{\dot{E}_i - \dot{E}_{eq}}{Z_i} \quad (i = 1, 2, \cdots) \qquad (2\text{-}179)$$

根据式（2-178）可以作出图2-83（b）、（c）所示的两个等值电路，这两个等值电路所示状态的叠加，就是图2-83（a）的电路状态。在图2-83（b）所示的电器中两电源电动势相等并等于 $\dot{E}_{eq}$，由该电路可以确定负荷节点的电压 $\dot{U}$、负荷电流 $\dot{I}$ 及其在两个电源支路中的分布，而在图2-83（c）中负荷节点的电压和负荷阻抗中的电流都等于零。因此，这说明电流 $\dot{I}_{1c}$ 和 $\dot{I}_{2c}$ 只在电源支路中流动，而与负荷无关。这两个电源通常称为循环电流，它可以在负荷阻抗被断开（或被短接）的情况下，利用图2-83（c）的电路来确定。如果两个电源电动势相等，即 $\dot{E}_1 = \dot{E}_2$，则循环电流 $\dot{I}_{1c}$、$\dot{I}_{2c}$ 便等于零。

对式（2-179）各量取共轭值，然后全式乘以 $\dot{U}$，便得到各电源支路送到负荷节点的功率为

$$S_i = \frac{\mathring{Z}_{eq}}{\mathring{Z}_i} S + \frac{\mathring{E}_i - \mathring{E}_{eq}}{\mathring{Z}_i} \dot{U} \quad (i = 1, 2, \cdots) \qquad (2\text{-}180)$$

这里要注意，由于网络沿线有电压降落，因此，即使线路中通过同一电流，沿线各点的功率也是不一样的。但前已述及，在近似计算中，由于忽略了网络中的功率损耗，并都按额定电压计算功率，因而，其电流分布只在这种假设条件下才可以代表功率分布。

若以 $\dot{U}$ 作为参考相量，且用 U_N 代替 U，并认为负荷功率 $S \approx U_N \dot{I}$，便得到不计功率损耗时各电源支路功率分布的近似公式，即

$$S_i = \frac{\mathring{Z}_{eq}}{\mathring{Z}_i} S + \frac{\mathring{E}_i - \mathring{E}_{eq}}{\mathring{Z}_i} \dot{U} \quad (i = 1, 2 \cdots) \qquad (2\text{-}181)$$

式（2-180）、式（2-181）对于单相和三相系统都适用。若 E、U 为相电动势和相电压，则 S 为单相功率；若 E、U 为线电动势和线电压，则 S 为三相功率。如果并联的电源支路不止两个，而是 m 个，上述公式仍然适用，只是 $\mathring{E}_{eq}$ 和 Z_{eq} 应按 m 个并联支路的情况

计算。

（二）两端供电网络的功率分布

1. 一个负荷的两端供电网络

两端供电网络是闭式网络最简单的一种接线方式，它的功率分布计算具有典型性。下面先分析带一个负荷的两端供电网络，如图 2-84 所示。

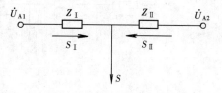

图 2-84　带一个负荷的两端供电网络

设 $\dot{U}_{A1} \neq \dot{U}_{A2}$，应用式（2-181）可得

$$\left.\begin{array}{l} S_{\mathrm{I}} = \dfrac{\check{Z}_{\mathrm{eq}}}{\check{Z}_{\mathrm{I}}} S + \dfrac{\dot{U}_{A1} - \dot{U}_{\mathrm{eq}}}{\check{Z}_{\mathrm{I}}} U_{N} = S_{\mathrm{I\,LD}} + S_{\mathrm{I\,c}} \\[4mm] S_{\mathrm{II}} = \dfrac{\check{Z}_{\mathrm{eq}}}{\check{Z}_{\mathrm{II}}} S + \dfrac{\dot{U}_{A2} - \dot{U}_{\mathrm{eq}}}{\check{Z}_{\mathrm{II}}} U_{N} = S_{\mathrm{II\,LD}} + S_{\mathrm{II\,c}} \end{array}\right\} \tag{2-182}$$

因为

$$Z_{\mathrm{eq}} = \frac{\check{Z}_{\mathrm{I}}\,\check{Z}_{\mathrm{II}}}{\check{Z}_{\mathrm{I}} + \check{Z}_{\mathrm{II}}}, \quad \dot{U}_{\mathrm{eq}} = \frac{\dot{U}_{A1} Z_{\mathrm{II}} + \dot{U}_{A2} Z_{\mathrm{I}}}{\check{Z}_{\mathrm{I}} + \check{Z}_{\mathrm{II}}}$$

故式（2-182）可改写为

$$\left.\begin{array}{l} S_{\mathrm{I}} = S_{\mathrm{I\,LD}} + S_{\mathrm{I\,c}} = \dfrac{\check{Z}_{\mathrm{II}}}{\check{Z}_{\mathrm{I}} + \check{Z}_{\mathrm{II}}} S + \dfrac{\dot{U}_{A1} - \dot{U}_{A2}}{\check{Z}_{\mathrm{I}} + \check{Z}_{\mathrm{II}}} U_{N} \\[4mm] S_{\mathrm{II}} = S_{\mathrm{II\,LD}} + S_{\mathrm{I\,c}} = \dfrac{\check{Z}_{\mathrm{I}}}{\check{Z}_{\mathrm{I}} + \check{Z}_{\mathrm{II}}} S + \dfrac{\dot{U}_{A2} - \dot{U}_{A1}}{\check{Z}_{\mathrm{I}} + \check{Z}_{\mathrm{II}}} U_{N} \end{array}\right\} \tag{2-183}$$

由式（2-183）可见，每个电源点送出的功率都包括两部分：第一部分由负荷功率和网络参数决定，它们分别与电源点至负荷点之间的阻抗共轭值成反比。第二部分与负荷无关，它可以在网络中负荷切除的情况下，由两个电源点的电动势差和网络参数确定。通常把这部分功率称为循环功率。

2. 具有两个负荷的网络

对于图 2-85（a）所示的具有两个负荷的网络，其功率分布可利用重叠原理应用式（2-183）求得。首先按两个电源电压相等，求出各个负荷单独存在时的功率分布，然后计算由于电源点电压不相等而引起的循环功率。将这两项功率相叠加即得

$$\left.\begin{array}{l} S_{\mathrm{I}} = \dfrac{(\check{Z}_{\mathrm{II}} + \check{Z}_{\mathrm{II}}) S_1 + \check{Z}_{\mathrm{II}} S_2}{\check{Z}_{\mathrm{I}} + \check{Z}_{\mathrm{II}} + \check{Z}_{\mathrm{III}}} + \dfrac{(\dot{U}_{A1} - \dot{U}_{A2}) U_{N}}{\check{Z}_{\mathrm{I}} + \check{Z}_{\mathrm{II}} + \check{Z}_{\mathrm{III}}} = S_{\mathrm{ILD}} + S_{\mathrm{Ic}} \\[4mm] S_{\mathrm{II}} = \dfrac{Z_{\mathrm{I}} S_1 + (Z_{\mathrm{I}} + \check{Z}_{\mathrm{II}}) S_2}{\check{Z}_{\mathrm{I}} + \check{Z}_{\mathrm{II}} + \check{Z}_{\mathrm{III}}} + \dfrac{(\dot{U}_{A2} - \dot{U}_{A1}) U_{N}}{\check{Z}_{\mathrm{I}} + \check{Z}_{\mathrm{II}} + \check{Z}_{\mathrm{III}}} = S_{\mathrm{IILD}} + S_{\mathrm{Ic}} \end{array}\right\} \tag{2-184}$$

求出电源点输出的功率 S_{I} 和 S_{II} 后，即可在线路上各点按功率平衡的条件，求出整个网络不计功率损耗时的初步功率分布。例如，由图 2-85（a），根据节点 1 的功率平衡条件可得

$$S_{\mathrm{II}} = S_{\mathrm{I}} - S_1$$

在网络中某一点，如其功率由两个方向流入，则称此节点为功率分点［见图 2-85（a）中节点 2］，用符号 ▼ 标出。有时有功功率分点和无功功率分点可能出现在不同的节点，通常用 ▼ 和 ▽ 分别表示有功功率分点和无功功率分点。

在求出功率分点后，可在功率分点把网络拆开，分成两个开式网络，并将功率分点处的负荷 S_2 也分成 S_{II} 和 S_{III}，分别接在两个开式网络的末端，如图 2-85（b）所示。

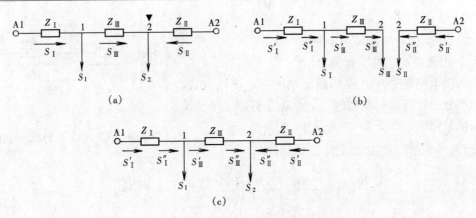

图 2-85　带两个负荷的两端供电网络

3. 具有 k 个负荷的网络

对于两端供电线路上接 k 个负荷的网络，利用上述原理可以确定不计功率损耗时，两个电源点送入线路的功率分别为

$$
\left.
\begin{aligned}
S_{\mathrm{I}} &= \frac{\sum\limits_{i=1}^{k} \overset{*}{Z}_i S_i}{\overset{*}{Z}_{\Sigma}} + \frac{(\overset{*}{U}_{\mathrm{A1}} - \overset{*}{U}_{\mathrm{A2}})U_{\mathrm{N}}}{\overset{*}{Z}_{\Sigma}} = S_{\mathrm{I\,LD}} + S_{\mathrm{I\,c}} \\
S_{\mathrm{II}} &= \frac{\sum\limits_{i=1}^{k} \overset{*}{Z}'_i S_i}{\overset{*}{Z}_{\Sigma}} + \frac{(\overset{*}{U}_{\mathrm{A1}} - \overset{*}{U}_{\mathrm{A2}})U_{\mathrm{N}}}{\overset{*}{Z}_{\Sigma}} = S_{\mathrm{II\,LD}} + S_{\mathrm{II\,c}}
\end{aligned}
\right\}
\tag{2-185}
$$

式中　$\overset{*}{Z}_{\Sigma}$——整条线路的总阻抗；

$\overset{*}{Z}_i$、$\overset{*}{Z}'_i$——分别为第 i 个负荷点到电源点 A1 和 A2 的总阻抗。

求出电源点送出的 S_{I}、S_{II} 后，根据节点功率平衡的条件即可求出不计功率损耗时的网络初步功率分布，并确定功率分点。

在式（2-185）中，循环功率 $S_{\mathrm{I\,c}}$、$S_{\mathrm{II\,c}}$ 的计算比较简单，而负荷功率 $S_{\mathrm{I\,LD}}$ 和 $S_{\mathrm{II\,LD}}$ 的计算相当复杂，现设法将复数运算化为计算较为方便的实数计算。令 $\dfrac{1}{Z_{\Sigma}} = G_{\Sigma} - \mathrm{j}B_{\Sigma}$，则有

$$
\begin{aligned}
S_{\mathrm{I\,LD}} &= (G_{\Sigma} - \mathrm{j}B_{\Sigma}) \sum_{i=1}^{k} (R_i - \mathrm{j}X_i)(P_i + \mathrm{j}Q_i) \\
&= (G_{\Sigma}M - B_{\Sigma}N) + \mathrm{j}(-G_{\Sigma}N - B_{\Sigma}M) \\
&= P_{\mathrm{ILD}} + \mathrm{j}Q_{\mathrm{ILD}}
\end{aligned}
\tag{2-186}
$$

其中

$$
M = \sum_{i=1}^{k} (P_i R_i + Q_i X_i)
$$

$$
N = \sum_{i=1}^{k} (P_i X_i - Q_i R_i)
$$

$$
G_{\Sigma} = \frac{R_{\Sigma}}{R_{\Sigma}^2 + X_{\Sigma}^2}
$$

$$B_\Sigma = \frac{-X_\Sigma}{R_\Sigma^2 + X_\Sigma^2}$$

同理，可写出电源点 A2 送出的负荷功率为

$$S_{\text{II LD}} = (G_\Sigma M' - B_\Sigma N') - \text{j}(-G_\Sigma N' - B_\Sigma M')$$

$$= P_{\text{II LD}} + \text{j}Q_{\text{II LD}} \tag{2-187}$$

其中

$$M' = \sum_{i=1}^{k}(P_i R_i' + QX_i')$$

$$N' = \sum_{i=1}^{k}(P_i X_i' - Q_i R_i')$$

由于循环功率 $S_{\text{I c}}$、$S_{\text{II c}}$ 只与 $\overset{*}{U}_{\text{A1}}$、$\overset{*}{U}_{\text{A2}}$ 有关，而与负荷无关，所以 $S_{\text{I LD}} + S_{\text{II LD}} = \sum\limits_{i=1}^{k} S_i$，由此可以检验所求得的 $S_{\text{I LD}}$、$S_{\text{II LD}}$ 是否正确。

（三）环网的功率分布

环网是闭式网络的另一种典型接线方式。单电源环网可以当作是电源点电压相等的两端供电网络，因此，可以套用上面所介绍的两端供电网络的计算公式，只需令循环功率等于零即可。

下面再讨论一下含几个电压等级的环网的功率分布。先讨论一个简单的含不同电压等级的环网，即变比不等的两台升压变压器并联运行时的功率分布，如图 2-86（a）所示。设两台变压器的变比（即高压侧分接头电压与低压侧额定电压之比）分别为 k_1 和 k_2，且 $k_1 \neq k_2$。不计变压器导纳支路时的等值电路示于图 2-86（b），图中 Z_{T1}'、Z_{T2}' 是归算到高压侧（即图中 B 侧）的变压器阻抗值。

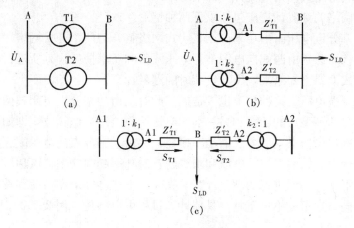

图 2-86　变比不等的变压器并联运行时的功率分布
（a）系统图；（b）等值电路；（c）等效的两端供电网络

如果已知变压器一次侧的电压 $\dot{U}_\text{A}$，则有 $\dot{U}_{\text{A1}} = k_1 \dot{U}_\text{A}$ 和 $\dot{U}_{\text{A2}} = k_2 \dot{U}_\text{A}$。将等值电路从 A 点拆开，便得到一个电源点电压不等的两端供电网络，如图 2-86（c）所示。利用式（2-183）可得

$$S_{T1} = \frac{Z'_{T2} S_{LD}}{\overset{\ast}{Z}'_{T1} + \overset{\ast}{Z}'_{T2}} + \frac{(\overset{\ast}{U}_{A1} - \overset{\ast}{U}_{A2}) U_{NH}}{\overset{\ast}{Z}'_{T1} + \overset{\ast}{Z}'_{T2}} \left.\right\}$$

$$S_{T2} = \frac{Z'_{T1} S_{LD}}{\overset{\ast}{Z}'_{T1} + \overset{\ast}{Z}'_{T2}} + \frac{(\overset{\ast}{U}_{A2} - \overset{\ast}{U}_{A1}) U_{NH}}{\overset{\ast}{Z}'_{T1} + \overset{\ast}{Z}'_{T2}} \left.\right\} \qquad (2\text{-}188)$$

式中 U_{NH}——高压侧的额定电压。

式 (2-188) 表明, 变压器的实际功率分布是按变压器变比相等且供给实际负荷时的功率分布以及不计负荷仅因变比不同而引起的循环功率这二者相叠加而成。

现假定循环功率是由节点 A1 经变压器阻抗流向 A2, 亦即在原电路中为顺时针方向, 并令

$$d\overset{\ast}{U}' = \overset{\ast}{U}_{A1} - \overset{\ast}{U}_{A2} = \overset{\ast}{U}_A (k_1 - k_2) = \overset{\ast}{U}_A k_1 \left(\frac{k_2}{k_1}\right) \qquad (2\text{-}189)$$

则循环功率为

$$S_c = \frac{(\overset{\ast}{U}_{A1} - \overset{\ast}{U}_{A2}) \overset{\ast}{U}_{NH}}{Z'_{T1} + Z'_{T2}} = \frac{d\overset{\ast}{U}' \overset{\ast}{U}_{NH}}{Z'_{T1} + Z'_{T2}} \qquad (2\text{-}190)$$

即循环功率取决于由于变压器变比不等所引起的两端电压的差值（注意, 并非两个电源电压的差值）和环路总阻抗 $(Z'_{T1} + Z'_{T2})$。循环功率的正方向与 $d\overset{\ast}{U}'$ 的取向有关。若取 $d\overset{\ast}{U}' = \overset{\ast}{U}_{A2} - \overset{\ast}{U}_{A1}$, 则循环功率由节点 A2 流向 A1, 亦即在原电路中逆时针方向。当两变压器的变比相等时, $d\overset{\ast}{U}' = 0$, 则循环功率不存在。

（四）闭式网络的潮流计算

上述功率分布的计算, 是在不计网络的电压损耗和假定电压为网络的额定电压的条件下, 求得的近似功率分布, 即所谓初步功率分布。因此, 还必须计及网络中各段电压损耗和功率损耗, 方能获得闭式网络潮流计算的最终结果。

因而, 闭式网络的潮流计算应包括以下两种情形。

（1）已知功率分点电压。由功率分点将闭式网络解开为两个开式网络。由于该点电压和功率已知, 可从该点分别由两侧向电源推算电压降落和功率损耗, 其所进行的潮流计算, 完全同于前述的开式网络已知末端电压和负荷时的潮流计算。

（2）已知电源端电压。这种情况也较常见。此时仍由功率分点将闭式网络解开为两个开式网络, 由于已知的是该点的功率和另一端的电压, 只能用近似算法, 即如前所述的假设全网电压均为网络额定电压来求取各段的功率损耗, 并由功率分点向电源端逐步推算, 在求得电源功率后, 再运用已知的电源端电压和求得的首端功率朝向功率分点逐段求取电压降, 并最终计算出各点电压。其所进行的潮流计算, 完全与上述已知末端负荷和首端电压时的开式网络潮流计算相同, 这里就不再重复。具体计算过程可以参见 [例 2-12]。

【例 2-12】 某 110kV 闭式电力网络如图 2-87 所示, A 为发电厂的高压母线, 其运行电压为 117kV。已知网络元件的参数如下。

线路 Ⅰ、线路 Ⅱ 的参数为

$$r_1 = 0.27 \ \Omega/km, \ x_1 = 0.423 \ \Omega/km, \ b_1 = 2.69 \times 10^{-6} \ S$$

线路 Ⅲ 的参数为

$$r_1 = 0.45 \ \Omega/km, \ x_1 = 0.44 \ \Omega/km, \ b_1 = 2.58 \times 10^{-6} \ S$$

变电所 b 中每台变压器的参数为

$S_N = 20 \text{ MV} \cdot \text{A}, \ \Delta S_0 = 0.05 + \text{j}0.6 \text{ MV} \cdot \text{A}, \ R_k = 4.84 \ \Omega, \ X_k = 63.5 \ \Omega$

变电所 c 中每台变压器的参数为

$S_N = 10 \text{ MV} \cdot \text{A}, \ \Delta S_0 = 0.03 + \text{j}0.35 \text{ MV} \cdot \text{A}, \ R_k = 11.4 \ \Omega, \ X_k = 127 \ \Omega$

上式中的 ΔS_0 为变压器空载损耗的有功及无功部分，下同。

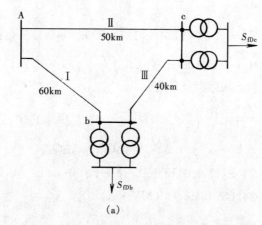

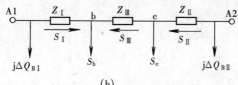
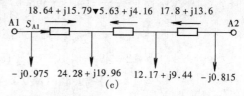

图 2 - 87　　［例 2 - 12］图

(a) 网络接线图；(b) 等值电路；(c) 功率分布

负荷功率为

$$S_{fDb} = 24 + \text{j}18 \ (\text{MV} \cdot \text{A})$$

$$S_{fDc} = 12 + \text{j}9 \ (\text{MV} \cdot \text{A})$$

试求网络的功率分布和最大电压损耗。

解　(1) 计算网络参数，并作等值电路如图 2 - 87 (b) 所示。

线路 I

$$Z_I = (0.27 + \text{j}0.423) \times 60 = 16.2 + \text{j}25.38 \ (\Omega)$$

$$B_I = 2.69 \times 10^{-6} \times 60 = 1.61 \times 10^{-4} \ (\text{S})$$

$$2\Delta Q_{BI} = -1.61 \times 10^{-4} \times 110^2 = -1.95 \ (\text{Mvar})$$

线路 II

$$Z_{II} = (0.27 + \text{j}0.423) \times 50 = 13.5 + \text{j}21.15 \ (\Omega)$$

$$B_{II} = 2.69 \times 10^{-6} \times 50 = 1.35 \times 10^{-4} \ (\text{S})$$

$$2\Delta Q_{BII} = -1.35 \times 10^{-4} \times 110^2 = -1.63 \ (\text{Mvar})$$

线路 III

$$Z_{III} = (0.45 + \text{j}0.44) \times 40 = 18 + \text{j}17.6 \ (\Omega)$$

$$B_{III} = 2.58 \times 10^{-6} \times 40 = 1.03 \times 10^{-4} \ (\text{S})$$

$$2\Delta Q_{BIII} = -1.03 \times 10^{-4} \times 110^2 = -1.25 \ (\text{Mvar})$$

变电所 b 的变压器

$$Z_{kb} = \frac{1}{2} \times (4.84 + j63.5) = 2.42 + j31.75 \ (\Omega)$$

$$\Delta S_{0b} = 2 \times (0.05 + j0.6) = 0.1 + j1.2 \ (MV \cdot A)$$

变电所 c 的变压器

$$Z_{kc} = \frac{1}{2} \times (11.4 + j127) = 5.7 + j63.5 \ (\Omega)$$

$$\Delta S_{0c} = 2 \times (0.03 + j0.35) = 0.06 + j0.7 \ (MV \cdot A)$$

(2) 计算节点 b 和 c 的运算负荷有

$$\Delta S_{Tb} = \frac{24^2 + 18^2}{110^2}(2.42 + j31.75) = 0.18 + j2.36 \ (MV \cdot A)$$

$$S_b = S_{fDb} + \Delta S_{Tb} + \Delta S_{0b} + j\Delta Q_{BI} + j\Delta Q_{BIII}$$

$$= 24 + j18 + 0.18 + j2.36 + 0.1 + j1.2 - j0.975 - j0.625$$

$$= 24.28 + j19.96 \ (MV \cdot A)$$

$$\Delta S_{Tc} = \frac{12^2 + 9^2}{110^2}(5.7 + j63.5) = 0.106 + j1.18 \ (MV \cdot A)$$

$$S_c = S_{fDc} + \Delta S_{Tc} + \Delta S_{0c} + j\Delta Q_{BIII} + j\Delta Q_{BII}$$

$$= 12 + j9 + 0.106 + j1.18 + 0.06 + j0.7 - j0.625 - j0.815$$

$$= 12.17 + j9.44 \ (MV \cdot A)$$

(3) 计算闭式网络中的功率分布如图 2-87 (c) 所示，于是有

$$S_I = \frac{S_b(Z_{II} + Z_{III}) + S_c Z_{II}}{Z_I + Z_{II} + Z_{III}}$$

$$= \frac{(24.28 + j19.96)(31.5 + j38.75) + (12.17 + j9.44)(13.5 + j21.15)}{47.7 - j64.13}$$

$$= 18.64 + j15.79 \ (MV \cdot A)$$

$$S_{II} = \frac{S_b Z_I + S_c(Z_I + Z_{III})}{Z_I + Z_{II} + Z_{III}}$$

$$= \frac{(24.28 + j19.96)(16.2 + j25.38) + (12.17 + j9.44)(34.2 + j42.98)}{47.7 - j64.13}$$

$$= 17.8 + j13.6 \ (MV \cdot A)$$

验算

$$S_I + S_{II} = 18.64 + j15.79 + 17.8 + j13.6 = 36.44 + j29.39 \ (MV \cdot A)$$

$$S_b + S_c = 24.28 + j19.96 + 12.17 + j9.44 = 36.45 + j29.4 \ (MV \cdot A)$$

可见，以上计算正确。下面再由 $S_I = 18.65 + j15.80$，继续进行计算。

$$S_{III} = S_b - S_I = 24.28 + j19.96 - 18.65 - j15.8 = 5.63 + j4.16 \ (MV \cdot A)$$

(4) 计算电压损耗。由于线路 I 和线路 II 的功率均流向节点 b，可见节点 b 即为功率分点，这点的电压最低。为了计算线路 I 的电压损耗，要用 A 点的电压和功率 S_{A1}，即

$$S_{A1} = S_I + \Delta S_{ZLI} = 18.65 + j15.8 + \frac{18.65^2 + 15.80^2}{110^2}(16.20 + j25.38)$$

$$= 19.45 + j17.05 \ (MV \cdot A)$$

$$\Delta U_{\text{I}} = \frac{P_{\text{A1}}R_{\text{I}} + Q_{\text{A1}}X_{\text{I}}}{U_{\text{A}}} = \frac{19.45 \times 16.2 + 17.05 \times 25.38}{117} = 6.39 \ (\text{kV})$$

变电所 b 高压母线的实际电压为

$$U_{\text{b}} = U_{\text{A}} - \Delta U_1 = 117 - 6.39 = 110.61 \ (\text{kV})$$

上面简要介绍了开式网络与闭式网络的潮流计算的一般方法。但是，由于现代电力系统的规模愈来愈大，接线十分复杂，其中有些节点可能从三个或三个以上的电源获得电能，这样的电力网称为复杂电力网。对于复杂电力网的潮流计算，目前一般采用以节点电压为基础的迭代法，并依靠计算机的数值计算来进行。下面就对此作最基本的介绍。

四、复杂电力系统的计算机潮流计算方法简介

对于复杂电力系统的潮流计算，只有依靠计算机进行数值计算才有可能。

而用计算机计算电力系统潮流，首先是建立电力网的数学模型，即拟订等值网络，建立网络方程；其次是寻找并确定一种适合于计算机计算的求解网络方程的方法；最后是根据确定的计算方法编制计算程序上机计算。为了使计算简便，计算过程中通常都采用标么值。下面对此分别进行简要介绍。

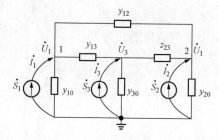

图 2-88　电力系统等值电路

（一）电力网功率方程

1. 节点方程

从电路基本理论知道，网络的计算可以用节点电压法，也可用回路电流法，两种方法计算结果相同。当利用节点电压法时，对图 2-88 所示的等值电路，可写出下面的节点方程组。

$$\left. \begin{array}{l} \dot{I}_1 = \dot{U}_{1y10} + (\dot{U}_1 - \dot{U}_2)_{y12} + (\dot{U}_1 - \dot{U}_3)_{y13} \\ \dot{I}_2 = \dot{U}_{2y20} + (\dot{U}_2 - \dot{U}_1)_{y12} + (\dot{U}_2 - \dot{U}_3)_{y23} \\ \dot{I}_3 = \dot{U}_{3y30} + (\dot{U}_3 - \dot{U}_1)_{y13} + (\dot{U}_3 - \dot{U}_2)_{y23} \end{array} \right\} \qquad (2\text{-}191)$$

若令

$$\left. \begin{array}{l} Y_{11} = y_{10} + y_{12} + y_{13} \\ Y_{22} = y_{20} + y_{12} + y_{23} \\ Y_{33} = y_{30} + y_{13} + y_{23} \end{array} \right\} \qquad (2\text{-}192)$$

$$\left. \begin{array}{l} Y_{12} = Y_{21} = -y_{12} \\ Y_{13} = Y_{31} = -y_{13} \\ Y_{23} = Y_{32} = -y_{23} \end{array} \right\} \qquad (2\text{-}193)$$

如将上述三式的关系重新整理后，则图 2-88 等值电路的节点方程可以改写成为

$$\left. \begin{array}{l} \dot{I}_1 = Y_{11}\dot{U}_1 + Y_{12}\dot{U}_2 + Y_{13}\dot{U}_3 \\ \dot{I}_2 = Y_{21}\dot{U}_1 + Y_{22}\dot{U}_2 + Y_{23}\dot{U}_3 \\ \dot{I}_3 = Y_{31}\dot{U}_1 + Y_{32}\dot{U}_2 + Y_{33}\dot{U}_3 \end{array} \right\} \qquad (2\text{-}194)$$

2. 基本网络方程

式（2-191）所示的三节点系统的节点方程可以推广到有 n 个节点的系统，此时方程改为

$$\left.\begin{aligned}
\dot{I}_1 &= Y_{11}\dot{U}_1 + Y_{12}\dot{U}_2 + Y_{13}\dot{U}_3 + \cdots + Y_{1n}\dot{U}_n \\
\dot{I}_2 &= Y_{21}\dot{U}_1 + Y_{22}\dot{U}_2 + Y_{23}\dot{U}_3 + \cdots + Y_{2n}\dot{U}_n \\
&\qquad\qquad\qquad\vdots \\
\dot{I}_n &= Y_{n1}\dot{U}_1 + Y_{n2}\dot{U}_2 + Y_{n3}\dot{U}_3 + \cdots + Y_{nn}\dot{U}_n
\end{aligned}\right\} \tag{2-195}$$

式（2-195）写成通式后的形式是

$$\dot{I}_i = \sum_{j=1}^{n} Y_{ij}\dot{U}_j \tag{2-196}$$

式中　i——节点号，$i=1，2，3，\cdots，n$。

式（2-195）还可用矩阵形式表示成

$$\begin{bmatrix} \dot{I}_1 \\ \dot{I}_2 \\ \vdots \\ \dot{I}_n \end{bmatrix} = \begin{bmatrix} Y_{11} & Y_{12} & Y_{13} & \cdots & Y_{1n} \\ Y_{21} & Y_{22} & Y_{23} & \cdots & Y_{2n} \\ \vdots & \vdots & \vdots & \cdots & \vdots \\ Y_{n1} & Y_{n2} & Y_{n3} & \cdots & Y_{nn} \end{bmatrix} \begin{bmatrix} \dot{U}_1 \\ \dot{U}_2 \\ \vdots \\ \dot{U}_n \end{bmatrix} \tag{2-197}$$

其简化形式为

$$\dot{I} = Y\dot{U}$$

$$\boldsymbol{i} = [\dot{I}_1 \ \dot{I}_2 \ \cdots \ \dot{I}_n]^{\mathrm{T}}$$

$$\dot{\boldsymbol{U}} = [\dot{U}_1 \dot{U}_2 \ \cdots \ \dot{U}_n]^{\mathrm{T}}$$

$$\boldsymbol{Y} = \begin{bmatrix} Y_{11} & Y_{12} & Y_{13} & \cdots & Y_{1n} \\ Y_{21} & Y_{22} & Y_{23} & \cdots & Y_{2n} \\ \vdots & \vdots & \vdots & \cdots & \vdots \\ Y_{n1} & Y_{n2} & Y_{n3} & \cdots & Y_{nn} \end{bmatrix}$$

式中　$\boldsymbol{i}$——电流列相量；

　　　$\dot{\boldsymbol{U}}$——电压列相量；

　　　$\boldsymbol{Y}$——导纳矩阵。

3. 导纳矩阵

由式（2-197）看出，有 n 个节点的电力系统导纳矩阵是一个 n 阶矩阵，矩阵中主对角线上的元素 Y_{ii} 具有两个相同的下标，称为节点 i 的自导纳，也称输入导纳，物理概念上它相当于在等值网络的第 i 个节点与地之间加上单位电压，而将其余节点全部接地时由节点 i 流入网络的电流，可用数学式表示为

$$\boldsymbol{Y}_{ii} = \left[\frac{\dot{I}_i}{\dot{U}_i}\right]_{(\dot{U}_j = 0, j \neq i)}$$

实质上自导纳 Y_{ii} 就是在 $j \neq i$ 的各节点全接地时，i 节点的所有对地导纳之和，即

$$Y_{ii} = y_{i0} + \sum_{\substack{j=1 \\ j \neq i}}^{n} y_{ij} \tag{2-198}$$

式中　y_{i0}——i 节点的对地导纳；

　　　y_{ij}——节点 i 与节点 j 之间的线路导纳，系统中的节点由于总是有线路与其他节点相连接，所以自导纳 $Y_{ii} \neq 0$。

导纳矩阵中的非对角线元素 Y_{ij} 称为互导纳，它的物理意义是在节点 j 施加单位电压，

其他节点全部接地时，经节点 i 注入网络的电流，其数学表示式为

$$Y_{ij} = \left(\frac{\dot{I}_i}{\dot{U}_j}\right)_{(\dot{U}_i = 0, j \neq i)}$$

实际上互导纳等于节点 i 和节点 j 之间的支路导纳的负值，即

$$Y_{ij} = Y_{ji} = -y_{ij} \tag{2-199}$$

电力系统中许多节点之间有线路连接，但也有许多节点之间无线路连接，因而 Y_{ij} 很多情况下为零，故导纳矩阵中有很多元素的值为零，这样的矩阵称为稀疏矩阵。由于导纳矩阵中非对角线元素有式（2-199）的关系，所以又是一个对称矩阵。在按式（2-198）、式（2-199）求出导纳矩阵的各元素后就可形成导纳矩阵。

4. 功率方程

如前所述，常规潮流计算的目的是在已知电力网参数和各节点注入量的条件下，求解各节点电压和支路的功率。在实际工程中，节点注入量不是电流，而是节点功率，因此节点电压方程要修改为

$$\dot{I}_i = \frac{P_i - jQ_i}{\overset{*}{U}_i} \quad (i = 1, 2, \cdots, n)$$

$$\frac{P_i - jQ_i}{\overset{*}{U}_i} = \sum_{j=1}^{n} Y_{ij} \overset{*}{U}_j \quad (i = 1, 2, \cdots, n) \tag{2-200}$$

$$P_i = P_{Gi} - P_{Li}$$

$$Q_i = Q_{Gi} - Q_{Li}$$

式中　P_{Gi}、Q_{Gi}——分别为节点电源发出的有功、无功功率；

P_{Li}、Q_{Li}——分别为节点负荷吸收的有功、无功功率。

式（2-200）为电压的非线性隐函数，无法直接求解，必须通过一定的算法求近似解。为了避免复杂的复数运算，可以采用将式（2-200）展开成以下两种实数形式的方程组。

（1）直角坐标形式。将式（2-200）中的电压和导纳写成直角坐标形式 $\dot{U}_i = e_i + jf_i$，$Y_{ij} = G_{ij} + jB_{ij}$，可得到以下实数方程

$$\left.\begin{array}{l} P_i = e_i \sum_{j \in i}(G_{ij}e_j - B_{ij}f_j) + f_i \sum_{j \in i}(G_{ij}f_j + B_{ij}e_j) \\[2mm] Q_i = f_i \sum_{j \in i}(G_{ij}e_j - B_{ij}f_j) + e_i \sum_{j \in i}(G_{ij}f_j + B_{ij}e_j) \end{array}\right\} \tag{2-201}$$

式中　i——各节点的编号，$i = 1, 2, \cdots, n$。

（2）极坐标形式。将式（2-200）中的电压写成极坐标形式 $\dot{U}_i = U_i\cos\delta_i + jU_i\sin\delta_j$，导纳写成直角坐标形式 $Y_{ij} = G_{ij} + jB_{ij}$，可得到以下实数方程

$$\left.\begin{array}{l} P_i = U_i \sum_{j \in i} U_j(G_{ij}\cos\delta_{ij} + B_{ij}\sin\delta_{ij}) \\[2mm] Q_i = U_i \sum_{j \in i} U_j(G_{ij}\sin\delta_{ij} - B_{ij}\cos\delta_{ij}) \end{array}\right\} \tag{2-202}$$

式中　δ_{ij}——i 节点电压与 j 节点电压的相角差，$\delta_{ij} = \delta_i - \delta_j$；

　　　i——各节点的编号，$i = 1, 2, \cdots, n$。

（二）节点分类

从上述功率方程式（2-201）、式（2-202）可知，有 n 个节点的系统有功及无功功率的

方程的总数为 $2n$ 个。每个节点都有四个变量。以直角坐标表示的方程，这四个变量是 e_i、f_i、P_i、Q_i；对于用极坐标形式表示的方程，四个变量是 U_i、δ_i、P_i 及 Q_i。全系统总的变量数为 $4n$ 个，由于功率方程只有 $2n$ 个，只能求解 $2n$ 个变量，其余 $2n$ 个量必须已知才能求解功率方程。潮流计算中究竟哪 $2n$ 个变量是待求量，哪 $2n$ 个变量是必须事先给定，需通过对系统中的母线进行分析方能确定。

一个实际待计算的系统包含许多母线，但是根据母线的性质（负荷母线或发电厂母线等）、电源运行的方式以及计算的要求可将它们分成三类。

1. PQ 节点

此类节点注入的有功功率 P_i 和无功功率 Q_i 是已知的，而节点的电压数值和相位角 U_i、δ_i 是待求量。系统中的降压变电所母线一般属于这类节点，某些限定发电功率而不限定母线电压的发电厂母线也属于这类节点。因为系统中的降压变电所为数众多，所以这类节点的数目也最多。

2. PV 节点

这类节点的特点是注入的有功功率 P_i 已经给定，同时又规定了母线电压的数值，而无功功率和电压的相位角 δ_i 则根据系统运行情况而确定。为了维持节点电压数值在规定的水平，这类节点设有可以调节的无功电源。一般发电厂都有调节无功功率的能力，如果再规定了它的母线电压值和有功功率就成了 PV 节点。装有无功静补装置（如 SVC）等可持续调节的无功补偿设备的变电所母线的电压往往也是给定的，因此，这种变电所母线也是 PV 节点。一般这类节点的数目比 PQ 节点少得多。

3. 平衡节点

平衡节点是根据潮流计算的需要人为确定的一个节点。在潮流计算未得出结果之前，网络中的功率损耗不能确定，因而电力网中至少有一个含有电源的节点的功率不能确定，这个节点最后要担当功率平衡的任务，故称为平衡节点。此外，为了计算的需要必须设定一个节点的电压相位角等于零，以作为其他节点电压的参考，称为电压基准节点。实际进行潮流计算时，总是把平衡节点与电压基准节点合选成一个节点。平衡节点的电压数值和相位角均事先给定，而功率 P 和 Q 则待求。一般选择电力系统中的主调频电厂的母线作为平衡节点。有时为了提高导纳矩阵算法的收敛性，也可以选择出线数目最多的发电厂母线作为平衡节点或者按其他原则选择平衡节点。

上面介绍的节点分类法保证了每个节点有两个变量是已知的，两个变量是待求的，从而满足了 $2n$ 个方程能求 $2n$ 个变量的条件。

（三）用数值计算方法求解非线性方程组以实现潮流计算

在上述式（2-201）及式（2-202）中给出的功率方程组中含有电压的平方项以及电压相位角 δ 的三角函数项，因而这样的功率方程组是非线性方程组，所以，要实现复杂的电力系统的潮流计算就必须求解这样一组非线性方程组。目前，根据数值计算方法，必须将非线性方程组线性化后，用迭代的方法去求近似解，其计算方法有高斯—塞得尔法、牛顿—拉夫逊法等。迄今用得较多的是牛顿—拉夫逊法，下面先简单介绍这种方法的基本概念。

1. 用牛顿—拉夫逊法求解一元非线性方程组的基本过程

对于一元非线性普通方程

$$f(x) = y_0$$

设 x^* 为方程的真实解，$x^{(0)}$ 为 x^* 附近的某个近似解，两者的偏差为 $\Delta x^{(0)} = x - x^{(0)}$，以后称它为修正量。将方程在近似解 $x^{(0)}$ 处泰勒级数展开，可得

$$f(x) = f(x^{(0)} + \Delta x^{(0)})$$

$$= f(x^{(0)}) + f'(x^{(0)})\Delta x^{(0)} + \frac{f''(x^{(0)})^2}{2!}(\Delta x^{(0)})^2 + \cdots + \frac{f''(x^{(0)})}{n!}(\Delta x^{(0)})^n + \cdots$$

$$= y_0 \tag{2-203}$$

如果初值 $x^{(0)}$ 非常接近真实解时，修正量很小，因而式（2-202）中包含 $\Delta x^{(0)}$ 的二次项以及更高次项均可忽略，此时方程简化为线性方程

$$f(x^{(0)}) + f'(x^{(0)})\Delta x^{(0)} = y_0 \tag{2-204}$$

该方程通常称为修正方程。若 $f'(x^{(0)}) \neq 0$，其解为

$$\Delta x^{(0)} = \frac{y_0 - f(x^{(0)})}{f'(x^{(0)})} \tag{2-205}$$

应当注意：这个修正量是方程式（2-203）略去 $\Delta x^{(0)}$ 二次及其以上高次项后求出的近似值，故用它去修正初值 $x^{(0)}$ 得到的不是真实解 x^*，而是一个新的近似解，即

$$x^{(1)} = x^{(0)} + \Delta x^{(0)} = x^{(0)} + \frac{y_0 - f(x^{(0)})}{f'(x^{(0)})} \tag{2-206}$$

应当指出，如果 $f(x)$ 线性，则一次迭代就可以得到 x^*。

一般的，在 $x^{(k)}$ 附近的线性化方程为

$$f(x^{(k)}) + f'(x^{(k)})\Delta x^{(k)} = y_0 \tag{2-207}$$

若 $f'(x^{(k)}) \neq 0$，其解为

$$x^{(k+1)} = \frac{y_0 - f(x^{(k)})}{f'(x^{(k)})} + x^{(k)} \quad (k = 0, 1, 2, \cdots) \tag{2-208}$$

由此得到序列 $\{x^{(k)}\}$，这种迭代格式称为解 $f(x) = y_0$ 的牛顿迭代法。

每次迭代计算出的近似解或修正量，都用下述不等式检验

$$|f(x^{(k)})| < \varepsilon_1 \tag{2-209}$$

或

$$|\Delta(x^{(k)})| < \varepsilon_2 \tag{2-210}$$

式中　ε_1、ε_2——均为预先给定的任意小数。

若不等式得到满足，表明已经收敛，即可用得到的近似解 $x^{(k+1)}$ 作为真实解。

为便于理解，将牛顿—拉夫逊法用几何图形进一步解释，其图解如图 2-89 所示。图中的曲线表示非线性函数 $y = f(x)$ 的轨迹，它与 $y = y_0$ 的交点就是方程 $f(x) = y_0$ 的解，随意选取初值 $x^{(0)}$，过该点作 $y = y_0$ 的垂线，该垂线与曲线的交点就是 $f(x^{(0)})$，在该交点作曲线的切线，切线与 $y = y_0$ 的交点就是第一次迭代得到的近似解 $x^{(1)}$。继续这样的作图就能逼近到真实解。由此可见，牛顿—拉夫逊法就是用切线逐渐找寻真实解的方法，故牛顿—拉夫逊法又称为切线法。

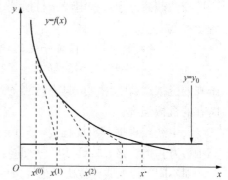

图 2-89　牛顿—拉夫逊法图解

2. 复杂系统潮流计算的大致步骤

复杂系统潮流计算大致步骤如下（基于上述的牛

顿—拉夫逊法）：

（1）形成导纳矩阵；

（2）设置各节点电压的初始值；

（3）将初始值代入功率方程求解各节点功率和电压的偏移量；

（4）依靠牛顿—拉夫逊法对功率方程式反复迭代求解以计算出节点电压和功率的偏移量，直到结果收敛为止；

（5）计算出各线路中的功率分布及平衡节点的功率并最后打印出计算结果。

由于上述计算较为复杂，本书限于篇幅，对此不作详细介绍，读者如有需要，可参阅有关教材。

第十节　输电线路导线截面的选择

输电线路导线截面的选择对电力网的技术经济性能有很大影响，选择的导线截面首先应满足技术方面的最基本要求，如不发生电晕、保证一定的机械强度、满足热稳定条件、电压损耗不超过容许值等。其次还要考虑经济方面的问题，如截面的选择不应使功率损失过大，不应使投资过大以及降低有色金属消耗，等等。因而导线截面的选择不是一个孤立的问题，需要在设计时从各方面去综合考虑，通过方案比较找出最优的方案。下面简单介绍一下架空线路导线截面选择的基本原则及实用方法，以便读者对这个问题有一个初步了解。

一、选择导线截面时的技术条件

（一）导线截面的选择应避免正常运行时发生电晕

如前所述，高压输电线路产生电晕会引起电能损耗（电晕损耗）和无线电干扰。为了避免电晕的产生，架空线路的导线外径不能过小，根据理论及试验所得的结果，各级电压下按电晕条件所规定的导线最小外径如表 2-11 所示。

表 2-11　　　　　　　　按电晕条件所规定的导线最小外径

额定电压（kV）	63 以下	110	220	330		380	500	750
导线外径（mm）	不限制	9.6	21.3	33.2	2×21.3			
相应导线型号		LGJ-50	LGJ-240	LGJ-600	LGJ-240	LGJQ-400×2	LGJQ-400×3	LGJQ-500×4

通常对 63 kV 及以下电压的架空线路不考虑电晕影响，因为按机械强度条件（见后）所选择的截面已超过按电晕条件所要求的截面。另外，对电缆线路也不需要按电晕条件来选择导线截面。

（二）导线的截面应保证一定的机械强度

如前所述，架空线路的导线在运行时要承受机械载荷，此外，还要考虑在一些外界偶然出现的机械载荷作用下应具有适当的过载能力，这就要求导线截面不可过小，否则难以保证应有的机械强度。

架空线路根据其重要程度一般可分成三个等级，通常 35 kV 以上线路为 I 类线路，1～35 kV 为 II 类线路，1 kV 以下为 III 类线路。

对不同等级的线路按机械强度条件所要求的导线的最小截面如表 2-12 所示。比较表 2-11 及表 2-12 可以看出，只有对 63 kV 及以下的架空线路，当采用铝线时才需要按机械强度条件加以检算。这是由于对于110 kV 或更高电压的线路，为了避免电晕现象，要求采用50 mm² 以上截面的导线，都远大于表 2 - 12 中所要求的截面。而对 63 kV 以下的架空线路，当采用钢芯铝绞线时，由于有足够的机械过载能力，所以选择截面时实际上也可以不考虑这个条件。

表 2 - 12　　　　　　　　按机械强度要求允许的导线最小截面积（mm²）

导线结构	导线材料	线路等级		
		Ⅰ	Ⅱ	Ⅲ
单股线	铝及其合金	不允许	不允许	10
多股线	铝及其合金	25	16	16

（三）导线长期通过的电流应满足热稳定的要求

为了保证架空线路的安全可靠运行，导线的温度应限制在一定的容许范围之内。例如裸导线的容许温度一般规定为70℃，事故情况下不得超过 90℃。如果超过此数值就可能使导线接头处剧烈氧化以致过热而发生断线。对架空裸线，温度过高还可能使弧垂加大，以致造成导线对地高度不够等。

导线上的电能损耗转换为热能是促使导线温度升高的主要原因。当损耗的热能与向周围发散的热能相等时，温升就达到稳定值。损耗的热能大致与电流的平方成正比，而向周围发散的热能则大致与温升成正比，因而，通过的电流愈大则稳定升温愈高。在一定的容许温度下，导线容许通过的电流值对各类导线是各不相同的。通常根据理论分析计算和试验的结果制作出一些表格，在实用时只要直接查表即可。例如，在附录三的附表 3 - 1 中即规定有钢芯铝导线按热稳定条件的容许载流量。

总的来说，在选择导线截面时应保证导线所通过的最大工作电流等于或小于其容许温度下的最大容许电流。这不仅要求在正常运行时，就是在某些事故运行方式下也应符合此规定。例如，对于某些双回路输电线路或环形供电网络来说，常有因事故断开线路后，余下的某些线路不能满足热稳定要求而需要增大导线截面的情况。对这个要求，架空线路与电缆线路是相同的。

（四）导线截面的选择应使输电线路的电压损耗在容许范围之内

我们知道，当线路上输送的功率一定时，导线截面愈小，则线路的电阻、电抗愈大（相对来说电阻值的增大更多），从而线路的电压损耗也愈大。当电压损耗超过规定值时将给调压带来困难，所以必须选择足够大的导线截面以保证电压损耗在容许范围之内。这一点对地方电力网特别重要，因为这种电力网的负荷分散，要在每一个负荷点装设调压设备在经济上是不合理的，所以往往用电压损耗作为控制条件去选择导线截面。相反，对区域电力网来说，依靠无功补偿等调压措施来满足电压质量则比较合理，因为区域电力网的输送功率大，导线截面也较大，线路的电抗远大于电阻，由于电力网中电压损耗主要由 $\dfrac{QX}{U}$ 一项所决定，而增大导线截面对电抗 X 的影响并不大，这样做显然是不合理的。通常，根据经验，只有当电压为 6～10 kV，且导线截面为 95 mm² 以下的线路，才需要进行电压校验。

二、选择导线截面时的经济条件

综上所述，似乎导线截面愈大愈满足技术要求，但是增大导线截面却使线路投资增加。可是这也决不意味着从经济条件来看，导线截面愈小愈好。因为当导线截面减小后，在输送同样功率的条件下电能损耗却增大了，从而增加了发电厂的投资、燃料消耗以及整个系统的运行支出。因而按经济条件选择导线截面时，必须综合考虑投资与年运行费这两个方面的因素。从投资的角度看，当然截面愈大投资愈大，而从年运行费方面看，则主要包括了折旧费、维修费以及年电能损耗这三项，其中折旧与维修费均与投资成比例，将随导线截面的增大而增大；而年电能损耗费则相反，随着导线截面的增大而减小。因而，从全局出发，应当通过技术经济分析计算找出一个在满足技术要求的前提下在一定使用期限内综合费用最小的导线截面来。

技术经济计算的结果表明：为了保证所选择的导线截面在经济上最合理，导线上通过的电流与导线截面的比值应为一个常数，这个常数通常称为经济电流密度，一般用 J 来表示。

经济电流密度从原则上来说，应按一定期限内综合费用最小的原则通过技术经济计算来确定。但是，实际上，经济电流密度的值不能单纯决定于计算的结果，而应由国家根据一定时期的技术经济政策以及节能的要求并考虑多方面的因素后来加以确定。不同的国家，经济电流密度值并不相同。

我国多年来沿用的经济电流密度如表 2-13 所示，只要知道了经济电流密度和最大负荷电流值，就很容易求出导线截面来，实用的计算公式为

$$F = \frac{P}{\sqrt{3} J U_{\mathrm{N}} \cos\varphi} \quad (\mathrm{mm}^2) \qquad (2-211)$$

式中　F——导线截面，mm^2；

　　　P——送电容量，kW；

　　　U_{N}——线路额定电压，kV；

　　　J——经济电流密度，$\mathrm{A/mm}^2$，按表 2-13 选定；

　　　$\cos\varphi$——负荷功率因数。

表 2-13	经济电流密度值（供参考）		单位：$\mathrm{A/mm}^2$
导线材料	$T_{\max}$（年最大负荷利用小时数）		
	3000 以下	3000～5000	5000 以上
铝　　线	1.65	1.15	0.9
铜　　线	3.0	2.25	1.75

应当指出，在用式（2-211）来选择截面 F 时，所取的送电容量 P 应考虑投入运行后 5～10 年的发展，在计算中必须采用稳定的、经常重复的最大负荷，特别是当系统发展还不很明确的情况下，应注意不要使导线截面选得过小。

三、导线截面选择的实用方法

以上全面介绍了选择导线截面的技术、经济条件，但在具体选择导线截面时则应针对不同电力网的特点，按照具体问题具体分析的原则来灵活运用上述的技术经济条件，只有这样选出的导线才在技术经济上才是合理的，现分述如下。

（1）区域电力网。这种电力网的特点是电压较高、线路较长、输送容量大与年最大负荷利用小时数较高，首先应按经济电流密度选择导线截面，其次根据电压等级按电晕条件来校核，再按线路最严重的运行方式来校核热稳定条件。此外，尽管区域电力网的线路较长、电压损耗可能不满足要求，但这个问题应通过调压措施来解决，电压损耗不能作为这类电力网选择导线截面的控制条件。

（2）地方电力网。如前所述，这种电力网中的导线截面应按电压损耗条件来选择，即应

以电压损耗作为首要条件，再校验其他条件。

（3）低压配电力网。由于线路较短，电压损耗条件不是控制条件，在这种电力网中导线截面主要是按容许发热所决定的载流能力来选取的。

由于电力网的分类并没有严格的界限，它们的特点也不是绝对的，上面的分类选择条件，只能说明一般情况，有时为了选出最优方案，还需要进行对各种因素的深入分析比较。

【例 2 - 13】 某一远区发电厂经 220 kV 双回线路向负荷中心的变电所供电，线路长 200 km，输送容量为 250 MW，已知负荷的功率因数为 0.85，年最大负荷利用小时数为 $T_{max}=6500$ h，如果线路采用钢芯铝导线，试选择导线截面。

解　线路输送的电流为

$$I = \frac{250000}{\sqrt{3} \times 220 \times 0.85} = \frac{250000}{324.5} = 770 \text{ （A）}$$

因是双回线，故每回线路的电流为

$$I' = \frac{I}{2} = 0.5 \times 770 = 385 \text{ （A）}$$

由于 $T_{max}=6500$ h，$\cos\varphi=0.85$，查表 2 - 13 求得经济电流密度 J 为 0.9。故导线截面应为 $F=\dfrac{385}{0.9}=428$ （mm^2）。

从附录三附表 3 - 1 中查得 LGJJ-400 型加强钢芯铝绞线，其截面为 409.7 mm^2，最大载流量为 873 A，这样即使一回线断线，整个回路电流 770 A 仍能安全通过。

此外对电晕、机械强度，在 $F=400$ mm^2 时均无问题，对于这种区域电力网，应采取适当调压措施，并不以电压损耗作为导线选择的条件。

由此可见，选择 LGJJ-400 型导线是合理的。

第十一节　电力系统的中性点接地方式

电力系统的中性点接地方式是一个涉及供电的可靠性、短路电流的大小、人身和设备的安全、过电压的大小、绝缘水平、继电保护与自动装置的配置、电磁环境兼容、通信干扰以及系统稳定等许多方面的一项综合性的技术经济问题，所以难于在一门课程中进行详尽的阐述。本节中仅就中性点接地方式问题作一个全面综合的介绍，以便为今后的学习打下基础。至于其中一些专题性问题，将在有关课程中进行更深入的讨论。

电力系统的中性点接地方式有：①不接地（中性点绝缘）；②中性点经消弧线圈接地；③中性点直接接地；④中性点经电阻或电抗接地等。目前国际上把中性点不接地或经高阻抗接地（如经消弧线圈接地）的系统称为非有效接地系统，而把中性点直接接地或经小电阻接地的系统则称为有效接地系统。我国目前采用的中性点接地方式主要为不接地、经消弧线圈接地、直接接地，近年来在城网供电中，经小电阻接地方式也采用较多。

一、中性点不接地（绝缘）的电力网

（一）正常运行时中性点不接地电力网的中性点位移

图 2 - 90 为中性点不接地的三相电力网的示意图。如三相电源电压 $\dot{U}_A$、$\dot{U}_B$、$\dot{U}_C$ 是对称的，则电源中性点的电位为零。下面先看电源经线路与负荷相连后的情况。如前所述，在各

相导线间和相对地之间沿导线全长都有分布电容,因而,在电压作用下通过这些电容将流过附加的电容电流。在一般近似分析计算时,对地分布电容可用集中电容来代替,相间电容可以不予考虑〔见图 2-90(a)〕。同时,当导线经过完全换位后,各相导线的对地电容是相等的,即 $C_A = C_B = C_C = C$,因而在对称三相电压作用下各相所流过的附加电容电流的大小均为 I_{C0},相位上则相差 120°〔见图 2-90(b)〕。由于各相对地电容电流的相量和为零,即没有电容电流流过大地,所以,变压器的中性点与等值集中电容器组的中性点之间就不会有电位差,而电容器组的中性点是接地的,所以变压器的中性点也同样具有地的电位。这就是说,对于中性点不接地的三相电力网,当三相电压对称,且各相的对地电容又相等时,其中性点电位为零。因此,从正常传输电能的观点来看,中性点接地与否对运行并无任何影响。

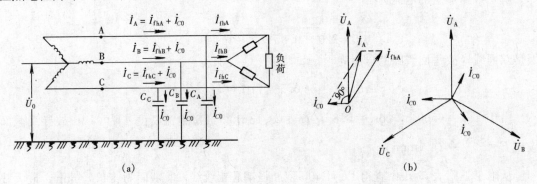

图 2-90　中性点不接地电力网的正常工作状态
(a) 接线图;(b) 相量图

　　可是,当中性点不接地系统的各相对地导纳(主要是容性电纳)大小不相等时,即使在正常运行状态下,中性点的对地电位也不再是零。通常,把这种情况称为"中性点位移",即中性点对地的电位发生了偏移。这种现象的产生多数是由于架空线路导线排列不对称而又换位不完全所致。

　　中性点位移,对电力网绝缘的运行条件来说是很重要的。下面进一步推导中性点位移电压 $\dot{U}_0$ 的计算公式。

　　对上述中性点不接地的电力网〔见图 2-90(a)〕,各相对电流之和为零,故有

$$(\dot{U}_A + \dot{U}_0)\dot{Y}_1 + (\dot{U}_B + \dot{U}_0)\dot{Y}_2 + (\dot{U}_C + \dot{U}_0)\dot{Y}_3 = 0 \qquad (2-212)$$

式中　　$\dot{U}_A$、$\dot{U}_B$、$\dot{U}_C$——三相电源电压;

　　　　$\dot{Y}_1$、$\dot{Y}_2$、$\dot{Y}_3$——各相导线对地的总导纳;

　　　　$\dot{U}_0$——中性点对地电压。

　　将式(2-212)适当变换后,可得出中性点对地电位 $\dot{U}_0$ 的计算式为

$$\dot{U}_0 = -\frac{\dot{U}_A \dot{Y}_1 + \dot{U}_B \dot{Y}_2 + \dot{U}_C \dot{Y}_3}{\dot{Y}_1 + \dot{Y}_2 + \dot{Y}_3} \qquad (2-213)$$

　　在工频电压下,导纳 Y 由两部分所组成,其中主要部分为容性电纳 $j\omega C$,次要部分为泄漏电导。如前所述,电导的值较小,一般可以忽略不计。于是,式(2-213)可变换为

$$\dot{U}_0 = -\frac{\dot{U}_A C_A + \dot{U}_B C_B + \dot{U}_C C_C}{C_A + C_B + C_C} \qquad (2-214)$$

在三相电源电压对称的情况下，有下列关系：

$$\dot{U}_A = \dot{U}_{ph};\dot{U}_B = a^2\dot{U}_{ph};\dot{U}_C = a\dot{U}_{ph} \tag{2-215}$$

式中 $\dot{U}_{ph}$ ——相电压。

将式（2-215）代入式（2-214）后可得

$$\dot{U}_0 = -\dot{U}_{ph}\frac{C_A + a^2 C_B + aC_C}{C_A + C_B + C_C} = -\dot{U}_{ph}\rho \tag{2-216}$$

其中

$$\rho = \frac{C_A + a^2 C_B + aC_C}{C_A + C_B + C_C} \tag{2-217}$$

通常把 ρ 称为电力网的不对称度，它近似地代表中性点位移电压与相电压的比值。显然，当 $C_A = C_B = C_C$ 时，$\rho = 0$，$\dot{U}_0 = 0$。如仅计算 ρ 的绝对值，则有

$$|\rho| = \frac{\sqrt{C_A(C_A - C_B) + C_B(C_B - C_C) + C_C(C_C - C_A)}}{C_A + C_B + C_C} \tag{2-218}$$

图 2-91 为有中性点位移时的相量图。图中 $\dot{U}_A$、$\dot{U}_B$、$\dot{U}_C$ 为对称的三相电源电压。$\dot{U}_0$ 为中性点对地电压（位移电压）。$\dot{U}_{A0}$、$\dot{U}_{B0}$、$\dot{U}_{C0}$ 分别为各相对地电压。它们之间的关系为 $\dot{U}_{A0} = \dot{U}_A + \dot{U}_0$；$\dot{U}_{B0} = \dot{U}_B + \dot{U}_0$；$\dot{U}_{C0} = \dot{U}_{C0} + \dot{U}_0$。即相对于各相电容的对称情况而言，中性点由 0 点位移到了 0′点。

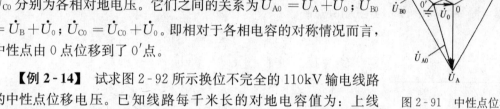

图 2-91 中性点位移时的相量图

【例 2-14】 试求图 2-92 所示换位不完全的 110kV 输电线路的中性点位移电压。已知线路每千米长的对地电容值为：上线 0.004（μF）、中线 0.0045（μF）、下线 0.005（μF），线路各段的长度已在图中标出。

解 先求出各相对地的总电容值为

$$C_A = 0.004 \times (20 + 30) + 0.0045 \times 40 + 0.005 \times 45$$
$$= 0.605 \ (\mu F)$$
$$C_B = 0.004 \times 45 + 0.0045 \times (20 + 30) + 0.005 \times 40$$
$$= 0.605 \ (\mu F)$$
$$C_C = 0.004 \times 40 + 0.0045 \times 45 + 0.05 \times (20 + 30)$$
$$= 0.6125 \ (\mu F)$$

由式（2-218）可求出不对称度的绝对值为

$$|\rho| = \frac{\sqrt{0.605(0.605 - 0.605) + 0.605(0.605 - 0.6125) + 0.6125(0.6125 - 0.605)}}{0.605 + 0.605 + 0.6125}$$
$$= 0.00412$$

又由式（2-216）可求得 U_0 的绝对值为

$$U_0 = \rho U_{ph} = 0.00412 \times \frac{110}{\sqrt{3}}$$
$$= 262 \ (kV)$$

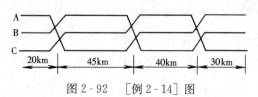

图 2-92 ［例 2-14］图

从［例 2-14］可知，在一般换位不完全的情况下，正常运行时中性点所产生的位移电压是较

小的，甚至可以忽略不计，而认为中性点的对地电位为零。实际计算结果表明，对于采用水平布置的三相导线，即使完全不换位，其中性点位移电压通常也不超过电源电压的 3.5% 左右，在近似计算时仍然可以忽略不计。但是，当中性点经消弧线圈接地并采用完全补偿时，中性点位移电压的影响却不可忽视，对此后面将作进一步介绍。

（二）中性点不接地电力网的单相接地

当中性点不接地电力网由于绝缘损坏而发生单相接地时，上述情况将发生明显变化。

图 2-93 表示当 C 相在 d 点发生金属性接地时的情况。接地后故障点处 C 相的电压变为零，即 $\dot{U}_{dC}=0$。这时，按故障相条件可写出

$$\dot{U}_0 + \dot{U}_C = \dot{U}_{dC} = 0 \qquad (2\text{-}219)$$

式中　$\dot{U}_0$——中性点对地电压；

　　　$\dot{U}_C$——C 相电源相电压。

故有

$$\dot{U}_0 = -\dot{U}_C \qquad (2\text{-}220)$$

式（2-219）表明，当发生 C 相金属性接地时，中性点的对地电位不再是零，而变成了 $-\dot{U}_C$。于是 A、B 相的对地电压相应为

$$\left.\begin{array}{l} \dot{U}_{dA} = \dot{U}_0 + \dot{U}_A = -\dot{U}_C + \dot{U}_A = \sqrt{3}\,\dot{U}_C e^{-j150°} \\[2mm] \dot{U}_{dB} = \dot{U}_0 + \dot{U}_B = -\dot{U}_C + \dot{U}_B = \sqrt{3}\,\dot{U}_C e^{j150°} \end{array}\right\} \qquad (2\text{-}221)$$

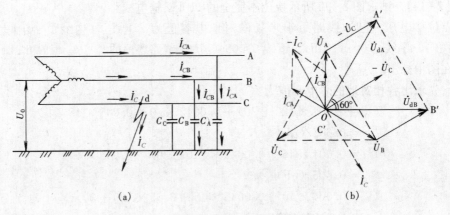

图 2-93　中性点不接地电力网的单相接地

(a) 接线图；(b) 相量图

其相量关系如图 2-93（b）所示，$\dot{U}_{dA}$ 及 $\dot{U}_{dB}$ 之间的夹角变为 60°。这时 AC 相之间的电压等于 $\dot{U}_{dA}$，BC 相之间的电压等于 $\dot{U}_{dB}$，而 AB 相之间的电压则等于 $\dot{U}_{AB}$，即相当于原有的线电压三角形 ABC 平移到了 A'B'C' 的位置。换句话说，三个线电压仍保持对称和大小不变。但是，从式（2-221）及图 2-93（b）均可看出，两个非故障相 A 和 B 的对地电压却升高了 $\sqrt{3}$ 倍。由于线电压仍然保持不变，故对电力用户的继续工作没有什么影响。但是，相对地电压却升高了 $\sqrt{3}$ 倍。这就要求电力网中各种设备的绝缘水平应当按线电压来设计。

同时，由于 A、B 两相对地电压升高了 $\sqrt{3}$ 倍，该相对地的电容电流也相应增大了 $\sqrt{3}$ 倍，

即 $I_{CA}=I_{CB}=\sqrt{3}I_{C0}$（$I_{C0}=\omega CU_{ph}$）。由于 C 相接地，其对地电容被短接，所以 C 相的对地电容电流变为零。但是经过 C 相接地点流进地中的电容电流（即接地电流）不再是零，而是

$$\dot{I}_C = -(\dot{I}_{CA} + \dot{I}_{CB}) \tag{2-222}$$

假定线路各相的对地电容均相等，即 $C_A=C_B=C_C=C$，则两个健全相的电容电流分别为

$$\dot{I}_{CA} = \frac{\dot{U}_{dA}}{-jX_C} = j\sqrt{3}\omega CU_C e^{-j150°} = \sqrt{3}\omega CU_C e^{-j60°}$$

$$\dot{I}_{CB} = \frac{\dot{U}_{dB}}{-jX_C} = j\sqrt{3}\omega CU_C e^{j150°} = \sqrt{3}\omega CU_C e^{-j120°}$$

将 $\dot{I}_{CA}$ 及 $\dot{I}_{CA}$ 的值代入式（2-222），可得

$$\dot{I}_C = -(\dot{I}_{CA} + \dot{I}_{CB}) = -\sqrt{3}CU_C(e^{-j60°} + e^{-j120°}) = j3\omega CU_C \tag{2-223}$$

其绝对值为

$$\dot{I}_C = 3\omega CU_{ph} \text{（A）} \tag{2-224}$$

式中　U_{ph}——装置的相电压，V；

　　　　ω——角频率，rad/s；

　　　　C——相对地电容，F。

式（2-224）表明，在中性点不接地的电力网中，单相接地电流 I_C 等于正常时相对地电容电流的三倍。

从式（2-224）可知：接地电流 I_C 的大小与网络的电压、频率和相对地电容 C 的大小有关，而电容 C 的大小则与电力网的结构（电缆线或架空线）、布置方式、长度等有关。通常，这种接地电流可以从几安（长度较短的架空线网络）到几十安或几百安（很长的电缆线网络）的范围内变化。关于电力网中单相接地电流的计算方法，可参见附录四。

以上的分析是按金属性接地（即接地处电阻为零）来进行的。如果发生的是不完全接地（即经过一定的过渡电阻接地），则故障相的对地电压将大于零而小于相电压，而健全相的对地电压则大于相电压而小于线电压，这时接地电流将较金属接地时要小。

值得注意的是，单相接地时所产生的接地电流将在故障处形成电弧。这种电弧可能是稳定的或间歇性的。当接地电流不大时，则电流经过零值时电弧将自行熄灭，于是，接地故障随之消失，这种情况是最理想的。如果接地电流较大（30 A 以上），则将产生稳定的电弧，形成持续性的电弧接地。这时电弧的大小与接地电流成正比。强烈的电弧将会损坏设备并导致两相甚至三相短路。当电弧持续燃烧时，故障相的对地电压可看作零。

实践证明，当接地电流大于 5 A 而小于 30 A 时，有可能产生一种不稳定的间歇性电弧。这是由于网络中的电感和电容所形成的振荡回路所致，随着间歇性电弧的产生将出现一种电弧过电压，其幅值可达（2.5～3）U_{ph}，足以危及整个网络的绝缘。

（三）中性点不接地电力网的适用范围

综上所述可知：在中性点不接地电力网中，当发生单相接地故障时，线电压仍保持对称不变，因而对用户供电并无影响，这是这种电力网的主要优点。但是，必须在较短时间（2～3 h）内迅速发现并消除故障，以免发展成为多相短路接地。当线路不长时，接地电流数值较小，不至于形成稳定的接地电弧，一般均能在电流经过零时自动熄灭而无须切除线路，相应供电的可靠性较高。但是，当线路较长、接地电流相对较大时，则可能由于持续电

弧而烧毁设备或由于间歇性电弧而导致过电压。这样，上述优越性就不复存在了。

目前，电力网中的故障以单相接地为最多。特别是对于某些 35 kV 及以下电压的电力网，当其单相接地电流不大时，一般情况下接地电弧均能自行熄灭，这时这种电力网采用中性点不接地的方式是最合适的。

但是，由于中性点不接地时，电力网的最大长期工作电压与过电压都较高，并且还存在电弧接地过电压的危险，因而对整个电力网的绝缘水平要求较高。所以对电压等级较高的电力网来说，采用这种方式势必使绝缘方面的投资大为增加。同时，随着电压等级的提高，接地电流也相应增大，故障将会扩大。此外，中性点不接地电力网由于单相接地电流较小，要实现灵敏而有选择性的接地继电保护也有困难。

根据上述情况，目前在我国中性点不接地电力网的适用范围为：

(1) 电压低于 500 V 的装置（380/220 V 的照明装置除外）。

(2) 3～6 kV 电力网，当单相接地电流小于 30 A 时；10 kV 电力网，当单相接地电流小于 20 A 时；如要求发电机能带单相接地故障运行，则当与发电机有电气连接的 3～10 kV 电力网的接地电流小于 5 A 时。

(3) 35～60 kV 电力网中，单相接地电流小于 10 A 时。

如不满足上述条件，通常将中性点直接接地或经消弧线圈或小电阻接地。

最后，还要指出一点：由于中性点不接地电力网的单相接地电流较小，故对邻近的通信线路、信号系统等的干扰也较小，这是这种电力网的又一个优点。因此，在干扰情况较严重的地区，即使对整个电力网而言不采用中性点绝缘的方式，但对局部地区或部分设备也常按中性点绝缘的方式运行，借以降低单相接地电流，从而达到抑制干扰、满足电磁兼容要求等目的。

二、中性点经消弧线圈接地的电力网

(一) 概述

如前所述，中性点不接地电力网具有当发生单相接地故障时仍可继续供电的优点，但在单相接地电流较大时却不能适用。为了克服这个缺点，出现了经消弧线圈接地的电力网。

消弧线圈是一个具有铁心的可调电感线圈，它装设于变压器或发电机的中性点。当发生单相接地故障时，可形成一个与接地电流的大小接近相等但方向相反的电感电流，这个电流与电容电流相互补偿，使接地处的电流变得很小或趋近于零，从而消除了接地处的电弧以及由它所产生的一切危害。消弧线圈也正是因此而得名的。此外，当电流经过零值而电弧熄灭之后，消弧线圈的存在还可以显著减小故障相电压的恢复速度，从而减小了电弧重燃的可能性。于是，单相接地故障将自动消除。有时，中性点经消弧线圈接地的电力网又称为补偿电力网，或谐振电力网。消弧线圈接地又称为谐振接地。

图 2-94 表示当中性点经消弧线圈接地的电力网中发生单相接地时的电流路径和相量图。如前所述，当发生单相（如在图 2-94 中的 C 相）接地时，中性点电压 $\dot{U}_0$ 将变为 $-\dot{U}_C$。这时消弧线圈处于装置的相电压下，如忽略线圈电阻，则有一感性电流（滞后于 $\dot{U}_0$ 90°）流过线圈，其数值等于

$$I_L = \frac{U_C}{X_h} = \frac{U_C}{\omega L_h}$$

式中　L_h、X_h——消弧线圈的电感和电抗。

如图 2-94 (b) 所示，当 C 相接地时，健全相 A 和 B 的电压将升高到线电压，而 A 相

和 B 相的接地电容电流 $\dot{I}_{CA}$ 和 $\dot{I}_{CB}$ 将分别超前 $\dot{U}'_A$ 和 $\dot{U}'_B$ 90°。从相量图上还可以看出，$\dot{I}_{CA}$ 和 $\dot{I}_{CB}$ 所组成的总电容电流 $\dot{I}_C$ 将超前 $\dot{U}_0$ 90°。这样一来，电感电流 I_L 与电容电流 I_C 正好相位相反，而且 I_L 也必然流经故障点，从而实现了对单相接地时所产生的电容电流的补偿。随着接地电流的减小，电弧将自行熄灭，故障随即消失。

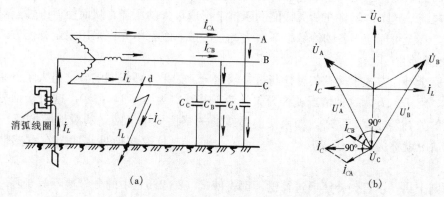

图 2-94　中性点经消弧线圈接地的电力网
(a) 接线图；(b) 相量图

（二）消弧线圈的补偿度与容量的选择

如果忽略网络的电阻、绝缘的泄漏电阻和线路的电晕损失，由式（2-224）可知，单相接地时的电容电流为

$$I_C = 3U_{ph}\omega C$$

如使 $I_L = I_C$，即 $3U_{ph}\omega C = \dfrac{U_{ph}}{\omega L}$，可以有 $3\omega^2 CL = 1$，于是

$$L = \frac{1}{\omega^2 3C} \tag{2-225}$$

式（2-225）意味着当所选择的消弧线圈的电感值满足此条件时，电容电流将全部被补偿，接地处的电流为零，这种情况称为完全补偿。

为了讨论问题方便起见，常把 $K = \dfrac{I_L}{I_C}$ 称为补偿度，而 $\nu = 1 - K = \dfrac{I_C - I_L}{I_C}$ 称为脱谐度。显然，当采用完全补偿时，$K = 1$，而 $\nu = 0$，即容抗和感抗相等，网络处于谐振状态。

初看起来，采用完全补偿使接地电流为零似乎是一种理想的事，但实际上这种状态却存在着严重问题。为此，可进一步分析如下。

如前所述，对于中性点不接地的电力网，当各相对地电容大小不等时，即使在正常运行情况下，也将产生中性点位移电压 U_0。同样，对于经消弧线圈接地的电力网，如各相对地电容不等，则也存在着中性点位移电压 U_0。其大小可按图 2-94 参照式（2-214）的推导原则求得

$$\dot{U}_0 = -\frac{\dot{U}_A \dot{Y}_A + \dot{U}_B \dot{Y}_B + \dot{U}_C \dot{Y}_C}{\dot{Y}_A + \dot{Y}_B + \dot{Y}_C + \dot{Y}_h}$$

或

$$|\dot{U}_0| \approx -\frac{U_A C_A + U_B C_B + U_C C_C}{(C_A + C_B + C_C) - \dfrac{1}{\omega^2 L_h}} \tag{2-226}$$

式中　Y_h——消弧线圈的等值导纳，当忽略电导时，$Y_h \approx \dfrac{1}{\omega L_h}$。

当采用完全补偿时，容抗等于感抗，即 $\dfrac{1}{\omega L_h} = \omega(C_A + C_A + C_C)$，从而网络将产生串联谐振，式（2-226）的分母将变为零（或接近于零），这种情况下，如果各相电容值不等，则式（2-226）的分子将是一个很小的值但又不会为零，从而消弧线圈的中性点位移电压 U_0 将达到极高的数值。于是，由于电容不对称所引起的中性点位移电压将在串联谐振电路内产生很大的电流，这个电流将在消弧线圈的阻抗上形成极大的压降，从而使得中性点对地电位大为升高，甚至可能使设备的绝缘损坏。为此，一般系统都不允许采用完全补偿方式，通常采用不完全补偿方式。

在不完全补偿方式中又有欠补偿与过补偿之分。如果消弧线圈的感抗值大于网络的总对地容抗值，则 $I_L < I_C$，这种情况就称为欠补偿，其特点为 $K < 1$，$\nu > 0$。这时接地处将残余有电容性的欠补偿电流。反之，如果使消弧线圈的感抗值小于网络的对地容抗值，则 $I_L > I_C$，这种情况就称为过补偿，其特点为 $K > 1$，$\nu < 0$，这时接地处将残余有电感性过补偿电流。

从原则上讲，不管欠补偿或过补偿，都将使式（2-226）中的分母项不等于零（一般较完全补偿时的值要大），从而达到减小中性点位移过电压的目的。但是，实际上往往是采用过补偿方式，因为当过补偿时 $I_L > I_C$，消弧线圈保留有一定的裕度，即使将来电力网发展、对地电容增加后，原有消弧线圈还可以使用。如果采用欠补偿方式，则当运行方式改变而切除部分线路时，整个网络的容抗减少，又可能变得接近完全补偿方式，从而出现不容许的过电压。其次，当欠补偿电流小于接地保护的起动电流时，接地保护装置也不能可靠地动作。再者，欠补偿方式还有可能出现数值很大的铁磁谐振过电压。因此，欠补偿方式目前很少采用。按规定只有当消弧线圈容量不足时，才允许短时间以欠补偿方式运行，且脱谐度一般不宜超过 10%。

从原理上来讲，脱谐度大些可以减少中性点位移电压，但脱谐度过大，将导致未被补偿的残余接地电流太大，使得接地处的电弧仍不能熄灭。所以要根据运行经验合理地选择脱谐度，使得既可以熄灭接地处的电弧，又能防止危险的中性点位移过电压。目前一般脱谐度选在 10% 左右。

近年来，在我国的许多电力网中还广泛采用了自动跟踪调谐式消弧线圈成套装置，这是考虑到电力网中的电容电流随着网络运行方式的变化（如线路的投切）、气象条件的变化等原因而发生变化时，为了达到最佳的补偿效果，应当自动及时地相应改变消弧线圈的电感值（如调节匝数或调节磁路以改变电感，调节并联电容等）来实现自动跟踪补偿。这种装置的测量、调节、控制全部依靠自动装置来实现。从运行实践看，所取得的自动补偿效果是很好的，可以认为这是今后的发展方向。

在具体选择消弧线圈时，应根据上述原则并适当考虑电力网的发展远景，其计算式为

$$W_h = 1.35 I_C \frac{U_N}{\sqrt{3}} \text{ (kV} \cdot \text{A)} \tag{2-227}$$

式中　W_h——消弧线圈的容量，kV·A；

　　　I_C——接地电流，A；

　　　U_N——电力网的额定电压，kV。

在结构上，消弧线圈可以作成油浸式或环氧浇注干式（见图 2-95）。后者可以满足防火

要求,它主要在城网供电中使用。从外形上看,消弧线圈和一个小容量单相变压器差不多,所不同的是为了保持电流和电压之间的线性关系,采用具有空气隙的铁心,气隙沿整个铁心均匀设置(见图2-96)以减少漏磁。为了调节补偿度,一般的消弧线圈制造为最大补偿电流和最小补偿电流之比为2∶1或者2.5∶1,通常在这个范围内装有5~9个分接头以供调节之用。其匝数(电感)调节采用分接开关,可以是无励磁调节式或有载调节式。

图2-95 环氧浇注干式消弧线圈外形

(三)中性点经消弧线圈接地的电力网的适用范围

最后,再介绍一下关于中性点经消弧线圈接地电力网的适用范围。由于消弧线圈能有效地减少单相接地电流,迅速熄灭故障电弧,防止间歇性电弧接地时所产生的过电压,故广泛应用于6~63 kV的电力网。在我国,规定凡不符合中性点不接地条件6~63 kV的电力网(即3~6 kV,电容电流在30 A以上;10 kV电压,电容电流在20 A以上;35~63 kV电压,电容电流在10 A以上时)均可采用经消弧线圈接地。如前所述,在这些电压等级的电力网中单相接地故障(如雷击闪络等)较易发生,采用不接地或经消弧线圈接地方式可以显著提高其供电可靠性。对于这两种中性点接地方式而言,由于单相接地电流都不大,故它们又称为小接地(短路)电流电力网。接地电流小可以减轻其对附近通信线路的干扰,这也是这种电力网的优点。但是,中性点经消弧线圈接地的电力网和中性点不接地电力网一样,当发生单相接地时,非故障相的对地电压将增大$\sqrt{3}$倍,这时尽管可以继续工作,但仍应在较短时间内发现故障点并消除故障以防止事故的扩大。目前按运行规程规定,在单相接地故障下,消弧线圈的持续运行时间一般不超过2 h,如在该时间内仍然不能发现与消除故障,则该线路应停运。由于这种电力网的最大长期工作电压和过电压都较高,因而当它在电压等级较高的电力网中采用时,将显著地增大绝缘方面的费用。是否宜于采用,应经过综合的比较后,才能最后选定。

在我国,110~220 kV的电力网多数不采用经消弧线圈接地的方式。主要原因是为了降低绝缘水平以减低设备和线路的造价。但是,也有个别雷害事故较严重地区的110 kV电力网是采用经消弧线圈接地的,其目的是为了减少由于雷击等单相闪络所造成的线路断路器的跳闸次数,以提高运行可靠性及减少断路器的维修工作量。也有少数国家为了提高运行可靠性,对110~220 kV的电力网,仍采用经消弧线圈接地的方式。

实践证明,采用中性点经消弧线圈接地的方式只能用于220 kV以下的电力网。这是由于电力网中除了对地电容外,还有泄漏损耗和电晕损耗等存在,这时接地电流中除了无功分量(电容电

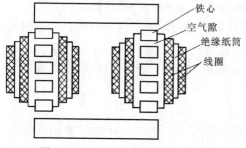

铁心
空气隙
绝缘纸筒
线圈

图2-96 消弧线圈的结构示意图

流）外还有有功分量（有功损耗电流）。即使消弧线圈的电感是按完全补偿的条件来选择的（这时无功分量的电流为零），在接地点仍有残存的有功电流分量流过。电压等级愈高，这种残存的有功分量电流也愈大，在 220 kV 及以上的电力网中，由于电晕损耗相应的有功分量电流较大，它的值甚至可达 200 A 以上，从而使消弧线圈达不到完全熄灭电弧的目的。

三、中性点直接接地的电力网

图 2 - 97 所示为中性点直接接地的电力网的示意。在中性点直接接地电力网中发生单相

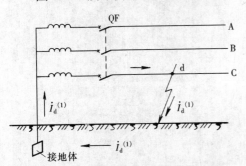

图 2 - 97 中性点直接接地电力网的示意图

接地故障时，中性点的电位仍保持为零，非故障相的对地电压也基本上不会变化。但是，线路上将流过较大的单相接地短路电流 $I_{\mathrm{d}}^{(1)}$，从而使线路继电保护装置迅速断开故障部分，从而有效地防止了单相接地时产生间歇电弧过电压的可能。因而，采用中性点直接接地方式可以克服中性点不接地方式所存在的某些缺点。

但是，由于中性点直接接地电力网在发生单相接地时，不仅要流过较大的单相接地短路电流，还要中断供电，这将影响供电的可靠性。为了弥补这个缺点，在线路上广泛地装设了自动重合闸装置，靠它来尽快恢复供电（见第六章第八节）。

此外，在中性点直接接地电力网中，单相接地电流将在导线周围形成单相磁场，从而对附近的通信线路和信号装置产生电磁干扰。为了避免这种干扰应使输电线路远离通信线路，或在弱电线路上采用特殊的屏蔽装置。这些措施将在一定程度上使线路的造价增大。另外，巨大的单相接地电流还将形成强大的电磁干扰源，从而使防止电磁干扰的要求难以满足，当由于这种矛盾而不得不限制单相短路电流值时，可以只将电力网中一部分变压器的中性点直接接地或经电阻接地。

总起来说，中性点直接接地电力网的主要优点是在单相接地时中性点的电位接近于零，非故障相的对地电压接近于相电压（可能略有增大），这样就可以使电力网的绝缘水平和造价降低。目前，我国对 110 kV 及以上的电力网基本上采用中性点直接接地的方式。在国外，即使有部分国家对 110～220 kV 的电力网采用中性点经消弧线圈接地方式，但是对 220 kV 及以上的电力网都是采用中性点直接接地的方式。

中性点直接接地电力网由于单接接地时所产生的接地电流较大，故又称大接地（短路）电流电力网。

最后，应当指出，严格说来"中性点直接接地电力网"这种称呼是不够确切的。这是由于：一方面，对直接接地的变压器而言，是通过其零序阻抗而接地的；另一方面，为了减少单相接地电流，在电力网中往往不是所有变压器的中性点都直接接地。为此，目前按国际与国家标准都称呼这种接地方式为"有效接地电力网"，要更为准确一些。对此，将在第四章中作进一步介绍。

四、中性点经小电阻接地

上面介绍的 6～35 kV 电力网的中性点采用经消弧线圈的方式，在我国已采用多年历史，具有很丰富的运行经验，它特别适合于架空线路，对于由瞬间故障所引起的单相接地，

依靠自动重合闸装置即可很快恢复供电。但这种接地方式也存在绝缘水平较高，可能诱发倍数较高的弧光过电压或铁磁谐振过电压的可能。

我国从 20 世纪 80 年代起，在沿海地区一些经济发达城市，为了提高供电可靠性以及美化城市的要求，在城网供电中开始用电缆线路来逐步代替架空线路。近年来，这种趋势发展更快，许多城市和大型工业区的中、低压网络都在朝着以电缆供电方式为主的方向转变。

对于电缆供电的中、低压网络而言，传统的消弧线圈接地方式存在着下列主要缺点与不足。

（1）由于电缆单位长度的对地电容通常较架空线路大得多，因而电缆网络的电容电流大增，有的地区甚至达到 100 A 及以上，相应就要求补偿用消弧线圈的容量很大，再加以运行中电容电流的随机性变化范围很大，即使采用自动跟踪调谐的消弧线圈，不论在机械寿命、响应时间、调节限位等方面，也难以满足在这种情况下需要频繁地、适时地大范围调节的需要。

（2）电缆线路为非自恢复性绝缘，发生单相接地大多不是瞬时性故障，如采用的消弧线圈运行在单相接地情况下，其非故障相将处在稳态的工频过电压下，持续运行可能超过 2h 以上，其结果不仅会导致绝缘的过早老化，甚至将扩大多点接地之类的事故。所以电缆线路在发生单相接地后是不容许继续运行的，必须迅速切断电源，避免扩大事故。应当看到这是电缆线路与架空线路的最大不同之处。

（3）消弧线圈接地系统的内部过电压倍数较高，可达 3.5～4 倍相电压，特别是弧光接地过电压与铁磁谐振过电压，已超过了避雷器容许的承载能力，从而势必提高整个电力网的绝缘水平。

（4）人身触电不能立即跳闸，甚至因接触电阻大而发不出信号，因而对运行人员的安全不能保证。

除此之外的其他性能比较，还可参见表 2-14。

为了克服上述缺点，目前对主要由电缆线路所构成的电力网，当电容电流超过 10 A 时，均建议采用小电阻接地，其电阻值一般不大于 10 Ω。例如在电力行业标准 DL/T620—1997《交流电气装置的过电压保护和绝缘配合》（1997 年 10 月 1 日发布）中明确规定："6～35 kV 主要由电缆线路构成的送配电系统，单相接地故障电容电流较大时，可采用中性点经小电阻接地方式"。

关于中性点经小电阻接地方式的原理接线如图 2-98 所示。其基本运行性能接近于上述中性点直接接地方式，当发生单相地故障时，将经小电阻流过较大的单相接地（短路）电流，与此同时依靠单相接地的继电保护装置将使出口断路器 QF 立即断开并切除故障。这样非故障相的电压一般不会升高，也不致发生前述的内部过电压，因而电力网的绝缘水平较之采用消弧线圈接地方式要低。

但是，由于接地电阻值较小，故发生故障时的单相接地（短路）电流值〔可按式（4-102）计算〕较大。从而对接地电阻元件的材料及其动、热稳定性能也提出了较高的要求。目前我国有不少厂家都已生产了这种小电阻接地

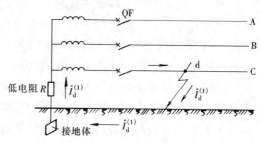

图 2-98　中性点经小电阻接地的原理图

的成套装置，其运行情况良好。

综上所述可知，中性点经小电阻接地应当属于"有效接地系统"，或"大接地电流系统"。

表 2-14 为中性点经消弧线圈接地与经小电阻接地这两种方式的相互比较，可供读者参考。

表 2-14　　　　　　中性点经消弧线圈接地方式与经小电阻接地方式的相互比较

接地方式 性能比较	消弧线圈接地	小电阻接地 （接地电阻 $R < 10\ \Omega$）
1. 供电可靠性	单相接地后，依靠消弧线圈的补偿作用，可允许继续运行 $1 \sim 2$ h，不致对用户突然停电	由于接地电流较大，单相接地后，必须立即跳闸，暂时中断运行，查找故障并消除后，方可恢复供电
2. 绝缘水平	非故障相的相电压将升高 $\sqrt{3}$ 倍，绝缘水平较高，属于非有效接地系统	非故障相的电压升高不大，属于有效接地系统范围，相对绝缘水平较低
3. 过电压水平	可能产生电弧过电压及激发铁磁谐振过电压，过电压倍数可达 3 倍以上	相对过电压水平较低，一般不超过 2 倍
4. 无间隙氧化锌避雷器的采用	在单相接地故障时事故率较高	事故率较低
5. 接地电流	小	大，可达 $400 \sim 1000$ A
6. 通信干扰	小	大
7. 继电保护	较复杂	较简单
8. 设备运行寿命与人员安全	易加速绝缘老化，并有可能使单相接地扩展到两相接地，单相断线也危及人身安全	大的短路电流也可能使设备失去动、热稳定，并危及运行人员安全
9. 能量损耗	小	大
10. 成套装置的复杂性	较复杂，尤其是要求配置自动跟踪调谐设备就更加复杂	相对较简单，但中性点接地电阻对材料要求高，成本较贵
11. 适用范围	$6 \sim 35$ kV 电力网，以架空线路供电为主。从发展要求看，应当配有自动跟踪调谐补偿装置	以电缆线路供电为主的城市电力网和大工业企业电力网（因电缆的单相接地故障是不能自行恢复的）。或消弧线圈接地方式难于实现自动调谐时

五、各种接地方式的比较与适用范围

如前所述，中性点接地方式是一个涉及电力系统的许多方面的综合性问题，在选择中性点接地方式时，必须要考虑一系列因素，综合起来，其中主要原因有下列几个方面。

（一）电气设备和线路的绝缘水平

中性点接地方式对于电力网的过电压与绝缘水平有着很大的影响。在电力网发展的初期，人们就是首先从过电压与绝缘的角度来考虑中性点接地问题的。电气设备和线路的绝缘水平，除与长期最大工作电压有关外，主要决定于各种过电压的大小。对非有效接地电力网而言，无论最大长期工作电压或所遭受的过电压均较有效接地方式要大。研究表明，有效接地电力网的绝缘水平与非有效接地电力网相比，大约可降低 20%。归结起来，从过电压与

绝缘水平的观点看，采用接地程度愈高的中性点接地方式愈有利。

降低绝缘水平的经济意义随额定电压的不同而异，在 110 kV 以上的高压电力网中，变压器等电气设备的造价大致与其绝缘水平成比例地增加。因此，在采用中性点直接接地时，设备造价将大约可降低 20%。但是，在 3～10 kV 的电力网中，绝缘费用占总投资的比例较小，采用中性点直接接地方式来降低绝缘水平，其意义并不大。

（二）继电保护工作的可靠性

在中性点不接地或经消弧线圈接地的电力网中，单相接地电流往往比正常负荷电流小得多，因而要实现有选择性的接地保护就比较困难，特别是经消弧线圈接地的电力网困难还更大一些。而在中性点直接接地的电力网中，实现有选择性的接地保护就比较容易。且保护装置结构简单，工作可靠。因此，从继电保护的观点出发，显然以采用中性点直接接地方式较为有利。

（三）供电可靠性与故障范围

众所周知，单相接地是电力网中最常见的一种故障。如上所述，中性点直接接地电力网在单相接地时将产生很大的单相接地电流，个别情况下甚至比三相短路电流还大。因此它相对非有效接地系统而言，存在着下列缺点：

（1）任何部分发生单相接地时都必须将它切除，即使采用自动重合闸装置，在发生永久性故障时，供电也将较长时间中断。

（2）巨大的接地短路电流，将产生很大的力、热效应，可能造成故障范围的扩大和损坏设备。

（3）一旦发生单相接地，断路器就跳闸，从而增大了断路器的维修工作量。

（4）大的接地短路电流将引起电压急剧降低，可能导致系统暂态稳定或电压稳定的破坏。

反之，非有效接地电力网不仅避免了上述缺点，而且当发生单相接地故障后，还容许继续工作一段时间。因此，总的说来，从供电可靠性和故障范围的观点来看，非有效接地电力网，特别是经消弧线圈接地的电力网具有明显的优越性。

（四）对通信和信号系统的干扰

当电力网正常运行时，只要三相对称，则不管中性点接地方式如何，中性点位移电压都等于零，各相电流及对地电压数值相等，相位互差120°，因而它们在线路周围空间各点所形成的电场和磁场彼此抵消，不会对通信和信号系统产生干扰影响。但是，当电力网发生单相接地时，所出现的单相接电电流将形成强大的干扰源，接地电流愈大，干扰愈严重。因而，从干扰的角度以及电磁兼容的要求来看，中性点直接接地的方式当然最为不利，而非有效接地电力网，一般都不会产生较严重的干扰问题。

当干扰严重时，虽然可以增大通信线路与电力线路之间的距离来减低干扰的程度或采取其他防护措施，但有时受环境、地理位置等条件的限制，将难以实现或使投资大量增加。特别是随着工农业生产的发展和信息化程度的提高，这类干扰与电磁兼容问题将日益突出。因此，在有的国家或地区，对通信干扰与电磁兼容的考虑，甚至成为选择中性点接地方式的主要限制条件。

以上全面地分析了影响中性点接地方式的各种因素，下面根据电压等级的不同，对电力系统中性点接地方式的选择问题再总结归纳于后。

（1）220 kV 及以上电压的超高压电力网：这时对降低过电压与绝缘水平方面的考虑占

首要地位，因为它对设备价格和整个电力网建设的投资影响甚大。而且在这种电力网中接地电流具有很大的有功分量，实际上已使消弧线圈不能完全起到消弧作用。所以目前世界各国在这个电压等级都无例外的采用中性点直接接地方式。

（2）110～154 kV 的电力网：对这样的电压等级而言，上述几个因素对选择中性点接地方式都有影响。各个国家由于具体条件和考虑的侧重点的不同，所采用的方式是不一样的。有的国家是采用直接接地方式，而有的国家则采用消弧线圈接地的方式。在我国，110 kV 电力网则大部分采用直接接地方式，小部分采用经消弧线圈接地的方式。如前所述，对一些雷击活动强烈的地区或没有装设有避雷线的地区，采用消弧线圈接地可以大大减少雷击跳闸率，从而提高了供电的可靠性。

（3）20～63 kV 电力网：这种电力网一般说来线路长度不大，网络结构不太复杂，电压也不算很高，从绝缘水平对电力网建设费用和设备投资的影响而言，不如 110 kV 及以上的电力网那样显著。另外，这种电力网一般都不是沿全线装设架空地线，所以，通常总是从供电可靠性出发，采用经消弧线圈接地或不接地的方式。而对电缆供电的城市电力网，则一般采用经小电阻接地方式。

（4）3～10 kV 电力网：此时供电可靠性与故障后果是考虑的主要因素，一般均采用中性点不接地的方式。当电力网的接地电流大于 30 A 时，则应采用经消弧线圈接地的方式。同样，在城网当采用电缆线路时，有时也采用经小电阻接地。

（5）1000 V 以下的电力网：由于这种电力网绝缘水平低，保护设备通常只有熔断器，故障范围所带来的影响也不大。因此，几个方面都没有显著影响，可以选择中性点接地或不接地的方式。唯一例外的是对电压为 380/220 V 的三相四线制电力网，从对人员的安全观点出发，它的中性点是直接接地的，这样可以防止一相接地时出现超过 250 V 的危险的电压，这种方式又称为保安接零。

第十二节　谐波对电力系统的影响及其治理

如前所述，理想的交流电压和交流电流波形应是单一频率的正弦波，而实际电力系统中由于负荷的非线性常会使电压和电流波形产生畸变而偏离正弦波，出现各种谐波分量从而使得供电电压和电流的波形发生畸变。由于谐波含量影响波形质量，所以谐波含量的多少是衡量电能质量的重要指标之一。

谐波对电力系统的危害是巨大的，如使电力设备发热、缩短使用寿命、引起电压或电流谐振、绝缘击穿、损坏设备等。特别是在近数十年以来，随着科学技术的发展，大量使用晶闸管等电力电子装置，并出现了许多非线性负荷，使公用电力网的电压波形严重畸变，除了引起电机的发热、振动之外，还会引起电子控制装置失灵，对自动化装置、继电保护和测量设备均产生不良影响，甚至可能影响到整个电力系统的正常运行，造成巨大的经济损失，等等。所有这些危害，有时又称之为谐波污染。因此，在电力系统的设计与运行时，必须在弄清电力系统的谐波分布状况的基础上，采取切实可行的对谐波污染进行治理的措施。

在本节中，将对有关谐波的基本定义，电力系统主要的谐振波，谐波对电力系统的危害以及治理谐波污染的主要措施等问题，进行综合介绍。

一、有关电力系统谐波的几个基本概念

有关高次谐波的基本定义以及其数学分析方法，在电路、电子技术基础等课程中已介绍过了，下面仅就电力系统分析中，有关高次谐波的几个基本定义，作一简要介绍。

（1）谐波含量。所谓谐波含量是指各次谐波平方和的开方，分为谐波电压含量和谐波电流含量。

谐波电压含量可表示为

$$U_H = \sum_{n=2}^{\infty} \sqrt{U_n^2} \qquad (2\text{-}228)$$

谐波电流含量可以表示为

$$I_H = \sum_{n=2}^{\infty} \sqrt{I_n^2} \qquad (2\text{-}229)$$

式中　U_n、I_n——第 n 次谐波的电压和电流的方均根值。

（2）谐波总畸变率。谐波含量与基波分量的比值的百分数称为谐波总畸变率，用 THD 表示。据此可得

电压总畸变率为

$$THD_U = \frac{U_H}{U_1} \times 100\% \qquad (2\text{-}230)$$

电流总畸变率为

$$THD_I = \frac{I_H}{I_1} \times 100\% \qquad (2\text{-}231)$$

式中　U_1、I_1——基波电压和基波电流的方均根值。

（3）谐波含有率。为了抑制或补偿某次谐波，在工程上往往要求给出畸变周期量中某次谐波的含有量，通常以某次谐波的方均根值与基波方均根值的比值来表示，称为谐波含有率，记为 HR。据此可写出

第 n 次谐波电压含有率为

$$HRU_n = \frac{U_n}{U_1} \times 100\% \qquad (2\text{-}232)$$

第 n 次谐波电流含有率为

$$HRI_n = \frac{I_n}{I_1} \times 100\% \qquad (2\text{-}233)$$

（4）含有谐波时的有功功率和功率因数。根据有功功率的定义，并考虑到三角函数的正交性质，可以得到含有谐波时电力系统的平均功率为

$$P = \frac{1}{T}\int_0^T u(t)i(t)\mathrm{d}t = \sum_n U_n I_n \cos\varphi_n = \sum_n P_n \qquad (2\text{-}234)$$

式中　φ_n——n 次谐波电流落后于 n 次谐波电压的相位角，它的数值可以落在任意象限之内，当 φ_n 在第一、四象限时，P_n 为正，表示负荷吸收有功功率；当 φ_n 在第二、三象限时，P_n 为负，表示负荷发出有功功率，成为谐波源。因此，根据式（2-234）计算出的功率可能会小于它的基波功率 P_1，即用户可以将所吸收的一部分基波功率转化为谐波功率，反馈到电力网，并危及其他用户。

含有谐波时的视在功率，可表示为

$$S = \sqrt{\sum_{n=1}^{N} U_n^2 \sum_{n=1}^{M} I_n^2} \qquad (2-235)$$

据此可将含有谐波时的功率因数表示成

$$\cos\varphi = \frac{P}{S} \qquad (2-236)$$

显然，这里的 φ 已经不再是任何一次谐波电压和电流之间的相位差了。

在工程中，$\cos\varphi$ 可按有功电能表的读数 A_P（kW·h）和无功电能表的读数 A_Q（kvar·h）来计算，即

$$\cos\varphi = \frac{A_P}{\sqrt{(A_P)^2 + (A_Q)^2}} \qquad (2-237)$$

式中　A_P、A_Q——取日平均值或月平均值。

二、电力系统的谐波源

作为电力系统的电源的同步发电机的输出电压基本上是正弦的，如果发电机所带的负荷是线性的，则其输出电流也是正弦的。如果与发电机相连的设备或负荷具有非线性特征，则电压和电流波形将发生畸变而出现谐波分量。"电机学"课程中介绍过的由于铁芯饱和使变压器励磁电流中出现以 3 次谐波为主的谐波分量就是由于变压器励磁阻抗的非线性引起的。当 3 次谐波电流注入电力网时，会在电力网的线性阻抗上形成 3 次谐波的压降，从而引起电力网电压波形的畸变。电力变压器绕组的三角形接法，为 3 次谐波电流提供了环流通路，可避免 3 次谐波电流向电力网注入，但 5 次和 7 次谐波仍会注入电力网，只是在正常运行时，它只占额定电流很小的百分数，可以忽略不计。

随着现代工业的发展和电力电子技术的广泛应用，电力系统中的非线性负荷大量增加，在电力系统中形成了大量的谐波源。根据负荷的特点，谐波源大致可划分为下面几类。

（一）含电弧和铁磁非线性设备的谐波源

电弧炉形成的谐波在这类谐波中占有很大的比例。由于电弧炉在技术经济上的优越性，电弧炉炼钢发展很快，单台炼钢电弧炉的容量已由过去的几吨发展到 $300 \sim 400$ t，成为现代炼钢的重要手段。电弧的伏安特性具有高度的非线性，再加以电弧的长度受电磁力、对流气流、电极移动以及炉料在熔化过程中的崩落和滑动等多种因素的影响，电弧电流的变化是很不规则的，因而会出现一系列的谐波，成为主要的谐波源。关于电弧的伏安特性可参见第三章的图 3-17。表 2-15 则是典型电弧炉的谐波电流含有率（HRI）的统计值。

表 2-15　　　　　　　　典型电弧炉的谐波电流含有率（HRI）的统计值

谐波次数 n	2	3	4	5	6	7	8	9
谐波电流含有率 HRI（%）	5.0	5.8	3.0	4.2	1.2	1.1	1.1	0.8

此外，工业生产中广泛使用的电弧焊的接触焊设备、矿热炉、硅铁炉、高频炉等，均属此类非线性电力负荷。

（二）整流和换流电子器件所形成的谐波源

由于电力电子技术的发展，晶闸管整流和换流技术在包括电力工业自身在内的现代工业企业和运输部门中得到了广泛的应用，成为产生谐波的主要源头之一。例如，用作高压直流

输电的大容量整流和逆变装置，工业生产中大量使用的变频调速装置，冶金、化工、矿山部门大量使用的晶闸管整流电源以及电气化铁道中用交流单相整流供电的机车等。

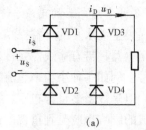

图 2-99 是简单的单相桥式不控整流电路及其输出电压和输入电流波形。利用傅里叶级数，负载电压 u_D 可分解为

$$u_D = \frac{4}{\pi} U_m \left(\frac{1}{2} + \frac{1}{1 \times 3} \cos 2\omega t - \frac{1}{3 \times 5} \cos 4\omega t \right.$$
$$\left. + \frac{1}{5 \times 7} \cos 6\omega t - \frac{1}{7 \times 9} \cos 8\omega t + \cdots \right)$$

$$(2 - 238)$$

式中，恒定分量 $\frac{2}{\pi} U_m$ 即为负载电压的平均值。最低谐波分量的幅值为 $\frac{4}{3\pi} U_m$，角频率为电源频率的两倍，其他谐波分量的角频率为 4ω，6ω，$\cdots$ 偶次谐波。

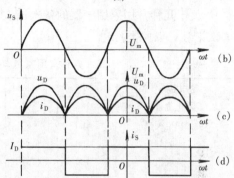

图 2-99　单相桥式不控整流电路及
其输出电压和输出电流波形
(a) 电路；(b) 电源电压；
(c) 电阻负载；(d) 电感负载

如果负载为纯电阻，则负载电流 i_D 和负载电压 u_D 具有相同的波形，交流输入电流保持为正弦。

如果负载电感很大，负载电流为恒定值 I_D，则交流输入电流 $i_s(t)$ 将为 180°宽的交流方波，其傅里叶级数表达式为

$$i_s(t) = \frac{4}{\pi} I_D \left(\cos \omega t - \frac{1}{3} \cos 3\omega t + \frac{1}{5} \cos 5\omega t - \frac{1}{2} \cos 7\omega t \right.$$
$$\left. + \frac{1}{9} \cos 9\omega t - \frac{1}{11} \cos 11\omega t + \frac{1}{13} \cos 13\omega t \right)$$

$$(2 - 239)$$

即在交流电流中将出现一系列奇次谐波分量。

其他诸如使用单相桥式可控整流、三相桥式不控和可控整流电路出现的谐波，同样可依据相关波形，通过傅里叶级数分解后得出。我国现有的一些电力机车谐波的典型统计值如表 2-16 所示。

表 2-16　　　　　　　　　电力机车谐波的典型统计值

机车型号	牵引功率 (kW)	满载时谐波含有率（%）				
		3次	5次	7次	9次	11次
SS1	4200					
SS3	4800					
SS4	6400	23	12	7	4	3
SS7	4800					
8G	6400					
8K	6400					
6K	4800	10	5	4	3	2
6G53	4800					

（三）各种家用电器的谐波含量

随着人民生活水平的日益提高，各种家用电器正大量地进入了家庭生活的各个方面，其中有些家用电器具带有非线性元件，如利用气体放电管发光照明的荧光灯；某些采用晶闸管整流的器件，例如各种小功率整流装置，晶闸管整流和调压的电源等。这些设备的单个容量虽然不大，但是数量多且分布广，在电力网负荷中占有相当大的比重，它们产生的谐波对电力系统造成的影响也应受到重视。因此，从系统运行来看，这也是一个重要的谐波源。

关于几种常用家用电器的各次谐波（$I_1 \sim I_{15}$）的含量，可参见表 2 - 17（表中 I_3 即表示 3 次谐波，以此类推）。

表 2 - 17　　　　　　　　　几种常用家用电器的各次谐波（$I_1 \sim I_{15}$）的含量　　　　　　单位:%

家用电器种类	I_1	I_3	I_5	I_7	I_9	I_{11}	I_{13}	I_{15}
彩电电视机	100	84	79	63	50	35	22	11
黑白电视机	100	69	35	7	6	5	0.4	2.4
日光灯	100	12	2	1.4	0.3	0.5	0.3	0.2
洗衣机	100	16	8	1	0.2	0.2	0	0.2
电冰箱	100	12	3	0.6	0.2	0.1	0.1	0.1
风扇（低速挡）	100	15	3	2	0.6	0.3	0.1	0.1

（四）电力电容器及其附加串联电抗器对高次谐波的放大

上面介绍的三项是电力网中的主要谐波源。此外，当系统中无功补偿电容器配置不当时，将放大电力网的谐波，从而对配电网中的高次谐波含量造成较大的影响。下面对此进一步介绍于后。

在图 2 - 100 中，如果在电力电容器的电路中不附加装设串联电抗器 L，将引起高次谐波电流的放大，当装设串联电路后，则可限制谐波放大现象的产生。另外，图 2 - 101 则表示装有串联电抗器后电力电容器组的频率特性，图中以 LC 的谐振频率为分界线，低频时为容抗，高频时为感抗。图中 $+j$ 范围为感性，$-j$ 范围为容性。

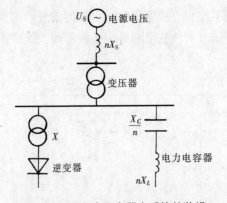

图 2 - 100　电力电容器在系统的装设

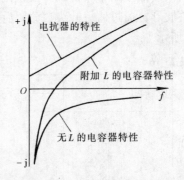

图 2 - 101　电力电容器的频率特性

图 2 - 102 为图 2 - 100 的电气等值电路图。当各次高次谐波电流在电源与电容与电感串联回路之间符合谐振条件时，将引起谐波的异常放大，谐振可能有串联谐振与并联谐振，其大致的原理如下。

串联谐振是从母线到电力电容器的感抗（nX_L）和电力电容器的容抗（X_C/n）形成串联谐振的条件，当从逆变器等换流装置发生的高次谐波的频率与这个串联谐振频率一致时，换流装置发生的高次谐波将原封不动地流入电容器回路。

并联谐振是指在电力电容器中不附加串联电抗器 L 时，从与发生高次谐波的负载相接的母线来看的电源侧电抗（nX_S）和电力电容器侧电抗（X_C/n），在特定的频率时绝对值相等，当这一谐振频率与换流装置发生的高次谐波次数一致时，换流装置产生的高次谐波电流将放大分流到电力电容器侧和电源侧。

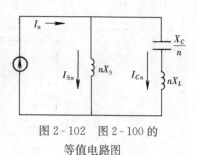

图 2 - 102　图 2 - 100 的等值电路图

这可以通过式（2 - 240）、式（2 - 241）加以说明

$$I_{Cn} = I_n \frac{nX_S}{nX_S + (nX_L - X_C/n)} \tag{2-240}$$

$$I_{Sn} = I_n \frac{nX_L - X_C/n}{nX_S + (nX_L - X_C/n)} \tag{2-241}$$

上两式中，当没有串联电抗器时，就没有 nX_L。因为谐振，所以 nX_S 和 X_C/n 的绝对值相等，式（2 - 240）、式（2 - 241）的分母为 0，分流比在理论上是无限大。

上两式中，I_n 是从高次谐波发生源流出的 n 次（高次）谐波电流，I_{Sn} 为向电源侧流出的 n 次（高次）谐波电流，I_{Cn} 为向电容设备流出的 n 次（高次）谐波电流，X_S 为电源侧基波的电抗，X_L 为串联电抗器的基波电抗，X_C 为电容器的基波电抗。

当产生某次谐波的并联谐振时，将形成危险的谐振过电压并危及设备安全。目前，往往采用电容器组配置串联电抗器的办法来避免上述情况的发生。我国原水电部制定的《并联电容器装置设计技术规程》中规定："对限制 5 次及以上的谐波可选用（5%～6%）x_C 的电抗器，对限制 3 次及以上谐波可选用（12%～13%）x_C 的电抗器，x_C 为电容器组每相容抗"。

根据理论推导的结果，可得出表 2 - 18 的结论，凭此能判断电容器组是否可能发生谐波电流放大或产生并联谐振，以便采取相应对策。如上所述，谐波等效电路图中 nX_S 为系统等效谐波阻抗，$\frac{X_C}{n}$ 和 nX_L 分别为并联电容器和串联电抗器的谐波电抗。表中序号 3～5 为谐波电流放大的情况。序号 3 的情况是电容器侧谐波放大、注入网络的谐波减小，这种情况应当核算电容器电流是否超过标准。在国标 GB 3983—1983《并联电容器》中明确规定："并联电容器允许在 1.3 倍额定电流下长期运行。"按电容器在最高电压下运行，工频电流为 1.1 倍额定电流，则允许的谐波电流按 $1.3^2 = 1.1^2 + \sum\limits_{n=2}^{\infty} I_n^2$，从而可得 $\sum\limits_{n=2}^{\infty} I_n^2 \approx 0.7$，即总的谐波电流方均根值在接近 0.7 倍工频额定电流下，仍可长期运行。

表 2 - 18　　　　　　　　电容器组发生谐波电流放大或产生并联谐振判断表

序号	状态	谐波等效电路图及谐波电流分布图	参数条件	备　注
1	正常		感性 $nX_L - \dfrac{X_C}{n} > 0$	网内电容器组应具备的情况

序号	状态		谐波等效电路图及 谐波电流分布图	参数条件	备 注
2	串联谐振			感性 $nX_L = \dfrac{X_C}{n}$	滤波器情况，串联谐振频率 $n=$ $\sqrt{\dfrac{X_C}{X_L}}$，对于该次谐波电抗为 0，吸收该次谐波电流
3	谐波放大	电容器侧		容性 $-\dfrac{1}{2} < \dfrac{nX_L - \dfrac{X_C}{n}}{nX_S} \leqslant 0$	应该核算电容器是否过负载，总谐波电流方均根值不大于 0.7 倍工频额定电流，可长期运行
4		并联谐振		容性 $-\dfrac{1}{2} < \dfrac{nX_L - \dfrac{X_C}{n}}{nX_S} \leqslant -\dfrac{1}{2}$	应避免发生的情况可改变串联电抗器的参数。若计算谐振电流，应计及系统电阻
5		电源侧		容性 $\dfrac{nX_L - \dfrac{X_C}{n}}{nX_S} \leqslant -2$	应避免发生的情况，可改变串联电抗参数来实现

三、谐波的危害

电力系统的谐波像发电厂排放的烟尘等有害气体对周围大气环境污染一样，会对电力网运行产生严重影响：如影响电能质量，增加能量损耗，甚至危害电气设备和电力系统的安全运行。其主要危害概括如下。

(1) 谐波可使旋转电机附加损耗增加，出力降低，绝缘老化加速。谐波电流与基波磁场间的相互作用引起的振荡力矩，严重时能使发电机产生机械共振，使汽轮机叶片疲劳损坏。当谐波电流在三相感应电动机内产生的附加旋转磁场与基波旋转磁场相反时，将降低电动机的效率，使电动机过热。在直流电机中，谐波除附加发热外，还会引起换向恶化和噪声。

(2) 谐波电流流入变压器时，将因集肤效应和邻近效应，在变压器绕组中引起附加损耗。谐波电压可使变压器的磁滞及涡流损耗增加。3 次谐波及其倍数的谐波在变压器三角形接法的绕组中形成的环流会使变压器绕组过热。此外谐波还会使变压器的噪声增大，使作用于绝缘材料中的电场强度增大，从而缩短变压器的使用寿命。

(3) 谐波电压作用于对频率敏感（频率愈高，阻抗愈降低）的电容元件上时，例如电容器和电缆等，会使之严重过电流，导致发热，并加速介质老化，局放量增大，甚至损坏。

(4) 高次谐波电流流过串联电抗器时，会在串联电抗器上形成过高的压降，使电抗器的匝间绝缘受损。

(5) 谐波电流流过输电线（包括电缆）时，输电线的电阻会因集肤效应而增大，从而加大了线路的损耗。谐波电压的存在可能使导线的对地电压和相间电压增大，使线路的绝缘受到影响，或使线路的电晕问题变得严重起来。

（6）谐波电压和谐波电流将对电工仪表的测量准确度产生影响。过大的高次谐波电流流入电能表，可能烧坏电流线圈；频率过高（达到 1000Hz 以上）时，电能表可能停转。

（7）供电线路中存在的高次谐波所产生的静电感应和电磁感应会对与之平行的通信线路产生声频干扰，影响到通信质量。

（8）较大的高次谐波电流（数十安或更大），会显著延缓潜供电弧的熄灭，导致单相重合闸失败或不能采用快速单相重合闸。

（9）高次谐波含量较大的电流，由于波形畸变严重使经过零点处的 $\dfrac{di}{dt}$ 较大，降低了断路器的开断能力。这种情况往往是由于断路器第二次重合闸于发生持续故障的线路上，使附近的变压器产生涌流现象所致。

（10）当换流装置的容量达到电力网短路容量的 $\dfrac{1}{3} \sim \dfrac{1}{2}$ 或以上时，或电力网参数配合易导致较低次谐波谐振时，交流电力网电压波形畸变可能引起常规控制角的触发脉冲间隔不等，并通过正反馈而使放大系统的电压波形畸变，使整流器工作不稳定，对逆变器可能发生连续的换向失败而无法工作。所以大型换流装置需要对谐波采取抑制措施。

此外，谐波侵入电力网有可能会引起电力系统中继电保护的误动作，影响到电力系统的安全运行，也可能对使用中的电子设备产生影响，出现诸如使电视机的图像"翻滚"，使计算机的计算出错等故障。上述这些影响，总称为谐波污染。

总之，目前谐波污染已成为电力网的公害。提高波形质量，已经成为电力行业从业人员的一项重要任务。为此必须采取措施对电力网的谐波加以有效的限制，总称为对谐波污染的治理。

为了限制谐波污染对系统及电力网运行中的影响，在我国有关国家标准、电力行业标准以及有关规程中，都明确规定了在数量上对谐波的一些限制。具体可参见表 2-19～表 2-21。

表 2-19　　　　　　　公用电力网谐波电压限制（相电压）

电力网额定电压（kV）	电压总谐波畸变率（%）	各次谐波电压含有率（%）	
		奇　次	偶　次
0.38	5.0	4.0	2.0
10(6)	4.0	3.2	1.6
36(63)	3.0	2.4	1.2
110	2.0	1.6	0.8

表 2-20　　　　　　　注入公共连接点的谐波电流允许值

额定电压（kV）	各次谐波电流允许值（A）											
	I_2	I_3	I_4	I_5	I_6	I_7	I_8	I_9	I_{10}	I_{11}	I_{12}	I_{13}
0.38	84	64	42	64	28	46	21	19	17	29	14	25
10(6)	26	21	13	21	8.7	15	6.5	5.8	5.2	9.4	4.3	8
35(63)	16	13	8.2	13	5.5	9.4	4.1	3.7	3.3	6.0	2.7	5.1
110	12	9.4	5.9	9.4	3.9	6.7	3.0	2.6	2.4	4.3	2.0	3.6

额定电压 （kV）	各次谐波电流允许值（A）											
	I_{14}	I_{15}	I_{16}	I_{17}	I_{18}	I_{19}	I_{20}	I_{21}	I_{22}	I_{23}	I_{24}	I_{25}
0.38	12	11	10	19	9.3	17	8.4	8.0	7.6	14	7.0	13
10(6)	3.7	3.5	3.2	6.1	2.9	5.5	2.6	2.5	2.4	4.5	2.2	4.2
35(63)	2.4	2.2	2.1	3.9	1.8	3.5	1.6	1.6	1.5	2.9	1.4	2.6
110	1.7	1.6	1.5	2.8	1.3	2.5	1.2	1.1	1.1	2.1	1.0	1.9

注　自 20 次谐波以后《电力系统谐波管理暂行规定》没有规定值。

表 2 - 21　　　　　在规划设计时，中压（MV）、高压（HV）及超高压（EHV）
电力网中各次谐波电压的含有率的规定

非3倍次奇次谐波			3倍次奇次谐波			偶次谐波		
次数 n	谐波电压（%）		次数 n	谐波电压（%）		次数 n	谐波电压（%）	
	MV	HV-EHV		MV	HV-EHV		MV	HV-EHV
5	5	2	3	4	2	2	1.6	1.5
7	4	2	9	1.2	1	4	1	1
11	3	1.5	15	0.3	0.3	6	0.5	0.5
13	2.5	1.5	21	0.2	0.2	8	0.4	0.4
17	1.6	1	>21	0.2	0.2	10	0.4	0.4
19	1.2	1				12	0.2	0.2
23	1.2	0.7				>12	0.2	0.2
25	1.2	0.7						
>25	$0.2+0.5\times\dfrac{25}{n}$	$0.2+0.5\times\dfrac{25}{n}$						

注　1. MV 指额定电压 U_N 为 1 kV$<U_N \leqslant$35 kV；

　　　HV 指额定电压 U_N 为 35 kV$<U_N \leqslant$330 kV；

　　　EHV 指额定电压 U_N 为 $>$330 kV。

　　2. 谐波总畸变率（THI）：MV 电力网 6.5%，HV 电力网 3%。

四、治理谐波污染的措施

对现代电力系统而言，为了减少或降低谐波污染对电力系统的危害，必须采取行之有效的治理措施，这些措施总的来说，一方面是着眼于谐波源，尽力使其产生的谐波分量减少；另一方面是在谐波源的外部采取措施，如装设滤波器等以吸收一部分谐波电流，下面对各项具体措施分别进行介绍。

（1）增加整流装置的脉冲数。从"电子技术基础"可知，多相整流产生特征谐波的谐波次数 n 与脉冲数 p 成正比，而其产生的谐波电流的方均根值又与 n 成反比，所以增加整流装置的脉冲数就可以减少由于整流而产生的谐波电流。

增加整流装置的脉冲数的有效方法是，利用 Yy 和 Yd 两台连接法不同的变压器的相位角互差为 30°的原理，将两台三相 6 脉冲全波整流器分别接入不同连接组别的变压器，使两组 6 脉冲整流器变为 12 脉冲，这样一来就不会产生 7 次及以下的特征谐波电流，从而可减少谐波含量。

当 $p > 12$ 时，采用曲折形绕组的变压器，在高压侧将曲折绕组相位角错开 20°，即可使整流器变成 36 或 48 脉冲整流装置。

图 2 - 103 为并联与串联的两种 12 脉冲整流装置的原理接线图。

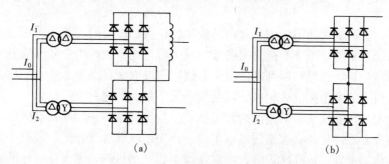

图 2 - 103　12 脉冲整流装置的原理接线图
(a) 并联 12 脉冲连接；(b) 串联 12 脉冲连接

在多相整流器中，由于高次谐波的发生次数为 $12n \pm 1$，所以，在 12 脉冲时，特征的 5 次、7 次谐波是不会发生的，但实测的高次谐波仍有少量的发生。其高次谐波电流发生量的情况如表 2 - 22 所示。

表 2 - 22　　　　　　　　三相桥式整流器的高次谐波电流发生量的情况

次数	5	7	11	13	17	19	23	25
6 脉冲	17.5	11.0	4.50	3.00	1.50	1.25	0.75	0.75
12 脉冲	2.00	1.5	4.50	0.20	0.15	0.75	0.75

(2) 混合采用各种变压器的接线方式，使 5 次、7 次谐波相互抵消。据运行实践，系统的基本谐波主要由变压器所引起。我国电力变压器的绕组接线方式基本上是统一的。例如 10 kV 或 6 kV 配电变压器常采用 Yyn 接线或 Dyn 接线；330、220、110 kV 及 35 kV 的基本绕组采用星形接线，而其低压绕组（或第三绕组）则采用三角形接线，使得整个变压器组的主要谐波电流相互叠加。如果在系统可能的运行情况下，混合采用变压器的不同接线方式，可以有效地削减电力网中的基本谐波。

这个原理也同样可以用于牵引变电所的变压器，将 Yd 和 Vv 接线在不同牵引变电所中混合采用，可以使 Yd 变压器在 110 kV 侧主导序量的 5 次谐波相位角和 Vv 接线牵引变电所的 5 次和 7 次谐波的相位角差 180°，从而大幅度降低谐波电流。

(3) 夜间断开改善功率因数用电容器。一般在高压用户处接有电容器，目的是用容性无功功率改善功率因数。该电容器（以下简称 SC）在重负载时，可以使功率因数接近 1。但在夜间轻负载时，也大多不断开 SC，这可能引起与系统阻抗之间谐振而产生高次谐波的放大。因此，作为减少谐波危害相应措施，可以考虑断开轻负载时的 SC。同时，断开 SC 不仅避开了不良影响，而且系统的高次谐波阻抗变更，也可抑制谐振造成的高次谐波的放大。这里要特别注意到因为 SC 的断开，有可能使谐振点接近特定的高次谐波频率。

(4) 连接串联电抗器。在用户处，小容量的电容设备大多数省略了隔离开关，并处于一直使用的状态。因此，对不带电抗器的 SC，应当接入串联的电抗器，已有电抗器时则要加强抗高次谐波的能力，这些可以作为抑制高次谐波影响的相应措施。有关这个问题，在前面已详细介绍过,这里不再重复。

(5) 调整系统供电与电力网的接线方式,进行适当的系统切换。这项措施是结合电力网的具体结构研究系统谐波的合理分布方式,并使电力网不致因低谷负荷时电力网电压过于偏高,致使谐波增大。

具体而言,在系统切换措施中,有向其他系统切换、设备的一部分停止运行、专用线化等。向其他系统切换的措施中有把高次谐波的发生源与受干扰的用户分离的方法,如通过改变对于高次谐波系统的特性,以抑制谐振引起高次谐波放大现象等方法。不过,在系统进行切换时,有必要充分考虑到能否切换、切换后有无不良影响之后再进行。

(6) 减少家电、通用机器的高次谐波发生量。作为发生源一侧的相应措施,可以考虑把几个高次谐波发生源产生的高次谐波进行汇总,再用滤波器进行补偿。最根本最重要的还是要抑制电力换流器中发生的高次谐波,而对于家电、通用机器,国内外的标准、规程(或导则)提出了很多相应的电路。高次谐波规程是相对于输入电流而言,抑制输入电流的高次谐波,使之接近于基波。实际上与等效功率因数的改善是相同的,所以抑制高次谐波的电路大多也与改善功率因数电路有关。作为抑制高次谐波的电路,有无源方式、PFC整流器方式、单换流方式、部分平滑方式和照明用逆变器等相应措施。这些措施都常用于减少家电设备的谐波量。

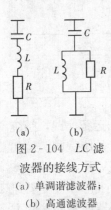

图 2 - 104 *LC* 滤波器的接线方式
(a) 单调谐滤波器;
(b) 高通滤波器

(7) 设置 *LC* 滤波器(无源滤波器)。装设滤波器是就近吸收谐波所产生谐波电流的有效措施,也可以说是治理谐波污染的最基本措施。*LC* 滤波器一般由电容器、电抗器和电阻器适当组合而成。其中,单调谐滤波器采用如图 2 - 104 (a) 所示的接线比较有利,这种接线方式在电容器击穿时,短路电流小,并且电抗器只需采用半绝缘。对于高通滤波器,一般采用二阶减幅型 [见图 2 - 104 (b)],这种接线基波损耗较小,结构简单,阻抗频率特性较好,为工程上所广泛采用。

单调谐滤波器在特定的频率(谐振频率)下显示低阻抗特性。一般使用在 66 kV 以下回路中,由于元件的损耗能够确保其 Q(品质因数)值,故只由电容与电感构成。

高通滤波器,是在电抗器与电阻并联的回路上再串联电容器,在谐振频率以上时滤波器的阻抗低,几乎是平坦的特性,谐振频率时滤波器阻抗与单调谐滤波器阻抗相比较要大,因此产生量比较大的5~13次谐波时,电压波形畸变不致减小,还为了使工频(基波)下的电阻损耗小,有必要提高高通滤波器的谐振频率,故常与低次的单调谐滤波器组合起来使用。

不管哪一种滤波器,在工频下,都作为移相电容器供给容性的无功功率,因此它同时具有改善功率因数和抑制高次谐波的作用。但是,对于由系统阻抗引起的脱谐、频率变动和系统阻抗变化造成的抑制效率下降、过大的高次谐波流入等问题,在滤波器设计时进行事前充分的预先调查和系统分析是不可缺少的。

关于 *LC* 滤波器的设计计算方法,可参阅有关书籍。

(8) 设置有源滤波器。有源滤波器不利用 *LC* 滤波器的谐振特性,而是根据新型电力电子元件(GTO,IGBT)所构成的逆变器应用技术去产生反相位的高次谐波,因而能抵消系统中的高次谐波,成为理想的滤波器(详见第七章)。

有源滤波器与高次谐波负载并联连接,用电流互感器检测出负载电流,通过产生与负载电流中含有的高次谐波成分相位相反的电流，抵消电源电流中所含有的高次谐波电流，从而使电源电流成为正弦波。

另外，有源滤波器在系统中的作用随其控制方式而不同，并联有源滤波器作为系统的并联电阻，串联有源滤波器作为系统的串联电阻起作用。灵活应用这一功能，可以降低功率因数、改善电容器与系统阻抗的串、并联谐振，同时也可以补偿多数非特征的高次谐波发生源流向连接于负载侧的电容器和 LC 滤波器的高次谐波电流。

在第七章第五节中，还要介绍新型无功功率发生器 SVG 以及自励式换流装置，在原理上它们也与有源滤波器相近，都是运用了最新的电力电子技术的成果。

复习思考题与习题

1. 有一回 110 kV 架空线路，导线型号为 LGJ-120，导线为水平排列并经过完全换位，线间距离为 4 m，试计算每千米线路的电阻、电抗和电容。

2. 某 330 kV 输电线路，采用 LGJQ-300×2 的双分裂导线，导线为水平排列并经过完全换位，线间距离为 9 m，分裂导线的间距为 400 mm，试计算每千米线路的电抗和电容值。

3. 某 500 kV 输电线路的杆塔形式和导线布置情况如图 2-105 所示，三相导线采用三角形布置并经过完全换位，导线间的水平距离为 12.2 m，垂直距离为 8.4 m，导线的型号为 LGJQ-600×2 型双分裂导线，分裂导线的间距为 600 mm，各相导线对地的高度如图 2-105 所示。试求：

（1）线路每千米的电抗和电容值；

（2）计入大地影响后的每相的对地电容值。

4. 已知一台 SSPSOL 型三相三绕组自耦变压器，其容量比为：300000/300000/150000 kV·A，$U_{1N}=242$ kV；$U_{2N}=121$ kV；$U_{3N}=13.8$ kV；$\Delta P_{k(1-2)}=950$ kW；$\Delta P_{k(1-3)}^{*}=500$ kW；$\Delta P_{k(2-3)}^{*}=620$ kW；$\Delta P_0=123$ kW；$U_{k(1-2)}\%=13.73$；$U_{k(1-3)}^{*}\%=11.9$；$U_{k(2-3)}^{*}\%=18.64$；$I_0\%=0.5$，试求以高压为基准的该变压器各基本参数（说明：凡带 ＊ 号的值是以低压绕组容量为基准的值）。

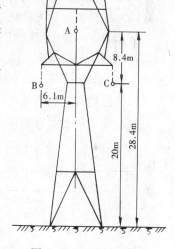

图 2-105 习题 3 附图

5. 有一回 110 kV 输电线路，采用 LGJ-150 型导线，导线水平布置并经完全换位，导线的相间距离为 4.5 m，线路长为 100 km。如线路输送功率为 30000 kW，负荷功率因数为 0.85，若受端电压维持在 110 kV，试求送端电压和电流值（用 T 形及 Ⅱ 形等值电路进行计算并比较其计算结果）。

6. 某 220 kV 单回输电线路长为 180 km，采用 LGJ-400 型导线，线路每千米的参数为：$r_1=0.08$ Ω/km；$x_1=0.418$ Ω/km；$b_1=2.7×10^{-6}$ S/km，送端升压变压器的型号为 SFL-10000，两台并联运行，$U_{1N}/U_{2N}=242/13.8$ kV，$\Delta P_k=700$ kW，$\Delta P_0=96$ kW，$U_k\%=12$，$I_0\%=1.9$，YNd11 连接，输电系统的接线如图 2-106 所示。线路上输送

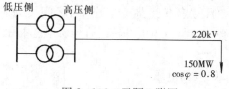

图 2-106 习题 6 附图

的功率为 150 MW，负荷功率因数为 0.8。试求：

（1）按短距离线路等值电路、Π形等值电路、修正Π形等值电路分别计算线路送端电压侧的电压和电流，并比较各种方法的计算结果；

（2）计算变压器低压侧的电压。

7. 已知某 500 kV 输电线路长为 320 km，线路单位长度的电气参数为：$r_1=0.025$ Ω/km；$x_1=0.307$ Ω/km；$c_1=0.011657$ μF/km。已知线路上传输的功率为 800000 kW，负荷功率因数为 0.92，试分别按分布参数等值电路及修正Π形等值电路计算线路送端的电压、电流和功率，并对两种方法的计算结果进行比较。

8. 有一额定电压为 110 kV 的双回线路，如图 2-107 所示。已知每回线路单位长度参数为 $r_1=0.17$ Ω/km，$x_1=0.409$ Ω/km，$b_1=2.82\times10^{-6}$ μF/km。如果要维持线路末端电压 $\dot U_2=118\angle 0°$ kV，试求：

（1）线路首端电压 $\dot U_1$ 及线路上的电压降落，电压损耗和首、末端的电压偏移。

（2）如果负荷的有功功率增加 5 MW，线路首端电压又如何变化？

（3）如果负荷的无功功率增加 5 Mvar，线路首端电压又将如何变化？

9. 如图 2-108 所示的简单电力网中，已知变压器的参数为 $S_N=31.5$ MV·A，$\Delta P_0=31$ kW，$\Delta P_k=190$ kW，$U_k\%=10.5$，$I_0\%=0.7$；线路单位长度的参数为 $r_1=0.21$ Ω/km，$x_1=0.416$ Ω/km，$b_1=2.74\times10^{-6}$ S/km。当线路首端电压 $U_A=120$kV 时，试求：

（1）线路和变压器的电压损耗；

（2）变压器运行在额定变比时的低压侧电压及电压偏移。

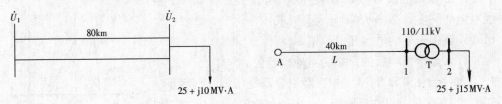

图 2-107　习题 8 附图　　　　　　　　　　图 2-108　习题 9 附图

10. 某 220 kV 输电线路长为 500 km，包含变压器在内的线路各通用常数为：$A=0.700$；$B=\mathrm{j}300$；$C=\mathrm{j}1.70\times10^{-2}$；$D=0.700$（不考虑电阻）试按长线修正Π形等值电路计算：

（1）当线路空载时，如送端电压为 200 kV，求受端的电压和送端的电流；

（2）当线路空载时，如送端、受端电压都要维持 220 kV，试求线路末端应装设的并联电抗器的容量。

11. 图 2-109 所示三相配电线路，如变电所 A 点的电压为 3300 V，B 点的负荷为 50 A（功率因数 0.8），另外线路末端 C 点的负荷为 50 A（功率因数为 0.8），AB 间线路长 2 km，BC 间长为 4 km，线路的参数为 $r_1=0.9$ Ω/km；$x_1=0.4$ Ω/km。试求：

（1）B 点和 C 点的电压；

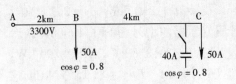

图 2-109　习题 11 附图

（2）如 C 点装设电力电容器组，所吸收的超前电流为 40 A 时，B 点及 C 点的电压又将变为多少?

12. 某三相三线制配电线路的线路参数为：$R=1\ \Omega$，$X=2.7\ \Omega$，如受端电压为 3000 V，负荷为 520 kW，功率因数为 0.8，现要求负荷增加为 600 kW 而功率因数不变，如欲依靠在受端装设电力电容器以使得受端电压和线路损耗不变时，试求：

（1）所应装设的电力电容器的容量；

（2）负荷增加前后的送端电压值。

13. 某一三相输电线路的受端电压为 11 kV，负载为 1200 kW，功率因数为 0.8（落后）。现欲将有功负载增至 1400 kW 而视在功率不变，求受端所需装设的同步补偿机（或电容器）的容量。

14. 某降压变电所共有两台变压器并联运行，每台的铭牌数据相同：变比 $k=110\pm2\times2.5$（%）$/6.6$ kV，额定容量 $S_N=31.5$ MV·A，短路损耗 $\Delta P_k=200$ kW；空载损耗 $\Delta P_0=86$ kW，短路阻抗 $U_k\%=10.5$；空载电流 $I_0\%=2.7$。如已知变压器二次侧的负荷为 $40+j30$ MV·A，试问该变电所应从电力网吸收多少功率。

15. 如图 2-110 所示 35 kV 供电系统，变压器的阻抗为折算到高压侧的数值。线路首端电压 $U_A=37$ kV，如 10 kV 母线电压要求保持在 10.3 kV，若变压器工作在额定分接头 35/11 kV，试确定采用串联及并联补偿时所需的电容器容量，并比较计算结果。

16. 某 110 kV 线路长 100 km，其单位长度参数为 $r_1=0.17\ \Omega/km$，$x_1=0.4\ \Omega/km$，$b_1=2.8\times10^{-6}$ S/km。线路末端最大负荷为 $30+j20$ MV·A，最大负荷利用小时数为 $T_{max}=5000$ h，试计算全年的电能损耗。

17. 某变电所有两台型号为 SFL1-31500/110 的变压器并联运行，如图 2-111 所示。已知每台变压器铭牌参数为：$\Delta P_0=31$ kW，$I_0\%=0.7\ \Delta P_k=190$ kW，$U_k\%=10.5$，最大负荷功率 $S_{max}=40+j25$ MV·A，年最大负荷利用小时数 $T_{max}=4500$ h，试计算变电所全年的电能损耗。

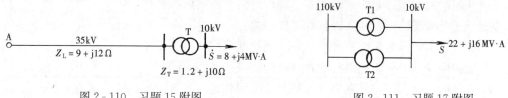

图 2-110　习题 15 附图　　　　　　　　图 2-111　习题 17 附图

18. 某系统的接线如图 2-112 所示，网络电压为 220 kV，线路 L_1 与 L_2 的电气参数为 $r_1=0.08\ \Omega/km$，$x_1=0.418\ \Omega/km$，$b_1=2.7\times10^{-6}$ S/km，变压器 T1 为 SF-30000 型，铭牌数据为：容量 30 MV·A；变比 $220\pm2\times2.5\%/38.5$ kV；空载损耗 $\Delta P_0=102.2$ kW；短路损耗 $\Delta P_k=217$ kW；短路阻抗 $U_k\%=12$；空载电流 $I_0\%=1.6$。变压器 T2 为三绕组变压器，其铭牌数据为：型号 SFPSL-60000/220，容量 60 MV·A；变比 $200\pm2.5\%/69/40$ kV，容量比为 $100/100/66.7$，$I_0\%=1.11$，$\Delta P_0=97.8$ kW；$\Delta P_{k(高-中)}=385$ kW，$\Delta P_{k(高-低)}=197$ kW，$\Delta P_{k(中-低)}=133$ kW，$\Delta U_{k(高-低)}=23.9\%$，$\Delta U_{k(高-中)}=15.1\%$，$\Delta U_{k(中-低)}=6.85\%$；线路 L_1 长为 40 km，L_2 长为 180 km。

如已知变压器 T1、变压器 T2 二次侧的负荷值（见图 2-112）以及线路送端的电压维持在 242 kV 运行，所有变压器均在额定分接头运行，试进行该网络的潮流分布计算，求出功率分布与各点电压值。

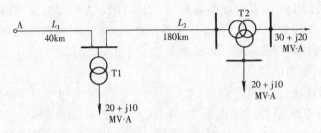

图 2 - 112　习题 18 附图

19. 某 110 kV 双回输电线路，线路长 100 km，输送功率为 80 MW，功率因数为 0.85，已知年最大负荷利用小时数为 $T_{\max} = 6000$h，如果线路采用钢芯铝导线，试选择导线的截面和型号。

20. 某 500 kV 远距离输电线路，线路长为 550 km，输送功率为 800 MW，功率因数为 0.95，年最大负荷利用小时数为 $T_{\max} = 6500$ h，试选择导线的截面和型号。

21. 架空线路的电阻和电导是什么意义？这二者有无直接的关系？

22. 试述分裂导线有哪些优、缺点。为什么 220 kV 以上的超高压输电线路必须采用分裂导线？

23. 什么是电压降落、电压损耗和电压偏移？

24. 试述电力系统的电压调节与频率调节各有哪些特点。

25. 静止补偿器有哪些类型？试比较它们的优、缺点。

26. 电力网的串联补偿与并联补偿各有哪些优、缺点？

27. 什么是频率的一次调频、二次调频？各有何特点？

28. 在无功不足的系统中为什么不宜采用改变变压器分接头调压作为主要的调压措施？

29. 在配电网中，降低功率损耗与电能损耗的有效措施有哪些？

30. 什么是潮流计算？潮流计算有哪些用途？

31. 什么是有效接地系统？什么是非有效接地系统？

32. 试述中性点经消弧线圈接地系统的优缺点与适用范围。

33. 在什么情况下，配电网应当采用经小电阻接地？这种方式的优、缺点如何？

34. 中性点不接地三相系统中，发生单相接地故障时，电力网的电压和电流如何变化？试画出其相量图。

35. 试述消弧线圈的工作原理。消弧线圈有哪几种补偿方式？什么是消弧线圈的脱谐度，为什么消弧线圈一般应当运行在过补偿状态？

36. 试述中性点直接接地三相系统发生单相接地故障时，电压和电流的变化情况。

37. 试述中性点不同的接地方式下，在发生单相接地故障时应如何处理。

38. 试比较各种不同中性点运行方式的优缺点，并说明其适用范围。

39. 试述高次谐波对电力网及用电设备的危害。

40. 试述治理谐波污染的有效措施有哪些。

第三章　发电厂和变电所的一次系统

第一节　电气主接线图

一、概述

发电厂和变电所的电气主接线图是由各种电气设备的图形符号和连接线所组成的表示电能生产流程的电路图。从主接线图可以了解各种电气设备的规范、数量、连接方式和作用，以及各电力回路的相互关系和运行条件等，因而，它代表了电力系统构成的各个重要环节。主接线选择正确与否，对电气设备选择，配电装置布置，运行的可靠性、灵活性和经济性等都有重大的影响。通常，发电厂和变电所的主接线应满足下列基本要求：

（1）根据系统和用户的要求，保证必要的供电可靠性和电能质量。在运行中供电被迫中断的机会越少或事故后影响的范围越小，则主接线的可靠性就越高。例如，当断路器检修时，不应影响对系统的供电；即使断器或母线故障，也应尽量减少停电范围，还应竭力避免全厂（所）停电的可能等。

（2）主接线应具有一定的运行调度的灵活性，以适应电力系统及主要设备的各种运行工况的要求，此外还要便于检修。

（3）主接线应简单明了、运行方便，使主要设备投入或切除时所需的操作步骤最少。

（4）在满足上述要求的条件下，力求做到投资和运行费用最省。

（5）具有扩建的可能性。

在绘制主接线图时，对各主要电气设备应当采用国家标准规定的统一图形符号，如表3-1所示。

表 3-1　　　　　　　　　电气主接线图中主要设备的文字符号及图形符号

序　号	设 备 名 称	文字符号及图形符号	序　号	设 备 名 称	文字符号及图形符号
1	交流发电机	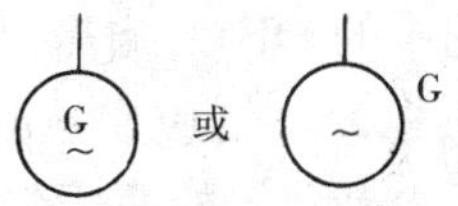 Ⓖ 或 Ⓝ G	5	带接地刃的隔离开关	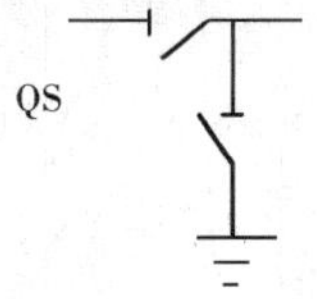 QS
2	双绕组变压器	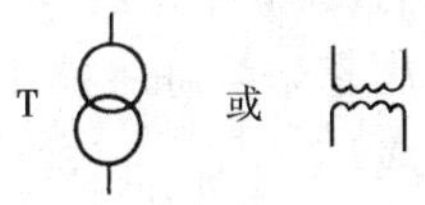 T 或	6	电流互感器	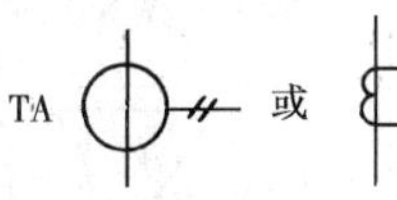 TA 或
3	三绕组变压器	 T 或	7	电压互感器	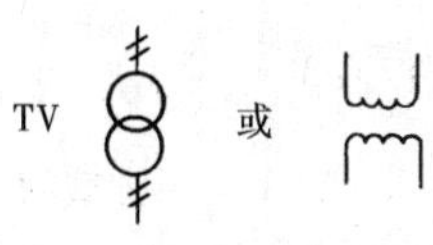 TV 或
4	自耦变压器	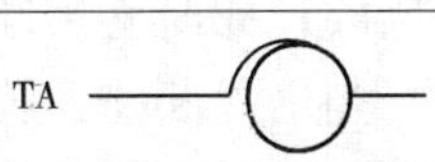 TA			

序　号	设　备　名　称	文字符号及图形符号	序　　号	设　备　名　称	文字符号及图形符号
8	中性点接地的变压器	T	11	母线	W
9	断路器	QF	12	避雷器	F或FA
10	隔离开关	QS	13	电抗器	L　或
			14	熔断器	FU

　　电气主接线图一般都用单线图（用一根线表示三相）绘制，只有在个别地方必须同时绘出三相时，才用三线图来表示。

二、主接线的基本形式

（一）单母线接线

　　发电厂和变电所的主接线的基本环节是电源（发电机或变压器）和引出线。母线（又称汇流排）是中间环节，它起着汇总和分配电能的作用。由于多数情况下引出线数目要比电源数目多好几倍，故在二者之间采用母线连接既有利于电能交换，还可使接线简单明显和运行方便，整个装置也易于扩建，但是当母线故障时将使供电中断。

　　只有一组母线的接线称为单母线接线，图 3-1 所示是典型的单母线接线。这种接线的特点是电源和供电线路都连接在同一组母线上。为了便于投入或切除任何一条进、出线，在每条引线上都装有可以在各种运行工况下开断或接通电路的断路器（图中的 QF）。当需要检查断路器而又要保证其他线路正常供电时，则应使被检修的断路器和电源隔离。为此，又在每个断路器的两侧装设隔离开关（QSL、QSW等）。它的作用只是保证检修断路器时和其他带电部分隔离，但绝不能用它来切除电路中的电流。从图 3-1 可以看出，如不设置隔离开关，在检修断路器 QF 时必须使母线完全停电，这显然是不合理的。

　　单母线接线的主要优点是：简单、清晰，采用设备少，操作方便，投资少，便于扩建。其主要缺点是：当母线隔离开关发生故障或检修时必须断开全部电源，造成整个装置停电。此外，当出线断路器检修时，也必须在整个检修期间停止该回路的工作。由于上述缺点的存在，使得单母

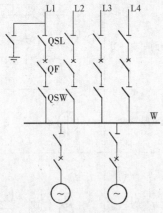

图 3-1　典型的单母线接线
W—母线；QF—断路器；QSW—母线隔离开关；QSL—线路隔离开关

线接线无法满足对重要用户供电的需要。

单母线接线的缺点可以通过分段办法来加以克服，如图3-2所示。当在母线的中间装设一个断路器QF后，即把母线分为两段（Ⅰ段和Ⅱ段），这样对重要用户可以由分别接在两段母线上的两条线路供电，任一段母线故障时，都不至于使重要用户全部停电。另外，对两段母线可以分别进行清扫和检修，也可以减少对用户停电。

由于单母线分段接线既保留了单母线接线本身的简单、经济、方便等基本优点，又在一定程度上克服了它的缺点，故这种接线一直被广泛应用。特别对中小型发电厂以及出线数目较少的35～110 kV级的变电所，这种接线方式采用较多。

但是单母线分段接线也有较显著的缺点，这就是当一段母线或任一母线隔离开关发生故障或检修时，该母线所连接的全部引线都要在检修期间长期停电。显然，对于大容量发电厂和枢纽变电所来说，这都是不允许的。为此，就出现了双母线接线方式。

（二）双母线接线

双母线接线方式是针对单母线分段接线的缺点而提出来的，其基本形式如图3-3所示，即除了工作母线W1之外还增设了一组备用母线W2。由于它有两组母线，可以做到相互备用。两组母线之间用母线联络断路器QF连接起来，每一个回路都通过一只断路器和两只隔离开关接到两组母线上，运行时接至工作母线上的隔离开关接通，接至备用母线上的隔离开关断开。

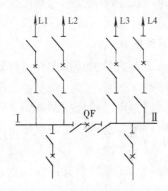

图3-2　单母线分段接线

QF—分段断路器

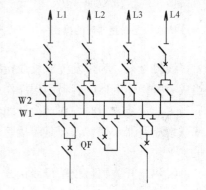

图3-3　双母线接线

当有了两组母线后，就可以通过切换两组母线隔离开关做到：

（1）轮流检修母线而不致使供电中断；

（2）当修理任一回路的母线隔离开关时只断开该回路；

（3）工作母线故障时，可将全部回路转移到备用母线上，从而使装置迅速恢复供电；

（4）修理任何一个回路的断路器时，不致使该回路的供电长期中断；

（5）在个别回路需要单独进行试验时，可将该回路分出来，并单独接至备用母线上。

双母线接线的最重要操作是切换母线。下面以检修工作母线和出线断路器为例来说明其操作步骤。

1. 检修工作母线

要检修工作母线必须将所有电源和线路都换接到备用母线上去。为此，首先应检查备用母线是否完好，方法是先接通母线联络断路器 QF，使备用母线带电（见图 3-3）。如备用母线存在绝缘不良或故障时，则母线联络断路器 QF 将在继电保护装置的作用下自动断开；当备用母线无故障时，母线联络断路器 QF 则保持在接通状态。这时由于两组母线是等电位的，可以先接通备用母线上的所有隔离开关，再断开工作母线上的所有隔离开关，这样就完成了母线的转换。最后，还必须断开母联断路器 QF 以及它和工作母线之间的隔离开关，以便把工作母线完全隔离起来，进行检修。

2. 检查一条出线上的断路器

当检修任何一条出线上的断路器而不希望该线路长时间停电时，例如在图 3-4 中当检修出线 L2 的断路器时，可先合上母线联络断路器 QF 以试验备用母线良好后，即断开母线联络断路器 QF，随后断开 QF2 及两侧的隔离开关 QS3 和 QS1，再拆开断路器 QF2 的引线接头，并用临时跨条代替断路器 QF2，然后接通与备用母线相连的隔离开关 QS2，再合上线路侧隔离开关 QS3，最后合上母线联络断路器 QF，于是线路 L2 即重新投入运行。这时母线联络断路器代替了断路器的功能，使线路 L2 得以继续供电。

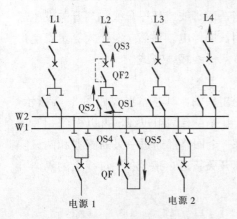

图 3-4　检修线路断路器时的操作

综上所述可知，双母线接线的主要优点是可以在不影响供电的情况下对母线系统进行检修。但是双母线接线却存在着下列的缺点：

（1）接线较复杂。为了发挥双母线接线的优点，必须进行大量的切换操作，特别是把隔离开关当成一种操作电器，容易因误操作而酿成较大的事故。

（2）当工作母线故障时，在切换母线的过程中仍要短时停电。检修线路断路器时尽管可以用母线联络断路器来代替，但是装接跨条期间仍需短时停电，这种停电在很多情况下将是不容许的。

（3）母线隔离开关数目较单母线接线大为增加，从而增大了配电装置占地面积，并相应增加投资。

为了消除上述的某些缺点，可以采用下列措施：

（1）为了避免工作母线故障时造成全部停电，可以采用双母线同时带电运行（即按单母线分段运行）的方式。这时可以把电源和线路在两组母线上合理分配，通过母线联络断路器使两组母线并联运行。这样既提高了运行可靠性，在必要时又可空出一组母线进行检修。这种方式目前在我国的 35～220 kV 的配电装置中采用较多。

（2）采用双母线分段接线，如图 3-5 所示。这种接线可以看作是把单母线分段和双母线接线方式的结合，采用分段断路器 QF 将工作母线 W1 分段，而每段则分别用母线联络断路器 QF1 和 QF2 与备用母线 W2 相连。这样，当任何一段母线故障或检修时仍可保持双母线并联运行。

（3）为了避免在检修线路断路器时造成短时停电，可采用双母线带旁路母线接线，如图 3-6 所示。图中母线 W3 为旁路母线，断路器 QF2 为接到旁路母线的断路器，正常运行时它处于断开位置。当需要检修任何一个线路断路器时，可用 QF2 代替而不致造成停电。例如，当需要对线路 L1 上的断路器 QF1 进行检修时，可以先合上断路器 QF2 使旁路母线 W3 带电，然后再合上旁路母线隔离开关 QS1，最后再断开断路器 QF1，再切断隔离开关 QS2、QS3、QS4 后，即可以对断路器 QF1 进行检修。

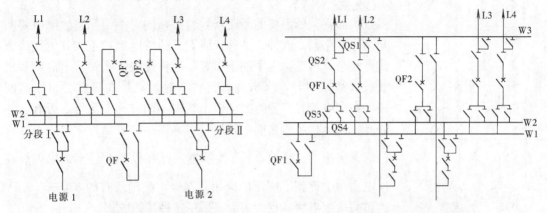

图 3-5　双母线分段接线　　　　　　　　　　图 3-6　双母线带旁路母线接线

尽管在采取上述措施后，改进了双母线接线的性能，但是仍存在着当一组母线故障或检修时将使得一半的回路供电中断的缺点，这对大容量发电厂和枢纽变电所也是不容许的。此外，在双母线的切换过程中需要对大量的隔离开关进行操作，容易因误操作而酿成较严重的后果。为此，对重要程度很高的发电厂和变电所可以考虑采用下列形式的双母线型的接线方式。

1）双母线双断路器接线方式。如图 3-7 所示。这种接线方式的特点是双母线同时运行，每回路内装有两个断路器。这种接线方式主要优点是任何一组母线或断路器发生故障或进行检修时都不会造成停电，而且运行灵活、检修方便。同时隔离开关也不用作操作电器，这就避免了切换过程中因操作隔离开关而发生事故的可能性，从而增加了运行可靠性。这种接线方式的主要缺点是断路器数量要增加一倍，设备投资及配电装置的占地面积也都相应增大。此外，每个回路故障要同时切断两个断路器，从而加重了断路器维修的工作量。总的来说，这种接线的性能并不优越于下述的 $1\frac{1}{2}$ 接线，因此这种接线目前采用不多。

2）$1\frac{1}{2}$（一倍半）接线方式。这种接线方式所用断路器介于每个回路装设有一个断路器和装设有两个断路器的接线方式之间，如图 3-8 所示。在两组母线间，装有三个断路器，但可引接两个回路，故又称为二分之三接线。正常时，两组母线同时带电运行，任一母线故障或检修均不会造成停电。同时，还可以保证任何断路器检修时不停电，其中隔离开关不作为操作电器，仅在检修时使用，甚至在两组母线同时故障（或一组正检修时另一组又故障）这种极端的情况下功率仍得以继续输出。因而，这种接线方式的主要优

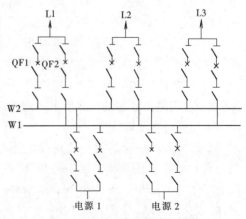

图 3-7　双母线双断路器接线

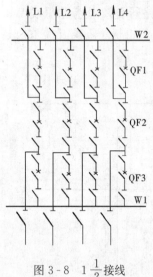

图 3-8　$1\frac{1}{2}$ 接线

点是尽管所用的断路器数目比上述双母线双断路器接线方式少，而运行的可靠性与灵活性却大得多。

$1\frac{1}{2}$ 接线方式的不足之处是相对于一般的双母线单断路器接线方式而言，所需要的断路器数目多，同时一个回路故障也要断开两个断路器。此外，这种接线方式的继电保护也较其他接线方式更复杂。再者，为了便于布置，这种接线方式要求电源数和出线数目最好相等，当出线数目较多时，对某些只有引出线的回路，在配电装置布置时要求引出线向不同方向引出。尽管有这些缺点，但运行经验表明，其运行可靠性高、灵活性大的优点，则是非常突出的。目前，$1\frac{1}{2}$ 接线方式已在世界上许多国家的超高压电力网中得到了广泛的应用。迄今，我国已有的 330～750 kV 的超高压变电所，绝大多数是采用这种接线方式。

（三）无母线接线

在以上所介绍的单母线和双母线接线方式中，断路器的数目一般都等于或大于所连接回路的数目。由于高压断路器的价格昂贵，所需的安装占地面积也较大，特别当电压等级愈高时，这种情况愈突出。因此，从经济方面考虑，应力求减少断路器的数目。为了既满足主接线图的基本要求，又尽量减少断路器的数目，当引出线不多时，可以考虑采用下列的无母线接线。

（1）桥形接线。当电路内只有两台变压器和两条输电线时，采用桥形接线所需的断路器数较少。桥形接线可分为内桥式和外桥式两种，如图 3-9 所示。

内桥接线的特点是两台断路器 QF1 和 QF2 接在线路上，因此线路的断开和投入是比较方便的，当线路发生故障时仅断开该线路的断路器，而另一回线路和两台变压器仍可继续工作。但是，当一台变压器故障时，将断开与变压器相连的两个断路器，使相关线短路时退出工作。因此，这种接线一般适用于线路较长（相对来说线路的故障概率较大）和变压器不要求经常切换的场合。

外桥接线的特点则与内桥接线相反，当变压器发生故障或运行中需要断开时，只需断开断路器 QF1 和 QF2，而不致影响线路的工作。可是，当线路发生故障时却要影响到变压器的运行。因而，这种接线方式适用于线路较短且需要经常切换变压器的情况，一般在 110 kV 以下的降压变压所应用较多。此外，当系统有穿越功率流经本厂（所）时（例如，当两路出线均接入环形电力网中时），也以采用外桥接线较为适宜。

总起来说，桥形接线方式可靠性不是很高，有时也需要用隔离开关作为操作电器，但由于使用电器少，布置简单、造价低，目前在 35～110 kV 的配电装置中仍有采用。

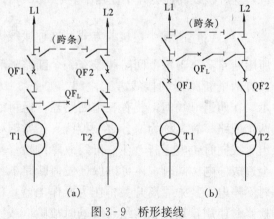

图 3-9　桥形接线
（a）内桥式；（b）外桥式
QF_L—联络断路器

此外，只要在配电布置上采取适当措施，这种接线方式有可能发展成单母线或双母线，因此可用作工程初期的一种过渡接线。

（2）多角形接线。图 3-10 中的三角形接线和四角形接线都是属于多角形接线方式。多角形接线方式的特点是电路连接闭合成环形，并按回路用断路器分隔。这种接线所用断路器数目等于回路数，比相同回路数的单母线分段或双母线接线方式还可以少用一个断路器。由于每个回路都经过两个断路器连接，因而在一定程度上具有双断路器类型接线的优点。例如：检修任一断路器时不需切除线路或变压器；所有隔离开关只用于检修，不用作操作电器；任何单元的退出、投入都很方便，且不影响其他单元的正常工作等。因此，与单断路器的双母线接线方式相比较，多角形接线方式的运行可靠性与灵活性较高，也较经济。

多角形接线的缺点是：

1）检修任一断路器时都有要开环运行，这种情况下如其他元件万一再发生故障，将使整个系统解列或分裂成两半运行，从而影响到可靠性。因此，多角形接线方式不适用于回路数较多的情况，一般最多用到六角形，而以三角形、四角形用得最多。

2）开环和闭环两种情况下各支路的潮流变化差别较大，这给电器选择带来困难，并使继电保护的整定复杂化。

3）扩建不太方便。

由于前述优点的存在，迄今，无论国内还是国外，多角形接线方式（特别是三角形、四角形接线）还是采用较多的。当在配电装置的布置上采取一定措施后，多角形接线还可最终发展为 $1\frac{1}{2}$ 接线或双断路器接线方式，因而它也可以作为一些超高压、大容量的枢纽变电所的初期接线方式。

（3）单元及扩大单元接线方式。单元接线的特点是几个元件直接串联连接，其间没有任何横的联系（如母线等），这样不仅减少了电器的数目，简化了配电装置的结构和降低了造价，同时也降低了故障率。单元接线的主要有下列两种基本类型。

1）发电机—变压器单元接线。在图 3-11（a）、（b）中，发电机和变压器成为一个单元组，电能经升压后直接送入高压电力网。这种接线中由于发电机和变压器都不单独运行，因此二者的容量应当相等。单元接线的主要缺点是元件之一损坏或检修时，整个单元将被迫停止工作。这种接线主要适用于没有或很少发电机电压负荷的大型发电厂。

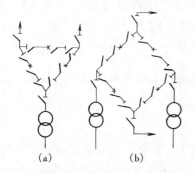

图 3-10　多角形接线
(a) 三角形；(b) 四角形

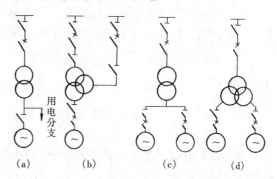

图 3-11　发电机—变压器单元接线
(a)、(b) 单元接线；(c)、(d) 扩大单元接线

2）扩大单元接线。为了减少变压器的台数和高压侧断路器的数目以及节省配电装置的占地面积，有时将两台发电机与一台变压器相连接组成扩大单元接线，如图 3-11（c）、（d）所示。有些水力发电厂由于在布置上受自然地形条件的限制，为了尽量减少土石方的开挖量，采用扩大单元接线也是有利的。这种接线的缺点是运行灵活性较差，例如当检修主变压器时将迫使两台发电机组停止运转；另外当一台机组运转时，变压器处于轻负荷下运行从而使效率降低损耗增大，也降低了经济性。

三、各类发电厂和变电所主接线的特点

以上全面介绍了主接线的基本形式，从原则上说这些接线方式对各种发电厂和变电所都是适用的，但是根据具体问题具体分析的原则，不同类型的发电厂和变电所由于它们的地位和作用以及容量大小等因素的不同，采用的接线方式也都各自具有一定的特点，下面分别介绍。

（一）火力发电厂

如前所述，火力发电厂有地方性与区域性两大类型，而以区域性为主。地方性火力发电厂位于负荷中心，大部分电能用 10 kV 的配电线路供给发电厂附近的用户，只将剩余的电能升高到 110 kV 及以上的电压送入系统，热电厂即属于典型的地方性火力发电厂。区域性火力发电厂一般建在能源资源较丰富的地区或从生产条件、环保要求等出发适宜于建设大型区域性火力电厂（或核能发电厂）的地区。其生产的电能主要依靠升高电压送入系统，发电机电压负荷很少甚至没有，这类发电厂一般容量大、利用小时数高，在系统中的地位重要。

对地方性火力发电厂而言，由于发电机电压负荷的比例较大，发电机电压的出线又多，故均采用有母线的接线方式或母线分段接线方式。在分段母线之间及引出线上通常都安装有限流电抗器以限制短路电流，以便可以选择轻型的断路器。在升高电压侧可根据容量大小、重要程度和出线数的多少，采用双母线、双母线带旁路、单母线分段、多角形或桥形等接线方式。

图 3-12 所示为一个中等容量的火力发电厂的主接线示例。该厂装有两台 25 MW 的机组 G1 和 G2 以及两台 50 MW 的机组 G3 和 G4，发电机电压的负荷最大为 20000 kW，最小为 12000 kW，此外还有厂用电约 5000 kW，35 kV 电压的负荷为 20000 kW，而 110 kV 电压侧的负荷最大，经常需要供给 7 万～10 万 kW。根据负荷情况，发电机电压侧只需接有两台 25 MW 机组，并采用双母线分段的接线，即可满足对发电机电压负荷供电的需要，其余两台 50 MW 的机组则以单元接线直接引至 110 kV 高压母线，这样可以简化发电机电压的配电装置。35 kV 侧由于仅有二回出线，根据其重要程度采用桥形接线即可。110 kV 侧由于重要程度较高，负荷也最大，故采用了双母线带旁路母线接线方式。

对大容量的区域性火力发电厂及核能发电厂，由于容量大，地位重要，一般高压侧均采用双母线接线或 $1\frac{1}{2}$ 接线方式。当出线回路数较少时，也可以采用多角形接线。而发电机电压侧由于负荷很少，故一般都采用单元接线或扩大单元接线。

（二）水力发电厂

由于水力发电厂建在水能资源所在地，一般距离负荷中心较远，绝大多数电能是通过高压输电线路送入系统，发电机电压负荷较小，因而其主接线图与区域性火力发电厂很相近。即发电机电压侧多采用单元接线或扩大单元接线，当有少量地区负荷时，也可采用单母线或单母线分段接线。

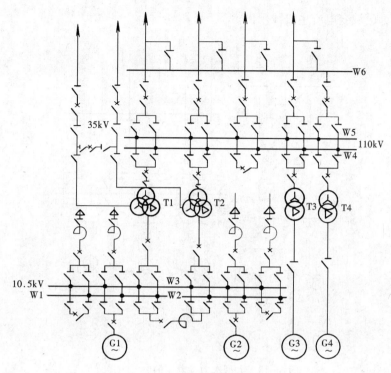

图 3-12　中等容量火力发电厂的主接线

此外，由于水力发电厂的机组数目和容量是根据水能资源条件一次确定的，故一般在厂房和配电装置布置上可以不考虑发展扩建，仅考虑分期装机。再有，由于水力发电厂多位于深山辟野、地形复杂的地带，为减少土石方开挖，应尽量减少设备（主要是变压器和高压断路器）的数目力求使配电装置布置紧凑。以上这几点又是水力发电厂不同于区域性火力发电厂的地方。所以，在水力发电厂的升高电压侧，当出线不多时，应优先考虑采用多角形接线等类型的无母线接线；当出线数目较多时，可根据其重要程度采用单母线分段、双母线或 $1\frac{1}{2}$ 接线方式等。

图 3-13 为一个大型的水力发电厂的主接线示例，在发电机电压侧采用了单元接线与扩大单元接线，而升高电压侧采用了双母线带旁路接线与 $1\frac{1}{2}$ 接线方式。

（三）降压变电所

如前所述，降压变电所可分为区域变电所和地方变电所两种类型。区域变电所由区域电力网供电，它的一次电压一般为 750、500、330、220 kV，二次电压为 220、110、35 kV 等，区域变电所较之地方变电所容量要大很多，重要性也要高得多。相对来说，地方变电所的供电区域要小，它的一次电压一般为 110、35 或 10 kV，而二次电压则为 6～10 kV 或 380/220 V。

对于区域变电所的高压侧（一次），根据出线多少或重要程度采用双母线、多角形或 $1\frac{1}{2}$ 接线方式，对于某些重要程度极高的枢纽变电所，多采用 $1\frac{1}{2}$ 接线或双母线四分段等方式。区域变电所的中、低压侧多采用双母线带旁路、单母线分段以及无母线接线等接线方式。图 3-14 为区域变电所主接线示例。

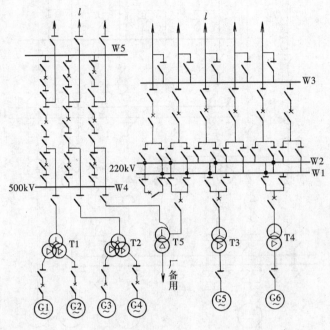

图 3-13　大型水力发电厂的电气主接线

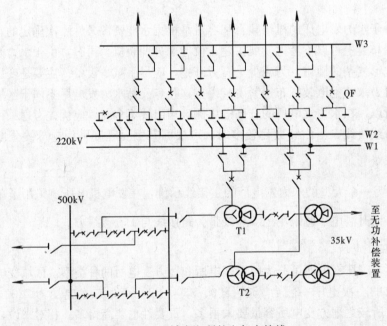

图 3-14　区域变电所的电气主接线

对地方变电所，由于其容量相对较小，重要程度较低，且多数属于终端变电所类型，在其高压侧，当线路较少时可采用桥形、多角形等简化接线方式；而当线路回路数较多时，则可采用双母线或单母线分段等接线方式。对其低压侧，一般都采用单母线分段或双母线分段等接线方式。

第二节　高 压 电 器

国民经济各部门中所使用的高压电器的种类是繁多的，但电力系统中所使用的除变压器外，主要是各种高压开关电器（如断路器等）和互感器。本节中将主要针对这两类高压电器的原理、结构等进行最基本的介绍。

一、高压开关电器

（一）概述

高压开关电器的总任务是：在正常工作情况下，可靠地接通或断开电路；在改变运行方式时，灵活地进行切换操作；在系统发生故障时，迅速切除故障部分以保证非故障部分的正常运行；在设备检修时，隔离带电部分以保证工作人员的安全。

根据开关电器在电路中所担负的任务，可以分为下列几类：

（1）用来在正常情况下断开或闭合正常工作电流的。如低压闸刀开关、高压负荷开关等；

（2）用来断开故障情况下的过负荷电流或短路电流的，如高、低压熔断器；

（3）既用来断开或闭合正常工作电流，也用来断开或闭合过负荷电流或短路电流的，如高、低压断路器；

（4）不要求断开或闭合电流，只用来在检修时隔离电源的，如隔离开关。

开关电器是电力系统中的重要设备之一，其中尤以断路器的性能最完善，也最为复杂。本节先介绍开关电器的基本工作原理（灭弧原理），然后介绍主要的高压断路器的结构概况。

（二）电弧的产生和熄灭

当用开关电器断开电路时，如果电路电压不低于 10 V，电流不小于 80 mA，触头间便会产生电弧。电弧是高温高电导率的游离气体，它不仅对触头有很大的破坏作用，并且使断开电路的时间延长。因此，一般用来断开电流的开关电器，都备有专门的灭弧装置，在介绍开关电器的结构和工作情况之前，首先介绍一下电弧形成和熄灭的基本原理是十分必要的。

1. 电弧产生的物理过程——游离和去游离

电弧的形成是触头间的中性质点（分子和原子）被游离的过程，通过电流的开关触头分离之初，触头间距离很小，电场强度很高，可达 3×10^7 V/cm 以上，足以从阴极表面拉出电子。从阴极表面发射出来的自由电子，在电场力的作用下向阳极作加速运动，在运动的路径上与气体的中性质点相碰撞，若碰撞前自由电子已经经历过具有一定电位差的自由行程（不与其他质点碰撞的加速行程），获得了足够大的动能，则可能从中性质点打出电子而使游离，形成了自由电子和正离子，这种现象称为气体的碰撞游离。新形成的自由电子也向阳极作加速运动，同样地与中性质点碰撞而发生游离。由于碰撞游离连续进行的结果，触头间充满了电子和离子，具有很大的电导；在外加电压下，介质被击穿而引起电弧，电路中的电流又重新产生。

触头间电弧燃烧的间隙，称为弧隙。电流通过弧隙产生的热量，使电弧中心部分维持很高的温度（可达 10000 ℃以上），在高温的作用下，气体中性质点的不规则热运动速度增加，具有足够动能的中性质点相互碰撞时，将被游离而形成电子或负离子，这种现象称为热游离。一般气体产生游离所需的能量较大，开始发生热游离的温度为 9000～10000 ℃；金属蒸气的游离能较小，其热游离温度为 4000～5000 ℃，因为开关电器的电弧中总有一些金属蒸气，而弧心温度总大于 4000 ℃，所以热游离的强度足以维持电弧。

电弧发生后，由于它的温度很高，阴极表面的电子将获得足够的能量向外发射。

可以看出：电弧由碰撞游离产生，靠热游离维持，而阴极则借强电场发射或热电子发射以提供传导电流的电子。

在电弧中，游离过程同时还进行着带电质点减少的去游离过程。去游离的主要方式是复合和扩散。

复合是异性带电质点的电荷彼此中和的现象。要完成复合过程，两个异性的质点需要在一定时间内处在很近的范围内，因此它们的相对速度愈大，复合的可能性愈小。电子的运动速度约为离子的 1000 倍（电子的质量比离子小，容易加速），所以正负离子间的复合较之正离子和电子间的复合容易得多。通常是电子在碰撞时先附着到中性质点上形成负离子，然后与正离子复合。

扩散是带电质点从电弧内部逸出而进入到周围介质中的现象。扩散是由于带电质点的不规则热运动而发生的，电弧和周围介质的温度差以及离子浓度差越大，扩散作用也越强。

由以上分析可见，游离和去游离是一对矛盾，共存于电弧这个统一体中，贯穿于电弧产生和熄灭的整个过程中，互相对立又互相依赖。当电弧形成时，游离是矛盾的主要方面。创造一定的条件，使去游离转化为矛盾的主要方面，就可以使电弧熄灭。影响游离和去游离的主要条件有：

（1）使电弧冷却可以减弱热游离，减少新带电质点的形成。同时由于带电质点的运行速度减小，复合得以加强。迅速拉长电弧，用气体或油吹动电弧，都可以加强电弧的冷却。

（2）去游离的效果在很大程度上决定于介质的特点。介质的热传导能力、介质强度、热游离温度和热容量愈大，则去游离过程愈强烈。氢具有很好的灭弧特性，它的灭弧能力是空气的 7.5 倍，水蒸气和二氧化碳次之。在油断路器中，就利用绝缘油在电弧的高温作用下一部分蒸发并分解为氢（占 50%～70%）和其他气体来灭弧。在有些开关电器中，利用固体有机物质（纤维、有机玻璃等）在电弧的高温下产生氢、二氧化碳和水蒸气来灭弧。六氟化硫（SF_6）气体的分子可以捕捉自由电子而形成稳定的负离子，有很好的灭弧性能，现正广泛地用于高压开关电器中。

增加气体介质的压力可以缩小质点间的距离，增大其热传导能力和介质强度，并使复合的机会增加。

高真空中（气压低于 $1.333×10^{-4}$ Pa）除了从触头蒸发的金属蒸气和放出的微量吸附气体外，气体分子数量极少，游离困难。弧柱中带电质点的浓度和温度比周围高得多，容易扩散，真空开关就是利用这一原理制造的。

（3）触头的材料对于去游离也有一定影响。采用熔点高、热导率和热容量大的耐高温金属，可以减少热电子发射和电弧中的金属蒸气。

2. 交流电弧的特性

通常，如何熄灭断开电路时所产生的电弧，是高压开关电器结构上的关键问题，为此必须进一步研究交流电弧的特性及其熄灭方法。

（1）电弧的伏安特性。电弧的伏安特性就是电弧的外部特性。先看看在简单的直流电路内电弧的伏安特性。在图 3-15 中，使动、静触头 A、B 分开一定的距离，让电弧在触头间稳定燃烧，改变电阻 R 就能改变电弧中通过的电流 I，同时用电压表测量两触头间的电弧电压 U_h，将不同电流下的电弧电压 U_h 的数值画成曲线，则称为直流电弧的伏安特性，如图 3-16 所示。

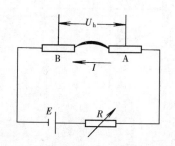

图 3-15　直流电弧的伏安特性实验

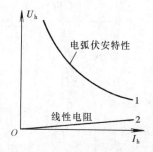

图 3-16　直流电弧伏安特性

从图 3-16 可以看出，电弧可以看成一个非线性电阻，其特性与一般线性电阻不同。对于线性电阻而言，其阻值是不变的，通过电阻的电流愈大，电阻两端的电压也愈高。并与电流成直线关系（见图 3-16 中的直线 2）。但是电弧情况却不同，当电弧中电流增大时，电弧温度随之增高，热游离也急剧增加，弧隙电导增加，电弧电压反而下降。但是，当电弧电流增大到一定数值后，热游离已成为游离的主要因素，因此只要在电弧两端保持一定的电弧电压 U_h，就能使电弧稳定燃烧，这时电弧电压基本上是一个不变的数值，与电流大小无关。从图 3-16 可以看出，曲线 1 具有明显的非线性特性。

在交流电路中，交流电弧同样具有非线性特性，但交流电弧不同于直流电弧。在交流电路内，电流的瞬时值不断随时间而变化，并且从一个半周到下一个半周时符号要改变，由于电流变化很大，弧柱的热惯性起很大的作用。所谓热惯性是指电流虽已减小，但弧隙中热量来不及立即散出，因而弧柱温度来不及立即降低，电弧电阻还保持原来的较低的数值，因此电弧电压也较低。

在工频下，交流电流变化一个周期时，电弧的伏安特性如图 3-17（a）所示，由于电弧是纯电阻性的，所以电弧电压的方向始终与电弧电流的方向是一致的。由于电流变化很快，弧柱热惯性的影响很大，当电流由小变大时，电弧电压动态特性较高；当电流由大变小时，电弧电压动态特性较低。通常把电弧刚出现时（A 点）的电压称为燃弧电压，把电弧熄灭瞬间（B 点）的电压称为熄弧电压，另外，考虑到电弧燃烧前与熄灭后的电流值很小，若略去不计则得出如图 3-17（b）所示的交流电弧的简化伏安特性。

在一周期内交流电弧电流及电压随时间的变化关系如图 3-18 所示。它是根据电弧的简化伏安特性而出的，其中图 3-18（a）为小电流时的情况，半周内的电弧电压具有马鞍形状，一端为燃弧尖峰 U_R，另一端为熄弧灭峰 U_X；图 3-18（b）为大电流时的情况，电弧电压在半周期内变化较小，只是在半波之初和半波之末才能观察到电压的增加，也即燃弧和熄弧的尖峰，而在半周的中部电弧电压的曲线几乎是平行于坐标轴线。

（2）交流电弧的重燃与熄灭。由于交流电弧的上述特点，电弧电流每经半周总是要经过零值一次。在电弧电流经过零值的瞬间，电源不供给电弧能量（电弧所消耗的功率 $P = i_h u_h$，当 $i_{h=0}$ 时，则 $P = 0$），而电弧却继续在散失能量（经过传导、对流的方式将热量散

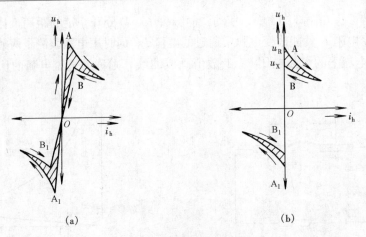

图 3-17 交流电弧的伏安特性

（a）交流电弧在一个周期内的伏安特性；（b）交流电弧的简化伏安特性

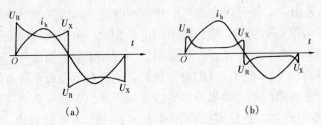

图 3-18 交流电弧电流及电压随时间变化关系图

（a）小电流时的情况；（b）大电流时的情况

出），因此使弧隙内的去游离增加，弧隙温度也迅速下降，电弧也就暂时熄灭。在电弧电流经过零值以后，电弧也可能再度重新燃烧，也可能就此熄灭。因此交流电弧电流的过零，给熄灭电弧造成了有利的条件，只要在电流经过零值后不使之发生重燃，电弧就能最终熄灭。因此，交流电弧比直流电弧要容易熄灭得多。

当电弧电流经过零值时，电弧暂时熄灭。从这一时刻开始，在电弧间隙就将发生两个相互影响而作用相反的过程，即电压恢复过程和介质强度恢复过程。电流经过零值后，一方面，电弧间隙上的电压要恢复到线路电压，随着电压的增大将可能引起间隙的再击穿而使电弧重燃；另一方面，电弧熄灭后去游离的因素增强，使间隙从原来是电弧的导电通道逐渐变成介质，间隙的介质强度不断增加，将阻碍间隙的再击穿而使电弧最终熄灭。因此，电弧的熄灭与否，就取决于这两个相反过程的竞赛。这两个过程实质上是表征了电流经过零值后间隙中的游离和去游离过程。如果游离过程的作用始终大于去游离的作用，则必然引起间隙电弧的重燃；反之，如果去游离作用占优势，则电弧熄灭，间隙就恢复成介质。

图 3-19 表示弧隙电压与介质强度恢复的情况。如弧隙介质强度曲线 2 在任何时候都高于弧隙恢复电压

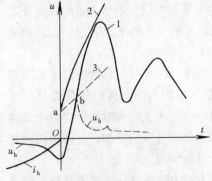

图 3-19 恢复电压与介质强度的关系

1—弧隙恢复电压曲线；2、3—弧隙

介质强度曲线

曲线 1，则在这种情况下电弧熄灭；反之，如弧隙介质强度为曲线 3，弧隙恢复电压仍为曲线 1，则二者在 b 点相交，这时电弧将重燃。

　　3. 熄灭电弧的基本方法

　　从上面的讨论可知，电弧能否熄灭，决定于弧隙内部的介质强度和外部电路加于弧隙的恢复电压二者之间的竞赛，而介质强度的增长又决定于游离与去游离的相互作用。增加弧隙的去游离速度或减小弧隙电压恢复速度，都可以促使电弧熄灭。根据这个道理，现代开关电器中广泛采用的灭弧方法有下列四种。

　　(1) 利用气体或油吹灭电弧。这种方法广泛应用于各种电压的开关电器，例如，SF_6 气体断路器和空气断路器分别是利用 SF_6 气体和压缩空气吹灭电弧；油断路器则是利用油和油在电弧作用下分解产生的气体吹动电弧；负荷开关和熔断器则利用固体有机物质（有机玻璃、纤维等）在电弧作用下分解出的气体吹弧。

　　电弧在气流或油流中被强烈地冷却和去游离，并且其中的游离物质被未游离物质所代替。气体或油的流速愈大，则作用愈强。在开关电器中利用各种形式的灭弧器使气体或油产生巨大的压力并有力地吹向弧隙，使电弧迅速熄灭。吹动的方式有纵吹和横吹两种（见图 3-20），纵吹使电弧冷却变细，横吹则把电弧拉长切断。

　　(2) 采用多断口。高压断路器常制成每相有两个或多个串联的断口（见图 3-21），使加于每个断口的电压降低，电弧易于熄灭。新型高压断路器往往把相同形式的灭弧室（断口）串接起来，就可以用于较高的电压等级。

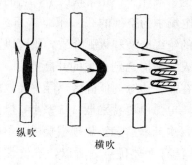

纵吹　　　　横吹

图 3-20　用气体或油吹灭电弧

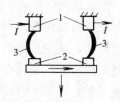

图 3-21　每相有两个断口的断路器
1—定触头；2—动触头；3—电弧；
I—电流

　　(3) 采用并联电阻。在高压大容量断路器中，广泛利用弧隙并联电阻来改善它们的工作条件。并联电阻的作用是：

　　1) 限制触头上的恢复电压幅值和电压恢复速度（采用几十欧至几百欧）；

　　2) 切断小电感电流或电容电流时，消除危险的过电压（采用几百欧至几千欧）；

　　3) 使沿着触头断口之间的电压均匀分布（采用几万欧至几十万欧）。

　　(4) 采用新介质。利用灭弧性能优越的新介质，例如 SF_6 断路器和真空断路器等。

　　此外，还可以利用狭缝灭弧以及把长弧变为短弧等措施，这里不再一一述及了。

　　(三) 断路器的类型和基本要求

　　如前所述，高压断路器用在正常情况下接通和断开电路，以及在故障时切除故障电路，它是电力系统中最重要的开关电器。对于它的基本要求是：具有足够的开断能力；尽可能短的动作时间和高的运行可靠性；结构简单，便于操作和检修；具有防火和防爆性；尺寸和质量小；价格低等。

高压断路器根据装设地点可分为屋内式和屋外式；根据所用灭弧介质的种类又可分为以下四类。

(1) 油断路器。利用绝缘油作灭弧介质。它又可分为少油式和多油式两类。在少油式断路器中，油只用来灭弧而不作绝缘用；在多油式断路器中，油不仅作为灭弧介质，同时兼作带电部分之间以及带电部分对接地的油箱之间的绝缘用，故用油量较大。由于绝缘油易燃、易爆。多油式断路器目前已很少采用。

(2) 空气断路器。利用压缩空气灭弧和操作，但故障率较高，目前应用也逐渐减少。

(3) 六氟化硫 (SF$_6$) 断路器。利用灭弧性能好、介质强度高的 SF$_6$ 气体为灭弧介质，是一种新型断路器。目前这类断路器的应用最广。

(4) 真空断路器。在真空中灭弧，也是一种新型断路器。目前的应用也很多。

本书中将主要介绍目前在电力系统中应用较广的 SF$_6$ 断路器和真空断路器。

(四) SF$_6$ 断路器

SF$_6$ 断路器又简称为 GCB (Gas Circuit Breaker) 是利用 SF$_6$ 气体作为绝缘介质和灭弧介质的一种新型的高压断路器。SF$_6$ 气体是目前性能最优良的一种灭弧介质和绝缘介质。它是无色、无臭、无毒、不会燃烧的惰性气体。这种气体化学性能稳定，在常温下不与其他材料产生化学反应，所以在正常条件下是一种很理想的介质。SF$_6$ 气体在 10^5 Pa (1 atm) 下，$-62\ ℃$时液化；在 12×10^5 Pa (12 atm) 下，$0\ ℃$时也将液化。在正常情况下，它的密度为空气的五倍。绝缘强度受电极形状影响很大，在均匀电场中为空气的 2～3 倍，在 3×10^5 Pa 时绝缘强度与变压器油相当。采用 SF$_6$ 气体作为电器的绝缘介质和灭弧介质，既可以大大缩小电器的外形尺寸，减少占地面积，又可利用简单的灭弧结构达到很大的开断能力。SF$_6$ 气体还具有优越的热特性，在弧心高温区热导率低，而在弧柱边缘的低温区热导率高，形成一种纤细而光亮的弧心结构。电弧在 SF$_6$ 气体中燃烧时，电弧电压特别低，功率小，燃弧时间也短，这些特性促使电弧容易熄灭。因此 SF$_6$ 断路器每次开断后触头烧损很轻微，不仅适用于频繁操作，同时也延长了检修周期。由于 SF$_6$ 气体具有上述优点，所以，不仅 SF$_6$ 断路器发展迅速，近年来 SF$_6$ 全封闭组合电器 (GIS) 也发展得特别快。目前它正日益广泛地应用于超高压系统中。综合起来，这种断路器的主要优点是：

(1) 由于 SF$_6$ 气体的灭弧能力强，介质恢复速度快，散热性能好，所以易于制成大开断容量的断路器。另外，它还可以适应系统的各种运行方式，性能可靠、稳定。

(2) 容许开断次数多，检修周期长。由于 SF$_6$ 气体经电弧分解后可以复原，开断后气体的绝缘强度不下降，因而容许开断次数多。另外，触头在 SF$_6$ 气体中的烧伤也很轻微，所以它的检修周期可以大大延长。

(3) 结构简单、体积小、噪声低。由于 SF$_6$ 气体优越的绝缘、灭弧性能，不仅使得各部件间的绝缘距离可以缩小，结构还可以简化，从而体积小、质量轻。此外，由于它采用了密封的灭弧装置系统，还降低了噪声。

SF$_6$ 断路器的绝缘是利用压力较低 (0.3～0.5 MPa) 的气体，而灭弧则用压力较高的气体，一般在 1～1.5 MPa 之间。按照获得高压气体的方式的不同。SF$_6$ 断路器主要有两种类型的结构。

1. 双压式

在断路器内设置有两种压力的 SF_6 气体系统（高压区和低压区）。在开断的过程中，通过控制吹气阀门使高压区气流流向低压区，从而在触头喷口形成气流吹弧，开断完毕后，气吹也就停止。双压式灭弧室原理如图 3-22 所示，在高、低压室之间有压力泵及管道相连，当高压室气压降低或低压室气压升到一定限度时，压气泵将起动并将低压室的气体打到高压室，从而形成一个封闭式自循环系统。

图 3-23 所示为典型的具有双压式灭弧室的支柱绝缘子式 SF_6 断路器的外形结构示意图。每相有两个支柱，每一支柱上装有双断口的灭弧室。在支柱绝缘子与灭弧室的中空部分充有压力为 0.4 MPa 的 SF_6 气体以形成低压系统。高压系统的压力为 1.7 MPa 装在支柱底部，经过中空绝缘子中的一个高压管道与上部的气罐相通，而吹气阀门则装在上部气罐内。当断路器开断时，吹气阀门开启，高压的 SF_6 气体所形成的高速气流经吹弧喷嘴到低压室。在底部则有一个压缩机将气体经过滤器重新打回到高压气罐内，并形成封闭的自循环系统。

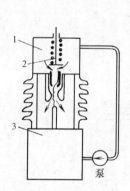

图 3-22 双压式灭弧室原理
1—高压室；2—吹气阀；3—低压室

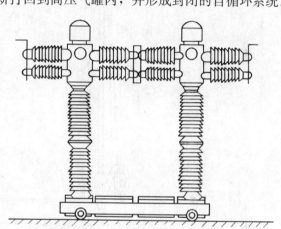

图 3-23 具有双压式灭弧室的支柱绝缘子式 SF_6
断路器的外形结构示意图

通常 SF_6 断路器的操动机构不能用高压力的 SF_6 气体自身来推动，因为它容易液化，例如 2 MPa 的 SF_6 气体在室温为 20 ℃ 左右就变成了液体。为了防止液化，必须采用加温装置。所以，SF_6 断路器的操动机构一般采用液压机构或压缩空气传动的操动机构。

2. 单压式（压气式）

这种 SF_6 断路器在内部只有一种较低压力的 SF_6 气体。在开断过程中，利用触头与活塞的活动所产生压力作用，在触头喷口间产生气流吹弧。一旦分断动作完成，压气作用将立即停止，触头间又恢复为低压力的气体状态，故称为单压式。

单压式灭弧室原理如图 3-24 所示。图中虚线表示出喷嘴、压气罩以及动触头在合闸状态时的位置。这三部分零件在机械上是连接在一起的。开断过程由操动机构带动向下运动，气体腔内的气体受压缩使压力增大，在喷口处形成压力

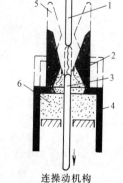

连操动机构

图 3-24 单压式灭弧室原理
1—静触头；2—喷嘴；3—动触点；
4—压气罩；5—合闸时喷嘴位置；
6—压气腔

向低压力区流出，产生了与双压式类似的吹弧效果。

图 3-25 所示为带单压式灭弧室的钢罐落地式 SF₆ 断路器的结构示意图。在这种结构中，灭弧元件置于充有 SF₆ 气体的箱筒内，而引线则通过绝缘出线套管引出。在绝缘套管的底部装有电流互感器，这种断路器也采用压缩空气传动的操动机构，其动作程序如下：

（1）分闸。如图 3-25 所示，分闸线圈 15 通电，压缩空气就对主阀 A 室充气，从而主阀 13 向右移动，储气筒 18 内的压缩空气即对操作工作缸 B 室充气，驱动操作活塞 12。这时，与操作活塞相连的操作缸 11 将受到箭头所示的牵引力，通过绝缘操作杆 8，高速驱动喷口工作缸 6，产生吹弧作用使电弧熄灭。在分闸动作的同时，分闸电磁铁复位，这样，A 室中的压缩空气将排向大气，主阀活塞也随之复归原位，同时，B 室中的压缩空气也排向大气。借助于安装在操作活塞首端的连杆机构，保持在分闸状态。

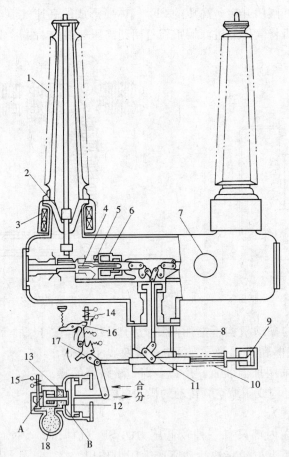

图 3-25 带单压式灭弧室的钢罐落地式 SF₆ 断路器的结构示意图
1—套管；2—支柱绝缘子；3—电流互感器；4—固定触头；5—可动触头；
6—喷口工作缸；7—检修窗；8—绝缘操作杆；9—油缓冲器；10—合闸
弹簧；11—操作缸；12—操作活塞；13—主阀；14—合闸线圈；
15—分闸线圈；16—衔铁；17—挂钩；18—储气筒

（2）合闸。合闸线圈 14 通电，衔铁被吸引并向箭头所示的方向转动，钩链脱落，挂钩 17 向箭头方向转动，释放滚子，操作活塞受合闸弹簧 10 的作用力向箭头所示方向驱动。合闸完毕后，连杆机构将保持在合闸位置以准备下一次动作。

（五）真空断路器

真空断路器是指在真空灭弧室内开断电路的断路器。它是 20 世纪 50 年代后期发展起来的一种新型断路器。真空断路器可简称为 VCB（Vacuum Circuit Breaker）。

真空中间隙的击穿电压非常高，图 3 - 26 所示为间隙长 1 mm，采用钨电极的真空间隙击穿电压与气压关系的试验曲线。

1. 真空断路器的结构及性能

国产 10 kV 的 ZN-10/1000-300 型真空断路器主要由真空灭弧室、CD-35 型直流电磁操动机构、相间隔板和底架组成。

真空灭弧室的主要组成部分为静触头、动触头、屏蔽罩和玻璃外壳等。灭弧室内压强不应低于 1.33×10^{-2} Pa，出厂产品一般保证在 1.33×10^{-4} Pa 或 1.33×10^{-5} Pa 以上。触头采用特殊冶炼的合金制成，如铜铋（Cu-Bi）合金、铜铋铈（Cu-Bi-Ce）合金等，具有抗熔焊、耐电弧、含金属蒸气量低等特点，能可靠地切合短路电流。

真空断路器具有体积小、质量小、噪声小、易安装，不需要检修（灭弧室）、维护方便，不会引起火灾和爆炸危险等优点，尤其适用于操作频繁的场合。但真空断路器分断电感性负荷（如电动机、空载变压器等）时会出现过电压，即截流引起的过电压和断路器重燃后高频电流熄弧引起的过电压。为了防止电气设备的绝缘因过电压而损坏，需要采取适当的保护措施。具体办法可以在负载端并联 $0.1\mu F$ 左右的电容，在电容上最好串联 $100\sim200$ Ω 电阻，或者并接氧化锌避雷器。

真空断路器的灭弧能力很强，因为在气体稀薄的空间绝缘强度很高，电弧十分容易熄灭。真空断路器灭弧时间短，电气寿命高，而且由于绝缘强度高，触头的开距行程短、操作能量小，动作快且机械寿命高。

2. 真空断路器的灭弧原理

图 3 - 27 所示为真空断路器的灭弧室结构原理图。由图可见，灭弧室的结构很像一只大型电子管，所有灭弧元件都密封在一个绝缘的玻璃外壳内。动触杆与动触头的密封是靠金属波纹管来实现的。波纹管在其允许的弹性变形范围内伸缩时，可以有足够的机械寿命。在动触头外面装有金属屏蔽罩，固定在玻璃外壳的腰部。屏蔽罩是灭弧过程中起重要作用的结构部件，它可冷凝、吸收弧隙内的金属蒸气。

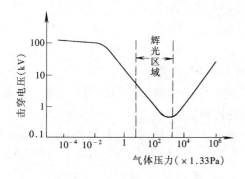

图 3 - 26　真空间隙击穿电压与
　　　　　 气压的关系

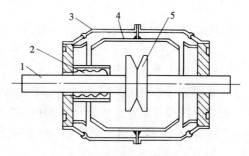

图 3 - 27　真空灭弧室的结构原理图
1—动触杆及动触头；2—波纹管；3—外壳；
4—屏蔽罩；5—静触头

真空灭弧室的触头开距很短，对 10 kV 等级的断路器，只有 10～15 mm。

真空灭弧室出厂时内部保持 1.33×10^{-4} Pa 以上的真空度，在运行中应保证不低于 1.33×10^{-2} Pa的真空度。

真空断路器开断电路时，最初在接触面上产生电弧，在真空电弧的弧柱内外，压力与质点密度差别很大，弧柱内金属蒸气及带电质点不断地向外扩散，逸出弧柱的质点有的冷凝在阴极斑点外的触头表面上，有的冷凝在屏蔽罩上。电弧处在稳定燃烧时，弧柱内部处在动态平衡之中，即向外扩散的质点数与从电极不断蒸发产生的质点数目相等。当交流电弧趋向零点时，电弧的输入能量减少，电极温度下降，蒸发作用减少，弧柱内的质点密度降低，阴极斑点的数目也逐步减少。最后的斑点将在电流接近零点时消失，电弧随之而熄灭。

真空断路器的灭弧室是不可拆卸的整体，不能自行更换其中的任何零件，当真空度降低或不能使用时，只能更换真空灭弧室。

在国外，真空断路器最高电压已可制造到 168 kV，13.8 kV 时的最大电流可达 100 kA。

二、互感器

互感器是发电厂和变电所的主要设备之一。供测量电压用的互感器称为电压互感器，供测量电流用的互感器称为电流互感器。目前互感器有传统的电磁式与新型的电子式两大类别。互感器的主要用途是：

(1) 将二次回路与一次回路隔离，以保证操作人员和设备的安全；

(2) 将电压和电流变换成统一的标准值，以减少测量仪表和继电器的品种规格，使仪表和继电器产品标准化。电压互感器二次额定电压为 100 V 或 $100/\sqrt{3}$ V，电流互感器二次侧额定电流为 5 A 或 1 A。

为了人身安全，互感器的二次绕组都应接地，这样可防止当互感器绝缘损坏时，高电压传到低电压侧，以致在仪表上出现危险的高压，从而危及人身安全。

(一) 电磁式电压互感器

1. 电压互感器的变化及误差

电压互感器的结构原理与变压器相同，主要区别在于电压互感器容量很小，通常只有几十到几百伏安。另外，在大多数情况下，它的负荷是恒定的。这种根据电磁感应原理工作的电压互感器又称为电磁式电压互感器。

电压互感器的额定变比，即为一、二次额定电压之比，可以定义为

$$n_{\mathrm{TV}} = \frac{U_{1\mathrm{N}}}{U_{2\mathrm{N}}} \approx \frac{W_1}{W_2} \qquad (3-1)$$

式中　$U_{1\mathrm{N}}$、$U_{2\mathrm{N}}$——额定一次电压和额定二次电压；

W_1、W_2——电压互感器的一次绕组匝数和二次绕组匝数。

对电压互感器和电流互感器而言，人们最关心的是它的准确度，即误差的大小。通常，电压互感器的误差可分为电压误差 ΔU 和角误差 δ 这两种。

所谓电压误差是指二次绕组实测电压乘以变比所得到的一次电压的近似值 $U_2 n_{\mathrm{TV}}$ 与一次电压的实际值 U_1 的差对实际值 U_1 的百分比，即

$$\Delta U = \frac{U_2 n_{\mathrm{TV}} - U_1}{U_1} \times 100\% \qquad (3-2)$$

所谓角误差 δ 是指一次电压 U_1 与转过 180° 后的二次电压 U_2（即$-U_2$）之间的夹角。

电压误差对测量仪表的指示及继电器的输入值都将带来直接的影响；而角误差只是对功率型的测量仪表和继电器带来误差。

常用电压互感器有四种准确等级，即 0.2、0.5、1、3。在各种准确级下的最大容许电压误差和角误差如表 3-2 所示。

表 3-2　　　　　　　　　　　电压互感器二次绕组的准确级和最大容许误差值

准确级	最大容许误差		一次电压变化范围	二次负荷变化范围
	电压误差（±%）	角度误差（±'）		
0.5	0.5	20		
1	1	40	$(0.85\sim1.15)U_{1N}$	$(0.25\sim1)S_{2N}$
3	3	不规定		

准确级为 0.2 级的电压互感器，主要用于精密的实验室测量，0.5 级及 1 级的电压互感器通常用于发电厂、变电所内配电盘上的仪表以及继电保护装置中，对计算电能用的电能表应当采用 0.5 级的电压互感器。

通常，电压互感器的误差与励磁电流、二次负荷以及功率因数等有关。因而，除与制造时所选用的铁心材料的性能密切相关之外，在使用时还应注意准确等级与其容量（即所接的仪表、继电器线圈所消耗的功率）的关系。一定的准确度相应于一定的容量，因此，当电压互感器超过额定容量时，其准确度应当相应降低。

2. 电压互感器的分类和结构

电压互感器按安装地点可分为户内式和户外式，通常，35 kV 以下制成户内式、35 kV 以上制成户外式；按相数分单相和三相两种，单相电压互感器可制成任何电压级的，而三相电压互感器则只限于 10 kV 及以下电压级；按绕组数分可分为双绕组和三绕组；按绝缘结构可分为干式、树脂浇注式、充气式和油浸式几种。干式结构简单，无着火和爆炸危险，但体积较大，只适用于 0.5 kV 的户内装置。树脂浇注式结构紧凑，尺寸小，也无爆炸着火危险，使用维护方便，适用于 3~35 kV 的户内装置与成套开关装置。充气式结构主要用于 SF_6 封闭式组合电器的配套。油浸式结构的绝缘性能好，可用于 10 kV 以上的户外装置，按其结构可分为普通结构和串级式两种。下面简单介绍一下这两种互感器的结构原理。

1) 油浸式普通结构的电压互感器。油浸式普通结构的电压互感器与小型油浸变压器相似，器身放在接地金属箱内，一次绕组的一端由固定在油箱盖上的绝缘套管引出，另一端用小套管引出接地。由于容量小，无须散热器等冷却装置。

油浸式普通结构的电压互感器只制成 3~35 kV 电压级。其中 3~10 kV 有单相（JDJ 型等）和三相（JSSW 型三相五柱式等）的，用于户内装置；35 kV 电压级只制成单相式，如 JDJ-35（双绕组）和 JDJJ-35 型（三绕组）。

2) 油浸式串级式电压互感器。电压在 110 kV 及以上的电压互感器普遍采用串级式的，这种电压互感器的铁心和绕组都装在瓷外壳内，没有独立的套管绝缘子，瓷外壳既起高压出线套管的作用，又代替油箱，如图 3-28 所示。这种互感器由几个串联元件（铁心、绕组）

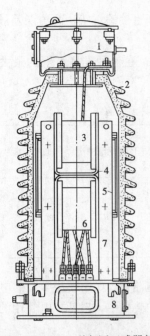

图 3-28　JCC1-110 型电压互感器剖面图

1—储油柜；2—瓷外壳；3—上柱线圈；

4—隔板；5—铁心；6—下柱线圈；

7—支撑电木板；8—底座

接在相与地之间组成。图 3-29（a）为 220 kV 串级式电压互感器的原理接线图，只有最末一个与地连接的元件具有二次绕组。

如果二次绕组开路，则所有元件铁心的磁通相等，各级电压分布均匀，每一元件上的电压是相对地电压的二分之一。又由于每一元件绕组中点是与铁心相连接的，所以绕组两端对铁心的绝缘只需按最高相对地电压的四分之一设计即可。铁心与铁心之间（相对地电压的二分之一）或铁心与外壳的绝缘可以用油和其他支持绝缘材料，这是比较容易得到的。由此可见，油浸式串级式电压互感器的绕组与铁心之间可以按比较低的绝缘电压设计，这是它的主要优点。

如果二次绕组与测量仪表连接，则二次绕组内有电流流过，产生去磁磁动势，致使最末一个元件铁心内的总磁通小于其他元件铁心的总磁通。结果，每个元件上的电压分布不相同，最末一个元件的电压低，且所接仪表越多，降低的数值越大，这就使互感器准确度降低。为了改善这种情况，所有元件的铁心上加装匝数相同的平衡绕组，并作反向连接，如图 3-29（b）所示。这样，当两个元件的一次电压不相同时，平衡线圈的电动势也不相同，例如图 3-29（b）中上端元件平衡绕组电动势高，末端元件平衡绕组电动势低，引起图示方向的平衡电流（如箭头所示），由于平衡电流的作用，对末端元件起助磁作用，结果使各元件的电压分布趋于均匀，提高了测量准确度。

串级式电压互感器是由几个相同元件组成，元件的数目与电压有关，其装设和连接也有一定的顺序。110 kV 电压互感器由两个元件组成，220 kV 电压互感器由四个元件组成。

3. 电容式电压互感器

随着电力系统输电电压的提高，由于绝缘的要求，电磁式电压互感器的体积将越来越大，造价也越来越高，这时可以考虑采用电容式电压互感器来代替它。

电容式电压互感器实质上是一个电容分压器，其分压原理如图 3-30 所示，它由若干个电容器串联，一端接高压线路，另一端接地。若最末一个电容器的电容为 C_2，而其他电容器的等效电容为 C_1，则当外加电压为 U_1 时，C_2 上分得的电压为

$$U_2 = \frac{C_1}{C_1 + C_2}$$ （3-3）

电容分压器的分压比 n_Y 为

$$n_Y = \frac{U_1}{U_2} = \frac{C_1 + C_2}{C_1}$$ （3-4）

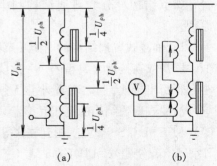

（a）　　　　　　　（b）

图 3-29　220 kV 串级式电压互感器

原理接线图

（a）电路及电压分布；（b）平衡绕组

调节 C_1 和 C_2 的比值，便可得到不同的分压比，即可得到所需要的二次电压 U_2。

根据电容分压器的原理制成的电容式电压互感器，迄今在我国 220~500 kV 电力网中已得到了广泛应用，其典型原理接线图如图 3-31 所示。图中 C1 为电容分压器的主电容器，C2 为电容分压器的分压电容器，TV 为电磁式电压互感器，L 为补偿电抗器，P 为补偿电抗器的保护间隙，R_z 为阻尼电阻，J 为载波通信或高频保护用的连接滤波器。下面着重介绍补偿电抗器 L、电磁式电压互感器 TV 和阻尼电阻 R_z 的作用。

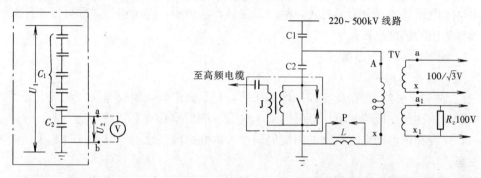

图 3-30　电容分压器　　　　　　　图 3-31　电容式电压互感器的原理接线图

补偿电抗器：在电容分压器（见图 3-30）中，C_2 上只有当接入静电电压表（即要求 ab 两点间没有电流流过）进行测量时，式（3-4）的关系才能成立；如果 C_2 上并接一般的电压表，则所测得的电压较用式（3-4）计算的小，这是因为连接一般电压表相当于 C_2 上并联了一定的阻抗，C_2 上的电压就不能单纯地由 C_1 和 C_2 的比值来决定，并联接入的仪表越多，C_2 上的电压越低。为了寻求使 C_2 上的电压不随负荷电流而改变的方法，可应用等效发电机定理，将电容分压器简化成图 3-32 所示的有源二端网络来进行研究。该网络的电源电动势取图 3-30 中 a、b 两点间的开路电压，其内阻抗 Z_i 即为图 3-30 电源短接后自 a、b 两点所测得的阻抗，即

$$Z_i = \frac{1}{j\omega(C_1 + C_2)} \qquad (3-5)$$

分析这一等值电路可见，当 a、b 两点开路（即不接负荷）时，U_{ab} 为电源部分的电压 U_2，a、b 两点接入负荷后，由于负荷电流在内阻 Z_i 上造成的压降，a、b 两端的电压 U_{ab} 将小于 U_2，而且负荷电流愈大，U_{ab} 愈小。只有当电源的内阻为零时 U_{ab} 才能不随负荷电流而变化。考虑到内阻抗 Z_i 为容性，因此可以串入补偿电抗器 L 以补偿其内阻抗，这时，有源二端网络的内阻抗将为

$$Z_i = j\omega L - \frac{1}{j\omega(C_1 + C_2)} \qquad (3-6)$$

当 $\omega L = \dfrac{1}{j\omega(C_1 + C_2)}$ 时，电源内阻可以调到零。因此，采用补偿电抗器后，理论上电容分压器的输出电压 U_{ab} 将恒等于 U_2 而和负荷电流无关。

电磁式电压互感器 TV 用于降低补偿电抗器的电阻，从而可以减少电容分压器的测量误差，然而，要做到这一点是不容易的，尤其当补偿电抗器的电感值很大时，即使电感的品质因数很高，其电阻的绝对值还会很大。因此，要提高电容分压器的测量精度，

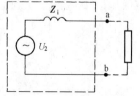

图 3-32　有源二端网络

就必须设法降低流过补偿电抗器的负荷电流,为此,电容分压器的输出端不能直接用来接测量仪表,而必须经过一个中间电磁式电压互感器降压后再接仪表,这样,经过中间电压互感器的变换,二次侧较大的负荷电流可以变得很小。

因为电容式电压互感器内部具有电容和电感,为了防止产生谐振现象,在中间电压互感器的二次侧接有阻尼电阻 R_z。当该电阻足够大时,即可达到防止谐振的目的。

与一般电磁式电压互感器相比,电容式电压互感器具有以下一些优点:①绝缘可靠性高。电容式电压互感器多为油封式,耐压强度高,故障少;②价格低;③可以兼作载波通信或高频保护用的耦合电容。

(二) 电磁式电流互感器

1. 电流互感器的特点

电流互感器同样是根据变压器原理工作的,只是其二次绕组仅与仪表及继电器的电流线圈相串联的。比起变压器和电压互感器来,电流互感器本身有下列特点:

(1) 仪表和继电器电流线圈的阻抗值很小,因此电流互感器正常运行时二次绕组相当于短路状态。

(2) 电流互感器一次绕组串联在被测电路中,且其匝数很少,因此电流互感器一次绕组中的电流完全取决于被测电路中的负荷电流,而与电流互感器的二次负荷无关,这是电流互感器的最大特点。

(3) 电流互感器在运行中不容许二次侧(二次绕组)开路。对此,可进一步说明如下:在一次电流(一次电路)为额定值及二次侧成闭合回路的条件下,电流互感器铁心中的磁通密度为 $0.06\sim0.1$ T,但当二次侧开路而一次电流仍存在时,铁心中的磁通密度将剧烈增加。当一次电流为额定值时,其值可达 $1.4\sim1.8$ T,使铁心严重饱和。这时在二次侧的感应电动势很高,其峰值可达数千伏甚至上万伏(随电流互感器变比,即随其额定一次电流的增大而增大),如图 3-33 所示。这一电压对设备绝缘和运行人员的安全都是很危险的。同时由于铁心中磁通的骤增,引起磁滞涡流损耗增大,将使铁心剧烈发热,导致互感器损坏。除此之外,在铁心中产生剩磁,将使电流互感器误差增大。

为了防止电流互感器二次侧开路,对运行中的电流互感器,当需要拆开所连接的仪表时,必须事先短接其二次绕组。

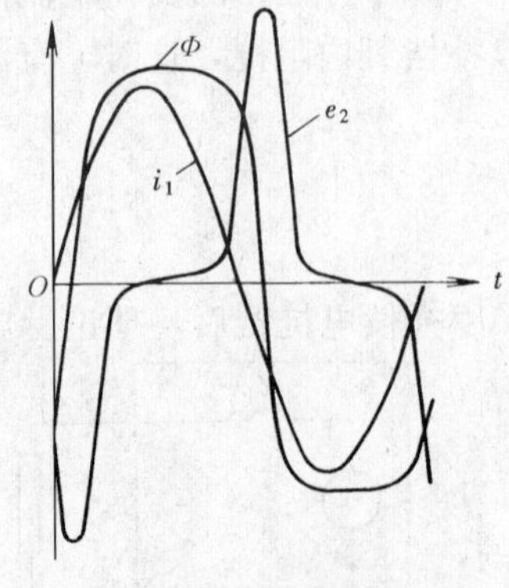

2. 电流互感器的变流比

电流互感器的额定变流比,即一次额定电流 I_{1N} 和二次额定电流 I_{2N} 之比,为

$$n_{TA} = \frac{I_{1N}}{I_{2N}} \approx \frac{W_2}{W_1} \quad (3-7)$$

式中 W_1、W_2——一次绕组和二次绕组的匝数。

由于电流互感器二次额定电流通常为 1 A 或 5 A,设计电流互感器时,已将其一次额定电流标准化(如 100、150 A…),所以电流互感器的变流比也是标准化的。

3. 电流互感器的误差

为了分析电流互感器的误差,须先作出等值电路图和相量图,如图 3-34 所示。

图 3-33 电流互感器二次侧
开路时磁通和电动势波形

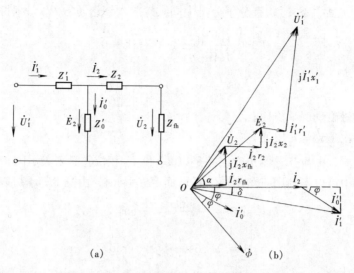

图 3-34　电流互感器的等值电路及相量图

(a) 等值电路图；(b) 相量图

其相量图可根据下述关系式作出

$$\dot{U}_2 = Z_{fh}\dot{I}_2 = (r_{fh} + jx_{fh})\dot{I}_2$$

$$\dot{E}_2 = \dot{U}_2 + Z_2\dot{I}_2 = \dot{U}_2 + (r_2 + jx_2)\dot{I}_2$$

$$\alpha = \arctan\frac{x_{fh} + x_2}{r_{fh} + r_2} \tag{3-8}$$

$$\dot{I}_0' = \frac{\dot{E}_2}{Z_0'}$$

$$\dot{I}_2' = \dot{I}_2 + \dot{I}_0'$$

式中　Z_{fh}、Z_2、Z_0'、Z_1'——分别为二次负荷阻抗、二次绕组漏阻抗、励磁阻抗和一次绕组漏阻抗归算到二次侧的数值；

　　　$\dot{U}_2$、$\dot{U}_1'$、$\dot{E}_2$—— 分别为二次电压、一次电压归算到二次侧的电压和感应电动势；

　　　$\dot{I}_2$、$\dot{I}_0'$、$\dot{I}_1'$—— 分别为二次电流、励磁电流和一次电流归算到二次侧的数值。

从相量图可以看出：由于电流互感器本身存在励磁损耗（对应于励磁电流 I_0）的原因，使一次电流 $\dot{I}_1'$ 和二次电流 $\dot{I}_2$ 在数值上和相位上都有差异，从而产生所谓电流误差和角度误差。可具体分析如下：

(1) 电流误差。电流误差 f_w 是实测的二次电流 $\dot{I}_2$ 与归算到二次侧的一次电流 $\dot{I}_1'$ 之差对 $\dot{I}_1'$ 之比的百分数，即

$$f_w = \frac{\dot{I}_2 - \dot{I}_1'}{\dot{I}_1'} \times 100\% \tag{3-9}$$

由相量图可见，$\dot{I}_1' = \dot{I}_2 + \dot{I}_0'$，由于 δ 角的数值较小，可近似地认为

$$I_1' = I_2 + I_0'\cos\varphi = I_2 + I_0'\cos[90° - (\varphi + \alpha)] = I_2 + I_0'\sin(\varphi + \alpha) \tag{3-10}$$

将式（3-10）代入式（3-9），且分子分母中同乘以二次绕组匝数 W_2，则得

$$f_w = \frac{\dot{I}_0' W_2}{\dot{I}_1' W_2} \sin(\varphi + \alpha) \times 100\%$$

$$f_w = \frac{F_0}{F_1} \sin(\varphi + \alpha) \times 100\% \qquad (3-11)$$

式中　F_0——励磁磁动势，安匝；

　　　　F_1——一次磁动势，安匝。

（2）角度误差。电流互感器角度误差是以 $\dot{I}_1'$ 和 $\dot{I}_2'$ 相位差 δ 来表示的。通常 δ 的数值很小，因此在计算中可以不利用三角函数关系，而令 $\delta = \sin\delta$。由图 3-34 可以看出

$$\delta \approx \sin\delta = \frac{I_0' \sin\varphi}{I_1'} = \frac{I_0'}{I_1'} \cos(\varphi + \alpha)$$

$$\delta = \frac{F_0}{F_1} \cos(\varphi + \alpha) \quad (\text{rad}) \qquad (3-12)$$

由上两式可以看出，电流互感器的两种误差都与 F_0 和 F_1 数值有关，随 F_0 的增大而增大，随 F_1 的增大而减小。

为了减小 F_0（即减小 $\dot{I}_0'$），可采用高磁导率材料（如优质的冷轧硅钢片、坡莫合金等），减少铁心磁路的长度和磁路的气隙以及在制造工艺上采取相应的措施（如退火）等。

在 F_0 一定的情况下，用增加一次绕组匝数 W_1 的方法可增大 F_1，但在某些情况下并不一定是行之有效的（如该方法并不适用于单匝式电流互感器等）。

此外，进一步分析不难证明：电流互感器的二次负荷对误差也有较大影响，当电流互感器的二次负荷阻抗 Z_{fh}（对应于 r_{fh} 和 x_{fh}）增大时，互感器的电流误差和角度误差都将增大。因此，只有在电流互感器的二次负荷阻抗 Z_{fh} 不超过一定值时，电流互感器才能保证足够的准确度。

4. 电流互感器的准确度和 10% 误差曲线

电流互感器按用途可分为测量用和保护用两种，对它们的技术要求是各不相同的。

用于电气测量的电流互感器，则要求它具有一定的准确度。所谓准确度是指在一定的二次负荷和额定电流值下的最大容许误差。电流互感器的准确度有 0.2，0.5，1，3 和 10 等五级，各级最大容许误差如表 3-3 所示。与电压互感器一样，对不同的测量仪表应选用不同准确级的电流互感器，例如，计算电能用电能表配用 0.5 级互感器；电流表用 1 级互感器等。

表 3-3　　　　　　　　　　　电流互感器的准确级和最大容许误差

准确级	一次电流为额定电流的百分数（%）	最大容许误差值		二次负荷变化范围
		电流误差（±%）	角度误差（±′）	
0.2	10	0.5	20	
	20	0.35	15	$(0.25\sim1)S_N$
	100~200	0.2	10	
0.5	10	1	60	
	20	0.75	45	$(0.25\sim1)S_N$
	100~120	0.5	30	

续表

准确级	一次电流为额定电流的百分数（%）	最大容许误差值		二次负荷变化范围
		电流误差（±%）	角度误差（±′）	
1	10	2	120	$(0.25\sim1)S_N$
	20	1.5	90	
	100~120	1	60	
3	50~120	3.0	不规定	$(0.5\sim1)S_N$
10	50~120	10	不规定	

用于继电保护的电流互感器，则应考虑当电力系统发生故障时，在巨大的短路电流流过电流互感器的情况下，电流互感器的准确度能否满足要求。通常流过故障电流时电流互感器的电流误差应控制在10%以内，角度误差不应大于7°。为了校验电流互感器用于继电保护时的准确度，则要求绘制出电流互感器的10%误差曲线。此曲线表示电流互感器的误差为10%时，其一次额定电流倍数 $n\left(n=\dfrac{I_1}{I_{1N}}\right)$ 与二次负荷阻抗 Z_2 的关系如图3-35所示。

利用10%的误差曲线，可以计算互感器二次负荷的容许值。应用时，根据一次侧短路电流 I_d，求出短路电流倍数 $n\left(\dfrac{I_d}{I_{1N}}\right)$，然后从曲线上找出与 n 相应的二次负荷阻抗 Z_2，当实际的二次负荷阻抗小于 Z_2 时，便可保证误差 $f_w<10\%$。

5. 电流互感器的分类和结构

电流互感器种类很多，可用不同方法进行分类。

按安装地点可分为户内式、户外式及装入式。35 kV及以上多为户外式，10 kV以下多为户内式，装入式又称套管式，即把电流互感器装在35 kV及以上的变压器或断路器的套管中，这种形式应用很普遍。

按安装方法可分为穿墙式和支柱式。

按绝缘结构可分干式、环氧树脂浇注式和油浸式。干式互感器适用于低压户内使用，树脂浇注式用于35 kV及以下的户内，油浸式用于户外。

按变流比可分为单变流比电流互感器和多变流比电流互感器。单变流比电流互感器只有一种变流比，如0.5 kV电流互感器的一、二次绕组均套在同一铁心上，它的结构最简单。10 kV电压级及以上的互感器，常采用多个没有磁联系的独立铁心和二次绕组，一次绕组是公共的，对10~35 kV电流互感器有两个二次绕组；10 kV电流互感器有三个二次绕组；220~500 kV电流互感器有四个二次绕组。

多变流比电流互感器是为适应电路中电流较大变化和减少产品规格而设计的，常将一次绕组分成几组，通过串联、并联和串并联可以获得几种变流比。通常110 kV电流互感器有两种变流比，220~500 kV电流互感器有2~3种变流比。

按一次绕组匝数分，可分为单匝式和多匝式两种。

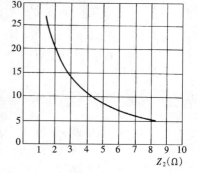

图3-35　LCWDL-220GY型电流互感器的10%误差曲线

单匝式又有贯穿式（一次绕组为单根铜杆或铜管）、母线式（利用母线作一次绕组）和套管式。多匝式分8字形和U字形两种。

单匝式互感器构造简单、尺寸小、价格低廉。但当一次电流较小时，其误差较大。额定电流为400 A以下者多采用多匝式互感器。油浸式8字形结构的互感器主要适用于35～110 kV的产品，一次绕组套在绕有二次绕组的环形铁心上，一次绕组和铁心都包有较厚的电缆纸，通常两者绝缘厚度相等。为了提高外绝缘强度和内绝缘的游离电压，也可使一次绕组绝缘比铁心绝缘厚一些。这种绝缘结构中的电场强度分布不均匀，材料得不到充分利用，一次绕组的出线部分包扎不连续，形成绝缘的薄弱环节，而且绝缘包扎也不便于机械化，所以不适用于更高电压等级。其结构如图3-36所示。

油浸式U字形结构的互感器适用于110 kV及以上的产品，一次绕组作成U字形，主绝缘全部包扎在一次绕组上（见图3-37），可以用环形或C形铁心。为了提高主绝缘的强度，在绝缘中放置一定数量的同心圆筒形电容屏，最外层电容屏接地，各电容屏间形成一个串联的电容器组，称它为电缆电容型绝缘。由于其电场分布均匀和绝缘包绕可以实现机械化，目前在110 kV及以上的高压电流互感器中得到了广泛的应用。

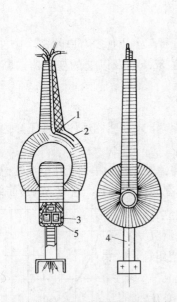

图3-36　电流互感器8字形结构
1—一次绕组；2—一次绕组绝缘；
3—二次绕组及铁心；4—支架；
5—二次绕组绝缘

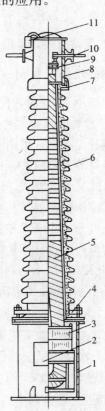

图3-37　220 kV瓷箱式U字形
结构的电流互感器
1—油箱；2—二次绕组接线盒；3—环形
铁心及二次绕组；4—压圈式卡接装置；
5—U字形一次绕组；6—瓷套；7—均压
护罩；8—储油箱；9—原线圈切换装置；
10—一次绕组端子；11—呼吸器

三、电子式电流互感器简介

（一）电子式电流互感器的结构与参数

IEC 标准规定了电子式电流互感器的一般结构，如图 3-38 所示。但对于某种具体结构，电子式电流互感器中的所有单元不都是必须的，如光学传感器不需要一次转换器和一次电源。根据一次传感器的不同而有不同的结构形式，一次传感器有光学传感器件（包括磁光玻璃、全光纤等）、罗哥夫斯基线圈（空心线圈）电流传感器、铁心线圈式低功率电流互感器（LPCT）等。传输系统有铜线传输和光纤传输。一次转换为电—光转换（光纤传输），有各种调制方法，如 U—f 调制，A/D 转换、电流脉冲宽度调制等。二次转换即为光—电变换，或称为解调器。

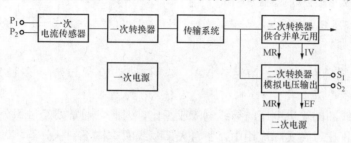

图 3-38　单相电子式电流互感器通用框图

IV—输出无效；EF—设备失效；MR—维修申请

电子式电流互感器的输出有模拟量和数字量两种输出形式，模拟量输出为二次电压方均根值。IEC 标准中规定了其额定值的标准值为 22.5、150、200、225 mV、4 V，其中 4 V 仅用于测量。额定负荷的标准值为 2 kΩ、20 kΩ 和 2 MΩ。电子式电流互感器输出数值量（十六进制），其额定值为：测量用为 2D4H（十进制为 11585）；保护用为 01CFH（十进制为 463）。

电子式电流互感器的使用环境条件、绝缘耐压要求及准确度要求与电磁式电流互感器相同，不同的是增加了电磁兼容（EMC）的特殊要求和误差与频率以及温度变化的稳定性要求，后者正是制造电子式电流互感器的关键技术。

（二）光学电流传感器

光学电流传感器基于法拉第磁光效应原理。当一束线偏振光穿过透明光介质时，若在光波传播方向施加一外磁场，则其偏振面将旋转 θ 角，有

$$\theta = VHL \qquad (3-13)$$

式中　V——维尔德常数，由介质和光波的波长决定，它表征介质的磁光特性；

$\quad\quad$ H——磁场强度；

$\quad\quad$ L——光路长度。

因此，通过测量电流导体周围线偏振光偏振面的变化，就可间接地测量出导体中的电流值。利用法拉第磁光效应的电流传感器有磁光玻璃（块状玻璃）和全光纤等形式。磁光式电流传感器原理如图 3-39 所示。由于磁场强度 H 是由电流 I 产生的，所以 $\theta = VKI$，其中 K 为仅和磁光材料中的通光路径及通流导体的相对位置有关的常数。当通光路径为围绕通流导体一周时，$K=1$，因此，只要测定 θ 的大小，即可测出通流导体的电流。

全光纤型电流传感器是指传感部分和光传输部分都采用光纤，其光纤一般选用单模光纤。全光纤型电流传感器一般也采用法拉第磁光效应原理。

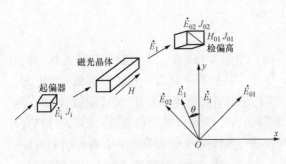

图 3-39　磁光式电流传感器原理图

J_i、$\dot{E}$—各部分光的光强及电场矢量；H—磁场强度

（三）单独式罗哥夫斯基线圈（空心线圈）传感器

罗哥夫斯基线圈在冲击大电流测量中早已应用，由于电子式电流互感器输出信号极小，负荷是高阻抗，所以罗哥夫斯基线圈也得到普遍应用。罗哥夫斯基线圈电流传感器原理如图 3-40 所示。对于任意形状截面的圆环形线圈，其二次输出电压近似为

$$e(t) = \mu_0 NA \frac{\partial i_p(t)}{\partial t} = M \frac{\partial i_p(t)}{\partial t}$$

$$(3-14)$$

式中　M——传感器的互感，$M = \mu_0 NA$，$\mu_0 = 4\pi \times 10^{-7}$ H/m，在稳态正弦电流下，$E = Mj\omega I_p$。

罗哥夫斯基线圈的输出电压与导线电流成正比，因此，通常要经过积分环节而使输出电压与输入电流成正比。在实际应用中，罗哥夫斯基线圈本体不带积分器，以便省去电子器件（积分环节由继电器实现）。

罗哥夫斯基线圈电流传感器在高压或超高压电子式电流互感器中应用时，一般需要将输出电压信号变成光信号，由光纤传输至二次，在高压端需要有电源，这类传感器称为有源传感器，相应地称光学传感器为无源传感器。所以罗哥夫斯基线圈电流传感器在中压和金属全封闭组合电器中应用最广。

（四）铁心线圈式低功率电流互感器（LPCT）

由于电子式电流互感器的负载是高阻抗型，即二次电子设备的输入功率很低，故传统的电磁式电流互感器可以在非常高的短路电流下使出现的饱和特性得到改善，可以无饱和地高准确度测量高值短路电流，同时还能满足全偏移短路电流，且其尺寸也可比常规电流互感器设计得小。因此，铁心线圈式低功率电流互感器也常常是电子式电流互感器一次传感器的一种最易实现的形式。LPCT 与常规的电磁式电流互感器相同，只是二次绕组回路多了一个并联电阻 R_{sh}（见图 3-41）。并联电阻 R_{sh} 的设计要求为铁心线圈式低功率电流互感器的功率消耗接近于零，二次电流在并联电阻上产生的压降 U_s 正比于一次电流且同相位。铁心线圈式低功率电流互感器内部损耗和负荷要求的二次功率越小，其测量范围的准确度越理想。

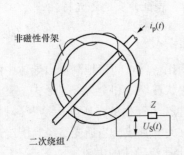

图 3-40　单独式罗哥夫斯基线圈电流传感器原理图

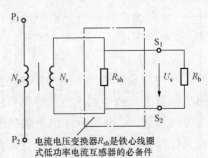

电流电压变换器 R_{sh} 是铁心线圈式低功率电流互感器的必备件

图 3-41　铁心线圈式低功率电流互感器电路

高压及超高压电子式电流互感器采用的铁心线圈式低功率电流互感器与罗哥夫斯基线圈电流传感器一样都属于有源型传感器。

四、电子式电压互感器简介

(一) 电子式电压互感器的结构与参数

IEC标准提出了电子式电压互感器结构的通用框图，如图 3-42 所示。对于某些具体结构的电子式电压互感器，并非所有部分（模拟量输出）都有，例如，一次电压传感器采用电光晶体（BGO）的电子式电压互感器就没有一次转换器和一次电源。

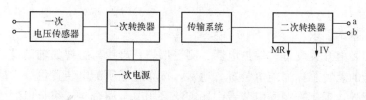

图 3-42　单相电子式电压互感器模拟量输出结构通用框图

电子式电压互感器的一次电压传感器有光学传感器、分压型传感器（包括电容分压型和电阻分压型）。电子式电压互感器的输出有模拟量输出和数字量输出。模拟量输出的额定二次电压的标准值为 1.625、2、3.25、4、6.5 V（用于单相系统或三相系统线间的电压互感器）及 $1.625/\sqrt{3}$、$2/\sqrt{3}$、$3.25/\sqrt{3}$、$4/\sqrt{3}$、$6.5/\sqrt{3}$ V（用于三相系统相对地间的电压互感器）。数字量输出的标准值为 2041H（十进制为 11585），模拟量输出直接与二次电子设备连接，数字量输出至合并单元进行数据处理后传输至二次电子设备。

电子式电压互感器的使用环境条件，绝缘耐压要求等与常规电压互感器相同，不同的是增加了电磁兼容（EMC）要求及误差与电源频率及温度稳定性的特殊要求，后者往往也是制造电子式电压互感器的关键技术。

(二) 电子式电压互感器的光学传感器

光学传输器有电光晶体（BGO-$Bi_4Ge_3O_{12}$）型和全光纤型。电光晶体型即利用某些光学介质在外电场作用下，其折射率随外电场而线性变化，此称为 Pockels 效应或线性电光效应。在高电压测量中普遍采用，既无自然双折射又无旋转性电光晶体。在没有外电场作用下，电光晶体各向同性，当存在外电场时，晶体变为各向异性的双轴晶体，从而导致其折射率和通过晶体的光偏振态发生变化。应用光的干涉原理，可以测定由于外电场的作用而引起通过晶体的光量的变化而实现电场或电压的测量。根据结构的不同，有纵向调制和横向调制电压两种形式。纵向调制电压光学传感器结构如图 3-43 所示。

由图 3-43 可见，电光晶体要承受运行中高压对地的全电压。因此，此种结构对电光晶体绝缘要求十分严格，即电光晶体是电子式电压互感器的关键部件。

(三) 分压型一次电压传感器

分压型一次电压传感器普遍采用电容分压型和电阻分压

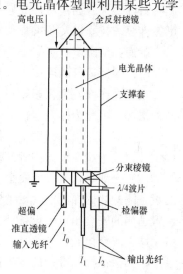

图 3-43　纵向调制电压光学传感器结构

型。电容分压型与普通电容分压器没有什么区别，只是分压比普通的大得多，即分压电容直接处于低压电位。电阻分压型，也与普通电阻分压器完全相同。

电容分压型一般用于高压乃至超高压电子式电压互感器中，电阻分压型一般用于中压（35 kV 电压级及以下）电子式电压互感器中。金属全封闭组合电器（GIS）由于结构的原因常采用电容分压型。

第三节　配电装置的一般问题

一、分类和基本要求

按主接线图，由开关设备、保护电器、测量仪表、母线与必要的辅助设备所组成，用以接受和分配电能的装置总称为配电装置。通常，按布置场所配电装置可分为屋内配电装和屋外配电装置。此外，近年来在配电装置中还广泛采用了金属全封闭组合电器（GIS）。

屋内配电装置有下列优点：①外界环境条件（如气温、湿度、污秽和有害气体等）对电气设备的运行影响不大，因此可以减少维护工作量，提高运行可靠性；②在屋内进行操作，既方便又不受大气条件的影响；③占地面积较小。其缺点是土建费用较大。

屋外配电装置的优点：①减少土建工程量和费用，缩短建造时间；②可使相邻设备之间的距离适当加大，运行更加安全；③扩建方便。其缺点则是由于电气设备都敞露于屋外，受环境条件影响较大，电气设备的外绝缘要按运行于屋外来考虑，价格会增高。

此外，配电装置中的电气设备若是在现场进行组装，则称为装配式；若是在制造工厂组装，把开关电器、互感器等安装在柜中然后成套运到安装地点，则称为成套配电装置。

究竟应采用哪种类型的配电装置，应根据电压等级、重要程度、设备形式、周围环境条件、运行维护情况以及安全方面的要求等多种因素来决定。屋内配电装置通常多用在 6、10、35 kV 的电压级，而 35 kV 以上的电压级则多用于屋外式；但小容量终端变电所或农村小型变电所，电压虽在 10 kV 及以下，也常采用屋外配电装置。即使 110 kV 的配电装置，如有特殊要求（如地形）或处于严重污秽地区时，也可采用屋内式。GIS 装置则主要用于对可靠性要求较高以及要求减少占地面积的高压及超高压和特高压变电所。

下面介绍配电装置应满足的基本要求。

（1）保证运行的可靠性。配电装置中引起事故的主要原因是：绝缘子污秽而闪络，隔离开关因误操作而发生相间短路，断路器因断流容量不够而发生爆炸，因对地绝缘不良所引起的闪络等，因此为提高运行的可靠性必须采取措施力求避免事故或限制事故的影响范围。为此，首先应当正确选择设备，使选用的设备具有合理的参数；其次应加强维护、检修、预防性试验以及绝缘在线监测等其他运行维护的安全措施。

（2）保证运行人员的安全。为此，应采取一系列措施：例如，用隔墙隔板等把相邻电路的设备隔开，以保证电气设备检修时的安全；设置遮栏，留出安全距离以防触及带电部分；设置适当的安全出口；设备外壳、底座等都采用保护接地等。此外，在建筑结构等方面还应考虑防火安全措施。

（3）保证操作维护的方便性。配电装置的结构应使操作集中，尽可能避免运行人员在操作一个回路时需走几层楼或几个走廊。此外，结构和布置还要便于检修、巡视，例如设置走道应使运行人员能接近设备，在门上设置观察孔，利用网孔遮栏使之能看到设备的某些重要部分，如导线接头，绝缘子的运行状态等。此外，还要便于搬运设备。

（4）力求提高经济性。在满足上述基本要求的前提下，配电装置结构应力求降低造价，注意减少占地面积以及节约钢材、水泥、有色金属等原材料。此外还应便于施工，节省工时，短缩工期。

（5）具有扩建的可能。

二、配电装置的最小电气距离

整个配电装置的外形尺寸是综合考虑了设备的外形尺寸、检修维护和搬运的安全距离、电气绝缘距离等因素后而加以决定的。各种间隔距离中最基本的是空气中最小容许电气距离，即 A 值。A 值表示不同相的带电部分之间或带电部分对接地部分间的最小容许空间净距离。在这一距离下，无论在长期额定电压下或各种过电压的作用下都不至于发生空气绝缘的电击穿。A 值的确定是根据过电压与绝缘配合计算并根据空气间隙放电试验曲线来确定的。

在 A 值的基础上，屋内外配电装置中各部分的相互距离尺寸被分为 A、B、C、D、E 五项，其含意如下（见图 3-44 和图 3-45）。

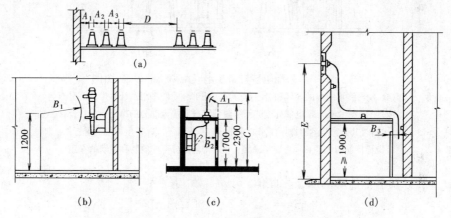

图 3-44　屋内配电装置最小电气距离（mm）的图例

(a) 带电部分至接地部分间，不同相的带电部分之间以及不同时停电检修的无遮栏裸导体之间的水平距离；(b) 带电部分至栅栏的净距；(c) 带电部分至网状遮栏和无遮栏裸导体至地（楼）面的净距离；(d) 带电部分至板状遮栏和出线套管至屋外通道路面的净距离

（一）A 值

A 值分为两项：A_1 和 A_2。

A_1——带电部分至接地部分间的最小空气距离；

A_2——不同相导体间的最小空气距离。

（二）B 值

B 值分为三项：B_1、B_2、B_3。

$$B_1 = A_1 + 750 \text{（mm）}$$

式中　B_1——带电体对栅栏和带电体对运行设备间的距离；

　　750——考虑运行人员的手臂误入栅栏时手臂的长度，单位为 mm，而设备搬运时的摆幅也不致大于此值。当导线垂直交叉且要求不同时停电检修时，检修人员在

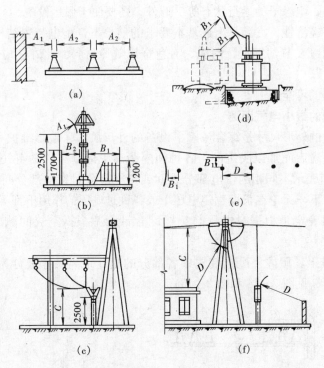

图 3-45　屋外配电装置最小电气距离（mm）的图例

(a) 硬母线不同相的导体和带电部分至接地部分间的净距；(b) 带电部分至
围栏的净距；(c) 带电部分或绝缘子最低部分对接地部分的净距；(d) 设备
运输时其外廓至遮栏裸导体间的净距；(e) 需要不同时停电检修的无遮栏
裸导体间的水平和垂直交叉净距；(f) 带电部分至建筑物和围墙的净距

导线上下活动范围亦为此值。

$$B_2 = A_1 + 70 + 30 \quad (\text{mm})$$

式中　B_2——带电部分至网状遮栏的净距；

　　　70——考虑运行人员的手指误入网状遮栏时手指长度不大于 70mm；

　　　30——施工误差值。

$$B_3 = A_1 + 30 \quad (\text{mm})$$

式中　B_3——仅对屋内配电装置采用，指带电部分至无孔遮栏（板状）的净距；

　　　30——施工误差值。

（三）C 值

无遮栏的裸导体距地面的高度为 C 值，考虑人举手后，手与带电体之间的距离不得小于 A_1 值，故

$$C = A_1 + 2500 \quad (\text{mm})$$

式中　2500——运行人员举手后的总高（2300mm）加施工误差（200mm）总和，在积雪严
　　　　　　　重地区，还要考虑积雪的影响。对屋内配电装置，条件较屋外好，可不再增
　　　　　　　加施工误差，即

$$C = A_1 + 2300 \quad (\text{mm})$$

（四）D 值

保证配电装置检修时人和裸导体之间的距离不小于 A_1 值时的约束值为 D 值。

$$D = A_1 + 1800 + 200 \text{（mm）}$$

式中　1800——检修人员和工具的活动范围；

　　　200——考虑屋外工作条件而取的裕度。对屋内配电装置可不再增加裕度，即

$$D = A_1 + 1800 \text{（mm）}$$

（五）E 值

出线套管中心线至屋外通道路面的净距为 E 值。考虑到人站在载重汽车车厢中举手高度不大于 3.5m，因此在 35 kV 及以下时，规定 E 值为 4 m，对 60 kV 及以上时取 $E = A_1 + 3500$（mm），并取整数。当经过出线套管直接引线到屋外配电装置时，出线套管的引线至屋外地面的距离可按不小于屋外的 C 值来设计。

图 3-44 和图 3-45 分别为屋内和屋外配电装置的 A、B、C、D、E 值的示意图，根据我国《高压配电装置设计技术规程》的规定，其具体数值分别列于表 3-4 和表 3-5 中。

表 3-4　　　　　　　　　　　　　　屋内配电装置的最小电气距离　　　　　　　　　　单位：mm

符 号	适 用 范 围	额定电压（kV）									
		3	6	10	15	20	35	60	110J*	110	220J*
A_1	1. 带电部分至接地部分之间　2. 网状和板状遮栏向上延伸线距地 2.3m 处，与遮栏上方带电部分之间	75	100	125	150	180	300	550	850	950	1800
A_2	1. 不同相的带电部分之间　2. 断路器和隔离开关的断口两侧带电部分之间	75	100	125	150	180	300	550	900	1000	2000
B_1	1. 栅状遮栏至带电部分之间　2. 交叉的不同时停电检修的无遮栏带电部分之间	825	850	875	900	930	1050	1300	1600	1900	2550
B_2	网状遮栏至带电部分之间	175	200	225	250	280	400	650	950	1050	1900
C	无遮栏裸导体至地（楼）面之间	2375	2400	2425	2450	2480	2600	2850	3150	3250	4100
D	平行的不同时停电检修的无遮栏裸导体之间	1875	1900	1925	1950	1980	2100	2350	2650	2750	3600
E	通向屋外的出线套管至屋外通道的路面	4000	4000	4000	4000	4000	4000	4500	4500	5000	5500

注　* 系指中性点直接接地系统。

表 3-5 屋外配电装置的最小电气距离 单位：mm

符号	适用范围	额定电压（kV）								
		3～10	15～20	35	60	110J*	110	220J*	330J*	550J*
A_1	1. 带电部分至接地部分之间 2. 网状遮栏向上延伸线距地 2.5m 处，与遮栏上方带电部分之间	200	300	400	650	900	1000	1800	2500	3800
A_2	1. 不同相的带电部分之间 2. 断路器和隔离开关的断口两侧引线带电部分之间	200	300	400	650	1000	1100	2000	2800	4300
B_1	1. 设备运输时，其外廓至无遮栏带电部分之间 2. 交叉的不同时停电检修的无遮栏带电部分之间 3. 栅状遮栏至绝缘体和带电部分之间 4. 带电作业时的带电部分至接地部分之间	950	1050	1150	1400	1650	1750	2250	3250	4550
B_2	网状遮栏至带电部分之间	300	400	500	750	1000	1100	1900	2600	3900
C	1. 无遮栏裸导体至地（楼）面之间 2. 无遮栏裸导体至建筑物、构筑物顶部之间	2700	2800	2900	3100	3400	3500	4300	5000	7500
D	1. 平行的不同时停电检修的无遮栏裸导体之间 2. 带电部分与建筑物、构筑物的边沿部分之间	2200	2300	2400	2600	2900	3000	3800	4500	5800

注 * 系指中性点直接接地系统。

第四节 屋 内 配 电 装 置

屋内配电装置的结构形式与主接线和电气设备的形式有着密切的关系。此外，还与施工、检修条件、运行经验等因素有关。随着新设备和新技术的应用以及运行、检修经验的不断丰富，配电装置的结构和形式将会不断地发展与更加完善。

目前，在发电厂和变电所中，屋内配电装置最常见者为 6～10 kV 电压级的屋内配电装置，其主接线多为双母线，并往往装设有体积较大的线路限流电抗器。按其布置形式的不同，一般可分为三层式、二层式和单层式。三层式是将所有电气设备按轻重和接线顺序分别布置于三层中，它具有安全、可靠性高、占地面积小等优点。但其结构较复杂、施工时间长、造价较高，运行检修也不大方便。二层式是由三层式改进而得，与三层式相比，它的造价较低，运行检修较方便，但占地面积增加。二层式与三层式均适用于有出线限流电抗器的情况。单层式是把所有设备布置在同一层，它适用于无出线限流电抗器的情况。单层式占地面积较大，通常采用成套配电装置如预装式变电站以减小占地面积。

屋内配电装置的总体布置原则是：

(1) 既要考虑设备的质量，把最重的设备（如电抗器）放在底层，以减轻楼板荷重和方便安装，又需要按照主接线图的顺序来考虑设备的连接，做到进出线方便。

(2) 同一回路的电器和导体应布置在同一个间隔（小间）内，而各回路的间隔则相互隔离，以保证检修时的安全及限制故障范围。

(3) 在母线分段处要用墙把各段母线隔开以防止母线事故的蔓延并保证检修安全。

(4) 布置应当尽量对称，以便利于操作。

(5) 充分利用各间隔的空间。

(6) 容易扩建。

屋内配电装置通常包括下列间隔：①发电机；②变压器；③线路；④母线联络断路器；⑤电压互感器和避雷器。间隔的尺寸应以表 3 - 4 的最小电气间距为基础，再考虑安装和检修的条件来确定。下面先介绍屋内装置各间隔的设计布置原则。

一、母线及隔离开关

母线通常装在配电装置的上部，一般可采用垂直、水平和直角三角形这三种布置方式，如图 3 - 46 所示。水平布置不如垂直布置便于观察，但建筑部分简单，可降低建筑物的高度，安装比较容易，因此，在中、小容量的配电装置中采用较多。垂直布置时，相间距离可以取得较大，无须增加间隔深度；支持绝缘子装在水平隔板上，绝缘子间的距离可取较小值，因此，母线结构可获得较高的机械强度。但垂直布置的结构复杂，并增加建筑高度，垂直布置可用于 20 kV 以下、短路电流很大的装置中。直角三角形布置的结构紧凑，可充分利用间隔深度，但三相为非对称布置，外部短路时，各个母线和绝缘子机械强度均不相同，这种布置方式常用于 6～35 kV 大、中容量的配电装置中。

母线相间距离 A 决定于相间电压，并应考虑短路时的电动力稳定要求与安装条件。在6～10 kV小容量装置中母线水平布置时，A 为 250～350 mm；垂直布置时，为 700～800 mm；35 kV 水平布置时，相间距离约为 500 mm。

母线支持绝缘子的跨距 L 应根据短路机械强度而定，水平布置且机械强度满足

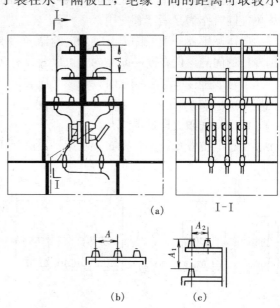

图 3 - 46　母线布置方式

(a) 垂直布置；(b) 水平布置；(c) 直角三角形布置

要求时，L 可采用间隔宽度，这样支持绝缘子装在隔墙上，以使结构简化。

双母线布置中的两组母线通常用垂直的隔板分开，这样，在一组母线运行时，可安全地检修另一组母线。母线分段布置时，在两段母线之间用隔板墙隔开。

母线隔离开关，通常设在母线的下方。为了防止带负荷误拉隔离开关发生电弧引起短路，并延烧至母线，在双母线布置的屋内配电装置中，母线与母线隔离开关之间宜装设耐火隔板。两层以上的配电装置中，母线隔离开关宜单独布置在一个小室内。

为了防止带负荷误拉隔离开关，以确保设备及运行人员的安全，在隔离开关操动机构与相关断路器之间，应设置机构或电气联锁装置。

二、断路器及其操动机构

断路器通常设在单独的小室内。断路器的小室的形式，按照油量多少及防爆的要求，可分为敞开式、封闭式及防爆式。四壁用实体墙壁、顶盖和无网眼的门完全封闭起来的小室称为封闭小室；如果小室完全或部分使用非实体的隔板或遮栏，则称为敞开小室；当封闭小室的出口直接通向屋外或专设的防爆通道，则称为防爆小室。

屋内的单台断路器、电压互感器、电流互感器，其总油量超过 600 kg 时，应装在单独的防爆小室内；总油量为 60～600 kg 时，应装在有防爆隔墙的小室内，总油量在 60 kg 以下时，一般可装在两侧有隔板的敞开小室内。

为了防火安全，屋内的单台断路器、电流互感器，其总油量在 60 kg 以上及 10 kV 以上的油浸式电压互感器，应设置储油或挡油设施。目前广泛采用各种无油化的电器（如树脂浇注式电器）则可以很好满足防火、防爆的要求。

断路器的操动机构设在操作走道内。手动操动机构和轻型远距离控制操动机构均装在壁上，重型远距离控制操动机构（如 CD3、CD3-X 型等）则落地装在混凝土基础上。

三、互感器和避雷器

电流互感器无论是干式或油浸式，都可和断路器放在同一小室内。穿墙式电流互感器应尽可能同时作为穿墙套管使用。

电压互感器一般经隔离开关和熔断器（63 kV 及以下采用熔断器）接到母线上，它需占用专门的间隔，但在同一间隔内，可以装设有几个不同用途的电压互感器。

当母线上接有架空线路时，母线上应装设避雷器，它可以与电压互感器共用一个间隔，但应以隔层隔开。

四、出线限流电抗器

由于电抗器比较重，多布置在第一层的封闭小室内。电抗器按其容量不同有三种不同的布置方式：三相垂直布置、品字形布置和三相水平布置。如图 3-47 所示。通常用三相垂直布置或品字形布置较多。当电抗器的额定电流超过 1000 A、电抗值超过 5% 时，由于质量及尺寸过大，三相垂直布置会有困难，且使小室高度增加很多，故宜采用品字形布置；额定电流超过 1500 A 的母线分段电抗器或变压器低压侧的电抗器（或分裂电抗器），则采取三相水平布置。

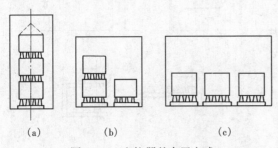

图 3-47　电抗器的布置方式

(a) 三相垂直布置；(b) 品字形布置；(c) 三相水平布置

安装电抗器必须注意：三相垂直布置时，B相应放在上下两相的中间，品字形布置时，不应将A、C相重叠在一起。其原因是B相电抗器线圈的缠绕方向与A、C相并不相同，这样在外部短路时，电抗器相间的最大作用力是吸力，而不是斥力，以便利用瓷绝缘子抗压强度比抗拉强度大得多的特点。因此，安装是不可将次序弄错，否则，支持电抗器的绝缘子可能因受拉而损坏。当电抗器三相水平布置时，绝缘子都受弯曲力，故无上述要求。

五、电缆及电缆构筑物

电缆构筑物是用来放置电缆的，电缆构筑物常用的形式有电缆隧道及电缆沟。电缆隧道为封闭狭长的构筑物，内部高1.8m以上，两侧设有数层敷设电缆的支架，可容纳较多的电缆，人在隧道内能方便地进行敷设和维修电缆工作。电缆隧道造价较高，一般用于大型电厂。电缆沟为盖板的沟道，沟深与宽不足1m，敷设和维修电缆时必须揭开水泥盖板，操作很不方便。电缆沟内容易积灰，可容纳的电缆数量也较少；但土建工程简单，造价较低，常为变电所和中、小型电厂所采用。也可以将电缆吊在天花板上，以节省电缆沟。

为确保电缆运行的安全，电缆隧道及电缆沟应设有0.5%～1.5%排水坡度和独立的排水系统。

电缆隧道（沟）在进入建筑物处，应设带门的耐火隔墙（电缆沟只设隔墙），以防发生火灾时烟火向室内蔓延并扩大事故，同时，也防止小动物进入室内。

为使电力电缆发生事故时不致影响控制电缆，一般将电力电缆与控制电缆分开排列在过道两侧。如布置在一侧时，控制电缆应尽量布置在下面，并用耐火隔板与电力电缆隔开。

下面介绍屋内配电装置的几个典型实例。

（1）6～10kV两层式配电装置。图3-48（a）所示两层二走廊式屋内配电装置的断面。它适用于双母线带出线限流电抗器的接线。

母线和隔离开关设在第二层，两组母线用墙隔开，便于一组母线工作时检修另一组母线。三相母线垂直布置，相隔距离为0.75m。三相母线用隔板隔开，可以避免母线短路。为了充分利用第二层的面积，母线呈单列布置。母线隔离开关装在母线下面的开敞的小室中，二者之间用隔板隔开，这样可以防止事故蔓延。第二层有两个维护走廊，母线隔离开关靠近走廊一侧有网状遮栏，以便巡视。

第一层布置电抗器和断路器等笨重设备，并按双列布置，中间为操作走廊，同一回路的断路器及母线隔离开关均集中在该操作走廊内进行操作，所以操作比较方便。出线电抗器小间与出线断路器小间沿纵向前后布置。三相电抗器则采用垂直布置以减小占地面积，电抗器的下部有通风道可引入冷空气，小间中的热空气则从靠外墙上部的百叶窗中排出，以改善其冷却条件。对电抗器的监视可在屋内进行。电流互感器采用穿墙式，兼作穿墙套管。变压器回路采用架空引入，出线采用电缆经电缆隧道引出。

当变压器或发电机进线回路装设少油式断路器时，可参见该图右边的间隔布置情况。在该间隔中用金属网门隔出一个维护小走廊，供运行中巡视检查断路器的运行状态。该回路的进线在第二层经穿墙套管由屋外引入，穿过楼板引至断路器。当进线需要装设电压互感器时，可将其布置于第二层的进线间隔中。

为了在操作走廊上能观察到母线隔离开关的工作状态，在母线隔离开关间隔的楼板上开了一个观察孔。但这对安全不利，如发生故障时，两层便互有影响。

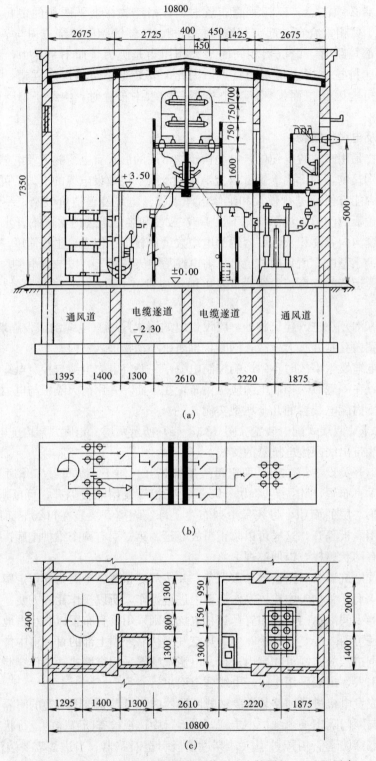

图 3-48　两层二走廊式双母线带出线限流电抗器 6～10 kV 屋内
配电装置布置实例图（单位：mm）

(a) 断面图；(b) 出线及电抗器单元接线；(c) 图 (b) 的布置图

　　总体来说，两层二走廊式配电装置的操作集中，走廊和层数较少，巡视路线短，再加上断路器均布置在第一层，维修、运行都较为方便，施工和投资也较少。

　　(2) 35 kV 屋内配电装置。图 3-49 所示为单层二走廊式，单母线分段、35 kV 屋内配电装置布置的断面图。母线采用垂直布置，母线、母线隔离开关与断路器分别设在前后间隔内，中间用隔墙隔开，可减小事故影响范围。间隔前后设有操作和维护通道，隔离开关、断路器均集中在操作走廊内操作，所以，操作比较方便。在隔离开关和断路器之间，设有机械闭锁装置，可防止带负荷误拉隔离开关，提高了供电可靠性。配电装置中所有的电器均布置在较低的地方。施工、检修均很方便。但出线（指架空线）要跨越母线，需设网状遮栏；单列布置通道长，巡视不如双列布置方便，对母线隔离开关的开闭状态监视也不便。

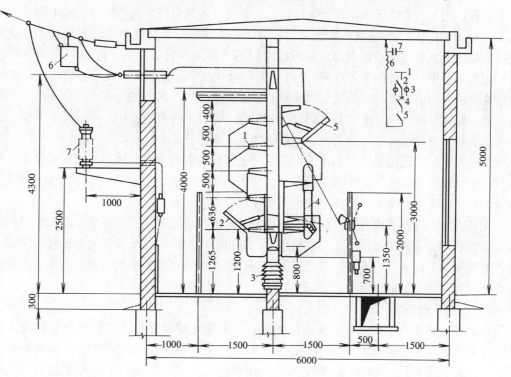

图 3-49　单层二走廊式单母线分段 35 kV 屋内配电装置布置实例图（单位：mm）
1—母线；2—隔离开关；3—电流互感器；4—断路器；5—隔离开关；6—阻波器；7—耦合电容器

第五节　屋外配电装置

　　屋外配电装置的结构形式与主接线、电压等级、容量、重要程度、母线和构架的形式、断路器和隔离开关的形式以及地形、地势、占地面积等都有关系。通常，根据电气设备和母线的布置高度，屋外配电装置可分为低型、中型、半高型和高型等类型。

　　在低型和中型屋外配电装置中，所有电器都装在同一水平内较低的基础上。中型配电装置大都采用悬挂式软母线，母线所在水平高于电器所在的水平面，但近年来硬母线的采用也日益增多。低型的主母线一般由硬母线组成，而母线与隔离开关基本布置在同一水平面上。在半高型和高型屋外配电装置中，电器分别装在几个水平面内。高型布置中母线隔离开关位于断路器之上，主母线又在母线隔离开关之上，整个配电装置的电气设备形成了三层布置，而半高型配电装置的高度则处于中型的和高型的之间。

我国目前采用最多的是中型配电装置，近年来半高型配电的装置采用也有所增加，而高型配电装置由于运行、维护、检修等不方便，只是在山区及丘陵地带，或布置受到地形条件与占地面积的限制时才采用。低型配电装置由于占地面积太大，目前基本上不采用。

下面分成几个问题对屋外配电装置进行介绍。

一、屋外配电装置布置的基本原则

（一）母线

屋外配电装置的母线有软母线和硬母线两种。软母线为钢芯铝绞线或软管母线，三相呈水平布置，用悬式绝缘子悬挂在母线构架上。软母线可选用较大的挡距（一般不超过三个间隔宽度），但挡距较大，导线弧垂也越大，因而，导线相间及对地距离就要增加，母线及跨越线构架的宽度和高度均需增加。硬母线常用的有矩形和管形两种，前者用于 35 kV 及以下的配电装置中，后者用于 110 kV 及以上的配电装置中。管形硬母线一般采用柱式绝缘子安装在支柱上，由于硬母线没有弧垂和拉力，因而不需另设高大的构架；管形硬母线不会摇摆，相间距离可以缩小，如与剪刀隔离开关配合，可以节省占地面积，但抗振能力较差。由于强度关系，硬母线挡距不能太大，一般不能上人维修。

屋外配电装置的构架，可由钢或钢筋混凝土制成。钢构架经久耐用，机械强度大，可以按任何负荷和尺寸制造，便于固定设备，抗振能力强，运输方便。但钢结构金属消耗量大，且为了防锈需要经常维护，因此，全钢结构使用较少。

钢筋混凝土构架可以节约大量钢材，也可满足各种强度和尺寸的要求，经久耐用，维护简单。钢筋混凝土构架可以在工厂成批生产，并可分段制造，运输和安装都比较方便，是我国配电装置构架的主要形式。以钢筋混凝土环形杆和镀锌钢梁组成的构架，兼顾了二者的优点，已在我国各类配电装置中广泛采用。

（二）电力变压器

电力变压器外壳不带电，故采用落地布置，安装在铺有铁轧的双梁形钢筋混凝土基础上，轨距中心等于变压器的滚轮中心。为了防止变压器发生事故时燃油流散从而使事故扩大，单个油箱油量超过 1000 kg 的变压器，按照防火要求，在设备下面设置储油池或挡油墙，其尺寸应比设备的外廊大 1 m，并在储油池内铺设厚度不小于 0.25 m 卵石层。

主变压器与建筑物的距离不应小于 1.25 m，且距变压器 5 m 以内的建筑物，在变压器总高度以下及外廊两侧各 3 m 范围内，不应有门窗和通风孔。当变压器油重为 2500 kg 及以上时，两台变压器之间的防火净距不应小于 10 m，如布置有困难，应设防火墙。

（三）高压断路器

高压断路器有低式和高式两种布置。低式布置的断路器放在 0.5～1 m 的混凝土基础上，低式布置的优点是：检修比较方便，抗振性能较好。但必须设置围栏，因而影响通道的畅通。一般中型配电装置的断路器采用高式布置，即把断路器安装在高约 2m 的混凝土基础上。断路器的操动机构须装在相应的基础上。

按照断路器在配电装置中所占的位置，可分为单列布置和双列布置。当断路器布置在主母线两侧时，称为双列布置；如将断路器集中布置在主母线的一侧，则称为单列布置。单、双列布置的确定，必须根据主接线、场地的地形条件、总体布置及出线方向等多种因素合理选择。

（四）隔离开关和电流、电压互感器

这几种设备均采用高式布置，其要求与断路器相同。隔离开关的手动操动机构装在其靠边一相基座的一定高度之上。

（五）避雷器

避雷器也有高式和低式两种布置。110 kV 及以上的避雷器由于本身细长，如安装在2.5 m 高的支架上，其上面的引线离地面已达 5.9 m，在进行试验时，拆装引线很不方便，稳定度也很差，因此，多采用落地布置，安装在 0.4 m 的基础上，四周加围栏。35 kV 的避雷器形体较矮小，稳定度较好，一般采用高式布置。

（六）电缆沟

屋外配电装置中电缆沟的布置，应使电缆所走的路径最短。电缆沟按其布置方向，可分为纵向电缆沟和横向电缆沟。一般横向电缆沟布置在断路器和隔离开关之间，大型变电站的纵向电缆沟，因电缆数量众多，一般分为两路。

（七）道路

为了运输设备和消防需要，应在主要设备近旁铺设行车道路，大、中型变电站内一般均应设置 3 m 宽的环形道路，还应设置 0.8～1 m 的巡视小道，以便运行人员巡视电气设备。电缆沟盖板可作为部分巡视小道。

二、屋外配电装置布置实例

（一）中型配电装置按照隔离开关的布置方式

中型配电装置按照隔离开关的布置方式，可分为普通中型配电装置和分相中型配电装置。

1. 普通中型配电装置布置实例

普通中型配电装置是把所有电气设备都安装在地平面上，不采用半高位或高位布置方式，母线下不布置任何电气设备，所以无论在施工、运行和检修方面都比较方便，但是占地面积过大，因而近二十年来逐步限制了它的使用范围，而渐渐地被新发展起来的各种节约用地的配电装置所代替。

图 3-50 和图 3-51 分别为 220 kV 普通中型（双母线带旁路母线）配电装置单列布置的断面图和平面图。如图 3-51 所示六回出线，有四个出线间隔，两个进线间隔，一个母联兼旁路间隔，一个电压互感器和避雷器间隔，共八个间隔，占地面积很大，其中大部分面积被母线和隔离开关所占据。除避雷器外，所有电路都布置在高 2～2.5 m 的基础上。主母线及旁路母线的边相，因距离开关位置较远，其引线设有支持绝缘子 15。搬运设备的环形道路设在断路器和母线构架之间，检修和搬运设备都比较方便，道路可兼作断路器的检修场地。采用钢筋混凝土环形杆三角钢梁，母线构架 12 与中央门形构架 13 合并，以使结构简化。当断路器为单列布置，进出线都带旁路时，配电装置会出现双层构架。但双层构架跨越线多，因而降低了可靠性。

普通中型配电装置的特点是：设备布置比较清晰，不易误操作，运行可靠，施工和维修都比较方便，构架高度较低，所用钢材较少，造价低，但占地面积大。

2. 分相中型配电装置布置实例

所谓分相即指隔离开关的布置方式是分相直接布置在母线正下方。

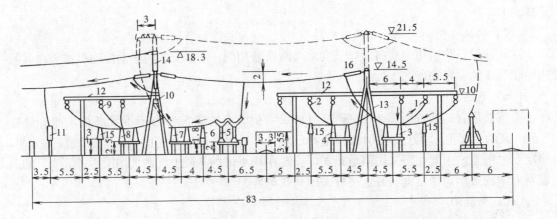

图 3-50　220 kV 普通中型（双母线带旁路母线）配电装置单列布置断面图（单位：m）

1、2、9—母线Ⅰ、Ⅱ和旁路母线；3、4、7、8—隔离开关；5—高压断路器；6—电流互感器；10—阻波器；11—耦合电容器；12—母线构架；13—中央门形构架；14—出线门形构架；15—支持绝缘子；16—悬式绝缘子串

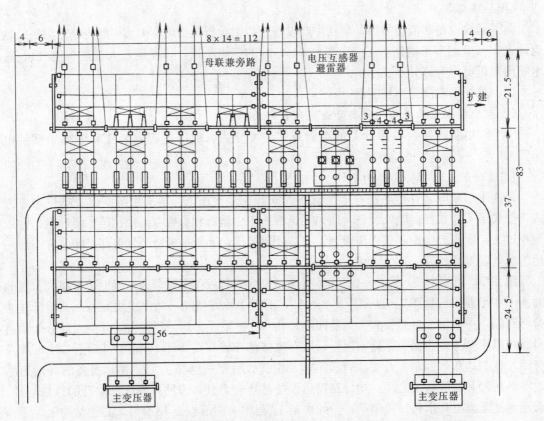

图 3-51　220 kV 普通中型（双母线带旁路母线）配电装置单列布置平面图（单位：m）

图 3-52 为 220 kV 分相中型（双母线带旁路母线，硬母线）配电装置布置图。近年来，硬（铝）管母线在高压配电装置中的应用日渐增多，采用铝管母线可以使构架高度降低和相间距离缩小，并有利于与剪刀式隔离开关配合，从而使占地面积大大减少。此外采用硬母线结构还可降低电晕损耗，减低噪声和电磁干扰强度。

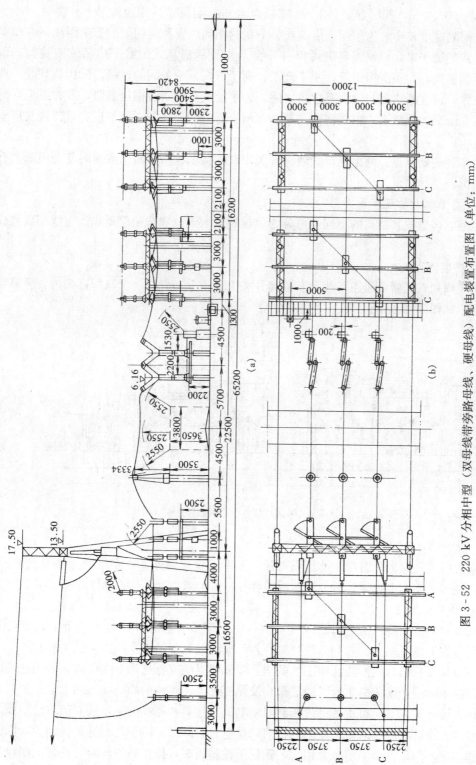

图 3 - 52　220 kV 分相中型（双母线带旁路母线、硬母线）配电装置布置图（单位：mm）

(a) 断面图；(b) 平面图

出线隔离开关则选用三柱式。母线及设备的相间距离均为 3 m，节约了纵向尺寸，可自 83 m 缩减为 65.2 m，间隔宽度自 14 m 缩减为 12 m，可见节约用地效果十分明显。

由于间隔宽度较小，为了保证出线或引下线的相间距离和对构架的安全距离，在横梁上装设有悬式绝缘子串，以便固定跳线和引下线。采用 V 形悬式绝缘子串吊装阻波器，以防止阻波器的摇摆。为了少用铝管，便于施工，利于抗振，设备间的连接均采用软导线。搬运道路的位置，设在断路器与电流互感器之间。为了使汽车能通过搬运道路，要将电流互感器安装在 3.5 m 高的支架上，以提高断路器和电流互感器间连线的对地高度，且连线长度不大于 10 m。

分相布置的缺点是：两组主母线隔离开关串联连接，检修时将出现同时使两组隔离开关停电的情况。

（二）高型配电装置布置实例

高型配电装置按其结构的不同，可分为单框架双列式；双框架单列式；三框架双列式三种类型。

1. 单框架双列式

单框架双列式是将两组主母线及其隔离开关上下重叠布置在一个高型框架内，旁路母线架不提高，如图 3-53 所示。

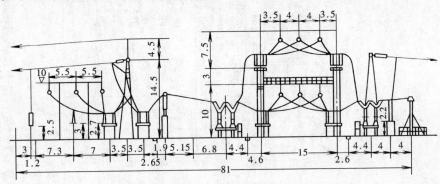

图 3-53　220 kV 单框架双列式高型配电装置（单位：m）

2. 双框架单列式

双框架单列式除将两组母线及其隔离开关上下重叠布置外，再将一个旁路母线架提高，并列设在主母线架的出线侧，两个高型框架合并，成为双框架结构，如图 3-54 所示。

3. 三框架双列式

三框架双列式除将两组主母线及其隔离开关上下重叠布置外，再把两个旁路母线架提高，并列设在主母线两侧，三个高型框架合并，成为三框架结构，如图 3-55 所示。

从图中可以看出，三框架结构比单框架、双框架更能充分利用空间位置，因为它可以双侧出线，在中间一个框架中布置了两层母线及隔离开关，两侧的两个框架的上层布置旁路母线及旁路隔离开关，下层布置进出线断路器、电流互感器和隔离开关，从而使占地面积压缩到最小程度。改进后的三框架布置的钢材消耗量也显著降低，由于具有这种优越性，因而得到较多的应用。但是，和中型布置相比，钢材消耗量较多，操作条件较差，检修上层设备非常不便，对运行人员也不够安全。是否宜于采用，应综合考虑而定。

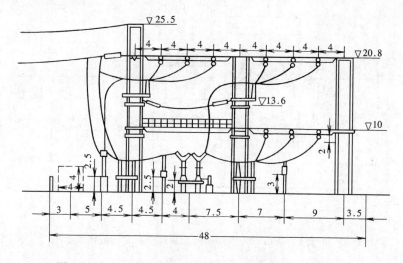

图 3-54　220 kV 双框架单列式高型配电装置（单位：m）

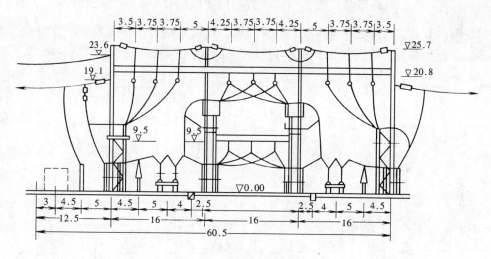

图 3-55　220 kV 三框架双列式高型配电装置（单位：m）

（三）半高型配电装置布置实例

半高型配电装置比中型配电装置高而比高型配电装置低，比普通中型布置节约用地。其布置特点是抬高母线，在母线下方布置断路器、电流互感器和隔离开关等设备。单母线分段带旁路母线配电装置，以采用半高型布置为宜。图 3-56 所示为 110 kV 单母线、进出线带旁路母线、半高型布置的进出线断面图。此方案中，旁路母线与出线断路器、电流互感器重叠布置，能节省占地面积。由于电压为 110 kV，旁路母线及隔离开关位置均不很高，且不经常带电运行，因此运行和检修的困难相对较小。主母线及其他电器的布置和普通中型布置相同，故检修运行都比较方便。

另外，由于旁路母线与主母线采用不等高布置，对实现进出线均带旁路的接线就很方便。

（四）超高压配电装置实例

超高压配电装置是指 330～750 kV 电压级的配电装置，图 3-57 所示为我国某 330 kV

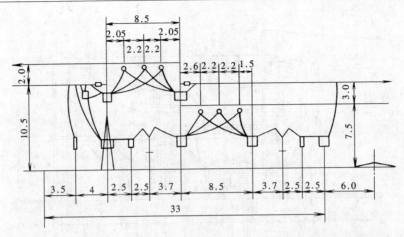

图 3-56 110 kV 单母线、进出线带旁路母线、半高型布置的进出线断面图（单位：m）

变电所中一倍半$\left(1\frac{1}{2}\right)$断路器接线三列式布置的进出线断面图。采用硬管母线、GW6 型剪刀式母线隔离开关。可降低构架高度，减少母线、电缆及绝缘子串的数量，节约占地面积。断路器采用低型布置，检修方便。无功补偿用并联电抗器装在线路侧，可减少跨线。

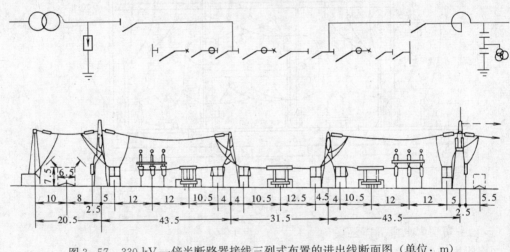

图 3-57 330 kV 一倍半断路器接线三列式布置的进出线断面图（单位：m）

断路器采用三列式布置：接线简单、清晰，占地面积小。所有出线都从第一、二列断路器间列出，所有进线（主变压器）都从第二、三列断路器间引出。

变电所内沿变压器及出线设有环形运输道。此外，为了满足机械化检修的需要，在间隔中部尚有一条纵向车道。

第六节　成套配电装置和 SF$_6$ 全封闭式组合电器

成套配电装置是由制造厂成套供应的设备，通称高压开关柜。把开关电路、测量仪表、继电保护装置和辅助设备都装配在封闭或半封闭的柜中，运到现场只需安装即构成配电装置。目前广为采用的预装式变电站或箱式变电所也属于成套配电装置。

一般来说，高压开关柜的每一个柜（有时用两个柜）构成一条电路，在使用时只要根据电气接线选择各个电路的开关柜，即可组成配电装置。

成套配电装置有屋内式和屋外式，根据开关电路是否可以移动，又可分为固定式和手车式等。另外，近年来采用较多的 SF_6 全封闭式组合电器（GIS 与 C-GIS）也应属于成套配电装置，它主要应用于屋内。

根据运行经验，成套配电装置的可靠性很高，运行安全，操作方便，维护工作量小。另外还可以减少占地面积，缩短工期，便于扩建和搬运。因此，目前成套配电装置这类产品在我国已被广泛采用且很有发展前途。

下面分别就各类成套配电装置简介于后。

一、低压成套配电装置

低压成套配电装置是指电压为 1000V 及以下的成套配电装置，有固定式低压配电屏和抽屉式低压开关柜两种。

（一）GGD 型固定式低压配电屏

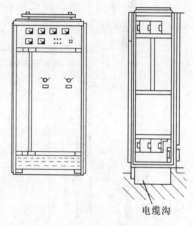

图 3-58 所示为 GGD 型固定式低压配电屏。配电屏的构架用型钢局部焊接而成。正面上部装有测量仪表，双面开门。三相母线布置在屏顶，闸刀开关、熔断器、空气自动开关、互感器和电缆端头依次布置在屏内，继电器、二次端子排也装设在屏内。

固定式低压配电屏结构简单、价格低，维护、操作方便，广泛应用于低压配电装置。

电缆沟

图 3-58　GGD 型固定式低压配电屏

（二）GCS 型抽屉式开关柜

GCS 型抽屉式开关柜如图 3-59 所示。GCS 为密封式结构，分为功能单元室、母线室和电缆室。电缆室内为二次线和端子排。功能室由抽屉组成，主要低压设备均安装在抽屉内。若回路发生故障时，可立即换上备用的抽屉，迅速恢复供电。开关柜前面的门上装有仪表、控制按钮和空气自动开关操作手柄。抽屉有连锁机构，可防止误操作。

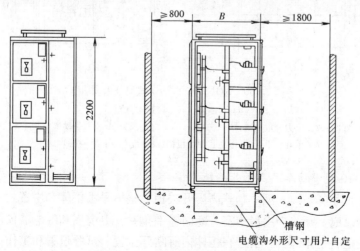

槽钢
电缆沟外形尺寸用户自定

图 3-59　GCS 型抽屉式低压开关柜

这种柜的特点是：密封性能好，可靠性高，占地面积小，但钢材消耗较多，价格较高。它将逐步取代固定式低压配电屏。

二、高压开关柜

高压开关柜是指 3～35 kV 的成套配电装置。发电厂和变电所中常用的高压开关柜有手车式和固定式两种。

（一）XGN2-10 型固定式高压开关柜

图 3-60 所示为 XGN2-10 型固定式高压开关柜。它为金属封闭箱式结构，屏体由钢板和角钢焊接成。由断路器室、母线室、电缆室和仪表室几部分组成。断路器室在柜体下部，断路器的传动由拉杆与操动机构连接。断路器下接线端子与电流互感器连接，电流互感器与下隔离开关的接线端子连接，断路器上接线端子与上隔离开关接线端子连接。断路器室设有压力释放通道，当内部电弧燃烧时，气体可通过排气通道将压力释放。母线室在柜体后上部，为减小柜体高度，母线呈品字形排列。电缆室在柜体下部的后方，电缆固定在支架上。仪表室在柜体前上部，便于运行人员观察。断路器操动机构装在面板左边位置，其上方为隔离开关的操作及连锁机构。

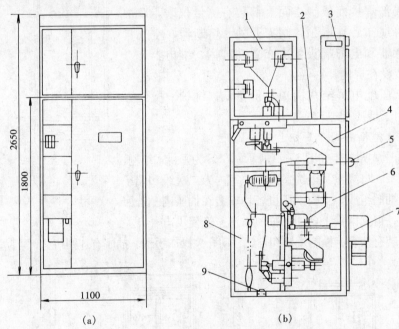

(a) (b)

图 3-60 XGN2-10 型固定式高压开关柜

(a) 外形图；(b) 结构示意图

1—母线室；2—压力释放通道；3—仪表室；4—组合开关室；5—手动操作及连锁机构；
6—主开关室；7—电磁式弹簧机构；8—电缆室；9—接地母线

（二）GZS1-10 型手动车式高压开关柜

图 3-61 所示为 GZS1-10 型手动式高压开关柜，整体是由柜体和中置式可抽出部分（即手车）两大部分组成。开关柜由母线室、断路器手车室、电缆室和继电器仪表室组成。手车室及手车是开关柜的主体部分。手车在柜体内有断开位置、试验位置和工作位置。开关设备内装有安全可靠的连锁装置，安全满足五防的要求。采用中置式形式，小车体积小，检修维

护方便。母线室封闭于开关柜后上部，不易落入灰尘和引起短路，出现电弧时，能有效将事故控制在隔离室内而不向其他柜蔓延。由于开关设备采用中置式，电缆室空间较大。电流互感器、接地开关装在隔离室后壁上，避雷器装设在隔离室后下部。继电器仪表室内装设继电保护元件、仪表、带电检查指示器以及特殊要求的二次设备等。

三、SF₆ 全封闭式组合电器装置（GIS）与 C-GIS 装置

全封闭组合电器是按照主接线图的要求把特殊设计制造的断路器、隔离开关、接地开关、电流互感器、电压互感器、避雷器以及母线、电缆头等设备依次连接组成一个整体，并组装在一个封闭的接地金属壳体内。各元件的带电部分在该金属壳体内部连接起来，因而就取消了各元件的外部绝缘，在壳体内充有高介电性能的绝缘气体。如前所述，SF₆ 气体具有极其优越的绝缘和灭弧性能。目前，它已成为国内外全封闭式组合电器所采用的主要绝缘介质。

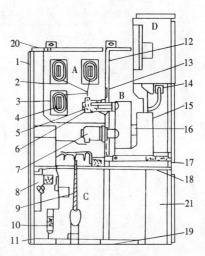

图 3-61　GZS1-10 型手车式高压开关柜
A—母线室；B—手车式断路器；C—电缆室；
D—继电器仪表室
1—外壳；2—分支小母线；3—母线套管；4—主母线；5—静触头装置；6—静触头盒；7—电流互感器；8—接地开关；9—电缆；10—避雷器；11—接地主母线；12—装卸式隔板；13—隔板（活门）；14—二次插头；15—断路器手车；16—加热装置；17—可抽出式水平隔板；18—接地开关操动机构；19—板底；20—泄压装置；21—控制小线槽

SF₆ 是一种不易与其他物质起反应的性能极其稳定的化合物，在常态下，不燃、无色、无嗅、无毒、无公害，其绝缘强度在均匀电场下为空气的 2～3 倍，在 3MPa 下可达到与绝缘油相同。而其灭弧后的介质恢复强度却是空气的 300 倍，因而其灭弧和绝缘性能都极为优越。近二三十年以来，SF₆ 全封闭式组合电器发展很快，国外目前已发展到 750 kV 级，并正在研制更高电压级的设备。我国在这个领域也有很大的发展。

（一）SF₆ 全封闭式组合电器装置的基本结构特点

SF₆ 气体的击穿特性与最大场强有着很密切的关系，它与空气的放电特性的最大不同之处在于，当 SF₆ 气体中的最大场强一旦达到其起始场强时，许多场合其放电不会停留在电晕放电（即局部放电），而将很快发展到火花放电以致全面击穿。因而，在进行 SF₆ 类气体绝缘电器的绝缘设计时，其电场分布应当尽可能地调整到较为均匀分布。因而目前的 SF₆ 全封闭式组合电器装置的基本结构为图 3-57 中（a）～（d）所示的同轴圆柱式结构。研究表明：当接地金属外壳的半径为一定时，如中心导体的半径为容器半径的 $1/e(=1/2.7)$ 时，最大电场为最低。为此，通常取容器外壳半径与导体半径之比为 3～4。

应当指出，同轴圆柱体结构只是交流三相中的一相的绝缘结构，而全封闭式组合电器装置的母线则经常作成三相同罐式［见图 3-62（d）］。对这种结构而言，一旦发生绝缘事故时，有可能发展为三相短路，且容器和支持体也都较大；但是，由于三相装在一起，所以其占地空间可大为紧缩，并且还可减少防止气体泄漏装置的数量，比起同轴圆柱结构的单相来，可以大大降低制造成本。无论单相式或三相式，SF₆ 的气压一般均为 0.4～0.5 MPa。

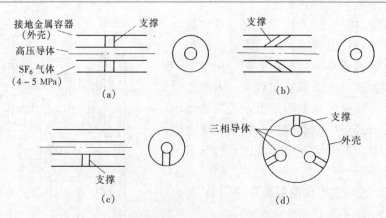

图 3-62 SF₆ 全封闭式组合电器装置的基本结构

(a) 盘形支撑；(b) 圆锥形支撑；(c) 圆柱形支撑（单相式）；
(d) 圆柱形支撑（三相同罐式）

在 SF₆ 全封闭式组合电器中，除主要靠 SF₆ 气体绝缘之外，通常导体的支撑用固体绝缘材料一般采用带填料〔硅（SiO_2）或铝（Al_2O_3）〕的环氧树脂浇注而成，其形状如图3-62所示，可以采用圆盘形、圆锥形、圆柱形这三种。圆柱形支撑虽然制造容易，但在要阻止 SF₆ 气体流通的场所，应当采用盘形或圆锥形支撑。这种支撑有时又称为盘形绝缘子。

（二）SF₆ 全封闭式组合电器装置的具体结构

图3-63所示为110 kV 双母线接线的 SF₆ 全封闭组合电器的一相断面图，它由母线 1，母线隔离开关 2，充 SF₆ 的气体断路器 3，电压互感器 4，电流互感器 5，快速接地开关 6，避雷器 7 以及出线套管 8，波纹管 9，操动机构 10 等所组成。每个元件的导电部分均在金属壳体内连接起来。

断路器为充 SF₆ 气体的断路器，因此灭弧性能很优越。断路器垂直布置并采用新型液压操动机构。为了紧凑，出线端隔离开关设计为直角形隔离开关和工作接地器的组合，均采用电动操动机构。母线为三相同罐式封闭母线，电流互感器为环氧树脂浇注。配电装置按照电气主接线的连接顺序布置成Ⅱ形，使结构更加紧凑，以节省占地面积和空间。该全封闭式组合电器装置内部分为母线、断路器以及隔离开关与电压互感器等四个互相隔离的气室，各气室内SF₆ 气体的压力不完全相同。当全封闭式组合电器的各气室相互隔离后，就可防止事故范围的扩大，也便于各元件的分别检修与更换。

总的来说，SF₆ 全封闭式组合电器

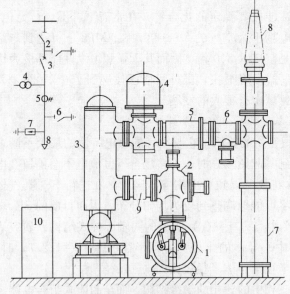

图 3-63 110 kV 双母线接线的 SF₆ 全封闭式
组合电器的一相断面图

1—母线；2—隔离开关、接地开关；3—断路器；4—电压
互感器；5—电流互感器；6—快速接地开关；7—避雷器；
8—出线套管；9—波纹管；10—操动机构

的主要优点是：

（1）占用面积和空间小。这是 SF_6 全封闭式组合电器最主要的优点。由于全封闭式组合电器取消了各元件的外部绝缘，故缩小了每一相的长度和高度，加之各相的公共壳体是接地的，故可以缩短相间距离，从而大大缩减了配电装置的占地面积。特别当电压等级愈高时，其效果愈明显。据有关资料介绍，在 110 kV 电压时，全封闭式组合电器所占面积仅为常规布置所占面积的 13％；220 kV 时仅为 8.3％；500～750 kV 时仅为常规布置所占面积的 5％。随着占地面积的大大缩减，还相应减少了土建施工量以及各项工程设施（构架等）和设备（绝缘子、导线、二次电缆等）的费用，其效果是非常明显的。

（2）设备运行安全可靠。对于全封闭式组合电器而言，由于没有或很少有暴露在大气中的外绝缘，其绝缘强度将不受环境条件（雪、雨、污秽、潮湿等）的影响。加之 SF_6 气体为不燃烧的惰性气体，没有火灾的危险，因而运行可靠性较一般电器大为提高。此外，由于高电压部分被金属外壳所屏蔽，也不易发生人身触电事故。

（3）能妥善解决超高压下的静电感应、电晕干扰等环境保护问题。近年来随着电压等级的提高，静电感应、电晕干扰、电磁干扰等环境保护问题正日益突出起来。为此，许多变电所不得不采用各种专门措施。但对于超高压的全封闭式组合电器（GIS）而言，由于封闭且接地的金属外壳起了很好的屏蔽作用，静电感应、电晕干扰等问题都很方便地得到了解决，而无须采取专门的措施，即可满足环境保护中对电磁兼容的有关要求。

（4）维护工作量小，检修周期长，安装工期短。这类电器在出厂前已调试合格并部分组装好，现场安装工作量主要是进行组装和调试，因而现场工作量可大为减少，从而大大加快了建设速度。此外，运行过程中也无须进行绝缘子清扫等工作，故维修工作量大为减少。再者，由于 SF_6 气体的绝缘、灭弧性能都很好，因此断路器的触头运行中烧损极微，检修周期可大大延长，国外认为一般要 10～20 年才大修一次。另外，全封闭式组合电器的抗振性能也很好。

SF_6 全封闭式组合电器的主要缺点是：金属材料消耗量大，对材料性能、加工与安装精度要求高，价格较贵等。

（三）C-GIS 装置的结构特点

C-GIS（Cubicle GIS）装置是指开关柜式金属全封闭组合电器。即把一个进（出）线电路的全部电器都密闭放置于金属开关柜那样的箱体内，而在其内部充以 SF_6 气体作为主要的绝缘。柜内各个电器的 SF_6 气体是难于区分开的，这是它和上述 GIS 的主要不同之处。这种绝缘形态相当于把前述的露天布置于大气中的屋外变电所置换为 SF_6 气体，但布置尺寸却可以紧凑得多，在 C-GIS 中，SF_6 气体的气压不超过 0.2 MPa，较之一般的全封闭式组合电器装置要低得多，因此制造较容易。

图 3-64 为 C-GIS 装置的结构概况，比起传统的全封闭式组合电器采用罐式容器来，C-GIS 为柜式容器，所以它占有的空间较小，另外现场操作、维护等都较方便。目前 C-GIS 广泛用于 66 kV 以下的中、低压电力网。在国外，已开发出 120 kV 级的产品。

在 C-GIS 的内部结构中，通常把母线和高压断路器的带电部分均用环氧树脂整体浇注成一体。采用环氧树脂整体浇注，其绝缘强度较之气体与液体要高，但是断路器的活动部分则是不可能采用固体绝缘的，目前多采用高压真空断路器。

另外还要附带提到一点，近年来在国内广泛采用的一种美式箱变，又称为组合式变压器，其外形如图 3-65 所示。它的结构也非常类似充 SF$_6$ 的 C-GIS 装置，它也是把所有电器装于密封的容器内，但内部充以绝缘油。断路器可以采用真空断路器，电压较低时则采用负荷开关，其内部还组装有油浸式变压器。在相同的电压等级下，其外形尺寸大致与 C-GIS 相当，但它的质量较大，油的运行维护与处理都较复杂，但不能阻燃防火（除非采用昂贵的高燃点绝缘油），所以尽管其价格较为便宜，但整体性能却不及 C-GIS 装置。但由于美式箱变的结构与制造较全封闭式组合电器要容易，所以目前还是应用较广的。

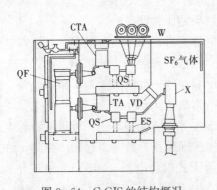

图 3-64　C-GIS 的结构概况

QF—断路器；QS—隔离开关；CTA—电流互感器；VD—电压
检测器；W—母线；X—电缆头；ES—接地装置

图 3-65　国产美式箱变外形

第七节　保　护　接　地

一、保护接地的作用、接触电压和跨步电压的概念

将一切正常不带电而在绝缘损坏时可能带电的金属部分（例如各种电气设备的金属外壳、配电装置的金属构架等）接地以保证运行人员触及时的安全就称为保护接地。触电事故除了人与带电导体过分接近或直接接触以外（这种情况可依靠设置遮栏或保持一定通道宽度来避免），还可能由于下列原因所造成。

（1）在电气设备的绝缘损坏之后触及设备的金属结构和外壳。

（2）在电气设备的绝缘损坏之处，或在载流部分发生接地故障处附近，人的两脚受到所谓跨步电压的危害。

以上两种原因所造成的触电，都可以用保护接地来加以防护。首先应当指出，触电对人体的危害程度并不直接决定于电压，而是决定于电流和接触时间的长短。研究表明：对 50 Hz 的工频交流电，当电流在 10 mA 以上时开始危害人体健康；50 mA 以上则引起呼吸麻痹、形成假死，如不及时用人工呼吸法及其他医疗措施抢救，将不能生还。流过人体电流的大小与人体的电阻值有着密切的关系，而人体电阻却并非一个固定不变的数值，和人的皮肤表面状况是否干燥完整、工作中是否应用保安用具（如绝缘鞋和绝缘手套）、人的体质和精神状态等均有关系。例如，在皮肤表面破损时，人体电阻的最低值只有 800～1000 Ω。因而，在最恶劣的条件下，只要人所接触的电压达到 40～50 V[0.05×(800～1000) V] 时，即有致命的危险。

降低触电时流过人体的电流值的有效措施是采用保护接地。为完成与地连接的整套装置称为接地装置。图3-66表示保护接地的工作原理。如设备外壳未接地时［见图3-66（a）］，当绝缘损坏后，人触及外壳即与故障相的对地电压接触。在有了保护接地后［见图3-66（b）］，则在故障时设备外壳上的对地电压将为

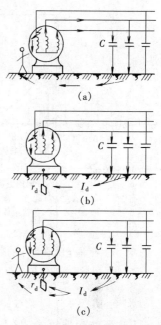

$$U_d = I_d r_d \qquad (3-15)$$

式中　I_d——单相接地电流；

　　　r_d——接地装置的电阻。

当人触及设备外壳时，接地电流将同时沿着接地体和人体两条通路流过［见图3-66（c）］，而相应流过人体的电流为

$$I_R = I_d \frac{r_d}{r_R + r_d} \qquad (3-16)$$

式中　r_R——人体的电阻；

　　　r_d——接地装置的电阻。

由式（3-16）可见，接地装置的电阻r_d愈小，通过人体的电流愈小。因而，只要适当地选择r_d，人即可免除触电的危险。

图3-66　保护接地的工作原理
(a) 设备外壳未接地；(b) 设备外壳接地；(c) 人触及已接地设备外壳时接地电流的路径

通常，接地装置是由埋入土中的金属接地体（钢管、扁钢等）和连接用的接地线等所组成。接地电流通过接地体散流于周围的土壤中，由于土壤具有一定的电阻率，所形成的散流电阻就是接地电阻。当电气设备的绝缘损坏而发生接地故障时，接地电流I_d将通过接地体向四周的大地作半球形散开，构成电流场（见图3-67），由于此半球体的表面积随着距离接地体越远而越大，根据电阻值与面积的关系，与此相应地电阻将越远越小，在距接地体为15～20 m以外的地方，这个电阻实际上接近于零。因而流过接地电流时的地面电位也接近于零。在这个范围内的区域，地面上的电位分布则是随着地的散流电阻的变化而变化。在接地体附近最高，越远越小，如图3-67所示。图中所示的对地电位U，就是对上述零电位的地面而言的电压，而电气设备的接地部分与零电位之间的电位差则称为接地时对地电压或简称对地电压，即图3-67中的U_d。

如前所述，接地装置的接地电阻实质上是接地电流经接地体散流于周围土壤中时所遇到的散流电阻，因此绝不要误认为它仅是金属接地体本身的电阻。而整个接地装置的电阻应等于接地体的对地电阻和接地线电阻之和，后者的数值较小，往往可以忽略不计。接地电阻的数值与接地体的材料类别无关，但与接地体的形状、尺寸、布置方式，特别是与周围土壤的电阻率ρ值有关。接地电阻值的精确计算是一个电流场的问题，是比较复杂的。

当不考虑接地体和接地线本身甚小的金属电阻时，则接地体的接地电阻（即电流场的散流电阻）为

$$r_d = \frac{U_d}{I_d} \qquad (3-17)$$

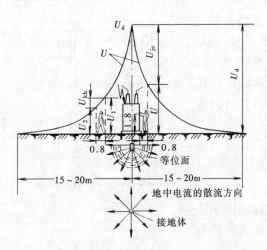

图 3 - 67　接地电流在地中的散流情况和
地表面的电位分布

通常，还可以利用式（3 - 17）的关系来实测接地电阻值。

从图 3 - 67 还可以看出：如运行人员处于电流场内，由于各点的电位分布不相同，当人用手接触故障器件时，因手处于最高电位 U_d，而脚处于较低的电位 U，人体将承受一定的电位差，这种电位差称为接触电压即 U_{jc}，即

$$U_{jc} = U_d - U \qquad (3 - 18)$$

接触电压通常按人距电气设备 0.8 m 处计算。

另外，当人在电气设备附近行走时，每跨一步在两足之间（一般把人的步距取为 0.8 m）也要形成一定的电位差（见图 3 - 67），这种电位差称为跨步电压 U_{kb}，即

$$U_{kb} = U_1 - U_2 \qquad (3 - 19)$$

人体所能耐受的接触电压和跨步电压的容许值的大小与通过人体的电流值、持续时间长短、地面的土壤电阻率以及电流流经人体的途径等因素有关。

在大接地短路电流电力网（即有效接地系统）中，接触电压和跨步电压的容许值可用式（3 - 20）来计算：

$$\left. \begin{aligned} U_{jc} &= \frac{250 + 0.25\rho}{\sqrt{t}} \quad (V) \\ U_{kb} &= \frac{250 + \rho}{\sqrt{t}} \quad (V) \end{aligned} \right\} \qquad (3 - 20)$$

式中　ρ——人脚站立的地面的土壤电阻率，$\Omega \cdot m$；

t——接地电流的持续时间，s。

在小接地短路电流的电力网（即非有效接地系统）中，接触电压和跨步电压容许值可用式（3 - 21）计算：

$$\left. \begin{aligned} U_{jc} &= 50 + 0.05\rho \\ U_{kb} &= 50 + 0.2\rho \end{aligned} \right\} \qquad (3 - 21)$$

为了保证运行人员的安全，应使接触电压和跨步电压尽可能减小。因此，应首先采用合适的接地装置以降低接地电阻。此外，还应采用下列措施：①迅速切除故障，这是保障安全的最重要措施；②在地面上铺一层高电阻的物质（如碎石），可获得较好的效果；③限制接地短路电流；④当不能使地面的电位梯度降到安全值范围内时，应限制人员进入危险地区。

另外，在 330/220 V 的三相四线制电力网中，无论电气装置采用保护接地与否，设备的外壳都要接到中性线上（见图 3 - 68），把它称为接零。当发生接壳保障时，将产生很大的单相短路电流，线路上的熔断器或自动开关一般能够以最短的时限将设备从电力网切除，从而使装置的金属部分不致长期带有危险的电位，以保证人员的安全。

二、接地电阻的容许值

接地电阻的容许值由式（3-17）来决定。这时对地电压应是能保证人身安全的数值。在选择接地电流 I_d 时，常分别按大接地电流电力网与小接地（短路）电流电力网两种不同的情况来处理。

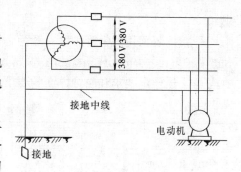

图 3-68　380/220 V 的三相四线制电力网中的接零

对大接地电流电力网而言，单相接地也就是单相短路，相应的继电保护装置动作即可将故障部分迅速切除。但是，由于接地电流大，在故障电流切除前的时间里，在故障电流所流经途径（大地及金属导体）上会引起严重的高电位分布。由于接地体附近的接地散流场范围较大，所以对人身安全有威胁的主要是接触电压和跨步电压。运行经验表明，当

$$I_d r_d \leqslant 2000 \text{ V} \tag{3-22}$$

时，人身和设备是安全的。所以应按式（3-22）来选择接地电阻的容许值。但是，当接地短路电流 I_d 大于 4000 A 时，则应取 $r_d \leqslant 0.5\ \Omega$。另外，如土壤的电阻率 ρ 值较高，以致按上述要求在技术经济上极不合理时，可容许将 r_d 值提高到 5 Ω，但这种情况下必须检验人身和设备的安全。

对小接地短路电流电力网中的接地装置而言，当发生单相接地故障时，继电保护装置通常作用于信号，而不切除故障部分。因而接地装置上的电压可能存在较长时间，运行人员也就有可能在此期间内触及设备的外壳，所以应当限制接地电压。当接地装置仅用于高压设备时，规定接地电压 $U_d \leqslant 250$ V，故有

$$r_d \leqslant \frac{250}{I_d} \text{ (}\Omega\text{)} \tag{3-23}$$

当接地装置为高低压电气设备共用时，考虑人与低压设备接触的机会更多，规定接地电压 $U_d \leqslant 120\text{V}$，因而

$$r_d \leqslant \frac{120}{I_d} \text{ (}\Omega\text{)} \tag{3-24}$$

上两式中的 I_d 为单相接地电流。按上式计算出的接地电阻一般不应大于 10 Ω。

在 1000 V 以下的低压装置中接地电阻值不应大于 4 Ω；在小容量装置中，如发电机或降压变压器的总容量未超过 100 kV·A，可以容许提高为 10 Ω。

三、接地装置的实施办法

接地装置中的接地体有自然接地体和人工接地体两大类。

设计接地装置时，应尽可能广泛地利用自然接地体。经常作为自然接地体的有：①埋在地下的自来水管及其他金属管道（但液体燃料和易燃及有爆炸性气体的管道除外）；②金属井管；③建筑物和构筑物与大地连接的或水下的金属结构；④建筑物的钢筋混凝土基础等。自然接地体的接地电阻应由实测来确定，在设计时可根据同类已有的装置的实例和近似公式来计算，或参考有关手册。

人工接地体的材料可以采用垂直敷设的角钢、圆钢或钢管以及水平敷设的圆钢、扁钢等。当土壤存在有强烈腐蚀的情况下，应采用镀锡、镀锌的接地体，或适当加大

截面。

作接地装置用的钢管长度一般为 $2\sim3$ m，钢管外径为 $35\sim50$ mm。角钢尺寸一般为 40 mm×40 mm×4 mm 或 50 mm×50 mm×4 mm，长 2.5 m 左右。此外接地装置的导体截面，在考虑了热稳定要求和腐蚀方面的要求后，其最小尺寸如表 3-6 所示。

表 3-6　　　　　　　　　　钢接地体和接地线的最小尺寸

名　称	建筑物内	屋外	地下	名　　称	建筑物内	屋外	地下
圆钢，直径（mm）	5	6	8	角钢，厚（mm）	2	2.5	4
扁钢，截面（mm^2）	24	48	48	钢管，管壁厚（mm）	2.5	2.5	3.5
扁钢，厚（mm）	3	4	4				

钢管或角钢在垂直打入地中时，应使其顶端埋入地面以下 $0.4\sim1.5$ m 处，在这个深度范围内土壤电阻率受季节影响的变动较小。钢管和角管的数目由计算决定，但其数目不少于 2 根。此外，当接地体的长度超过 3 m 时，散流电阻减少甚微，但却增加了施工困难，故一般不予采用。埋入土中的钢管或角钢在其上端用扁钢焊接，扁钢埋入地下 0.3 m 的深处。

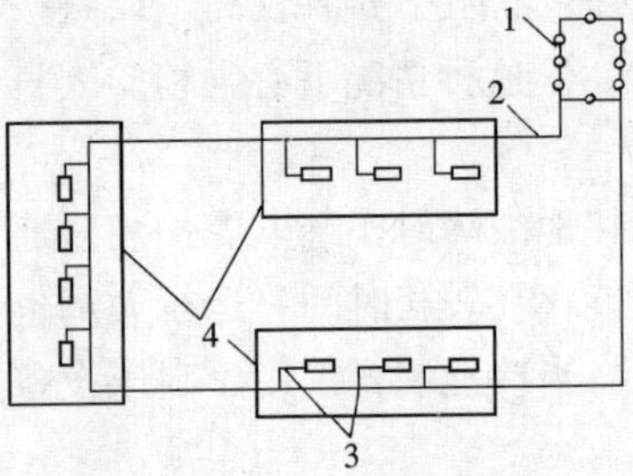

接地装置主要有两种形式：外引式和环路式。将接地体集中布置在电气装置外的某一点（见图 3-69）称为外引式。把接地体环绕接地装置布置，连成路状并在其中装设若干均压带，则称为环路式，如图 3-70 所示。

外引式接地装置的优点是选择土壤电阻率和土方工程量都最小的地点来敷设接地体，因此造价较低，钢材消耗量也较少，其缺点是电位分布不均匀，接触电压最高可达 U_d。

图 3-69　外引式接地装置
1—接地体；2—接地干线；3—接地
支线；4—电气装置

环路式接地装置中电位分布较均匀（见图 3-70），可使接触电压与跨步电压大为降低。在大接地电流电力网中，除了利用自然接地体和外引式接地装置外，还应敷设环路式接地装置。

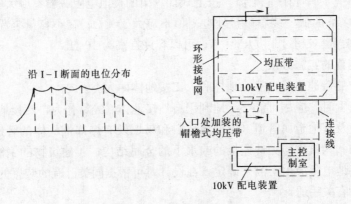

图 3-70　环路式接地装置

为了进一步减小环路式接地装置中的接触电压和跨步电压，还可在屋外配电装置的接地网内部埋设均压扁钢条（每约隔 10 m 处埋一条，见图 3-70）。为了减少在环网出口处的跨步电压，可在出口处不同深度处加埋扁钢接成半环形（有时称为帽檐式）并与接地网相连，则电位沿出口处可以更平稳地下降（见图 3-70）。同时整个环网的边角部分都作成圆弧形，以改善电场分布，增加均压效果。

引入屋内的接地网是接地干线，敷设在配电装置的每层房屋内部，由几条上下联系的导线互相连接，接地干线应该有几个地点与接地体连接。接地干线用扁钢和圆钢、角钢制成。

接地线和接地体之间的连接应该采用电焊。每一接地的元件应该用单独的支线直接连接于接地干线和接地体，不得串联连接。接地元件与支线的连接一般用螺栓。

复习思考题与习题

1. 什么是电气主接线图？对它有哪些基本要求？
2. 电气主接图有哪些基本类型？
3. 母线的分段和带旁路母线各有何作用？
4. 在倒闸操作中有时使用跨条，它有什么作用？一般在什么时候使用？
5. 举例说明带旁路母线接线方式中，出线断路器检修时停电的倒闸操作。
6. 隔离开关与断路器配合操作时，应遵守哪些原则？举例说明对出线停、送电操作的顺序。
7. 画图说明什么是单母分段接线方式。从运行角度看它与两组汇流母线同时运行的双母线接线方式在技术上有什么区别？
8. 在带旁路的双母线接线方式中，双母线和旁路母线的作用各是什么？试述检修与旁母相连的出线断路器的大致操作步骤。
9. 一倍半 $\left(1\frac{1}{2}\right)$ 断路器接线方式有何优缺点？它的适用范围如何？
10. 什么是单元接线？发电机与双绕组主变压器构成的单元接线中，发电机出口为什么可以不装断路器？
11. 什么是桥形接线方式？内桥接线和外桥接线在事故和检修时有何不同？它们的适用范围有何不同？
12. 一个 220 kV 重要变电所共有 220、110、10 kV 三个电压等级，安装两台 120 MV·A 自耦变压器，其 220 kV 侧有 4 回出线，采用双母带旁路接线方式，110 kV 侧有 6 回出线，也采用双母带旁路接线方式，10 kV 侧有 12 回出线，采用单母分段接线方式，试绘出该变电的主接线图。
13. 交流电弧的特点是什么？采用哪些措施可以提高开关的灭弧能力？
14. 真空灭弧室的真空度对其工作性能有何影响？
15. 对配电装置的要求是什么？
16. 什么是配电装置的最小电气距离？它由哪些因素所决定？
17. SF_6 全封闭式组合电器装置由哪些部件组成？它与其他类型配电装置相比有何

特点?

18. 电压互感器与电力变压器有什么区别? 电流互感器与电压互感器又有什么区别?

19. 试述电容分压器的基本原理。它与电磁式电压互感器相比有哪些优缺点?

20. 对人体生命的威胁最大的主要是电压还是电流? 它们的容许值是多少?

21. 试述在电气装置中采用保护接地的必要性。如何实施保护接地?

22. 什么是跨步电压和接触电压? 它们的大小是如何规定的?

第四章 电力系统短路

第一节 概　　述

一、短路的类型

电力系统短路是最为常见的一种系统故障形式。所谓短路就是一相或多相载流导体接地或相互接触。在三相系统中短路的基本形式有：三相短路——$k^{(3)}$；两相短路——$k^{(2)}$；单相接地短路（单相短路）——$k^{(1)}$ 以及两相接地短路——$k^{(1.1)}$，它们可分别示意于图4-1。

当三相短路时，由于被短路回路的三相阻抗相等，因而三相电流和电压仍是对称的，故又称为对称短路。但发生其他类型短路时，不仅每相电路中的电流和电压数值不相等，它们之间的相角也不相同，这些短路总称为不对称短路。

关于各种类型短路事故所占比例，则与电压等级、中性点接地方式等有关。具体而言，在中性点有效接地的高压和超高压电力系统中，以单相接地短路的故障最多，占全部短路故障的90%左右，其余是各种相间短路故障。表4-1为我国某220 kV电力系统自1961年至1977年间短路故障的统计数据。此外，另据统计，在电压较低的输配电力网

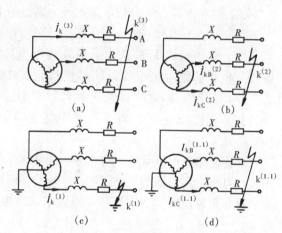

图 4-1　短路的基本类型
(a) 三相短路；(b) 两相短路；
(c) 单相接地短路；(d) 两相接地短路

络中，单相接地短路约占 65%，两相接地短路约占 20%，两相短路约占 10%，三相短路仅占 5%左右。

表 4-1　　　　220 kV 中性点有效接地电力系统短路故障的统计数据（供参考）

短路类型	单相接地短路	两相接地短路	两相短路	三相短路	其　他
示意图					
符　号	$k^{(1)}$	$k^{(1.1)}$	$k^{(2)}$	$k^{(3)}$	
故障率	87.0%	6.1%	1.6%	2.0%	3.3%
备　注					包括断线等

在中性点非有效接地的电力系统中，短路故障主要是各种相间短路故障，包括不同相两

点接地。如第二章所述，在这种电力系统中，单相接地不会造成短路，仅有不大的电容电流流过，从而使中性点产生位移，由于线电压保持不变，故仍可继续运行。

二、短路的原因与后果

发生短路的主要原因是由于各种因素（如过电压、雷击、绝缘老化、机械性损伤等）所造成的电气设备和载流导体的绝缘损伤。此外，电力系统的其他一些故障也可能直接导致短路，如输电线路的断线倒杆事故，运行人员的误操作以及飞禽或小动物跨接裸导体等，都可能造成短路。

短路对电力系统的影响主要有下列几方面。

（1）短路电流可能达到该电路额定电流的几倍到几十倍甚至上百倍，某些场合短路电流值可达几万安甚至几十万安。当巨大的短路电流流经导体时，将使导体严重发热，造成导体熔化和绝缘损坏。同时巨大的短路电流还将产生很大的电动力作用于导体与电器，可能使它们变形或损坏。

（2）短路时往往同时有电弧产生，高温的电弧不仅可能烧坏故障元件本身，也可能烧坏周围的设备。为熄灭电弧，高压断路器必须有强力的灭弧装置。

（3）由于短路电流基本上是电感性电流，它将产生较强的去磁性电枢反应，从而使得发电机的端电压下降，同时短路电流流过线路、电抗器等时还使其电压损失增加，二者作用的后果将使网络电压降低，愈靠近短路点处降低得愈多。当供电地区的电压降低到额定电压的 70% 以下而又不能立即切除故障时，就可能引起电压崩溃，造成大面积停电。

（4）短路时由于系统中功率分布的突然变化和网络电压的降低，可能导致并列运行的同步发电机组之间的稳定性被破坏。在短路切除后，系统中已失去同步的发电机在重新拉入同步的过程中可能发生功率振荡，以致引起继电保护装置误动作及大量甩负荷、甚至大面积停电。

（5）不对称短路将产生负序电流和负序电压而危及机组的安全运行。如汽轮发电机长期容许的负序电压一般不超过额定电压的 8%～10%，异步电动机长期容许的负序电压一般也不超过额定电压的 2%～5%。

（6）不对称接地短路故障将会产生零序电流，它会在邻近的线路内产生感应电动势，造成对通信线路和信号系统的电磁干扰。

（7）在某些不对称短路情况下，非故障相的电压将超过额定值，引起工频电压升高（详后），从而增高了系统的过电压水平。

为了在短路情况下保证电力系统的安全，首先应当采取限制短路电流的措施。例如：在发电厂内采用分裂电抗器与分裂绕组变压器；在短路电流较大的供电引出线上装设限流电抗器；对大容量的机组采用单元制的发电机—变压器组接线方式；在发电厂内部将并列运行的母线解列；在电力网中采用开环运行等方式以及电力网间用高压直流联络等。近年来，国外还研制开发了采用超导元件的故障电流限制器。除此之外，在设计、制造和选择电气设备时，应保证在规定的短路条件下设备满足动稳定性和热稳定性的要求。只有这样，才能确保设备在短路情况下不致破坏。为此，在选择电气设备和载流导体、选择和整定继电保护装置、选择主接线方案以及确定系统联网方式等时，都必须事先进行短路电流的计算。

第二节 标 么 制

一、标么制[1]

在进行电力系统的正常及故障（如短路）运行的参数计算时，可以把阻抗、导纳、电流、电压、功率等物理量值分别用相应的单位如欧（Ω）、西（S）、安（A）、伏（V）、伏安（V·A）等来表示；也可以把这些物理量值用没有单位的相对值来表示。前一种方法称为有名单位制，这是大家早已熟悉了的；后一种方法通称为标么制。由于电力系统的电源容量规格多、电压等级多、接线复杂，实践证明，采用标么制来进行运算，要较有名单位制方便得多。

所谓标么制，就是把各个物理量用标么值来表示的一种运算方法。标么制又称相对值，是指实际值（有名值）与所选定的基准值间的比值，即

$$标么值 = \frac{实际值（任意单位）}{基准值（与实际值同单位）} \qquad (4-1)$$

例如，当以 200 V 电压为基准值时，则 50 V 电压的标么值为

$$\frac{50(V)}{200(V)} = 0.25$$

标么值既然是同单位的两个数量的比值，因此就没有单位，标么值乘以 100 时即得到用同样基准值表示的百分值。尽管这两者都是相对值，但在电力系统计算中，标么值较百分值要方便得多，因为这两个百分值相乘后所得的数并不等于百分值，必须将乘积除以 100 才可以得到它的百分值。例如，5％×6％不应等于 30％而应等于 0.3％；但两个标么值相乘后仍得到相应的标么值，例如 0.05×0.06＝0.003。

二、基准值的选择

在采用标么值计算法时必须首先选定基准值。原则上说基准值可以随便选择，但通常都选取该设备的额定值作为基准值，或整个系统选取一个便于计算的共同基准值。

但是，并不是所有量的基准值都可以随便选定，各量的基准值之间应服从功率方程式和电路的欧姆定律。因而，当某些量的基准值一旦选定后，其他各量的基准值实际上就已经确定。例如，在三相制中电流、电压、阻抗（在短路电流计算时往往可以只考虑电抗）和功率这四个物理量的基准值 I_b、U_b、Z_b、S_b 之间当满足下列关系[2]

功率方程式

$$S_b = \sqrt{3} U_b I_b \qquad (4-2)$$

欧姆定律

$$U_b = \sqrt{3} I_b Z_b \qquad (4-3)$$

因此，只要事先选定其中两个量的基准值，其余两个基准值也就确定了。在实际计算中，一般先选定视在功率和电压的基准值，于是电流和阻抗的基准值则为

---

[1] "么"字读"幺"（yāo），作"幺"解，本书按习惯用法写为"么"，但读者切勿与什么的"么"混淆。另外，有的书上还用角标 P.U 来表示标么值（P.U. 为英文 Per Uint 的缩写）。

[2] 通常对称的三相电力系统在进行故障的分析计算时，均按等值的星形电路对待。

$$I_b = \frac{S_b}{\sqrt{3}U_b} \tag{4-4}$$

$$Z_b = \frac{U_b}{\sqrt{3}I_b} = \frac{U_b^2}{S_b} \tag{4-5}$$

在求出各量的基准值后，即可很方便地求出其标么值。但是当计算阻抗标么值 Z_*，（本章凡下角有 $*$ 号者均表示为标么值）时，可以用关系式 $Z_* = \frac{Z}{Z_b}$ 计算，也可利用视在功率和电压的基准值直接进行计算，即

$$Z_* = \frac{ZS_b}{U_b^2} = Z\frac{S_b}{U_b^2} \tag{4-6}$$

式中　Z——阻抗的欧姆值。

应当指出，对于星形连接的对称三相系统，线电压的额定值（亦即其基准值）除以 $\sqrt{3}$ 等于相电压基准值，即线电压的基准值为相电压的基准值的 $\sqrt{3}$ 倍，但线电压值本身就应当是相电压的值的 $\sqrt{3}$ 倍，因此，线电压和相电压的标么值是相等的。在星形连接中，线电流就等于相电流，其标么值当然也相等。对于三角形连接的对称的三相系统，线电流的额定值（亦即其基准值）除以 $\sqrt{3}$ 等于相电流的基准值，而线电流也为相电流的 $\sqrt{3}$ 倍。因此，线电流和相电流的标么值也是相等的。另外，在三角形连接中线电压等于相电压，其标么值当然也相等。因此，在对称三相系统中当用标么值表示时，不管采用什么接法，任何一点的线电压（或线电流）与该点的相电压（或相电流）的值是相等的。同样，三相总视在功率为每相视在功率的 3 倍，而每相视在功率的基准值又等于三相总视在功率基准值的 $\frac{1}{3}$，故用标么值表示时，三相总视在功率与每相视在功率的值也是相等的。这样，当采用标么值时，对称三相电路完全可以按单相电路的标么值进行计算，且与三相系统的连接方式无关，这是标么制的一大优点。

三、基准值变化时标么值的归算

由于在一般的发电机、变压器等设备的铭牌数据中所给出的阻抗，往往都是以其自身的额定值为基准的标么值，但在进行电力系统计算时，系统中往往包含有许多功率、电压等规格不同的发电机、变压器等电气设备，因此，在进行系统计算时应当选择一个共同的基准值，把所有以设备自身的额定值为基值的阻抗标么值都按这个新选择的共同基准值去进行归算，只有经过这样的归算后，才能进行统一的计算。

从式（4-6）可知，用标么值表示的阻抗值与视在功率的基准值成正比，而与电压的基准值的平方成反比，因而可按下列公式来把它们归算到共同的基准值下。

（1）当只是基准功率值不同时，有

$$Z_{b*} = Z_{N*}\frac{S_b}{S_N} \tag{4-7}$$

式中　S_b——选定的共同基准功率，kV·A 或 MV·A；

S_N——设备的额定视在功率，kV·A 或 MV·A；

Z_{N*}——以设备自身额定值为基值的阻抗标么值；

Z_{b*}——归算为以系统共同基值为基准的阻抗标么值。

（2）当只是基准电压不同时，有

$$Z_{b*} = Z_{N*} \frac{U_N^2}{U_b^2} \tag{4-8}$$

式中 U_N——设备的额定电压，kV；

$\qquad U_b$——所选定的该电压级的共同基准电压，kV。

（3）当基准功率、基准电压均不相同时，有

$$Z_{b*} = Z_{N*} \times \frac{S_b}{S_N} \times \left(\frac{U_N}{U_b}\right)^2 \tag{4-9}$$

应当特别指出的是：在采用上述各公式时，由于电力系统中往往具有许多不同电压等级的线路段，它们之间都是通过升压变压器和降压变压器联系在一起的。为了计算方便起见，需要把系统各元件的阻抗标么值都归算到同一的基本电压级。在选定了基本电压级的基准电压之后，对其他各段线路的阻抗进行归算时所应取的各段的基准电压，可以根据该段线路与基本电压级线路间的所有变压器的变比系数用式（4-10）来进行归算，即

$$U_{b(n)} = \frac{1}{(k_1 k_2 \cdots k_n)} U_b \tag{4-10}$$

式中 $\qquad U_b$——基本电压级的基准电压；

$\qquad U_{b(n)}$——归算元件的标么值时各段线路所应该采用的基准电压；

k_1、k_2、$\cdots$、k_n——各段线路与基本电压级线路间所有变压器的变比系数。

根据变压器的阻抗折算的原则以及式（4-8）～式（4-10），可以得出归算到基本电压级的系统总元件的阻抗标么值的一般计算式为

$$Z_{b*} = (k_1 k_2 \cdots k_n)^2 Z \frac{S_b}{U_b^2} = (k_1 k_2 \cdots k_n)^2 Z_{N*} \frac{S_b}{S_N} \times \frac{U_N^2}{U_b^2} \tag{4-11}$$

式中 Z——元件阻抗的欧姆值，Ω；

$\qquad Z_{N*}$——以元件自身的额定值为基准值的阻抗标么值。

但是，采用式（4-11）进行阻抗的归算时，将涉及到变比的折算，当线段间的电压级数较多时，计算将比较复杂。目前，在实际工程计算中一般都取变压器两侧的网络的平均额定电压之比来代替变压器的实际变比，这种近似计算可使整个计算大为简化，计算结果也能满足一般工程上的要求，因而得到了广泛的应用。下面进一步介绍这种计算方法。

首先解释一下网络的平均额定电压这个概念。大家知道，由于线路上有电压降落存在，所以处于同一电压级下的升压变压器的绕组的额定电压与降压变压器的绕组的额定电压将有所不同，例如图 4-2 中，T1 的二次侧与 T2 的一次侧的额定电压就不同，这样，同一电压级中各元件的额定电压就可能不一样。但是，为了简化计算，假定处于同一电压级中的各元件的额定电压都相等，即在数值上把它取为最高额定电压与最低额定电压的平均值，并把它称为网络的平均额定电压。例如，以 110 kV 系统为例，升压变压器二次侧的额定电压为 121 kV，而降压变压器一次侧的额定电压为 110 kV，因而相应的网络平均额定电压 U_{av} 值为

$$U_{av} = \frac{121 + 110}{2} \approx 115 \ (kV)$$

根据上述定义，可写出 U_{av} 的一般式为

$$U_{av} = \frac{1.1 U_N + U_N}{2} = 1.05 U_N \tag{4-12}$$

式中 U_N——网络的额定电压。

根据式（4-12），我国现行各级电压下的网络平均电压分别为 6.3、10.5、37、63、115、230、345、525 kV。

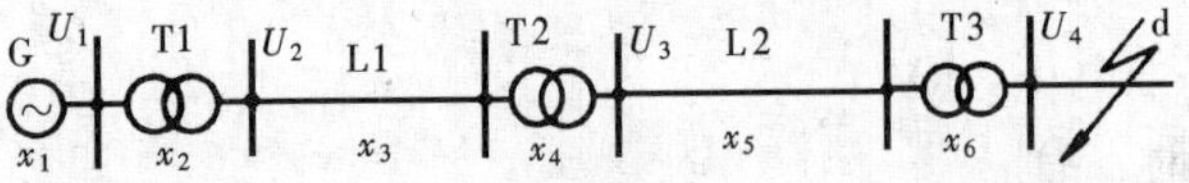

图 4-2 具有四个电压级的开式电力网

下面以图 4-2 中具有四个电压级的开式电力网为例。如取网络的平均额定电压作为基准电压，把网络中各元件的电抗标么值都往短路点 k 所在的基本电压级 U_4 进行归算。如图 4-2 所示，由于把各级电压下的网络平均额定电压分别取为 U_1、U_2、U_3、U_4，于是，根据阻抗归算的一般公式〔即式（4-11）〕，可以有

发电机 G

$$x_{1b*} = (k_1 k_2 k_3)^2 x_{1N*} \times \frac{S_b}{S_N} \times \frac{U_1^2}{U_4^2} = \left(\frac{U_2}{U_1} \times \frac{U_3}{U_2} \times \frac{U_4}{U_3} \right) x_{1N*} \frac{S_b}{S_N} \times \frac{U_1^2}{U_4^2} = x_{1*} \frac{S_b}{S_N}$$

变压器 T1

$$x_{2b*} = \left(\frac{U_3}{U_2} \times \frac{U_4}{U_3} \right)^2 x_{2N*} \frac{S_b}{S_N} \times \frac{U_2^2}{U_4^2} = x_{2N*} \frac{S_b}{S_N}$$

线路 L1

$$x_{3b*} = \left(\frac{U_4}{U_3} \times \frac{U_3}{U_2} \right)^2 x_3 \frac{S_b}{U_4^2} = \frac{S_b}{U_2^2} x_3$$

式中 x_{1N*}、x_{2N*}——以元件额定值为基值的电抗标么值。

对 x_4、x_5、x_6 也可写出类似的式子，在此就不再一一列举了。从以上分析可知，当选取网络平均额定电压 U_{av} 作为各级基准电压，并且不考虑各元件额定电压与平均额定电压之差，而以 U_{av} 来近似计算变比时，则不管归算到哪个电压级下其电抗的标么值都是一样的。因而只需要按式（4-7）进行功率的归算即可。同时，从 x_{3b*} 的计算可知，各段内元件参数的标么值可以直接用该段的平均电压作为基准电压进行计算，而不必再归算。

上面介绍了电压基准值的选取原则，对于功率的共同基准值，一般为方便起见，多选取 1000 MV·A 或 100 MV·A，有时也可以采用系统的总视在功率作为功率的基准值。如前所述，当 U_b、S_b 选定后，I_b、Z_b 也就相应确定了。表 4-2 上列出了当取 $S_b = 100$ MV·A，$U_b = U_{av}$ 时的 I_b、Z_b 值（如忽略电阻，则为 x_b），以作为示例。

表 4-2 常用基准值表（$S_b = 100$ MV·A）

基准电压 U_b（kV）	3.15	6.3	10.5	13.8	15.75	18	37	63	115	162	230	345
基准电流 I_b（kA）	18.3	9.17	5.5	4.18	3.67	3.21	1.56	0.917	0.502	0.356	0.251	0.167
基准电抗 X_b（Ω）	0.0992	0.397	1.10	1.90	2.48	3.24	13.7	39.7	132	362	529	1190

至于把标么值换算为有名值，则只要根据标么值的定义式（4-6），即可找出相应的公式来，这里就不再一一述及了。

为了使用方便起见，根据上述标么值的定义和归算原则以及标么值和有名值间的关系，可将各种元件的标么值及有名值的计算公式汇总如表 4-3 所示，以供使用时参考。

表 4 - 3　　　　　　　　　　　　电抗标么值与有名值的计算公式

序　号	元件名称	标　么　值	有名值（Ω）
1	发电机（或电动机）	$x''_{d*} = x''_{d*N} \dfrac{S_b}{S_N}$	$x''_{d*} = x''_{d*N} \dfrac{U_N^2}{S_N}$
2	变压器	$x_{T*} = \dfrac{U_T\%}{100} \cdot \dfrac{S_b}{S_N}$	$x_T = \dfrac{x_T\%}{100} \cdot \dfrac{U_N^2}{S_N}$
3	电抗器	$x_{p*} = \dfrac{X_P\%}{100} \dfrac{U_N}{\sqrt{3}I_N} \dfrac{S_b}{U_b^2}$	$x_p = \dfrac{x_p\%}{100} \dfrac{U_N}{\sqrt{3}I_N}$
4	线路	$x_{L*} = x_L \dfrac{S_b}{U_b^2}$	X_L
5	从某一基准容量 S_b 的标么值化到另一基准容量 S 的标么值	$x_{S*} = x_{b*} \dfrac{S}{S_b}$	
6	将某一基准电压 U_{1b} 的标么值化到另一基准电压 U_{2b} 的标么值	$x_{2*} = x_{1*} \cdot \dfrac{U_{1b}^2}{U_{2b}^2}$	

【例 4 - 1】　对图 4 - 3 所示的开式网络，各元件的参数已标注在图上。当取基准功率 $S_b = 100\ \text{MV} \cdot \text{A}$，$U_b = U_{av}$ 时，分别进行网络各元件的标么值的归算，并求出从短路点到发电机的总标么值电抗。

解　按表 4 - 3 中的公式进行归算：
发电机

$$x''_{d*} = x''_{dN*} \frac{S_b}{S_N}$$

$$= 0.125 \times \frac{100}{30}$$

$$= 0.416$$

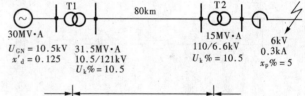

图 4 - 3　　[例 4 - 1] 图

变压器 T1

$$x_{T1*} = \frac{U_k\%}{100} \times \frac{S_b}{S_N} = 0.105 \times \frac{100}{31.5} = 0.33$$

变压器 T2

$$x_{T2*} = \frac{U_k\%}{100} \times \frac{S_b}{S_N} = 0.105 \times \frac{100}{15} = 0.7$$

线路

$$x_{L*} = x_L \frac{S_b}{U_b^2} = 0.4 \times 80 \times \frac{100}{115^2} = 0.24$$

电抗器

$$x_{p*} = \frac{X_p\%}{100} \times \frac{U_N}{\sqrt{3}I_N} \times \frac{S_b}{U_b^2} = 0.05 \times \frac{6}{\sqrt{3} \times 0.3} \times \frac{100}{6.3^2} = 1.46$$

所以，从发电机到短路点的总阻抗的标么值为

$$x_{*\Sigma} = 0.416 + 0.33 + 0.24 + 0.7 + 1.46 = 3.146$$

第三节 由"无限大"电力系统供电的简单电力网
三相短路电流的计算

在介绍本节内容之前，先要谈谈关于"无限大"电力系统的概念。我们知道，实际的电力系统的容量总是有限的，图 4-4（a）表示由几个电源供电的系统，根据等效发电机原理可化成图 4-4（b）所示的等值系统，其等值电源内阻抗 Z_G 等于各电源内阻抗（Z_{G1}、Z_{G2}、Z_{G3}）相并联。显然，电源愈多则等值电源的内阻抗就愈小，这时如外电路元件（变压器、电抗器、线路等）的等值阻抗 Z_d 比电源内阻抗大得多，则外电路中的电流变动时（例如 k 点发生短路），供电系统的母线电压 U_m 变动甚微，因而，在实际计算时可近似认为这时 U_m 等于常数，相应这种短路回路所接的电源便认为是"无限大"电力系统，即：$S=\infty$，$Z=0$（$R=0$，$X=0$），U_m 为一定值。

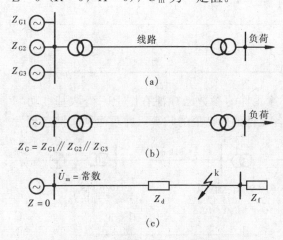

图 4-4 "无限大"电力系统示意图
(a) 接线图；(b) 等值电路；(c) 等值电路

为选择电气设备而进行的短路电流计算时，如果系统阻抗（即等值电源内阻抗）不超过短路回路总阻抗的 $5\%\sim10\%$，就可以不考虑系统阻抗，而作为"无限大"电力系统对待。按这种假设所求得的短路电流虽较实际值偏大一些，但不会引起显著误差以致影响所选电气设备的形式。

另外，由于按"无限大"电力系统所计算得的短路电流是装置所通过的最大短路电流，因此，在初步估算流过装置的最大短路电流或在缺乏必要的系统数据时，都可认为短路回路所接的电流是"无限大"电力系统。

在讨论"无限大"电力系统三相短路电流的计算方法时，首先要用到电路课程中对 RL 电路接通正弦电压后的过渡过程的分析方法。

图 4-5 为一个"无限大"电力系统发生三相短路时的等值电路。图中的 $Z=R+jX$ 为从电源到短路点的每相等值阻抗，U_m 为"无限大"电源的端电压的幅值，其内阻抗为零。当开关 S 闭合时相当于突然三相短路，因而短路的过渡过程与 R、L 电路接通正弦电压时的过渡过程十分相似。

根据电路理论，突然短路时电路的方程式为

$$Ri_k + L\frac{di_k}{dt} = U_m\sin(\omega t + \varphi_{0u}) \tag{4-13}$$

式中 i_k——突然短路电流的瞬时值；

φ_{0u}——短路发生时的电源电压相位角（合闸相位角）。

求解方程式（4-13），可得短路电流瞬时值的表达式为

$$i_k = \frac{U_m}{Z}\sin(\omega t + \varphi_{0u} - \varphi) - \frac{U_m}{Z}\sin(\varphi_{0u} - \varphi)e^{-\frac{R}{L}t}$$

$$= i_{dz} + i_{fz} \tag{4-14}$$

式中 φ——电流滞后于电压的相位角。

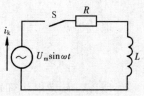

图 4-5 "无限大"电力系统短路的等值电路

式（4-14）中的第一项为短路电流的稳态分量，由于它是一个幅值不变的正弦电流，故又称周期分量；同时，这个分量又是外加电压在阻抗 $Z = R + jX$ 的回路内强迫产生的，故又称为强制分量。

式（4-14）中的第二项为短路电流的暂态分量，由于它是一个按指数规律衰减的直流分量，故又称非周期分量或自由分量。

从电路课程对过渡过程理论的分析可知，当合闸相位角 $\varphi_{0u} = \varphi - \dfrac{\pi}{2}$（见图4-6）时，短路电流的暂态分量最大，此时短路电流将达最大值，故应以此作为计算短路电流最大值的条件。

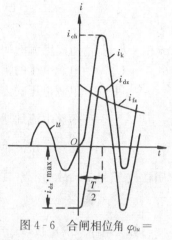

对一般电力系统而言，由于其主要组成元件如发电机、变压器、高压输电线路等的电抗值都大大超过其电阻值，因此在短路电流计算时可以只考虑电抗值以简化计算（下同）。在这种情况下，可取 $\varphi = 90°$ 实践证明，这种简化计算完全是可行的。

当将

$$\psi_{0u} = \varphi - \frac{\pi}{2} \ \text{及} \ \varphi = 90° = \frac{\pi}{2} \ \text{代入式（4-14）后可得}$$

$$i_k = \frac{U_m}{Z}\sin\left(\omega t - \frac{\pi}{2}\right) + \frac{U_m}{Z}e^{-\frac{R}{L}t} \qquad (4-15)$$

图4-6 合闸相位角 $\varphi_{0u} = \varphi - \dfrac{\pi}{2}$ 时的短路电流

式（4-15）表明，当短路发生在 $\varphi_{0u} = \varphi - \dfrac{\pi}{2} = 0$，即电源电压的瞬时值正好经过零值时，短路电流的暂态分量最大，故应以式（4-15）作为推算最大短路电流值的条件。

式（4-15）所示的短路电流瞬时值的变化波形如图4-7所示。从图上可以看出，从短路发生的时刻起直到短路电流的暂态分量衰减完毕为止的这段时间，称为短路的过渡过程（暂态过程）。在短路的暂态过程结束后即进入了稳定短路状态，这时的短路电流即为稳态分量短路电流。在短路的暂态过程中，总的短路电流的瞬时值为稳态分量与暂态分量之和，两个分量都是随时间而变化的，因而它的最大瞬时值将在暂态过程中的某一时刻出现。由于短路电流所产生的电动力等与其瞬时值有关，因此应设法找出短路电流的最大瞬时值来。

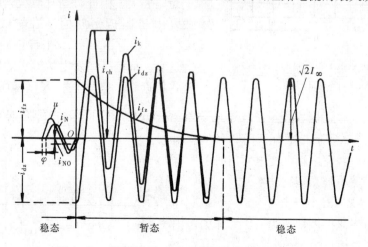

图4-7 "无限大"电力系统短路电流的波形图

从图 4-6 和图 4-7 都可以看出，短路电流的最大瞬时将出现在短路后的半个周波，当 $f=50$ Hz 时，这个时间应为 0.01 s。这个短路电流的最大瞬时值又称为冲击短路电流 i_{ch}，按式 (4-15)，它的值应为

$$i_{ch} = \frac{U_m}{Z} \sin\left(\pi - \frac{\pi}{2}\right) + \frac{U_m}{Z} e^{-\frac{R}{L}0.01} = \frac{U_m}{Z}(1 + e^{-\frac{R}{L}0.01})$$

$$= \frac{U_m}{Z}K_{ch} = \frac{\sqrt{2}U}{Z}K_{ch} = \sqrt{2}K_{ch}I_{k.rms} \qquad (4-16)$$

式中　K_{ch}——短路电流的冲击系数，$K_{ch} = 1 + e^{-\frac{R}{L}0.01}$；

　　　U_m——电源电压的幅值；

　　　U——电源电压的方均根值；

　　　$I_{k.rms}$——短路电流周期分量的方均根值，$I_{k.rms} = \dfrac{U}{Z}$。 　　(4-17)

从式 (4-16) 可知，冲击短路电流 i_{ch} 的大小与冲击系数值 K_{ch} 成正比，由于电路的时间常数 $T_a = \dfrac{L}{R}$，故冲击系数 K_{ch} 的计算式又可写为

$$K_{ch} = 1 + e^{-\frac{0.01}{T_a}} \qquad (4-18)$$

如果电路只有电抗，而电阻 $R=0$，则 $K_{ch}=2$，意味着短路电流的暂态分量不衰减；反之，如果短路回路只有电阻，而电感 $L=0$，则 $K_{ch}=1$，即根本不产生暂态分量短路电流。因而，总的来说，K_{ch} 的值应在 1~2 之间，K_{ch} 值与电路参数及时间常数的关系如图 4-8 曲线所示。

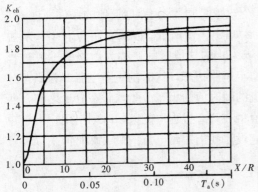

图 4-8　冲击系数 K_{ch} 值与电路参数及
电路时间常数的关系

对于一般电压的高压电力网而言，电抗均较电阻值要大得多，T_a 值一般在 0.05~0.2 s 的范围内。以往多取 $T_a = 0.05$ s，相应的 $K_{ch}=1.8$，并以此作为计算的依据。目前，随着网络电压的提高和容量的增大，T_a 值已有所增大，特别当发电机附近短路时，T_a 值较线路上短路要大。因此，当计算大容量电力网短路或发电机附近短路时，目前认为以取 $T_a = 0.01$ s，相应 $K_{ch}=1.9$ 来计算冲击短路电流较为适宜。而当巨型发电机端点短路时，T_a 值甚至将接近 0.2 s，这样，K_{ch} 值就更大了。

【例 4-2】　一个无限大容量系统通过一条 70 km 的 110 kV 输电线路向某变电所供电，接线情况如图 4-9 所示。试分别用有名单位制和标么制计算输电线路末端和变电所出线上发生三相短路时的短路电流和短路功率。

解　1. 按有名单位制计算

已知线路每千米的电抗值为 $x_1 = 0.4$ Ω，则 70 km 长线路的总电抗为

$$x_L = 70 \times 0.4 = 28 \ (\Omega)$$

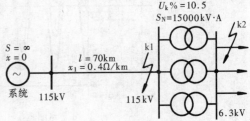

图 4-9　[例 4-2] 图

(1) 当 k1 点短路时。由于是"无限大"容量系统，当 k1 点短路时短路电流周期分量的方均根值按式（4-15）应为（不考虑线路电阻）

$$I_{k1} = \frac{U}{x_L} = \frac{115}{\sqrt{3} \times 28} = 2.36 \ (kA)$$

相应的短路功率为

$$S_{k1} = \sqrt{3} U I_{k1} = \sqrt{3} \times 115 \times 2360 = 470 \times 10^3 (kV \cdot A) = 470 \ (MV \cdot A)$$

如取 $K_{ch} = 1.8$ 则短路冲击电流为

$$i_{ch1} = \sqrt{2} 1.8 I_{d1} = 2.55 \times 2.36 = 6 \ (kA)$$

(2) 当 k2 点短路时。先计算归算到 6.3 kV 侧的变压器电抗值

$$x'_T = U_k \% \frac{U_N^2}{S_N} \times 10 = 10.5 \times \frac{(6.3)^2}{15000} \times 10 = 0.278 \ (\Omega)$$

三台变压器并列运行时的等值电抗为

$$x_T = \frac{x'_T}{3} = \frac{0.278}{3} = 0.0927 \ (\Omega)$$

为了计算 k2 点的短路电流，需要将线路电抗归算到 6.3 kV 电压侧，即

$$x_L = 28 \times \left(\frac{6.3}{115}\right)^2 = 0.084 \ (\Omega)$$

于是当 k2 点短路时，短路电流周期分量的方均根值为

$$I_{k.\,rms2} = \frac{U}{x_L + x_T} = \frac{6.3}{\sqrt{3}(0.084 + 0.0927)} = 20.6 \ (kA)$$

短路功率为

$$S_{k2} = \sqrt{3} U I_{k.\,rms2} = \sqrt{3} \times 6.3 \times 20.6 = 224 \ (MV \cdot A)$$

冲击短路电流值为

$$i_{ch2} = \sqrt{2} 1.8 I_{k.\,rms2} = 2.55 \times 20.6 = 52.6 \ (kA)$$

2. 按标幺制计算

(1) 取 $S_b = 15000 \ kV \cdot A = 15 \ MV \cdot A$，$U_b = U_{av}$，对各元件电抗进行归算

变压器 $x_{k*} = \frac{U_k \%}{100} \times \frac{S_b}{S_N} = 0.105 \times \frac{15000}{15000} = 0.105$

线路 $x_{L*} = x_L \frac{S_b}{U_b^2} = 0.4 \times 70 \times \frac{15}{115^2} = 0.0318$

(2) 当 k1 点短路时，相应的短路电流周期分量的方均根值为

标幺值 $I_{k.\,rms1*} = \frac{U_*}{x_{L*}} = \frac{1}{0.0318} = 31.496$

有名值 $I_{k.\,rms1*} = I_{k.\,rms1*} \frac{S_b}{\sqrt{3} U_b} = 31.496 \times \frac{15}{\sqrt{3} \times 115} = 2.37 \ (kA)$

(3) 当 k2 点短路时，相应的短路电流的周期分量的方均根值为

标幺值 $I_{k.\,rms2*} = \frac{U_*}{x_{L*} + (x_{k*}/3)} = \frac{1}{0.0318 + (0.105/3)}$

$$= \frac{1}{0.0668} = 14.97$$

有名值 $I_{\text{k. rms2}} = I_{\text{k. rms2}*} \cdot \dfrac{S}{\sqrt{3}U_{\text{b}}} = 14.97 \times \dfrac{15}{\sqrt{3} \times 6.3} = \dfrac{224.55}{10.91} = 20.58$ （kA）

可见，两种方法的计算结果很接近。

第四节　由同步发电机供电的简单电力网三相短路电流的计算

从电机学课程中知道，当同步发电机发生三相突然短路时，由于短路电流所造成的强烈的去磁反应，发电机的端电动势将大为降低。这时不能再把发电机的端电压视为常数。所以，当发电机端点或端点附近发生短路以及短路虽然发生在距发电机较远的网络内而电源容量有限时，都不能用第三节所叙述的方法来计算短路电流，必须考虑到突然短路时发电机内部的电磁暂态过程，才能得出正确的计算结果。

关于同步发电机突然短路时的暂态过程，在电机学课程中已有阐述，下面将在此基础上介绍同步发电机三相短路电流的实用计算的有关问题。

一、同步发电机的三相短路电流的一般计算方法

从电机学课程中已知，同步发电机突然短路时的短路电流同样具有周期分量与非周期分量。就周期分量而言，从突然短路瞬间起，经历了从次暂态—暂态—稳态的变化过程。具体来说，短路电流周期分量的幅值随时间而变化的公式为

$$I_{\text{km}} = \sqrt{2}\left[(I''_{\text{k. rms}} - I'_{\text{k. rms}})\text{e}^{-\frac{t}{T''_{\text{d}}}} + (I'_{\text{k. rms}} - I_{\text{k. rms}})\text{e}^{-\frac{t}{T'_{\text{d}}}} + I_{\text{k. rms}}\right] \qquad (4-19)$$

式中　I_{km}——同步发电机三相短路电流周期分量的幅值；

　　　$I''_{\text{k. rms}}$——次暂态短路电流的方均根值；

　　　$I'_{\text{k. rms}}$——暂态短路电流的方均根值；

　　　$I_{\text{k. rms}}$——稳态短路电流的方均根值；

　　　T''_{d}——次暂态分量电流衰减的时间常数，它的值一般为 $0.03\sim0.1$ s，即在几个周波内衰减完毕；

　　　T'_{d}——暂态分量电流衰减的时间常数，它的值一般为 $0.5\sim3$ s。

在式（4-19）中，各短路电流的方均根值为

$$I''_{\text{k. rms}} = \dfrac{E_0}{x''_{\text{d}}} \qquad (4-20)$$

$$I'_{\text{k. rms}} = \dfrac{E_0}{x'_{\text{d}}} \qquad (4-21)$$

$$I_{\text{k. rms}} = \dfrac{E_0}{x_{\text{d}}} \qquad (4-22)$$

式中　x''_{d}、x'_{d}、x_{d}——发电机的次暂态电抗、暂态电抗、稳态直轴（同步）电抗；

　　　E_0——发电机的空载电动势。

应当指出，"电机学"课程在分析推导上述各公式时是按照空载端点短路的条件出发的。当实际进行电力系统短路电流计算时，则与空载短路的条件不相同。下面讨论实际计算与空载短路时的区别，并进而导出三相短路电流的计算方法。

（一）区别

实际电力系统短路电流计算与空载短路的区别主要有下列两方面。

（1）一般来说，发电机不是在空载情况下突然短路，而是在带有一定负载的情况下突然

短路的。这时各短路电流周期分量的有效值应为

$$I_k'' = \frac{E_0''}{x_d''} \tag{4-23}$$

$$I_k' = \frac{E_0'}{x_d'} \tag{4-24}$$

$$I_k = \frac{E_\infty}{x_d} \tag{4-25}$$

式中　E_0''、E_0'——发电机的次暂态电动势和暂态电动势；

E_∞——发电机的稳态同步电动势。它的值与发电机是否装有自动调节励磁装置以及自动调节励磁装置的性能有关。

应当指出，上述 E_0''、E_0' 都有由理论推导而得出的一个虚构的电动势。例如，就 E_0'' 而言，它的近似理论计算式为

$$\dot{E}_0'' = \dot{U}_N + j \dot{I}_N x_d'' \tag{4-26}$$

式中　$\dot{U}_N$——发电机的额定端电压；

$\dot{I}_N$——发电机的额定电流。

从式（4-26）可以看出，E_0'' 是指当以 x_d'' 作为发电机的内电抗，在发电机带额定负荷运行时电抗 x_d'' 后的等效电动势，故可以用它来计算在负载情况下三相突然短路的次暂态电流的周期分量。

对于没有阻尼绕组的水轮发电机，它只有 x_d'，因此对应于计算短路电流周期分量起始值 I_k' 的电动势应为暂态电动势 E_0'。E_0' 同样应理解为 x_d' 后的一个虚构电动势[1]。

E_0'' 的准确计算是较复杂的，表4-4列出了 x_d''、x_d'、x_d 以及 E_0'' 和 E_0' 的平均值可供参考。

通常，为简化计算，一般可以近似取：$E_0'' \approx U_N$，$E_0' \approx U_N$。

（2）发电机不是端点短路，而是经外阻抗后短路。这时可以把外阻抗作为发电机电抗的一部分，而按发电机端点短路的情况去等效处理。即在实际计算时只要把发电机的电抗与阻抗相加以作为等效发电机电抗即可。

表4-4 同步发电机的电动势和电抗的平均值

发 电 机 类 型	x_d''	x_d'	x_d	E_0''	E_0'
汽轮发电机	0.125	0.25	1.62	1.08	
水轮发电机（有阻尼绕组）	0.2	0.37	1.15	1.13	
水轮发电机（无阻尼绕组）		0.27	1.15		1.18

注　本表中的值均为以额定容量为基准的标幺值。

至于同步发电机突然三相短路时短路电流的非周期分量的大小，同样与短路发生的时刻有关，在最不利条件下非周期分量的计算式为

---

[1]　国外有的书上把 E_0'' 称为次暂态电抗后的电动势，把 E_0' 称为暂态电抗后的电动势。

$$i_{kf} = \sqrt{2} I''_k e^{-\frac{t}{T_a}} \tag{4-27}$$

式中　i_{kf}——短路电流非周期分量的瞬时值；

　　　　T_a——网络的时间常数，一般为 $(0.05 \sim 0.2)$ s。

因而，在最不利的短路条件下（即电压的瞬时值过零时），同步发电机三相突然短路电流瞬时值的表达式为

$$i_k = \sqrt{2} \left[(i''_k - I'_k) e^{-\frac{t}{T''_d}} + (I'_k - I_k) e^{-\frac{t}{T'_d}} + I_k \right] \sin(\omega t - 90°) + \sqrt{2} I''_k e^{-\frac{t}{T_a}} \tag{4-28}$$

根据式（4-28）所绘制出的短路电流的波形图如图4-10所示，短路电流周期分量衰减变化的包络线如图4-11所示。

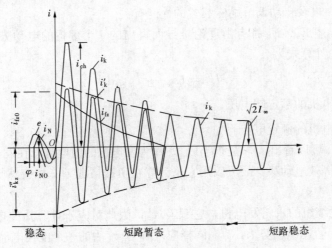

图4-10　同步发电机三相短路电流的波形图

（二）计算方法

通常，根据选择与校核电气设备和载流导体的需要，要求计算三相短路时的次暂态短路电流 I''_k、冲击电流 i_{ch} 以及稳态短路电流 $I_\infty = I_k$，下面进一步讨论它们的计算方法。

（1）次暂态短路电流 I''_k。如前所述，当发电机端短路时，其一般计算式为（4-23），但也可以近似计算为

$$I''_k = \frac{U_N}{x''_d} \tag{4-29}$$

如短路发生在电力网内，即经过外部电抗短路时，则近似可取为

$$I''_k = \frac{U_N}{x''_d + X_{1\Sigma}} \tag{4-30}$$

式中　$X_{1\Sigma}$——从短路点到发电机之间的外电路总阻抗。

（2）冲击电流 i_{ch}。从图4-10可知，冲击电流 i_{ch} 值同样出现在短路后的半个周波，即 $t = 0.01$ s时。因而冲击电流 i_{ch} 的计算式应为

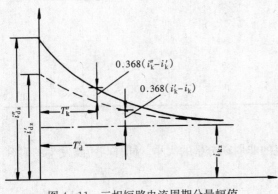

图4-11　三相短路电流周期分量幅值
衰减变化的包络线

$$i_{ch} = K_{ch} \sqrt{2} I_k'' \tag{4-31}$$

式中 K_{ch}——冲击系数。

如前所述，当由巨型发电机直接供电的母线上短路时，一般应取冲击系数 $K_{ch} = 1.9$，则

$$i_{ch} = 1.9 \sqrt{2} I_k'' = 2.7 I_k'' \tag{4-32}$$

而在一般高压网络内短路时，可仍取 $K_{ch} = 1.8$，相应可得

$$i_{ch} = 1.8 \sqrt{2} I_k'' = 2.55 I_k'' \tag{4-33}$$

（3）稳态短路电流 I_∞。从上述可知，其一般计算式为（4-25），当没有装设自动调节励磁装置时，可近似取为

$$I_\infty = I_k = \frac{U_N}{x_d} \tag{4-34}$$

如短路是发生在外部电力网内，则有

$$I_\infty = \frac{U_N}{x_d + X_{1\Sigma}} \tag{4-35}$$

二、自动调节励磁装置对同步发电机三相短路电流的周期分量的影响

以上在分析同步发电机三相短路的暂态过程和计算短路电流时都没有考虑发电机自动励磁调整装置的作用，即认为在整个短路过程中发电机的励磁电流不变，也就是 $E_0 = $ 常数。实际上现今发电厂中的发电机都装设有自动调节励磁装置（包括强行励磁装置），其作用是当发电机的端电压变动时，自动地调节励磁电流，相应地改变发电机的端电动势，从而维持发电机的端电压在规定的范围内。当突然短路时，由于发电机的端电压急剧下降，自动调节励磁装置的强行励磁装置立即发挥作用，迅速增大励磁电流，使发电机的感应电动势增大，端电压重新回升。但是，不管哪种类型的自动调节励磁装置，由于发电机的励磁回路具有较大的电感，都不可能立即增大励磁电流，所以自动调节励磁装置的调节效果要在短路后略为延迟一定时间才可以显现出来，如图 4-12 所示。因而，装设自动调节励磁装置后，短路电流周期分量的起始值一般不会受什么影响，即使在短路后的前几个周波内，对短路电流的变化情况也影响不大。因此，装有自动调节励磁装置的发电机的次暂态短路电流 I_k'' 以及冲击电流 i_{ch} 的计算方法应当与不装自动调节励磁装置时完全相同。可是，由于自动调节励磁装置发挥作用的结果，仍将改变感应电动势，从而使得稳态短路电流的计算方法不同于没有装设有自动调节励磁装置的发电机。

计算装有自动调节励磁装置的发电机的稳态短路电流有多种方法，下面介绍一种简化近似计算方法。

当计算稳态短路电流时，发电机的参数应采用稳态同步电动势 E_∞ 和稳态同步电抗 x_d，由于发电机离故障点的远近不同，强行励磁的动作情况不一样，在实际计算时一般可采用标幺值，按下列步骤计算：

（1）根据已知发电机定子漏抗 x_σ、短路比 f_{k0} 及励磁电流 I_e，由发电机稳态电动势曲线（见图 4-13 和图 4-14）查得稳态电动势 E_∞（发电机电动势曲线已计及极限励磁状态下发电机的饱和影响）。

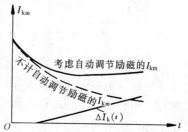

图 4-12 自动调节励磁装置对短路电流周期分量幅值影响

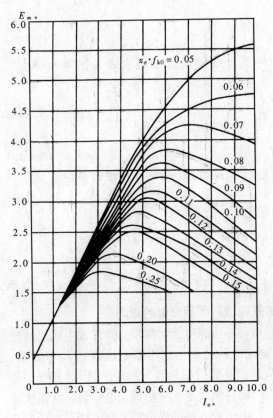

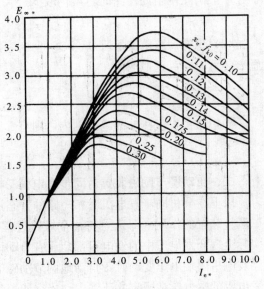

图 4-13　汽轮发电机稳态电动势曲线　　　　　图 4-14　水轮发电机稳态电动势曲线

(2) 发电机的稳态同步电抗 x_d 可按式(4-36)进行计算

$$x_d = \frac{E_\infty}{f_{k0} I_e} \tag{4-36}$$

(3) 当外接电抗为 $X_{1\Sigma}$ 时，首先假定发电机处于强制励磁状态，则稳态短路电流为

$$I_\infty = \frac{E_\infty}{x_d + X_{1\Sigma}} \tag{4-37}$$

(4) 校验发电机励磁状态是否与以上假定相符，方法如下：当短路电流为 I_∞ 时发电机的端电压 $U_{ed}(U_{ed} = I_\infty X_{1\Sigma})$ 如小于发电机的额定电压 U_N，则表示发电机所处励磁状态和式 (4-37) 的计算条件相同，I_∞ 即为所求的值。

当 $I_\infty X_{1\Sigma}$ 的值大于 U_N 时，则表示发电机不是处于强励状态。如以标么值表示可令 $U_{ed*} = U_{N*} = 1$，这时 I_∞ 应按式 (4-28) 进行计算

$$I_{\infty*} = \frac{1}{x_{d*}} \tag{4-38}$$

应当指出，以上所介绍的计算同步发电机三相短路电流的方法只是一种简化近似的方法，除了电路的电阻一概不考虑外，还有许多近似的假定，例如，对负载的影响就没有考虑。具体来说，负载中的同步电动机和异步电动机在短路瞬间（特别是端点附近发生短路时），由于内部磁场的影响将可能成为一个供给短路电流的发电机，这种现象称为负荷反馈。但是，这一般只是对 1000 kW 以上的大型电动机才考虑这种影响。实践证明，第三节和本节中所介绍的计算方法已完全能满足在选择电气设备、继电保护整定等情况下对短路电流计算准确度的要求。

【例 4 - 3】 某发电厂有两台 15 MV·A 的汽轮发电机，经两台并联运行的变压器把电能送往 37 kV 的电力网，每台变压器的容量为 7.5 MV·A，接线情况如图 4 - 15 所示。

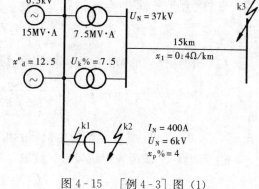

图 4 - 15 ［例 4 - 3］图（1）

已知各元件的参数（各元件参数的标么值都是以额定容量为基准值）为：

发电机 $x''_{d*} = 12.5(\%)$，$f_{k0} = 0.47$，$x_\sigma f_{k0} = 0.05$，$U_N = 6.3$ kV，$I_{e*} = 5.0$（标么值）；

变压器 变比 6.3/37 kV，$U_k\% = 7.5$；

线路 电抗 $x_1 = 0.4$ Ω/km，线路长为 15 km；

电抗器 $I_N = 400$ A，$U_N = 6$ kV，$x_p\% = 4$。

试求：

（1）当 k1 点短路时的 I''_k、$I\infty$；

（2）当 k2 点短路时的 I''_k、i_{ch}；

（3）当 k3 点短路时的 I''_k、i_{ch}。

解 由于发电厂的容量不大，故不能按"无限大"电力系统来处理，应按本节所述的方法进行短路电流计算。

先将各元件的电抗从标么值折算为欧姆值（按表 4 - 3）。

发电机

$$x''_d = x''_{d*} \frac{U_N^2}{S_N} \times 10 = 12.5 \frac{6.3^2}{15000} \times 10 = 0.33 \ (\Omega)$$

变压器归算到 37kV 侧的电抗值为

$$x_k = U_k\% \frac{U_N^2}{S_N} \times 10 = 7.5 \frac{37^2}{7500} \times 10 = 13.7 \ (\Omega)$$

电抗器

$$x_p = \frac{x_p\% U_N}{\sqrt{3} I_N} = \frac{4}{100} \times \frac{6}{\sqrt{3} \times 0.4} = 0.346 \ (\Omega)$$

线路
$$x_L = 0.4 \times 15 = 6 \ (\Omega)$$

（1）计算 k1 点短路时的短路电流。按式（4 - 29），并考虑到是两台同容量的发电机端点短路，有

$$I''_{k(1)} = \frac{U_N}{x''_d} = \frac{6.3}{\sqrt{3} \times \frac{0.33}{2}} = 22(\text{kA})$$

故
$$i_{ch(1)} = 2.7 I''_{dz(1)} = 59.4(\text{kA})$$

从图 4 - 13 上根据 $x_\sigma f_{k0} = 0.05$，$I_e = 5$ 查得 $E_\infty = 4.0$。

所以
$$x_d = \frac{E_\infty}{f_{k0} I_e} = \frac{4.0}{0.47 \times 5} = 1.7$$

因而稳态短路电流的标么值为

$$I_{\infty1*} = \frac{E_\infty}{x_d/2} = \frac{4}{1.7/2} = 4.7$$

稳态短路电流的实际值为

$$I_{\infty 1} = 4.7 \times \frac{15000}{\sqrt{3} \times 6.3} = 4.7 \times 1372 = 6450(\text{A}) = 6.45 \text{ (kA)}$$

（2）计算 k2 点的短路电流。作 k2 点短路电流的计算电路如图 4 - 16 所示。故

$$I''_{k2} = \frac{6.3}{\sqrt{3}\left(\frac{0.33}{2} + 0.346\right)} = 7.1(\text{kA})$$

比较 I''_{k1} 及 I''_{k2} 可知，线路上装设电抗器后可大大限制短路电流。

由于短路点 k2 距发电机较近，故取

$$i_{ch2} = 2.7 I''_{k2} = 2.7 \times 7.1 = 19.2(\text{kA})$$

（3）计算 k3 点的短路电流。由于 k3 点所处网络电压为 37 kV，故需将各计算电抗归算到 37 kV 侧，并作出计算电路如图 4 - 17 所示。

图 4 - 16　［例 4 - 3］图（2）　　　　　　　　图 4 - 17　［例 4 - 3］图（3）

发电机的次暂态电抗归算到 37 kV 侧的值为

$$x''_d = 0.33\left(\frac{37}{6.3}\right)^2 = 11.4 \text{ (}\Omega\text{)}$$

因而次暂态短路电流为

$$I''_{k3} = \frac{37}{\sqrt{3}\left(\frac{11.4}{2} + \frac{13.7}{2} + 6\right)} = 1.15 \text{ (kA)}$$

因短路点距电源相对较远，故冲击电流为

$$i_{ch3} = 2.55 I''_{k3} = 2.55 \times 1.15 = 2.94 \text{ (kA)}$$

三、任意时刻三相短路电流的计算——运算曲线法

上面所介绍的方法只能计算次暂态短路电流、冲击电流以及稳态短路电流，如需要计算短路暂态过程中任意时刻的短路电流，则需要求解式（4 - 19）。要实现这样的计算，需要知道每个发电机的各个时间常数值，还应计及暂态过程中发电机电动势和电抗的变化，因而是很复杂的，即使目前依靠电子计算机可以实现这样的计算，但仍然比较复杂。因此很早以前就有人考虑到：如果事先利用计算工具通过计算绘制成某种计算用曲线，然后再利用查曲线的方法去计算，这样就有可能使计算结果既满足工程要求又较为简便。运算曲线就是基于这种想法而事先制定好的一种计算短路电流周期分量方均根值的曲线，应用这种曲线可以较方便地查得系统中各台发电机或各类发电机任意时刻送至短路点的短路电流。下面仅对这种曲线的制定及其用法作一简单介绍，以供使用时的参考。

运算曲线是用图 4 - 18 所示的网络来制作的，图 4 - 18（a）为正常运行时的网络，发电机运行在额定电压和额定负荷，50％负荷接在变压器高压母线上，50％负荷在短路点外侧。图4 - 18（b）为短路时的网络，只有变压器高压母线上的负荷对短路电流有影响，其等值阻抗为

$$Z_{\mathrm{D}} = \frac{U^2}{S_{\mathrm{D}}}(\cos\varphi + \mathrm{j}\sin\varphi)$$

$$\cos\varphi = 0.8, \quad \sin\varphi = 0.6$$

式中 U——负荷点高压,取为1;

S_{D}——发电机额定容量的 50%,即 0.5。

图 4-18 中,$X''_{\mathrm{d}*}$ 及 $X_{\mathrm{f}*}$ 均为以发电机额定值为基准的标幺值,短路点的远近用故障支路的等值电抗 $X_{\mathrm{f}*}$ 来表示。

根据图 4-18 所示的等值网络,采用发电机的平均参数,根据不同的 $X_{\mathrm{f}*}$ 值,就可以计算出短路过程中任意时刻的短路电流的方均根值 I_*。

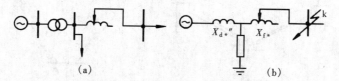

图 4-18 制作运算曲线的网络
(a) 正常运行时;(b) 短路时的等效网络

进一步对于不同时间 t,绘制成以短路电流的方均根值 I_* 为纵坐标,运算电抗 $X_{\mathrm{js}*} = X''_{\mathrm{d}*} + X_{\mathrm{f}*}$ 为横坐标的运算曲线。在图 4-19 上列出了一种汽轮发电机的运算曲线。其他类型的运算曲线可参见附录五。

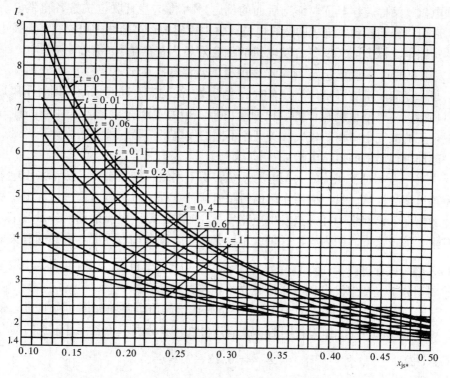

图 4-19 典型的汽轮发电机的运算曲线(一)

$$x_{\mathrm{js}*} = 0.12 \sim 0.50$$

在应用运算曲线来计算电力系统的短路电流时，将系统中的发电机均用电抗 X''_{d*} 来代表，且不计网络中负荷的影响（因而在制作曲线时已近似考虑了负荷的影响）。然后按下列两种方法去计算任意时刻的短路电流。

（1）把系统中所有发电机看作同类型的，进一步将它们合并以求得它们对短路点的等值电抗，再将此电抗归算到以发电机总容量为基准值的运算电抗，即可由运算曲线查得短路点的短路电流，这种方法当然是比较近似的。

例如，对图 4 - 20 所示的两机系统，其等值电抗显然就是 x_{1*} 和 x_{2*} 的并联。

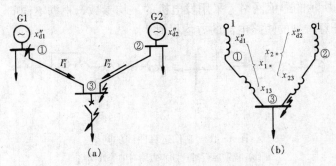

图 4 - 20　两机系统的等值电路
(a) 网络图；(b) 等值电路

（2）将各台发电机分开，按电路运算规则将网络化简以分别求得各台发电机与短路点之间的直联电抗（又称转移电抗，详见后面的例题）❶，将这些直联电抗按各自发电机的额定容量归算后可以得到各台发电机的运算电抗，再由相应的运算曲线即可查得各台发电机送至短路点的短路电流标么值（以各台发电机的额定容量为基准值）。例如，对图 4 - 20 中的系统，1 号发电机的转移电抗为 x_{1*}，2 号发电机的转移电抗为 x_{2*}。

对于一个复杂网络的短路计算，有时上述两种方法均需要同时采用，即将距离短路点的电气距离相接近、类型也极相似的发电机合并成一台发电机来处理，采用第一种方法去计算，而把余下的电气距离相差较大、类型也不同的发电机按第二种方法去计算，最后将它们累加在一起即可得出总的短路电流来。

最后应当指出，对于现代的大型电力系统，由于网络结构复杂，一般都采用电子计算机来进行短路电流的计算。只要应用专门的短路电流计算程序就可以方便地计算出在系统运行方式变化的情况下，网络中任一点发生短路后某一时刻的短路电流的周期分量值来。本书由于篇幅有限，关于这方面的内容，这里就不再介绍了，读者如有需要，可参阅有关书籍。

【例 4 - 4】　试计算图 4 - 21（a）所示系统，在 f 点发生短路时，在短路后 0.2 s 时的短路电流的周期分量。图中发电机电压母线联络断路器是断开的。

解　（1）求出各元件的电抗的标么值。首先作出等值电路图如图 4 - 21（b）所示。取 $S_b = 300$ MV·A，$U_b = U_{av}$ 作为共同的基准值，再进一步分别求得各元件电抗的标么值为

发电机 G1，G2　　　　　$x_{1*} = x_{2*} = 0.13 \times \dfrac{300}{30} = 1.3$

---

❶　关于网络阻抗变换的公式，可参见有关"电路"课程的书籍。

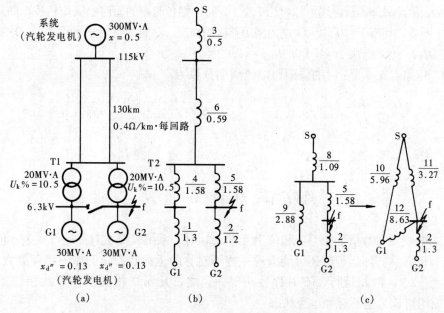

图 4-21 ［例 4-4］的系统

(a) 系统图；(b) 等值电路；(c) 网络化简

变压器 T1, T2 $\qquad x_{4*} = x_{5*} = 0.105 \times \dfrac{300}{30} = 1.58$

系统 $\qquad x_{3*} = 0.5$

线路 $\qquad x_{6*} = \dfrac{1}{2} \times 130 \times 0.4 \times \dfrac{300}{115^2} = 0.59$

（2）化简网络，求转移电抗与运算电抗。如图 4-21（c）所示，将星形 x_5、x_8、x_9 化成三角形 x_{10}、x_{11}、x_{12}，即消去了网络中的中间节点。x_{11} 即为系统对 f 点的直联电抗（转移电抗），x_{12} 即为发电机 G1 对 f 点的转移电抗，即

$$x_{10*} = 1.09 + 2.88 + \frac{1.09 \times 2.88}{1.58} = 5.96$$

$$x_{11*} = 1.09 + 1.58 + \frac{1.09 \times 1.58}{2.88} = 3.27$$

$$x_{12*} = 1.58 + 2.88 + \frac{1.58 \times 2.88}{1.09} = 8.63$$

另外发电机 G2 对 f 点的转移电抗则为

$$x_{2*} = 1.3$$

从而，各电源的运算电抗相应为

$$x_{Sjs*} = 3.27 \times \frac{300}{300} = 3.27$$

$$x_{1js*} = 8.63 \times \frac{30}{300} = 0.863$$

$$x_{2js*} = 1.3 \times \frac{30}{300} = 0.13$$

（3）查运算曲线，求 0.2 s 短路电流值。根据运算电抗值，从运算曲线查得各电源在 0.2 s 的

短路电流标么值。另外，从曲线可知，当 $x_{js*} > 3$ 时，则各时刻的短路电流均相等，即周期分量的幅值恒定不变，相当于"无限大"电力网短路时的情况。这时的周期分量可用 $1/x_{js}$ 求得。

故有 $I_{S*} = 0.3$；$I_{G1*} = 1.14$；$I_{G2*} = 4.92$。

从而，短路点在 0.2 s 时的总短路电流周期分量为

$$I_{0.2} = 0.3 \times \frac{300}{\sqrt{3} \times 6.3} + 1.14 \times \frac{30}{\sqrt{3} \times 6.3} + 4.92 \times \frac{30}{\sqrt{3} \times 6.3}$$

$$= 8.25 + 3.13 + 13.5$$

$$= 24.9 \ (kA)$$

第五节 对称分量法

当三相电气量在数量上相等、相位上互差120°时，系统就处在对称运行状态。但是电力系统和电气设备在实际运行时还可能出现一些不对称的运行状态，例如三相负载大小不等，相位差不为 120°，两相运行，不对称短路等。总之，凡属三相大小不等或相位互差不为120°的情况均可认为是不对称运行状态。

在电工技术中常用对称分量法来分析不对称运行的问题，下面简单介绍一下这种方法的原理。

对称分量法是基于线性电路的叠加原理。对称分量法认为任何一组不对称的三相系统均是由三个对称的系统所组成，这样可以运用分析对称运行的方法来解决不对称运行问题。

图 4-22 表示了对称分量的分解与合成的情况。通常任何一组三相不对称的量可以分解为三个对称的分量，下面以电流为例加以说明。

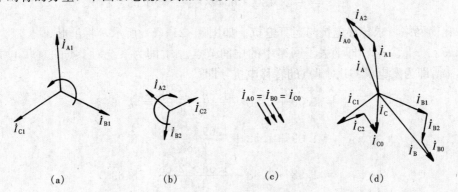

图 4-22 对称分量的合成
(a) 正序量；(b) 负序分量；(c) 零序分量；(d) 三序分量的合成

(1) 正序分量（又称顺序分量）。如图 4-22 (a) 所示，$\dot{I}_{A1}$ 领先于 $\dot{I}_{B1}$ 120°，$\dot{I}_{B1}$ 领先于 $\dot{I}_{C1}$ 120°，相当于一般对称三相制的情况，按符号法其具体关系为（正序分量的右下角均注于1）

$$\dot{I}_{B1} = a^2 \dot{I}_{A1}；\dot{I}_{C1} = a \dot{I}_{A1} \tag{4-39}$$

式中 a——复数运算符号，它的大小是单位相量，即 $a = e^{j\frac{2\pi}{3}}$。

一个相量乘以 a 就表示该相量逆时针转 120°；乘以 a^2 就表示它顺时针旋转 120°，它们的数学展开式为

$$a = e^{j\frac{2}{3}\pi} = \cos\frac{2}{3}\pi + j\sin\frac{2}{3}\pi = -\frac{1}{2} + j\frac{\sqrt{3}}{2}$$

$$a^2 = e^{j\frac{4}{3}\pi} = -\frac{1}{2} - j\frac{\sqrt{3}}{2}; \quad a^2 + 1 = -a$$

$$a^3 = 1; \quad 1 - a^2 = \sqrt{3}\left(\frac{\sqrt{3}}{2} + j\frac{1}{2}\right)$$

$$a^2 - a = -j\sqrt{3}; \quad a - a^2 = j\sqrt{3}; \quad 1 - a = \sqrt{3}\left(\frac{\sqrt{3}}{2} - j\frac{1}{2}\right)$$

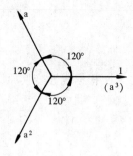

图 4-23　算子 a 的相位关系

因而 $1 + a + a^2 = 0$，a、a^2 和 a^3 的相位关系如图 4-23 所示。

（2）负序分量（又称逆序分量）。如图 4-22（b）所示，这个三相系统同样是对称的，但旋转相序与正序系统恰好相反，$\dot{I}_{A2}$ 领先于 $\dot{I}_{C2}$ 120°，$\dot{I}_{C2}$ 领先于 $\dot{I}_{B2}$ 120°，其具体关系（负序分量的下角均注以 2）为

$$\dot{I}_{B2} = a\dot{I}_{A2}; \quad \dot{I}_{C2} = a^2\dot{I}_{A2} \tag{4-40}$$

（3）零序分量。如图 4-22（c）所示，它是一组大小相等、相位一致的量（即认为相位互差 0°～360°），故仍为一组对称系统。其具体关系（零序分量的下角均注以"0"）为

$$\dot{I}_{A0} = \dot{I}_{B0} = \dot{I}_{C0} \tag{4-41}$$

如将上述正序、负序、零序分量叠加在一起即可得到如图 4-22（d）所示的一组不对称三相电流系统，即

$$\left.\begin{array}{l} \dot{I}_A = \dot{I}_{A1} + \dot{I}_{A2} + \dot{I}_{A0} \\ \dot{I}_B = \dot{I}_{B1} + \dot{I}_{B2} + \dot{I}_{B0} \\ \dot{I}_C = \dot{I}_{C1} + \dot{I}_{C2} + \dot{I}_{C0} \end{array}\right\} \tag{4-42}$$

将式（4-39）～式（4-41）的关系式代入式（4-42）可得

$$\left.\begin{array}{l} \dot{I}_A = \dot{I}_{A1} + \dot{I}_{A2} + \dot{I}_{A0} \\ \dot{I}_B = a^2\dot{I}_{A1} + a\dot{I}_{A2} + \dot{I}_{A0} \\ \dot{I}_C = a\dot{I}_{A1} + a^2\dot{I}_{A2} + \dot{I}_{A0} \end{array}\right\} \tag{4-43}$$

式（4-43）也可用矩阵的形式表示为

$$\begin{bmatrix} \dot{I}_A \\ \dot{I}_B \\ \dot{I}_C \end{bmatrix} = \begin{bmatrix} 1 & 1 & 1 \\ a^2 & a & 1 \\ a & a^2 & 1 \end{bmatrix} \begin{bmatrix} \dot{I}_{A1} \\ \dot{I}_{A2} \\ \dot{I}_{A0} \end{bmatrix} \tag{4-44}$$

或简写为

$$\boldsymbol{I}_{ABC} = \boldsymbol{A}\boldsymbol{I}_{120} \tag{4-45}$$

式中

$$\boldsymbol{A} = \begin{bmatrix} 1 & 1 & 1 \\ a^2 & a & 1 \\ a & a^2 & 1 \end{bmatrix} \tag{4-46}$$

显然，$\boldsymbol{A}$ 是非奇异矩阵，它的逆矩阵为

$$A^{-1} = \frac{1}{3}\begin{bmatrix} 1 & a & a^2 \\ 1 & a^2 & a \\ 1 & 1 & 1 \end{bmatrix} \tag{4-47}$$

根据线性变换原则，将式（4-45）的两端分别左乘以 A^{-1} 可得

$$I_{120} = A^{-1}I_{ABC} \tag{4-48}$$

即

$$\left. \begin{aligned} \dot{I}_{A1} &= \frac{1}{3}(\dot{I}_A + a\dot{I}_B + a^2\dot{I}_C) \\ \dot{I}_{A2} &= \frac{1}{3}(\dot{I}_A + a^2\dot{I}_B + a\dot{I}_C) \\ \dot{I}_{A0} &= \frac{1}{3}(\dot{I}_A + \dot{I}_B + \dot{I}_C) \end{aligned} \right\} \tag{4-49}$$

实际上，式（4-45）和式（4-48）是三个量 $\dot{I}_{ABC}$ 与另三个量 $\dot{I}_{120}$ 之间的线性变换关系。式（4-49）即为任何一组三相不对称电流系统分解为三个电流对称分量的计算公式。式（4-43）、式（4-49）表明，这种分解的解答将是唯一的。此外，当电压、电动势、磁通等其他一些三相系统出现不对称时，也都可以按上述方法分解为对称分量进行计算。

另外，从式（4-49）可以看出，对于一组不对称的三相系统，当 $\dot{I}_A + \dot{I}_B + \dot{I}_C = 0$ 时，其 $\dot{I}_{A0} = 0$，换句话说，只有当 $\dot{I}_A + \dot{I}_B + \dot{I}_C \neq 0$ 时，才有 $\dot{I}_{A0} \neq 0$。这就是说：在不对称系统中，三相加起来等于零的那部分是由正序和负序分量构成的，而不等于零的那部分则是由零序分量构成的。换句话说，零序电流必须通过三相系统之外的其他路径〔如中性线（地线）或大地等〕才能够流动。这是对称分量的一个重要特点。

最后还要指出：对称分量并不仅是经过公式推导而得到的一种纯数学的抽象的概念，而是一种客观存在的东西，即可以用仪表实测的。同时，每一个分量分别还都有其单独的物理意义。如负序电流在发电机中所产生的旋转磁场将相对于转子以两倍同步速度而旋转，因而将在转子中感应电流造成转子的附加发热；输电线的零序电流则总是通过大地而形成回路的；等等。

第六节　不对称故障的序网图

当电力系统的某一点发生不对称故障时，三相系统的对称条件将受到破坏。但同时应当看到，这种对称条件的破坏，往往只是局部性的，即除了在故障点出现某种不对称之外，电力系统其余的部分仍旧是对称的。因而，可以运用对称分量法，按式（4-49）将故障处的电压、电流分解为正序、负序和零序三组对称分量系统，由于电路的其余部分是三相对称的，加之各序分量都具有独立性，从而可以形成独立的三个序网络。这种做法可以大大方便对各种不对称故障的计算。下面以对单相接地故障的分析为例来进一步加以说明。

设所讨论的网络为中性点直接接地电力网，三相电源电动势 E_A、E_B、E_C 是对称的，如图4-24所示。

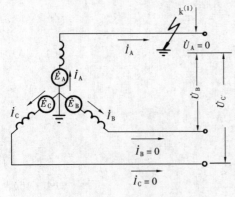

图4-24　中性点直接接地
电力网的单相接地

如果 A 相发生了单相接地，则 A 相对地电压为零，而 B 相和 C 相的对地电压则不为零。因此在接地点将出现三相电压不对称系统，引起线路上的电流也出现三相电流不对称系统，但如前所述，这时三相电源系统仍是对称的，不对称系统只是出现在故障点。如根据对称分量法把接地点出现的电压、电流不对称系统分解为三组对称分量系统，则示意图如图 4 - 25 所示。

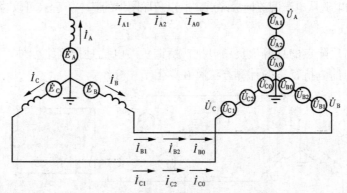

图 4 - 25 单相接地故障的电压、电流对称分量

如前所述，对称分量法是建立在叠加原理基础上的，因此我们可以分别针对各序电压、电流分量绘制出各序分量的等值网络图来，并把它称为序网图。下面进一步对各序网络作具体分析（在分析时均忽略电阻的影响）。

一、正序网络

把图 4 - 25 中的正序电压、电流分量取出而单独标示于图 4 - 26（a）上，就得出了正序网络图。由于发电机电动势 $\dot{E}_A$、$\dot{E}_B$、$\dot{E}_C$ 的相量关系就是正序关系，故应包括于正序网络中，所以正序网络是有源网络。由于 $\dot{E}_A$、$\dot{E}_B$、$\dot{E}_C$ 和 $\dot{U}_{A1}$、$\dot{U}_{B1}$、$\dot{U}_{C1}$ 都是对称系统，故正序网络可用相等值电路来表示，如图 4 - 26（b）所示。

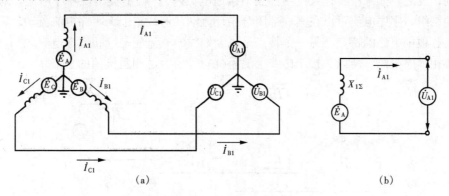

(a) (b)

图 4 - 26 正序网络图
（a）正序网络；（b）正序相等值电路

据此，正序网络的基本方程可以写为

$$\dot{E}_A - \dot{U}_{A1} = j \dot{I}_{A1} X_{1\Sigma} \tag{4-50}$$

正序网络中各元件的电抗称为"正序电抗"。式中 $X_{1\Sigma}$ 表示网络从故障点到电源间的总等值正序电抗。由于正序关系就是正常对称运行时以及三相对称短路的相序关系，所以正序电抗也就是三相对称运行时或三相对称短路时的电抗。

二、负序网络

如果把图 4 - 25 中的负序电压、电流单独取出，即可得出如图 4 - 27 (a) 所示的网络，把它称为负序网络。由于发电机不能发出负序电动势来，因此负序网络是无源网络。同时，又由于负序系统仍旧是个对称系统，所以也可以用如图 4 - 27 (b) 所示的相等值电路图来表示。由于习惯上总是假设电路的电流从电流源流向故障点，所以负序网络的基本方程式可以写为

$$\dot{U}_{A2} = -j\, \dot{I}_{A2} X_{2\Sigma} \tag{4 - 51}$$

式中 $X_{2\Sigma}$——对故障点的总等值负序电抗。所谓负序电抗是指网络元件对负序电流所呈现出的电抗，它的计算方法将在第七节中介绍。

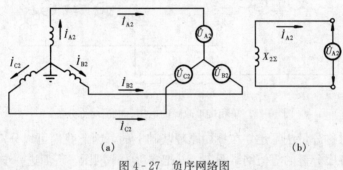

(a)   (b)

图 4 - 27   负序网络图

(a) 负序网络；(b) 负序相等值电路

三、零序网络

如将图 4 - 25 中的零序电压、电流单独取出，即可得如图 4 - 28 (a) 所示的网络，把它称为零序网络。如前所述，零序系统是大小和方向都相同的三相系统，因此，$\dot{I}_{A0}$、$\dot{I}_{B0}$、$\dot{I}_{C0}$ 是大小相等、方向相同的电流。所以，流向中点的三组零序电流，只能经过地线（或大地）流动；反之，如果没有地线（中性点不接地电力网），就不会出现零序电流，对于三角形接法的绕组，零序电流可以在其内部闭合循环流动，但线路上无零序电流流动。因此，零序电流具有地中电流的特点。另一个特点是流经地线的电流应是三相零序电流之和，也就是三倍的各相零序电流。所以，接于中线上的阻抗应等值为每相阻抗值的三倍。

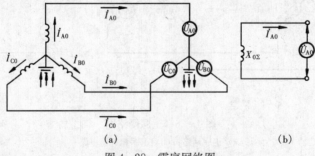

(a)   (b)

图 4 - 28   零序网络图

(a) 零序网络；(b) 零序相等值电路

由于零序系统仍然是一个对称三相系统，同样可以用相等值电路图来表示，如图 4 - 28 (b) 所示。其基本方程式可写为

$$\dot{U}_{A0} = -j\, \dot{I}_{A0} X_{0\Sigma} \tag{4 - 52}$$

式中 $X_{0\Sigma}$——对短路点的总等值零序电抗。所谓零序电抗是指网络元件对零序电流所呈现的电抗，它的计算方法将在第七节中介绍。

由于发电机不能发出零序电动势，所以零序网络也是无源网络。同时由于零序电流只能在中性点接地的电力网中出现，所以零序网络也只有中性点接地或具有公共接地零线时才存在。下面通过几个实例来说明零序网络的建立方法。

【例 4 - 5】 图 4 - 29（a）所示系统，变压器高压侧的中性点接地，而发电机电压侧电力网的中性点不接地，所以零序网络只包括线路和变压器的零序阻抗，其零序等效网络如图 4 - 29（b）所示。

【例 4 - 6】 图 4 - 30（a）所示的两端供电的系统，当两端升压变压器的高压侧中性点都接地时，其零序等效网络如图 4 - 30（b）所示，如变压器 T2 高压侧的中性点不接地时，其零序网络将如图 4 - 29（b）所示。

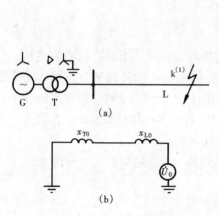

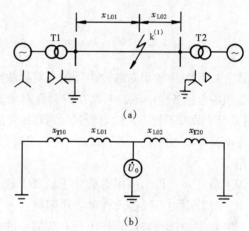

图 4 - 29　［例 4 - 5］的零序网络
（a）系统图；（b）零序等效网络

图 4 - 30　［例 4 - 6］的零序等效网络

【例 4 - 7】 图 4 - 31（a）所示两端供电的双回线电力网，如变压器 T1 和 T3 的高压侧的中性点接地，而变压器 T2 高压侧的中性点不接地，当 k1 点短路时其零序等效网络如图 4 - 31（b）所示，当 k2 点短路时其零序等效网络如图 4 - 31（c）所示，可见随着故障点位置的改变，其零序等效网络也将发生相应的变化。

从以上三个例子可以看出，在制定零序网络时，主要应遵循下列两点：

（1）零序电压出现在故障点，可以看成零序电源位于故障点处；

（2）电力网的零序电流必须以大地作为通路，因此只有中性点接地的电力网才能构成零序网络，中性点不接地电力网不存在零序网络。

如果把上述各序网络的基本公式（4 - 50）～式（4 - 52）加以汇总后，可得到下列方程组

$$
\left.
\begin{array}{l}
\dot{E}_A - \dot{U}_{A1} = \mathrm{j}\,\dot{I}_{A1} X_{1\Sigma} \\[2mm]
\dot{U}_{A2} = -\mathrm{j}\,\dot{I}_{A2} X_{2\Sigma} \\[2mm]
\dot{U}_{A0} = -\mathrm{j}\,\dot{I}_{A0} X_{0\Sigma}
\end{array}
\right\}
\qquad (4 - 53)
$$

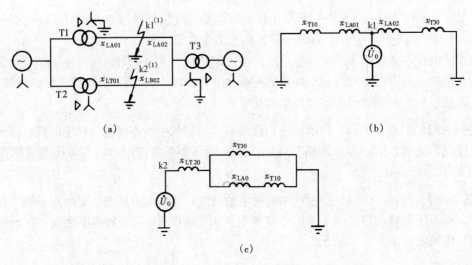

图 4-31 ［例 4-7］的零序网络

(a) 系统图；(b) k1 点短路时；(c) k2 点短路时

式（4-53）方程组对各种类型的不对称故障都适用，它表示了不对称故障的共性。由于该方程组中包括各序电压、电流在内共有六个未知量，因此还必须补充三个能表示故障特征（也就是反应故障等特点）的方程式（通称故障的边界条件），才可以求解出故障点的各序电压和各序电流等未知量来。至于边界条件的求取方法将针对各种不对称故障的特点在第八节中加以介绍。

综上所述，可得出应用对称分量法来求解电力系统的不对称故障的大致步骤如下：

（1）计算电力系统各元件的各序阻抗；

（2）根据故障的特征，作出针对故障点的各序网络图；

（3）由序网络图及故障的边界条件列出对应方程组，作出相应的复合序网图；

（4）按复合序网图或由联立方程组［式（4-53）］解出故障点的电流和电压的各序分量，并将每相的各序分量相加，以求出故障点的各相电流和各相电压；

（5）计算各相序电流和各相序电压在网络中的分布，进一步求出各指定支路的各相序电流和指定节点的各相序电压。

上述的各计算步骤将在第八节中结合各种不对称故障的计算而具体加以介绍。

第七节 电力系统中各元件的负序电抗和零序电抗

从上述可知，要分析计算电力系统的不对称运行情况，就必须知道系统中各元件的正序、负序和零序电抗（通常，在进行计算时可忽略电阻的影响）。系统中各元件的正序电抗就是它在对称状态下的电抗。对此，在本书第二章中以及电机学等课程中均已有过介绍。本节主要介绍电力系统各元件（发电机、变压器、线路）的负序电抗和零序电抗。

一、发电机

同步发电机的负序电抗与零序电抗均与其正序电抗不同，关于它们的计算原理，在电机学课程中已有过介绍。在表 4-5 中列出了同步发电机各序电抗的平均值，供计算时参考。

发 电 机 类 型	x_d'' (x_1)	x_d (x_1)	x_2	x_0
汽轮发电机	0.125	1.62	0.16	0.06
水轮发电机 （有阻尼绕组）	0.20	1.15	0.25	0.07
水轮发电机 （无阻尼绕组）	0.27	1.15	0.45	0.07

表 4 - 5　　　　　　　　　　　　　　发电机正序、负序和零序电抗的平均值[①]

注　①表中各电抗值均是以额定容量为基准的标幺值。

二、变压器

对于变压器来说，由于三相电磁耦合回路是静止的，改变三相的相序并不改变各相的互感，因此，其正序电抗与负序电抗是相等的。

但是，变压器的零序电抗却与正序电抗大不相同，下面着重分析零序电抗的计算方法。

一般来说，变压器的零序电抗与变压器的结构（主要是磁路系统的结构）、连接组别以及类型（是普通变压器或自耦变压器）等都有密切的关系，现分别介绍于后。

（一）磁路系统与零序电抗

首先，由于零序磁通仍是工频交变磁通，所以它在一、二次绕组中的电磁感应关系与正序、负序磁通是基本相同的，因而众所周知的正序 T 形等值电路原则上仍可适用于零序（见图 4 - 32）。由于绕组的漏抗与相序无关，所以 x_{10} 和 x_{20}' 与正序时的值基本相同，而零序时的励磁电抗 x_{m0} 值则与磁路系统有着密切的关系。由于零序磁通是三相同相位的，因而与三相制中的 3 次谐波磁通具有类似特点。对由三个单相变压器所构成的三相变压器组、三相五柱式变压器以及壳式变压器而言，零序磁通可顺利地在铁心内形成闭路，零序励磁电抗就等于正序励磁电抗，即 $x_{m0}=x_m$。由于 x_m 较之 x_{10} 漏抗及 x_{20}' 要大得多，故可近似地认为励磁支路是开路的。但是，对于采用三相三柱式铁心的变压器（又称心式变压器）而言，由于三相具有公共的磁路而零序磁通又是三相同相位的，所以零序磁通就不可能在铁心内形成闭合回路，只能穿过充油空间（非导磁体）取道油箱壁，再经充油空间返回铁心以形成闭合回路（见图 4 - 33）。由于铁心与油箱壁之间的空间距离较大，加之空气（油）的磁导率很低，所以这个回路的磁阻是很大的，这时的零序励磁电抗 x_{m0} 要比正序励磁电抗 x_m 小得多。

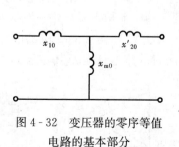

图 4 - 32　变压器的零序等值
电路的基本部分

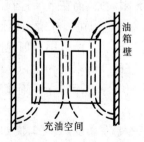

图 4 - 33　三相心式变压
器中零序磁通的路径

由于油箱都是用铁磁材料制作的，当零序漏磁通穿过油箱壁时，将在箱壁内感应出涡流并引起损耗，这种损耗属于变压器的附加损耗的一部分。从物理概念出发，涡流在箱壁内循环等效于在一个三角形（△）绕组内有零序电流循环的情况，故把它称为箱壁的"△"作用。这种情况就好像随着零序磁通的产生，变压器增加了一个△连接（即 D 连接）的二次绕组。显然，箱壁"△"作用的存在势必影响到变压器的零序励磁电抗、零序短路电抗以致整个零序电抗的数值。分析与试验表明，箱壁的"△"作用的强弱与通电绕组和箱壁间的距离有关。距离愈远，作用愈弱；距离愈近，作用愈强。由于一般高压绕组处在最外层，受箱壁"△"作用的影响最大，因而高压绕组励磁时，零序电抗值相对较小。

对于采用三柱式铁心的普通变压器，据以往的资料，其零序励磁电抗的标么值（以变压器的额定容量为基准值）为 $x_{m0*}=0.3\sim1$，平均为 0.6 左右。而正序励磁电抗的标么值 x_{m*} 则在 20 以上，短路电抗 $x_{k*}=x_{1\sigma}+x'_{2\sigma}$ 的标么值在 0.05～0.15 之间，可见 $x_{m*}\gg x_{m0*}$，但 $x_{m0*}>x_{k*}$。

对于采用三柱式铁心的高压大容量自耦变压器，由于结构特点、绕组的电磁关系等原因，其零序励磁电抗值要较上述数值为大，根据实测资料，其零序励磁电抗的标么值为 1.5～2，甚至更大。图 4-34 为某国产 9 万 kV·A 三柱式铁心自耦变压器的空载励磁特性，曲线 1、2、3 分别为高压、中压、低压侧加电压试验所测出的数据。从图上可以看出，当高压绕组加电压时，零序励磁阻抗值最小，这是由于上述的箱壁"△"作用所致。从图上还可以看出，当励磁电压 $U_0\%$ 约为 2 时，x_{m0*} 达最大值，随后逐渐下降并趋于某一稳定值。曲线的这种特性是由铁心、充油空间和箱壁的综合磁化特性所决定的。最初当 U_0 很小时，磁导率小，x_{m0*} 也小；随着 U_0 的增加，磁导率增大，x_{m0*} 也增大，当磁导率达最大，而相应的 x_{m0*} 也达最大值后，再随着 U_0 的增加，磁路进入饱和区，磁导率又减小，x_{m0*} 也相应减小，且饱和后磁导率逐渐趋于不变，x_{m0*} 值也就稳定下来，因此严格说来，它的零序激磁特性为非线性的。

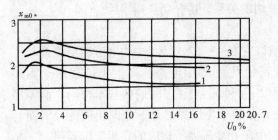

图 4-34　国产 9000 kV·A 三柱式铁心自耦
变压器的励磁特性
1—高压侧加电压；2—中压侧加电压；
3—低压侧加电压

（二）接连组与零序电抗

变压器绕组的连接组对零序电流的流通情况有很大影响，从而将影响到零序电抗的数值。例如，在 Y 连接的绕组中，方向相同的零序电流无法流通，在等值电路中相当于开路（即阻抗为无限大）；而在 YN 连接的绕组中，零序电流则可以流通，等值电路是接通的；在 d 连接中，零序电流可以在绕组内形成环流，三相绕组将形成一个短路的闭合回路，而线路上则没有零序电流。所以用等值电路来表示时，在变压器内部相当于短路，而从外部电路看进去则是开路的（即阻抗为无限大）。从图 4-35 所示为 YNd 连接的变压器的零序等值电路，即可看出零序电流在 YN 连接和 D 连接两种接法时的流通情况及其零序等值电路的表示方式。

（三）一般的双绕组和三绕组变压器的零序电抗

根据上述原则，可以把一般常用的双绕组及三绕组变压器的零序等值电路，根据其连接组的类型，综合列

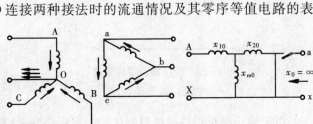

图 4-35　YNd 连接变压器的零序等值电路

于图 4-36 中，可供实际使用时参考。

在具体应用图 4-36 来计算变压器的零序电抗时，应当按下列原则来处理。

（1）当铁心结构为三相五柱式、三个单相组合式或壳式时，x_{m0*} 的值很大，可把励磁支路近似作为开路处理。同时，其 x_{10*}、x_{20*} 与 x_{30*} 的值则与正序时基本相同。

（2）当采用三相三柱式铁心自耦变压器时，由于上述的箱壁的"△"作用，使得 x_{10*}、x_{20*}、x_{30*} 的值均较正序漏抗要小，在精确计算时，应采用厂家提供的值或实测值；在近似计算时也可以就取为正序漏抗。同时，如前所述，三柱式铁心的 $x_{m0*} \ll x_{m*}$，这时励磁支路不能作为开路处理。

（3）对于目前在电力系统中使用较广的 YNd 连接的变压器，当采用单相变压器组这种类型的铁心时，由于 x_{m0*} 的值很大，可近似认为开路，从而零序电抗 $x_{0*} = x_{10*} + x'_{20*} = x_{k*} = x_{1*}$。但是，当采用三柱式铁心自耦变压器时，由于 x_{m0*} 的值比 x_{10*}、x_{20*} 大得有限，故不能再作为开路处理；再加以箱壁"△"作用还将使得 x_{10*}、x_{20*} 减少，而且按等值电路图（见图 4-35）这时的零序电抗 x_{0*} 值应为 x_{10*} 加上 x'_{20*} 再与 x_{m0*} 相并联后的值，所以显然较正序电抗 x_{k*} 的值要小。根据我国某些系统的运行实测，其正序短路阻抗要比零序短路阻抗大 20% 左右。因此有人建议：在近似计算时可以取 $x_{0*} \approx 0.8 x_{k*}$（即 $0.8 x_{k1*}$）。我国系统的实际运行经验还表明，以往由于把这种变压器的零序电抗就取为正序电抗，使得计算出的零序电流偏低，以致造成零序继电保护因整定值偏低而误动作，给系统的正常运行带来了不利的影响。根据我国部分变压器制造厂的实测结果，也具有相同的结论。

（4）对 Yy、Dd、Yd 连接的变压器，由于对外电路而言，零序电流均不可能流通，故其零序等值电路应作为开路处理，即 $x_0 = \infty$。

（5）对于某些连接方式而言，当不可能如 YNd 连接那样把零序等值电路简单地归并为一个零序电抗值来代表时，就应将变压器的零序等值电路纳入整个网络的零序等值网络中去进行归并计算。

（四）自耦变压器的零序电抗

对于常见的 YNyn 连接及 YNynd 连接的自耦变压器，其零序电抗的等值电路与图 4-36 中所列相同。但是，当采用三柱式铁心的全星形连接的变压器时，由于箱壁的"△"作用，将使得各分支绕组的零序漏抗值不同于正序漏抗值，且零序励

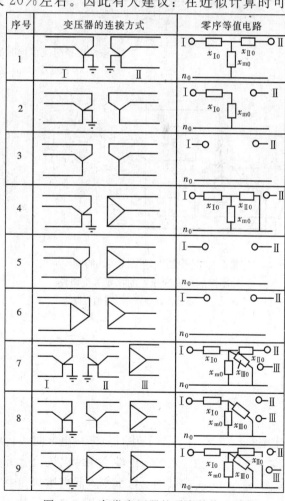

图 4-36 各类变压器的零序等值电路

磁电抗也大为减少。而要准确计算箱壁的"△"作用对电抗值的影响是困难的。所以，对于这种自耦变压器来说，其零序参数可通过现场实测来确定，在近似计算时也可参考制造厂所提供的下列数据：x_{m0*} 的稳定值为 160% 左右，x_{10*} 的值为 -10% 左右，x_{20*} 值为 20% 左右（均以变压器的额定容量为基准）。

（五）中性点经阻抗接地时变压器的零序阻抗

当变压器的中性点经过一定的阻抗接地（例如经电阻或消弧线圈接地）时，这时零序等值电路应按下列原则来处理。

（1）对普通变压器，应在中性点经阻抗接地一侧的电路中串入三倍的接地阻抗值（应是经过相应归算后的值）。这是由于流经接地阻抗的零序电流为每相零序电流的三倍的缘故。图 4-37 所示就是 YNd 连接的三柱式铁心双绕组变压器的中点经电抗 x_d 接地时的零序等值电路。

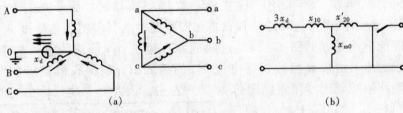

图 4-37　YNd 连接的三柱式铁心双绕组变压器的
中性点经阻抗接地时的零序等值电路
(a) 电路图；(b) 零序等值电路

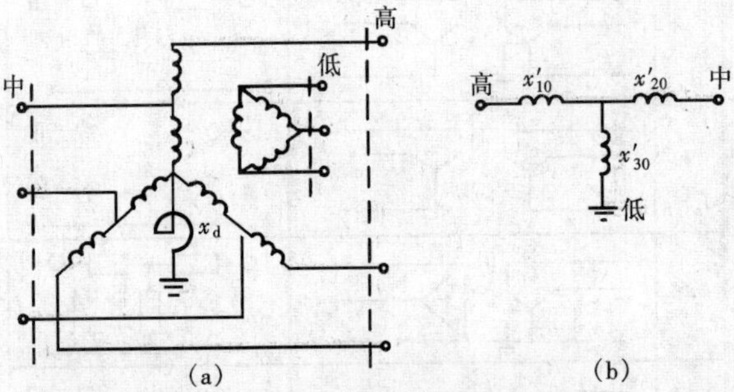

图 4-38　中性点经阻抗接地的 YNynd
连接的自耦变压器的零序等值电路
(a) 电路图；(b) 零序等值电路

（2）对自耦变压器，接地阻抗值对各侧的等值分支阻抗均有影响，图 4-38 所示为中点经阻抗接地的 YNynd 连接的自耦变压器的接线图和等值电路图。与普通变压器不同，流过自耦变压器中性点的电流应等于高、中压绕组的零序电流之差。

在等值电路图 4-38（b）中，x'_{10}、x'_{20}、x'_{30} 为中性点经电抗 x_d 接地时、折算到一次侧的各电压侧的零序电抗值，经分析推导，其计算式为

$$
\left.\begin{aligned}
x'_{10} &= x_{10} + 3x_d\left(1 - \frac{U_{1N}}{U_{2N}}\right) \\
x'_{20} &= x_{20} + 3x_d\frac{(U_{1N} - U_{2N})U_{1N}}{U_{2N}^2} \\
x'_{30} &= x_{30} + 3x_d\frac{U_{1N}}{U_{2N}}
\end{aligned}\right\}
\tag{4-54}
$$

式中　x_{10}、x_{20}、x_{30}——中性点未接电抗时，折算到一次侧的各电压侧的零序电抗值；
　　　　x_d——中性点接地电抗值（折算到一次侧的值）；
　　　　U_{1N}、U_{2N}——自耦变压器高压侧和中压侧的额定电压。

另外，对于 YNyn 连接的自耦变压器，当中性点经阻抗 x_d 而接地时，其等值零序电抗

则可按式（4-55）计算：

$$x_0 = x_{k0} + 3x_d\left(1 - \frac{U_{1N}}{U_{2N}}\right)^2 \tag{4-55}$$

式中 x_{k0}——一、二次绕组的零序漏电抗，近似计算时可认为等于正序漏电抗，即 $x_{k0} \approx x_1$。

三、输电线的零序电抗与零序电容

（一）输电线的零序电抗

1. 概述

和变压器一样，输电线也是静止的磁耦合回路，它的负序电抗与正序电抗是相等的，但其零序电抗与正序电抗却相差较大。下面将以第二章所介绍的正序电抗计算法作为基础来进一步推导零序电抗的计算方法。

首先，当三相输电线上流过正（负）序电流时，是三相互为回路的。但是流过零序电流时，由于三相零序电流之和不为零，就必须另有回路，如前所述，通常都是以大地作为回路的。由于回路的情况不同，所以其阻抗也不同，因此必须根据零序电流和零序磁通的特点来研究零序阻抗的计算方法。

其次，再看一看线路电流所产生的空间磁场的情况。对正（负）序电流来说，它们所产生的磁场将主要集中在导线附近的空间内，在远离导线处将急剧地衰减，这是由于各相电流之间具有 $120°$ 的相位差，各相电流在周围空间所发生的磁通将相互抵消，这就使得距导线较远处的空间磁场较弱。但是，当线路上流过大小相等、相位相同的零序电流时则情况大不相同，这时由于三相零序电流是同方向的，所以在导体附近的空间内，磁力线将相互排斥而使得磁通较少，但在导线外部的空间磁力线将相互叠加而使得磁场增强。基于上述原因，正（负）序电流所产生的磁通基本上将不进入到大地内部，所以，正（负）序电抗基本上不受大地的电导率的影响。反过来，零序电流所产生的磁通，将要深入到大地内部形成回路，所以，零序电抗将在较大程度上受大地电导率的影响。这就使得零序电抗的计算较之正（负）序电抗的计算更为复杂。

2. 单根导线——地回路的电抗

如前所述，输电线上的零序电流将要通过大地而返回，由于线路上的零序阻抗是由单位零序电流所产生的穿链导线的磁链所决定的。所以它与返回电流在地中的分布有关，但是，返回电流在地中的分布状况又与土壤的电阻率、电流的频率等因素有关，目前还很难用解析法去进行精确计算，多年来许多人从理论分析或试验测定上作了大量的工作。这里特别要提到的是卡尔松（Carson）的公式，经过实践的证明，这个公式可以方便地解决线路零序电抗的计算问题，其精确度完全满足要求。下面就介绍卡尔松公式。

对单导线以地作为回路的交流电路，可用一个虚构的双导线回路来代替，导线与位于地下的虚构的导线的轴线间的距离为 D_d，如图4-39所示。

图中的 D_d 又称为导线—地回路的等效深度。它的值与地的电导率及电流的频率等因素有关。根据卡尔松的推导，可用式（4-56）来计算

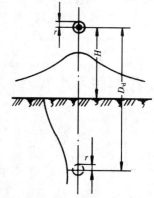

图4-39 导线—地回路的镜像

$$D_{\mathrm{d}} = \frac{2.085}{\sqrt{f\lambda \times 10^{-9}}} \times 10^{-3} \, (\mathrm{m}) \qquad (4\text{-}56)$$

式中　f——电流的频率，Hz；

　　　λ——大地的电导率，$1/\Omega \cdot \mathrm{cm}$。

在表 4-6 中列出当 $f=50$ Hz 时，不同 λ 时的 D_{d} 值。

表 4-6　　　　　　　　　不同 λ 时的等效深度值（50 Hz）

在不同的介质中	λ $(1/\Omega \cdot \mathrm{cm})$	D_{d} (m)	在不同的介质中	λ $(1/\Omega \cdot \mathrm{cm})$	D_{d} (m)
干燥泥土	10^{-5}	3000	海水	10^{-2}	94
潮湿泥土	10^{-4}	935	通常采用 D_{d} 的平均值		1000

由于导线—地回路的电抗计算可以按双导线回路的电抗计算式（2-4）来处理，于是导线—地回路（见图 4-39）的等值电抗 x_{d} 的计算式为

$$x_{\mathrm{d}} = 0.1445 \lg \frac{D_{\mathrm{d}}}{r'} \, (\Omega/\mathrm{km}) \qquad (4\text{-}57)$$

式中　r'——导线的等值半径，见式（2-20）。

3. 三相输电线路的零序电抗计算公式的推导

对于三相输电系统可以用三个相互平行的导线—地回路来代替。当线路中流过正序电流时，在大地内将不流过返回电流，所以这样的代替即使对正序也是容许的。经过这样的代替后，对其中的每一个导线—地回路都可以按卡尔松公式去分析计算，由于等效深度 D_{d} 值大大超过线间距离，所以每根导线与其假想的返回导线之间的距离都可以取作 D_{d}。

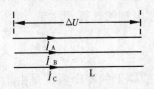

图 4-40　三相输电线的零序
　　　　电流回路与压降

对于图 4-40 所示的三相输电线，当发生不对称短路时，在线路上将流过三相不对称电流 $\dot{I}_{\mathrm{A}}$、$\dot{I}_{\mathrm{B}}$、$\dot{I}_{\mathrm{C}}$，而地中将流过电流为 $\dot{I}_{\mathrm{A}} + \dot{I}_{\mathrm{B}} + \dot{I}_{\mathrm{C}}$，三相线路的电压降 $\Delta\dot{U}_{\mathrm{A}}$、$\Delta\dot{U}_{\mathrm{B}}$ 和 $\Delta\dot{U}_{\mathrm{C}}$ 与三相电流之间将有下列关系

$$\begin{bmatrix} \Delta\dot{U}_{\mathrm{A}} \\ \Delta\dot{U}_{\mathrm{B}} \\ \Delta\dot{U}_{\mathrm{C}} \end{bmatrix} = \begin{bmatrix} Z_{\mathrm{AA}} & Z_{\mathrm{AB}} & Z_{\mathrm{AC}} \\ Z_{\mathrm{BA}} & Z_{\mathrm{BB}} & Z_{\mathrm{BC}} \\ Z_{\mathrm{CA}} & Z_{\mathrm{CB}} & Z_{\mathrm{CC}} \end{bmatrix} \begin{bmatrix} \dot{I}_{\mathrm{A}} \\ \dot{I}_{\mathrm{B}} \\ \dot{I}_{\mathrm{C}} \end{bmatrix} \qquad (4\text{-}58)$$

如忽略电阻的影响，则有

$$\begin{bmatrix} \Delta\dot{U}_{\mathrm{A}} \\ \Delta\dot{U}_{\mathrm{B}} \\ \Delta\dot{U}_{\mathrm{C}} \end{bmatrix} = \begin{bmatrix} x_{\mathrm{AA}} & x_{\mathrm{AB}} & x_{\mathrm{AC}} \\ x_{\mathrm{BA}} & x_{\mathrm{BB}} & x_{\mathrm{BC}} \\ x_{\mathrm{CA}} & x_{\mathrm{CB}} & x_{\mathrm{CC}} \end{bmatrix} \begin{bmatrix} \dot{I}_{\mathrm{A}} \\ \dot{I}_{\mathrm{B}} \\ \dot{I}_{\mathrm{C}} \end{bmatrix} \qquad (4\text{-}59)$$

式中　　　　　　　　Z_{AA}、Z_{BB}、Z_{CC}——线路的自阻抗；

　Z_{AB}、Z_{AC}、Z_{BA}、Z_{BC}、Z_{CA}、Z_{CB}——线路的互阻抗；

x_{AA}、x_{BB}、x_{CC}——线路的自电抗，即按式（4-57）计算的导线—地回路的电抗，可取为 $x_{AA}=x_{BB}=x_{CC}=x_k$；

x_{AB}、x_{AC}、x_{BA}、x_{BC}、x_{CA}、x_{CB}——线路的互电抗，即每两个导线—地回路彼此之间的互感抗。当导线间相互的几何位置对称时，每对导线—地回路之间的互感抗 x_M 都相同；当导线间相互几何位置不对称时，只要经过了完善的换位，则每对双导线—地回路之间的平均互感也是相同的。因而，可取为：$x_{AB}=x_{AC}=x_{BA}=x_{BC}=x_{CA}=x_{CB}=x_M$。

如把上述电抗的关系代入式（4-59）后可得

$$\begin{bmatrix} \Delta \dot{U}_A \\ \Delta \dot{U}_B \\ \Delta \dot{U}_C \end{bmatrix} = \begin{bmatrix} x_d & x_M & x_M \\ x_M & x_d & x_M \\ x_M & x_M & x_d \end{bmatrix} \begin{bmatrix} \dot{I}_A \\ \dot{I}_B \\ \dot{I}_C \end{bmatrix} \tag{4-60}$$

式（4-60）可写成矩阵的形式为

$$\Delta \dot{U}_{ABC} = \boldsymbol{x}_{dM}\, \dot{I}_{ABC} \tag{4-61}$$

如将三相的量转换为对称分量则有

$$\boldsymbol{A}\Delta U_{120} = \boldsymbol{x}_{dM}\boldsymbol{A}I_{120}$$

则可以有
$$\Delta U_{120} = \boldsymbol{A}^{-1} \boldsymbol{x}_{dM}\boldsymbol{A}I_{120} = \boldsymbol{x}_{120} I_{120} \tag{4-62}$$

式中　$\boldsymbol{A}$——转换为对称分量的系数矩阵，按式（4-46）计算。

从式（4-62）可知，各序电抗矩阵 $\boldsymbol{x}_{120}$ 的值应为

$$\boldsymbol{x}_{120} = \boldsymbol{A}^{-1}\boldsymbol{x}_{dM} \cdot \boldsymbol{A} = \begin{bmatrix} x_d - x_M & 0 & 0 \\ 0 & x_d - x_M & 0 \\ 0 & 0 & x_d + 2x_M \end{bmatrix} \tag{4-63}$$

故有

正、负序电抗
$$x_1 = x_2 = x_d - x_M \tag{4-64}$$

零序电抗
$$x_0 = x_d + 2x_M \tag{4-65}$$

所以式（4-62）将变为

$$\begin{bmatrix} \Delta \dot{U}_{A1} \\ \Delta \dot{U}_{A2} \\ \Delta \dot{U}_{A0} \end{bmatrix} = \begin{bmatrix} x_1 & 0 & 0 \\ 0 & x_2 & 0 \\ 0 & 0 & x_0 \end{bmatrix} \begin{bmatrix} \dot{I}_{A1} \\ \dot{I}_{A2} \\ \dot{I}_{A0} \end{bmatrix} \tag{4-66}$$

式（4-62）和式（4-66）还表明，当转换为对称分量后，各对称分量的线路压降是没有耦合的，即正序压降只和正序电流有关，负序压降只和负序电流有关，零序压降只和零序电流有关，这就再一次证明，各个序网图可以相互独立而单独存在。

4. 没有架空地线的单回线路的零序电抗的计算

下面应用上述零序电抗的一般计算式（4-65）来推导没有架空地线的单回线路的零序电抗计算式。

首先，从式 (4-64) 可得

$$x_M = x_d - x_1 \qquad (4-67)$$

从式 (2-20) 可知，正序电抗 x_1 的计算式为

$$x_1 = 0.1445 \lg \frac{D_{jp}}{r} \qquad (4-68)$$

将式 (4-68) 及 x_d 的计算式 (4-57) 一并代入式 (4-67) 后，可得每两个导线—地回路之间的平均互感为

$$x_M = 0.1445 \lg \frac{D_d}{D_{jp}} \quad (\Omega/\text{km}) \qquad (4-69)$$

由于 $x_0 = x_d + 2x_M$，故有

$$x_0 = 0.1445 \lg \frac{D_d}{r} + 2 \times 0.1445 \lg \frac{D_d}{D_{jp}} = 0.434 \lg \frac{D_d}{\sqrt[3]{r' D_{jp}^2}} \quad (\Omega/\text{km}) \qquad (4-70)$$

同样，当采用分裂导线时，r' 应取为分裂导线的等值半径 r_D（见第二章）。式中 $\sqrt[3]{r' D_{jp}^2}$ 一项又称为三根导线的几何平均半径 r_{pj}。

从式 (4-70) 可知，线路的零序电抗要比正序电抗大得多，在近似计算时对单回线路，可取 $x_0 = 3.5 x_1$。

5. 没有架空地线的双回线路的零序电抗的计算

在双回线路中，除了每回路的三相导线间具有互感之外，在两个平行回路间还具有互感，所以每个回路的 x_0 都将要增大。

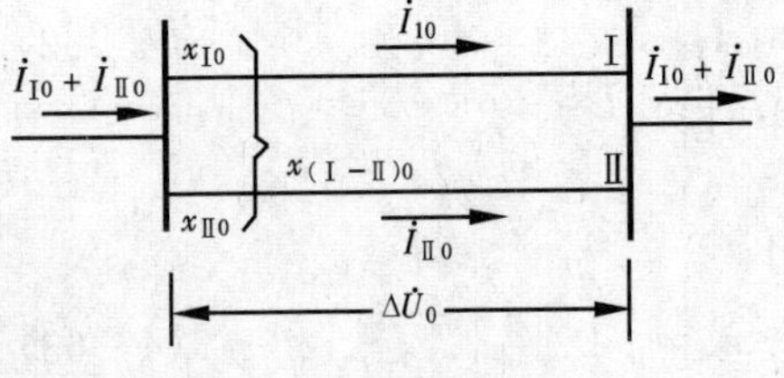

图 4-41 并联的双回线路

经过理论分析推导可以证明，对于图 4-41 所示的并联双回线路的每个回路，在考虑了平行回路间的互感后的零序电抗 x_0' 的计算式为

$$x_0' = x_0 + x_{(I-II)0} \qquad (4-71)$$

式中　x_0——按单回线路计算的零序电抗；

$x_{(I-II)0}$——平行回路 I 和回路 II 间的互感抗。

$x_{(I-II)0}$ 同样可以按式 (4-69) 来计算，但式中的 D_{jp} 须用回路 I 和 II 间的几何均距 $D_{(I-II)}$ 来代替，除此之外，还须考虑到平行回路中的三根导线的互感效应是一根导线的互感效应的三倍，故有

$$x_{(I-II)0} = 0.434 \lg \frac{D_d}{D_{(I-II)}} \quad (\Omega/\text{km}) \qquad (4-72)$$

$$D_{(I-II)} = \sqrt[9]{D'_{aa} D'_{ab} D'_{ac} D'_{ba} D'_{bb} D'_{bc} D'_{ca} D'_{cb} D'_{cc}} \qquad (4-73)$$

把 $D_{(I-II)}$ 称为回路 I 和 II 间的几何均距，它等于两个回路中的六根导线两两之间总共九个轴线距离的连乘积的九次方根。

因此，当双回线路并联运行时，整个双回线路的零序电抗应为

$$x_0'' = 0.5 x_0' = 0.5 (x_0 + x_{(I-II)0}) \qquad (4-74)$$

最后，对于两端不并联的平行双回线路，就不能简单地用一个综合的零序电抗来表示，这时回路上的压降必须计及互感，而按式 (4-75) 来计算

$$\left.\begin{array}{l} \Delta \dot{U}_I = 3 \dot{I}_{I0} j x_{I0} + 3 \dot{I}_{II0} j x_{(I-II)0} \\ \Delta \dot{U}_{II} = 3 \dot{I}_{I0} j x_{(I-II)0} + 3 \dot{I}_{II0} j x_{II0} \end{array}\right\} \qquad (4-75)$$

6. 架空地线对零序电抗值的影响

根据大气过电压保护的要求，一般架空线路都装设有架空地线（避雷线）。架空地线对线路的正、负序电抗值影响较小，可略去不计。但是，当导线中流过零序电流时，情况就完全不同。由于三相零序电流是同相位的，因此将产生很大的合成磁链与架空地线相穿链，于是在地线和大地所组成的闭合回路内将感应出电流。当地线和地回路的电阻略去不计时，上述感应电流的相位几乎和输电线路中电流的相位相反。因此，如把输电线路等效为变压器的一次绕组，则架空地线的作用可看成短接的二次绕组。显然，架空地线的存在将减低零序电抗值。目前采用的架空地线有钢质与良导体材料（铜、铝、钢心铝绞线等）这样两类。钢质架空地线的电阻较大，限制了地线回路内的电流，使得 x_0 的值减低不多（减低 10% ～ 15%），因而近似计算甚至可以不考虑地线的影响。反之，当架空地线是用良导体材料制作时，则对 x_0 值的影响甚大，决不可忽略不计。

下面首先讨论具有一根架空地线的三相单回线路的零序电抗的计算。这时有两个导线—地回路，即除了每相的导线—地回路之外，对于架空地线，也可以当作一个独立的导线—地回路来处理，这一回路的电抗也可按前述的式（4-57）来计算。但是，架空地线上实际的电流是每相等值零序电流的三倍，所以按式（4-57）所求出的电抗应当乘以 3。因而，有架空地线的导线—地回路的零序电抗为

$$x_{T0} = 0.434 \lg \frac{D_d}{r_T} (\Omega / \text{km}) \tag{4-76}$$

式中　r_T——架空地线的等效半径（决定于导线形式）。

同理，根据式（4-69）可求得导线和架空地线之间的零序互感抗为

$$x_{nT0} = 0.434 \lg \frac{D_d}{D_{nT}} (\Omega / \text{km}) \tag{4-77}$$

$$D_{nT} = \sqrt[3]{D_{AT} D_{BT} D_{CT}}$$

式中　D_{nT}——导线与架空地线轴线间的几何均距（见图 4-42）。

根据图 4-43 所示具有一根架空地线的线路的零序等值电路，可以把线路的压降方程式写为

$$\Delta \dot{U}_0 = \dot{I}_0 j x_0 - \dot{I}_{T0} x_{nT0} \tag{4-78}$$

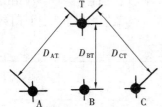

图 4-42　导线与架空
地线的相对位置

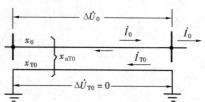

图 4-43　具有一根架空
地线的单回线路

另外，对有架空地线的导线—地回路，当架空地线与地的电阻略去不计时，还可以写出

$$\dot{I}_{T0} j x_{T0} - \dot{I}_0 j x_{nT0} = 0$$

于是

$$\dot{I}_{T0} = \dot{I}_0 \frac{x_{nT0}}{x_{T0}} \tag{4-79}$$

将式（4-79）代入式（4-78）后可得

$$\Delta \dot{U}_0 = \dot{I}_0 j \left(x_0 - \frac{x_{\mathrm{nT0}}^2}{x_{\mathrm{T0}}} \right)$$

因而，具有一根架空地线的单回线路的等效零序电抗为

$$x_0^{(\mathrm{T})} = x_0 - \frac{x_{\mathrm{nT0}}^2}{x_{\mathrm{T0}}} \tag{4-80}$$

在式（4-80）中，上角注（T）表示具有架空地线的线路。从式（4-80）可知，由于架空地线的存在，将使得线路的零序电抗 x_0 减少了 $\frac{x_{\mathrm{nT0}}^2}{x_{\mathrm{T0}}}$。

当线路装设两根架空地线时，x_0 的计算公式与一根地线时相似，只要把架空地线系统用一根等值电线来代替即可，这个等值地线的几何平均半径 r_{Tpj} 确定为

$$r_{\mathrm{Tpj}} = \sqrt{r_{\mathrm{T}} D_{\mathrm{T}}} \tag{4-81}$$

式中　r_{T}——架空地线的等值半径；

　　　D_{T}——两根架空地线间的轴线距离。

而两根架空地线和三相回路导线的轴间几何均距，可算出

$$D_{\mathrm{nT}} = \sqrt[6]{\text{所有可能的架空地线和导线轴间距离的乘积}} \tag{4-82}$$

只要在式（4-76）中用 r_{Tpj} 代替 r_{T}，即可确定 x_{T0} 的值。再将式（4-82）中的 D_{nT} 值代入式（4-77）便可以确定 x_{nT0} 的值，再代入式（4-80）即可求得具有两根架空地线时线路的零序电抗。

对于装有两根架空地线的双回线路，经过分析推导可知，当双回线路并联运行时的等值零序电抗的计算式为

$$x_0^{\prime\prime(\mathrm{T})} = \frac{1}{2} \left(x_0' - \frac{x_{\mathrm{nT0}}^2}{x_{\mathrm{T0}}} \right) \tag{4-83}$$

式中　x_0'——没有架空地线时，双回线路中的每个回路的零序电抗，按式（4-71）计算；

　　　x_{nT0}——导线与架空地线间的零序互感抗；

　　　x_{T0}——导线—地回路的零序电抗。

7. 架空线路零序电抗的平均值

上面介绍了几种基本的零序电抗的计算方法，限于篇幅，本书不可能对各种具体情况都逐一进行介绍。另外，在表4-7上还列出了架空线路的零序电抗的平均值，可供近似计算时参考。

表 4-7 架空线路零序电抗的平均值

类　别	x_0/x_1	类　别	x_0/x_1
1. 单回路杆塔		2. 双回路杆塔（指每个回路的值）	
无架空地线	3.5	无架空地线	5.5
有钢质架空地线	3	有钢质架空地线	4.7
有良导体架空地线	2	有良导体架空地线	3

【例4-8】　对图4-44所示具有两根架空地线的双回线路，设导线为 LGJ-120 型钢心铝绞线，其等效半径 $r' = 0.616 \times 10^{-2}$ m，架空地线为良导体的 LGJ-95 型导线，其等值半径 $r_{\mathrm{T}} = 0.554 \times 10^{-2}$ m，如已知返回电流的等效深度为 1000 m，试求该双回线路的正序电抗 x_1 及零序电抗 x_0。

解　（1）求正序电抗 x_{10}　从题中已知 LGJ-120 型导线的等效半径 $r' = 0.616 \times 10^{-2}$ m

导线间的几何均距为 $D_{jp} = 1.26D = 1.26 \times 3.18 = 4.01$（m）

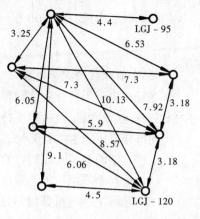

图 4-44 ［例 4-8］图

由于两回路间的正序互感很小，当近似计算时另一回路的影响可以略去不计，于是，每一回路的正序电抗为

$$x_1 = 0.1445 \lg \frac{4.01}{0.616 \times 10^{-2}}$$
$$= 0.1445 \lg 650 = 0.406 \ (\Omega/km)$$

因而整个双回线路并联运行时的正序电抗为

$$x_1'' = \frac{1}{2} x_1 = \frac{1}{2} \times 0.406 = 0.203 \ (\Omega/km)$$

（2）计算零序电抗。首先计算未计入地线影响时的线路零序电抗。

按式（4-70），任一回路中三根导线的几何平均半径为

$$r_{pj} = \sqrt[3]{0.616 \times 10^{-2} \times 4.01^2} = 0.464 \ (m)$$

因而，未计入另一回路及架空地线影响时每一回路的零序电抗为

$$x_0 = 0.434 \lg \frac{1000}{0.464} = 0.434 \lg 2160 = 1.45 \ (\Omega/km)$$

线路两回间的几何均距，按式（4-73）为

$$D_{I-II} = \sqrt[9]{(8.57)^2 \times (6.06)^2 \times (7.3)^2 \times 4.5 \times 5.9 \times 7.3} = 6.65 \ (m)$$

又按式（4-72），两回路间的零序互感抗为

$$x_{(I-II)0} = 0.434 \lg \frac{1000}{6.65} = 0.95 \ (\Omega/km)$$

于是，按式（4-74）可求得整个双回线路在考虑相互影响后的零序电抗值为

$$x_0'' = 0.5(1.45 + 0.95) = 1.2 \ (\Omega/km)$$

下面再考虑架空地线的影响。

从题中已知 LGJ-95 型钢心铝绞线的等值半径 r_T 为 0.554×10^{-2} m，按式（4-81），等值架空地线的几何平均半径为

$$r_{Tpj} = \sqrt{0.554 \times 10^{-2} \times 4.4} = 0.156 \ (m)$$

因而，架空地线（导线—地）回路的零序电抗为

$$x_{T0} = 0.434 \lg \frac{1000}{0.156} = 1.65 \ (\Omega/km)$$

线路导线和架空地线轴线间的几何均距，按式（4-82）为

$$D_{nT} = \sqrt[6]{3.25 \times 6.05 \times 9.1 \times 10.13 \times 7.92 \times 6.53} = 6.75 \ (m)$$

导线与等值架空地线间的零序互感抗，按式（4-77）为

$$x_{nT0} = 0.434 \lg \frac{1000}{6.75} = 0.94 \ (\Omega/km)$$

于是，仅考虑架空地线影响而没有考虑另一回路影响时，每个回路的零序电抗，按式（4-80）计算，应为

$$x_0^{(T)} = 1.45 - \frac{0.94^2}{1.65} = 0.91 \ (\Omega/km)$$

而同时考虑架空地线和另一回路影响时，整个双回线的零序电抗按式（4-83）应为

$$x_0''^{(T)} = \frac{1}{2}\left[(1.45+0.95)-\frac{0.94^2}{1.65}\right]=0.93 \ (\Omega/\text{km})$$

（二）输电线的零序电容

尽管在进行不对称短路计算时，一般已知输电线的零序电抗就足够了，但是在分析长线的不对称运行特性以及过电压特性等时，还必须知道输电线的零序电容。

在推导零序电容的计算公式时，与第二章中考虑大地对正序电容的影响相同，需要利用静电场理论中的镜像法原理，为此，首先采取下列假定：

（1）地是个零电位的等位面；

（2）导线上的电荷是均匀分布的，以致对导线外的静电场而言，可以看作电荷集中于导线的轴线上；

（3）导线电位沿线不变；

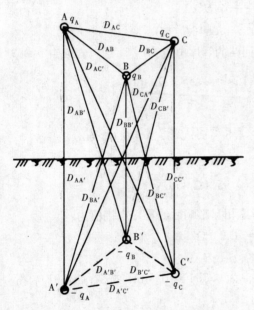

图4-45　三相架空线路及其镜像

（4）导线距地的高度不变。

图4-45表示三相架空输电线路，在导线A、B、C上分别带有电荷q_A、q_B、q_C，并假定在地下面有三根镜像导线A′、B′、C′，它们所带电荷分别为$-q_A$、$-q_B$和$-q_C$。根据第二章中的式（2-25），可求得导体A和A′间的电位差为

$$U_{AA'} = \frac{1}{2\pi\varepsilon}\left(q_A\ln\frac{D_{AA'}}{r} + q_B\ln\frac{D_{BA'}}{D_{BA}} + q_C\ln\frac{D_{CA'}}{D_{CA}}\right.$$
$$\left. - q_A\ln\frac{r}{D_{AA'}} - q_B\ln\frac{D_{B'A'}}{D_{B'A}} - q_C\ln\frac{D_{C'A'}}{D_{C'A}}\right)$$

由于地的电位等于零，所以上式可改写为

$$U_{AA'} = 2U_A$$
$$= 2\times\frac{1}{2\pi\varepsilon}\left(q_A\ln\frac{D_{AA'}}{r} + q_B\ln\frac{D_{BA'}}{D_{AB}} + q_C\ln\frac{D_{CA'}}{D_{AC}}\right) \tag{4-84}$$

同理，导体B和B′间的电位差以及C和C′间的电位差分别为

$$U_{BB'} = 2U_B = 2\times\frac{1}{2\pi\varepsilon}\left(q_A\ln\frac{D_{AB'}}{D_{AB}} + q_B\ln\frac{D_{BB'}}{r} + q_C\ln\frac{D_{CB'}}{D_{CB}}\right) \tag{4-85}$$

$$U_{CC'} = 2U_C = 2\times\frac{1}{2\pi\varepsilon}\left(q_A\ln\frac{D'_{AC}}{D_{AC}} + q_B\ln\frac{D_{BC'}}{D_{BC}} + q_C\ln\frac{D_{CC'}}{r}\right) \tag{4-86}$$

由于一般三相导线都是经过完善换位的，在一个换位区段内，每根导线单位长度上所带电荷是相同的。例如，对导线A而言，其电压U_A应为导线分别处于A、B、C三个位置时的电位相加取平均值，即

$$U_A = \frac{1}{3}\left[(U_A)_A + (U_A)_B + (U_A)_C\right]$$

式中　$(U_A)_A$、$(U_A)_B$、$(U_A)_C$——分别为A相导线处于A、B、C三个位置时的电压值U_A，其值见式（4-84）～式（4-86）。

将以上 $(U_A)_A$、$(U_A)_B$ 及 $(U_A)_C$ 的值代入后可得

$$U_A = \frac{1}{3}\left[(U_A)_A + (U_A)_B + (U_A)_C\right]$$

$$= \frac{1}{3} \times \frac{1}{2\pi\varepsilon}\left[q_A \ln\frac{D_{AA'}D_{BB'}D_{CC'}}{r^3} + (q_B + q_C) \times \ln\frac{D_{AB'}D_{BC'}D_{CA'}}{D_{AB}D_{BC}D_{CA}}\right] \qquad (4\text{-}87)$$

当线路上流过零序电流时，在三相的零序电荷之间具有 $\dot{q}_{A0} = \dot{q}_{B0} = \dot{q}_{C0}$ 的关系。将其代入式（4-87）后即可得

$$U_{A0} = \frac{1}{2\pi\varepsilon} \times q_{A0}\ln\sqrt[9]{\frac{D_{AA'}D_{BB'}D_{CC'}D_{AB'}^2 D_{BC'}^2 D_{CA'}^2}{r^3 D_{AB}^2 D_{BC}^2 D_{CA}^2}} = 3 \times \frac{1}{2\pi\varepsilon} \times q_0\ln\frac{H_{pj}}{r_{pj}} \qquad (4\text{-}88)$$

$$H_{pj} = \sqrt[9]{D_{AA'}D_{BB'}D_{CC'}D_{AB'}^2 D_{BC'}^2 D_{CA'}^2}$$

$$r_{pj} = \sqrt[9]{r^3 D_{AB}^2 D_{BC}^2 D_{CA}^2}$$

式中　H_{pj}——导线和镜像间的几何均距，可看作是导线系统几何平均离地高度的两倍；

　　　r_{pj}——三相线路导线系统的几何平均半径。

因此，经过换位的三相输电线路的零序电容的计算式为

$$C_0 = \frac{q_{A0}}{U_{A0}} = \frac{0.024 \times 10^{-6}}{3\lg\dfrac{H_{pj}}{r_{pj}}} \text{ (F/km)} \qquad (4\text{-}89)$$

当 $f = 50$ Hz 时，相应的零序电纳为

$$b_0 = \frac{7.58 \times 10^{-6}}{3\lg\dfrac{H_{pj}}{r_{pj}}} \text{ (S/km)} \qquad (4\text{-}90)$$

为了进一步理解公式（4-89），我们还可以作出其等效图如图 4-46 所示。在图中，三相导线用一根等值半径 r_{pj} 的等值导线来代替，等值导线与其镜像间的距离为 H_{pj}，它们每米长度所带电荷都是 $3q_{A0}$（C）。如将这个等值导线的概念加以推广，并根据镜像法的原则，我们就可以画出计算具有一根架空地线的换位三相线路的零序电容的等效图如图 4-47 所示。图中地线每米长度所带的电荷为 $3q_{T0}$（C）。如前所述，在导线与地线间的几何平均距离为（见图 4-42）

$$D_{nT} = \sqrt[3]{D_{AT}D_{BT}D_{CT}}$$

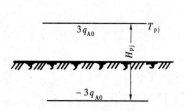

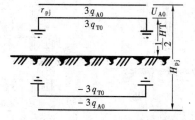

图 4-46　计算换位三相线路　　　　图 4-47　计算具有架空地线的换位
　　　　零序电容的等效图　　　　　　　　三相线路的零序电容的等效图

而导线与地线的镜像间的几何均距应为

$$D_{nT'} = \sqrt[3]{D_{AT'}D_{BT'}D_{CT'}}$$

根据式（4-88）的原理，可对等值导线及其镜像写出

$$2U_{A0} = 2 \times \frac{1}{2\pi\varepsilon}\left(3q_{A0}\ln\frac{H_{pj}}{R_{pj}} + 3q_{T0}\ln\frac{D_{nT'}}{D_{nT}}\right)$$

当地线接地良好时，可把其电位取为零，因此对地线及其镜像可以有

$$0 = 2 \times \frac{1}{2\pi\varepsilon}\left(3q_{A0}\ln\frac{D_{nT'}}{D_{nT}} + 3q_{T0}\ln\frac{H_{Tpj}}{r_{Tpj}}\right) \tag{4-91}$$

式中 H_{Tpj} ——地线及其镜像间的几何平均距离。对单根地线可取为地线距地面高的两倍；

r_{Tpj} ——架空地线的几何平均半径。对一根地线，$r_{Tpj} = r_T$，对两根地线 $r_{Tpj} = \sqrt{r_T' D_{T1T2}}$（$r_T'$ 为架空地线几何半径）；

D_{T1T2} ——两根架空地线间的距离。

从上列二式中消去 q_{T0}，便得到具有一根地线的三相线路的零序电容的计算式为

$$C_0^{(T)} = \frac{0.024 \times 10^{-6}}{3\left[\dfrac{\lg H_{pj}}{r_{pj}} - \dfrac{\left(\dfrac{\lg D_{nT'}}{D_{nT}}\right)^2}{\lg\dfrac{H_{Tpj}}{r_{Tpj}}}\right]} \quad (\text{F/km}) \tag{4-92}$$

当 $f=50$ Hz 时，相应的容性电纳的计算式为

$$b_0^{(T)} = \frac{7.58 \times 10^{-6}}{3\left[\dfrac{\lg H_{pj}}{r_{pj}} - \dfrac{\left(\dfrac{\lg D_{nT'}}{D_{nT}}\right)^2}{\lg\dfrac{H_{Tpj}}{r_{Tpj}}}\right]} \quad (\text{S/km}) \tag{4-93}$$

对于没有地线的双回线路、具有一根地线的双回线路以及具有两根地线的单回路和双回路线路，其零序电纳的计算式都可以遵循上述原则推导而得，本书限于篇幅就不再逐一述及了。

【例 4-9】 某三相单回架空线路采用水平排列，具有两根架空地线，导线和地线的相对位置和尺寸如图 4-48 所示。导线为 LGJ-120 型钢心铝绞线，架空地线为 LGJ-95 型钢心铝绞线，导线的平均离地高度为 10 m，试求该线路单位长度的零序电容。

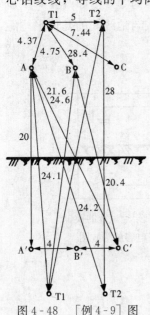

图 4-48 ［例 4-9］图

解 从附录三附表 3-1 中查得 LGJ-95 型导线的几何半径为

$$r_T = 0.684 \times 10^{-2}(\text{m})$$

故等值的架空地线的几何平均半径为

$$r_{Tpj} = \sqrt{r_T D_{T1T2}}$$
$$= \sqrt{0.684 \times 10^{-2} \times 5} = 0.185 \ (\text{m})$$

另从附表 3-1 中查得 LGJ-120 型导线的几何半径为：$r = 0.76 \times 10^{-2}$ m。

因而，等值导线的几何平均半径为

$$r_{pj} = \sqrt[9]{(0.76 \times 10^{-2})^3 \times 4^4 \times 8^2} = 0.58 \ (\text{m})$$

导线与其镜像间的几何均距为

$$H_{pj} = \sqrt[9]{20^3 \times 20.4^4 \times 21.6^2} = 20.5 \ (\text{m})$$

导线与架空地线的镜像间的几何均距为

$$D_{nT'} = \sqrt[6]{24.1^2 \times 24.2^2 \times 24.6^2} = 24.3 \ (\text{m})$$

把上述各值代入式（4-92）可得

$$C_0^{(T)} = \frac{0.024 \times 10^{-6}}{3\left[\dfrac{\lg H_{pj}}{r_{pj}} - \dfrac{\left(\lg \dfrac{D_{nT'}}{D_{nT}}\right)^2}{\lg \dfrac{H_{Tpj}}{r_{Tpj}}}\right]}$$

$$= \frac{0.024 \times 10^{-6}}{3\left[\dfrac{\lg 20.5}{0.58} - \dfrac{\left(\lg \dfrac{24.3}{5.36}\right)^2}{\lg \dfrac{28.3}{0.185}}\right]}$$

$$= 0.005923 \times 10^{-6} (\text{F/km})$$

第八节　电力系统不对称短路故障的计算

电力系统中最常见的不对称短路故障，主要有单相接地短路、两相短路和两相接地短路等。下面将根据在第六节中所介绍的应用对称分量法来计算不对称故障的原则，逐个针对各类不对称短路故障进行分析计算。

一、单相接地短路计算

（一）单相接地短路电流的计算

当中性点直接接地电力网发生单相接地短路时，例如图 4-49 所示三相系统的 A 相发生单相接地短路时，反应故障特征的条件为

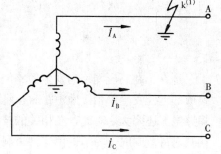

图 4-49　单相接地短路

$$\left.\begin{array}{l}\dot{I}_B = 0 \\ \dot{I}_C = 0 \\ \dot{U}_A = 0\end{array}\right\} \qquad (4-94)$$

首先根据对称分量法，将上述不对称三相系统分解为对称三相系统。按式（4-49），可以有

$$\left.\begin{array}{l}\dot{I}_{A1} = \dfrac{1}{3}(\dot{I}_A + a\dot{I}_B + a^2\dot{I}_C) = \dfrac{1}{3}\dot{I}_A \\[2mm] \dot{I}_{A2} = \dfrac{1}{3}(\dot{I}_A + a^2\dot{I}_B + a\dot{I}_C) = \dfrac{1}{3}\dot{I}_A \\[2mm] \dot{I}_{A0} = \dfrac{1}{3}(\dot{I}_A + \dot{I}_B + \dot{I}_C) = \dfrac{1}{3}\dot{I}_A\end{array}\right\} \ (4-95)$$

式（4-95）表明，当发生单相接地短路时，各相序电流的大小相等、相位相同。

同理，根据式（4-42），又可写出故障点 $k^{(1)}$ 处 A 相（故障相）的对地电压为

$$\dot{U}_A = \dot{U}_{A1} + \dot{U}_{A2} + \dot{U}_{A0} = 0 \qquad (4-96)$$

式（4-95）和式（4-96）称为单相接地故障的对称分量的边界条件。如前所述，根据第六节中所介绍的各序网络的基本方程式（4-53），再配合对称分量的边界条件，即可计算出电压、电流的各对称分量来。根据这个边界条件，还可以作出单相接地短路时的复合序网图，如图 4-50 所示。

所谓复合序网图是由正序、负序和零序网络组合而成，它反映故障的特点，各序网图之间的连接关系是由故障的边界条件所决定的。如前所述，单相接地短路的边界条件为式（4-95）

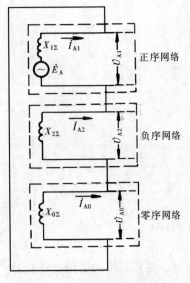

图 4-50　单相接地短路时的
复合序网图

及式（4-96），因此，满足上述二式的单相接地短路的复合序网图，应为各序网图相互串联而成，如图 4-50 所示。

有了复合序网图，分析问题即可大为简化，例如从图 4-50 可知

$$\dot{I}_{A1} = \dot{I}_{A2} = \dot{I}_{A0}$$

$$= \frac{\dot{E}_A}{j(X_{1\Sigma} + X_{2\Sigma} + X_{0\Sigma})} \tag{4-97}$$

再由式（4-95）可得，A 相（故障相）的短路电流为

$$\dot{I}_A = 3\dot{I}_{A1} = \frac{3\dot{E}_A}{j(X_{1\Sigma} + X_{2\Sigma} + X_{0\Sigma})} \tag{4-98}$$

对单相接地短路电流可用 $I_k^{(1)}$ 来表示，其绝对值为

$$I_k^{(1)} = |\dot{I}_A| = \frac{3E_A}{X_{1\Sigma} + X_{2\Sigma} + X_{0\Sigma}} \tag{4-99}$$

下面进一步比较三相短路电流与单相接地短路电流值，由于 $I_k^{(3)} = \dfrac{E_A}{X_{1\Sigma}}$，而

$$I_k^{(1)} = \frac{3E_A}{X_{1\Sigma} + X_{2\Sigma} + X_{0\Sigma}}$$

当在一般高压网络内短路时，由于发电机电抗的影响很小，通常在系统分析时都近似认为 $X_{1\Sigma} \approx X_{2\Sigma}$，故有

$$\frac{I_k^{(1)}}{I_k^{(3)}} = \frac{3}{2 + \dfrac{X_{0\Sigma}}{X_{1\Sigma}}} \tag{4-100}$$

通常，在高压网络内发生短路时，一般来说，$X_{0\Sigma} > X_{1\Sigma}$，因而 $I_k^{(3)} > I_k^{(1)}$；但当发电机出口或邻近处发生单相接地短路时，将有 $X_{0\Sigma} < X_{1\Sigma}$，因而，单相接地短路电流甚至可能比三相短路电流还要大。对此，在相关的技术标准中均有明确规定，在系统设计与电器选择时都必须认真对待。同时，为了避免这种情况的发生，发电机一般不采用中性点直接接地的方式。

有时，三相系统采用中性点经阻抗 Z 接地（如经消弧线圈接地，经电阻接地等），可等值为如图 4-51（a）所示电路。另外，由于绝缘子闪络等所引起的单相接地短路故障，在导线与地之间所产生的电弧也具有一定的阻抗 Z［见图 4-51（b）］。这两种情况都不同于上述的金属性接地，可看作是经阻抗 Z 接地。

这时，故障相的电压变为

$$\dot{U}_A = \dot{U}_{A1} + \dot{U}_{A2} + \dot{U}_{A0} = \dot{I}_A Z$$

由于 $\dot{I}_B = 0$，$\dot{I}_C = 0$ 的条件仍存在，故仍有 $\dot{I}_{A1} = \dot{I}_{A2} = \dot{I}_{A0} = \dfrac{1}{3}\dot{I}_A$。因而 $\dot{U}_{A1} + \dot{U}_{A2} + \dot{U}_{A0} = 3\dot{I}_{A1}Z$。把表示 $\dot{U}_{A1}$、$\dot{U}_{A2}$ 和 $\dot{U}_{A0}$ 的方程组（4-53）代入后可得

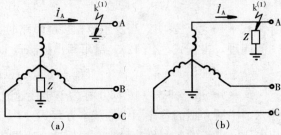

图 4-51　经阻抗接地时的单相接地
短路的故障等值电路图
(a) 系统中性点经阻抗接地；(b) 线路绝缘
子闪络时导线经电弧接地

$$\dot{E}_A - j\,\dot{I}_{A1}X_{1\Sigma} - j\,\dot{I}_{A2}X_{2\Sigma} - j\,\dot{I}_{A0}X_{0\Sigma} = 3\,\dot{I}_{A1}Z$$

而 $\dot{I}_{A1} = \dot{I}_{A2} = \dot{I}_{A0}$，故

$$\dot{E}_A - j\,\dot{I}_{A1}(X_{1\Sigma} + X_{2\Sigma} + X_{0\Sigma}) = 3\,\dot{I}_{A1}Z$$

从而可得

$$\dot{I}_{A1} = \frac{\dot{E}_A}{j(X_{1\Sigma} + X_{2\Sigma} + X_{0\Sigma}) + 3Z} \tag{4-101}$$

于是，相应的单相接地短路电流的绝对值则为

$$I_k^{(1)} = \left| \frac{\dot{E}_A}{j(X_{1\Sigma} + X_{2\Sigma} + X_{0\Sigma}) + 3Z} \right| \tag{4-102}$$

从式（4-102）可以看出，经阻抗接地可使单相接地短路电流的数值减小。有时，非有效接地电力网需要采用这样的措施来限制单相接地短路电流。

（二）单相接地短路时非故障相电压升高的计算

下面进一步分析单相接地短路时的电压关系。

根据单相接地短路时的边界条件，$\dot{I}_{A1} = \dot{I}_{A2} = \dot{I}_{A0}$ 以及 $\dot{U}_{A0} = \dot{U}_{B0} = \dot{U}_{C0}$，并把式（4-53）代入式（4-96），可得非故障相（又称健全相）的对地电压为

$$\begin{aligned}
\dot{U}_B &= \dot{U}_{B1} + \dot{U}_{B2} + \dot{U}_{B0} = a^2\dot{U}_{A1} + a\dot{U}_{A2} + \dot{U}_{A0} \\
&= \dot{I}_{A1}j\left[(a^2 - a)X_{2\Sigma} + (a^2 - 1)X_{0\Sigma}\right] \\
&= \frac{\dot{E}_A\left[(a^2 - a)X_{2\Sigma} + (a^2 - 1)X_{0\Sigma}\right]}{X_{1\Sigma} + X_{2\Sigma} + X_{0\Sigma}}
\end{aligned} \tag{4-103}$$

$$\begin{aligned}
\dot{U}_C &= \dot{U}_{C1} + \dot{U}_{C2} + \dot{U}_{C0} = a\dot{U}_{A1} + a^2\dot{U}_{A2} + \dot{U}_{A0} \\
&= \dot{I}_{A1}j\left[(a - a^2)X_{2\Sigma} + (a - 1)X_{0\Sigma}\right] \\
&= \frac{\dot{E}_A\left[(a - a^2)X_{2\Sigma} + (a - 1)X_{0\Sigma}\right]}{X_{1\Sigma} + X_{2\Sigma} + X_{0\Sigma}}
\end{aligned} \tag{4-104}$$

通常在分析电力系统的过电压时，把 $\dfrac{\dot{U}_B}{\dot{E}_A}$ 和 $\dfrac{\dot{U}_C}{\dot{E}_A}$ 称为非故障相的电压升高倍数，它属于"工频高压升高"这种过电压类型，其大小将影响到整个电力网的绝缘水平。按式（4-103）和式（4-104）可知

$$\frac{\dot{U}_B}{\dot{E}_A} = \frac{\left[(a - a^2)X_{2\Sigma} + (a^2 - 1)X_{0\Sigma}\right]}{X_{1\Sigma} + X_{2\Sigma} + X_{0\Sigma}} \tag{4-105}$$

$$\frac{\dot{U}_C}{\dot{E}_A} = \frac{\left[(a - a^2)X_{2\Sigma} + (a - 1)X_{0\Sigma}\right]}{X_{1\Sigma} + X_{2\Sigma} + X_{0\Sigma}} \tag{4-106}$$

应当指出，在分析电力系统的过电压时，$\dot{E}_A$ 应取为最高运行时相电压 $\dot{U}_{ph.max}$。另外，如前所述，一般在高压网络内发生接地短路时，可认为 $X_{1\Sigma} \approx X_{2\Sigma}$，因此式（4-105）和式（4-106）可改写为

$$|\dot{U}_B| = |\dot{U}_C| = \alpha_j U_{ph.max} \tag{4-107}$$

式中　$U_{ph.max}$——最高运行相电压；

　　　　α_j——接地系数，也就是相电压升高倍数，其计算式为

$$\alpha_{j} = \sqrt{\frac{\left(1.5\dfrac{X_{0\Sigma}}{X_{1\Sigma}}\right)^{2}}{\left(\dfrac{X_{0\Sigma}}{X_{1\Sigma}}+2\right)^{2}}+\frac{3}{4}} \tag{4-108}$$

从式（4-108）可知，接地系数 α_{j} 的大小主要决定于整个网络从接地点起的等值零序与正序电抗的比值 $\dfrac{X_{0\Sigma}}{X_{1\Sigma}}$，将 α_{j} 与 $\dfrac{X_{0\Sigma}}{X_{1\Sigma}}$ 的关系绘制成曲线，则如图 4-52 所示。当忽略正序电阻影响时，相应于图中标号为"0"的曲线，从图上可以看出，当 $\dfrac{X_{0\Sigma}}{X_{1\Sigma}}>1$ 时，$\dfrac{X_{0\Sigma}}{X_{1\Sigma}}$ 愈大，则 α_{j} 愈大。

通常，由于一般的输电线路的 $\dfrac{X_{0\Sigma}}{X_{1\Sigma}}=3\sim4$，所以对中性点直接接地的电力网，当线路的中间接地时，$\dfrac{X_{0\Sigma}}{X_{1\Sigma}}\approx3\sim4$。但当发电机出口及 YNd 连接的变压器的附近接地时，则 $\dfrac{X_{0\Sigma}}{X_{1\Sigma}}<1$，这样甚至将使非故障相的电压略为降低。而对中性点不接地或经消弧经圈接地且按欠补偿方式运行时，由于 $X_{0\Sigma}$ 为容性的，$\dfrac{X_{0\Sigma}}{X_{1\Sigma}}$ 接近 $-\infty$。从图上还可以看出：当 $\dfrac{X_{0\Sigma}}{X_{1\Sigma}}$ 在 $-10\sim-1$ 范围内时，α_{j} 将很大，相应的电压升高很严重。而在 $\dfrac{X_{0\Sigma}}{X_{1\Sigma}}\approx-2$ 时将达到完全谐振状态，以致产生极其严重的过电压，这是在设计与运行时应当竭力避免的。

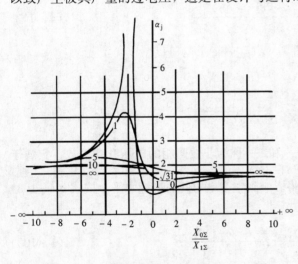

图 4-52　单相接地短路时非故障相的电压升高

从图 4-52 中还可以看出，在中性点直接接地的电力网中，当 $\dfrac{X_{0\Sigma}}{X_{1\Sigma}}\leqslant3$ 时，$U_{B}=U_{C}\leqslant1.30\times U_{ph.max}$（即等于或小于 80％ 的最高线电压），这意味着可选用灭弧电压等于 80％ 最高线电压的避雷器。而在 $\dfrac{X_{0\Sigma}}{X_{1\Sigma}}\geqslant3$ 的范围内，α_{j} 将趋于 1.73，则需采用灭弧电压等于 100％ 线电压的避雷器。其次，对中性点不接地或经消弧线圈接地且按欠补偿方式运行的电力网而言，$\dfrac{X_{0\Sigma}}{X_{1\Sigma}}\approx-\infty$，$\alpha_{j}\approx1.73$，也同样需要采用灭弧电压等于 100％ 线电压的避雷

器。通常认为，可以按 80％ 的最高线电压选择避雷器这一点，是中性点直接接地电力网的主要优点之一。

按国家标准与国际标准规定，把 $\dfrac{X_{0\Sigma}}{X_{1\Sigma}}\leqslant3$ 的电力网称为"有效接地电力网"，这是由于"中性点直接接地电力网"这个名词严格说来是不够确切的。因为，严格说来，即使所谓中性点直接接地的变压器也都是通过一定的零序电抗而接地的，随着被接地变压器的容量和全部变压器容量的比值不同，电力网的接地程度将有很大的差别。利用比值 $\dfrac{X_{0\Sigma}}{X_{1\Sigma}}$

可以足够准确地表示电力网的接地程度。如第二章第十一节中所述，有时为了减少单相接地短路时的短路电流，往往不是把电力网中所有变压器的中性点一概加以接地，而是仅仅将其中一部分中性点接地。但是，不管接地的变压器的台数、容量的多少，只要电力网的 $\frac{X_{0\Sigma}}{X_{1\Sigma}}$ 比值小于或等于3，就可以认为它是有效接地的电力网，这种电力网的主要优点之一就是可以按 80% 最高线电压来选择避雷器，因而过电压与绝缘水平较低。电力网的额定电压愈高，这一优点也就愈显得重要。如前所述，我国目前 110 kV 以上电压的电力网一般都采用有效接地方式。

（三）单相接地短路时的电流、电压相量图

下面介绍单相接地短路时相量图的绘制方法。首先取 $\dot{E}_A$ 作为参考相量，从式（4-97）可以求出 $\dot{I}_{A1}$ 相量，它落后于 $\dot{E}_A 90°$，又根据式（4-95）可知：$\dot{I}_{A1}=\dot{I}_{A2}=\dot{I}_{A0}$，以及 $\dot{I}_A = 3\dot{I}_{A1}$，即可绘制出如图4-53（b）所示的电流相量图。

另外，从式（4-53）可知，$\dot{U}_{A2}$ 和 $\dot{U}_{A0}$ 分别落后于 $\dot{I}_{A2}$、$\dot{I}_{A0} 90°$，而从式（4-96）可知，$\dot{U}_{A1}=-(\dot{U}_{A2}+\dot{U}_{A0})$，所以 $\dot{U}_{A1}$ 应与 $\dot{E}_A$ 同相，即超前 $\dot{I}_{A0} 90°$。在求出 $\dot{U}_{A1}$、$\dot{U}_{A2}$、$\dot{U}_{A0}$ 之后，可以进一步按 $\dot{U}_{B1}=a^2\dot{U}_{A1}$、$\dot{U}_{C1}=a\dot{U}_{A2}$、$\dot{U}_{B2}=a\dot{U}_{A2}$、$\dot{U}_{C2}=a^2\dot{U}_{A2}$ 以及 $\dot{U}_{B0}=\dot{U}_{C0}=\dot{U}_{A0}$ 的关系，在图上作出 $\dot{U}_{B1}$、$\dot{U}_{C1}$、$\dot{U}_{B2}$、$\dot{U}_{C2}$、$\dot{U}_{B0}$、$\dot{U}_{C0}$ 等相量。最后根据 $\dot{U}_B=\dot{U}_{B1}+\dot{U}_{B2}+\dot{U}_{B0}$、$\dot{U}_C=\dot{U}_{C1}+\dot{U}_{C2}+\dot{U}_{C0}$ 的关系即可绘出 $\dot{U}_B$ 和 $\dot{U}_C$ 的相量来。整个电压相量关系如图4-53（a）所示。

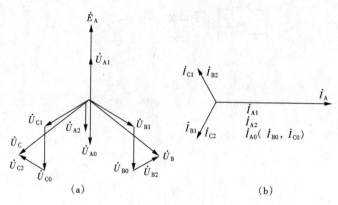

图4-53 单相接地短路时的电流、电压相量图
（a）电压相量图；（b）电流相量图

【例4-10】 如图4-54所示的电力系统中，两台发电机和两台变压器组并联运行，经过 80 km 长的 110 kV 单回线路将功率送入一大容量电力系统。已知发电机容量为 31.25 MV·A，$x_d''=11.8\%$，$x_2=14.4\%$。变压器容量为 20 MV·A，$U_k\%=10.5$，线路为有钢质架空地线的单回线路，总长为 80 km。试求当在线路长度为 40 km 处发生单相接地故障时的

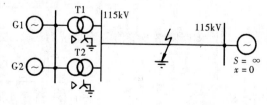

图4-54 ［例4-10］图（1）

单相短路电流和非故障相电压。

解 采用有名单位制计算。

1. 求出各元件的各序电抗值（归算到 115 kV 电压级）

发电机
$$x_1 = x_d''\% \frac{U_N^2}{S_N} \times 10 = 11.8 \frac{115^2}{31250} \times 10 = 50 \ (\Omega)$$

$$x_2 = x_2\% \frac{U_N^2}{S_N} \times 10 = 14.4 \frac{115^2}{31250} \times 10 = 61 \ (\Omega)$$

变压器因是 YNd 接线，可近似取

$$x_1 = x_2 \approx x_0 = U_k\% \frac{U_N^2}{S_N} \times 10 = 10.5 \frac{115^2}{20000} \times 10 = 69.4 \ (\Omega)$$

线路长为 40 km 处的电抗值为

$$x_1 = 0.4 \times 40 = 16 \ (\Omega)$$

$$x_2 = x_1 = 16 \ (\Omega)$$

因系具有钢质架空地线的架空线路，故查表 4 - 7 近似可取

$$x_0 = 3x_1 = 48 \ (\Omega)$$

2. 作出各序网络图（见图 4 - 55）并求出各序阻抗（对短路点 $k^{(1)}$）

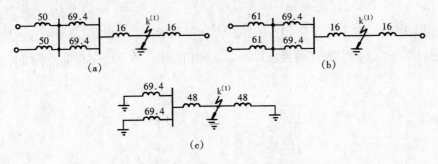

图 4 - 55　［例 4 - 10］图（2）

（a）正序网络；（b）负序网络；（c）零序网络

（1）正序网络及等值正序阻抗为

$$X_{1\Sigma} = \frac{16 \times \left(\frac{50}{2} + \frac{69.4}{2} + 16\right)}{16 + \left(\frac{50}{2} + \frac{69.4}{2} + 16\right)} = \frac{16 \times 75.7}{91.7} = 13.25 \ (\Omega)$$

（2）负序网络及等值负序阻抗为

$$X_{2\Sigma} = \frac{16 \times \left(\frac{61}{2} + \frac{69.4}{2} + 16\right)}{16 + \left(\frac{61}{2} + \frac{69.4}{2} + 16\right)} = \frac{16 \times 81.2}{97.2} = 13.35 \ (\Omega)$$

（3）零序网络及等值零序阻抗为

$$X_{0\Sigma} = \frac{48 \times \left(\frac{69.4}{2} + 48\right)}{48 + \left(\frac{69.4}{2} + 48\right)} = \frac{48 \times 82.7}{130.7} = 30.4 \ (\Omega)$$

3. 计算单相接地电流

$$I_d^{(1)} = \frac{3E_A}{X_{1\Sigma} + X_{2\Sigma} + X_{0\Sigma}} = \frac{3 \times 115/\sqrt{3}}{13.25 + 13.35 + 30.4} = 3.5 \text{ (kA)}$$

4. 计算非故障相对地电压

$$
\begin{aligned}
\dot{U}_B &= \frac{\dot{E}_A[(a - a^2)X_{2\Sigma} + (a^2 - 1)X_{0\Sigma}]}{X_{1\Sigma} + X_{2\Sigma} + X_{0\Sigma}} \\
&= \frac{(115/\sqrt{3} + j0)\left[-j\sqrt{3} \times 13.35 + \left(-\frac{3}{2} - j\frac{\sqrt{3}}{2}\right) \times 30.4\right]}{13.25 + 13.35 + 30.4} \\
&= \frac{115/\sqrt{3}(-45.6 + j49.5)}{57} = -53 - j57.6 = 80\angle -132°40' \text{ (kV)}
\end{aligned}
$$

$$
\begin{aligned}
\dot{U}_C &= \frac{\dot{E}_A[(a - a^2)X_{2\Sigma} + (a - 1)X_{0\Sigma}]}{X_{1\Sigma} + X_{2\Sigma} + X_{0\Sigma}} \\
&= \frac{(115/\sqrt{3} + j0)\left[j\sqrt{3} \times 13.35 + \left(\frac{3}{2} + j\frac{\sqrt{3}}{2}\right) \times 30.4\right]}{13.23 + 13.25 + 30.4} \\
&= \frac{115/\sqrt{3}(-45.6 + j49.5)}{57} = -53 + j57.6 = 80\angle +132°40' \text{ (kV)}
\end{aligned}
$$

因而，非故障相对电压升高的倍数为 $\dfrac{U_B}{E_A} = \dfrac{U_C}{E_A} = \dfrac{80}{115/\sqrt{3}} = \dfrac{80}{67} \approx 1.2$。同时，根据

$\dfrac{X_{0\Sigma}}{X_{1\Sigma}} = \dfrac{30.4}{13.25} \approx 2.3$，从图 4-52 上查出相应的电压升高倍数也为 1.2 倍左右，可见二者是一致的。

二、两相短路计算

下面研究两相短路时的情况。在图 4-56 中，当 B、C 两相发生短路时，其特征条件为

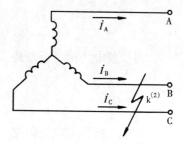

$$\left.\begin{array}{l} \dot{I}_A = 0 \\ \dot{I}_B = -\dot{I}_C \\ \dot{U}_B = \dot{U}_C \end{array}\right\} \qquad (4-109)$$

图 4-56 两相短路

根据上述条件，运用对称分量法的基本公式可推导出其电流、电压各序对称分量的关系为

$$\dot{I}_{A0} = \frac{1}{3}(\dot{I}_A + \dot{I}_B + \dot{I}_C) = 0$$

由于 $\qquad \dot{I}_A = \dot{I}_{A1} + \dot{I}_{A2} + \dot{I}_{A0} = 0 \qquad (4-110)$

故有 $\qquad \dot{I}_{A1} = -\dot{I}_{A2}$

同理，由于 $\dot{U}_B = \dot{U}_C$，可求得正序电压分量 $\dot{U}_{A1}$ 和负序电压分量 $\dot{U}_{A2}$ 为

$$\dot{U}_{A1} = \frac{1}{3}(\dot{U}_A + a\dot{U}_B + a^2\dot{U}_C) = \frac{1}{3}[\dot{U}_A + (a + a^2)\dot{U}_B]$$

$$\dot{U}_{A2} = \frac{1}{3}(\dot{U}_A + a^2\dot{U}_B + a\dot{U}_C) = \frac{1}{3}[\dot{U}_A + (a + a^2)\dot{U}_B]$$

故有 $\qquad \dot{U}_{A1} = \dot{U}_{A2}$

综上所述，可知表征两相短路的对称分量特点的三个边界条件为

$$\left.\begin{array}{l} \dot{I}_{A1} = - \dot{I}_{A2} \\ \dot{I}_{A0} = 0 \\ \dot{U}_{A1} = \dot{U}_{A2} \end{array}\right\} \qquad (4-111)$$

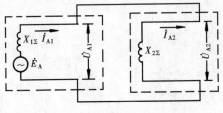

图 4 - 57　两相短路的复合序网图

由于两相短路时，$\dot{I}_{A0} = 0$，故 $\dot{U}_{A0} = 0$，即不存在零序网络，这是两相短路的重要特点之一。同时，根据上述边界条件可以确定由正序、负序网络所构成的两相短路的复合序网图如图 4 - 57 所示，即两个网络为并联的关系。

根据图 4 - 57 的复合序网图可得

$$\dot{I}_{A1} = \frac{\dot{E}_A}{j(X_{1\Sigma} + X_{2\Sigma})} \qquad (4-112)$$

于是故障点的短路电流为

$$\begin{aligned} \dot{I}_B &= \dot{I}_{B1} + \dot{I}_{B2} + \dot{I}_{B0} \\ &= a^2 \dot{I}_{A1} + a \dot{I}_{A2} + \dot{I}_{A0} \\ &= (a^2 - a) \dot{I}_{A1} = -j\sqrt{3} \dot{I}_{A1} \\ &= \frac{-\sqrt{3} \dot{E}_A}{X_{1\Sigma} + X_{2\Sigma}} \end{aligned} \qquad (4-113)$$

$$\dot{I}_C = \dot{I}_{C1} + \dot{I}_{C2} + \dot{I}_{C0} = a\dot{I}_{A1} + a^2 \dot{I}_{A2} + \dot{I}_{A0} = (a - a^2) \dot{I}_{A1} = j\sqrt{3} \dot{I}_{A1}$$

$$= \frac{\sqrt{3}\dot{E}_A}{X_{1\Sigma} + X_{2\Sigma}} \qquad (4-114)$$

对一般电力网可近似地认为 $X_{1\Sigma} \approx X_{2\Sigma}$，所以两相短路电流的绝对值为

$$|I_d^{(2)}| = |I_B| = |I_C| = \frac{\sqrt{3}E_A}{2X_{1\Sigma}} \qquad (4-115)$$

由于三相短路电流的绝对值 $I_d^{(3)} = \dfrac{E_A}{X_{1\Sigma}}$，而两相短路电流值为三相短路电流值的 $\dfrac{\sqrt{3}}{2}$，所以，两相短路电流均较三相短路电流要小。

下面再按对称分量法来计算各相对地电压。

由于

$$\dot{U}_{A0} = \dot{U}_{B0} = \dot{U}_{C0} = 0$$

另外，按复合序网图可知

$$\dot{U}_{A1} = \dot{U}_{A2} = -j \dot{I}_{A2} X_{2\Sigma}$$

$$2\dot{U}_{A1} = 2j \dot{I}_{A1} X_{2\Sigma} \qquad (4-116)$$

故有

非故障相（A 相）的电压为

$$\dot{U}_A = \dot{U}_{A1} + \dot{U}_{A2} = 2\dot{U}_{A1}$$

将式（4 - 116）代入上式后可得

$$\dot{U}_A = 2\dot{U}_{A1} = 2j\,\dot{I}_{A1}X_{2\Sigma} \tag{4-117}$$

将式（4-112）中 $\dot{I}_{A1}$ 的值代入式（4-117）后可得

$$\dot{U}_A = 2jX_{2\Sigma}\frac{\dot{E}_A}{j(X_{1\Sigma}+X_{2\Sigma})} \tag{4-118}$$

如对一般系统，近似可取为 $X_{1\Sigma}\approx X_{2\Sigma}$，则有

$$\dot{U}_A = 2jX_{2\Sigma}\frac{\dot{E}_A}{j2X_{2\Sigma}} = \dot{E}_A \tag{4-119}$$

式（4-119）表明，当两相短路时，非故障相的电压不会升高。

下面再来看看故障相的电压

$$\dot{U}_B = \dot{U}_C = a^2\,\dot{U}_{A1} + a\dot{U}_{A2} = (a^2+a)\,\dot{U}_{A1} = -\dot{U}_{A1} \tag{4-120}$$

考虑到式（4-117）、式（4-119）和式（4-120）中的关系后，则有

$$\dot{U}_B = \dot{U}_C = -\frac{1}{2}\dot{U}_A = -\frac{1}{2}\dot{E}_A \tag{4-121}$$

式（4-121）表明：在故障点，故障相电压为非故障相电压值的二分之一，而方向恰好相反。

根据上述分析结果，可以作出两相短路时的电流、电压相量图如图4-58所示。

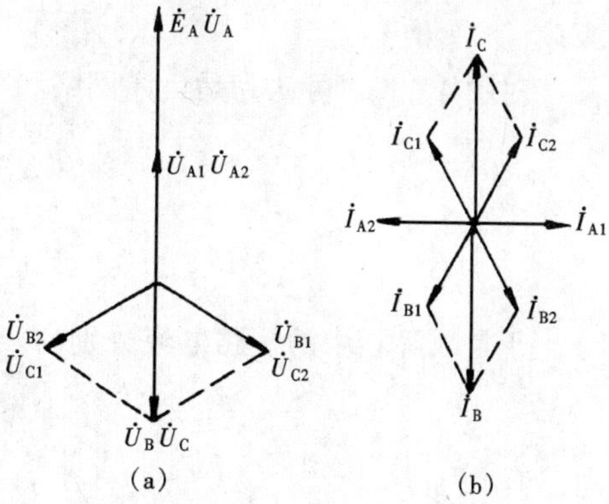

【例4-11】 试计算当［例4-10］中的三相线路上同一点发生两相短路时的短路电流 $I_k^{(2)}$ 值。

解 从上例可知：正序电抗 $X_{1\Sigma}=13.25\ \Omega$，负序电抗 $X_{2\Sigma}=13.35\ \Omega$，$\sqrt{3}E_A=115\ \text{kV}$。代入式（4-115）可得

$$I_k^{(2)} = \frac{115}{13.25+13.35} = 4.32\ (\text{kA})$$

图4-58　两相短路时的电流、电压相量图
(a) 电压相量图；(b) 电流相量图

三、两相接地短路的计算

电力网的运行经验表明，单相接地故障往往有可能进一步发展为两相接地，并进而导致相间短路。对两相接地短路故障，可示意如图4-59所示。

表示两相接地短路故障的特征条件为

$$\left.\begin{array}{l}\dot{I}_A = 0 \\ \dot{U}_B = 0 \\ \dot{U}_C = 0\end{array}\right\} \tag{4-122}$$

下面先按对称分量法的基本公式求故障点的电压和电流的对称分量值。

已知

$$\dot{U}_{A1} = \frac{1}{3}(\dot{U}_A + a\dot{U}_B + a^2\,\dot{U}_C)$$

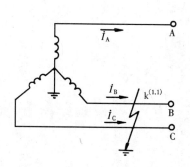

图4-59　两相接地短路

$$\dot{U}_{A2} = \frac{1}{3}(\dot{U}_A + a^2\,\dot{U}_B + a\dot{U}_C)$$

$$\dot{U}_{A0} = \frac{1}{3}(\dot{U}_A + \dot{U}_B + \dot{U}_C)$$

将 $\dot{U}_B = 0$、$\dot{U}_C = 0$ 的关系代入上式后可得

$$\dot{U}_{A1} = \dot{U}_{A2} = \dot{U}_{A0} = \frac{1}{3}\dot{U}_A \tag{4-123}$$

另外还有

$$\dot{I}_A = \dot{I}_{A1} + \dot{I}_{A2} + \dot{I}_{A0} = 0 \tag{4-124}$$

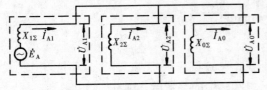

图 4-60　两相接地短路时的复合序网图

式（4-123）和式（4-124）即为两相接地短路故障的对称分量的边界条件，照此边界条件可组成如图 4-60 所示的复合序网图。这时正、负、零序三个网络之间为并联的关系。

由图 4-60 的复合序网图可得

$$\dot{I}_{A1} = \frac{\dot{E}_A}{j\left(X_{1\Sigma} + \dfrac{X_{2\Sigma}X_{0\Sigma}}{X_{2\Sigma} + X_{0\Sigma}}\right)} \tag{4-125}$$

对图 4-60，可认为是负序网络和零序网络并联后再与有源的正序网络相串联，故有

$$\dot{I}_{A2} = -\dot{I}_{A1}\frac{X_{0\Sigma}}{X_{2\Sigma} + X_{0\Sigma}} \tag{4-126}$$

$$\dot{I}_{A0} = -\dot{I}_{A1}\frac{X_{2\Sigma}}{X_{2\Sigma} + X_{0\Sigma}} \tag{4-127}$$

于是故障相中的短路电流分别为

$$\dot{I}_B = \dot{I}_{B1} + \dot{I}_{B2} + \dot{I}_{B0} = a^2\dot{I}_{A1} + a\dot{I}_{A2} + \dot{I}_{A0}$$

$$\dot{I}_C = \dot{I}_{C1} + \dot{I}_{C2} + \dot{I}_{C0} = a\dot{I}_{A1} + a^2\dot{I}_{A2} + \dot{I}_{A0}$$

将式（4-126）、式（4-127）代入上式并化简后可得

$$\dot{I}_B = \dot{I}_{A1}\left(a^2 - \frac{X_{2\Sigma} + aX_{0\Sigma}}{X_{2\Sigma} + X_{0\Sigma}}\right) \tag{4-128}$$

$$\dot{I}_C = \dot{I}_{A1}\left(a - \frac{X_{2\Sigma} + a^2X_{0\Sigma}}{X_{2\Sigma} + X_{0\Sigma}}\right) \tag{4-129}$$

对式（4-128）及式（4-129）的两端取绝对值，并将 a、a^2 的值代入经整理后可得短路处故障相短路电流的绝对值为

$$I_k^{(1.1)} = |\dot{I}_B| = |\dot{I}_C| = \sqrt{3}\sqrt{1 - \frac{X_{2\Sigma} + X_{0\Sigma}}{(X_{2\Sigma} + X_{0\Sigma})^2}}\,\dot{I}_{A1} \tag{4-130}$$

下面再对电压情况进行分析。从图 4-60 可知，短路处电压的正序分量为

$$\dot{U}_{A1} = \dot{I}_{A1}j(X_{2\Sigma} /\!/ X_{0\Sigma}) = \frac{\dot{E}_A}{\left(X_{1\Sigma} + \dfrac{X_{2\Sigma}X_{0\Sigma}}{X_{2\Sigma} + X_{0\Sigma}}\right)}\frac{X_{2\Sigma}X_{0\Sigma}}{X_{2\Sigma} + X_{0\Sigma}}$$

$$= \frac{X_{0\Sigma}X_{2\Sigma}\dot{E}_A}{[X_{1\Sigma}(X_{2\Sigma} + X_{0\Sigma}) + X_{2\Sigma}X_{0\Sigma}]}$$

$$= \frac{X_{0\Sigma}X_{2\Sigma}\dot{E}_A}{[X_{0\Sigma}(X_{1\Sigma} + X_{2\Sigma}) + X_{1\Sigma}X_{2\Sigma}]} \tag{4-131}$$

而非故障相 A 的对地电压按式（4-123）和式（4-131）为

$$\dot{U}_A = 3\dot{U}_{A1} = \frac{3X_{0\Sigma}X_{2\Sigma}\dot{E}_A}{X_{0\Sigma}(X_{1\Sigma}+X_{2\Sigma})+X_{1\Sigma}X_{2\Sigma}} \tag{4-132}$$

对一般的电力网，如近似认为 $X_{1\Sigma}\approx X_{2\Sigma}$，则有

$$\dot{U}_A = \frac{3X_{0\Sigma}X_{1\Sigma}\dot{E}_A}{2X_{0\Sigma}X_{1\Sigma}+X_{1\Sigma}^2} = \frac{3\dot{E}_A}{2+\dfrac{X_{1\Sigma}}{X_{0\Sigma}}} \tag{4-133}$$

于是非故障相的电压升高倍数为

$$\frac{U_A}{E_A} = \frac{3}{2+\dfrac{X_{1\Sigma}}{X_{0\Sigma}}} \tag{4-134}$$

从式（4-134）可知，非故障相电压升高的程度同样只与 $\dfrac{X_{0\Sigma}}{X_{1\Sigma}}$ 的值有关。图 4-61 表示了当忽略电阻影响时，单相接地短路时的非故障相电压升高倍数以及两相接地短路时的非故障相的电压升高倍数与比值 $\dfrac{X_{0\Sigma}}{X_{1\Sigma}}$ 的关系。从该图上可以看出当 $\dfrac{X_{0\Sigma}}{X_{1\Sigma}}<1$ 时，单相接地短路的非故障相电压值要高一些；但当 $\dfrac{X_{0\Sigma}}{X_{1\Sigma}}=1\sim4$ 时，则两相接地短路的非故障相电压升高的程度将更为严重一些。

最后，根据上述对电流、电压分析的结果，可以作出两相接地短路故障时的电压、电流相量图如图 4-62 所示。

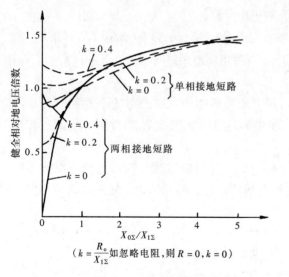

图 4-61 单相接地短路与两相接地短路时
非故障相电压上升倍数的比较
（假定 $X_{1\Sigma}=X_{2\Sigma}$，忽略电阻的影响，采用 $k=0$ 的曲线）

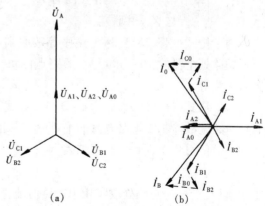

图 4-62 两相接地短路故障时的电流、
电压相量图
（a）电压相量图；（b）电流相量图

【例 4-12】 试计算当［例 4-10］中的三相线路上的同一地点发生两相接地短路时的短路电流 $I_k^{(1,1)}$ 和非故障相电压升高倍数。

解 从［例 4-10］中已知各序阻抗值分别为

$$X_{1\Sigma} = 13.25 \ \Omega; \ X_{2\Sigma} = 13.35 \ \Omega;$$
$$X_{0\Sigma} = 30.4 \ \Omega$$

（1）代入式（4-125）可得

$$\dot{I}_{A1} = \frac{E_A}{X_{1\Sigma} + \dfrac{X_{2\Sigma} X_{0\Sigma}}{X_{2\Sigma} + X_{0\Sigma}}} = \frac{115\sqrt{3}}{13.25 + \dfrac{13.35 \times 30.4}{13.35 + 30.4}} = 2.95 \ (kA)$$

再将 $\dot{I}_{A1}$ 值代入式（4-130）可得

$$I_k^{(1.1)} = \sqrt{3} \times \sqrt{1 - \frac{13.35 \times 30.4}{(13.35 + 30.4)^2}} \times 2.95 = 4.535 \ (kA)$$

（2）设 $X_{1\Sigma} = X_{2\Sigma} = 13.3 \ \Omega$，于是根据式（4-134），可得非故障相的电压升高倍数为

$$\frac{U_A}{E_A} = \frac{3}{2 + \dfrac{X_{1\Sigma}}{X_{0\Sigma}}} = \frac{3}{2 + \dfrac{13.3}{30.4}} = 1.23$$

四、两点共同的结论

经过上面对单相接地短路、两相短路、两相接地短路三种故障的计算方法进行分析推导的结果，可以发现它们具有某些共同的规律，现归纳如下。

（1）从式（4-97）、式（4-112）和式（4-125）可知，在上述三种不对称短路时，短路故障相电流的正序分量可以表示为

$$I_{A1}^{(n)} = \frac{E_A}{X_{1\Sigma} + X_{\Delta}^{(n)}} \tag{4-135}$$

式中　$I_{A1}^{(n)}$——对应于短路类型 n 的故障相电流的正序分量；

　　　$X_{\Delta}^{(n)}$——与短路类型有关的附加阻抗。当单相短路时 $X_{\Delta}^{(n)} = X_{2\Sigma} + X_{0\Sigma}$（$X_{2\Sigma}$ 与 $X_{0\Sigma}$ 相串联），当两相短路时 $X_{\Delta}^{(n)} = X_{2\Sigma}$，当两相接地短路时 $X_{\Delta}^{(n)} = X_{2\Sigma} // X_{0\Sigma}$（$X_{2\Sigma}$ 与 $X_{0\Sigma}$ 并联）。

通常把式（4-135）称为正序等效原则，其概念可简述为：在简单的不对称短路情况下，短路处电流的正序分量与在短路点的每一相中加进了附加阻抗 $X_{\Delta}^{(n)}$ 后所产生的三相短路电流相等。

（2）从式（4-99）、式（4-115）和式（4-130）还可以发现，在这三种不对称短路时，短路处故障相中短路电流的绝对值与其正序分量成正比。换句话说，短路处故障相中电流的绝对值可用式（4-136）来表示

$$I_k^{(n)} = m^{(n)} \left| I_k^{(n)} \right| \tag{4-136}$$

式中　$\left| I_k^{(n)} \right|$——短路处故障相中短路电流正序分量的绝对值；

　　　$m^{(n)}$——比例常数，它的值按短路种类而定，如表 4-8 所示。

表 4-8　　　　　　　　　　不同短路故障下的 $X_{\Delta}^{(n)}$ 与 $m^{(n)}$ 值

短路种类	$X_{\Delta}^{(n)}$	$m^{(n)}$	短路种类	$X_{\Delta}^{(n)}$	$m^{(n)}$
三相短路	0	1	两相接地短路	$X_{2\Sigma} // X_{0\Sigma}$	$\sqrt{3}\sqrt{1 - \dfrac{X_{2\Sigma} X_{0\Sigma}}{(X_{2\Sigma} + X_{0\Sigma})^2}}$
两相短路	$X_{2\Sigma}$	$\sqrt{3}$	单相接地短路	$X_{2\Sigma} + X_{0\Sigma}$	3

复习思考题与习题

1. 试述电力系统短路的原因与后果。

2. 电力系统的短路故障如何分类？最常见的故障是哪一类？

3. 标么值计算法为什么在电力系统的分析计算中被广泛采用？

4. 标么值与百分值这两种计算方法有什么相同和不同之处？

5. 为什么取网络平均电压作为基准电压是标么值计算法中的一项很重要的假定？

6. "无限大"容量电源系统的含义是什么？

7. "无限大"容量电源供电的三相短路的暂态过程中，短路电流包含哪几个分量？其表达式是什么？

8. 对称三相电力系统中如发生三相短路，短路电流的周期分量和非周期分量的初始值（$t=0$）是否与横轴（时间轴）对称？为什么？

9. 有限容量电源供电的三相电路短路的暂态过程中，短路电流各分量的变化与"无限大"容量电源供电的三相短路电流有什么不同特点？

10. 三相短路的次暂态电流、稳态电流的方均根值和冲击电流的瞬时值的物理意义是什么？它们的值分别是怎样计算的？

11. 什么情况下短路产生的冲击电流达最大值？

12. 何谓冲击系数？工程计算中一般如何取值？

13. 简述应用运算曲线法计算短路电流的基本步骤。

14. 在一个不对称的三相系统中，什么情况下才会出现负序分量？什么情况下才会出现零序分量？

15. 变压器的零序电抗受哪些因素所决定？

16. 什么是卡尔松公式？它与线路零序电抗计算有什么关系？

17. 输电线的零序电抗为什么总大于正序电抗？试从物理概念上加以说明。

18. 架空地线为什么会使线路的零序电抗减少？试从物理概念上加以说明。

19. 单相接地短路电流是否在任何情况下都小于三相短路电流？为什么？

20. 单相接地短路时，非故障相电压的升高程度主要由什么因素所决定？

21. 如何用单相接地短路时非故障相电压升高的程度来区别有效接地系统与非有效接地系统？并由此进一步说明为什么110 kV以上电压的高压系统均采用有效接地方式？

22. 两相短路时，为什么没有零序网络？试从物理概念加以说明。

23. 两相接地短路时，为什么非故障相也将出现电压升高？并与单相接地短路时非故障相的电压升高程度进行比较。

24. 已知"无限大"容量供电系统如图4-63所示。当变电所低压母线发生三相短路时，试作如下计算：

（1）短路点短路电流的周期分量值；

（2）短路冲击电流值；

（3）M点的残压值。

25. 当三相短路发生在图4-64中的k点时，求次暂态短路电流和稳态短路电流值。

已知：

发电机（汽轮发电机）G　有自动励磁调节装置；容量 60 MV·A；电压 10.5 kV；$x''_{d*}=0.125$；$f_{k0}=0.47$；$x_\sigma f_{k0}=0.05$；$I_{e*}=4.5$。

变压器 T1　60 MV·A；10.5/121 kV；$U_k\%=10.5$。

变压器 T2　60 MV·A；110/38.5 kV；$U_k\%=10.5$。

线路　长 80 km；$x_1=0.4\ \Omega/km$。

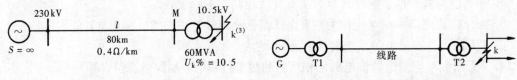

图 4-63　习题 24 附图　　　　　　　　图 4-64　习题 25 附图

26. 当三相短路发生在图 4-65 中的 k 点时，试求次暂态短路电流和冲击电流。已知：

发电机 G　$x''_{d*}=0.125$；$S_N=30$ MV·A，电压 6.3 kV。

变压器 T　$S_N=30$MV·A；$U_k\%=10.5$。

电抗器 P　$I_N=400$ A；$U_N=6$ kV，$x_p\%=4$。

27. 有一不平衡三相系统，已知$U_A=80\angle10°$ V；$U_B=70\angle135°$ V；$U_C=85\angle175°$ V，试求其正序、负序和零序电压的对称分量。

28. 如图 4-66（a）所示 220 kV 单回架空线路，装有两根良导体的架空地线，线路各部分尺寸如图所示。已知导线为 LGJJ-300 型钢心铝绞线，架空地线为 LGJJ-150 型钢心铝绞线，试计算该线路单位长度的零序电抗和零序电容。

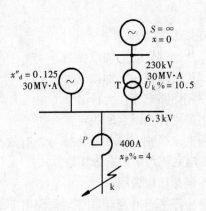

图 4-65　习题 26 附图

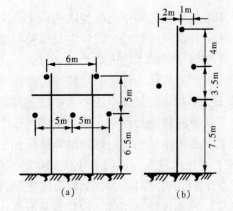

图 4-66　习题 28 及习题 29 附图

29. 某 110 kV 单回架空线路，采用等边三角形布置，其各部分尺寸如图 4-66（b）所示，装设有一根钢质的架空地线。已知导线为 LGJ-240 型钢心铝绞线，架空地线为 LGJ-120 型镀锌钢绞线，其实际直径为 14 mm，试计算线路单位长度的零序电感和零序电容。

30. 有如图 4-67 所示电力网，已知：

发电机 G　2×50 MW，$\cos\varphi=0.8$，$U_N=10.5$ kV，$x''_{d*}=0.125$，$x_{2*}=0.15$，

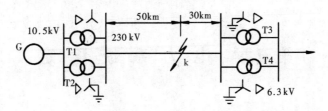

图 4 - 67 习题 30 附图

$x_{0*}=0.08$。

变压器 T1，T2 SF-50000 型，$S_N=50000$ kV·A，$U_k\%=12$，电压比 242/10.5 kV，YNd 连接组。

变压器 T3，T4 SF-40000 型，$S_N=40000$ kV·A，$U_k\%=12$，电压比 242/6.6 kV，YNd 连接组。

线路 长 80 km，$x_1=0.4$ Ω/km，$x_0=3x_1$。

（1）试分别作出下列三种运行方式下：①T1、T2、T3、T4 的中性点全部接地；②T1 中性点不接地，T2、T3、T4 中性点接地；③T1、T4 中性点不接地，T2、T3 中性点接地，当 k 点发生单相接地短路时的零序等值网络。

（2）求出上述三种运行方式下 k 点单相接地短路时的短路电流和非故障相的电压升高，并进行比较。

（3）求出当 T1、T2、T3、T4 全部接地时 k 点发生两相接地短路时的短路电流。

31. 在图 4 - 68 所示网络中，试求当 k1 点发生两相接地短路，当 k2 点发生二相短路时的稳态短路电流。

已知：电源为无限大系统，$x=0$；

变压器 T1 $S_N=15$ MV·A，$U_{1N}/U_{2N}=10.5/37$ kV，$U_k\%=7.5$；

变压器 T2 $S_N=15$ MV·A，$U_{1N}/U_{2N}=37/6.3$ kV，$U_k\%=7.5$；

线路 长 30 km，$x_1=0.4$ Ω/km，$x_0=3.5x_1$。

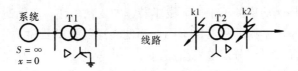

图 4 - 68 习题 31 附图

32. 有一台 QF$_2$-12-2 型汽轮发电机，$P_N=12000$ kW，$U_N=6.3$ kV，$\cos\varphi=0.8$，$x''_{d*}=0.125$，$x_{2*}=0.15$，$x_{0*}=0.043$。试求：

（1）发电机端发生三相短路及单相接地短路时的次暂态短路电流值。

（2）如欲将单相接地短路的次暂态电流降低至不超过三相短路的次暂态电流值，则发电机中性点至少应串入多大的阻抗？

第五章 电力系统稳定

第一节 稳定性问题的提出及其基本概念

我们知道,电力系统中的所有同步发电机都是并联运行的。因此,数量众多的并联运行的发电机保持同步运行是维持电力系统正常运行的最基本条件。

从"电机学"课程中已知,同步发电机的转速决定于作用在其轴上的转矩,因而,当转矩变化时转速将相应地发生变化。正常运行时,原动机的功率与发电机的输出功率是平衡的,从而保证了发电机以恒定的同步转速运行。

但是,上述那种功率平衡状态只能是相对的、暂时的。由于电力系统的负荷随时都在变化,甚至还可能有偶然事故发生,因此将不断打破这种平衡状态。例如,负荷功率的瞬时变化将引起各发电机输出功率的相应改变,但由于惯性的影响,原动机的机械功率并不能完全适应发电机的电功率的瞬时变化,于是原动机的功率和发电机的输出功率之间就将产生不平衡(相应转矩也将产生不平衡)。这种功率(及转矩)之间的不平衡是经常发生的,电力系统中的电能生产正是在这种功率(及转矩)的平衡不断遭到破坏,同时又不断恢复的对立统一过程中来进行的。

功率的不平衡以及与之相应的转矩不平衡将引起发电机组转速的变化。例如,当发电机输出功率暂时减小时,由于惯性将使得原动机的输入功率暂时大于发电机的输出功率,从而使整个机组加速。在加速过程中剩余功率将转化为动能储存于转子中。在相反的情况下,如果某一发电机的输出功率增加,则将由于输入功率和转矩的不足,使发电机组减速,而在减速过程中转子所储藏的动能将部分地释放出来以弥补输入功率的不足。

这样,当系统由于负荷变化、操作或发生故障(这些统称为系统遭受外扰)而打破平衡状态后,各发电机组将因功率的不平衡而发生转速的变化。在一般情况下,由于外扰程度的不同,各发电机组功率不平衡的程度也不同,因此转速变化的程度也不同。有的变化较大,有的变化较小,甚至导致一部分发电机组加速时,另一部分减速,从而在各发电机组的转子之间将产生相对运动。如果在外扰后不产生自发性振荡而且各发电机经历一段运动变化过程后能重新恢复到原来的平衡状态,或者在某一新的平衡状态下保持同步运行,倘若这时系统的频率和电压虽发生某些变化但仍在容许范围之内,则这样的电力系统称之为稳定的。相反,如果遭受到外扰后各发电机组之间产生自发性振荡或很剧烈的相对运动以致机组之间失去同步时,或者系统的频率、电压变化很大以致不能保证对负荷的正常供电而造成大量用户停电时,则这样的系统称之为不稳定的。

因此,稳定性可以认为是在外界干扰下发电机组间维持同步运行的能力。所以,研究电力系统稳定性问题将归结为研究当系统遭受外扰而破坏平衡状态后的运动规律,从而判断系统是否可能失去稳定以及研究提高稳定性的措施等。

运行经验表明,电力系统的稳定性是影响其运行可靠性的一个极其重要的因素。随着系统的容量与规律的日益扩大,稳定性问题也就越来越突出。近几十年来,国内外的许多大面积停电和大系统瓦解事故大都起源于稳定性遭受破坏。因此，分析电力系统稳定性的内在规律并研究提高稳定性的措施，对现代高压大容量电力系统的可靠运行是极其重要的。

第二节 电力系统的静态稳定

电力系统的静态稳定是指发电机组在遭受微小干扰（如短时的负荷波动等）后能否自动恢复到原来运行状态的能力。电力系统具有静态稳定是保持正常运行的基本条件之一。

一、简单电力系统的功率特性

关于单机运行时的功角特性以及静态稳定问题在电机学课程中已经学习过了，下面将在此基础上来分析简单电力系统的功率特性。

现在研究一个最简单的输电系统，如图 5-1（a）所示。

汽轮发电机经变压器和输电线将功率送往受端为无限大容量系统的母线上（这种情况又简称为单机—无限大系统）。所谓无限大容量系统是指受端系统的容量比送端发电机（或发电厂）的容量大得多，以致在任何输送功率的情况下，受端电压 U 的大小和相位可以认为是恒定不变的。这时，如果忽略发电机定子绕组的电阻，只计及变压器和线路的电抗，则系统的等值电路如图 5-1（b）所示。将图 5-1（b）中的串联电抗加以合并后，可得到图 5-1（c），其中总电抗 X_Σ 为发电机，变压器及线路电抗之和，即

$$X_\Sigma = x_\mathrm{d} + x_\mathrm{T1} + x_\mathrm{L} + x_\mathrm{T2}$$

由于汽轮发电机为隐极机，其纵轴与横轴的同步电抗相等，即 $x_\mathrm{d} = x_\mathrm{q}$，这时单机—无限大系统的相量图如图 5-2 所示。根据相量图可得

$$I\cos\varphi X_\Sigma = E_0 \sin\delta$$

式中 I——线路上传输的电流；

     E_0——发电机的空载电动势；

     δ——发电机空载电动势与受端母线电压 U 间的相位角；

X_Σ——输电系统的总电抗。

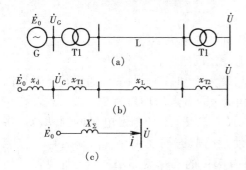

图 5-1 单机—无限大系统
  （a）接线图；（b）、（c）等值电路图

图 5-2 单机—无限大系统在正常运行时的相量图
  $\dot{I}_\mathrm{a}$—电流 I 的有功分量；$\dot{I}_\mathrm{r}$—电流 I 的无功分量

从上式可得

$$I\cos\varphi = \frac{E_0 \sin\delta}{X_\Sigma}$$

将这一关系式代入有功功率表达式 $P=3UI\cos\varphi$，则可得发电机向受端系统输送的有功功率为

$$P = \frac{3E_0U}{X_\Sigma}\sin\delta \tag{5-1}$$

必须指出，式（5-1）中的 E_0 和 U 均是相电压，如用线电压表示则有

$$P = \frac{E_0U}{X_\Sigma}\sin\delta = P_{max}\sin\delta \tag{5-2}$$

式（5-2）就是图 5-1 所示简单电力系统的功率特性。如果将式（5-2）与电机学课程中同步发电机的功角特性相比较，可见只要将总电抗 X_Σ 看成是等值发电机的同步电抗，则两个公式在形式上是完全一致的。但应当注意的是：式（5-2）中的 δ 角是送端发电机电动势 E_0 与受端系统电压 U 之间的相位角。如果当送端发电机直接与受端无限大系统相联时，则 U 即是送端发电机的端电压。δ 为 E_0 与端电压 U 之间的相角。

从式（5-2）可知，当 $\dot{E}_0$、$\dot{U}$、X_Σ 恒定不变时，发电机的输出功率将是功角 δ 的正弦函数，如图 5-3 所示。当功角从零逐渐增大到 90°时，发电机的输出功率将随着 δ 的增加而增大，当 $\delta=90°$时，输出功率到达了最大值（见图 5-3 和图 5-4），即

$$P_{max} = \frac{E_0U}{X_\Sigma} \tag{5-3}$$

式中 P_{max}——极限传输功率（或称功率极限），它的大小与 E_0 及 U 成正比，而与 X_Σ 成反比。

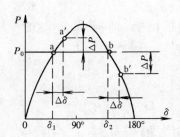

图 5-3 功率特性曲线

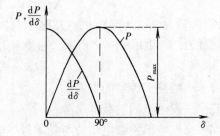

图 5-4 比整步功率特性

二、由功角特性所确定的静态稳定

对于由单个发电机的功角特性所确定的静态稳定问题在电机学课程中已经学习过了。下面研究式（5-2）所确定的单机—无限大系统的静态稳定问题。

如图 5-3 所示，当发电厂原动机输出的机械功率为 P_0 时，输电系统的运行情况可以对应于功角特性上的 a、b 两点，对应于 a 点的功角为 δ_1，b 点的功角为 δ_2。在 a 点，在一定外扰下，正的角度增量 $\Delta\delta$ 将引起正的功率变量 ΔP，若 P_0 不变则发电机的制动转矩将超过原动机的驱动转矩，使转子减速，$\Delta\delta$ 减小，使运行状态回复到 a 点，即运行是稳定的。在 b 点，在一定外扰下，正的角度增量 $\Delta\delta$ 将引起负的功率变量 ΔP，从而使转子加速，$\Delta\delta$ 将不断增加，运行状态无法回复到 b 点，最后失去稳定。因此，输电系统仅能在 a 点稳定运行。

从上述可知，当角度 δ 与发电机功率 P 的增量有相同的符号时，即

$$\frac{dP}{d\delta} > 0 \tag{5-4}$$

是系统静态稳定的充分且必要条件，式（5-4）又称为按功角特性所确定的静态稳定的判据。

通常把 $\dfrac{\mathrm{d}P}{\mathrm{d}\delta}$ 称为比整步功率（又称同步功率或同步化力），如对式（5-2）取功率对角度的导数后可得

$$\frac{\mathrm{d}P}{\mathrm{d}\delta} = \frac{E_0 U}{X_\Sigma}\cos\delta \tag{5-5}$$

当 $\delta < 90°$ 时，比整步功率为正值，在这个范围内发电机的运行是稳定的，但当 δ 越接近 $90°$，比整步功率就越小，稳定的程度就越低；当 $\delta = 90°$ 时，$\dfrac{\mathrm{d}P}{\mathrm{d}\delta} = 0$，这是稳定与不稳定的分界点，正好在这一点达到功率极限值 $P_{\max}$（见图 5-4）。由此可见，比整步功率的大小可以代表在外扰作用下同步发电机恢复同步运行的能力。

在实际运行时，为了整个系统的安全运行，应当使发电机的运行点离稳定极限一定的距离，即保持有一定的稳定储备，以便使系统有能力应对经常出现的一些扰动而不致丧失静态稳定。稳定储备的大小通常用静态稳定储备系数来表示，即

$$K_{\mathrm{P}} = \frac{P_{\max} - P_0}{p_0} \times 100\% \tag{5-6}$$

式中　$P_{\max}$——静态稳定的极限功率；

　　　P_0——正常运行时的输送功率。

通常可以认为，K_{P} 值的大小表示了电力系统由功角特性所确定的静态稳定度。K_{P} 越大，稳定程度越高，但输送功率却受到更大的限制。反之，K_{P} 值过小，则稳定度太低，降低了系统运行的可靠性。目前对于 K_{P} 值的选择，一般要求在正常运行时不低于 15%，当系统发生故障后，由于部分设备（包括发电机、变压器、线路等）退出运行，为了尽量增加对用户的供电，容许 K_{P} 值短时降低到 5%～10%；但应尽快地采取措施以恢复系统正常运行。

三、提高电力系统静态稳定性的措施

要提高电力系统的静态稳定性，总的来看，主要在于提高功率极限值。从式（5-2）可知，要提高功率极限值，可以从提高系统电压、发电机的端电动势 E_0 和减少系统各元件的电抗这三方面着手。

（1）提高系统电压。包括提高系统运行电压和提高电压等级两个方面。要提高系统运行的电压水平，最主要的是系统中应装设有足够的无功电源，这无论对提高功率极限值和维持电压的稳定都是很重要的。为此，在远距离输电线的中途或在负荷中心装设有无功电源、静止补偿器等无功补偿装置以及其他柔性交流输电系统（Flexible AC Transmission System，FACTS）设备（见第七章），都将大大有助于提高系统的运行电压水平。但如要大幅度提高功率极限，则应通过提高输电电压等级来实现的。

（2）提高发电机的端电动势 E_0。主要依靠采用自动调节励磁装置（AVR 装置）来实现。为了改善发电机的运行特性，在现代电力系统中，差不多所有的发电机都装有自动调节励磁装置。当发电机的负载电流增大或端电压下降时，由自动调节励磁装置中的测量元件测量出电流或电压的变化，并将此信号进行放大，然后通过其中的执行元件自动地增加发电机的励磁电流以提高空载电动势，从而使得发电机端电压 U_{G} 维持不变。

图 5-5 为发电机装有自动调节励磁装置时的电动势相量图，从图上可以看出，随着负载的增大，为了维持端电压 U_G 不变，E_0 的值也将相应增大。这样一来，式（5-1）中的 E_0 将随着功角 δ 的增大而增大，从而增加了静稳定功率极限，这种情况下，虽然 $\sin\delta$ 值开始减小，但如果 E_0 随 δ 增大的程度超过 $\sin\delta$ 值下降的程度，则发电机的功角特性仍然是上升的，因此，发电机的运行点将不再沿着 E_0 恒定的功率特性移动，而是从一个较低幅值的 E_0 的等于常数的曲线转移到另外一个有较高幅值 E_0 的等于常数的曲线上去。这时发电机的功率特性曲线将如图 5-6 中的粗线所示。这条在发电机端电压 U_G 等于常数的条件下所得出的功率特性曲线称为外功率特性曲线（把图 5-6 中 E_0 为不同值时的一簇正弦曲线称为内功率特性曲线）。从图上也不难看出，外功率特性曲线在 $\delta > 90°$ 的一定范围内仍然具有上升的性质。在理想情况下，凡是发电机在外功率特性曲线的上升部分运行都是静态稳定的。通常把不调节励磁时的稳定区称为自然稳定区，把由于自动调节励磁装置所扩大了的稳定区称为人工稳定区。由此可见，自动调节励磁装置不仅提高了功率极限，而且扩大了稳定运行的范围。

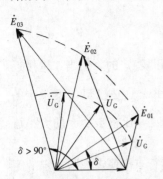

图 5-5 装有自动调节
励磁装置时发电机
电动势的相量图

综上所述可知，依靠自动调节励磁装置来提高静态稳定的功率极限的效果是十分明显的。国外，有时把这种情况下的静态稳定又特别称之为动的静态稳定，或简称为动态稳定（dynamic stability）。应当指出的是：自动调节励磁装置能同时起到提高静态稳定与提高暂态稳定的双重效果，目前为了使其调节过程的准确进行，多采用电力系统稳定控制器（Power System Stabilizer，PSS）这类装置与自动调节励磁装置相配合使用，来自动控制调节装置的各项参数（如放大系数等）以确保其提高稳定的效果。

（3）减少系统各元件的电抗以提高功率极限。这里是指减少发电机、变压器和输电线路的电抗。就发电机而言，要依靠改变它的结构尺寸来减小它的电抗，在技术经济上往往是不够合理的。因为要减小同步电抗，就要增大短路比，这使得发电机的尺寸增大，造价提高。实际上，从保持静态稳定的角度来看，由于自动调节励磁装置的调节性能日益完善，已使得从发电机结构方面去减小电抗来提高稳定失去了实际意义。其次，对于变压器而言，其短路阻抗值也影响到制造成本和运行性能，同样也受其他许多因素所左右而不可能轻易加以改变的。

相对而言，设法减低输电线路的电抗，则是一个行之有效的途径。例如，在第二章所述采用分裂导线，就可以使电抗减低约 20%。其次，采用串联电容补偿可以更大幅度地减低线路电抗（详后），也是一种常见的方法。当用于提高

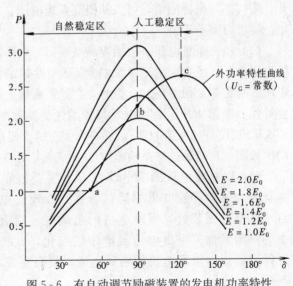

图 5-6 有自动调节励磁装置的发电机功率特性

稳定性时，其补偿度需通过稳定计算来确定。补偿度愈大，提高稳定的效果愈明显。但过大的补偿度将使发电机在轻负载时发生自励磁，不仅给线路继电保带来困难，还给串联电容器本身带来过电压。目前补偿度一般取 25%～60%。实践证明，采用串联电容补偿对提高静态稳定与暂态稳定都有明显好处，在国内外的电力系统中，不乏这样的运行实绩。目前，配合电力电子技术的应用，串补装置的应用效果，有了更大的提高（详见第七章）。

第三节 电力系统的暂态稳定

一、暂态稳定的基本概念和分析方法

暂态稳定是研究电力系统在遭受突变性质的扰动或较大范围的扰动后，能否继续维持同步运行或恢复同步运行的能力。系统在运行过程中常常会受到各种大的、突变性的干扰，例如：大容量负荷的突然切除，运行中的发电设备或输变电线路的突然切除以及发生短路故障等，其中尤以各种短路故障对系统稳定的危害最大。

当系统遭受到上述突然的大扰动后，它的各种运行参数（电压、电流和功率）都要发生急剧的变化，但是，原动机的输出却由于惯性影响而不能随发电机功率的瞬时变化及时地进行调整，因而各发电机输出功率与相应的原动机的输入功率之间的平衡就要受到严重的破坏。从同步电机的原理可知，机组转轴上出现不平衡转矩，将使转子的转速以及转子间的相对角度发生变化；而转子间相对角度的改变，又反过来影响到系统中各点的电流、电压和各发电机的输出功率。因此，遭受大的扰动后，系统中就出现了一个和电压、电流变化相联系的电磁暂态过程以及和转矩、功率、相角等机械—电气暂态过程交织在一起的复杂的暂态过程。

从数学方面来看，暂态稳定计算是要求解电源侧同步发电机的转子运动方程式，则有

$$T_J \frac{d^2\delta}{dt^2} = M_0 - M \tag{5-7}$$

式中　T_J——同步发电机组（包括原动机）的惯性常数；

　　　M_0——输入的机械转矩；

　　　M——输出的电磁转矩。

对于暂态稳定而言，由于所研究的时段极短，可以不考虑转速的变化，发电机轴上的机械转矩可视为恒定，经过分析推导，当采用标么值时，式（5-7）可简化为

$$\frac{T_J}{360f} \cdot \frac{d^2\delta}{dt^2} = P_0 - P \tag{5-8}$$

式中　P_0——机械功率；

　　　P——电磁制动功率（即发电机输出的电功率）。

下面以图 5-7 所示双回线路突然切除一回线路后所引起的暂态过程为例，来说明暂态稳定的概念。

正常运行时系统的总电抗为

$$X_\Sigma = x_d + x_{T1} + x_L/2 + x_{T2}$$

相应的功率特性为

$$P_{\mathrm{I}} = \frac{E_0 U}{X_{\Sigma}} \sin\delta \qquad (5-9)$$

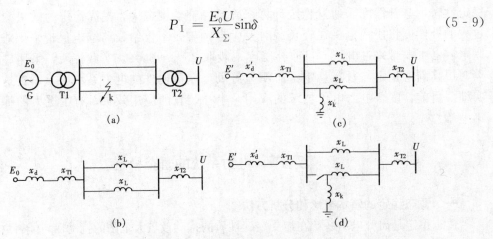

图 5-7 双回输电线的输电系统及其等值电路

(a) 系统接线；(b) 正常运行时的等值电路；(c) 不对称故障时的等值电路；
(d) 切除一回线后的等值电路

设一回线路在 d 点发生了短路，则当断开一回线路后 [见图 5-7 (d)] 相应的功率特性为

$$P_{\mathrm{III}} = \frac{E' U}{X'_{\Sigma}} \sin\delta \qquad (5-10)$$

其中 $\qquad X'_{\Sigma} = x'_{\mathrm{d}} + x_{\mathrm{T1}} + x_{\mathrm{L}} + x_{\mathrm{T2}}$

上两式中　E'——发电机的暂态电动势，在分析暂态稳定时，可认为 E' 不变；

$\qquad X'_{\Sigma}$——故障切除一回线路后系统的总电抗；

$\qquad x'_{\mathrm{d}}$——发电机的暂态电抗，其余符号的意义同前。

在短路发生后到故障线路断开之前这段故障存在的期间内的功率特性则为

$$P_{\mathrm{II}} = \frac{E' U}{X''_{\Sigma}} \sin\delta \qquad (5-11)$$

式中　X''_{Σ}——在故障存在的时间，从送端到受端的系统总电抗。

应当指出，X''_{Σ} 值与故障的类型有关，当三相短路时，由于功率不能送往受端，相当于 $X''_{\Sigma} = \infty$。但当不对称短路时，问题就要复杂一些，这时还可输送一定的功率到受端。这时所传输功率的大小与不对称故障的类型有关，可以按复合序网图来进行计算。如把复合序网图中的负序和零序网络简化成为一个电抗，则复合序网可以看作是在原网络（正序网络）的故障点再接上一个附加电抗 [见图 5-7 (c)]，这个电抗称为短路电抗 x_{k} 或故障电抗（相当于第四章表 4-8 中的电抗 $X_{\Delta}^{(n)}$）。在三相短路情况下可以把接入的故障电抗看作为零。根据对图 5-7 (c) 所示故障时的等值电路的分析，在故障存在期间，从送端到受端之间整个系统的等值电抗为

$$X''_{\Sigma} = x'_{\mathrm{d}} + x_{\mathrm{T1}} + \frac{x_{\mathrm{L}}}{2} + \frac{\left(x'_{\mathrm{d}} + x_{\mathrm{T1}}\right)\left(\dfrac{x_{\mathrm{L}}}{2} + x_{\mathrm{T2}}\right)}{x_{\mathrm{k}}} + x_{\mathrm{T2}} \qquad (5-12)$$

式中　x_{k}——在正序网络的故障点所接入的等值故障电抗，它的值根据第四章分析如表5-1所示。

表 5 - 1　　　　　　　　　　在正序网络故障点接入的等值故障电抗值

故障种类	故障时等值故障电抗值 *	x_{DL} 的接入式方式
单相接地（短路）	$x_k = X_{0\Sigma} + X_{2\Sigma}$	在故障点和假想中性线之间接入
两相接地短路	$x_k = \dfrac{X_{0\Sigma} X_{2\Sigma}}{X_{0\Sigma} + X_{2\Sigma}}$	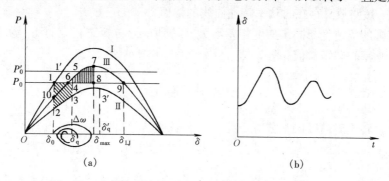
两相短路	$x_k = X_{2\Sigma}$	
三相短路	0	$X_{12} = x_a + x_b + \dfrac{x_a x_b}{x_k}$
一相断线	$x_k = \dfrac{X_{0\Sigma} X_{2\Sigma}}{X_{0\Sigma} + X_{2\Sigma}}$	
两相断路	$x_k = X_{0\Sigma} + X_{2\Sigma}$	

* 表中的 $X_{2\Sigma}$ 和 $X_{0\Sigma}$ 是从故障点看进去的负序和零序综合电抗值。

从式（5 - 12）和表 5 - 1 可以看出，三相短路对系统的危害最为严重，而在其他类型的短路时，X''_Σ 值虽然较正常值大一些，但还可以送出一部分功率，其中以单相接地故障时的 X''_Σ 为最小，故危害较轻。

根据式（5 - 9）～式（5 - 11）可以作出在大扰动的各种运行状态下的功率特性曲线如图 5 - 8 所示。其中曲线 I、II、III 分别为正常运行、故障存在期间、一回线故障切除后的功率特性。正常时发电机运行于点 1，发电机输出的电功率等于原动机功率 P_0，发电机的转速为同步转速，功角为 δ_0；短路发生后，发电机将转移到功角特性曲线 II 上运行。在刚发生短路瞬间，由于发电机转子的惯性，δ 角不能立即改变，仍为 δ_0，于是发电机将改换在曲线 II 的点 2 运行，输出电功率较前大为减少，但原动机由于调节系统存在惯性，功率仍为 P_0。由于这时发电机功率小于 P_0，故产生了过剩功率（线段 1-2），相应出现了过剩转矩，在其作用下转子开始加速，δ 角逐渐增大，随着 δ 角的增加，运行过程将沿短路存在时的功率特性曲线 II 由点 2 向点 3 方向变化。在这一过程中，原动机的功率始终大于发电机功率，所以转子一直是加速的。

图 5 - 8　大扰动下输电系统的功率特性和 δ 角的摇摆曲线

（a）功率特性；（b）δ 角的摇摆曲线

若转子加速到点 3 后故障线路被切除，则发电机将转移到功率特性曲线 III 上的点 5 运行。这时原动机的功率将小于发电机功率，于是产生减速性的过剩转矩，它产生负的加速度使转子开始减速，从而在加速过程中转子所增加的动能在减速过程中将不断地释放出来以弥补原动机功率的不足，如果到达点 7 后这部分动能储备已消耗完毕，则发电机转速将等于同步转速，δ 角达到摇摆后的最大值 δ_{max}。但是，点 7 并不是功率平衡点，在这一点，发电机功率仍大于原动机功率，因此转子转速将继续减小，以致小于同步转速，δ 角也向减小的方向摆动，到点 6 时功率达到平衡，但由于惯性关系，δ 角仍将越过点 6 继续减小。在经过点 6 后，发电机功率开始小于原动机功率，δ 角加速度又变为正值，将促使已经减低了的转速逐渐升高。到点 10 时，发电机转速又等于同步速度，δ 角达最小值。但由于这时角加速度仍是正值，所以发电机转速将继续增加，直到超过同步速度，δ 角又开始重新增大。如照这样重复下去将出现振荡过程。如果在角度的振荡过程中没有阻尼作用，则将在点 7 和点 10 间往复振荡。但是由于在振荡过程中有能量损耗，所以这种振荡将逐渐衰减，最后稳定于点 6 处。由于这点保持了功率平衡并处于功角特性曲线的上升部分，故电力系统仍然是稳定的，这种稳定就称为暂态稳定。

但是，如果故障的切除较迟缓，例如是在点 3′ 才切除故障，则因发电机加速过程过长，储藏的动能较多，转速将不能在点 9 前减至同步转速，当运动到点 9 处时转速仍高于同步转速，这样经过点 9 之后过剩功率又是加速性的，角加速度又变为正值，从而使本来就高于同步转速的机组转速及相应的 δ 角继续增加下去，当 δ 角超过 $180°$ 后，角度将无限制地增大，从而使暂态稳定受到破坏。

通常，把短路暂态过程中 δ 角随时间变化的曲线 [见图 5-8 (b)] 称为摇摆曲线，实际振荡过程中所达到的最大角度称为最大摇摆角 δ_{max}，而与点 9 相对应的角度称为临界摇摆角 δ_{LJ}，只有当 δ_{max} 小于这个角度时才能保持稳定。

下面进一步研究如何用简便的方法来判别系统的暂态稳定性。

在图 5-8 中，在转子角度由 δ_0 摇摆至 δ_q 的过程中，转子动能的增加是由于过剩功率的存在，它在数值上等于过剩功率对角度的积分，即图 5-8 中由 1-2-3-4 所围成的面积，通常把它称为加速面积，即

$$F_{(+)} = \int_{\delta_0}^{\delta_q} \Delta P d\delta = \int_{\delta_0}^{\delta_q} (P_0 - P_{mⅡ} \sin\delta) d\delta \tag{5-13}$$

式中　$P_{mⅡ}$——短路故障存在时功率特性曲线的幅值。

考虑到实际的角速度与同步速度相差不大（特别是分析暂态稳定时更是如此），故可认为在标么制中功率和转矩数值相等，即

$$\int_{\delta_0}^{\delta_q} \Delta P d\delta = \int_{\delta_0}^{\delta_q} \Delta M d\delta \tag{5-14}$$

我们知道，转矩对角度的积分等于此转矩所做的功，故由式 (5-14) 可知，加速面积 $F_{(+)}$ 既等于转子在加速期间储存的动能，又等于过剩转矩对转子所做的功，如以 $A_{(+)}$ 表示这个功，则有

$$A_{(+)} = \int_{\delta_0}^{\delta_q} (P_0 - P_{mⅡ} \sin\delta) d\delta \tag{5-15}$$

相应，图 5-8 中 4-5-7-8 所围成的面积称为减速面积，以 $F_{(-)}$ 表示，它相当于减速性的过剩转矩所做的功 $F_{(-)}$，即

$$F_{(-)} = A_{(-)} = \int_{\delta_q}^{\delta_{max}} \Delta M d\delta = \int_{\delta_q}^{\delta_{max}} \Delta P d\delta = \int_{\delta_q}^{\delta_{max}} (P_0 - P_{mⅢ} \sin\delta) d\delta \tag{5-16}$$

式中 $P_{mⅢ}$——短路故障切除后功率特性曲线的幅值。

从上述可知，如果在加速过程中转子所获得的动能增量可以在减速过程中全部释放完，以致转子在某一点又重新回到同步转速（见图 5 - 8 中的点 7），δ 角即不再增大，则系统可以保持暂态稳定。由于动能增量与面积成正比，因此图 5 - 8 中点 7 的位置可由加速面积与减速面积相等的条件来确定，即

$$F_{(+)} = F_{(-)} \tag{5 - 17}$$

式（5 - 17）表明，当加速面积与减速面积相等时，发电机将可以保持暂态稳定，这就是暂态稳定的面积定则，它提供了一种简便的稳定判据。

图 5 - 8 中的 4-6-5-7-9 面积为最大可能减速面积，如果此面积仍小于加速面积，则发电机将失去稳定。显然，从提高稳定性的观点看，应尽量缩小加速面积，增大减速面积，许多提高暂态稳定的措施都是从此出发的。

通常把图 5 - 8 中的最大可能减速面积与加速面积之比称为暂态稳定储备系数，可以按不同变数来求取暂态稳定储备系数。例如可以有按原动机功率大小（即 P_0 直线的位置）的暂态稳定储备系数；按故障切除时间快慢（3-4-5 直线的位置）的暂态稳定储备系数等。

最后再介绍一个临界切除角的概念。从图 5 - 8 上可以看出，当 δ_q 愈小时加速面积就愈小，最大可能减速面积就愈大，保持稳定的可能性也就愈大，同时，当能保持稳定时，暂态稳定储备面积也愈大；反之，δ_q 愈大，加速面积愈大，最大可能减速面积就愈小，保持稳定就愈困难，即使能保持稳定，其稳定储备也很小。因此，我们总可以找到一个 δ_{Lq}，使在此 δ_{Lq} 下切除故障恰好能使最大可能减速面积同加速面积相等，也就是发电机组的相对转速刚好在 δ 角抵达临界摇摆角 δ_{Lq} 时将降至零值，这就是稳定的极限情况。δ_{Lq} 称为临界切除角，可以根据面积定则或用解析方法求得，其推导过程如下：

$$F_{(+)} + F_{(-)} = F_{1-2-3-4-5-7-9} = \int_{\delta_0}^{\delta_{Lq}} (P_0 - P_{mⅡ} \sin\delta) d\delta + \int_{\delta_{Lq}}^{\delta_{LJ}} (P_0 - P_{mⅢ} \sin\delta) d\delta = 0 \tag{5 - 18}$$

解式（5 - 18）后可得

$$\cos\delta_{Lq} = \frac{P_0(\delta_{LJ} - \delta_0) + P_{mⅢ} \cos\delta_{LJ} - P_{mⅡ} \cos\delta_0}{P_{mⅢ} - P_{mⅡ}} \tag{5 - 19}$$

式（5 - 19）中所有角度都以弧度作为单位。将 $\delta_0 = \arcsin\left(\dfrac{P_0}{P_{mⅠ}}\right)$ 和 $\delta_{LJ} = \arcsin\left(\dfrac{P_0}{P_{mⅢ}}\right)$ 的数值代入式（5 - 19）后，即可求出 δ_{Lq} 的大小。

应当指出，算出临界切除角只是从原理上找到了保持稳定的一种条件。实际上，由于反应短路故障以及故障切除都是以时间为计量而不是以角度来计量的，所以还必须算出发电机从 δ_0 移动到 δ_{Lq} 所需的时间，即临界切除时间 t_{Lq}。通常这一时间是通过求解在大干扰后的暂态过程中转子的运动方程式，采用分段计算法之类的解析计算或采用暂态稳定的计算机数值仿真计算等来求出的。本书限于篇幅对此不再述及。

二、提高暂态稳定的措施

提高暂态稳定的措施很多，一般说来，提高电力系统静态稳定的措施基本上可以提高暂态稳定。此外，根据暂态稳定的特点，还应当特别注意增加系统承受外扰的能力，减少故障后负荷与电源间的功率不平衡等。下面分别介绍几种提高暂态稳定的基本措施。

（一）增加系统承受外部扰动的能力

如发电机用快速强行励磁可以在故障情况下迅速增大发电机的电动势，从而提高输出功率，相应减少机组的过剩功率。其次，增加发电机的转动惯量也可以使转子的加速延缓，但这样将增大材料消耗，因而在应用上受到一定限制。

（二）快速切除故障

利用快速继电保护装置和快速动作的断路器以尽快地切除故障是提高暂态稳定的首要措施。从图 5-9 可以看出，缩短故障切除时间，可使故障切除角 δ_q 减小，从而缩小加速面积，相应增大减速面积，提高暂态稳定的储备系数。换句话说，加快故障切除时间可以在保持相同稳定储备的条件下提高暂态稳定极限。

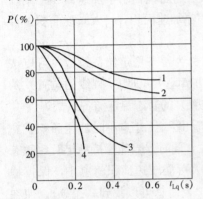

图 5-9 最大输送功率 P 与
临界切除时间 t_{Lq} 的关系
1—单相接地短路；2—两相短路；
3—两相接地短路；4—三相短路

图 5-9 表示最大输送功率 P 与临界切除时间 t_{Lq} 的关系。为了提高稳定储备，一般现代超高压输电线路，均力求把临界故障切除时间控制在以 0.1s 内，甚至更短。

（三）采用自动重合闸

如前所述，电力系统的许多故障都具有瞬时性质。当故障跳闸后，如能重新进行合闸，在许多情况下都可以恢复正常供电。所以目前高压输电线路上都装设有自动重合闸装置（详见第六章）。

图 5-10（a）是采用三相自动重合闸装置以提高稳定性的例子。当在特性曲线 I 的 a 点运行时一回线路发生故障，输出功率立刻降到特性曲线 II 上的 a′ 点，由于发电机的输出功率顿时减少，故转子加速，到功角为 δ_q 时故障线路被切除，发电机的运行点移到了特性曲线 III 上的 b 点，此后由于转子在加速过程中所储存的动能未释放完，所以功角继续增大，当到达 δ_c 时因自动重合闸装置动作成功使原故障线路恢复正常运行，于是发电机又重新回到特性曲线 I 上的 c 点上运行。当角度增大到 δ_m 后，由 b′-b-c′-c-d-d′ 所形成的减速面积等于或大于 a-a′-b″-b′ 所形成的加速面积，发电机的转速重新恢复到同步转速。显然，在图 5-10（a）所示情况下，原先要保持稳定是困难的，但采用自动重合闸后，不仅可以保持暂态稳定，而且还留有一定储备。这种方法是目前使用最广的提高暂态稳定的措施之一。

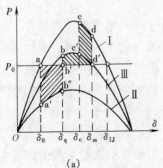

(a)

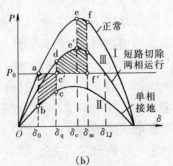

(b)

图 5-10 采用三相自动重合闸装置以提高稳定性

由于高压电力系统中的故障以单相接地短路所占的比重最大，而这类故障绝大多数只能持续很短时间，这时为操作简便多依靠单相自动重合闸装置来尽快恢复供电，与此同时，依靠它也提高了暂态稳定性，如图 5-10 (b) 所示。

具体而言，当单相接地短路故障在 δ_q 被切除后，发电机移到功率特性曲线Ⅲ上继续运行。当角度增大到 δ_c 后，如单相重合成功，发电机重新恢复到功率特性曲线Ⅰ上的 e 点运行。在功角继续增大到 δ_m 后，由于 d-c′-f′-f-e-e′ 所形成的减速面积等于由 a-b-c-c′ 所形成的加速面积，机组即恢复到同步转速，由于 $\delta_m < \delta_{LJ}$，故发电机保持了暂态稳定。从图上可知，由于单相自动重合闸的采用，增大了减速面积，相应提高了稳定性。

（四）减小原动机功率

为了减小过剩功率，可以在故障后设法减小原动机的输出功率，可能的方法有：

（1）改善调速系统的特性，使原动机的功率得以快速调节。

（2）快速关闭汽轮机的汽门。实践证明，最有效的方式是快速控制中间过热器的阀门。

（3）采用机械制动的方法来消耗掉一部分原动机的机械功率，如利用水轮发电机组的机械制动装置等。

（4）发生短路故障后切除一部分发电机组。这种措施仅适用于系统容量大，切除部分电源对系统的频率和电压影响都不大的场合，否则由于切机而使系统暂时电源不足，反而给系统的运行带来不利的影响。

（五）采用电气制动

发电机采用电气制动也是提高暂态稳定的有效措施之一。所谓电气制动就是在送端发电机附近自动地接入一个电阻以吸收其过剩功率，从而通过减少功率以达到保持稳定的目的。图 5-11 为其原理图，图 5-11 (a) 为串联接入方式；图 5-11 (b) 为并联接入方式。当采用串联电阻时，旁路断路器 QF 正常是闭合的，当线路故障跳闸后旁路断路器 QF 自动跳开将电阻 R 串接到发电机回路中去。采用并联电阻时，其断路器 QF 正常是断开的，事故时自动闭合接入并联电阻 R。

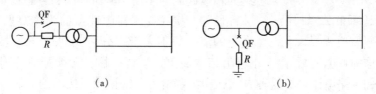

(a)   (b)

图 5-11 采用电气制动以提高稳定性
(a) 串联接入；(b) 并联接入

串联电阻方式是依靠故障电流在制动电阻中产生的功率损耗来造成制动效果，因此要求在故障发生时立即投入制动电阻，故障切除后再将制动电阻短接。当故障切除时间极短时，制动效果将受到限制。而当采用并联制动方式时，制动效果与故障是否切除关系较小，可以在故障未切除时投入，也可以在故障切除后投入，其制动功率与故障种类及地点的关系也较小，只与电压平方成正比，故制动功率比较稳定。

（六）采用串联电容强行补偿

如前所述，串联补偿由于补偿了线路的感抗，可以提高系统的静态稳定。为使其在暂态稳定的过程中效果更为显著，需要进一步加大其补偿度，也就是加大容抗，通常把这种方式称为强行补偿。其原理图可示意如图 5-12 所示。正常运行时断路器 QF 合上，需要强行补偿时将其断开，电容器即接入。近年来，随着 FACTS 技术的发展，这种方式也更多得以采用（详见第七章）。

（七）在长距离输电线路的中途设置中间开关站

对于双回线路而言，当其中一回线路因故障切除后，线路电抗将减小一半，从而对输电的稳定性往往带来较大的影响。如果在线路中途加设一个中间开关站将线路分成两段（见图 5-13），则在发生故障时只需要切除部分线路而不是整段线路，相对来说线路总阻抗增加得不多，从而使稳定性得到改善，同时也缓和了调压上的困难。显然，随着中间开关站数目的增加，暂态稳定极限将得到提高。但是，由于高压开关设备价格昂贵，且占地面积大，故一般这种方式仅适合于超高压交流远距离输电线路。一般长 300~500 km 的线路上可考虑设置一个；长 500~1000 km 的线路上可考虑设置 2~3 个。近年来，随着高压直流输电（HVDC）的日益广泛采用，这种方式很少采用。

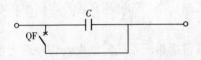

图 5-12 串联电容强行补偿

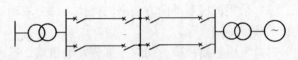

图 5-13 中间开关站的设立

（八）变压器中性点经小电阻接地

变压器中性点经小电阻接地与电气制动十分相似，可以看成是系统发生接地故障时的另一种形式的电气制动。

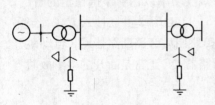

图 5-14 变压器中性点经小
电阻接地的简单原理

图 5-14 表示了变压器中性点经小电阻接地的简单原理。当系统发生单相接地短路或两相接地短路等类型的接地故障时，短路电流的零序分量将流过变压器的中性点并在所接的小电阻中产生功率损耗，这种损耗将对机组的转速起制动作用，从而提高了暂态稳定性。

通常，接在变压器中性点的为提高暂态稳定用的小电阻的值一般不大于百分之几到百分之十几（以变压器额定容量为基准的百分值）。由于小电阻结构简单、运行可靠、无须开关等附属设备，而且还可以限制单相短路电流，故这种方式已在某些电力系统得到了实际的应用。

最后应当指出，以上所介绍的各项提高暂态稳定的措施并非孤立的，应通过全面比较后采取综合性的合理措施。此外，在电力系统运行方面，也有很多重要措施，例如：改善电力网运行的接线方式和功率分布，保持必要的有功功率和无功功率储备，正确规定每个发电机组的极限负荷等，都有利于提高系统暂态稳定性。

第四节 电压稳定性的概念

以上所讲的静态稳定、暂态稳定，都是着眼于送、受端两端的电压相位差来讨论输电系统同步运行的稳定性。与此不同，根据受端电压变动的情况，在某些条件下电压将不稳定，从而引发系统中的功率不能输送的问题。对于这种用受端电压大小来评论的稳定性，即是电压稳定性。一般而言，系统中受端电压 U 的大小是根据系统供应的有功功率 P_R 及无功功率 Q_R 应分别与负载所要求的有功功率 P_L 及无功功率 Q_L 相平衡的电压水平来决定的，即应在满足以下条件来决定 U 的值（暂时忽略线路损耗）

$$P_R = P_L \quad (\text{MW})$$

$$Q_R = Q_L + Q_C \quad (\text{Mvar})$$

式中　Q_C——无功补偿装置的无功功率，是为了调整 Q_R 和 Q_L 之间的平衡的，Mvar。

设送端的电动势为 E_0，$\dot{E}_0$ 与受端电压 $\dot{U}$ 的相角差为 δ，系统等值的电抗为 X_Σ。如前所述，可得式

$$P_R = \frac{E_0 U}{X_\Sigma} \sin\delta$$

另有

$$P_R^2 + \left(Q_R + \frac{U^2}{X_\Sigma}\right)^2 = \left(\frac{E_0 U}{X_\Sigma}\right)^2 \tag{5-20}$$

考虑到在电压稳定的输电方式（即 E_0、U 不变）下，如果 X_Σ 为常数时，则在横轴为 P_R、纵轴为 Q_R 的坐标系中，根据 P_R 与 Q_R 的变化，由受端的复数功率 $S_R = P_R + jQ_R$ 可以描出圆的轨迹。这种图称为受端的功率圆图，半径是 $\frac{E_0 U}{X_\Sigma}$，它将对应于线路能够转输的有功功率的最大值。

从式（5-20）可求得 U_R 和 P_R 的关系，但为了更简单化，如果只要求负荷的功率因数为 1 时的 P_R（即 $Q_R = 0$），则有

$$P_R^2 = \left(\frac{E_0 U}{X_\Sigma}\right) - \frac{U^4}{X_\Sigma^2} \tag{5-21}$$

这时，U_R 和 P_R 的关系可用图 5-15 所示的图形来表示。受端负载的电压和功率关系曲线的交点即为系统的工作点。由图可知，如有功率传输（即有电流流通），U 的值将低于 E_0。另外还可知，负载上能够消耗的功率有一个临界值 $P_{\max}$。也可看出，对于某一有功功率，存在两种 U 值。其中，在 S_1 点处有

$$\frac{\mathrm{d}U}{\mathrm{d}P_R} < 0 \tag{5-22}$$

这就表示，对应于电压的降低，从系统接受的功率将增加，因此对于一般的负载，可以认为 S_1 点为稳定的工作点。再看 S_2 点，即使对应于很小的电压降低，所接受的功率将减少，因而电压将向一个方向降低下去，成为不稳定的工作点。因此，必须注意使系统保持在 S_1 点运行。但是即使在 S_1 点，由于负载的特性，若发生 U 降低到临界电压以下的情况，系统就变为不稳定了。

例如，当电力负荷增加时，输电线中输送的功率就增大，相应长距离输电线的电压降也愈大。这时，用户处电压降低，消耗的功率也相应减少，功率保持平衡。然而，情况也并非完全如此。例如，在盛夏时，当大量使用变频控制的空调器时，即使电压降低，变频器仍能起到使制冷保持不变的作用，故消耗的功率仍保持不变，但空调中流动的电流将增加。其结果，输电线路的电流增加，这一电流增加又使电压

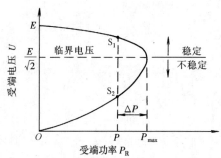

图 5-15　电压稳定性的概念

降进一步增大，促使系统大范围的电压降低，一旦超过限度时，开关自动动作，从而引发大范围的停电事故。这就称为电压崩溃现象。可见随着变频器设备的普及，这成了一个突出问题。

以上只是从概念上说明了电压稳定性的概念，实际的大容量系统中电压变化的规律是极其复杂的，因而，如果一旦忽略了对电压稳定性问题的关注，要保证系统的安全、可靠运行同样也难于实现。

复习思考题与习题

1. 试述电力系统稳定的基本概念。稳定性如何分类？
2. 什么是发电机的功角特性？
3. 为什么国内外的许多大停电事故都与系统稳定性有关？
4. 什么是电力系统的静态稳定？它的判据是什么？
5. 自动调节励磁装置对系统稳定性有什么影响？
6. 提高电力系统静态稳定的措施有哪些？
7. 什么是电力系统的暂态稳定性？
8. 试从物理概念上来说明，如何运用面积定则来判断系统的暂态稳定？
9. 哪类短路故障对系统的暂态稳定影响最大？为什么？
10. 什么是临界切除角？它是如何确定的？
11. 提高电力系统暂态稳定的措施有哪些？
12. 采用自动重合闸为什么可以提高系统的暂态稳定性？
13. 为什么在系统故障时，在其送电侧切除一部分发电机对保持系统稳定性运行有好处？
14. 什么是电压稳定？什么是电压崩溃？
15. 电力系统在缺乏无功功率的情况下，对其稳定性有何影响？

第六章 发电厂和变电所的二次系统

第一节 概 述

一、二次回路的内容

发电厂变电所的电气设备，通常可以分为一次设备和二次设备两大类。

所谓一次设备，是指发生、输送和分配电能的电气设备，如发电机、变压器、开关电器（断路器、隔离开关等）、母线、电力电缆和输电线路等。表示电能发、输、配过程中一次设备相互连接关系的电路，称为一次回路或一次接线。第三章中所介绍的电气主接线图，就是一次接线。

所谓二次设备，是指测量表计、控制及信号器具、继电保护装置、自动装置、远动装置等，这些设备构成了发电厂、变电所的二次系统。根据测量、控制、保护和信号显示的要求，表示二次设备互相连接关系的电路，称为二次回路或二次接线。

在发电厂和变电所中，虽然一次回路是主体，但是，要实现安全、可靠、优质、经济地发输配电，二次回路同样又是不可缺少的重要组成部分。特别是对日常的运行控制而言，二次回路显得更加重要。

由于二次回路的使用范围广、元件多、安装分散，为了设计、运行和维护方便，通常又可分成几类。

按二次回路电源性质分为交流回路和直流回路。交流回路是由电流互感器、发电厂（变电所）用变压器和电压互感器供电的全部回路；直流回路是由直流电源的正极到负极的全部回路。

按二次回路的用途可以分为操作电源回路、测量表计回路、断路器控制和信号回路、中央信号回路、继电保护和自动装置回路等。

由于专业特点及本书篇幅所限，本章中仅对二次回路的基本概念以及最基本的继电保护装置原理进行简单的介绍。

二、二次回路的图样和符号

二次回路接线图按用途常可分为归总式原理图、展开接线图和安装接线图。

（一）归总式原理图（简称原理图）

归总式原理图是用来表示继电保护、测量仪表和自动装置等工作原理的一种二次回路接线图，它以元件的整体形式表示二次设备间的电气联系。它通常是对各个一次设备画出，并且和一次回路的有关部分综合在一起。这种接线图的特点是使看图者对整个装置的构成有一个明确的整体概念。

图 6 - 1 是 6～10 kV 线路两相式过电流保护的原理图。过电流保护的动作原理、整定计算等问题将在后面介绍。这里，仅就其组成、接线和动作情况作一般介绍，以帮助读者建立二次回路接线图的概念。

原理图中属于一次设备的有：母线、隔离开关、断路器、电流互感器和线路等。组成过

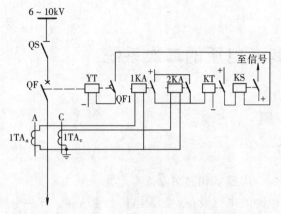

图 6-1　6～10 kV 线路两相式过电流保护原理图

QS—隔离开关；QF—断路器；1TA$_a$、1TA$_c$—电流互感器；
KT—时间继电器；KS—信号继电器；YT—跳闸线圈；
1KA、2KA—电流继电器

电流保护的二次设备有：电流继电器、时间继电器、信号继电器、辅助触点 QF1、断路器跳闸线圈等。上述各元件是这样连接的：电流继电器线圈分别串接到对应相的电流互感器二次侧，两个电流继电器的动合触点并联后接到时间继电器线圈上，时间继电器触点与信号继电器线圈串联后，通过断路器辅助触点接到断路器跳闸线圈上。

正常运行情况下，电流继电器线圈内通过电流很小，继电器不动作，其触点是断开的，因此，时间继电器线圈与电源不构成回路，保护处于不动作状态。线路故障情况下，例如在线路某处发生短路故障时，线路上通过短路电流，并通过电流互感器反映到二次侧，接在二次侧的电流继电器的线圈中通过与短路电流成一定比例的电流，当达到其动作值时，电流继电器瞬时动作，闭合其动合触点，将由直流操作电源正母线来的正电源加在时间继电器的线圈上，其线圈的另一端接在由操作电源的负母线引来的负电源上，随后时间继电器启动，经过一定时限后其触点闭合，正电源经过其触点和信号继电器的线圈、断路器的辅助触点和跳闸线圈接至负电源。信号继电器的线圈和跳闸线圈中有电流流过，跳闸线圈带电后使断路器跳闸，短路故障被切除，信号继电器动作发出信号。此时电流继电器线圈中的电流突变为零，保护装置返回。信号继电器动作后，一方面接通中央事故信号装置，发出事故音响信号；另一方面信号继电器本身"掉牌"，在控制盘上显示"掉牌信号复归"的光字牌信号。

从以上分析可见，归总式原理图给出了保护装置或自动装置的总体工作概况，它能够清楚地表明二次设备中各元件形式、数量、电气联系和动作原理。但是，它对于一些细部并未表示清楚，例如未画出元件的内部接线、元件的端子标号和回路标号，直流操作电源也只标明极性。尤其当线路支路多、二次回路比较复杂时，对回路中的缺陷更不易发现和寻找。因此，仅有归总式原理图，还不能对二次回路进行维修和安装配线。下面介绍的展开接线图便可以弥补这些缺陷。

（二）展开接线图

展开接线图是用来说明二次回路动作原理的，在现场使用极为普遍。展开接线图的特点是将每套装置的交流电流回路、交流电压回路和直流回路分开来表示。为此，将同一仪表和继电器的电流线圈、电压线圈和触点分别画在不同的回路里。为了避免混淆，将同一元件的线圈和触点采用相同的文字符号。

在绘制展开接线图时，一般将电路分成几部分，即交流电流回路、交流电压回路、直流操作回路和信号回路。对同一回路内的线圈和触点则按电流通过的路径自左至右排列。交流回路按 A、B、C 的相序，直流回路按动作顺序和自上至下排列。在每一行中各元件的线圈和触点是按实际连接顺序排列的。在每一回路的右侧通常有文字说明，以便于阅读。

　　图6-2所示是上述6～10 kV线路两相式过电流保护的展开接线图。图中右侧为示意图，表示主接线情况及保护装置所连接的电流互感器在一次系统中的位置，左侧为保护回路展开接线图。展开接线图由交流回路、直流操作回路和信号回路这三部分所组成。阅读展开接线图，一般先读交流回路后读直流回路。由图可见，交流电流回路是按 A、B、C、N 的顺序自上而下地逐行排列，它是由 A、C 相电流互感器的二次侧 $1TA_a$、$1TA_c$ 分别接到电流继电器 1KA、2KA 线圈，然后并联起来，经过一根公共线引回。这里，两只电流继电器线圈中通过的电流分别由 A、C 相电流互感器所供给。

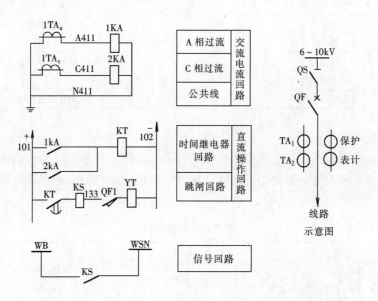

图6-2　6～10 kV线路两相式过电流保护的展开接线图

QS—隔离开关；QF—断路器；$1TA_a$、$1TA_c$—电流互感器；1KA、2KA—电流

继电器；KT—时间继电器；KS—信号继电器；YT—跳闸线圈；

WSN—掉牌未复归小母线；WB—辅助小母线

　　在展开接线图的直流操作回路中，绘在两侧的竖线条表示正、负电源，向上的箭头及编号101和102表示它们是从控制回路用的熔断器的下面引来的。横线条中上面两行为过电流保护的时间继电器回路，第三行为跳闸回路。最下一行为"掉牌未复归"的信号回路。

　　比较图6-1和图6-2可以看出，展开接线图接线清晰、易于阅读，便于了解整套装置的动作程度和工作原理，对复杂的电路，其优点尤为突出。

　　（三）文字符号、图形符号及回路数字标号

　　图6-1和图6-2中，使用了图形符号代表继电器、线圈、触点等，也使用了文字符号表示这些元件，还用了一些数字表示回路性质。下面对国家标准中所统一规定的二次回路中常用的图形符号、文字符号和回路标号摘要列出，以供读者阅读时查阅。

　　1. 文字符号

　　为了便于阅读和记忆二次回路图样，在设备或元件的图形符号上方，以英语文字符号表示出该二次设备及元件的名称。各种二次设备、元件、小母线的文字符号列于表6-1。

表 6-1 二次回路常用文字符号

序 号	名 称	字 母	序 号	名 称	字 母
1	电容器	C	12	断路器	QF
2	保护器件（如避雷器）	F	13	隔离开关	QS
3	熔断器	FU	14	电阻器	R
4	发电机	G	15	控制电路的开关、按钮	S
5	信号器件（电铃等）	H	16	变压器	T
6	红色信号灯	HR	17	电流互感器	TA
7	绿色信号灯	HG	18	电压互感器	TV
8	继电器、接触器	K	19	半导体管	V
9	电感器	L	20	控制电路用电源的整流器	VC
10	电动机	M	21	端子	X
11	电力电路的开关	Q	22	电气操作的机械器件	Y

2. 图形符号

在归总式原理图或展开接线图中所采用的设备及元件，通常都用能代表该设备及元件特征的图形来表示，使人们一看到图形便能联想到它所代表的特征。常用二次设备及元件图形符号列于表 6-2。

表 6-2 二次回路常用图形符号

序 号	名 称	图 形	序 号	名 称	图 形
1	操作器件一般符号		12	自动复归按钮	
2	具有两个绕组的操作器件		13	熔断器	
3	交流继电器线圈		14	指示仪表	
4	机械保持继电器线圈		15	记录仪表	
5	动合（常开）触点		16	积算仪表	
6	动断（常闭）触点		17	灯的一般符号	
7	延时闭合的动合（常开）触点		18	蜂鸣器	
8	延时断开的动合（常开）触点		19	电铃	
9	延时闭合的动断（常闭）触点		20	电喇叭	
10	延时断开的动断（常闭）触点		21	电阻	
11	按钮开关（常开）		22	电容	

应当指出的是：在二次回路接线图中，所有继电器的触点和开关电器的辅助触点都是按照它们的正常状态来表示。这里所谓的正常状态是指开关、继电器不通电的状态。换句话说，当继电器线圈和开关电器不通电时，动合触点是断开的；反之，不通电时，动断触点是闭合的。

3. 回路数字标号

二次回路用数字标号的目的有两个：一是为了确定回路的用途，使人们看到数字标号后便能了解回路的性质；二是便于安装、维修、使用和记忆。

回路标号由三个及以下的数字组成，对于交流回路为了区分相别，在数字前面还加上 A、B、C、N 等文字符号。不同用途回路规定了编号数字的范围，对某些常见的重要回路（例如直流正、负电源回路，跳、合闸回路等）都给出了固定编号。

三、二次回路的操作电源简介

在发电厂和变电所中，继电保护和自动装置、控制回路、信号回路及其他二次回路的工作电源，称为操作电源。操作电源有交流操作电源和直接操作电源。要求操作电源供电可靠，特别是当交流系统发生事故的情况下，应能保证连续供电，并且电源电压的波动不应超过一定的容许范围。

（一）直流操作电源

蓄电池组是直流操作电源的主要设备。它是独立的电源装置，不受电力系统交流电源的影响。即使在整个交流电源全部停电的情况下，也能保证用电设备可靠连续地工作。目前在各大、中型发电厂和变电所中仍被广泛使用。由于蓄电池装置必须有专门的建筑物，价格较贵，运行维护复杂，故逐渐用交流整流电源来代替蓄电池的部分工作。例如用交流整流电源作为操作电源，而蓄电池组仅作为断路器合闸和操作电源的备用电源。蓄电池组电源除供给操作电源外，还供给事故照明和作为某些厂用机械直流电动机的备用电源等。

蓄电池组直流系统工作电压一般为 220 V 或 110 V，有时也采用 48 V 或 24 V 的。

通常蓄电池组采用固定式铅酸蓄电池。蓄电池在使用时，多采用浮充电运行方式，即浮充电源与蓄电池并列运行。蓄电池经常处于充电状态，正常的直流负载由浮充电源供给，仅对冲击电流负载（如断路器合闸时）及交流电源发生故障时，改由蓄电池组供电。浮充电源及充电电源可用直流发电机组和硅整流装置，由于直流发电机组运行维护工作较复杂，现在多采用硅整流电源。

（二）整流操作电源和交流操作电源

由硅整流器代替蓄电池组的操作电源称为整流操作电源。它与蓄电池组相比较，具有节省投资，降低有色金属和器材消耗，运行维护简单等优点。但是，由于硅整流直流系统受电力网电压影响较大，一般要求能有两个独立交流电源给硅整流器供电。

当电力系统发生故障，交流电压大幅降低甚至消失时，硅整流器输出的直流电压有可能很低，以致无法保证直流系统正常工作。为此可采用硅整流电容器储能或新型的无停电电源等予以解决。

采用交流操作电源可使回路单元化。每个电气元件（线路、变压器等）都可以用本身的电流互感器作为操作电源，从而减少二次回路之间的互相影响，相应简化二次回路，节省操作电缆和占地面积，降低造价。

第二节　测量表计回路和互感器的配置

一、测量表计回路

发电厂和变电所中需要进行检测的电气参量有：电流、电压、有功和无功功率、频率以及有功和无功电能等。各个回路根据其性质和特点的不同，需要进行电气检测的内容以及所需配置仪表的种类和数目将有差异。配置仪表的原则，首先应根据运行的需要且数目不宜过少，以避免多次的换算和切换。

图 6 - 3 中所示出的发电厂主接线回路中仪表的配置情况，可以作为测量表计回路的一个典型的例子。

主要回路的测量和监察仪表都集中装在主控制室内。为了节省控制电缆，有时也将某些较次要回路的仪表装在屋内配电装置中。在发电厂的某些重要设备（如汽轮发电厂、厂用电动机等）附近还另设有车间控制盘，用来装设仪表和控制设备等。

二、互感器的配置

为了测量和保护等目的，发电厂和变电所的主接线的各个回路中（发电机、变压器、母线、进出引线等），装有不同形式和数量的电流互感器和电压互感器。在图 6-3 中，还同时表示出了互感器的大致配置情况。对此，再进一步说明如下。

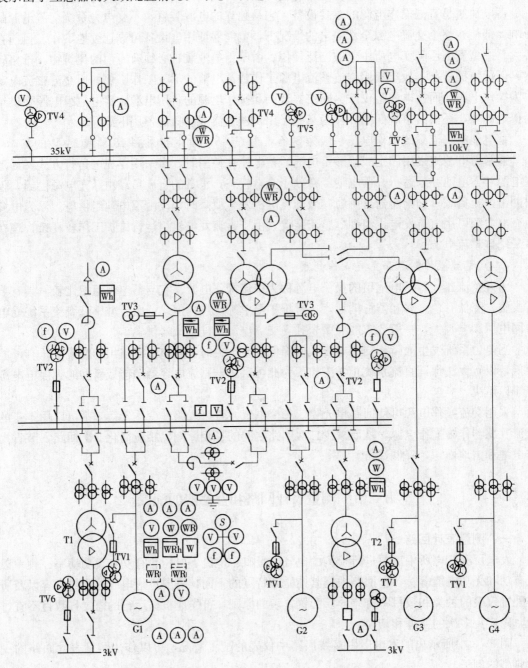

图 6-3　发电厂中电气测量仪表和互感器的概略配置图

（一）电流互感器的配置

总的来说，凡是装有断路器的回路均应装设电流互感器，只是应进一步确定在回路的三相还是只在两相（A 相和 C 相）中装设电流互感器。

在发电机、主变压器（包括大型的厂用电变压器）和 110 kV 及以上的大电流接地系统的各个回路中，为了测量同时也考虑到继电保护装置的需要，一般应三相中装设电流互感器。对于非主要回路则通常只在两相中装设电流互感器，即可满足测量仪表和继电保护的需要。

为了减少装设互感器的数目，一般都采用双铁心或多铁心的电流互感器（不同的铁心有不同的精确度），以便同时满足测量仪表与继电保护的需要。在升高电压（35 kV 及以上）侧，可以采用装在断路器两侧套管中的电流互感器。

（二）电压互感器的配置

除了考虑测量仪表与继电保护的需要外，还应当考虑发电机与系统并联运行的需要。例如，为了使发电机能在升压变压器低压侧与系统同步，在该处装了一套单相按 VV 接法的电压互感器（见图 6-3 中的 TV3），同时还可用它来供电给升压变压器回路的测量仪表。所谓 VV 形接法又称不完全三角形接法。这种接线如图 6-4 所示。它只需要两只单相电压互感器，但可以测量三相系统的线电压，这种接线方式广泛应用于中性点不接地或经消弧线圈接地的电力网中。

为了同时满足测量仪表、继电保护器等的需要，一般都在母线上装设三绕组式电压互感器，其中一个星形接法的二次绕组用以取得测量和保护所需要的线电压和相对地电压；另一个三角形接法的二次绕组，接成开口三角形，并接入一个电压继电器（或电压表），如图 6-5 所示。当正常运行时，闭合的三相绕组内感应电动势之和约等于零，因此加在电压继电器端子上的电压也为零。但当电力网中发生单相接地时，开口三角形端头上将出现三倍的零序磁通经过空气等形成回路而造成零序励磁电流增大以致烧坏电压互感器，所以这种接线方式的互感器不能采用三柱式铁心。必须采用零序磁通能在铁心内形成闭路的三相五柱式铁心或单相组式铁心。通常 6～10 kV 母线上是采用三相五柱式电压互感器；而 35 kV 以上电压，则采用三个单相三绕组的互感器组。

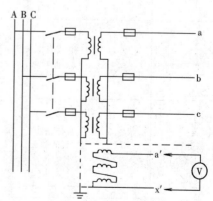

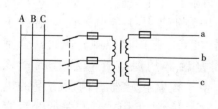

图 6-4　两相单相电压互感器的
　　　　　VV 形接线

图 6-5　YNyn⊳接线的三绕组电压互感器
　　　　　（三个单相互感器组）

第三节 控制和信号回路

一、基本概念

发电厂和变电所中各种开关电器（如断路器、隔离开关、接触器、磁力起动器等）的装设地点与控制它们的地点通常不在一起，所以必须借助于控制系统对这些设备进行控制。一般发电厂和变电所内控制距离由几十米至几百米，这种控制称为集中控制。对于某些自动化程度很高的发电厂和无人值班变电所，控制地点往往在距离几十千米甚至几百千米外的系统调度所，这样的控制称为遥远控制。以上两种控制系统的构成原理是不相同的，这里只简单介绍一下集中控制系统。

开关电器中的集中控制系统由控制设备、中间环节和操动机构三部分组成。

（1）控制设备。包括手动控制开关和自动控制装置，用来控制开关电器的操动机构。目前发电厂和变电所中常用的手动控制开关为 LW2 系列，它具有多对触点［见图 6-6（b）］，除可用以完成开关电器的控制任务外，还可以同时控制表示开关电器位置（闭合或断开）的信号回路，并在事故情况下与发出信号的系统相联系。手动控制开关一般装在控制屏上。

LW2 系列控制开关的外形以及触点合的触点形式和用途如图 6-6 所示。

（2）中间环节。主要是执行控制信号的各种回路及设备，它包括所有的连接回路，合闸断路器和合闸母线等。后两者的作用中由于一般电磁操动机构的跳闸线圈（YT）取用的电流值不大（1～10 A），因此，可用控制开关的触点直接去控制；但合闸线圈（YC）则需很大的电流（几十安到几百安），不可能用控制开关的触点直接去控制，而需借助于合闸接触器（KO）去间接控制。此时，合闸线圈经合闸接触器的触点连接到合闸母线（WO）上，由于控制接触器合闸所需要的电流很小（0.5～1 A），可用控制开关的触点直接去控制，再利用接触器的触点去闭合断路器的合闸线圈回路。

（3）操动机构。发电厂和变电所的高压断

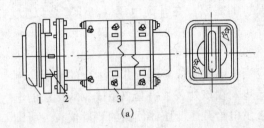

(a)

触点(转动片)形式	符号	用途
1a 型		信号触点
4 型		操作触点
6a 型		信号触点
20 型		有 90°自由行程的触点
40 型		有 45°自由行程的触点

(b)

图 6-6 LW2 系列控制开关

(a) 外形图；(b) 触点盒的触点形式和用途

1—操作手柄；2—信号灯；3—触点盒

路器一般采用电磁操动机构或液压操动机构。操动机构的工作特点是动作时间很短（0.1～0.2 s），因此操动机构的合闸线圈和跳闸线圈都是按照短时通过控制电流而设计的。

二、断路器的控制回路

发电厂和变电所内断路器集中控制回路有几种形式，图6-7（a）为最常用的接线形式之一。下面具体介绍该控制回路的工作状况。

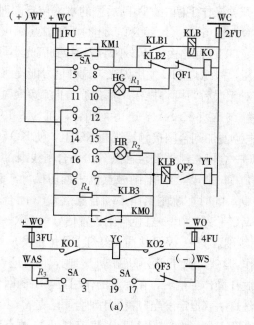

(a)

在"跳闸后"位置的手柄(正面)的样式和触点盒(背面)接线图	合 跳	1 2 4 3	5 6 8 7	9 10 12 11	13 14 16 15	17 18 20 19	21 22 24 23								
手柄和触点盒形式	F8	1a	4		6a			40			20			20		
位置\触点号	—	1-3	2-4	5-8	6-7	9-10	9-12	10-11	13-14	14-15	13-16	17-19	18-20	21-23	21-22	22-24
跳闸后	▭▬	—	×	—	—	—	×	—	—	×	—	—	×	—	—	×
预备合闸	▯	×	—	—	×	—	—	×	—	×	—	—	×	—	×	—
合闸	▱	×	—	×	—	×	—	—	—	—	×	×	—	×	—	—
合闸后	▯	×	—	—	—	×	—	—	×	—	—	×	—	×	—	—
预备跳闸	▬▭	—	×	—	—	×	—	—	×	—	—	×	—	×	—	—
跳闸	▱	—	×	—	—	—	×	×	—	×	—	—	×	—	—	×

(b)

图6-7　断路器的控制回路和控制开关接点位置表

（a）断路器控制回路；（b）LW2系列接触开关触点位置表

×—触点闭合；——触点断开

(一) 断路器的手动和自动合闸

合闸之前，控制开关 SA 处于"跳闸后"的位置（水平位置），此时断路器处于跳闸状态，控制开关 SA 的触点 10-11、14-15 等闭合（见控制开关触点图表），断路器动断触点 QF1 闭合。SA10-11 闭合，回路＋WC→SA10-11→绿色跳闸位置信号灯 HG→R_1→QF1→合闸接触器线圈 KO→－WC 接通，绿灯 HG 恒定发光，则表明合闸回路完好无损。如果运行中绿灯熄灭，则表明合闸回路有断线需要修复。故称这种电路为具有灯光监视的控制回路。

手动合闸时，将控制开关操作手柄由"跳闸后"的水平位置顺时针方向转动 90°至"预备合闸"时的垂直位置，由触点图 6 - 7（b）可知，此时 SA 触点 9-10 闭合（SA13－14 等均闭合），而 SA10-11 断开。绿灯 HG 回路由＋WC 小母线切换到闪光小母线（＋）WF 上，由于闪光小母线只能提供断续电压，故绿灯 HG 发出闪光，这种信号能提醒运行人员再次核对所要操作断路器是否有误，如核对无误后，可将操作手柄按原方向旋转 45°至合闸位置。由触点位置图表可知，此时控制开关触点 SA5-8、SA13-16 等均闭合，而 SA9-10 断开。SA5-8 闭合，将绿灯 HG 和 R_1 短接，全部电源便加到合闸接触器线圈 KO 上，使 KO 动作。KO 动作使其正常开触点闭合，合闸回路＋WO→合闸接触器动合触点 KO1→合闸线圈 YC→KO2→－WO 接通，使断路器合闸。合闸过程完成时，断路器的辅助触点也相继切换，其动断触点 QF1 断开，切断合闸回路，使线圈 KO 失电；同时在跳闸回路中动合触点 QF2 闭合，而 SA13-16 在合闸过程中是接通的，因此回路＋WC→SA13-16→红色合闸位置信号灯 HR→跳跃闭锁继电器 KLB→断路器常开触点 QF2→跳闸线圈 YT→－WC 接通，红灯 HR 恒定发光。这时跳闸线圈 YT 虽有电流通过，但不足以使其动作。红灯亮不仅表示断路器已合闸，而且还表明控制电源和跳闸回路处于完好状态。当运行人员放开操作手柄后，在弹簧的作用下，手柄回到"合闸后"的垂直位置。此时 SA13-16 仍闭合，故红灯一直恒定发光，表示手动合闸已完成，断路器为合闸状态。

自动合闸就是用自动投入置的触点 KM2 代替控制开关触点 SA5-8 来完成合闸操作。KM1 闭合后，便将 SA5-8 短接，同时也将 HG 和 R_1 短接，全部电源便加到 KO 上，使 KO 动作，其动合触点 KO1 和 KO2 闭合，断路器随即进行合闸。断路器处于合闸位置时，控制开关手柄呈水平位置，即仍留在"跳闸后"位置，两者呈不对称状态。由触点位置图表可知，SA 在"跳闸后"位置时，其 SA10-11、SA14-15 等均闭合。SA14-15 闭合，就将红色合闸位置信号回路接到闪光小母线（＋）WF 上，使红灯 HR 发出闪光。红灯一旦发闪光，则表明断路器是自动合闸的。当运行人员将手柄转到"合闸后"的垂直位置，则 SA14-15 断开，SA13-15 闭合，红灯 HR 才变恒定发光。

(二) 断路器的手动和自动跳闸

由图 6 - 7 可见，跳闸前断路器处于合闸状态，控制开关 SA 处于"合闸后"位置，SA13-16 闭合，红灯恒定发光。

手动跳闸后，将 SA 操作手柄由"合闸后"的垂直位置反时针方向转动 90°至"预备跳闸"的水平位置，由触点图表可知，此时 SA10-11、SA13-14 等闭合。而 SA13-16 断开，SA13-14 闭合就将 HR 回路由＋WC 小母线切换到闪光小母线（＋）WF，因而红灯发闪光。然后将操作手柄按原方向转动 45°至"跳闸"位置，此时 SA6-7、SA10-11 等闭合，而 S13-14 断开。SA6-7 闭合，将 HR 和 2R 短接，使 YT 线圈中电流增大而动作，断路器跳闸。跳闸过程中完成时，断路器的辅助触点相继切换，其 QF2 断开，切断跳闸回路，同时在合闸回路中的 QF1 闭合，绿灯 HG 恒定发光。当运行人员松开 SA 操作手柄后，在弹簧的作用下，手柄回到"跳闸后"的水平位置。此时，SA10-11 仍闭合，故绿灯 HG 一直恒定发光，表示手动跳闸已完成，断路器处于跳闸状态。

自动跳闸系由于系统发生事故，继电保护动作，保护出口继电器触点 KMO 闭合，将 HR 和 R_2 短接，使跳闸线圈 YT 中电流增大，断路器跳闸。这时信号回路仍按控制开关与断路器位置"不对应"构成，于是信号回路－WC→2FU→KO→QF1→R_1→HG→SA9→10→WF 接通，绿灯发闪光。自动跳闸属于事故性质，除绿灯发闪光外，还发出音响以引起运行人员的注意，即同时送出启动音响信号的脉冲。断路器事故跳闸前，控制开关处于合闸后的位置，触点 SA1-3、SA17-19 原是接通的，一旦断路器自动跳闸，辅助触点 QF3 闭合，将信号小母线（一） WS 上的负电压经过电阻 R_3 引接到事故小母线 WAS 上，启动事故信号装置发出音响。

（三）断路器的防跳装置

当断路器手动或自动合闸到有故障的线路上时，继电保护装置将动作，使断路器自动跳闸。此时如果操作人员将控制开关的手柄仍放在合闸位置时，则断路器将再次合闸，这种跳、合闸现象的多次重复，便是所谓断路器的"跳跃"现象。断路器发生多次跳跃的后果，一方面将造成断路器开断容量的下降，甚至引起断路器的损坏；另一方面将使电气一次系统受到严重影响。因此，在设计断路器的控制回路时，有必要采用相应的"防跳"的联锁装置。

控制回路中防跳装置有机械防跳装置、利用跳闸线圈辅助触点的防跳装置以及装设防跳闭锁继电器 KLB 的电气防跳装置等。图 6 - 7（a）所示为具有防跳闭锁继电器 KLB 的断路器控制、信号回路。KLB 有两个线圈，一个是供启动用的电流线圈，接在跳闸回路中；另一个是自保护用的电压线圈，通过自身的动合触点 KLB1 接入合闸回路。当断路器合闸后，如果主电路发生永久性故障，继电保护装置动作，其触点 KMO 闭合，使断路器跳闸。在发出跳闸脉冲的同时，闭锁继电器 KLB 的电流线圈带电，其动合触点 KLB1 闭合，动断触点 KLB2 断开。如果此时合闸脉冲未解除（如控制开关 SA 未复归），触点 SA5－8 仍接通；或自动投入继电器触点 KM1 被卡住等情况，闭锁继电器 KLB 的电压线圈带电，从而形成自保持，其动断触点 KLB2 断开合闸接触器回路，使断路器不会再次合闸。只有合闸脉冲解除，KLB 的电压线圈失电后，控制回路才能恢复到原来的状态。

触点 KLB3 的作用是为防止出口继电器的触点 KMO 被烧坏。因为自动跳闸时，触点 KMO 可能较断路器辅助触点 QF2 先断开，以致被电弧烧坏。现在有了触点 KLB3 与触点 KMO 并联，即使触点 KMO 先断开，也不致烧坏。

（四）闪光装置

闪光电源采用的控制电路类型很多，近年来常用一个中间继电器（DX-3 型）加电容器 C 和电阻 R 构成的闪光电源。这种控制电路已得到广泛的应用，其优点是接线简单、噪声小，而且闪光比较均匀，其接线如图 6-8 所示。

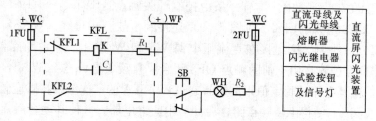

图 6 - 8　用闪光继电器构成的闪光装置

当断路器发生事故跳闸时，断路器的位置与控制开关的触点位置不对应，这时，通过"不对应"回路把闪光母线（＋）WF 接通到控制回路电源小母线－WC，闪光继电器 KFL 的线圈回路接通，继电器线圈上并联的电容 C 经附加电阻 R 及"不对应"回路中的位置信号灯充电，其两端电压逐渐升高，待加于继电器线圈上的电压上升到它的动作电压值时，KFL 动作，其动断触点 KFL1 断开，断开继电器的供电回路，同时动合触点 KFL2 闭合，将正电源直接加在闪光小母线（＋）WF 上，使"不对应"回路中位置信号灯发出明亮的光。此时电容器 C 经过继电器的线圈开始放电，保持继电器在动作状态。当电容器两端电压下降至继电器的返回电压值时，继电器复归，其动合触点 KFL2 断开，动断触点 KFL1 闭合，直流正电源又开始经电阻 R 及"不对应"回路的位置信号灯向电容器 C 充电。继电器端子上的电压又逐渐升高，闪光母线（＋）WF 上的电压随之降低，使信号灯变暗。当电容器 C 两端的电压升高至继电器 KFL 的动作电压值时，KFL 再次动作，这样重复上述过程，使接于闪光母线（＋）WF 上信号不断地发出闪光。

三、事故跳闸音响信号系统

发电厂及变电所在运行中需要各种信号系统，如上述指示断路器、隔离开关等开关电器在断开位置或闭合位置的位置信号，表明设备处事故状态的事故信号，用于主控制室和其他车间之间指挥运行的指挥信号等。

事故跳闸音响系统的任务，是断路器在继电保护的作用下事故跳闸后，由装在主控制室的电喇叭发出声光信号报警。值班人员可根据闪光绿灯，迅速查明事故跳闸的断路器。

事故跳闸音响信号系统，应满足下列要求：

（1）任一断路器事故跳闸后，均可由其控制回路接通共用电喇叭，发出音响；

（2）音响信号系统应能保证任一断路器事故跳闸，发出声光信号后，在保留该断路器事故跳闸闪光信号（标志该回路的事故尚未解除）的情况下可退出音响信号，以便其他断路事故跳闸时能再次发出音响信号。

图 6 - 9（a）所示为常用的一种事故跳闸音响信号回路。为了保证重复动作，采用了一只音响信号脉冲继电器（KR），它是由一只脉冲变流器 TA 和一只极化继电器 KR 组成。极化继电器由永久磁铁、带有两个绕向相反线圈的电磁铁和一个可动的电枢组成，如图 6 - 9（b）所示。当一定方向的电流流过电磁铁的线圈 1 时，在电枢上将出现一定的极性（如 S 极），此时电枢将被吸引到永久磁铁的相反极性（N 极）一侧，使触点闭合。在线圈 1 电流中断以后，由于永久磁铁的作用，触点仍能保持闭合。为了断开触点，需要在线圈 2 中通以同一方向的电流，电枢上即出现另一极性（如 N 极），它将被永久磁铁的另一极性（S 极）所吸引，触点就断开。

极化继电器的线圈 1 接到脉冲变流器 TA 的二次侧；线圈 2 接在中间继电器 KM 一个动合触点回路中。

所有断路器的控制回路中，均有一条由控制开关触点（SA1-3，SA19-17）和断路器的动断辅助触点 1QF3 组成的回路（见图 6 - 9）连接到事故音响母线（WAS）上，音响信号脉冲继电器（TA）的一次绕组接在直流正电源 WS 和 WAS 上。一台断路器事故跳闸时，SA 的触点处于闭合位置，由于辅助触点 QF3 闭合，直流负电源送至 WAS，使 TA 的一次绕组通过电流，在其电流达稳定值以前的暂态过程中 TA 的二次绕组将感应暂态电流，流过极化继电器的线圈 1，使得 KR 触点闭合启动一中间继电器，并使其动合触点通电喇叭发出故障音响信号。

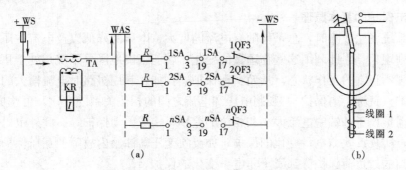

图 6-9　事故跳闸音响信号回路和音响信号脉冲继电器结构原理

(a) 事故跳闸音响信号回路；(b) 极化继电器原理

当控制回路中控制开关尚未转到与断路器相应的"断开"位置时，TA 的一次绕组将保持一稳定的直流电流通过，因此不会在二次绕组内感生电动势，接点 KR 不致动作。如果此时另一台断路器又发生事故跳闸，则因串联在 TA 一次侧的电阻减小（例如 R_1 与 R_2 并联后电阻减小），而引起一次绕组中电流的突变（增大），故在二次绕组中又将感应电动势，再次启动极化继电器线圈 1，使触点 KR 闭合，重新发出事故音响信号。只要适当选择附加电阻 R_1、R_2 等的数值，在控制开关转到"断开"位置之前，可以重复发出几次（受 TA 饱和的限制）音响信号。

控制开关最后必须还原到"断开"位置，此时 TA 一次绕组内的电流突然减小，也会在二次绕组中感应电动势，但方向与电流突增时相反，因此流过极化继电器线圈 1 的电流只能使电枢产生 N 极性，触点 KR 不可能闭合，也就不致错误发出音响信号。

第四节　继电保护的一般问题

一、继电保护的作用

如前所述，电力系统在运行中，可能发生各种故障和不正常运行状态。最常见的同时也是最危险的故障是各种类型的短路，它严重地危及设备的安全和系统的可靠运行。此外，电力系统还会出现各种不正常运行状态，最常见的如过负荷等。

在电力系统中，除了采取各项积极措施，尽可能地消除故障或减少发生故障的可能性以外，一旦发生故障，如果能够做到迅速地、有选择性地切除故障设备，就可防止事故的扩大，迅速恢复非故障部分的正常运行，使故障设备免于继续遭受破坏。然而，要在极短的时间内发现故障和切除故障设备，只有借助于专门设置的继电保护装置才能实现。

所谓继电保护装置，就是指能反应电力系统中电气设备所发生故障或不正常状态，并动作于断路器跳闸或发出信号的一种自动装置。它的基本任务是：

（1）自动地、迅速地、有选择性的将故障设备从电力系统中切除，以保证系统无故障部分能迅速地恢复正常运行，并使故障设备免于继续遭受破坏。

（2）反应电气设备的不正常工作状态，并根据运行维护的条件（例如有无经常值班人员），而动作于信号、减负荷或跳闸。这时，保护动作可以带一定的延时，以保证动作的选择性。

二、继电保护的基本原理

当电力系统发生故障时，总是伴随有电流的增大、电压的降低以及电流电压之间相位角的变化等物理现象。因此利用这些物理量的变化，就能正确地区分系统是处于正常运行、发生故障或出现不正常的工作状态，从而实现保护。例如：利用短路时电流增大的特征，可构成过电流保护（又称距离保护）；利用电压和电流之间的相位关系的变化，可构成方向保护；利用比较被保护设备各端的电流大小和相位的差别可构成差动保护等。此外也可根据电气设备自身的特点实现反映非电量变化的保护，如反映变压器油箱内故障的瓦斯保护、反映电机绕组温度升高的过负荷保护等都属于非电量变化的保护。

上述各类保护装置都是由一个或若干个继电器按照其性能和要求连接在一起而组成的。继电保护装置一般可分为测量部分、逻辑部分和执行部分，它们之间的关系可示意如图

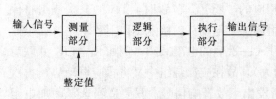

图 6-10 继电保护装置的原理结构图

6-10 所示。测量部分时时刻刻监视着被保护设备的运行状态，并不断地把输入信号和整定值相比较，以便判断保护装置是否应该动作。它的输出量经过逻辑部分加工后发出信号和执行部分，执行部分将此信号放大后，根据逻辑部分所作的决定执行保护任务，分别作用于信号或跳闸。

三、对继电保护装置的基本要求

为完成继电保护的基本任务，必须满足以下四个基本要求，即选择性、快速性、灵敏性和可靠性。在一般情况下，作用于断路器跳闸的继电保护装置，应同时满足上述四个要求，而对作用于信号的继电保护装置，其中一部分要求可降低（如快速性）。应当指出的是上述这些基本要求是分析研究继电保护性能的基础。

（一）选择性

选择性是指系统发生故障时，继电保护装置仅将故障元件从系统中切除，以尽量缩小停电范围，保持其他非故障元件仍继续运行。

在图 6-11 所示的系统接线中，当 k1 点短路时，应由离短路点最近的保护 1 和 2 动作，跳开断路器 1QF 和 2QF，切除故障线路 L1，母线 B 将由线路 L2 继续供电；k2 点短路时，则由保护 5 动作使 5QF 跳闸，切除线路 L2，此时母线 C 停电，但由母线 B 供电的其他用户仍能继续运行。

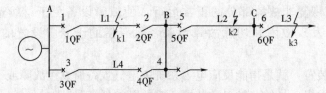

图 6-11 单端电源网络有选择性切除故障示例

当线路 L3 上的 k3 点短路时，倘若由于某种原因保护装置 6 或断路器 6QF 拒绝动作，则应由保护装置 5 动作使 5QF 跳闸，将故障切除。这种因某段线路的保护装置或断路器拒绝动作而由其上某一段线路的保护装置动作使断路器跳闸将故障切除的情况，对保护 5 而言，称它为相邻元件的后备保护。当后备保护动作时，停电范围虽有扩大，但这种动作仍然

是有选择性的。若不装置后备保护装置，当保护装置或断路器拒绝动作时，则故障无法切除，后果将极其严重。

保护装置的选择性，是依靠选择适当类型的继电保护装置和正确地选择整定值从而使各级保护相互配合来实现的。

（二）快速性

为了保证电力系统运行的稳定和对用户可靠供电，以及避免和减轻电气设备在事故时所遭受的损害，应力求尽可能快地切除故障。

由于既动作迅速又能满足选择性要求的保护装置往往结构较复杂。另一方面，在很多情况下，电力系统也容许继电器保护带有一定的延时切除故障，而不致影响到系统的正常工作，这时就可以采用较简单的保护。因此，对保护快速性的要求，应当根据电力系统的接线以及被保护设备的具体情况来确定，而不能简单地认为动作愈快就愈好。

对于反应不正常工作状态的保护，一般不要求快速动作，而应按选择性要求，带有延时发出信号。

（三）灵敏性

继电保护装置的灵敏性，是指对其保护范围内发生故障或不正常工作状态的反应能力。能满足灵敏性要求的保护装置应该是：在事先规定的保护范围内故障时，不论短路点的位置、短路的类型、最大运行方式还是最小运行方式，都能正确而灵敏地反应故障。所谓最大运行方式和最小运行方式是指在同一地点发生同一类型短路时，流过某一保护装置的电流达到最大值和最小值的运行方式。它与系统实际运行的接线方式、电源容量等有关。

保护装置的灵敏性，通常用灵敏系数来衡。对于各种类型的继电保护装置，其灵敏系数的要求，应符合电力行业标准《继电保护和自动装置设计技术规程》中的具体规定。

（四）可靠性

可靠性是指当保护范围内发生故障或出现不正常工作状态时，保护装置能够可靠地动作而不致拒绝动作；而在保护范围外发生故障或者系统内没有故障时，保护装置不发生误动作。保护装置拒绝动作和误动作，都将使保护装置成为扩大事故或直接引发事故的根源。因此，提高保护装置的可靠性是非常重要的。保护装置的可靠性，主要取决于接线的合理性、元件的制造质量、安装维护水平、保护的整定计算和调整试验的准确程度等。

随着电力系统的发展，机组和系统容量的增大，以及电力网结构的日益复杂，对上述四个方面提出了越来越高的要求，继电保护技术也正是在不断满足这些要求并不断解决各种矛盾的过程中发展和完善起来的。

第五节　继　电　器

目前用于电力系统中的继电器主要有电磁式和晶体管式两大类。长期以来，传统上一直使用电磁式继电器，晶体管式继电器是随着电子技术的发展而发展起来的。下面简单介绍它们的原理和结构。

一、电磁式继电器

（一）电磁式电流继电器

电磁式继电器典型代表是电磁式电流继电器，它既是实现电流保护的基本元件，也是反

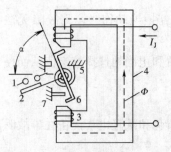

图 6 - 12　DL-10 系列电流继电器

1—固定触点；2—可动触点；

3—线圈；4—铁心；5—弹簧；

6—转动舌片；7—止挡

应故障电流增大而自动动作的一种电器。

　　下面将通过对电磁式电流继电器的分析，来说明一般电磁式继电器的工作原理和特性。

　　图 6-12 所示为 DL-10 系列电流继电器的结构图，它由固定触点 1、可动触点 2、线圈 3、铁心 4、弹簧 5、转动舌片 6、止挡 7 所组成。

　　当线圈中通过电流 I_J 时，铁心中产生磁通 Φ，它通过由铁心、空气隙和转动舌片组成的磁路，将转动舌片磁化，产生电磁力 F_{dc}，形成一对力偶。由这对力偶所形成的电磁转矩，将使转动舌片按磁阻减小的方向（即顺时针方向）转动，从而使继电器触点闭合。

　　电磁力 F_{dc} 与空气隙中磁通 Φ 的平方成正比，即

$$F_{dc} = K_1 \Phi^2 \tag{6-1}$$

其中

$$\Phi = \frac{I_J W_J}{R_c}$$

所以

$$F_{dc} = K_1 \frac{I_J^2 W_J^2}{R_c^2} \tag{6-2}$$

式中　　W_J——继电器线圈匝数；

　　　　R_c——磁通 Φ 所经过的磁路的磁阻。

　　电磁转矩 M_{dc} 等于电磁力 F_{dc} 与转动舌片力臂 l_J 的乘积，即

$$M_{dc} = F_{dc} l_J = K_1 l_J \frac{W_J^2}{R_c^2} I_J^2 = K_2 I_J^2 \tag{6-3}$$

式中　　K_2——与磁阻、线圈匝数和转动舌片力臂有关的系数，$K_2 = K_1 l_J \dfrac{W_J^2}{R_c^2}$。

　　从式（6-3）可知，作用于转动舌片上的电磁转矩与继电器线圈中的直流 l_J 的平方成正比，因此 M_{dc} 不随电流的方向而变化，所以电磁型结构可以制造成交流或直流继电器。

　　为了使继电器触点闭合，即使可动触点 2 与固定触点 1 相接触，电磁转矩 M_{dc} 必须大于弹簧的反抗力矩 M_t 和摩擦力矩 M_m 之和。因此，继电器的动作条件是

$$M_{dc} = K_1 l_J \frac{W_J^2}{R_c^2} I_J^2 \geqslant M_t + M_m \tag{6-4}$$

　　当 I_J 增加到一定数值并达到满足式（6-4）条件之后，继电器就动作，使继电器的动作的最小电流称为继电器的启动电流，用 $I_{op. st}$ 表示。

　　在式（6-4）中用 $I_{op. st}$ 代替 I_J，取等号且移项得

$$I_{op. st} = \frac{R_c}{W_J} \sqrt{\frac{M_t + M_m}{K_1 l_J}} \tag{6-5}$$

　　从式（6-5）可知，继电器的启动电流 $I_{op. st}$ 可用下列方法调整：①改变继电器线圈的匝数 W_J；②改变弹簧的反抗力矩 M_t；③改变可能引起磁阻 R_c 变化的空气隙。

　　继电器启动电流的调整体现多采用前两种方法：改变 W_J 时，只能阶跃地改变启动电

流；而改变弹簧的反抗力矩 M_t，则可连续改变启动电流。

当 I_J 减小到某一电流值时以下时，已经动作的继电器在弹簧 5 的作用下将返回到起始位置。为了使继电器返回，弹簧的作用力矩必须大于电磁力矩 M'_{dc} 及摩擦力矩 M_m 之和。因而返回条件是

$$M_t \geqslant M'_{dc} + M_m = K_1 l_J \frac{W_J^2}{R_c^2} I_J^2 + M_m \qquad (6-6)$$

当 I_J 减小到一定数值并满足式（6-6）的条件后，于是继电器即返回。使继电器返回的最大电流，称为继电器的返回电流，并用 I_{JJ} 表示。

在式（6-6）中用 I_r 代替 I_J，取等号并移项后可得

$$I_r = \frac{R_c}{W_J} \sqrt{\frac{M_t - M_m}{K_1 l_J}} \qquad (6-7)$$

继电器的返回电流 I_r 与启动电流 $I_{op.st}$ 的比值称为返回系数 $K_r = \dfrac{I_r}{I_{op.st}}$。对于反应电流增大而动作的继电器，$I_{op.st} > I_r$，因而 $K_r < 1$。在实际应用中，常常要求 K_r 能接近于 1。通常可采用坚硬的轴承以减小摩擦力矩，改善磁路结构等方法来提高返回系数。

（二）电磁式辅助继电器

在继电保护装置中，为了实现保护装置的功能，还需要应用一些辅助继电器，如时间继电器、中间继电器和信号继电器等。

1. 时间继电器

时间继电器的作用是造成一定的延时，从而实现保护装置的选择性配合。例如，它可以与瞬时动作的电流继电器一起实现定时限的电流保护。

常用的电磁式时间继电器由电磁启动机构和延时机构所组成。图 6-13 所示为 DS-110、DS-120 系列电磁式时间继电器的结构图。图中的位置相应于未加电压的情况。当线圈 1 加上电压时，继电器的铁心 3 被瞬时吸入，于是放松了正常时由铁心所顶住的框杆 9，在拉力弹簧 11 的作用下，扇形轮 10 便顺时针转动，并带动齿轮 13 逆时针转动，与齿轮 13 同轴的摩擦离合器也随着逆时针转动。摩擦离合器在逆时针方向转动时，由于小弹簧和滚珠的作用（参看图 6-13 左下部分），紧紧地转动卡牢套圈，使套圈与主动轮 15 一并随着逆时针转动。在摆卡 20 的作用下，摆轮的转动为断续的，且其转速被限制为一定，这样便使主动轮 15 以恒定的转速转动。经过预先整定的时限，可动触点与固定触点闭合，于是继电器动作。由于转速恒定，所以时间刻度是均匀的。当加于继电器线圈的电压断开后，返回弹簧 4 将铁心 3 顶回原位，杠杆 9 也就被铁心顶回原位，它使扇形轮逆时针转回原位，带动齿轮 13 顺时针返转回原位，与齿轮 13 同轴的摩擦离合器的星形轮 14A 顺时针转动时，与套圈脱开，不再传动主动轮 15 及后面的延时机构，因此齿轮 13 的顺时针转回无阻挡的，因而是瞬时动作的，即时间继电器的这对触点是延时动作而瞬时返回的。移动固定触点 23 的位置，便获得了不同的时间整定值。此外，继电器还有两对瞬时动作触点，一对动合，一对动断，当继电器加上电压，铁心瞬时吸入时，立即带动触头 5 使动断触点 6、7 断开及动合触点 6、8 闭合。

2. 中间继电器

中间继电器的作用是在继电保护电路中扩大触点的数量和方式（如动合、动断等），增大触点的容量（相应于断开和闭合电流的能力）以及造成很小的延时，以适应保护装置的需

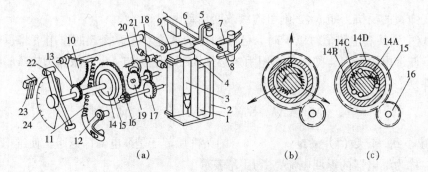

图 6 - 13　DS-110、120 系列电磁式时间继电器结构图

(a) 结构部件；(b)、(c) 摩擦离合器部分

1—线圈；2—磁导体；3—铁心；4—返回弹簧；5—触头；6—瞬动的可动触点；7—瞬动的固定触点（动断）；

8—瞬动的固定触点（动合）；9—杠杆；10—扇形轮；11—拉力弹簧；12—调整弹力机构的机件；

13—齿轮；14—摩擦离合器（14A—星形轮；14B—滚珠；14C—小弹簧；14—D套圈）；

15—主动轮；16、17—轴轮；18—中间轮；19—摆轮；20—摆卡；21—平衡锤；

22—延时动触点；23—延时固定触点；24—刻度盘

要。中间继电器通常由电磁式原理构成。图 6 - 14 示出 DZ-10 系列电磁式中间继电器的结构图。在继电器线圈 2 通入电流后，衔铁 3 在电磁力作用下被吸向电磁铁 1，继电器即动作，动合触点闭合；如果触点为动断式，则在继电器动作时，触点断开。当继电器失电时，在弹簧 6 的作用下，继电器立即返回到初始位置。

3. 信号继电器

信号继电器的作用是在保护装置动作时给出指示，并相应产生声、光信号。这种继电器通常也是应用电磁式原理构成。图 6 - 15 示出 DX-11 型信号继电器的结构。当保护动作时，信号继电器线圈 2 中流入电流，衔铁 3 被吸上，信号牌 9 便被释放掉下，通过玻璃小窗，便可明显地观察到信号继电器已经动作。信号牌可以从外手动复归。当继电器动作时，信号牌的转轴上的接触片 4 将触点 5 闭合，于是可以接通声、光信号装置。信号继电器作成电流线圈式及电压线圈式两种，可以根据需要，串联或并联于保护回路中。这种继电器的动作时间只有数百分之一秒，所以对整个保护的动作时间影响很小。

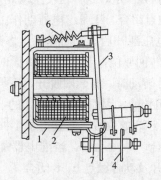

图 6 - 14　DZ-10 系列电磁式中间继电器

1—电磁铁；2—线圈；3—衔铁；4—静触点；

5—动触点；6—弹簧；7—衔铁限制钩

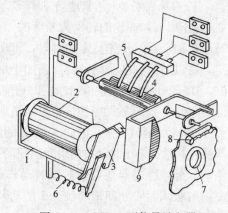

图 6 - 15　DX-11 型信号继电器

1—电磁铁；2—线圈；3—衔铁；4、5—动、静触点；6—弹簧；

7—显示信号牌窗口；8—复归旋钮；9—信号牌

二、晶体管式继电器简介

晶体管式继电器是无触点的，它具有不怕振动，工作可靠，动作速度快，装置紧凑等优点。晶体管式继电器通常由测量回路、比较回路（逻辑回路）、输出回路（执行回路）等所组成。根据继电器的种类、特点等的不同，使用了各种晶体管电器与触发器。本书限于篇幅，不拟对晶体管式继电器详加介绍，下面仅以晶体管式时间继电器为例，来对晶体管式继电器的组成和工作情况，作一个最简单的介绍。

图 6-16 为晶体管式时间继电器的一个实例，下面简单地介绍一下它的组成和工作原理。

图中 VT1、VT2 均为晶体管，VS 为稳压二极管，VD 为二极管。正常时 VT1 导通，VD 导通，M 点接近 0 电位，VS 截止，VT2 截止，电容 C 的端电压接近 4V。VS 在最低的电压下未能击穿，VT2 因无基流而截止。当有输入信号使 VT1 翻转为截止时，共集电极电压降至接近 $-15V$，VD 截止，电容 C 开始经 R_2 充电，M 点电位逐渐向 $-15V$ 变化，当 M 点达到 $-8V$ 时，VS 击穿，N 点电位由 R_2、VS 及 R_3 分压为负，使 VT2 导通，输出端 x 电位便向正向跃进变为零。而电容电压充至使 VS 击穿时的时间，即为时间继电器的动作时间 t_{op}。根据电容器充电电压上升的指数曲线，便可以算出 t_{op} 与回路元件参数的关系。如 VS 击穿时，电压 u_M 为 $-u_D$，则由式 (6-8)

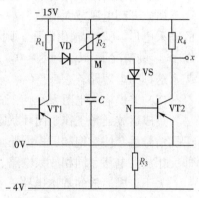

图 6-16　延时动作瞬时返回的
晶体管式时间继电器

$$u_D = 15(1 - e^{\frac{t}{R_2 C}}) \tag{6-8}$$

可以算出

$$t_{op} = R_2 C \ln \frac{15}{15 - u_D} \tag{6-9}$$

因而动作时间 t_{op} 可以由改变充电电阻 R_2 来进行整定。

如果把这种晶体管式时间继电器与上述电磁式时间继电器加以对比，可以看出晶体管式的结构要简单、紧凑得多。但晶体管式继电器的性能易受晶体管的特性以及温度变化的影响，而且也不够直观。

三、由集成运算放大器构成的继电器的基本电路

近年来随着电子技术的发展，上述由分离元件构成的晶体管式继电器已逐渐被集成电路型断电器所取代。

继电保护中的各种基本电路，包括测量变换电路、整流滤波电路、比较电路、直流逻辑电路等，均可用集成运算放大器构成，与用分离元件的晶体管电路相比，不仅可以减少保护装置的功耗和简化电路设计，而且可以提高保护装置的可靠性、灵活性和快速性。

（一）集成运算放大器及其特性

集成运算放大器实际上是一个高增益的多级直流放大器。它可以实现比例运算、加法、减法及积分、微分等运算，即它的输出信号电压可以等于输入电压乘以比例系数，也可以等于各输入电压的和或差、微分或积分。此外，它还可以对输入电压实现上述各种基本运算的组合运算，以完成放大、整流、滤波、移相、比较等多种功能。

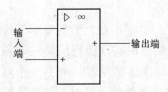

图 6 - 17　集成运算放大器的
图形符号

在一小块硅片上制成许多晶体管、电阻、电容，并把它们连接成多级直流放大电路（包括温度补偿等附加回路），称为集成运算放大器，简称集成运放。图 6 - 17 所示为集成运算放大器的图形符号。长方框中的符号 ∞ 表示运算放大器的开环电压放大倍数非常高，（其值可达 $10^4 \sim 10^6$，故可认为是 ∞）。标志 "—" 的输入端为反相输入端，因为若从该端输入信号，则输出电压与输入电压反相。标志 "＋" 号者，为同相输入端。

理想的集成运放具有以下特性：

(1) 开环电压放大倍数 $A_{uo} \approx \infty$。若 U_P 和 U_N 分别为同相输入端 P 和的反相输入端 N 的输入电压，U_o 为输出电压，则有 $U_o = A_{uo}(U_P - U_N)$。由于 U_o 总是一个有限值，因此在 $A_{uo} \approx \infty$ 的情况下，$U_P - U_N \approx 0$，即 $U_P \approx U_N$。这说明两个输入端电位相等而好像直接连在一起，这称为虚短路。

(2) 差模输入电阻 $R_i \approx \infty$。故集成运放的两个输入端之间电流极小，即 $I_i \approx 0$。

集成运放通常工作于闭环状态，较少工作在开环状态，因为开环放大倍数很高，很小的干扰信号就会使它饱和。根据输入信号的接入方式不同，集成运放的基本电路可分为三种，即反相放大电路、同相放大电路、差动放大电路。

关于集成运放的基本电路，在 "电子技术基础" 等类课程中已进行介绍，本书不再重复，下面仅就由集成运放构成的继电保护的基本电路作一简单介绍。

（二）由集成运放构成的继电保护的基本电路

由集成运放构成的继电保护基本电路很多，如加法、减法运算电路，积分、微分运算电路，电压比较电路、移相电路、整流电路、滤波电路、对称分量滤过器等，上述电路是构成集成电路型继电器及集成电路型继电保护装置的基础。限于篇幅，这里仅介绍几种比较简单的基本电路。

1. 加法运算电路

加法运算电路（又称加法器），它由反相放大电路组成，如图 6 - 18 所示。各输入信号分别经外接输入电阻加在反相输入端，同相输入端接地。根据 $I_i = 0$ 和 "虚地" 的条件可知，$I_F = I_1 + I_2 + I_3$，而 $I_1 = \dfrac{U_{i1}}{R_1}$、$I_2 = \dfrac{U_{i2}}{R_2}$、$I_3 = \dfrac{U_{i3}}{R_3}$，根据 $U_o = -I_F R_F$ 得

$$U_o = -I_F R_F = \left(\frac{U_{i1}}{R_1} + \frac{U_{i2}}{R_2} + \frac{U_{i3}}{R_3}\right)R_F \tag{6 - 10}$$

若取 $R_1 = R_2 = R_3 = R_F$，则

$$U_o = -(U_{i1} + U_{i2} + U_{i3}) \tag{6 - 11}$$

可见，该电路能够实现加法运算。若取各输入电阻数值不相等，则输出电压中含各输入电压的比例就不同，从而可实现比例加法运算，其各比例系数只取决于反馈电阻与相应输入电阻的比值 $\dfrac{R_F}{R_i}$，与集成运放的本身参数无关。

2. 减法运算电路

减法运算电路（又称减法器），它可以利用典型的差动放

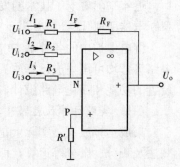

图 6 - 18　加法运算电路

大电路来实现。为此，将被减减数，如 U_{iP}，接在同相输入端，减数 U_{iN} 接在反相输入端，若取 $\dfrac{R_3}{R_2}=\dfrac{R_F}{R_1}$，根据 $U_o=-\dfrac{R_F}{R_1}(U_{iN}-U_{iP})$，可得 $U_o=\dfrac{R_F}{R_1}(U_{iP}-U_{iN})$。可见，差动放大电路可以实现比例减法运算。若使 $R_F=R_1$，则 $U_o=U_{iP}-U_{iN}$，即可实现减法运算。

3. 积分运算电路

只要将反相放大电路中的反馈电阻 R_F 换成电容 C，就得到图 6-19 所示的积分运算电路。电容器充电时，其两端电压 u_C 对于充电电流 i_C 是按照积分规律变化的，即 $u_C=\dfrac{1}{C}\int i_C \mathrm{d}t$。根据"虚地"及 $I_i=0$ 的条件可知，电流 $i_C=i_R=\dfrac{u_i}{R}$，故电容 C 两端的电压为

$$u_C=-u_o=\frac{1}{C}\int i_C \mathrm{d}t=\frac{1}{RC}\int u_i \mathrm{d}t$$

即

$$u_o=-\frac{1}{RC}\int u_i \mathrm{d}t \qquad (6-12)$$

式（6-12）说明 u_o 与 u_i 的积分成比例，从而可实现积分运算。当输入电压为恒定值时，输出电压为

$$U_o=-\frac{U_i}{RC}t \qquad (6-13)$$

即输出电压随时间作线性变化，与集成运放的本身参数无关。

4. 微分运算电路

将图 6-19 所示的积分运算电路中的电容与输入电阻的位置互换，就得到图 6-20 所示的微分运算电路。根据"虚地"条件，$i_C=C\dfrac{\mathrm{d}u_C}{\mathrm{d}t}=C\dfrac{\mathrm{d}u_i}{\mathrm{d}t}$。又因为 $i_C=i_R$，故输出电压为

$$U_o=-i_R R_F=-R_F C\frac{\mathrm{d}u_i}{\mathrm{d}t} \qquad (6-14)$$

式（6-14）说明输出电压正比于输入电压的微分值，从而可以实现微分运算。

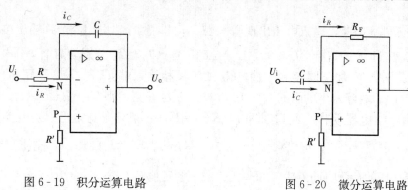

图 6-19　积分运算电路　　　　　　　　图 6-20　微分运算电路

5. 电压比较电路

电压比较电路（又称电平检测器），如图 6-21 所示。它的作用是对输入电压进行鉴别比较。为此，通常在比较电路的一个输入端加上门槛电压 $U_b\left(U_b=\dfrac{R_3}{R_2+R_3}E_c\right)$ 作为基准电压，另一端加上被比较电压 U_i。因为开环集成运放的放大倍数 A_{uo} 很大，所以只要 U_i 稍大于 U_b，则 $U_o=-E_c$。

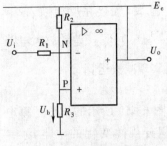

图 6-21 电压比较电路

（三）由集成运放构成的继电器举例

下面介绍一种利用集成运放实现反应电流增量的继电器。

电力系统正常运行或振荡时，电流的变化是缓慢的，而发生短路时，电流是突变的。故可利用电流增量作为短路判据，从而构成反应电流增量的继电器。采用这种继电器构成的保护装置，可以不考虑负荷电流的影响，因此其整定值小，灵敏度高。

图 6-22 所示为利用集成运放实现的电流增量继电器的原理图和动作说明图。输入电压 U_i（输入电流经测量变换、整流、滤波后所得）经两个微分电路 C_1、R_1、R_3 和 C_2、R_2 分别取得 KU_1 和 U_2，加于运算放大器的同相输入端和反相输入端。正常情况下，U_i 不变或变化缓慢，KU_1 和 U_2 都近似等于零。调整运算放大器的静态工作点，使输出电压 U_o 为正。U_o 经由二极管 VD 和电阻 R_4 组成的回路实现正反馈，在 R_3 上形成门槛电压 U_b，加于正向输入端，使 U_o 为一稳定的正电压。

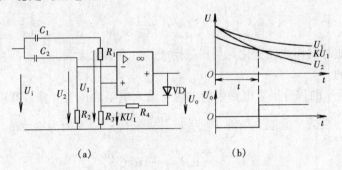

图 6-22 用集成运放实现的电流增量继电器
(a) 原理图；(b) 动作说明图

当被保护元件故障时，输入电压出现增量 ΔU_i，此时两个微分电路分别输出按指数规律衰减的电压 U_1 和 U_2，即 $U_1 = \Delta U_i e^{-\frac{t}{T_1}}$，$U_2 = \Delta U_i e^{-\frac{t}{T_2}}$（$T_1$、$T_2$ 分别为两个微分电路的时间常数）。U_1 取分压 KU_1 加于同相输入端，U_2 加于反相输入端。U_1、KU_1、U_2 的变化曲线示于图 6-22 (b)。故障发生的瞬间（$t=0$），若 ΔU_i 足够大，则 $U_2 - KU_1 > U_b$，输出电压 U_o 即由正变负，继电器动作。经过时间 t，$KU_1 = U_2$，U_o 又恢复为正，继电器返回。由 $KU_1 = U_2$，即 $Ke^{-\frac{t}{T_1}} = e^{-\frac{t}{T_2}}$，可以求得 $t = \frac{T_1 T_2}{T_2 - T_1} \ln K$。可见，只要 ΔU_i 能使 $U_2 - KU_1 > U_b$，则继电器动作的持续时间 t 是与 ΔU_i 无关的一个定值。

近年来，在晶体管式继电器、集成运放继电器的基础上又发展了整套的微机保护装置，其性能更加优越，但结构却复杂得多，本书限于篇幅，对此不作介绍。

四、常用继电器的新旧图形、文字符号比较

近年来，国家所规定的继电器的图形、文字符号已有较大的改变，这主要是为了适应技术的进步以及与国际接轨的需要。为便于读者使用与鉴别，在下面的表 6-3 及 6-4 中，特别列出了新旧图形、文字符号的对比，以供使用参考。

表 6 - 3　　　　　　　　　　　常用继电器的表示符号

名　称	图形符号		文字符号		名　　称	图形符号		文字符号	
	新	旧	新	旧		新	旧	新	旧
电流继电器	KA	I	KA	LJ	时间继电器	KT	t	KT	SJ
低电压继电器	KV	$U<$	KV	YJ	中间继电器	KM		KM	ZJ
功率方向继电器	KP		KW	GJ	信号继电器	KS		KH	XJ

表 6 - 4　　　　　　　　　　　继电器线圈及触点的图形符号

名　称	图形符号		名　称	图形符号	
	新	旧		新	旧
一般线圈	或		动合（动合）触点		
交流继电器的线圈	~	~	动断（动断）触点		
具有两个线圈的继电器线圈	或		延时闭合的动合（动合）触点		
电流线圈　电压线圈	I　U	I　U	延时断开的动合（动合）触点		
			延时闭合的动断（动断）触点		
极化继电器的线圈		J	延时断开的动断（动断）触点		

第六节　过电流保护

一、保护相间短路的定时限过电流保护

在电力系统中，输电线路发生相间短路故障时，线路的电流增大，母线电压降低。利用电流增大这一特征，构成当电流超过某一整定值时使电流继电器动作的保护，称为线路的过电流保护。

（一）工作原理

对于图 6 - 23 所示单侧电源辐射形电网，为切除故障只需在各线路 L1、L2、L3 电源侧装设断路器 QF1、QF2、QF3 及保护装置 1、2、3。为使保护在正常运行时不动作，各保护的动作电流应大于被保护线路的最大负荷电流。

当线路 L3 上的 k1 点发生短路故障时，短路电流 I_k 由电源经线路 L1、L2 及 L3 流至短路点。由于短路电流 I_k 经过保护装置 1、2 及 3，且 I_k 大于保护装置 1、2 及 3 的电流继电

器的动作电流，所以上述各保护装置的电流继电器均启动。但根据选择性要求，应由装于故障线路 L3 上的保护装置 3 动作，使断路器 QF3 跳闸。QF3 跳闸后，短路电流消失，保护装置 1 及 2 的电流继电器都应立即返回。可见，过电流保护的选择性要靠各保护装置具有不同的延时动作时间来保证。为此必须使各保护的动作时限有

$$t_1 > t_2 > t_3 \tag{6-15}$$

或

$$t_2 = t_3 + \Delta t \tag{6-16}$$

$$t_1 = t_2 + \Delta t \tag{6-17}$$

式中　t_1、t_2、t_3——保护装置 1、2、3 的动作时限；

Δt——时限级差，根据断路器及继电器类型不同，Δt 为 $0.35 \sim 0.7$ s，一般常取 0.5 s。

　　为获得一定的动作时限，各保护装置都装设有时间继电器。时间继电器触点延时接通的时间，应根据选择性要求所决定的保护装置动作时间来整定。

　　图 6-23 给出了保护装置的动作时限。从图中可知，各保护装置动作时限是从用户到电源逐级增长的，越靠近电源的线路，过电流保护装置的动作时限越长，好像一个阶梯，故称为阶梯式时限特性。由于各保护装置的时限都分别是固定的，与短路电流大小无关，所以称

为定时限过电流保护，通常用符号 $\boxed{\dfrac{I}{t}}$ 表示。

　　每一线路的过电流保护装置除保护本线路外，还应起相邻下一线路的后备保护作用。如图 6-23 中，保护装置 2 对保护装置 3 起后备保护作用，即当线路 L3 故障时，若因某种原因保护 3 拒动或断路器 QF3 失灵时，保护装置 2 应动作，使断路器 QF2 跳闸，切除故障。同理，保护装置 1 也是保护装置 2 的后备保护。

　　定时限过电流保护装置接线如图 6-24 所示。构成保护装置的元件有：电流继电器 KA1、KA2、KA3 完成保护装置的测量任务。当线路发生短路故障时，电流互感器 TA1~TA3 的二次电流达到或超过电流继电器 KA1~KA3 的动作电流，继电器动作。时间继电器 KT 用于建立保护装置需要的动作时限，使保护装置的动作具有选择性。信号继电器 KH 动作后，其触点接通发出信号，并以掉牌指明保护装置的动作。

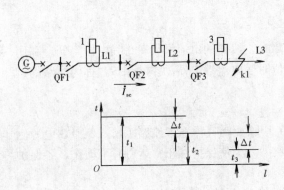

图 6-23　定时限过电流保护的工作原理图

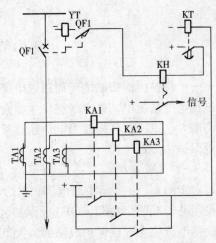

图 6-24　定时限过电流保护原理接线图

接线图中 TA 为电流互感器，其作用是将一次侧被保护线路的大电流按比例变换为数值较小的二次电流。通常 TA 的二次电流额定值为 5A。此外，电流互感器还起到一次侧高电压与二次侧低电压设备的隔离作用。为了安全的要求，电流互感器二次侧必须接地。YT 是断路器的跳闸线圈，QF1 是断路器的常开辅助触点。断路器跳闸后，QF1 随之断开，切断跳闸线圈 YT 中的电流，以防止用时间继电器的触点来切断跳闸回路电流时产生的电弧将其触点烧坏。

关于定时限过电流保护装置的动作过程以及交流回路、直流回路、信号回路的展开接线图，在本章第一节以及图 6-1 中曾有过介绍，这里就不再重复。

（二）定时限过电流保护装置动作电流的整定及灵敏系数的校验

选择定时限过电流保护的动作电流时，应保证正常运行时保护不动作，故障时保护装置可靠动作。

1. 动作电流的整定

定时限过电流保护的动作电流应按下述两个原则整定：

（1）为了保证定时限过电流保护在正常运行时（包括输送最大负荷和故障消除后电压恢复且电动机自启动时）不动作，其动作电流应满足

$$I_{op} > K_{ast} I_{Lmax} \tag{6-18}$$

式中　I_{op}——保护装置的动作电流，又称为一次动作电流；

　　　I_{Lmax}——未考虑电动机自启动时，线路输送的最大负荷电流；

　　　K_{ast}——考虑电动机自启动使电流增大的自启动系数，其值大于 1。K_{ast} 应按网络的具体接线及负荷性质确定，一般在 1.5～3 的范围内。

（2）如图 6-25 所示，k 点短路对保护 1 来说为外部故障，这时保护 1 和 2 的电流继电器均启动，而由时限较短的保护 2 动作将故障切除，母线 B 电压恢复，电动机自启动，线路中的电流由短路电流降低为自启动时的最大负荷电流 $K_{ast} I_{Lmax}$，保护 1 已启动的电流继电器应可靠地返回。否则保护 1 在到达它的整定时限时，将错误地使断路器QF1 跳开。为此，保护 1 的返回电流应满足下列条件

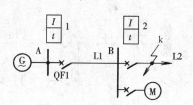

图 6-25　过电流保护 1 的返回电流

$$I_f > K_{ast} I_{Lmax} \tag{6-19}$$

因为定时限过电流保护装置的启动与返回，就是它的测量元件——电流继电器的启动与返回，所以电流继电器返回电流与动作电流的关系就代表着保护装置返回电流与动作电流的关系。由于电流继电器的返回电流总是小于其动作电流，所以满足式（6-19）就必然满足式（6-18），故按式（6-19）计算。引入可靠系数 K_{rel}，将式（6-19）变成等式

$$I_f = K_{rel} K_{ast} I_{Lmax} \tag{6-20}$$

计及

$$K_r = \frac{I_r}{I_{opJ}} = \frac{I_f}{I_{op}}$$

则

$$I_{op} = \frac{I_f}{K_f} \tag{6-21}$$

将式（6-20）代入式（6-21），得

$$I_{op} = \frac{K_{rel}}{K_f} K_{ast} I_{Lmax} \tag{6-22}$$

式中　　K_{rel}——可靠系数，对过电流保护，一般取 1.15～1.25；

　　　　K_r——电流继电器的返回系数，一般电磁式电流继电器 K_r 调至 0.85 左右，故计算时取 0.85。

由式（6-22）可见，K_r 越小，I_{op} 就越大，将使保护在故障时的灵敏度降低，故要求电流继电器的返回系数不能过低。

2. 灵敏系数校验

保护装置能否对保护区内的短路故障灵敏地反应，应通过计算灵敏系数来衡量。灵敏系数是当被保护元件发生故障时，通过保护装置的最小短路电流与保护装置的动作电流之比值，即

$$K_{sen} = \frac{I_{kmin}}{I_{op}} \tag{6-23}$$

式中　　I_{kmin}——系统最小运行方式下，被保护线路末端或相邻下一线路末端（作后备保护）金属性两相短路时，流过保护装置的短路电流。

根据电力行业标准《继电保护和安全自动装置技术规程》中的规定，对于定时限过电流保护装置，在被保护线路 L1 末端短路，如图 6-26 所示 k1 点短路，要求 $K_{sen} \geqslant 1.3$；作为后备保护，在相邻下一线路 L2 末端 k2 点或变压器后 k3 点短路时，要求 $K_{sen} \geqslant 1.2$。

在图 6-26 所示接线中，可能有两种运行方式，一种是两台发电机并联运行，另一种是其中一台发电机断开，只剩下一台发电机运行。当 k1 短路时，若只有一台发电机运行，流过保护装置的短路电流小，这种运行方式称为系统最小运行方式。还要考虑短路的类型，在线路同一点发生故障时，金属性两相短路电流 $I_k^{(2)}$ 比三相短路电流 $I_k^{(3)}$ 小，如第四章所述，即 $I_k^{(2)} = \frac{\sqrt{3}}{2} I_k^{(3)}$。综上所述，校验保护的灵敏系数时，应取系统最小运行方式下被保护范围末端金属性两相短路时流过保护装置的短路电流来计算。

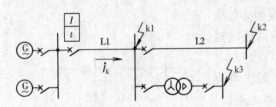

图 6-26　定时限过电流保护灵敏系数校验

显然，在系统最小运行方式下保护范围末端金属性两相短路时，流过保护装置的短路电流是各种可能情况的最小值。若这时保护能满足灵敏系数的要求，则在其他可能的运行方式下发生各种相间短路故障时，保护装置均能灵敏地反应动作。

3. 动作时限的整定

在上述过电流保护的工作原理中已分析过，为了保证过电流保护的选择性，保护装置的动作时限应按阶梯原则整定，越靠近电源处的保护动作时限越长。

时限的整定应从离电源最远的元件保护开始，如图 6-27，电动机的保护 4 位于电力网的最末端，只要电动机内部故障，它就可瞬时跳闸，所以 t_4 即为电动机过电流保护电流继电器和出口中间继电器的固有动作时间，其值很小，故认为 $t_4 \approx 0$ s。线路末端保护 3 的动作时限 t_3 应比 t_4 大一个时限级差 Δt（Δt 通常取 0.5 s），即

$$t_3 = t_4 + \Delta t = 0.5 \text{（s）} \tag{6-24}$$

依次类推，可以求出 t_2、t_1。

需要指出的是，为了动作的选择性，任一线路定时限过电流保护的动作时限，必须与该线路末端变电所母线上所有引出线的定时限过电流保护中动作时限最长者相配合。如图 6-27 中，若 $t_5 > t_3$ 时，则应取 $t_2 = t_5 + \Delta t$。

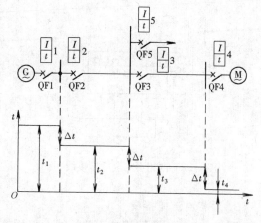

图 6-27　单侧电源辐射形电力网过电流保护的时限整定

（三）保护的接线方式

1. 三相星形接线

图 6-24 所示即为三相星形接线，它能反应各种相间短路及中性点直接接地电力网中的单相接地短路。这种接线方式的接线系数 $K_{C0} = 1$。所谓接线系数是指流入电流继电器中的电流 I_k 与电流互感器的二次电流 I_2 之比，即

$$K_{C0} = \frac{I_k}{I_2} \qquad (6-25)$$

已知保护装置的动作电流 I_{op} 后，可按式（6-26）求得电流继电器的动作电流（又称为二次动作电流）

$$I_{opJ} = K_{C0} \frac{I_{op}}{K_I} \qquad (6-26)$$

式中　K_I——电流互感器 TA 变流比。

对于不同的接线方式和不同的短路故障形式，接线系数可能不同。在应用式（6-26）时需注意这一点。

2. 两相不完全星形接线

图 6-28 所示为两相不完全星形接线。在图 6-1 中所介绍的过电流保护也是两相不完全星形接线。它采用两只电流互感器和两只电流继电器。这种接线的接线系数 $K_{C0} = 1$。

由接线图可知，这种接线方式能够反应各种相间短路故障，且接线简单，节省电流互感器和继电器。在中性点非有效接地电力网中，单相接地不产生大的短路电流，过电流保护只需反应相间短路，所以，目前两相不完全星形接线方式得到了广泛的应用。

另外，还由于下述原因，使两相不完全星形接线的电流保护，适用于中性点非有效接地电力网。

在中性点非有效接地电力网中，可能在不同地点不同相别的两点同时接地，形成两点接地短路故障，如图 6-29 所示。这时并不希望把两条线路都断开，只希望断开一条线路，而使另一条线路带着接地点继续向用户供电。因为在这样的电力网中，单相接地时可以短时间继续运行。在图 6-29 所示电力网中，若各线路的保护均采用两相不完全星形接线方式，且各保护的电流互感器都装设在相同相别上，例如一般都装设在 A、C 两相，则发生不同线路的两点接地短路时（见图 6-29），只有线路 L2 被保护动作切除，而线路 L1 继续运行。对于各种可能的故障相别组合方式中，可以保证有三分之二的机会只切除一条线路。反之，若保护采用三相星形接线方式，且两条线路保护动作时限相同时，则线路 L1、L2 就有可能同时被切除。

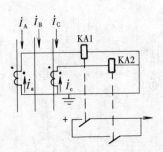

图 6-28 两相不完全星形接线

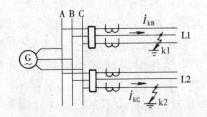

图 6-29 在中性点非有效接地电力网中，不同地点、不同相别发生两点接地短路时的保护动作情况

3. 两相电流差接线

图 6-30 所示为两相电流差接线。采用这种接线时，只需用一个电流继电器。流入该继电器的电流为 A、C 两相电流互感器的二次电流之差，即

$$\dot{I}_K = \frac{1}{K_i}(\dot{I}_A - \dot{I}_C) = \dot{I}_a - \dot{I}_c$$

由图 6-31 可见，这种接线方式的接线系数与短路类型及相别有关，并不总等于 1。正常运行和三相短路时，$I_J = \sqrt{3} I_a$ ［见图 6-31（a）］，$K_{C0} = \sqrt{3}$；A、C 两相短路时，$I_J = 2I_a$ ［见图 6-31（b）］，$K_{C0} = 2$；A、B 或 B、C 两相短路时，$I_J = I_a$（或 I_c），$K_{C0} = 1$ ［见图 6-31（c）、（d）］。因此，在按式（6-26）计算继电器的动作电流时，应取 $K_{C0} = \sqrt{3}$（正常运行时的值），而保护的灵敏系数应按式（6-27）来计算

$$K_{sen} = \frac{I_k}{I_{opJ}} = \frac{K_{C0n} \times \frac{I_{kmin}}{K_J}}{I_{opJ}} = \frac{K_{C0}}{K_J} \times \frac{I_{kmin}}{I_{opJ}} \qquad (6-27)$$

式中，取 $K_{C0} = 1$，因此 A、B 或 B、C 两相短路时流入继电器的电流最小。可见，采用两相电流差接线时，由于计算动作电流 I_{opJ} 时的接线系数 $K_{C0} = \sqrt{3}$，故其灵敏系数将比采用三相星形接线或两相不完全星形接线时降低 $\sqrt{3}$ 倍。

还需指出，Yd11 接线变压器 Y 侧线路的过电流保护，不能采用两相电流差接线。因为在变压器 d 接线侧发生 A、B 两相短路时，$\dot{I}_{AY} = \dot{I}_{CY}$，$\dot{I}_J = \frac{1}{K_i}(\dot{I}_{AY} - \dot{I}_{CY}) = 0$，保护将拒动。

两相电流差接线主要用于灵敏系数较易满足要求的低压线路保护以及电动机保护。

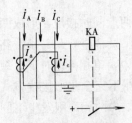

图 6-30 两相电流差接线

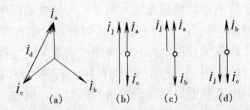

图 6-31 两相电流差接线在不同短路形式下的电流相量图

(a) 正常运行和三相短路时；(b) A、C 两相短路时；

(c) A、B 两相短路时；(d) B、C 两相短路时

二、瞬时电流速断保护

对于图 6 - 32 所示单侧电源辐射形电力网，假定在线路 L1 和线路 L2 上分别装设瞬时电流速保护 1 和 2（瞬时电流速断保护通常用符号 $\boxed{I}$ 表示）。根据选择性要求，对保护 1 来说，在相邻的下一段线路 L2 首端 k2 短路时，不应动作，而该故障应由保护 2 动作切除。为了使延时动作的保护 1 在 k2 点短路时不动作，只有使其动作电流大于 k2 点短路时的最大短路电流。由于下一线路 L2 首端 k2 点短路时的短路电流与本线路末端点 k1 短路时的短路电流可认为相等，因此瞬时电流速断保护的动作电流可按大于本线路末端短路时的最大短路电流来整定。

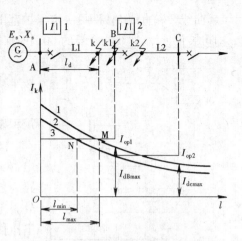

图 6 - 32　单侧电源辐射形电力网瞬时电流速断保护的工作原理图

当线路上任一点 k 发生短路时，三相短路电流计算式为

$$I_k^{(3)} = \frac{E_s}{X_s + X_1 l_k} \tag{6 - 28}$$

式中　E_s——系统等效电源的相电动势；

　　　　X_s——归算至保护安装处网络电压的系统等效电抗；

　　　　X_1——线路单位长度的正序电抗（假定忽略电阻）；

　　　　l_k——短路点至保护安装处的距离。

当系统运行方式变化（X_s 变化）或为不同的故障类型时，短路电流将随之变化。图 6 - 32 中的曲线 1 为系统最大运行方式（$X_s = X_{smax}$）下，三相短路电流随短路点距离变化的曲线；曲线 2 为系统最小运行方式（$X_s = X_{smin}$）下，两相短路电流随短路点距离变化的曲线。

为了保证选择性，瞬时电流速断保护 1 的动作电流应大于曲线 1 上的 I_{kBmax}，即

$$I_{op1} > I_{kBmax}$$

或

$$I_{op1} = K_{rel} I_{kBmax} \tag{6 - 29}$$

式中　I_{kBmax}——系统最大运行方式下，被保护线路末端 B 母线上三相短路时流过保护线路的短路电流；

　　　　K_{rel}——可靠系数，考虑到继电器的误差、短路电流计算误差及非周期分量影响等，取 1.2～1.3。

瞬时电流速断保护 2 的动作电流应为

$$I_{op2} = K_{rel} I_{kcmax} \tag{6 - 30}$$

这样整定后，瞬时电流速断保护不反应本线路以外的短路，既能瞬时动作，也能保证选择性。在图 6 - 32 上，保护 1 的动作电流可用直线 3 表示，它与曲线 1、2 分别的交点为 M 和 N。在交点以前的一段线路上短路时，由于 $I_k > I_{op1}$，保护 1 能动作；在交点以后的线路上短路时，由于 $I_J < I_{op1}$，保护 1 不能动作。可见，瞬时电路速断保护不保护本线路的全长，只能保护本线路首端的一部分，而且保护范围随运行方式和故障类型而变化。系统最大运行方式下三相短路时，保护范围最大，为 l_{max}；最小运行方式下两相短路时，保护范围最小，为 l_{min}。

瞬时电流速断保护的灵敏性通常用保护范围的大小来衡量。如图 6 - 32 所示，作出曲线

1、曲线 2 和直线 3，即可决定保护范围 l_{max} 和 l_{min}。一般认为，l_{min} 不小于线路全长的 15％时即可装设，l_{max} 达线路全长的 50％时保护效果较好。

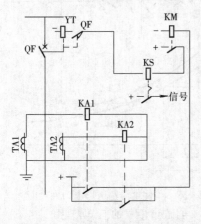

图 6-33 瞬时电流速断保护装置原理接线图

另一种简便的校验瞬时电流速断保护灵敏性的方法是按本线路首端故障时的最小短路电流校验灵敏系数，即

$$K_{sen} = I_{kAmin}/I_{op1} \qquad (6-31)$$

规程要求，$K_{sen} \geqslant 2$。

图 6-33 为瞬时电流速断保护的原理接线图。电流继电器 KA1、KA2 触点容量小，不能直接接通跳闸线圈回路，所以用一中间继电器 KM 接通断路器的跳闸回路。另外，考虑到若被保护线路上装有管型避雷器，则当大气过电压使两相或三相避雷器同时放电时，造成短时间的相间短路。避雷器放电时间为 1～2 周波，瞬时电流速断保护应能躲开。有了中间继电器，增大了保护的固有动作时间，可避免线路管型避雷器放电时瞬时电流速断保护的误动作。

三、限时电流速断保护

瞬时电流速断保护虽能快速切除线路故障，但只能保护靠近首端的一部分线路，对线路其余部分的故障它是无能为力的。为了较快地切除线路其余部分的故障，可增设限时电流速断保护。

限时电流速断保护要保护本线路全长，其保护范围势必伸延至下一线路的一部分。为了保证选择性，限时电流速断保护就必须带有一定的时限，以便与下一线路的保护相配合。时限的大小与保护范围的伸延程度有关。若使其保护范围不超过下一线路瞬时电流速断保护的保护范围，则只需比该线路瞬时电流速断保护的动作时限大一个时限级差 Δt。限时电流速断保护通常用符号 $\boxed{\dfrac{I}{t}}$ 表示。

图 6-34 中，曲线 1 为系统最大运行方式下，三相短路电流随短路点变化的曲线。线路 L2 的瞬时电流速断保护的动作电流 I_{op2}^{I} 用直线 2 表示，它与曲线 1 的交点 N 确定了保护 2 的瞬时电流速断保护的保护范围为 l_2^{I}。显然，为使线路 L1 的限时电流速断保护的保护范围不超过下一线路瞬时电流速断保护的保护范围，须使线路 L1 的限时电流速断保护的动作电流大于下一线路 L2 的瞬时电流速断保护的动作电流，即

$$I_{op1}^{II} > I_{op2}^{I}$$

即

$$I_{op1}^{II} = K_{rel} I_{op2}^{I} \qquad (6-32)$$

式中　K_{rel}——可靠系数，考虑保护带有延时，短路电流中的非周期分量已衰减，所以 K_{rel} 可取得小一些，一般取 1.1～1.2。

图 6-34 中，I_{op1}^{I} 用直线 3 表示，它与曲线 1 的

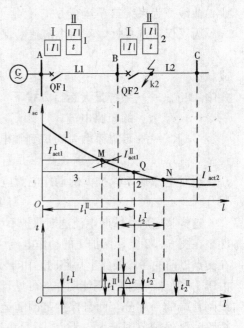

图 6-34 限时电流速断保护的动作电流与时限特性

交点 Q 确定了保护 1 限时电流速断保护的保护范围 l_1^{II}。可见 l_1^{II} 没有超过 l_2^{I}。为保证选择性，线路 L1 的限时电流速断保护的动作时限 t_1^{II} 只需与下一线路 L2 的瞬时电流速断保护的动作时限 t_2^{I} 配合，即

$$t_1^{II} = t_2^{I} + \Delta t \tag{6-33}$$

由于 $t_2^{I} \approx 0$，Δt 通常取 0.5 s，所以 $t_1^{II} = 0.5$ s。

限时电流速断保护应可靠地保护本线路全长。为此，应以系统最小运行方式下本线路末端两相短路时的短路电流来校验灵敏系数 K_{sen}，即

$$K_{sen} = \frac{I_{kBmin}}{I_{op1}^{II}} \tag{6-34}$$

规程要求，$K_{sen} \geqslant 1.3$。

若灵敏系数不满足要求，可采用适当降低动作电流以扩大保护范围的方法来提高，使 $I_{op1}^{II} > I_{op2}^{II}$，同时可增大动作时限，使 $t_1^{II} = t_2^{II} + \Delta t = 0.5 + 0.5 = 1$ s，以保证选择性。

四、三段式电流保护装置

(一) 三段式电流保护的构成及功用

35 kV 及以下的单侧电源供电线路常采用三段式电流保护装置，如图 6-35 所示。线路 L1 的保护装置 1 的第 I 段为瞬时电流速断保护，它的保护范围为线路 L1 首端的一部分，动作时限为 t_1^{I}，它由电流继电器和中间继电器的固有动作时间决定。第 II 段为限时电流速断保护，它的保护范围为线路 L1 的全部并伸延至线路 L2 的一部分，其动作时限为 $t_1^{II} = t_2^{I} + \Delta t$。I、II 段共同构成线路 L1 的主保护。第 III 段为定时限过电流保护，保护范围包括线路 L1 及 L2 全部，甚至更远，动作时限 t_1^{III}，并且 $t_1^{III} = t_2^{II} + \Delta t$。第 III 段作后备保护，当线路 L2 的保护拒动或断路器 QF2 失灵时，线路 L1 的过电流保护均可起后备保护作用，这就是远后备；线路 L1 的主保护即瞬时电流速断保护与限时电流速断保护拒动时，线路 L1 的过电流保护也起后备保护作用，这就是近后备。

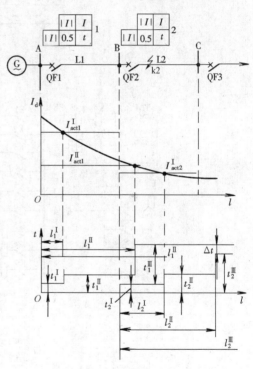

图 6-35 三段式电流保护的保护范围和时限特性

(二) 三段式电流保护的原理图与展开图

图 6-36 为三段式电流保护装置的接线图，保护采用两相不完全星形接线。图中 K1、K2、K7、K10 构成保护装置的第 I 段，即瞬时电流速断保护（在叙述保护的原理时，为便于理解，继电器的代号细分为 KA、KV、KT、KM、KH 等；但在绘制实用图样时，继电器的代号均为 K，仅在其后加数字区别）。K3、K4、K8、K11 构成保护的第 II 段，即限时电流速断保护。K5、K6、K9、K12 构成保护装置的第 III 段，即定时限过电流保护。任何一段保护动作时，均有相应的信号继电器掉牌，从而可以知道哪段保护曾动作过，以便分析故障的大致范围。

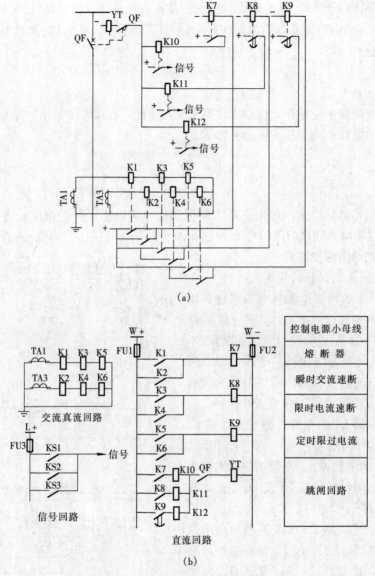

图 6-36 三段式电流保护的接线图

(a) 原理图；(b) 展开接线图

应该指出，线路相间短路的电流保护不一定都用三段，也可以只用两段，即瞬时或限时电流速断保护作为第Ⅰ段，定时限过电流保护作为第Ⅱ段。

五、方向过电流保护简介

对于由多电源所组成的复杂电网，上述简单的过电流保护已不能满足系统运行的要求。例如图 6-37 所示的双侧电源网络中，在每条线路的两侧，均需装设断路器和保护装置，如在线路 L1 和 L2 两侧都装有过电流保护，则当 k1 点发生短路时应由保护 1、2 动作于断路器 1、2 跳闸。因此要求保护 2 比保护 3 先动作，即保护 2 的动作时限应比保护 3 的短（$t_2 < t_3$）；但当 k2 点发生短路时，则应由保护 3、4 动作，断开断路器 3、4，这时要求 $t_3 < t_2$；显然，上述要求是互相矛盾的。为了解决这个矛盾，可以分析一下当不同地点短路时作用于保护装置的电气量的差别。

图 6-37　双侧电源电网不同地点短路时短路功率方向及保护动作情况分析

　　当 k1 点短路时，流经保护 2 的短路功率的方向是由母线指向线路 1，而流经保护 3 的短路功率方向是由线路指向母线，在图中用实线表示。当 k2 点短路时，流经保护 3 的短路功率的方向是由母线指向线路，而流经保护 2 的短路功率方向是由线路指向母线，在图中用虚线表示。很明显，保护装置在前后两个不同点短路时，流经保护装置的短路功率方向不同。故可以利用这一特点来构成保护，使其满足如下要求：凡是流过保护装置的短路功率是由母线指向线路时，保护装置就启动；当为由线路指向母线时，保护装置就不启动。

　　这样，当图 6-37 中的 k1 点短路时，只有 1、2、4 启动。根据阶梯时限原则：$t_2 < t_4$，所以只有保护 1、2 动作，断路器 1、2 跳闸，保护 4 返回，从而保证了有选择性地切除故障线路 L1。当 k2 点短路时，保护 1、3、4 启动，按阶梯时限原则：$t_1 > t_3$，保护 3、4 动作，断路器 3、4 跳闸，切除故障线路 L2，保护 1 将返回。

　　这样，为了保证选择性，各保护动作时限的配合只需注意同一短路功率方向的有关保护（如 1、3 是一个方向，2、4 是一个方向）即可，即在图 6-37 中，只要求 $t_1 > t_3$、$t_4 > t_2$ 即可。

　　判断功率方向，一般采用功率方向元件，用它来比较保护安装处电压和电流之间的相位关系。现以图 6-38（a）为例分析 k1 点和 k2 点发生短路时，功率方向元件所测量的功率方向。当 k2 点短路时，流过保护装置的电流 $\dot{I}_{k2}$ 是由母线指向线路，电流 $\dot{I}_{k2}$ 落后母线电压 $\dot{U}$ 一个相位角 φ_2，$\varphi_2 = \varphi_{k2}$（φ_{k2} 为由母线至短路点 k2 的线路阻抗角），其值为 $0° < \varphi_2 < 90°$；当 k1 点短路时，流过保护装置的电流 $\dot{I}_{k1}$，则从线路指向母线，电流 $\dot{I}_{k1}$ 落后母线电压 $\dot{U}$ 的一个相位角 $\varphi_1 = 180° + \varphi_{k1}$（$\varphi_{k1}$ 为从母线至短路点 k1 间的线路阻抗角），其值为：$180° < \varphi_1 < 270°$。上述两种情况下的相量图和波形图如图 6-38（b）、（c）所示。功率方向继电器就是基于上述原理来判别方向的。

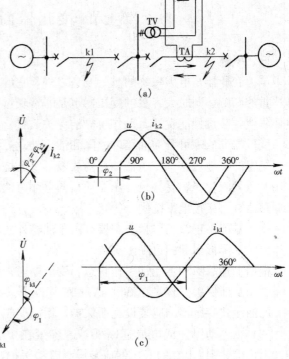

图 6-38　短路功率方向的判断
（a）网络接线与功率方向继电器 KW；
（b）k2 点短路时的电流、电压相量图和波形图；
（c）k1 点短路时的电流、电压相量图和波形图

　　但是由于在正常运行时，功率方向可能是从母线指向线路，因而功率方向元件在正常

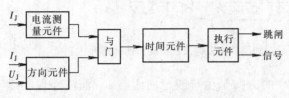

状态下有可能动作，所以不能仅仅用功率方向元件构成保护，而必须和电流继电器配合使用。因此，方向过电流保护装置一般由三个元件组成，即电流测量元件、功率方向元件和时间元件。图6-39为其原理框图。

图 6-39　方向过电流保护装置的原理框图

　　在图6-39中，电流测量元件用于判断是否发生了故障。功率方向元件的作用是判断短路功率是否从母线指向线路，以保证其动作方向的选择性，而时间元件的作用与上述过电流保护中相同，以一定的延时获得在同一动作方向上的选择性。

　　在由单个继电器所组成的方向保护中，功率方向元件一般采用功率方向继电器（代号为KW）来实现。对功率方向继电器的要求为：要有明确的方向性，能正确判断方向，动作快，灵敏度高。功率方向继电器在结构上有电磁式、感应式以及晶体管式等。

　　综上所述可知：在具有两个以上电源的网络中，必须采用方向过电流保护才能保证各装置之间的选择性，方向过电流保护同样可以作成定时限方向过电流、方向电流速断以及带方向元件的三段式过电流保护装置等。但方向保护也存在接线复杂，以及在保护安装地点发生三相短路时，由于母线电压降低到零，方向元件有可能拒绝动作等缺点。因此，当这类保护的综合特性得不到保证时，则应当采用性能更好的其他保护装置（如距离保护、相差高频保护等）来代替。

第七节　变压器的继电保护

一、概述

　　电力变压器是电力系统的重要设备之一，它的故障将对供电可靠性和系统的正常运行带来严重的影响，同时大容量的变压器也是非常贵重的设备。因此，必须根据变压器的容量和重要程度，装设性能良好、动作可靠的保护装置。

　　变压器的故障可分为油箱内故障和油箱外故障。油箱内故障有绕组的相间短路、匝间短路，绕组的接地短路。变压器油箱内故障不仅会烧坏变压器，而且由于绝缘材料和油在电弧作用下急剧汽化，容易导致变压器油箱的爆炸。油箱外故障有套管及引出线上的相间短路和接地短路（直接接地系统侧）等。

　　变压器的不正常工作状态主要有由于油箱外故障引起过电流、过负荷、油面降低及因过电压或频率降低引起的过励磁等。

　　根据上述故障和不正常工作状态，变压器通常应装设下列保护装置。

　　(1) 瓦斯保护。容量在800 kV·A及以上（车间内的变压器容量在400 kV·A及以上）的油浸式变压器均应装设瓦斯保护，用以反应变压器油箱内故障及油面降低。

　　(2) 纵差动保护或电流速断保护。容量在10 MV·A及以上（并列运行时，容量在6300 kV·A及以上）的变压器应装设纵差动保护，用以反应变压器绕组、套管及引出线相间短路；直接接地系统侧绕组、套管和引出线的接地短路；绕组的匝间短路。

　　对于容量为10 MV·A以下的变压器，且当其过电流的动作时限大于0.5 s时，可装设电流速断保护，以代替纵差动保护。

（3）相间短路的后备保护。用作外部相间短路及变压器内部相间短路的后备保护。

（4）接地保护。对于大接地电流系统中的中性点直接接地运行的变压器，应装设有零序电流保护，用作外部短路及变压器内部接地短路的后备保护。若低压侧有电源，且变压器中性点可能不接地运行时，则应增设零序过电压保护，以防止因中性点不接地而引起的电压升高。

（5）过负荷保护。变压器过负荷时，应利用过负荷保护发出信号，在无人值班的变电所内也可将其作用于跳闸或自动减负荷。

（6）过励磁保护。对于大容量变压器，应装设过励磁保护，动作于信号或跳闸。

本节将重点介绍变压器的纵差动保护。

二、变压器的瓦斯保护

在变压器油箱内发生故障时，故障点的电弧会使变压器油及其他绝缘材料分解产生气体，反应箱内出现气体而动作的保护称为瓦斯保护。瓦斯保护属于一种反应非电量变化的保护。

瓦斯保护灵敏、快速、接线简单，可以有效地反应变压器油箱内的故障及油面降低，但它不能反应油箱外套管及引出线上的故障，因此必须与纵差动保护或电流速断保护一起共同构成变压器的主保护。

瓦斯保护的测量元件是气体继电器（瓦斯继电器）。气体继电器安装于变压器油箱和油枕的通道上，如图6-40所示。为了便于气体顺利通过气体继电器，在安装时应使变压器油箱顶盖及连接管与水平面稍有倾斜。

气体继电器的形式较多，这里介绍一种性能较好的QJ1-80型开口杯挡板式气体继电器，其结构如图6-41所示。该继电器上部有一个附带永久磁铁4的开口杯5，下部有一面附带永久磁铁11的挡板10。正常情况下，继电器内充满油，开口杯在油的浮力与重锤6的作用下，处于上翘位置，与开口杯固定在一起的永久磁铁4远离干簧触点15，干簧触点15断开。挡板10在弹簧9的保持下，处于正常位置，其附带的永久磁铁11远离干簧触点13，干簧触点13也处于断开状态。

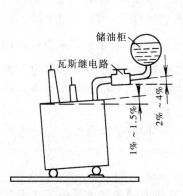

图6-40　气体继电器安装示意图

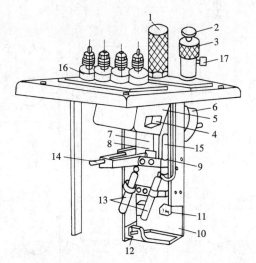

图6-41　QJ1-80型开口杯挡板式气体继电结构图

1—罩；2—顶针；3—气塞；4—永久磁铁；5—开口杯；6—重锤；

7—探针；8—开口销；9—弹簧；10—挡板；11—永久磁铁；

12—螺杆；13—干簧触点（重瓦斯用）；14—调节杆；

15—干簧触点（轻瓦斯用）；16—套管；17—排气口

当变压器内部发生轻微故障时，油箱内气体缓慢地产生，气体上升聚集在气体继电器上方，油面降低，开口杯 5 露出油面。由于开口杯在气体中所受的浮力比在油中所受的浮力小，因而开口杯绕轴下落，永久磁铁 4 随之下降，干簧触点 15 的两簧片相吸而接通，发出轻瓦斯动作信号。当变压器漏油时，动作过程同上，也会发出轻瓦斯保护信号。

当变压器内部发生严重故障时，产生大量气体，造成强烈油流冲击挡板 10，使永久磁铁 11 靠近干簧触点 13，干簧触点接通，称为重瓦斯动作，断开变压器各电源侧断路器。动作油流速度可在 0.7～1.5m/s 的范围内调整。

三、变压器的纵差动保护

（一）纵差动保护装置的动作原理

纵差动保护是利用比较被保护元件两侧的电流的幅值和相位的原理构成的。这种保护被广泛用于保护输电线路、发电机和变压器等元件。下面先以图 6-42 所示的输电线路的纵差动保护为例，来说明其工作原理。

在被保护的线路两侧均装设了具有相同变比和相同形式的电流互感器，一次侧正极性（带·号）均装在靠近母线侧，将其同极性的二次侧的端子相联，而电流继电器则并联在互感器的二次侧异性端子间，如果规定一次侧的电流从母线流向线路为正，则当电流互感器和继电器按上述方法连接之后，流入继电器的电流应为两侧互感器的二次电流之和，即

$$\dot{I}_{\text{J}} = \dot{I}_{\text{A2}} + \dot{I}_{\text{B2}} = \frac{1}{K_I}(\dot{I}_{\text{A1}} + \dot{I}_{\text{B1}}) \tag{6-35}$$

式中　K_I——电流互感器的变比。

在正常运行及外部故障 [见图 6-42（a）的 k1 点短路] 时，电流从线路的一侧流入，

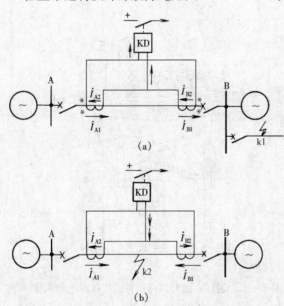

图 6-42　输电线路纵差动保护装置的工作原理
(a) 外部故障时的电流分布；(b) 内部故障时的电流分布

而从另一侧流出，如不计电流互感器励磁电流的影响，则 $\dot{I}_{\text{J}} = 0$，继电器不动作。当保护范围内短路 [见图 6-42（b）中的 k2 点短路] 时，两侧均有短路电流从母线流向短路点，流入继电器的电流 $\dot{I}_{\text{J}} = \dot{I}_{\text{A2}} + \dot{I}_{\text{B2}}$，即等于短路点电流归算至二次侧的数值，当 $\dot{I}_{\text{J}}$ 大于继电器的动作电流时，继电器将动作，将线路两侧的断路器断开。由此可见，纵差动保护实质上是一个电流和的保护，当保护范围内发生故障时，它将反应故障点的全部电流。

（二）纵差动保护装置的不平衡电流

1. 不平衡电流的产生

按上述接线构成的纵差动保护，如果忽略电流互感器的励磁电流，则当正

常及外部故障时，流过差动继电器中的电流为零。但实际上电流互感器总是有励磁电流的，而且两侧电流互感器的励磁特性也不完全相同，因此二次侧电流应为

$$
\left.
\begin{array}{l}
\dot{I}_{A2} = \dfrac{\dot{I}_{A1}}{K_I} - \dot{I}_{Ae} \\[3mm]
\dot{I}_{B2} = \dfrac{\dot{I}_{B1}}{K_I} - \dot{I}_{Be}
\end{array}
\right\}
\tag{6-36}
$$

式中　　$\dot{I}_{Ae}$、$\dot{I}_{Be}$——分别为两侧电流互感器折算至二次侧的励磁电流。

考虑到正常运行及外部故障时，$\dot{I}_{A1} = \dot{I}_{B1}$，所以流入继电器的电流为

$$
\dot{I}_J = \dot{I}_{A2} - \dot{I}_{B2} = \dot{I}_{Be} - \dot{I}_{Ae} = \dot{I}_{unb}
\tag{6-37}
$$

式中　　$\dot{I}_{unb}$——纵差动保护的不平衡电流，它是两个电流互感器的励磁电流之差。

为了保证选择性，外部故障时继电器不应动作，所以其动作电流应大于外部故障时的最大不平衡电流。从而，为了提高差动保护的灵敏度，就必须尽量减少不平衡电流。对此，后面还要作进一步的分析。

2. 稳态情况下的不平衡电流

当保护范围外部故障时，线路两侧电流互感器流过同一短路电流，例如，当线路中流过最大外部短路电流 I_{kmax} 时，如一侧电流互感器没有误差，另一侧误差达到最大（即10%），则不平衡电流具有最大值，即

$$
I_{unb} = 0.1 I_{kmax}/K_I
\tag{6-38}
$$

但是，上述情况只有当差动保护两侧的电流互感器型号不相同时，才可能出现；对变压器的差动保护而言，正是属于这样的情况。在除变压器差动保护以外的其他设备的差动保护中，都采用型号相同的互感器，因此在同样的一次电流作用下，铁心饱和程度相差不会很大，此时出现的不平衡电流将小于按式（6-38）求的数值。为了考虑这一影响，可以在式（6-38）中引入一个小于1的同型系数 K_{tx}，即

$$
\dot{I}_{unb} = K_{tx} \times 0.1 I_{kmax}/K_I
\tag{6-39}
$$

当电流互感器型号相同且工作于同一条件时，可取 $K_{tx}=0.5$；当电流互感器型号不同，或虽型号相同但工作条件不同（如母线差动保护）时，可取 $K_{tx}=1$。

3. 暂态过程中的不平衡电流

由于差动保护是瞬动的，因此还需进一步考虑在外部故障的暂态过程中，差动回路所出现的不平衡电流。众所周知，一次侧短路电流中包含有非周期分量，由于它的直流性质且衰减过程的变化速度 $\left(\dfrac{di}{dt}\right)$ 远小于周期分量的变化速度，因此非周期分量很难转变到二次侧，但该电流将在铁心中产生非周期分量磁通，从而使铁心严重饱和。图6-43所示为短路电流和不平衡电流的波形图。由图可见，不平衡电流具有以下特点：①暂态过程中不平衡电流可能超过稳态时不平衡电流的好几倍；②不平衡电流中含有较大的非周期分量，使其波形偏移到时间轴的一侧；③不平衡电流的最大值在短路发生后几个周波才出现，这是由于励磁回路具有很大的电感，励磁电流不能立即上升的缘故；④不平衡电流随短路电流 i_k 中非周期分量的衰减而逐渐衰减。

当计及非周期分量的影响时，在式（6-40）中需引入一个非周期分量系数 K_{fzq}，这时的

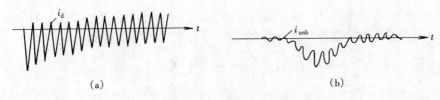

图 6-43 短路电流和不平衡电流的波形图

(a) 外部短路时的短路电流；(b) 不平衡电流

最大不平衡电流为

$$I_{unbmax} = K_{fzq} \cdot K_{tx} \cdot 0.1 I_{kmax}/K_I \tag{6-40}$$

如前所述，为保证选择性，差动继电器的动作电流必须大于不平衡电流，因此 I_{unbmax} 愈小，则保护的灵敏度愈高。可见，如何减小平衡电流及其影响，就成为一切差动保护的突出问题。

（三）变压器纵差动保护的不平衡电流的特点

1. 变压器的励磁涌流的影响

当变压器空载投入或外部故障切除后电压恢复时，可能出现数值很大的励磁涌流。这是因为，在稳态工作情况下，铁心中的磁通滞后于外加电压90°，如图 6-44 (a) 中所示的 Φ_p。若空载合闸正好在电压瞬时值 $u=0$ 的时刻，则该时刻铁心中应有磁通$-\Phi_m$。由于铁心中的磁通不能突变，因此铁心中出现幅值为$+\Phi_m$的非周期分量的磁通，见图 6-44 (a) 中的 Φ_{np}。若忽略 Φ_{np} 的衰减，则半个周期后，总磁通的幅值将达 $2\Phi_m$，见图 6-44 (a) 中的 $\Phi_{\Sigma m}$。这时变压器的铁心严重饱和，励磁涌流达最大值 I_{emax}，如图 6-44 (b) 所示。若考虑 Φ_{np} 随时间的衰减，励磁涌流的变化曲线如图 6-45 所示。励磁涌流的最大值可达额定电流的 6～8 倍，其波形偏于时间轴一侧，故含有很大的非周期分量及高次谐波分量（主要是 2 次谐波分量）。励磁涌流只出现在变压器的电源侧，故依靠上述原理，它在通过电流互感器传变为 2 次电流后，将完全流入差动回路中。

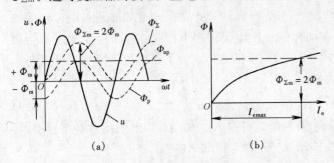

图 6-44 变压器空载投入时铁心中的磁通与励磁涌流

(a) 铁心中的磁通变化；(b) 励磁涌流与磁通的关系曲线

2. 变压器各侧绕组的接线方式不同的影响

当变压器两侧绕组按 Yd11 方式接线时，变压器两侧电流有 30°的相位差。因此，即使变压器两侧电流互感器的二次电流在数值上相等（$I_1=I_2$），差动回路中仍有很大的不平衡电流 $\dot{I}_{unb}$ 流过，见图 6-46。

3. 各侧电流互感器的计算变化与所选用的标准变比不等的影响

由于变压器高压侧和低压侧的额定电流不同，故在实现变压器的纵差动保护时必须选用变比不同的电流互感器。在选用电流互感器时，两侧电流互感器的计算变比与标准变比不完全相符，也将引起不平衡电流。

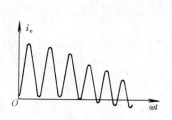

图 6-45　励磁涌流的变化曲线

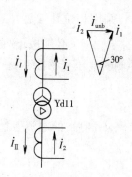

图 6-46　变压器为 Yd11 接线时，
差动回路中的不平衡电流

4. 各侧电流互感器的型号不同的影响

由于变压器各侧额定电压和额定电流不同，因而采用的电流互感器的型号各异，它们的特性不一致，将引起不平衡电流。

5. 运行中改变变压器的调压分接头的影响

改变变压器的调压分接头将改变变压器的变比，电流互感器二次电流的平衡关系将因此被破坏，从而出现不平衡电流。

（四）减小和躲过不平衡电流的措施

1. 相位补偿

为了消除 Yd11 接线变压器因两侧电流存在相位差引起的不平衡电流，这种变压器的差动保护应采用相位补偿接线。其方法是将变压器 Y 侧的电流互感器接成 d 形，而将变压器 d 侧的电流互感器接成 Y 形，如图 6-47（a）所示，以补偿 30°的相位差。由图 6-47（b）可见，采用相位补偿接线后，纵差动保护两臂的电流 $\dot{i}_{aY}$ 与 $\dot{i}_{a\triangle}$、$\dot{i}_{bY}$ 与 $\dot{i}_{b\triangle}$、$\dot{i}_{cY}$ 与 $\dot{i}_{c\triangle}$ 均可实现相位相同。

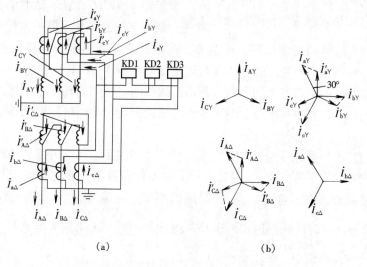

(a)　　　　　　　　　　　　　　(b)

图 6-47　Yd11 接线变压器的纵差动保护原理接线图和相量图
（a）原理接线图；（b）电流相量图

需要指出，采用相位补偿后 $\dot{I}_{aY} = \sqrt{3}\,\dot{I}'_{aY}$，为使正常情况下，每相两差动臂中的电流大小相等，即 $\dot{I}_{aY} = \dot{I}_{a\triangle}$，必须按下列条件选择电流互感器的变比，即

变压器 Y 侧的电压互感器变比

$$K_I(Y) = \frac{\sqrt{3}\,I_{Nt(Y)}}{5}$$

变压器△侧（d 侧）的电流互感器变比

$$K_I(\triangle) = \frac{I_{Nt(\triangle)}}{5}$$

实际上选择电流互感器的变比时，应根据电流互感器的规格，只能选择一个接近和稍大于上述计算变比的标准变比。

2. 采用 BCH-2 型差动继电器

BCH-2 型差动继电器现被广泛用于发电机、变压器的纵差动保护之中，这种继电器由带短路线圈的速饱和变流器和 DL-11/0.2 型电流继电器组合而成。它对减少暂态过程中由于非周期分量所引起的不平衡电流的影响很有效。同时，这种继电器还可以有效地躲过励磁涌流的影响。下面对这种继电器的结构和工作原理以及具体应用中的问题作一个全面介绍。

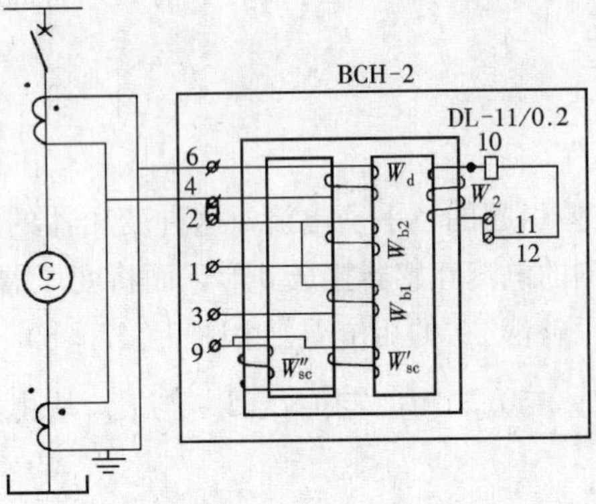

图 6-48　BCH-2 型差动继电器的原理结构图

BCH-2 型差动继电器的原理结构如图 6-48 所示。其速饱和变流器的导磁体是三柱形铁心。在铁心的中间柱上绕有一个差动绕组 W_d、两个平衡绕组 W_{b1} 和 W_{b2}；右侧铁心柱上绕有与执行元件相连接的二次绕组 W_2；短路绕组的两部分 W'_{sc} 和 W''_{sc} 分别绕在中间及左侧铁心柱上，且 W''_{sc} 与 W'_{sc} 的匝数比一般为 2∶1，并使它们产生的磁通对左窗口来说方向是相同的。

为了说明 BCH-2 型差动继电器的工作原理，首先介绍一下速饱和变流器的工作原理。

（1）速饱和变流器的工作原理。速饱和变流器铁心截面小，很容易饱和，并且剩磁很大。当外部故障时，速饱和变流器一次侧流过不平衡电流 I_{unb}，其中的非周期分量使铁心饱和。由于铁心饱和，不平衡电流的周期分量由一次侧向二次侧的转变很困难。因此，速饱和变流器能成功地躲过含有非周期分量的不平衡电流的影响，从而可降低动作电流，提高保护的灵敏性。

图 6-49（a）为外部故障时速饱和变流器的工作情况示意图。外部故障时，速饱和变流器一次绕组中流过的不平衡电流 i_{unb} 因含有很大的非周期分量，而完全偏于时间轴一侧，非周期分量电流使铁心饱和。这时，在 Δt 时间内不平衡电流变化量 Δi_{unb} 虽较大，但对应于 Δi_{unb} 的磁通变化量 $\Delta\Phi$ 却因铁心饱和而很小，因此的 W_2 二次侧感应电动势 $\left(e_2\propto\dfrac{\Delta\Phi}{\Delta t}\right)$ 很小，从而继电器中的电流也很小，将不动作。

在变压器内部故障时，流入速饱和变流器一次绕组的电流是接近正弦波形的短路电流 i_{sc}，如图 6-49（b）所示，其中的非周期分量衰减很快，经 1~2 周波衰减完毕。当短路电

流的周期分量通过一次绕组时，铁心中在 Δt 时间内磁通的变化 $\Delta\Phi'$ 很大，二次绕组的感应电动势很大，继电器中电流也足够大，从而保护继电器将可靠动作。

（2）短路绕组的作用。短路绕组主要用来更好地消除外部故障时含有非周期分量的不平衡电流的影响。

如图 6-50 所示，当被保护范围内发生故障时，短路电流中的非周期分量衰减很快，差动绕组 W_d 中通过周期分量电流 $\dot{I}_d$ 时，$\dot{I}_d$ 在绕组 W_d 中产生的磁通 $\dot{\Phi}_d$ 分成 $\dot{\Phi}_{dBA}$ 和 $\dot{\Phi}_{dBC}$ 两部分，分别通过左右两个铁心柱 A 和 C。$\dot{\Phi}_d$ 在中间柱的短路绕组 W'_{sc} 中感应出电动势 $\dot{E}_{sc}$，该电动势在短路绕组回路内产生电流 $\dot{I}_{sc}$，所相应的磁动势 $\dot{I}_{sc}W'_{sc}$ 将产生磁通 $\dot{\Phi}'_{sc}$，$\dot{\Phi}'_{sc}$ 分成 $\dot{\Phi}'_{scBA}$ 和 $\dot{\Phi}'_{scBC}$ 两部分，通过两侧铁心柱 A 和 C，而且由楞次定律可知，$\dot{\Phi}'_{sc}$ 与 $\dot{\Phi}'_d$ 的方向相反，力图减弱铁心 B 柱中的磁通。在铁心 C 柱中，$\dot{\Phi}'_{scBC}$ 与 $\dot{\Phi}_{dBC}$ 方向相反，故 $\dot{\Phi}'_{dBC}$ 在铁心 C 柱中起着去磁作用。另外，$\dot{I}_{sc}$ 还流过短路绕组 W''_{sc}，在铁心 A 柱中产生磁动势 $\dot{I}_{sc}W''_{sc}$ 和相应的磁通 $\dot{\Phi}''_{sc}$，同样 $\dot{\Phi}''_{sc}$ 也分成 $\dot{\Phi}''_{scAB}$ 和 $\dot{\Phi}''_{scAC}$ 两部分，通过铁心柱 B 和 C，通过铁心 C 柱的那部分磁通 $\dot{\Phi}''_{scAC}$ 与 $\dot{\Phi}'_{scBC}$ 方向相同，起着助磁作用。综上所述，通过铁心 C 柱的磁通为

$$\dot{\Phi}_C = \dot{\Phi}_d + \dot{\Phi}''_{scAC} - \dot{\Phi}'_{scBC}$$

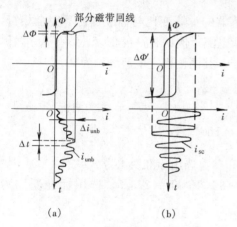

图 6-49　速饱和变流器的工作原理
（a）外部故障时；（b）内部故障时

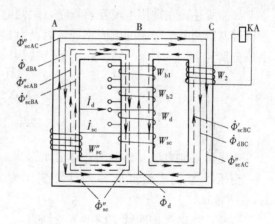

图 6-50　BCH-2 型差动继电器磁通分布图

$\dot{\Phi}_C$ 在二次绕组 W_2 中产生感应电动势，形成电流，当电流达到电流继电器的动作电流时，继电器动作。

在铁心未饱和的情况下，保持 $\dfrac{W''_{sc}}{W'_{sc}}=2$，且铁心 B 柱截面为 A 柱、C 柱截面的二倍，磁阻 $R_B=\dfrac{1}{2}R_C(R_A)$，则 $\dot{\Phi}''_{scAC}=\dot{\Phi}'_{scBC}$，即短路绕组产生的助磁作用与去磁作用相等，短路绕组不起作用。这时有短路绕组的速饱和变流器与一般无短路绕组的速饱和变流器作用相同，不会改变继电器的动作安匝数，因而不影响内部故障时保护的灵敏性。

当变压器外部故障时，在差动绕组 W_d 中流过含有较大非周期分量的瞬态不平衡电流，其中的非周期（直流）分量实际上是不易传变到短路绕组和二次绕组中去的，而是主要作为励磁电流间产生直流磁通，使铁心迅速饱和，铁心饱和后使周期分量的转变情况变坏。因

此，在 W_d 中流过一定大小的周期分量电流时，由 B 柱进入 C 柱的磁通 $\dot{\Phi}_{dBC}$ 减少了，故在二次绕组 W_2 中产生的感应电动势减小，这就是一般速饱和变流器的工作情况。而有了短路绕组后，进入二次绕组的磁通 $\dot{\Phi}''_{scAC}$ 与 $\dot{\Phi}'_{scBC}$ 都减少了。这是因为它们需要通过由差动绕组到短路绕组，再由短路绕组到二次绕组的双重传变。由于磁路的饱和，将使双重传变作用减弱。而且与 $\dot{\Phi}'_{scBC}$ 相比较，$\dot{\Phi}''_{scAC}$ 所走的路径长，漏磁通大，铁心的饱和使双重传变减弱的作用更为显著，故 $\dot{\Phi}''_{scAC}$ 较 $\dot{\Phi}'_{scBC}$ 减小得更多。这样在铁心 C 柱中，去磁磁通 $\dot{\Phi}'_{scBC}$ 减小了，但减小的程度较小，而助磁磁通 $\dot{\Phi}''_{scBC}$ 减小的程度很大。故 $\dot{\Phi}_C = (\dot{\Phi}_{dBC} + \dot{\Phi}''_{scAC} - \dot{\Phi}'_{scBC})$ 减小得更显著，从而使其在 W_2 中的感应电动势减小得更显著，执行元件更不易动作。只有在 W_d 中通过较大的交流分量时，才有可能在 W_2 中产生足够大的电动势，从而在执行元件电流继电器绕组中产生足够大的电流，使执行元件动作。综上所述，有了短路绕组后，当 W_d 中流过含有非周期分量的电流时，将使继电器的动作电流自动增大，即非周期分量的制动作用得到加强，这就是 BCH-2 型差动继电器能较好地躲过外部故障时的不平衡电流的原因。

BCH 型差动继电器的铁心上除绕有差动绕组外，还绕有平衡绕组，下面介绍一下平衡绕组的作用。

如前所述，在选用电流互感器时，两侧电流互感器的计算变比与标准变比不完全相符，使得继电器两差动臂中的电流不等，因而引起不平衡电流。例如有一台 31.5 MV·A，两侧电压分别为 10.5 kV 和 115 kV，Yd11 接线的变压器，其两侧额定电流分别为

$$I_{Nt(d)} = \frac{31.5 \text{ MV·A}}{\sqrt{3} \times 10.5 \text{ kV}} = 1730 \text{ （A）}$$

$$I_{Nt(Y)} = \frac{31.5 \text{ MV·A}}{\sqrt{3} \times 115 \text{ kV}} = 158 \text{ （A）}$$

变压器 d 侧电流互感器的计算变比为 $K_{I(d)} = 1730/5$，选用标准变比为 $K_{I(d)} = 2000/5$。

变压器 Y 侧电流互感器的计算变比为 $K_{I(Y)} = 3 \times 158/5 = 273/5$，选用标准变比为 $K_{I(Y)} = 300/5$。

这样，差动保护两臂中的电流分别为

$$I_{2d} = \frac{1730}{2000/5} = 4.32 \text{ （A）}$$

$$I_{2Y} = \sqrt{3} \frac{158}{300/5} = 4.55 \text{ （A）}$$

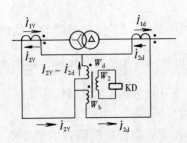

图 6-51 利用 BCH 型差动继电器的平衡绕组消除 I_{unb} 的影响

因此，正常情况下就有不平衡电流 $I_{unb} = 4.55 - 4.32 = 0.23 \text{ （A）}$ 流入继电器的差动绕组中，这一不平衡电流对变压器差动保护的影响可用 BCH 型差动继电器的平衡绕组予以消除，其原理接线如图 6-51 所示，一般将 W_b 串接于电流较小的一臂。

由于 $I_{2Y} > I_{2d}$，$I_{2Y} - I_{2d}$ 流过差动绕组，形成磁势 $(I_{2Y} - I_{2d})W_d$，只要适当选择平衡绕组的匝数并注意极性，使之满足关系式：

$$I_{2d}W_b = (I_{2Y} - I_{2d})W_d \qquad (6-41)$$

则差动继电器的合成磁势为零,其二次绕组无感应电动势,执行元件中的电流为零,从而消除了不平衡电流的影响。但实际上平衡绕组只有整数匝可供选择,因此上述不平衡电流的影响不会完全消除。对由于磁势平衡不可能非常精确而仍存在的不平衡电流,在保护的动作电流的整定计算中应加以考虑。

3. 正确整定保护的动作电流

由于变压器有数值较大的励磁涌流,以及由于电流互感器型号不同、采用标准变比的影响以及运行中变压器改变分接头等原因,都将引起纵差动保护产生较大的不平衡电流,对此,应正确整定它的动作电流来躲过其影响。

具体来说,变压器纵差动作保护的动作电流,可按以下三个原则整定。

(1) 躲过变压器的励磁涌流,当采用 BCH-2 型差动继电器时,取

$$I_{op} = 1.3 I_{N,t} \tag{6-42}$$

(2) 躲过外部故障时的最大不平衡电流,即

$$I_{op} = K_{rel} I_{unbmax} \tag{6-43}$$

式中　K_{rel}——可靠系数,取 1.3;

I_{unbmax}——变压器外部故障时的最大不平衡电流。

I_{unbmax} 可计算为

$$I_{unbmax} = (K_{np} K_{tx} f_I + \Delta U + \Delta f_{cir}) I_{kmax} \tag{6-44}$$

式中　K_{np}——考虑短路电流的非周期分量影响的系数。当采用 BCH 型差动继电器时,K_{np} 取 1;

K_{tx}——同型系数。当差动保护两侧电流互感器同型时,取 $K_{tx}=0.5$;不同型时,取 $K_{tx}=1$;

f_I——电流互感器允许的最大相对误差,$f_I=0.1$;

ΔU——由改变变压器分接头引起的相对误差,取调压范围的一半;

Δf_{cir}——平衡绕组的实际整定匝数与计算值不同引起的相对误差,初步计算时,取 0.05;

I_{kmax}——外部故障时穿过变压器的最大短路电流的周期分量的方均根值。

(3) 躲过电流互感器二次回路断线时差动回路的电流,即

$$I_{op} = K_{rel} I_{kmax} \tag{6-45}$$

式中　K_{rel}——可靠系数,取 1.3;

I_{kmax}——变压器的最大负荷电流。若负荷电流不能确定时,可采用变压器的额定电流。

根据式 (6-42)、式 (6-43) 以及式 (6-45) 计算的结果,选取其中最大值作为变压器纵差动保护的动作电流。

保护的灵敏系数校验为

$$K_{sen} = \frac{I_{kmin}}{I_{op}} \geqslant 2 \tag{6-46}$$

式中　I_{kmin}——变压器内部故障时的最小短路电流。

第八节　输电线路的自动重合闸

一、概述

(一) 采用自动合闸装置的必要性

在电力系统中，输电线路，特别是架空线路是最易发生短路故障的元件。因此，设法提高输电线路的供电的可靠性是非常重要的。而自动重合闸装置正是提高输电线路供电可靠性的有力措施。

如第四章中所述，电力系统运行经验证明，架空线路的故障大多数是瞬时性故障，占总故障次数的 80% 以上。例如，由于雷电过电压引起的绝缘子表面闪络；大风引起的碰线短路；通过鸟类身体的放电以及树枝等物掉落在导线上引起的短路等。这类故障在继电保护动作断开故障线路的断路器后，故障点电弧即自行熄灭，绝缘强度重新恢复，这时，如果把断开的线路断路器再重新合闸，就能够恢复正常供电，从而减少停电时间，提高供电的可靠性。还有一些故障，在故障线路被断开后，故障点绝缘强度不能恢复，这时，即使重新合上断路器，也会再次被断开，这类故障称为永久性故障。例如杆塔倾倒、断线、绝缘子击穿或损坏等。

由于输电线路上的故障大多数是瞬时性的，因此在线路断开以后，再进行一次重合闸，就有可能大大提高供电的可靠性。为了自动、迅速地将断开的线路断路器重新合闸，在电力系统中广泛采用自动重合闸装置，简写为 AAR 装置。

自动重合闸装置本身并不能判断已发生的故障是瞬时性故障还是永久性故障。因此在重合以后有可能成功，也有可能不成功，根据资料的统计，一般重合成功率可达 60%～90%。单侧电源的低压架空线路的成功率比其他场合要高。

自动重合闸装置的类型很多，按在功能可分为三相重合闸、单相重合闸以及综合重合闸；按其采用的线路结构可分为单侧电源供电线路的重合闸和双侧电源供电线路的重合闸；按其构成原理可分为机械式、电磁式及半导体式。而各种形式的重合闸又可分为一次重合动作的和多次重合动作式。为了说明自动重合闸装置的基本原理，在本节中仅重点介绍单侧电源供电线路的电磁式三相一次自动重合闸装置。

(二) 对自动重合闸装置的基本要求

(1) 从线路上发生短路时起直到断路器自动重新投入时止，由这一线路供电的用户将停电。为了减少停电造成的损失，要求自动重合闸装置的动作尽量快些，以缩短停电时间。但自动重合闸装置的动作又必须考虑有一定的电压中断时间让短路点的介质恢复绝缘强度，同时必须有一定的时间使断路器及其传动机构来得及准备重新合闸。综合上述要求，一般整定自动重合闸装置的动作时间为 0.5～1.5 s。

(2) 线路正常运行时，自动重合闸装置应投入，在值班人员利用控制开关手动跳闸时，自动重合闸装置不应动作。

(3) 值班人员利用控制开关手动合闸到故障线路上，继电保护动作将断路器断开后，自动重合闸装置不应动作。

(4) 自动重合闸装置动作次数应符合预先规定。如一次重合闸就只应重合一次，不允许把断路器错误地多次重合到永久性故障线路上去。

（5）自动重合闸装置动作后应能自动复归，准备下次动作。

（6）自动重合闸装置应配合在重合闸后或重合闸前加速的继电路保护的动作，以加速切除故障。

二、单侧电源供电线路的三相一次自动重合闸装置

单侧电源供电线路广泛采用三相一次自动重合闸方式。所谓三相一次自动重合闸方式，就是不论在输电线路上发生单相、两相或三相短路故障时，继电保护均将线路的三相断路器一起断开，然后自动重合闸装置起动，经预定延时将三相断路器重新一起合闸。若故障为瞬时性的，则重合成功；若故障为永久性的，则继电保护再次将三相断路器一起断开，且不再重合。

图 6-52（a）为电磁式三相一次自动重合闸装置的展开接线图。它是按控制开关与断路器位置不对应原则起动，并具有后加速保护动作性能的三相一次自动重合闸装置的接线图。自动重合闸（AAR）装置的主要元件是 DH-2A 型重合闸继电器。图 6-52（a）中的虚线方框内示出了 DH-2A 型重合闸继电器的内部接线。它由一个时间继电器 KT（包括附加电阻 $5R$）、一个中间继电器 KM 和电容器 C、充电电阻 $4R$、放电电阻 $6R$、氖灯 HNe 及电阻 $17R$ 组成。控制开关 SA 选用如前所述的 LW2 系列开关，与图 6-52（a）有关的触点通断情况如图 6-52（b）所示。现按图 6-52（a）的电路说明自动重合闸装置的动作原理。

线路正常运行时，断路器处于合闸状态，其辅助点触点 QF1 断开，QF2 闭合，控制开关 SA 在"合闸后"位置，其触点 21-23 接通，电容器 C 经充电电阻 $4R$ 充电，经过 15～20 s 的时间充电到所需的电压，这时重合闸装置处于准备动作状态，氖灯 HNe 亮。

当线路发生瞬时性故障时，继电保护动作使断路器跳闸，这时断路器处于"跳闸"位置，而控制开关 SA 仍处于"合闸后"位置，即控制开关 SA 与断路器位置不对应，自动重合闸装置起动，其动作过程如下：断路器跳闸后，其辅助触点 QF1 接通，跳闸位置继电器 KOFP 线圈励磁（此时合闸接触器线圈 KO 中虽有电流流过，但由于 $7R$ 的存在电流很小，不会使合闸接触器动作），其触点 KOFP1 闭合，KT 励磁，其触点 KT1 经整定时间（0.5～1.5 s）后闭合，构成了电容器 C 对中间继电器 KM 电压线圈放电的回路，KM 动作，其动合触点闭合。于是控制电源经 KM 闭合了的触点、KM 的自保持电流线圈、信号继电器 KS、切换片 SO 及跳跃闭锁继电器的动断触点 KLB2 向断路器的合闸接触器 KO 发出合闸脉冲，断路器重新合闸。

中间继电器 KM 的电流自保持线圈的作用是：只要 KM 的电压线圈短时带电启动一下，便可以通过自保持电流线圈使 KM 在合闸过程中一直保持动作状态，保证可靠合闸。

断路器合闸后，其辅助触点 QF1 断开，继电器 KM、KOFP 均返回，KT 也返回，其触点打开。电容器 C 重新充电，经 15～20 s 时间充好电，准备下次动作。这说明该装置是能够自动复归的。

若线路上的故障为永久性故障，则在断路器重合后保护再次使断路器跳闸，重合闸装置再次启动，KT 触点闭合，但由于充电时间（保护动作时间＋断路器跳闸时间＋KT 的整定时间）小于 20 s，电容器 C 来不及充电到所需的电压〔在 KT 触点 KT-1 闭合以后，不管经过多长时间，电容器两端的电压也只能达到 $\dfrac{U}{R_{4R}+R_{KM}}R_{KM}$（见图 6-53）〕，不足以使 KM 动

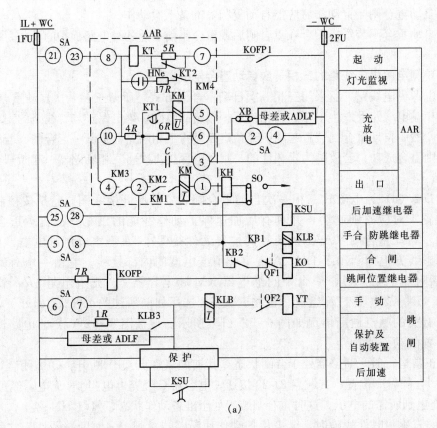

(a)

触点 \ SA位置	手动合闸	合闸后	手动分闸	分闸后
②—④	—	—	—	×
⑤—⑧	×	—	—	—
⑥—⑦	—	—	×	—
㉑—㉓	×	×	—	—
㉕—㉘	×	—	—	—

(b)

图 6-52　电磁式三相一次自动重合闸装置展开接线图
(a) 接线图；(b) 控制开关 SA 触点通断情况

作，故断路器不再重合，这就保证了自动重合闸装置只动作一次。

值班人员利用控制开关 SA 手动跳闸时，断路器的位置和控制开关 SA 的位置是对应的，自动重合闸装置不应起动。当控制开关 SA 处于"跳闸后"位置，其触点 21-23 断开，触点 2-4 接通，如图 6-52 (b) 所示。触点 21-23 切断了自动重合闸装置的正电源。触点 2-4 接通，使电容器 C 对电阻 $6R$ 放电，自动重合闸不会使断路器重合。

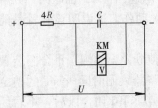

图 6-53　KT 动作后，电容器充电后的两端电压

值班人员利用控制开关 SA 手动合闸于故障线路时，由于 SA 的触点 25-28 接通，使加速继电器 KSU 动作。因为线路在

合闸前已存在故障，故当手动合上断路器后，继电保护动作，经 KSU 已闭合的触点瞬时把断路器跳开。这是由于电容器 C 来不及充电到所需的电压，不足以使 KM 动作，断路器不会重合。

"跳跃"闭锁继电器 KLB 的作用见本章第三节中的介绍。

在某些情况下，例如母线故障，母线差动保护动作，使与母线相连的线路断路器跳闸时，或自动按频率减负荷装置（ADLF）动作，使线路断路器跳闸时，都不应进行重合闸。为此，可将母线保护或自动按频率减负荷装置的动作触点与控制开关的触点 2-4 并联，接通电容器 C 的放电回路，使 C 通过 6R 放电，保证了重合闸装置不动作。

三、自动重合闸与继电保护的配合

自动重合闸与继电保护的适当配合，能有效地加速故障的切除，提高供电的可靠性。自动重合闸的应用在某些情况下还可简化继电保护。

自动重合闸与继电保护的配合方式，有重合闸前加速保护（简称前加速）和重合闸后加速保护（简称后加速）两种。

（一）重合闸前加速保护

重合闸前加速保护是，当线路上发生故障时，靠近电源侧的保护首先无选择性地瞬时动作于跳闸，而后再借助自动重合闸来纠正这种非选择性动作。

现以图 6-54 说明重合闸前加速保护的动作原理。

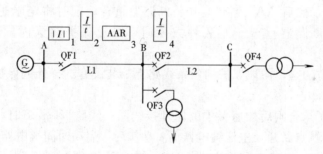

图 6-54　重合闸前加速保护动作原理说明图

线路 L1 上装有无选择性的瞬时电流速断保护 1 和定时限过电流保护 2，线路 L2 上装有定时限过电流保护 4，AAR 装置 3 装在靠近电源的线路 L1 上。线路 L1 的无选择性瞬时电流速断保护 1 的动作电流按躲过母线 C 的变压器后短路时的短路电流来整定，动作不带延时，定时限过电流保护 2、4 的动作时限按阶梯原则整定，即 $t_2 > t_4$。

当任一线路或变压器高压侧发生故障时，线路 L1 的瞬时电流速断保护 1 总是首先动作，不带延时地将 QF1 跳开，此后 AAR 装置动作再将 QF1 重合，若所发生的故障是瞬时性的，则重合成功，恢复供电；若故障为永久性的，由于在 AAR 装置动作时已使瞬时电流速断保护 1 退出工作，因此，此时只有各定限时过电流保护再次启动，将有选择性地切除故障。

图 6-55 示出了重合闸前加速保护的原理接线图。其中 KSU 是重合闸装置中的加速继电器，其动断触点串入瞬时电流速断保护的出口回路中。不难看出，线路 L1 故障时，首先速断保护的 KA1 动作，其触点闭合，经 KSU 的动断触点不带时限动作于 QF1 跳闸，随后 AAR 装置起动将断路器重合。当重合闸动作时使加速继电器 KUS 启动，其动断触点打开。

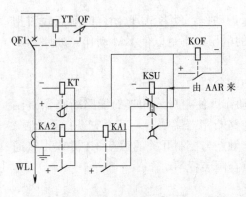

图 6-55　重合闸前加速保护原理接线图

若重合于永久性故障，则 KSU 通过电流继电器 KA1 的触点自保持，电流速断保护不能经 KSU 的动断触点去瞬时跳闸，只能由定限时过电流保护经 KT 的时限有选择性地动作于跳闸。

重合闸前加速保护的优点是：能快速切除瞬时性故障，可使瞬时性故障发展成为永久性故障的可能性减少，从而提高了重合闸的成功率；由于快速切除故障，保证了厂用电和重要用户的母线电压不致降低太大；使用设备少，只需一套重合闸装置，简单、经济等。

重合闸前加速保护的缺点是：靠近电源的线路断路器 QF1 的动作次数较多，它的工作条件比其他断路器恶劣；若重合于永久性故障，再次切除故障的时间较长；另外，一旦 QF1 或 AAR 装置拒动，将会扩大停电范围。

重合闸前加速保护方式主要用在 35 kV 以下的发电厂和变电所的直配线上，特别适合于瞬时性故障（如雷害）较多的地区。

（二）重合闸后加速保护

重合闸后加速保护是，当线路故障时，首先按正常的继电保护动作时限有选择性地动作于断路器跳闸，然后 AAR 装置动作将断路器重合，同时将定限时过电流保护的时限解除。这样，当断路器重合于永久性故障时，电流保护将无时限地作用于断路器跳闸。

实现后加速的方法是，在被保护的各条线路上都装设有选择性的保护和自动重合闸装置，如图 6-56 所示。

图 6-57 示出了重合闸后加速保护的原理接线图。线路 L1 故障时，由于加速继电器 KSU 尚未动作，其触点断开，电流继电器 KA 动作后，启动时间继电器 KT，经一定延时后，其触点闭合，启动出口中间继电器 KOF，使 QF1 跳闸。QF1 跳开后，AAR 装置动作，将断路器重新合闸，同时启动加速继电器 KSU，KSU 动作后，其动合触点闭合。若重合于永久性故障，则保护第二次动作时，可经 KSU 的已闭合触点瞬时作用于断路器跳闸。

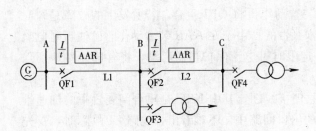

图 6-56　重合闸后加速保护原理接线图

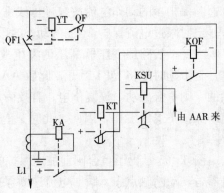

图 6-57　重合闸后加速保护原理接线图

　　重合闸后加速保护的优点是：第一次跳闸是有选择性的，不会扩大停电范围；永久性故障能在第二次瞬时切除，有利于系统并列运行的稳定性。

　　重合闸后加速保护的缺点是：第一次切除故障可能带有延时，例如主保护拒动由后备保护跳闸时，第一次切除故障时限较长，因而也影响了 AAR 装置的动作效果。另外，必须在每条线路上都装设一套 AAR 装置。

　　重合闸动作后加速保护方式广泛应用在 35 kV 以上的电力网以及对重要负荷供电的输电线路上。

复习思考题与习题

　　1. 发电厂和变电所的二次系统包括哪些部分？二次回路接线图分哪几种？

　　2. 动合触点和动断触点的含义是什么？

　　3. 对断路器的控制回路有哪些要求？

　　4. 断路器的"跳跃"是什么含义？在控制电路中，如何防止断路器的"跳跃"？

　　5. 如何使具有脉冲变压器的冲击（极化）继电器能重复动作？

　　6. 对继电保护装置有哪些基本要求？

　　7. 试分析瞬时电流速断、限时电流速断和定时限过电流保护各有哪些特点。它们如何构成三段式电流保护？

　　8. 在两端供电的网络中，为什么必须采用电流方向保护？

　　9. 试述纵差动保护装置的基本原理。

　　10. 试分析变压器纵差动保护中不平衡电流产生的原因。

　　11. 试述短路电流的周期分量与非周期分量在经电流互感器传变到二次侧时各有什么特点？

　　12. 什么是变压器的励磁涌流？它有什么特点？它对变压器的差动保护有哪些影响？

　　13. 变压器的差动保护按哪些原则来整定？

　　14. 什么是三相一次自动重合闸？它在断路器的控制电路是如何实现的？

　　15. 当自动重合闸与继电保护装置相配合时，什么是前加速？什么是后加速？它们各有什么优缺点？

第七章 远距离输电

第一节 概　　述

远距离输电是与大规模的能源开发、能量的远距离传输、大电力网之间的互联相紧密联系的，更是以高电压输变电技术的发展作为基础的。自 1891 年世界上出现首个 15 kV 交流输电以来，远距离输电电压已发展到今天的 1000 kV 级，其速度是十分惊人的。尤其是二战后，特别是近三四十年来发展得更快。促使输电电压不断高速发展的原因，可归结如下：

（1）远距离输电的需要。为了大规模地开发能源资源往往需要在远离负荷中心处建设大容量的水力发电厂和矿口火力发电厂或核能发电厂，为此就要求采用超高压远距离输电。另外，根据环境保护的需要，有时一些大型的发电厂也需要建设在远离负荷中心的地区，从而促使了输电电压不断提高。从历史上看，如瑞典、前苏联和加拿大等国，都是由于远距离水力发电厂的开发，才首先出现了 380、500 kV 和 750 kV 的超高压输电的。而我国目前正着手建设 1000 kV 及直流±800 kV 特高压输电线路，也正是为了远距离、大容量输电的需要。

（2）大容量输电的需要。由于电力系统容量的增大，特别是大型矿口火力发电厂和核能发电厂的投产，即使输电距离不长，但输送容量很大，也需要采用较高的输电电压。例如，对于国土狭窄的日本来说，也大量采用 500 kV 级的电压，其 500 kV 线路的特点是距离短、容量大、输送距离一般为几十千米到百余千米，送电容量可达 3000 MW 以上。此外，日本还建成了 1000 kV 试验线路。

（3）联网的需要。由于电力系统的发展，电力网间互换能量和传输距离都相应增加，这促使联络线采用更高的电压等级。如西欧各国采用统一联网电压（400 kV）后，使比利时、荷兰、瑞士等幅员小、系统容量也不大的国家相继发展了 400 kV 级的线路。

（4）节约输电线路走廊的占地。当输送相同容量时，总的输电线路的走廊宽度和空间，将随输电电压的升高而明显降低。例如，美国的一条 765 kV 线路的输送能力相当于五条 345 kV 线路，而所用的走廊宽度则分别为 60 m 及 225 m，后者为前者的 3.5 倍。又如，当输送 7500 MV·A 的功率时，需要七条双回路 345 kV 线路，线路走廊总宽度为 221.5 m，若采用 1200 kV 线路输送同样的功率，则线路走廊宽度可减少到 91.5 m。另据日本的研究，如把交流 1000 kV 输电和 500 kV 输电相比较，则所需线路回数之比为 1：3，而我国首条 1000 kV 线路与 500 kV 的回数之比为 1：4～5。据统计，每提高一级电压，线路走廊利用率可提高 2～3 倍。目前，世界上有的国家（如瑞典、德国、日本、法国等）线路走廊用地已在线路总造价中占很大比重，从而促使采用较高的输电电压，以节省走廊占地费用。另外，节省走廊占地与减少线路回路数，还对解决环境保护问题有利。

（5）短路电流问题。随着电力系统的不断扩大，短路电流和短路功率都不断增大，美国超高压系统的短路电流预计可达 80 kA，短路电流的上限应根据系统结构和设备制造水平来确定，如超过这一上限就需要采用更高一级的输电电压或采用高压直流输电（HVDC）。

下面再简单介绍一个国内外对 750 kV 以上特高压输电的研究。通常，把 750 kV 以上电压称之为特高压（UHV），是因为当电压升至此限度后，无论在绝缘特性、过电压与绝缘配合、设备制造以及电晕、静电感应和电磁干扰环境保护等许多方面都出现了不少新的问题，需要专门予以研究解决。为此，国外从 20 世纪 60 年代后期起即开始了对特高压输电的研究，并相应地建设了若干个大型试验基地，开展了大量的基础研究。而近年来，随着电力工业的发展，一些国家对特高压输电的研究正日益成为优先的重要课题。各国所研究的电压等级为：前苏联——1150 kV；意大利——1050 kV；美国——1200～1500 kV；加拿大——1100～1500 kV；日本——1000 kV 等。预期对特高压输电的研究今后将会有更大的发展。

最后，再简单介绍一下我国的交流超高压及特高压远距离输电的发展概况。我国于 20 世纪 70 年代中期在西北地区建成了首条 330 kV 的输电线路，此后又于 20 世纪 80 年代初建成了第一条 500 kV 输电线路，近 20 多年来 500 kV 线路有了很大的发展，已有大量的 500 kV 线路在运行中。2005 年，我国首条 750 kV 输电线路已在西北地区建成并成功投运。近年来，由于国民经济持续高速发展对电力增长的需要，我国对于 1000 kV 交流特高压和直流±800 kV 特高压输电的研究也大力加速进行。目前，首回 1000 kV 特高压交流和首回±800 kV 特高压直流输电试验示范线路都正在建设中，预计 2010 前后都将陆续建成投运。

在本章中除了介绍交流远距离输电的专门问题之外，还将介绍直流高压输电的一些最基本问题。

第二节　交流远距离输电线路的自然功率与传输容量

如前所述，对输电电压在 220 kV 以上，线路长度在 300 km 以上的交流输电线路，在分析其电气特性时就应当按远距离输电线路来处理，即应当采用长线的分布参数的等值电路来计算电路的运行特性。但是，在远距离输电线路与中、短距离的输电线路之间，并没有一道严格的界限，上述 300 km 仅是一个参考的界限。一般来说，当线路的长度为可以与电磁波的波长相比较的程度时（例如，对 50 Hz 的工频交流电，电磁波的波长约等于6000 km），就应当作为远距离输电线路、按分布参数等值电路去处理。这时线路上的电压、电流变化规律，不但与时间有关，也与线路的距离有关，这就是远距离输电线路的主要特点。

有关远距离输电线路的电气特性的问题，所涉及的面较广，其基本方程式与等值电路已在"电磁场"课程及本书第二章第四节中作过介绍。下面将在此基础上进一步介绍有关自然功率、传输容量以及并联、串联补偿方面的问题。

一、远距离输电线路基本方程的简化

在第二章中，曾根据分布参数的等值电路，推导出长线的基本方程式（2-95）和式（2-96）。对于一般的交流远距离输电线路，由于 $r_1 \ll x_1$，$g_1 \ll b_1$，故可忽略电阻与泄漏电导的影响而近似认为 $r_1 = 0$，$g_1 = 0$。这样，长线的基本方程式就由式（2-96）的双曲线函数式简化为

$$\left.\begin{array}{l} \dot{U}_1 = \dot{U}_2 \cos\lambda l + \mathrm{j} I_2 Z_\mathrm{c} \sin\lambda l \\[2mm] \dot{I}_1 = \dot{I}_2 \cos\lambda l + \mathrm{j} \dfrac{\dot{U}_2}{Z_\mathrm{c}} \sin\lambda l \end{array}\right\} \tag{7-1}$$

式中 l——输电线路从首端到末端的总长度。

式（7-1）称为无损耗的长线的基本方程式。当这样的线路末端接上一个阻抗等于波阻抗 Z_c 的负荷阻抗时，则负荷电流 $\dot{I}_2 = \dfrac{\dot{U}_2}{Z_c}$，将这一关系式代入式（7-1）后可得

$$\left. \begin{aligned} \dot{U}_1 &= \dot{U}_2(\cos\lambda l + \mathrm{j}\sin\lambda l) = \dot{U}_2 \mathrm{e}^{\mathrm{j}\lambda l} \\ \dot{I}_1 &= \dot{I}_2(\cos\lambda l + \mathrm{j}\sin\lambda l) = \dot{I}_2 \mathrm{e}^{\mathrm{j}\lambda l} \end{aligned} \right\} \tag{7-2}$$

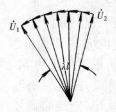

从式（7-2）可知，当线路末端的负荷阻抗 Z_2 等于波阻抗 Z_c 时，线路上各点的电压、电流的绝对值都相等，首端和末端的电压与电流的相位差都是 λl，且线路上的任意一点的电压和电流的相位都相同，这时的相量关系如图7-1所示。

图7-1 当 $Z_2 = Z_c$ 时，线路各点的
电压、电流相量

二、自然功率与传输容量

在 $Z_2 = Z_c$ 的情况下，如 $U_1 = U_2 = U_N$，则线路所输送的功率称为自然功率，其计算式为

$$P_1 = P_2 = P_\lambda = \frac{U_N^2}{Z_c} \tag{7-3}$$

式中 P_λ——自然功率（在有的国家，把自然功率称为当线路阻抗等于波阻抗时的输送功率）；

P_1、P_2——线路首端和末端的功率；

U_N——额定线电压。

从以上两式可知，当线路传输功率等于自然功率时，首端和末端的功率、电压都相等，即线路是无损耗的。而沿线各点的电压相同可以解释为：在传输自然功率的情况下，对于无损耗的线路，线路本身各单位长度电感内所吸收的无功功率恰好等于线路单位长度的电容电纳所放出的无功功率，即线路各处的无功功率就地得到了平衡，好像线路上没有无功功率流动一样，因此线路各点的电压值相同。但同时应当指出：如果不能忽略线路的电阻与泄漏电导，即使线路传输自然功率时，也要引起沿线电压的逐渐降低。

当线路上传输功率超过自然功率时，单位长度电感中所吸收的无功功率将大于单位长度电容中所放出的无功功率，线路出现无功功率不足，以致造成线路末端的电压降低；反过来，当传输功率小于自然功率时，线路单位长度电感中所吸收的无功功率将小于单位长度电容中所放出的无功功率，线路将出现无功剩余，而多余的容性无功功率通过线路电感时，将造成线路末端电压升高（见图7-2）。

当传输功率不等于自然功率时，也可以通过调节装在两端的发电机、同步补偿机或无功静补装置等无功电源的无功出力，来维持线路两端的电压相等，但这样做势必使得沿线各点的电压偏离额定值，而且以线路中点的电压偏移最为严重，其偏移情况如图7-3所示。从图上可以看出，当 $P < P_\lambda$ 时，由于有过剩的无功功率流向两端，线路的中点电压将高出于两端电压，如不采用补偿措施，则电压偏移的程度将大大超过电气设备所容许的偏移值，从而影响到安全可靠运行。

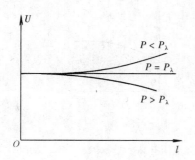

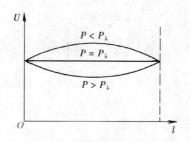

图7-2 沿线电压分布与传输功率的关系　　图7-3 在维持首、末端电压相等的前提下，不同传输功率时的电压分布

表7-1为各级电压下的自然功率与波阻抗的大致数值。从该表也可以看出，由于分裂导线可减小电感、增大电容，从而减小了波阻抗 Z_c 值，这样也就增大了自然功率的值。

<table>
<tr><td colspan="4" style="text-align:left">表 7-1</td><td colspan="4" style="text-align:center">各级电压的波阻抗与自然功率</td></tr>
</table>

电压 (kV)	导线分裂数	波阻抗 Z_c (Ω)	自然功率 P_λ (MW)	电压 (kV)	导线分裂数	波阻抗 Z_c (Ω)	自然功率 P_λ (MW)
220	1	380	127	500	3	270	925
330	2	309	353	750	4	260	2160
380	2	298	485	1100			5180

对于电压在 220 kV 及以上的远距离输电线路，一般情况下其每回线的传输功率应大致接近于线路的自然功率，这样不仅损耗小，而且线路的运行特性也较好。但是，对于一些短线，其传输功率可能大于自然功率；反之，对于一些距离较长的远距离输电线路，往往由于稳定方面条件的限制，使得线路的传输功率达不到自然功率，这时则应当尽量采取一些提高稳定的措施（详见第五章）来增大线路的传输能力。

第三节　远距离输电线路的并联补偿与串联补偿

为了提高远距离输电线路的传输能力和改善线路的运行情况，常常需要在线路上装设电抗器、电容器等无功补偿装置，目前采用最多的是并联电抗器和串联电容器，下面分别对这两种补偿方式简介如下。

一、并联电抗器补偿

在远距离输电线路上，装设并联电抗器的主要目的有下面几点。

（1）削弱空载或轻载时长线的电容效应所引起的工频电压升高。这种电压升高是由于空载或轻载时，线路的电容（对地电容和相间电容）电流在线路的电感上的压降所引起的，对这种电压升高，国外也称为弗兰梯效应，它将使线路电压高于电源电压。当愈接近末端时，电压升高愈严重（见图7-4）。通常线路愈长，则电容效应愈大，工频电压升高也愈大。对此可进一步分析如下。

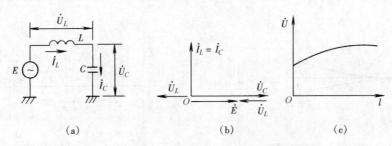

图 7 - 4　长线电容效应所引起的工频电压升高

(a) 电路图；(b) 相量图；(c) 沿线电压分布

对式（7-1）而言，当线路空载时，如 $\dot{I}_2 = 0$，可得

$$\dot{U}_1 = \dot{U}_2 \cos\lambda l \tag{7-4}$$

因为，$|\cos\lambda l| \leqslant 1$，且随着线路距离 l 的增加，函数值将减小，因而，从线路首端开始，离线路首端愈远，线路末端电压上升愈高。线路电容效应引起的末端电压升高程度表如表 7-2 所示。

表 7 - 2　　　　　　　　　　线路电容效应引起的末端电压升高程度表

线路长度 l(km)	200	300	400	500	600	1000	1500
λl	12°	18°	24°	30°	36°	60°	90°
U_2/U_1	1.02	1.05	1.09	1.15	1.24	2.0	∞

按标准规定，远距离输电线路的运行电压，一般不容许超过线路额定电压的 10%。如果空载时末端电压过高，就需要装设并联电抗器以吸收电容充电功率，以降低电压。

对超高压远距离输电线路而言，空载或轻载时线路电容的充电功率是很大的，例如我国某 330 kV 线路全长 534 km，充电功率竟达 20 多万千伏。通常充电功率随电压的平方而急剧增加。巨大的充电功率除引起上述工频电压升高现象之外，还将增大线路的功率和电能损耗以及引起自励磁、同期困难等问题。装设并联电抗器可补偿这部分充电功率。据国外的经验，对 1000 km 的 750 kV 线路，每送 1000 kW 的有功功率就要求装设 1000～1250 kvar 的并联电抗器；而对 1000 km 的 500 kV 线路，则每送 1000 kW 有功功率要装设 700～900 kvar 的并联电抗器，可见所需电抗器的量是很大的。

（2）改善沿线电压分布和轻载线路中的无功分布并降低线损。如上节所述，当线路上传输功率不等于自然功率时，则沿线各点电压将偏离额定值，有时甚至偏离较大，如依靠并联电抗器的补偿，则可以抑制线路电压的升高。通常可以根据不同的传输容量，采用投、切电抗器的方法来改善沿线电压分布及降低有功功率损失。

并联电抗器的容量、数目及装设位置的选择一般是按照在空载、轻载以及接通空载线路等运行方式下保证设备得到容许的电压，以及考虑与输电线相连的系统的无功平衡等条件来确定的。当线路的传输功率加大时，必须适当切除电抗器以保证系统的电压和稳定性，在轻载时由于并联电抗器对线路充电功率进行了补偿，因而降低了线路的有功损耗。

另外，随着沿线及受端电压的改善，也就增加了系统的稳定性并相应增大了传输功率。

（3）减少潜供电流，加速潜供电弧的熄灭。所谓潜供电流，是指当发生单相瞬时接地故障时（见图 7-5 中的 C 相），在故障相自两侧断开后，故障点处弧光中所存在的残余电流。产生潜供电流的原因是：

1) 故障相虽已被切断电源，但由于非故障相仍带电运行，通过相间电容 C_1 的影响，由于静电耦合，使得 A、B 两相对地故障点进行电容性供电；

2) 由于相间互感 M 的影响，故障相上将被感应出一个电动势，在此电动势作用下通过故障点及相对地电容将形成一个环流。通常把上述两部分容性与感性的电流的总和称之为潜供电流（见图 7-5 中的 I_{C0}）。

潜供电流的存在使得短路处的弧光不可能很快自灭，从而影响到单相自动重合闸的成功率，因此不得不增加单相重合闸的时间。线路越长，则潜供电流愈大，潜供电弧也愈不容易自行熄灭。另外，人们还把潜供电弧熄灭故障相短路处的对地电压称为恢复电压，其值也不能过大，否则将使电弧有重燃的可能。

可以采用在并联电抗器的中性点经小电抗接地的方法来补偿潜供电流，从而加快潜供电弧的熄灭。当电抗器的中性点接有电抗 X_n 时［见图 7-6（a）］，可以简化为具有相间电抗 X_{pph} 及相对地电抗 X_{p0} 的等值电路，如图 7-6（b）所示。这时只要适当选择小电抗 X_n 的值，就可以得到适当的相间电抗和相对地电抗以补偿形成潜供电流源的相间电容和相对地电容，从而减小潜供电流并加速潜供电弧的自灭。根据上述补偿原理也可以看出，如果把并联电抗器直接接地时，则只有相对地电抗而不存在相间电抗，这时补偿效果将大为减少；特别是当电抗器引出端发生故障时，故障相对地的并联电抗也被短接，这样就将完全失去了补偿效果。

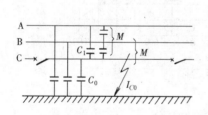

图 7-5 单相接地与潜供电流

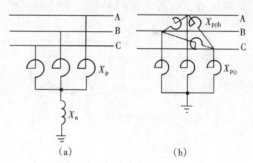

图 7-6 并联电抗器的中性点经小电抗接地

(a) 原理接线图；(b) 等值电路图

关于图 7-6（b）所示等值电路中的等值电抗值，根据理论推导，可计算为

等值相间电抗

$$X_{pph} = 3X_p + \frac{X_p^2}{X_n} \tag{7-5}$$

等值相对地电抗

$$X_{p0} = X_p + 3X_n \tag{7-6}$$

(4) 有利于消除发电机的自励磁。当同步发电机带容性负载时，发电机的电压将自行建立而不与发电机的励磁电流相对应，这种现象称为自励磁。当发电机自励磁时，系统电压将超过其容许值而危及线路和变电设备的绝缘。当远距离输电线路空载或轻载运行时，就有可能产生这种自励磁现象。

理论分析表明：是否产生自励磁现象决定于发电机的参数以及发电机端点出口阻抗的性质及其数量关系。实践证明，通过在高压线路上接入并联电抗器的方法来改变发电机端点的出口阻抗是防止产生自励磁的一种有效措施。

　　并联电抗器可以装设在输电线路的送端和中间。将并联电抗器装设在送端时效果较好；如将两个电抗器一个装在送端，一个装在线路中间，则在空载时可以显著改善沿线的电压分布条件。一般不在线路的受端装设并联电抗器，以便利用线路的充电功率来减小受端的无功补偿装置的容量。

二、串联电容补偿

　　如前所述，串联电容补偿装置是提高系统稳定性的最有效措施之一，因而也是提高远距离输电线路的输送能力的一种有效措施。

　　当总的补偿度不变时，串联电容补偿装置的布置地点对输送能力没有影响。只要适当提高补偿度，就可以提高输送能力。根据运行与设计经验，补偿度一般取为 15％～60％。

　　装在线路上的串联补偿装置可能改变沿线的电压分布，因为相对于未补偿的线路来说它具有较多的无功功率，前面介绍过的用串联电容补偿装置来调压就是这个道理。如前所述，当传输功率小于自然功率而线路无补偿电抗器时，最高电压将出现在线路中间。所以，当在线路中间装设串联补偿装置时［见图 7-7 (a)］，线路中部的电压也会升高。如将串联补偿装置移向两侧，则沿线电压的分布情况将发生变化，在装设电容器组处会有电压跳跃，而且两电容器组之间的线段的电压会下降［见图 7-7 (b)］。如将电容器组不装在整个线路的中间，而是装在线路两个半段的中间时，则可以提高线路的平均电压水平。例如：瑞典将补偿度为 60％的串补电容器组分装两处，其间距离分别为线路长度的 1/3 和 2/3；而当补偿度为 30％时，则采用一个串联补偿装置，装设在距线路送端或受端的 1/3 长度处（见图 7-8）。所以总的来说，分散装设的补偿效果较好。如把串联电容装置装于首端，则是不可取的。

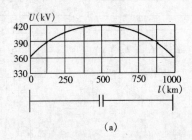

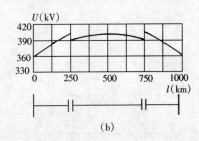

图 7-7　线路上有串联补偿时的沿线电压分布
(a) 电容器装在线路中间时；(b) 电容器装在线路的 1/4 及 3/4 长度处时

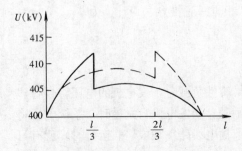

图 7-8　瑞典 400 km 长路线的电压分布
——电容器安装在离线路送端 1/3 处；
----电容器安装在离送端 2/3 长度处

　　如果同时采用串联电容补偿和并联电抗器补偿，则可以更显著地改善线路的电气特性，特别是可以改善沿线电压的分布以及降低线损并提高线路的传输效率。

　　串联电容补偿装置所存在的主要问题是：电容器的容抗有可能与线路的感抗或同步发电机的感抗产生串联谐振，从而产生过电压和过电流而危及设备的安全可靠运行。因此在选择补偿度时，既要考虑提高输送能力的需要，也要考虑技术经济等方面的合理性，并竭力防止谐振现象产生。

第四节　高压直流输电

一、高压直流输电的基本原理和接线方式

远在电力事业发展的初期，由于当时的电源是直流发电机，所以都是采用直流输电。后来，随着交流的出现，特别是三相交流制的建立以及高压输变电设备制造技术的进步，交流高压输电以其独特的优点逐渐取代了直流输电。由于当时的技术条件限制，直流输电难于实现高压大容量传输，故在相当一段时间内直流输电已基本上被人们所遗忘了。但是，随着交流输送容量的增大、线路距离的增长以及电网结构的复杂化，使得系统稳定、限制短路电流、调压等问题日益突出。特别是在远距离输电时，为了提高稳定性与输送容量，常需要花费较大的投资，再加以随着高压大功率电力电子元件制造技术的进步所带来的交直流换流技术所取得的巨大进展，使得人们又重新回过头来研究高压直流输电技术。

高压直流输电（HVDC）系统的简单原理如图 7-9 所示。电源仍由发电厂中的交流发电机供给，经换流变压器将电压升高后接至整流器，由整流器将高压交流变为高压直流，经过直流输电线路输送到受端，再经过逆变器重新将直流变换成交流，并经变压器降压后供给用户使用。整流器和逆变器可总称为换流装置。目前主要采用各种类型的晶闸管换流装置，但个别早期建设的直流工程曾采用过汞弧整流——逆变器作为换流装置的。采用这种方式，既解决了直流升压的问题，又保持了用直流高压线路输电的优点。由于通过直流输电线路联系的交流系统的发电机之间不存在需要保持同步运行的问题，所以按这种方式所构成的直流输电系统对解决远距离大容量输电以及现代大型电力系统的稳定问题极为有利，这就促进了高压直流输电的发展。

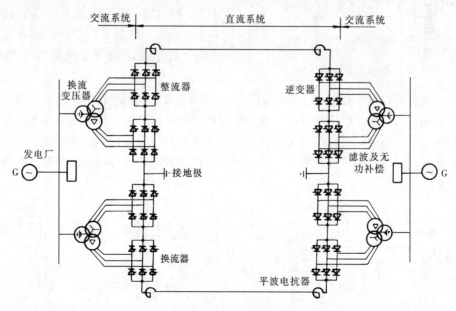

图 7-9　高压直流输电系统的原理接线

从 20 世纪 50 年代起，高压直流输电有了显著的进展，当时瑞典及苏联等国相继投入电压为 100 kV 和 200 kV、输送容量为 10～20 MW 的高压直流输电线路。此后，由于换流技

术，特别是晶闸管换流装置技术的进步，从 20 世纪 60 年代起，国外在高压和超高压直流远距离输电方面，有了更大的发展。目前世界上有 30 多个国家和地区都已有了直流输电工程。据统计，目前全世界已投入运行的直流输电工程共有 80 多项，加上在建工程总数已超过100 多项。预期今后随着电力电子技术的发展和半导体元件技术的进步，直流输电还将会有更大的发展。

在我国，直流输电的建设始于 19 世纪 70 年代，当时依靠国产设备建设了舟山群岛跨海直流输电工程，其电压为 ±100 kV，初期容量仅为 50 MW，到了 1983 年国家决定建设±500 kV 的葛洲坝——上海直流输电工程。其输送容量最大为 1200 MW，但主要设备全部依靠进口，投资较高。此后，由于主要设备不能国产化曾一度阻碍了直流输电的发展。到了20 世纪 90 年代中期随着三峡工程的建设以及西电东送的要求，我国又先后开始了天生桥——广州，三峡——常州，三峡——广东，贵州——广东以及河南灵宝的背靠背直流联网等工程的建设，目前这些工程均已投产。直流设备的国产化也取得了显著成果。由于我国幅员辽阔，能源资源分布不均匀，西电东送是国家当前的既定方针，因此，发展高压直流输电的潜力是巨大的，预期在 2020 年之前，还将有 10 多个重大的直流输电工程投入建设，直流输电在远距离输电中所占比重将日益增加。尤其值得一提的是，目前国家正大力着手进行 ±800 kV 的特高压直流输电工程的建设，这是迄今世界上所绝无仅有的。

高压直流输电系统的基本方式有下列三种，如图 7 - 10～图 7 - 13 所示。

（1）单极直流输电线路如图 7 - 10 所示。只用一根（通常为负极）导线，以大地或海水作为回路。但由于在大电流场合下，地电流对地下管道的腐蚀严重，而海水中流过电流，将影响航运与渔业等，故未能进一步推广。后来也有的单极直流输电线路是用金属导体（如电缆、架空线路）作为返回导体以形成回路的（见图 7 - 11）。这种方式往往可用于分期建设的直流工程作为初期的一种接线。

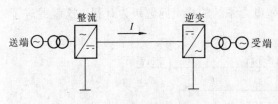

图 7 - 10　单极直流输电线路

（2）双极直流输电线路如图 7 - 12 及图 7 - 9 所示。具有两根导线，一根是正极，另一根是负极。每端有两组额定电压相等在直流侧相互串联的换流装置。如两侧的中性点（两组换流装置的连接点）接地，线路两极可独立运行。正常运行时以相同的电流工作，中性点与大地中没有电流，而当一根导线故障时，另一根以大地作回路，可带一半的负荷，从而提高了运行的可靠性。

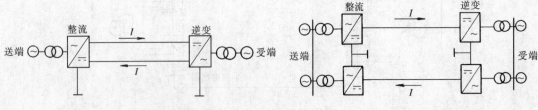

图 7 - 11　单极两线直流输电　　　　　　　图 7 - 12　双极直流输电线路

（3）背靠背（Back-To-Back，BTB）直流输电。其原理接线如图 7 - 13 所示。这种方式的特点是没有直流线路，一侧经整流后立即经逆变器与另一侧的交流系统相联，潮流可以反转，这种方式主要用于大系统间的互联用以限制短路电流、提高系统运行稳定性以及强化系统间的功率交换，以及联系二个不同频率或非同步运行的电力系统等。目前在世界上应用还是较广的。

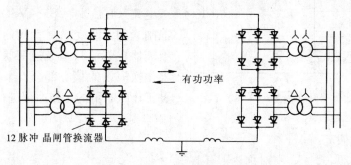

图 7 - 13 背靠背直流输电方式

为了进一步说明直流输电的优越性，下面再按输电线路导线截面相等、对地绝缘水平相同的条件，就双极直流输电的功率输送能力以及功率损耗方面与三相交流输电作一比较。

设双极直流输电的最大对地电压为 $\pm U_d$，导线允许通过的电流为 I_d，则其输送功率 P_d 为

$$P_d = 2U_d I_d \tag{7-7}$$

如不计集肤效应，在同一导线截面下，导线允许通过的交流电流的方均根值为 $I_a = I_d$，而在同一最大对地电压下，交流输电的对地电压方均根值则为 $U_a = \dfrac{U_d}{\sqrt{2}}$。据此可求得三相交流输电的输送功率 P_a 为

$$P_a = 3U_a I_a \cos\varphi = \frac{3}{\sqrt{2}} U_d I_d \cos\alpha \tag{7-8}$$

比较式（7-7）和式（7-8）不难看出，当 $\cos\alpha = 0.943$ 时，有 $P_d = P_a$，即采用两根输电线的直流输电可以输送与采用三根输电线的交流输电相等的功率，从而使线路的造价近似降低为交流输电的 2/3。

导线数目的减少还可使线路的功率损耗减少，设每根导线的电阻为 R，则可求出直流输电时的功率损耗 ΔP_d 为

$$\Delta P_d = 2I_d^2 R = \frac{P_d^2}{2U_d^2} R \tag{7-9}$$

交流输电时的功率损耗 ΔP_a 为

$$\Delta P_a = 3I_a^2 R = \frac{2}{3} \frac{P_a^2}{U_d^2 \cos^2\varphi} R \tag{7-10}$$

由式（7-9）和式（7-10）可求得当 $P_d = P_a$ 时，有

$$\frac{\Delta P_d}{\Delta P_a} = \frac{3}{4} \cos^2\varphi = \frac{2}{3} \tag{7-11}$$

即在输送功率相同的条件下，采用直流输电时功率损耗可以下降为交流输电时的 2/3。

二、换流站的工作原理

换流站由换流变压器、换流器（整流器或逆变器）、平波电抗器等组成。图 7 - 14 为其

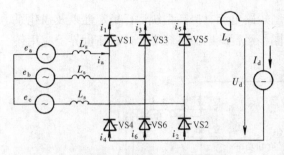

图 7-14 换流站的基本接线

基本接线，其中 e_a、e_b、e_c 为换流变压器提供的三相交流电源，L_s 为电源电感，L_d 为减小直流侧电压电流脉动的平波电抗器，I_d 为负载电流（直流），VS1～VS6 为起换流作用的晶闸管阀。改变晶闸管阀的触发角，可以使换流器在整流状态或逆变状态下变化。换流器是换流站的核心部分。下面对换流器在两种工作状态下的工作原理进行介绍。

（一）整流工作状态

在分析前先假定：

（1）三相电源 e_a、e_b、e_c 对称，则有

$$\left. \begin{array}{l} e_a = e_m\sin\left(\omega t + \dfrac{\pi}{6}\right) \\[2mm] e_b = e_m\sin\left(\omega t - \dfrac{\pi}{2}\right) \\[2mm] e_c = e_m\sin\left(\omega t + \dfrac{5\pi}{6}\right) \end{array} \right\} \tag{7-12}$$

其波形如图 7-15 所示。

（2）平波电抗值足够大，负载直流 I_d 无纹波；

（3）晶闸管阀 VS1～VS6 是理想的，即导通时压降为零，关断后阻抗为无穷大。

为简化分析，先忽略三相电源电感 L_s。晶闸管阀 VS1～VS6 每隔 60°电角度轮流触发导通，导通的次序为 VS6→VS1→VS2→VS3→VS4→VS5→VS6。晶闸管阀导通时刻由图 7-15 所示触发脉冲控制角 α 来决定，在整流工作状态下 $0 < \alpha < \dfrac{\pi}{2}$。晶闸管阀导通的条件是阀承受正向电压同时在控制极得到触发脉冲信号。一旦导通后，晶闸管阀只有在电流过零并承受反向电压时方能恢复到关断状态。参见图 7-15 和图 7-16，在 $\omega t = 0$ 前，c 相电压最高（正值最大），b 相电压最低（负值最大），VS5、VS6 导通，电流通过 VS5、负载、VS6、b 相和 c 相电源形成回路。VS1、VS2、VS3、VS4 均承受反向电压。直流输出电压为 $e_c - e_b$。当 $\omega t = 0$ 后，a 相电压变为最大，VS1 开始承受正向电压，但在 VS1 的触发脉冲到来之前并不导通，此时 VS5 在感性负载电流下

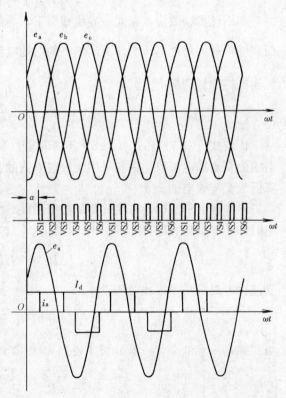

图 7-15 $\alpha < \dfrac{\pi}{2}$ 时，理想状态下的整流器的电压、电流波形

仍可维持导通。在 $\omega t = \alpha$ 时刻,VS1 被触发导通。在被触发导通瞬间,a、c 相电源短路,由于忽略电源阻抗 L_s,VS5 因将流过巨大的反向电流而立即关断。VS1 导通、VS5 关断的过程称为换相。VS1 触发导通后,电流通过 VS1、负载、VS6、b 相和 a 相电源形成回路。此时的直流输出电压变为 $e_a - e_b$。以后按 VS1、VS2(输出电压为 $e_a - e_c$),VS3、VS2(输出电压为 $e_b - e_c$),VS3、VS4(输出电压为 $e_b - e_a$),VS5、VS4(输出电压为 $e_c - e_a$)……的顺序分六组轮流导通,每组晶闸管阀导通的时间均为 60°电角度,导通的两个晶闸管阀分别处于不同相的上部和下部桥臂上。每一晶闸管阀连续在两组中导通,其导通时间为 120°电角度。每组晶闸管阀导通时,其直流输出电压的波形是相同的,所以整流电路直流输出电压的平均值,可由任一组晶闸管阀(例如 VS1、VS6)导通时母线直流电压的平均值求得,即

$$E_{dr} = \frac{3}{\pi} \int_{\alpha}^{\alpha+\frac{\pi}{3}} (e_a - e_b) d(\omega t) = \frac{3}{\pi} \int_{\alpha}^{\alpha+\frac{\pi}{3}} \sqrt{3} E_m \sin\left(\omega t + \frac{\pi}{3}\right) d(\omega t) = \frac{3\sqrt{3}}{\pi} E_m \cos\alpha$$

令 $E_{d0} = \frac{3\sqrt{3}}{\pi} E_m$,可得

$$E_{dr} = E_{d0} \cos\alpha \tag{7-13}$$

式(7-13)表明,在整流工作状态下,随着控制角的增加,直流输出电压将逐渐减小,当控制角为 90°时,下降为零。应当指出,在整流状态下的控制角为延迟控制角。

如考虑电源电感 L_s,则在晶闸管阀 VS5 换相到 VS1 时,流过 VS5 的电流由于 L_s 的存在不可能突变为零,这就是说换相不能瞬间完成。如图 7-17 所示,从 $\omega t = \alpha$ 到 $\omega t = \alpha + \gamma$ 的时间里,VS1 中的电流 i_1 从零上升为 I_d,VS5 中的电流 i_5 则由 I_d 逐渐降为零。在这段时间里,VS1、VS5 同时导通,这段时间所相应的电角度,又称为重叠角[见图 7-16(a)],VS1 中的电流 i_1 为

$$2L_s \frac{di_1}{dt} = e_a - e_c = \sqrt{3} E_m \sin\omega t \tag{7-14}$$

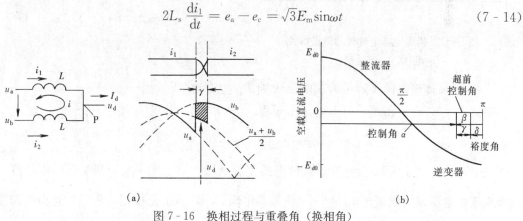

图 7-16 换相过程与重叠角(换相角)

(a)重叠角的概念;(b)从整流到逆变转换中的角度关系

利用边界条件 $\omega t = \alpha$,$i_1 = 0$,解式(7-14)可得

$$i_1 = \frac{\sqrt{3} E_m}{2\omega L_s} (\cos\alpha - \cos\omega t)$$

当 $\omega t = \alpha + \gamma$,$i_1 = I_d$,则有

$$I_d = \frac{\sqrt{3}}{2} \frac{E_m}{\omega L_s} [\cos\alpha - \cos(\alpha + \gamma)] \tag{7-15}$$

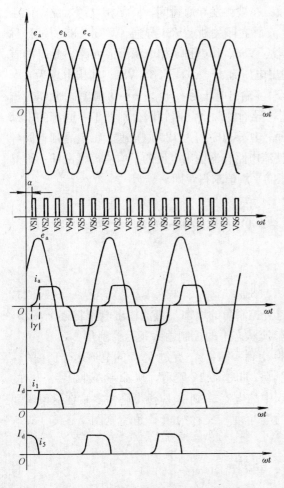

图 7-17　考虑电源电抗时的整流器的
电压、电流波形

$$\gamma = -\alpha + \arccos\left(\cos\alpha - \frac{2\omega L_s}{\sqrt{3}E_m}I_d\right)$$

$$(7-16)$$

式中　γ——换相角或重叠角；

　　　ωL_s——换相电抗。这两者是换流器的
　　　　　　重要参数。

　　由式（7-16）可知，γ 角随着换相电抗
或直流电流 I_d 的增大而增大，随着交流电压
E_m 的减小而增大。因而，提高交流电压 E_m
或减少换相电抗可以加速换相过程。

　　在从 VS5 到 VS1 的换相过程中，上端
直流侧母线相对于中性点的电位为 $\frac{1}{2}(e_a + e_c)$，而不是理想情况下（忽略 L_s）的 e_a，
母线直流电压的平均值为

$$E_{dr} = \frac{3}{\pi}\left[\int_{\alpha}^{\alpha+\frac{\pi}{3}}(e_a - e_b)d(\omega t)\right.$$

$$\left. - \int_{\alpha}^{\alpha+\gamma}\left(e_a - \frac{e_a + e_c}{2}\right)d(\omega t)\right]$$

$$= E_{d0}\cos\alpha - \frac{1}{2}E_{d0}[\cos\alpha - \cos(\alpha+\gamma)]$$

$$= \frac{E_{d0}}{2}[\cos\alpha + \cos(\alpha+\gamma)] \qquad (7-17)$$

$$E_{d0} = \frac{3\sqrt{3}}{\pi}E_m$$

式中　E_{d0}——理想条件（$\gamma=0$）下和 $\alpha=0$ 时的直流电压。

　　联立式（7-15）和式（7-17）求解可得

$$E_{dr} = E_{d0}\cos\alpha - \frac{3\omega L_s}{\pi}I_d = E_{d0}\cos\alpha - RI_d \qquad (7-18)$$

　　式（7-18）右边第一项为理想条件下的直流电压，第二项为换相所引起的电压降，与
直流电流和电源漏抗成正比；$R=\frac{3\omega L_s}{\pi}$ 为等值电阻。应注意的是换相电压损失是由电源漏抗
所造成的，并无有功损耗。从式（7-18）可知，在直流输电系统中，线路母线直流电压的
平均值 E_{dr} 可以通过调整触发控制角 α 及换流变压器二次交流电压大小来控制。由于线路平
波电抗器的作用，可以认为直流电流 I_d 与触发控制角 α 和换相角 γ 大小无关，为一常量。
整流器的等值电流和电压电流特性如图 7-18 所示。

　　触发延迟和换相所造成的交流侧功率因数大小近似为

$$\cos\varphi = \frac{1}{2}[\cos\alpha + \cos(\alpha+\gamma)] \qquad (7-19)$$

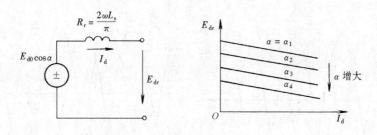

图 7-18 整流器等值电路和电压电流特性

为减小无功功率，整流触发角 α 不宜过大，一般在 $10°\sim 20°$ 范围内。如前所述，它又称为延迟触发角。

（二）逆变工作状态

由式（7-13）可知，在理想情况下，当 $\alpha = 90°$ 时，整流电路输出的直流电压为零，相电流的基波分量滞后相电压 $90°$（见图 7-19），此时换流装置与电力网间没有有功交换，仅有无功交换。进一步增加 α，则直流侧电压变为负值。由于流过晶闸管阀的电流方向不变，说明直流侧吸收的是负的功率，即此时是由直流端向交流电力网供电，换流器的工作已转变为逆变状态，逆变状态下的电压电流波形如图 7-20 所示。由图可以看出，a 相电压大于 c 相电压的时间范围为 $0 < \omega t < \pi$，故逆变状态下触发角的移相范围为 $\dfrac{\pi}{2} < \alpha < \pi$，所以称它为超前触发角［见图 7-16（b）］。具有整流和逆变电路的直流输电系统如图 7-21 所示。图中 E_{dr} 为由整流器输出的直流电压，E_{di} 为作用在逆变器上的直流电压，在图中的接线方式下，E_{dr} 和 E_{di} 均为正值。和整流器一样，逆变器的六个晶闸管阀 VS1～VS6 每隔 $60°$ 电角度轮流触发导通，为简化起见仍设换相电抗 ωL_s 为零，因而换向角 $\gamma = 0$。并以 VS5、VS6 处于导通为起点。当 VS5 对 VS1 换向完成后，VS1 和 VS6 导通，此时直流电流从直流系统正极出发经过 VS6 流入换流变压器 b 相，然后再从换流变压器 a 相流出，通过 VS1 回到直流系统的负极，历时为电气角度 $60°$ 相位宽度。接着 VS6 对 VS2 换向，由 VS1 和 VS2 构成导通回路，直流电流经 VS2 进入 c 相，再由 a 相流出，经 VS1 回到直流系统的负极，历时同样为 $60°$ 相位宽度，以后的过程可以此类推。逆变工作状态与整流工作状态相比，除了前者的功率流向是从直流侧流向交流侧外，电压、电流表达式均相同。常用逆变角 β 描述逆变器的工作状态（见图 7-20），其与触发控制角 α 的关系为

$$\beta = \pi - \alpha \tag{7-20}$$

应该指出的是晶闸管阀必须在 $\omega t = \pi$ 之前关断，否则将会造成换相失败。因此，在逆变工作状态下，从晶闸管阀关断后到 $\omega t = \pi$ 时刻之间要留有一定的裕度角 δ，一般取为 $10°\sim 15°$。裕度角 δ 与逆变角 β 的关系为

$$\beta = \gamma + \delta \tag{7-21}$$

式中 γ——换相角（重叠角）。

将式（7-20）、式（7-21）代入式（7-15）后有

$$I_d = \frac{\sqrt{3}}{2}\frac{E_m}{\omega L_s}\cos\delta - \cos\beta \tag{7-22}$$

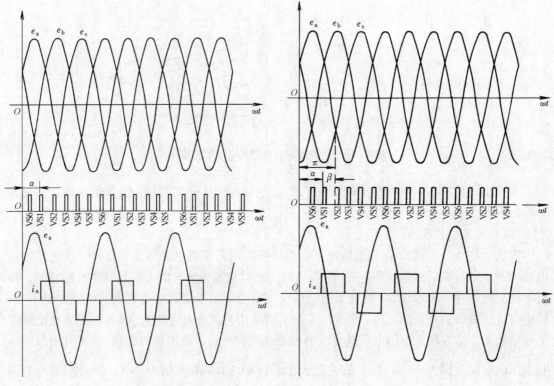

图 7 - 19　$\alpha = \dfrac{\pi}{2}$ 时，理想状态下的逆变压器的

　　　　　电压、电流波形

图 7 - 20　$\alpha > \dfrac{\pi}{2}$ 时的电压、电流波形

由式（7 - 18），并考虑到图 7 - 21 接线中逆变工作时 I_d 的流向，故有

$$E_\mathrm{di} = E_\mathrm{d0}\cos\beta + \frac{3\omega L_\mathrm{s}}{\pi}I_\mathrm{d} = E_\mathrm{d0}\cos\beta + RI_\mathrm{d} \qquad (7 - 23)$$

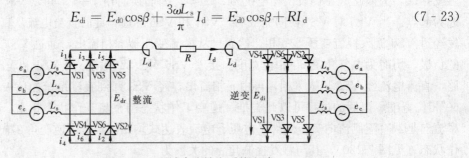

图 7 - 21　两端直流输电系统电路

根据式（7 - 23）可得出逆变器的等效电路和电压—电流特性如图 7 - 22 所示。

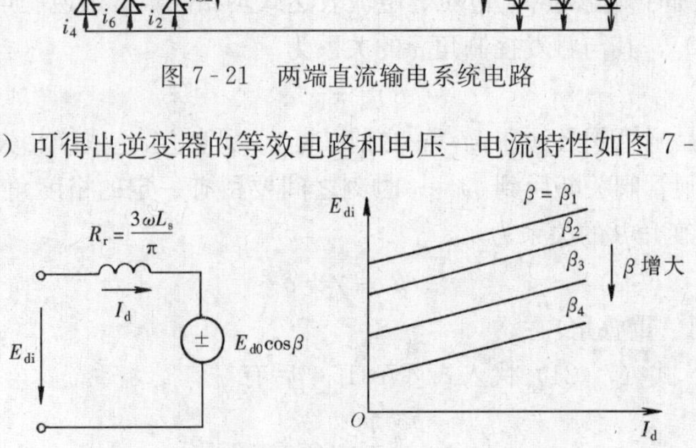

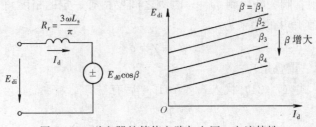

图 7 - 22　逆变器的等值电路与电压—电流特性

综上所述可知，当换流器按逆变方式运行时，晶闸管阀的触发角工作范围为$\frac{\pi}{2}<\alpha<\pi$，各相交流电流的相位滞后于所对应的交流相电压为$\frac{\pi}{2}\sim\pi$，故在逆变器工作条件下，换流器仍从交流电源吸收无功功率。

（三）直流输电系统的稳态等值电路

综合以上分析可得直流输电系统的稳态等值电路如图 7-23 所示，据此可得

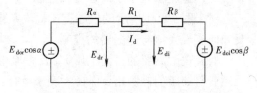

图 7-23　直流输电线系统的稳态等值电路

$$I_d=(R_\alpha+R_1+R_\beta)=E_{dor}\cos\alpha-E_{doi}\cos\beta$$

$$I_d=\frac{E_{dor}\cos\alpha-E_{doi}\cos\beta}{R_\alpha+R_1+R_\beta}\qquad(7\text{-}24)$$

式中　E_{dor}、E_{doi}——整流器和逆变器的出口电压；

　　　　R_α、R_β——整流器和逆变器的等值电阻；

　　　　R_1——直流线路的电阻。

整流端送出的有功功率 P_{dr} 和逆变端接收的有功功率 P_{di} 分别为

$$\left.\begin{aligned}P_{dr}&=E_{dr}I_d\\P_{di}&=E_{di}I_d\end{aligned}\right\}\qquad(7\text{-}25)$$

可见在直流输电系统中，可通过控制整流器的延迟触发角 α 和逆变器的超前触发角 β 来实现对直流电压、电流和有功功率的控制，其调节速度快，在正常情况下能保证稳定的输出；在事故情况下，能对发生事故的交流系统迅速提供备用功率并可实现功率潮流的迅速反转。此外，由于调节控制迅速，直流线路短路时，短路电流峰值一般只有其额定电流的 1.7～2 倍。

（四）自励式换流装置简介

现在直流输电所使用的换流器中，如前所述，作为换相的必要电压是利用交流侧的电压。即依靠交流侧的电压将导通状态的晶闸管阀置换为关闭，使在导通状态时流动着的电流换相到其他的晶闸管阀中，这种方式的换流器称为他励式换流器。所谓他励，意味着使用变换装置外部所提供的交流电压作为换相之用的意思。

他励式换流器，因为不需要换相用的辅助装置，所以电路简单，这是它的优点，但是换相工作要依赖于交流侧的电压，其首要条件是要基本上保持交流侧电压的稳定，否则换相器就不能正常运行。

另一方面，如在变换装置的内部采用具有强制换相的辅助电路的换流器，则称为强制换相式的自励式换流器。在自励式换流器中，为了使导通状态的某个半导体开关元件（如晶闸管等）变为关闭状态，使用了电容、电感所构成的换相电路，虽然电路变得复杂，但因为换相不再依赖交流侧的电压，交流侧可以自由输出波形，从而提高了可控制性。如再使用了像 GTO 晶闸管（Gate Turn Off Thyristor）那种具有自熄弧能力的半导体开关元件，即可以实现没有换相电路的自励式换流器。这种方式的换流器，称为器件换相式自励换流器，迄今以电动机控制领域为中心已被广泛地使用着。

差不多十多年前，国外即已开展了对采用 GTO、IGBT 等电子元件的自励式直流输电装置的应用进行研究。这类自励式换流装置除了上述不依靠交流系统的电压进行换相的优点之外，还可自行供给一部分超前或落后的无功功率以及依靠脉冲宽度调制（PWM）来抑制低次的高次谐波的产生，因而无须大量的无功补偿以及滤波装置。此外，它还具有其他一些

优点，曾被认为是今后直流输电的发展方向。

但是，由于自励式装置所用的电子元件的价格昂贵以及运行时的能量损耗较大，迄今仍停留在试验研究与试运行阶段，今后随着电子元件技术的进步与价格的降低，预期这种方式在不远的将来在直流输电工程中将得以应用。

三、直流输电系统的运行和控制

对于图 7 - 24 所示的二端直流输电系统，下面进一步讨论如何实现该系统的稳定运行以及如何实现换流与逆变器的控制。

要实现所需要的直流电压 E_{dr} 及直流电流 I_d，最简单的方法是使整流器的延迟控制角 α 及逆变器的超前控制角 β 保持不变来运行，这时，一旦由于某种原因交流侧电压有一些小的变化，直流电流的变化就非常大。因此，这种简单的通过控制角不变的方式进行控制，不能维持直流输电系统的稳定运行。

为此，通常在整流器中应用式（7 - 18）的关系，采用即使交流侧电压变化，通过调整控制角 α 仍使直流电流保持不变的控制方式，如图 7 - 25 所示。这个控制方式称为定电流控制（Automatic Current Regulation，ACR）。这是因为是以图 7 - 24 的二端直流输电系统为对象的，所以在式（7 - 23）的等值电阻（$3\omega L/\pi$）上再加上线路的直流电阻 R_1 即为电阻 R_r。

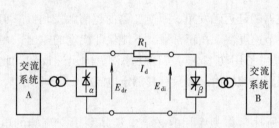

图 7 - 24　二端直流输电系统示意

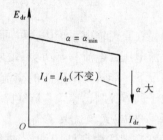

图 7 - 25　整流器的定电流控制

另一方面，在逆变器中，为了尽量避免换相失败和同时尽可能减小无功功率的消耗，希望使裕度角 δ 保持在最小容许值 δ_{min}（不变）条件下运行。这种控制方式称为定裕度角（定熄弧角）控制（Automatic δ Regulation：AδR），根据交流侧的电压和直流电流的值，应用式（7 - 23）的关系，通过调整超前控制角 β 即能够实现。

这样，使整流器以 ACR、逆变器以 AδR 运行，工作点即为图 7 - 26 的 A 点。但实际应用时，为了使直流电压在额定电压附近处保持不变，很多情况下，在稳定运行时，逆变器的控制是优先采用定电压控制（Automatic Voltage Regulation，AVR）来构成控制系统，工作点移到 B 点。这时，逆变器的裕度角 δ 比 δ_{min} 稍大一些。

这样一来，当按工作点 B 运行时，若逆变器侧的交流电压降低，其下降值超过某一定值时，则逆变器将切换成 AδR 的控制方式，工作点移到 C 点。但是在这种情况下，直流电流在整流器的 ACR 作用下并不变化，保持一定值 I_{dr}，因而，送电功率的降低只停留在直流电压降低所引起的那一部分，不会造成突然停电。但是，在工作点 C，实行 ACR 的整流器的控制角 α 变大，功率因数降低。在运行中希望功率因数尽可能高，使无功功率的消耗减少，因此切换变流器一侧的换流变压器的分接头，使交流电压降低，这样控制角 α 即可回到原来的低值。这时，实行 AδR 控制的逆变器，不能维持直流电流 I_{dr}，将切换成 ACR 的控制方式，直流电流为 I_{di}，工作点从 C 点移到 D 点。

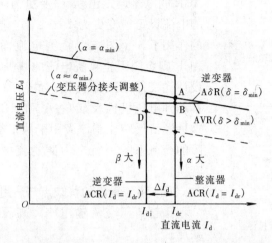

图 7 - 26　系统的状态和换流器的控制方式

工作点	控制方式		系统的运行状态
	整流器	逆变器	
A	ACR	AδR	·平时的运行状态（定裕度角）
B	ACR	AVR	·平时的运行状态（定电压）
C	ACR	AδR	·逆变器交流电压降低 ·功率因数降低（无功功率消耗大）
D	α一定	ACR	·逆变器侧交流电压低下 ·整流器分接头切换→功率因数恢复

下面，再考虑一下相反的情况。即在工作点 B 处运行时，如换流器侧的交流电压降低时逆变器不能维持 I_{dr} 的电流，逆变器的控制方式将切换成 ACR，直流电流成为 i_{di}，工作点移到 D 点。但是，在 D 点，逆变器的控制角 β 变大，功率因数恶化，这时应切换逆变器侧的换流变压器的分接头，使 AδR 方式的 $E_d - I_d$ 特性通过 C 点，恢复控制角 β，使运行点从 D 点移到 C 点。

基于以上所述，在采用上述基本控制方式运行时应当注意以下几点。

（1）$\Delta I_d (= I_{dr} - I_{di})$ 称为电流余量，为了防止两换流器 ACR 的相对干扰，此值应选择为额定直流电流的 10％左右。

（2）换流器因为所使用晶闸管元件不耐过大电流，设计的 ACR 的控制系统要比 AVR 控制系统应尽可能更高速动作。另外，换流变压器的分接头的切换控制要在 α 为 10°～20°、δ 角控制应在规定值范围中进行，为了不发生和两换流器的触发角控制的干扰，分接头的切换时间应为数秒。

另外，作为直流输电系统的运行、控制方式，还有定功率控制和潮流反转控制。

在定功率控制中，交流侧的电压即使变动，可使直流功率保持不变，这种控制，通过调节整流器的 ACR 的电流设定值即可以实现。

潮流反转控制（功率传输方向控制），是为了高速地使直流电压的极性反转，由于直流电流的方向不变，从而使功率传输方向逆转的控制。具体如图 7 - 27 所示，若整流器的

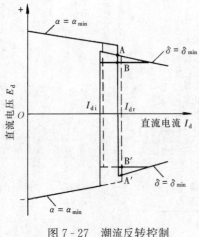

图 7-27 潮流反转控制

ACR 的电流设定值从 I_{dr} 变更为 $I_{dr}-\Delta I_d$，逆变器 ACR 的电流设定值变更为 $I_{di}+\Delta I_d$，则在整流器中，在 ACR 的作用下，企图减少直流电流而增加 α 角，逆变器的 ACR 则企图阻止直流电流的减少，增加 β 角。如果预先设计逆变器的工作优先，最初的工作点 A 和 B 将最终移动到电压极性反转的 A′ 和 B′，从而实现潮流反转。这种潮流反转控制，应用于从正常的交流系统向发生故障的交流系统进行电力紧急支援以及平时的经济功率交换。

四、直流输电的优缺点与适用范围

比起高压交流输电来，高压直流输电具有下列优缺点。

（一）优点

（1）直流输电线路的造价低。如前所述，由于三相交流线路要用三根导线，而直流输电线路则只需要两根（正、负极）导线，若使用大地或海水作为回路，甚至只要一根导线。因此，当输送相同的功率时，直流输电可以节省有色金属、钢材、绝缘子等材料。如果二者的线路建设费相等，则直流输电线所输送的功率约为交流输电的 1.5 倍或更多。此外，由于直流架空线路所用的导线根数少，故损耗也小。同时，由于在直流下线路的电感和电容不起作用，因而线路上没有充电电流等所引起的附加损耗。它的电晕损耗和无线电干扰也都比交流线路要小。所以，无论初期投资和年运行费都比交流架空线路要少。

另外，直流电缆比交流电缆的价格便宜。这是由于电缆的直流耐压强度大大高于交流耐压强度。通常油浸纸绝缘电缆，直流的容许工作电压约为交流容许工作电压的三倍。例如，交流 35 kV 的电缆就可适用于直流 100 kV 左右。因此，即使短距离的跨海电缆输电，采用直流输电的实例也不少。

（2）不存在一般交流系统那种稳定性问题，可以连接两个不同频率的系统。由于直流线路没有电抗的影响，故它不存在一般交流系统那样的稳定性问题，传输容量也不受稳定性的限制，因而可以大大提高输送功率和传输距离。此外，还可以用来联系两个不同频率的系统，这时可以采用所谓"背靠背"的直流工程，即整流器与逆变器直接相联，中间没有直流输电线路。这种方式已有良好的运行业绩。

（3）调节迅速。直流输电系统通过对换流装置控制极的控制，可以迅速地调整有功功率或使功率倒送（即潮流反转控制）。这不仅在正常时能快速调节输出，而且在事故时能实现对事故的交流系统紧急支援。此外，当交直流线路并列运行时，如交流线路发生短路，还可短时增大直流输送功率以抑制发电机转子的加速。

（4）没有充电电流，不需要并联电抗器补偿。由于是直流，故没有像交流网络中那种因电容而引起的充电电流，无须为了抑制容性电压升高而装设大容量的并联电抗器，当采用长距离的海底电缆时这点具有特别重要的意义，也可以说这种情况下唯一的选择是采用直流输电。

（5）可以限制短路电流。当两个系统用交流来联系时，将使短路电流增大，但是如果两个交流系统用直流来联系，当其中某一交流系统短路时，由于有"定电流控制"，直流线路向交流侧短路点所供给的短路电流的稳态值，基本上等于直流的额定值，即使在暂态过程中也不超过 2 倍额定值，因此两个系统的短路容量不会因互联而显著增大。此外，当直流线路短路时，由于能实现快速调节，短路电流的峰值一般也仅为直流线路额定电流的 1.7～2 倍。所以，当两个交流系统用直流来进行联网，即可显著地限制短路容量的增大。为此，有的大系统之间的互联，就得依靠上述"背靠背"的直流工程来同时提高稳定性与限制短路电流。

（二）缺点

（1）换流站造价高。目前换流装置所采用的高压晶闸管元件价格较贵，而且往往要大量的元件串联才可以组成一组阀。再加以换流变压器等设备的价格也较贵，因而整个换流站的造价较高，从而部分抵消了因线路投资降低所取得的经济效果。据计算，在综合考虑投资和运行费用等经济指标后，直流输电和交流输电的等价距离，对架空线路为 500～800 km，对电缆线路为 30～60 km。只有当输送距离超过等价距离时，采用直流输电才有利，表 7-3 为交流与直流的经济输送容量的对比。

表 7-3 各级电压下交流和直流和经济输送容量表

电压等级	交 流		直 流	
	线路电压 （kV）	单回路输送容量 （MW）	线路电压 （kV）	双极线路送输容量 （MW）
超高压	525	600～1000	±400 ±500	500～1000 1000～2500
	800	2000～4000	±600 ±700	2000～4000 4000～6000
特高压	1100	5000～8000	±800	6000～9000

（2）要消耗较大的无功功率。直流输电线路本身虽不消耗无功功率，但换流装置却要消耗相当数量的无功功率。具体消耗多少与换流装置的功率因数有关，也就是说取决于整流器的控制角 α 与逆变器的控制角 β 值。一般情况下它所消耗的无功功率为直流功率的 40%～60%，以逆变侧较大。为了供给所消耗的无功功率，需要加装大量的无功补偿装置。

（3）要产生谐波，给电力系统带来不良影响。换流装置在交流侧和直流侧都将产生谐波电压和谐波电流，从而使变压器和电容器产生附加损耗及发热，使换流装置的控制不稳定，并对通信线路产生干扰。为了削弱谐波，需要在交流侧和直流侧都要安装滤波器，滤波器由电容、电感和电阻并联组成，其中电容器还兼作无功补偿。在直流侧还要装设平波电抗器等。

（4）还没有成熟的高压直流断路器。由于直流电流不像交流电流有过零点的时刻，所以熄弧困难。目前虽然有些国外公司已宣称研制出了高压大容量的直流断路器，但价格昂贵，并缺乏实际运行经验。所以要实现多端的直流输电，迄今仍然存在较大的困难。

根据上述直流输电的优缺点和世界各国对直流输电工程的建设和运行的经验，直流输电线路主要应在下列情况下采用。

（1）远距离大容量输电。如前所述，直流输电易于解决交流系统的稳定问题，较易实现远距离大容量输电。因此，一些国家从远离负荷中心的大容量电厂（主要是水力发电厂、核能发电厂）向负荷中心送电时，都采用了直流输电。我国正建设中以及将来要建设的直流输电工程也大多属于这种类型。如前所述，具有相同的输送容量和距离，直流输电线路的杆塔、导线和绝缘要比交流线路造价低，且不需要装设串、并联补偿装置；但两端的换流站却需要额外的投资。所以，一般来说，线路愈长，输电容量愈大，用直流输电愈经济。但是，在直流断路器的制造问题未能很好地解决之前，不能引接支线供电，难于实现直流多端输电。

（2）海底电缆输电。从直流输电的发展过程来看，初期的直流输电线路有不少是用在跨海输电的工程中，在目前已投入运行的直流输电工程中跨海线路也较多，约占已投运直流输电工程的三分之一。这表明海底电缆输电是促使直流输电发展的重要因素。

（3）交流系统的互联。主要用于联系两个不同频率或不要求同步运行的交流系统，它们可以通过两侧的换流站在直流侧联系起来从而实现联网。国外已有不少这样的工程实例，运行表明这样联网后可提高交流系统的稳定性和频率质量。此外，用直流联网还可以限制短路电流，适用于一般交流大容量系统之间的互联。

（4）配合可再生能源发电，需要依靠直流输电来接入交流系统。在一些可再生能源发电（如风力发电、太阳能发电、磁流体发电等），它们的输出频率并不能保证是工业频率，为了接入交流大系统，可以先将发出的电经整流器变成直流并依靠直流输电再经逆变器逆变为工频交流，从而实现与交流系统的并联运行。

五、高压直流输电系统的构成

高压直流输电系统由换流站（包括整流站与逆变站）和直流线路所构成，其典型例子如图 7-28 所示。

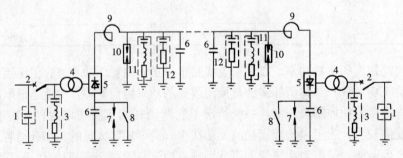

图 7-28　高压直流输电系统的构成（单极）
1—无功功率补偿装置；2—交流断路器；3—交流滤波器；4—换流变压器；5—换流装置；
6—过电压吸收电容；7—保护间隙；8—接地隔离开关；9—直流平波电抗器；
10—避雷器；11—直流滤波器；12—线路用阻尼器

高压直流输电系统各主要设备的用途如下。

（1）换流装置。其主体是由晶闸管阀（早期曾用过汞弧阀）构成，其作用是把交流电变换为直流电，或把直流电逆变为交流电。晶闸管阀由多个晶闸管元件串、并联组成，其中单个元件的尺寸已达 6 in（1 in＝25.4 m），电压已达 8 kV，电流达 4000 A 以上，并采用光触发，整个阀体装于全屏蔽的阀厅内，以防止对周围的电磁辐射与干扰。

（2）换流变压器。它的结构与普通电力变压器基本相同，但要求具有较大的短路阻抗以限制短路电流，防止损坏阀体。但漏电抗太大会引起功率因数过低，因此换流变压器应采用有载调压，并具有第三绕组以准备连接无功补偿装置和滤波设备等。此外，在绝缘结构上要能耐受直流与交流相叠加的场强以及极性反转的电气应力，所以其绝缘结构是比较复杂的。运行实绩表明换流变压器的故障率是较高的。

（3）直流平波电抗器。串联在换流装置与线路之间，以抑制直流电流变化时的上升速度及减小直流线路中的电压和电流的谐波分量。由于它要承受直流高压并保持足够的线性度，其绝缘结构和铁心结构也是较复杂的。

（4）滤波装置。换流装置的交、直流侧都含有多种谐波分量，会使周围电气设备引起附加损耗以及干扰邻近的通信线路，并导致波形畸变造成对系统的谐波污染。为此必须装设滤波器，交流侧滤波器一般装在换流变压器的交流侧母线上或与变压器的第三绕组连接，以单调谐波器来吸收 5、7、11 次等谐波电流，而以高通滤波器吸收其他高次谐波电流。对直流侧一般可采用较简单的一阶或二阶高通滤波器来吸收经直流电抗平滑后的残余谐波分量。整个滤波装置在换流站中所占的面积是较大的。

（5）无功补偿装置。换流装置在工作中所需补给的无功功率可由同步补偿机、电力电容器、无功静止补偿器等来供给。要根据电压稳定性的要求来选择无功补偿装置的容量。它的设计应与其他无功补偿装置同时考虑。

（6）直流避雷器。它是直流输电系统绝缘配合的基础，其保护水平决定了设备的绝缘水平。和交流系统不同，直流系统中的电压、电流无自然经过零值的时刻，所以直流避雷器的工作条件及灭弧方式与交流避雷器有较大的差别。目前均采用氧化锌无间隙避雷器。

（7）控制保护设备。直流输电之所以能实现快速调节，与具有性能优越的控制保护系统有关。其控制系统可以按不同参数来实现调节，如定电流控制、定电压控制、定功率控制、定熄弧角控制等。

（8）直流气体绝缘开关成套装置（直流 GIS）。内装有气体绝缘母线，直流隔离开关与接地器、直流中性点侧金属接地用断路器等。整个装置与第三章中所介绍的 GIS 装置基本相同，内充以 SF_6 气体，不仅绝缘可靠性高，而且可大大缩小占地面积。

另外，关于直流输电线路以及直流高压系统的过电压与绝缘配合等问题，本书限于篇幅，就不再逐一介绍了。

第五节　柔性交流输电系统

柔性交流输电系统（Flexible AC Transmission System，FACTS）或称为灵活交流输电系统，又简称为 FACTS 技术。是基于现代电力电子技术的发展，于 20 世纪 80 年代初由美国电科院（EPRI）首先提出的，近 20 年来得到了迅速的发展，迄今仍是国际上一个研究中的热门课题。

不言而喻，FACTS 技术是基于大电力系统的发展的需要，以及电力电子技术的最新成果应运而生的。具体对现代电力系统而言，如何根据运行的要求，快速地对电力系统中影响输送功率和电力网稳定的电压、阻抗、功角等电量进行调节显得特别重要。以交流输电系统为例，为控制电压波动和系统无功潮流要用并联补偿装置；为控制线路在正常运行时所传输的功率，或增加线路传输功率，或改善系统稳定性，常在线路上串入可调电容等。但传统的补偿装置是利用机械投切或分接头转换的方式进行参数变换的，不能适应现代电力系统的要求。FACTS 的主要特点是以大功率电力电子部件组成的电子开关代替现有的机电式开关，使电力网电压、功角和线路参数灵敏调节，使电力系统变得更加灵活可控、安全可靠，从而可以不改变现有电力网结构的情况下提高其输送能力，增加其稳定性，改善其运行性能。

FACTS 控制设备接入电力系统的方式主要分为并联和串联两种形式。并联型设备主要有：静止无功补偿器（Static Var Compensator，SVC）、静止同步调相器（Static Synchronous Compensator，STATCOM）；串联型设备主要有：可控串联补偿器（Thyristor Controlled Series Capacitor，TCSC）。此外，还有一种综合并、串联两种形式的 FACTS 控制设备，如统一潮流控制器（Unified Power Flow Controller，UPFC）等。

另外，还要附带指出的是，作为 FACTS 技术在配电系统应用的延伸——DFACTS 技术也已成为改善电能质量的有力工具，该技术的核心器件——绝缘栅门极双型晶体管（IGBT），较之门极可关断晶闸管（GTO）具有更快的开关频率，并且关断容量已达兆伏安级，因此 DFACTS 装置具有更快的响应特性，是解决电能质量问题的有效工具。目前主要的 DFACTS 装置有：有源电力滤波器（Active Power Filter，APF），动态电压恢复器（Dynamic Voltage Restorer，DVR），固态断路器等。其中 APF 是补偿谐波的有效工具；而 DVR 通过自身的储能单元，能够在毫秒级时间内向系统注入正常电压与故障电压之差，因此是抑制电压闪变的有效装置。

下面就分别对主要的 FACTS 装置进行简单的介绍。

一、可控并联补偿装置

如前所述，并联补偿是电力系统无功控制和电压调节最基本的手段，也是改善系统稳定性的重要措施之一。

可控并联补偿主要有晶闸管控制的电抗器（Thyristor Controlled Reactor，TCR）、晶闸管投切的电容器（Thyristor Swithched Capacitor，TSC）、磁控式可调电抗器（Magnetically Controlled Reactor，MCR）（即饱和电抗器和可控电抗器型）以及静止同步调相器（STATCOM）等。前面三种并联无功补偿装置统称为静止无功补偿器（SVC），它们单独应用时只能提供感性的或容性的无功补偿装置，若需获得从感性到容性可调的无功，则应将容性和感性补偿装置进行组合。这样，静止调相器既可提供超前的无功补偿，也能提供滞后的无功补偿。

（一）静止补偿器（SVC）

有关 SVC 的原理以及各种组合方式及其比较，已在第二章中作过介绍，以下再以 TCR 为代表进一步分析补充于后。

TCR 的单相原理结构如图 7-29 所示。图中 L 为线性电感，VS1、VS2 为反向并联的双向晶闸管；E_s 为电源电压。参见图 7-29 和图 7-30 可知，在电源电压正半周，晶闸管 VS1 承受正向电压，VS2 承受反向电压。如晶闸管 VS1、VS2 不触发导通，电感 L 被切除，回路电流为零。若在电源电压正半周电压最大值后的 α 电角度将触发脉冲施加于 VS1，使其导通，则在电感 L 中将流过电流 i。α 电角度称为相控角。在间隔 π 电角度后使 VS2 导通，则电感 L 中将流过反向对称电流。以后每隔 π 电角度轮流触发导通晶闸管 VS1、VS2，则形成

图 7-30 所示的感性电流。相控角 α 在 $0\sim\dfrac{\pi}{2}$ 范围变化。α 愈小，电流 i 愈大。$\alpha=\dfrac{\pi}{2}$ 时电流为零；$\alpha=0$ 时电流最大，波形为完整的正弦波。在 $\alpha=0\sim\dfrac{\pi}{2}$ 范围内，流过电抗器的电流为不完整的正弦波，含有高次谐波分量。忽略电抗器的电阻损耗，假定电源电压为 $e_s=E_s\cos\omega t$，根据图 7-29 可写出回路的电压方程为

$$L\frac{\mathrm{d}i}{\mathrm{d}t}-e_s=0 \tag{7-26}$$

由此可得

$$i(t)=\frac{1}{L}\int e_s\mathrm{d}t+C=-\frac{E_s}{\omega L}\sin\omega t+C \tag{7-27}$$

如已知相控角为 α，则有 $i(\omega t=\alpha)=0$，代入式（7-27）可得电流表达式为

$$i=\begin{cases}\dfrac{E_s}{\omega L}(\sin\omega t-\sin\alpha)(\alpha\leqslant\omega t\leqslant\pi-\alpha)\\0(0\leqslant\omega t\leqslant\alpha)\bigcup(\pi-\alpha\leqslant\omega\leqslant\pi)\end{cases} \tag{7-28}$$

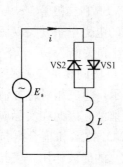

图 7-29　TCR 的工作原理（单相）

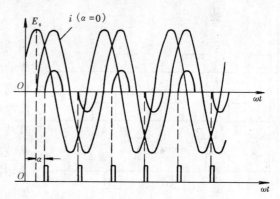

图 7-30　TCR 的电压、电流波形

下面再研究 SVC 的控制特性（见图 7-31），在触发角为 $\dfrac{\pi}{2}\sim\pi$ 范围内时，流过 SVC 装置的电流 i 可表示为

$$i=\frac{E_s-E_{ref}}{x_s} \tag{7-29}$$

式中　E_{ref}——基准电压；

　　x_s——回路电抗，x_s 同时表示了电压变化量与电流变化量之比，通常为 $1\%\sim5\%$。

从式（7-29）可以看出，当 $E_s>E_{ref}$ 将流过滞后的电流，从而消耗无功，电压也随之下降；反之，当 $E_s<E_{ref}$，则流过超前电流，从而供给无功，电压也随之上升。一旦触发角到达 π，从式（7-28）可知，TCR 装置将不流过电流，作用如同电容器；而触发角一旦达到 $\pi/2$，TCR 装置则如同电抗器。总而言之，随着电压的变化，TCR 装置将要流过超前或落后的电流，从而实现平滑的无功补偿与电压调节。

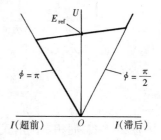

图 7-31　SVC 的控制特性

（二）静止同步调相器（STATCOM）

STATCOM 又称为静止无功发生器（Static Var Generator，SVG），它主要采用了新型可控关断与快速触发的新型电子元件，是由可关断电力电子器件、储能元件所组成的一种动态无功补偿装置，可实现从容性到感性范围内的动作频率更高的快速动态无功补偿，图 7-32 为其原理接线图。

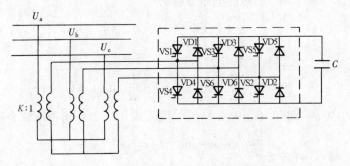

图 7-32　STATCOM 的工作原理接线图

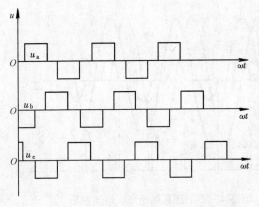

图 7-33　STATCOM 输出电压波形

STATCOM 以电容器 C 为电压源，借助用可关断晶闸管 VS1～VS6 和二极管 VS1～VS6 构成的电流可双向流动的电力电子开关（图中虚线框内），通过轮流触发和关断 VS1～VS6，将直流电压逆变为与系统电压同相的三相交流电压。其波形如图 7-33 所示，为三相对称方波，即除基波外还包含有高次谐波。因此在实际应用中还采用脉宽调制（PWM）技术和耦合电抗 L（例如图中变压器的漏抗）的滤波作用，使其输出电流的波形近似为正弦，因而，无须再单独装设滤波器。

图 7-34 给出了 STATCOM 的简化电路图，图中 U_s 为系统电压，U_i 为 STATCOM 的输出电压，L 为耦合电感。据此可写出忽略电阻 R 后 STATCOM 输出的无功电流为

$$\dot{I} = \frac{\dot{U}_s - \dot{U}_i}{\mathrm{j}\omega L} \tag{7-30}$$

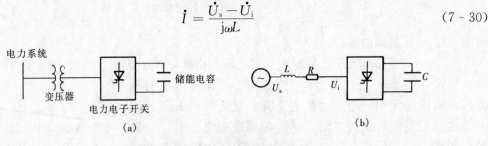

图 7-34　STATCOM 的简化电路图
(a) 基本电路；(b) 等值电路

若 $\dot{U}_i$ 与 $\dot{U}_s$ 同相，则由式（7-30）不难看出，当 $U_i > U_s$ 时，$\dot{I}$ 超前 $\dot{U}_s$ 90°。STATCOM 等效为一电容电抗，向系统发出无功功率；若 $U_i < U_s$，则 $\dot{I}$ 滞后 $\dot{U}_s$ 90°，STATCOM 等效

为一电感电抗，从系统吸收无功功率；在 $U_i=U_s$ 时，$\dot{I}=0$ 等效于 STATCOM 被切除，与系统间没有无功功率交换。可见，控制 STATCOM 输出电压 $\dot{U}_i$ 的大小可以快速调节其无功输出。

STATCOM 的直流侧电容仅提供直流电压，它的电压则由三相六个二极管充电得到。因此，在系统电压下降时，它仍能供给额定的无功电流。而静止补偿器的设备，其输出的电流是随电压而比例减小的。因而，STATCOM 在故障时能更好地支撑电压。另外，它还具有自整流充电的功能。

但是，STATCOM 难于应对系统的不对称工况。STATCOM 在系统电压不对称时，会产生很大的负序电流，这个电流必然流过直流电容器，也就是说它本身不能承担过大的不对称电流。另外，STATCOM 在系统不对称时产生的不对称电流将扰乱系统的正常运行。目前采取的方法是，在系统发生不对称时将 STATCOM 自动切除。由于电力系统中的故障多数是不对称的，这使得 STATCOM 能产生额定无功电流的优势不能充分发挥出来。

二、可控串联补偿装置

如前所述，在线路中串入电容 C（见图 7-35）可达到补偿线路电抗、调节有功功率、增大输送功率的稳定极限值的目的。将串联电容作成可调的，就称为可控串补，是 FACTS 技术的一种重要形式。实现可控串补中的电容调节的方式主要有以下两种。

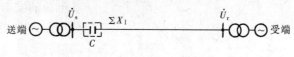

图 7-35 具有串补的双端电源系统

（一）晶闸管投切串联电容（TSSC）

TSSC 原理如图 7-36 所示，由双向晶闸管 VS 投切的电容器组互相串联而成。当晶闸管导通时，与之并联的电容被短接而切除。按一定规律分别控制各晶闸开关的通断即可获得离散调节串联电容的效果。

（二）晶闸管控制串联电容（TCSC）

TCSC 原理如图 7-37 所示，它由电容 C 与 TCR 并联组成。通过改变 TCR 的电抗值可以实现等效串补电容值的连续变化。

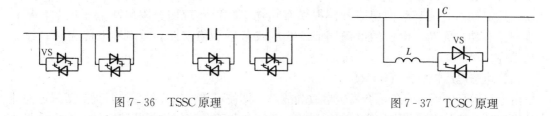

图 7-36 TSSC 原理   图 7-37 TCSC 原理

近年来一种基于电力电子开关的电压源型串联补偿技术得到了发展，图 7-38 为其原理图。在电压源型串联补偿技术中，电力电子开关（图中虚线框内）的电源通过变压器串接于线路的送端（或受端）。由电力电子开关组成的逆变装置在线路上产一横向可变工频电压 $\delta\dot{U}$，在该横向电压作用下，使线路送端（或受端）电压大小发生变化，达到控制线路电流和功率的目的。

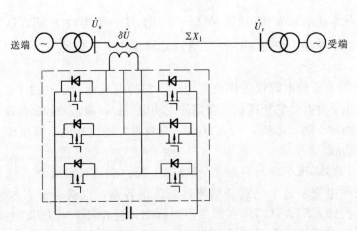

图 7-38　基于电力电子开关的电压源型串联补偿技术

下面举例来说明 TCSC 装置在潮流控制中的作用。在如图 7-39 所示的环形系统中包括

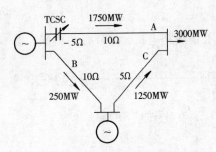

图 7-39　用 TCSC 装置来控制
电力系统的潮流

两个电源和一个负荷，它们之间通过输电线 A、B、C 而相互联系，输电线的电抗分别为 10 Ω 及 5 Ω。如果已知各电源的发电出力，则输电线上流过的功率（潮流）将分别由其电抗来决定，在未接入 TCSC 装置之前，功率潮流将不能自由变更，输电线常有过负载的情况发生。现在，当输电线上串联接入 TCSC 装置之后，由于其容抗值是可调的，这样一来，线路总电抗将可以改变，因而线路潮流得以灵活控制。运行实践表明，作为 FACTS 技术之一的 TCSC 装置控制潮流的效果是非常明显的。

三、统一潮流控制器（UPFC）

UPFC 将可控并联补偿和可控串联补偿技术融为一体，协调控制，不仅可对电网实施电压控制，还能有效地调节系统潮流。较之同时安装多个单一性能的装置，可以降低造价，是一种具有良好发展前景的 FACTS 装置。UPFC 的结构原理如图 7-40 所示，由 STATCOM 和基于电力电子开关的电压源型串联补偿器组成。UPFC 中的 STATCOM 不仅可调节系统无功，还能通过直流环节向串联补偿提供有功功率，以实现四象限串联电压控制，从而实现线路有功、无功、电压的准确调节，并可改善系统稳定性、提高输电能力和抑制系统振荡。

四、动态电压恢复器（DVR）

电力网运行中不可避免地会发生事故和故障，即使可靠性很高的系统，仍需要采取防止事故发生时不使其影响范围扩大的保护措施，用以分隔事故区域和无故障区域。在事故发生时，即使最快速地保护切断故障部分也需要零点几秒，而在这个时间会使许多负荷受到影响，事故时的特点是故障电流增大、系统电压降低，这就使接触器类开关由于低电压释放而停电。对于某些工业，如造纸和化学工业等，会因为电压突然下降而使生产停顿，有的则使生产程序受到冲击而使质量下降，导致很大的经济损失。对于较小容量的负荷，可以使用在线无停电电源（UPS）。而对于工业企业和其他重要部门，最直接最有效的方法是使用动态电压恢复器（DVR）。

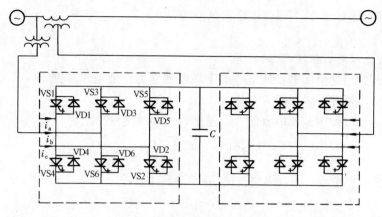

图 7 - 40 UPFC 结构原理

DVR 是在当测出电压瞬时降低后，立即由直流电源逆变产生一组交流，与电源电压相加（串联），这样输出的电压可能维持在允许的范围内，直到系统电压回升到正常值。DVR 的单相电路如图 7 - 41 所示，其中 U_1，U_2 是两组三相逆变器，所产生的电压是严格按照系统各相电压与标准电压之差及相位之差产生，而逆变器为了取得快速反应，它只能采用脉冲宽度调制（PWM）方法，为了取得较快的调制频率的效果，逆变器应该采用 IGBT 之类器件作为开关器件，或者采用其他类似的高速器件。由于故障时不仅电压值下降，相电压的相位也会出现很大的变化，这给快速补偿器的测量辨析增加了困难。目前，有的选用坐标变换的方法，有的选用其他智能方法。总之，快速补偿电压的测量控制是电压恢复成功的关键，也是难度较大的技术。

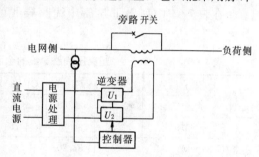

图 7 - 41 DVR 单线电路图

目前，DVR 已经在造纸厂、化工厂、制药厂和电子工业企业等采用，DVR 补偿的电压波形在 1 s 之内，多为 0.5 s 以下，补偿的目的是三相不平衡的故障状态，而超导储能所补偿的大多是 20 ms 内的一些波形上的缺欠，也可能是重复的，但每周期补偿的也只有不足 1 ms 的缺欠。

第六节 远距离输电线路的环境保护

环境保护是新世纪中人类为了保护地球生态环境以及保证社会经济的可持续发展所面临的重大课题之一。远距离输电线路由于电压高、输送容量大、线路长，在运行过程中是一个很强的电磁场辐射源。因而存在着电晕危害、电磁干扰、静电感应、电波辐射等许多环保方面的问题，本节将对此进行简要的介绍。

一、电晕危害

在超高压输电线上，导线表面及其附近将产生很强的电场。当电场强度达到一定数值时导线附近的空气就发生电离，形成放电。这种放电现象就是电晕。关于电晕放电的机理在第二章中曾作过简单的介绍,下面仅就全面电晕场强的计算、电晕损耗、电晕干扰等问题作进一步介绍。

（一）全面电晕电场强度 E_0 的计算

导线表面开始出现全面电晕放电时的电场强度称为全面电晕场强 E_0,又称为临界电位梯度。它与气象条件和导线直径等有关。

根据试验,导线发生全面电晕的电场强度 E_0 的计算公式为

$$E_0 = 33.3 m \delta^{\frac{2}{3}} \left(1 + \frac{0.3}{\sqrt{R}}\right) \quad [\text{kV(峰值)/cm}] \qquad (7\text{-}31)$$

式中 m——导线表面系数,对多股绞线 $m = 0.82 \sim 0.9$;

     R——导线半径,cm;

     δ——相对空气密度,与大气压及气温有关,$\delta = \dfrac{0.00289P}{273+t}$,对于标准大气条件,

         $P = 101$ kPa 及 $t = 20\ ℃$时,相应 $\delta = 1$。

当 $\delta = 1$ 时,则有

$$E_0 = 30.3 m \left(1 + \frac{0.3}{\sqrt{R}}\right) \quad [\text{kV(峰值)/cm}] \qquad (7\text{-}32)$$

在表 7-4 中列出了超高压线路导线的全面电晕电场强度 E_0 值（当 $\delta = 1$ 时）,可供参考。

表 7-4   超高压线路导线的全面电晕电场强度 E_0 值（$\delta = 1$）   单位: kV/cm

导线	型 号	LGJ-300	LGJ-400	LGJQ-300	LGJQ-400	LGJQ-500	LGJQ-600	LGJQ-700	LGJJ-300	LGJJ-400
	直径（mm）	25.2	27.68	23.7	27.36	30.16	33.2	36.24	25.68	29.18
$E_0(m=0.9)$		34.56	34.21	34.76	34.25	33.92	33.61	33.33	34.47	34.02
$E_0(m=0.82)$		31.42	31.20	31.65	31.20	31.90	30.65	30.40	31.40	31.00

注 m 为导线表面系数,通常,$m \leqslant 1$。

根据国外的经验,通常可把在标准气象条件（20 ℃,101 kPa）下的电晕的临界电压取为 30 kV/cm。

（二）导线表面电场强度的计算

导线表面电场强度 E_m 决定于线路的工作电压和导线布置。根据电场计算理论的推导,当线路上每相采用单导线时,则有

$$E_m = 0.0147 \frac{C_1 U_N}{R} \quad [\text{kV(峰值)/cm}] \qquad (7\text{-}33)$$

式中 U_N——实际运行的线电压,kV（方均根值）,一般取为额定电压;

     R——导线半径,cm;

     C_1——每一相导线单位长度的工作电容,pF/m。

从式（7-33）可知,导线表面电场强度 E_m 值与运行电压成正比而与导线半径成反比。为了防止电晕的产生,必须使导线表面电场强度 E_m 小于全面电晕临界电场强度 E_0。按此原则,经过计算后可以确定各级电压下按不发生电晕的条件所确定的导线最小外径,如第二章中表 2-11 所示。

如前所述,对电压在 330 kV 及以上的超高压输电线路,如仍采用单根导线,则根据不

发生电晕的条件所决定的导线截面往往偏大，造成技术上经济上的不合理，为此超高压线路一般都采用分裂导线以降低其表面场强。

对分裂导线，经过理论分析，其导线表面平均电场强度 E_p 为

$$E_p = 0.0147 \frac{C_1 U_N}{nR} \quad [\text{kV(峰值)/cm}] \tag{7-34}$$

当分裂导线按多边形布置时，则有

$$E_m = E_p \left[1 + 2(n-1) \frac{R}{s} \sin \frac{\pi}{n} \right] \quad [\text{kV(峰值)/cm}] \tag{7-35}$$

式中　C_1——某一相线路单位长度导线的工作电容，pF/m；

$\quad\quad U_N$——额定线电压（方均根值），kV；

$\quad\quad n$——每相分裂根数；

$\quad\quad s$——分裂间距，cm。

由于在全面电晕电场强度下，线路的电晕损耗已很大，所以实际运行线路的最大导线表面电场强度一般都取得低于全面电晕电场强度，这样才能减少电晕造成的功率损耗。在设计新线路时，应使最大导线表面电场强度满足

$$E_m < 0.9 E_0 \tag{7-36}$$

这时电晕才比较合理。对海拔不超过 1000 m 的地区，当 E_m 不大于全面电晕电场强度 E_0 的 0.85 时，一般不必按电晕条件来验算导线最小直径。

关于用分裂导线来降低导线表面电场的效果如图 7-42 所示。

（三）电晕损耗

由于电晕现象起源于气体分子的电离，当分子电离产生热、光和电磁辐射时，必将消耗一部分电场能量，这部分能量消耗要靠电力系统的电源来供给，故相当于一部分有功功率损耗，通常称为电晕损耗。对超高压线路而言，如不采取一定的措施，则电晕损耗将是一个比较大的数值，它无论对电力网运行的经济性以及其他性能都将带来不利影响，因此，必须给予足够的注意。

通常，电晕损耗主要受下列因素的影响。

（1）导线表面电场强度。如前所述，它决定于外施电压及导线的结构和布置。首先，导线表面电场强度的大小是决定电晕放电能否产生的主要因素。而当电晕一旦产生后，电场强度稍有增加，将使得电晕损失增加很多（近似平方关系）。因此，正确选择导线的工作电场强度（即正常运行时导线表面电场强度），对电晕损耗的大小具有决定的意义。为了减低导线表面电场强度，可以采用扩径导线、分裂导线等措施，必要时还可以适当调整相间距离。

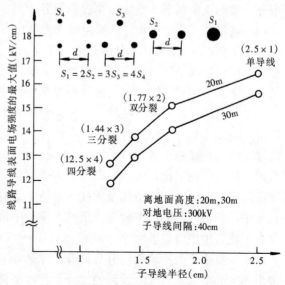

图 7-42　用分裂导线来降低线路导线表面电场强度的效果

（2）导线表面的状态。影响导线表面状态的因素有制造工艺、施工方法、运行条件等。导线表面不光滑会引起电场局部增强、电晕起始电压降低和电晕损失增大。通常，导线表面状态的影响都用导线表面系数 m 来表示。如前所述，我国目前一般取 $m=0.82\sim0.9$。如由于运行、施工不当而使导线表面状态恶化，则将使电晕损失更为增大。

（3）气象条件。由于电晕放电是空气中的局部放电，故气象条件对电晕损失的大小影响很大。如空气的相对密度减小，则电离将变得容易得多，起始电晕电压也将降低，而同一电压下的电晕损失则要增加，尤其是高海拔地区更应注意这个问题。其次，气候条件对电晕损失的影响也较大，当出现雨、雾、雪、覆冰等现象时，会有水滴落在导线表面上，从而改变并加强了导线的局部电场强度，使得电晕损失大幅度增加。

以上分析了影响电晕损耗值的各主要因素。尽管以往有好几种计算电晕损耗的经验公式，但由于电晕损耗的计算涉及许多具体因素，所以迄今为止，对电晕损耗的计算尚无一个精确的通用计算方法。通常是以大量的试验数据为基础来导出经验公式，或者作出通用计算曲线来进行近似计算。

为了使电晕损耗不致过大，应当规定一定的标准。目前一般认为以不超过线路电阻的有功损耗的 10％为宜。根据现有的统计数据，超高压线路的年平均电晕损耗的大致容许范围为

$$
\begin{array}{llll}
330\ \text{kV} & <5 & \text{kW/km·三相} \\
380\ \text{kV} & 5\sim6 & \text{kW/km·三相} \\
500\ \text{kV} & 6\sim8 & \text{kW/km·三相} \\
750\ \text{kV} & 10\sim20 & \text{kW/km·三相}
\end{array}
$$

（四）电晕的无线电干扰和可听噪声

随着电晕的产生除了引起相应的有功损耗外，还带来其他一些环境保护方面的问题。首先，电晕放电将形成臭氧（O_3），造成对导线的腐蚀，影响周围空气的清洁度，并损坏附近的有机物质。其次，电晕还将产生无线电干扰、电视干扰和形成电晕噪声，从而显著地影响到电磁环境的正常状态。下面分别进行简要介绍。

（1）电晕的无线电干扰。当架空线路产生电晕放电时，将伴随着产生连续重复性的脉冲电流。其频率在 $0.15\sim100$ MHz 之间的振荡，导致在出现电晕的导线上产生经常性的电磁波辐射，从而形成电晕干扰，其干扰源即为电晕导线的周围所形成的高频电场。此外，未屏蔽的导线金具及污秽绝缘子的表面放电也都将形成干扰源。

通常，电晕干扰可分为两种：一种是导线表面产生电晕时导线周围所形成的高频电场向外发射的电磁波对附近的无线电台、移动通信中继站、导航设备等通信部门的干扰；另一种是沿输电线路传播的干扰信号，它将破坏高频载波通道等的正常工作。电晕干扰的水平与导线表面电场强度成正比，而与距离的平方成反比。同时，随着频率的增加，电晕干扰水平也将逐渐减弱。此外，气象条件及大气污染情况等对干扰程度也都有较大的影响。例如雨天的干扰水平是各种气象条件中最为严重的，设计中常以此作为根据。另外，当线路通过污秽地区时，干扰程度也将显著增大。

电晕干扰水平的平均值以分贝（dB）来表示，而以干扰场强 $1\ \mu\text{V/m}$ 作为基准（0 dB）。目前世界上许多国家对输电线路的容许干扰电平都有相应的规定，有的已列入国家标准，有的虽未列入国家标准，但各国都有相应的规定作为线路设计的依据。在国际上，还有关于电

磁兼容方面的 IEC 标准。一般规定为：距离输电线路边线 20 m 处的电晕干扰电平应不大于 50 dB；而对高频通道的容许干扰电平，则可按不同电压等级线路分别处理。

　　另外，高压线路的电晕干扰水平在距线路边线 100 m 范围内衰减很快，在 1 km 以外即可忽略不计。

　　(2) 电视干扰。超高压输电线路对电视的干扰有两种情况：一是由于电晕所形成的高频干扰电场中的视频分量的直流发射所引起；另一则是由于铁塔和导线对电视波的反射所造成的，如图 7 - 43 所示。

　　总的来说，电晕所形成的无线电干扰与电视干扰都是由于交流电压的正负两极性的电晕放电而产生的，特别是正极性的电晕放电，成为电波干扰的主要原因。另外，如图 7 - 43 所示，由于超高压

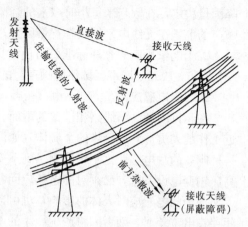

图 7 - 43　输电线与铁塔所形成的电视干扰

输电线路具有高耸的铁塔和导线，而电视波基本上是水平偏波，于是铁塔和导线就成为电波反射的一种屏蔽体，从而引起电波的不完全反射，出现所谓电视重影的现象，形成干扰。其干扰程度据研究与导线粗细、根数、悬挂高度、地形、电波方向、接收天线方向等因素有关。

　　为了减少对电视的干扰，可考虑采取下列措施：

　　1) 输电线路的走向尽可能与电波方向平行；

　　2) 调整接收天线的位置、高度、方向以进行收看，或改用方向性好的天线；

　　3) 在电视干扰程度严重的地区使用公共天线进行收看；

　　4) 减少每相的导体数目（如减少分裂根数）；

　　5) 采用全屏蔽的光纤通信电缆来传递电视或高频通信信号。

　　(3) 电晕噪声（可听噪声）。电晕噪声是指当导线周围空气游离放电所产生的一种人耳能直接听得见的噪声。它是一种音频干扰，是一种有节拍的声音。这种噪声将使得超高压线路附近的居民以及在邻近线路处进行工作的人们感到烦躁和不安，严重时可使人难以忍受。电晕噪声与电晕干扰一样，与导线表面电场强度成正比，与距离成反比，但是随着距离的增加，电晕噪声比电晕干扰衰减更慢。

　　国外的研究表明，对 750 kV 以上的特高压线路，电晕噪声将成为突出的矛盾，导线的最小截面往往需要按这个条件来决定。在日本，当设计 1000 kV 的输电线时，采用 8 导体的分裂导线，就是根据把电晕噪声限制在 50 dB(A) 的目标而决定的。所以，在特高压输电的研究中，对电晕噪声的研究往往是优先的。

　　还要指出，当电晕噪声（指干扰信号）在架空送电线上很快传播时，影响范围可能波及 20～30 km，而且一旦有相邻、交叉的配电线，其传播范围更广。这里，设 E_1 (μV/m) 为噪声电场，而噪声电平 E(dB) 的定义是设基准电场为 E_0(1μV/m)，由下式求得

$$E = 20\lg\frac{E_1}{E_0} \quad (dB)$$

　　另外，根据国外的实验，对有关电晕噪声还得出了以下几项结论：①在晴天时电晕噪声与导线表面电场强度的最大值有线性关系；②下雨时的电晕噪声，由导线的表面电场强度和降雨量决定，在数毫米每小时以上的降雨量时饱和，由于下雨，要增加 20～30 dB。③电晕噪声的电场在无线电广播频率宽带以上，基本上与频率成比例地衰减。

　　关于电晕噪声的容许标准，目前我国虽暂无专门针对输电线路的规定，但应满足国标 GB 3096—1993《城市区域环境噪声》的规定。

二、静电感应

　　在运行的超高压线路和设备的下面，由于电场强度极高，当人在输电线下面通过或在附近工作的人员与对地绝缘的金属体（如汽车和拖拉机等）相接触时，都会因静电感应而产生一种麻痛的触电感，这不仅使人感到不安，而且严重时甚至可能危及生命。因此，在设计超高压输变电设备时，必须对静电感应问题予以足够的重视。

　　关于静电感应对人体的影响，也可以这样来理解：当受到静电感应的金属物体和人体之间存在电位差时，两者间将产生微小的电流，人可能受到电击。例如与大地绝缘的大型车辆和处于接地状态的人体接触时，会受到非常大的电击。这是因为车辆中感应的大量电荷将通过人体流入大地。随着电场的增高，当被称为脱离电流（6 mA 以下）的二次电击电流流过人体时，会不自觉的引起肌肉的跳动。

　　对超高压输变电设备下方因静电感应所造成的影响的大小，通常用"地面场强值"一词来间接衡量。地面场强容许值究竟应当取多大所涉及的因素较多，目前各国并无统一标准，正处在通过科学研究与运行实践不断摸索之中。有的国家规定：从人体安全出发，只要由于静电感应而通过人体的感应电流不大于 5 mA 时，则可以认为是安全的。还有的国家认为：从电场对人的长期影响考虑看，场强小于 5 kV/m 是没有影响的，小于 10 kV/m 也是可以容许的。

　　另外根据日本的经验，在 275 kV 输电线下方，发生了从雨伞到人的面部有微小通电电击（静电感应感觉）的问题。为此，日本首先在 1976 年，在电气设备技术标准中制定了防止感应影响的规定。根据此规定，当静电感应对人可能造成危险时，在地面上 1 m 处的电场强度必须抑制在 3 kV/m 以下。而在欧洲、美国发达国家则规定输电线下的最大电场强度可容许到 10 kV/m 的程度，可见日本防止静电感应的标准是极其严格的。

　　图 7-44 表示了日本在 500 kV 输电线下地面上 1 m 处的电场特性。该图也表示了电磁感应的磁场特性。从图中可知在输电线下的地面上方 1 m 处，与大地平行方向的电场是极其小的。该输电线路的导线的排列是，线间距离为 13.5 m，其间电压为 500 kV。导线与大地间的距离为 30 m，对地电压为 $500/\sqrt{3}$ kV。就是说，导体最低的地面高度（30 m），不是从导体—大地间的电气绝缘强度的要求而决定的，而是为了降低线路下方地面近旁的电场强度所决定的。

　　关于地面电场的数值计算的方法是成熟的，但本书限于篇幅，对此不再详加介绍。

　　最后，再简单介绍减轻静电感应影响的措施。

　　通常，可通过下列措施来减轻静电感应的影响：

　　（1）增加导线的对地高度。显然导线悬挂愈高，则地面场强愈低。但通过增高导线所取得的降低地面场强的效果还与导线的布置方式、根数、相间距离等因素有关系。这项措施应在设计时通过全面技术经济比较来确定。

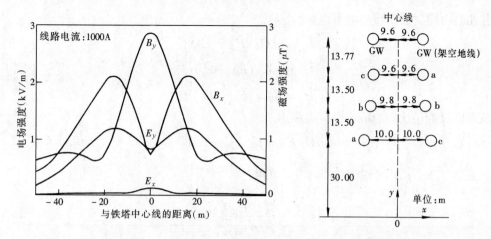

图 7-44　500 kV 输电线下的地面上 1 m 处电场、磁场的计算结果

（2）提高变电设备的金属底座（或水泥底座）的高度。这样既提高了高压导体的对地高度，又增大了底座的屏蔽效应，其效果特别明显。

（3）设立屏蔽体。如地面场强过高而依靠其他措施又无法降低时，则应通过整体或局部设立屏蔽体以求得地面场强的降低。作为屏蔽体可以采用屏蔽线、屏蔽栅等。另据研究，种树也是一很好的屏蔽，可使地面场强降低。

（4）在静电感应严重地区，可以采用屏蔽服作为个别人员的人身防护措施。

此外，相邻线路间的相序、高压导体及均压环的尺寸等因素对静电感应也有影响，在设计时也应予以注意。

三、输电线路对通信线的干扰

由于高压及超高压输电线路在其附近形成很强的电磁场且线路延伸的范围又很远，故对周围的通信线路将产生干扰。其主要形式为静电干扰与电磁干扰，现简介于后。

（一）静电干扰

关于静电干扰与前面所述的静电感应是属于同一物理范畴的现象，下面简单介绍其分析方法。

由于电力线和通信线之间存在电容，电力线将通过静电耦合而对通信线产生干扰，如图 7-45（a）所示。

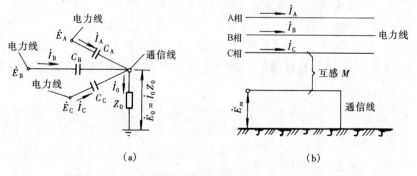

图 7-45　输电线路对通信线路的静电干扰和电磁干扰

(a) 静电干扰；(b) 电磁干扰

各相电力线对通信线的电容电流为

$$\left.\begin{array}{l} \dot{I}_{\mathrm{A}} = \mathrm{j}\omega C_{\mathrm{A}}(\dot{E}_{\mathrm{A}} - \dot{E}_0) \\ \dot{I}_{\mathrm{B}} = \mathrm{j}\omega C_{\mathrm{B}}(\dot{E}_{\mathrm{B}} - \dot{E}_0) \\ \dot{I}_{\mathrm{C}} = \mathrm{j}\omega C_{\mathrm{C}}(\dot{E}_{\mathrm{C}} - \dot{E}_0) \end{array}\right\} \tag{7-37}$$

从而流过通信线的总静电感应电流为

$$\dot{I}_0 = \dot{I}_{\mathrm{A}} + \dot{I}_{\mathrm{B}} + \dot{I}_{\mathrm{C}} = \mathrm{j}\omega(C_{\mathrm{A}}\dot{E}_{\mathrm{A}} + C_{\mathrm{B}}\dot{E}_{\mathrm{B}} + C_{\mathrm{C}}\dot{E}_{\mathrm{C}}) - \mathrm{j}\omega\dot{E}_0(C_{\mathrm{A}} + C_{\mathrm{B}} + C_{\mathrm{C}}) \tag{7-38}$$

从式（7-38），并考虑到 $\dot{I}_0 = \dfrac{\dot{E}_0}{Z_0}$，可得

$$\dot{E}_0 = \frac{C_{\mathrm{A}}\dot{E}_{\mathrm{A}} + C_{\mathrm{B}}\dot{E}_{\mathrm{B}} + C_{\mathrm{C}}\dot{E}_{\mathrm{C}}}{C_{\mathrm{A}} + C_{\mathrm{B}} + C_{\mathrm{C}} + \dfrac{1}{\mathrm{j}\omega Z_0}} \tag{7-39}$$

则通信线路对地流过的感应电流 $\dot{I}_0$ 为

$$\dot{I}_0 = \frac{C_{\mathrm{A}}\dot{E}_{\mathrm{A}} + C_{\mathrm{B}}\dot{E}_{\mathrm{B}} + C_{\mathrm{C}}\dot{E}_{\mathrm{C}}}{(C_{\mathrm{A}} + C_{\mathrm{B}} + C_{\mathrm{C}})Z_0 + \dfrac{1}{\mathrm{j}\omega}} \tag{7-40}$$

从式（7-40）可知，当三相电源电压对称且经完善换位 $C_{\mathrm{A}} = C_{\mathrm{B}} = C_{\mathrm{C}}$ 时，则有 $I_0 \approx 0$，即感应电流可以略去不计。

因而，只有在正常运行时出现三相电压不对称或存在换位不完全时，输电线才对通信线有静电感应电流产生。静电干扰将使得通话产生杂音，影响通话质量或甚至无法通话。为此，对各类等级的通信线路的噪声电势值，均应限制在某一规定值以下。而对电压在 330 kV 及以下的输电线路，当它们与通信线相距超过 100 m 时，则可以不计其影响。

减低静电干扰的具体措施有：

（1）使三相线路尽量做到换位完善；

（2）增大电力线与通信线之间的距离；

（3）在电力线与通信线之间架设屏蔽线或采取其他屏蔽措施；

（4）采用光纤通信等先进的通信方式。

（二）电磁干扰

电磁干扰是三相输电线中的零序电流对邻近的通信线由于电磁感应（互感）而产生的一种干扰［见图 7-45（b）］。当三相负载电流对称时，这种感应的影响较小，可略去不计。但当发生接地故障而产生较大的零序电流时，则电磁干扰的影响必须予以足够的重视。对图 7-45（b）所示的线路，当通信线路的一端接地时，由于零序电流而在通信线路的另一端所感应出的对地电磁感应电压 $\dot{E}_{\mathrm{m}}$ 可计算为

$$\dot{E}_{\mathrm{m}} = \mathrm{j}\omega M \dot{I}_{\mathrm{A}} + \mathrm{j}\omega M \dot{I}_{\mathrm{B}} + \mathrm{j}\omega M \dot{I}_{\mathrm{C}} = \mathrm{j}\omega M(\dot{I}_{\mathrm{A}} + \dot{I}_{\mathrm{B}} + \dot{I}_{\mathrm{C}}) = \mathrm{j}\omega M 3 \dot{I}_0 \tag{7-41}$$

式中　M——互感系数；

　　$\dot{I}_0$——输电线路上流过的零序电流。

式（7-41）是计算电磁感应电压的基本公式，但当沿线各点的 I_0 值及其相位不相同时，则需要求出其平均值来。具体而言，电流平均值以电流为位置的函数来求取，是用其长

度去除该距离积分值（A·km）的值。感应电流的大小根据电力系统中性点的接地方式的不同而不一样。下面，按不接地系统与直接接地系统的两种情况进行介绍。

（1）不接地方式。在单相接地事故发生时的感应电流，因为只是电容电流，由这个电流所引起的电磁感应很小。如图7-46（a）所示，电容电流从送、受端分别流向事故点，电流大小随距事故点的距离而比例地变大，但电流方向是相反的。

（2）直流接地方式。单相接地事故一旦发生，就有极大的感应电流流动，如图7-46（b）所示。事故点愈接近中性点，该电流值愈大，在采用这种接地方式的超高压输电线的设计中，防止电磁感应影响的措施当然是重要的。

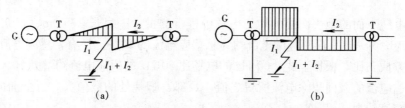

图7-46 感应电流分布
（a）不接地方式；（b）直接接地方式

电磁感应电压除了与感应电流的大小有关之外，还与电力线和通信线之间的互感系数M有关。因为零序电流流入到大地，还受大地导电率的影响，所以M的计算是极其复杂的。以大地为回路的互感系数M，可用第四章中所介绍的假设大地的电导率不变时的公式来计算，但实际上大多依赖于经验公式。这种实用计算公式与系统的中性点接地方式、土壤电阻率的大小以及电力线和通信线平行接近段的距离和长度等因素有关，严重时甚至可达数百伏乃至数千伏，以致危及通信人员和设备的安全。对这种危险影响，应根据具体计算结果，采取一定的防护措施。

为减低电磁感应的影响，可以采取下列措施：

（1）减小接地故障时的接地电流并迅速切除故障；

（2）增大电力线与通信之间的距离；

（3）采用一定的屏蔽措施，例如：对电力线路可采用良导体的架空地线来作为屏蔽，对通信线可采用专门的屏蔽线、屏蔽线圈等屏蔽措施或采用光纤通信方式等。

（三）高频感应干扰

前面介绍过的电晕所产生的无线电干扰就是属于高频感应干扰的一种类型。另外，电力系统中的一些其他高次谐波源，如电机、变压器的励磁电流中的高频分量，整流装置中所产生的高频分量等，也都将对通信线路形成高频感应干扰。

四、电磁场对生物体的影响

工频电场和磁场对于包含人体在内的生物体的影响，在近30年间一直是被人们广泛关注的课题。其内容主要针对电场与磁场在生物体内产生的长时间感应电流的影响，以儿童的白血病及其相关问题为中心，在世界上约30个国家中进行了许多研究。下面概略介绍迄今为止研究的结果。最后还应指出，这个问题涉及到生活在与电力设施有关区域内的人们的健康，被称为EMF（Electric and Magnetic Fields）问题。例如，近年来，人们十分关心的移动电话的辐射问题，实际上也是属于这个范畴的。

（一）电场引起的人体感应电流

在人体中由于静电感应将感应出微小电流。这个电流在人体接地时，在愈靠近大地的人体部分，通过的电流就愈大。这时，通过人体和大地的接触面的全电流 $I(A)$ 可计算为

$$I = \omega\varepsilon_0 \iint E_s d_s \qquad (7\text{-}42)$$

式中　E_s、d_s——分别为人体表面的电场，V/m 与微小面积，m^2。

其中 $\omega = 2\pi f$，f 是频率，Hz。如式（7-42）所示，头部、上半身处的电场集中部位的体表部分将感出较大的电流，而在脚腕表面处因为表面电场小，所以几乎不产生感应电流。

如在输电线下面的地表面处的均匀电场中进行测量，一身长 175 cm、直立的成人的感应电流约为 16.5 μA。头部感应的电流约为总感应电流的 30%。还有，感应电流几乎与人的高度的二次方成正比。根据上式，60 Hz 的电场比 50 Hz 的感应电流约增大 20%。感应电流密度是用通过电流的截面积除电流所得之值，颈部、脚腕处的数值大。以上面的例子来看，颈部的电流密度约为 0.4 μA/m^2。

（二）磁场引起的人体感应电流

根据法拉第定律，处于交流磁场内的人体中将产生感应电流。这个电流在人体的中心部很小，而在其周围变大，即所谓涡流状的，因此被称为涡流。

现设人体的头部模型为直径 d(m) 的球，若求在磁通密度 B(T) 中这个球中所感应出的电流密度的最大值 i_{max}(μA/m^2)，可得

$$i_{max} = d\sigma\omega B \frac{10^6}{4} \qquad (7\text{-}43)$$

$$\omega = 2\pi f$$

式中　i_{max}——球的外周部分的电流密度；

　　　　σ——球体的电导率，S/m；

　　　　f——频率，Hz。

现取 $d=0.2$ m，$\sigma=0.1$ S/m，$f=60$ Hz，代入式（7-43），则 i_{max} 约为 $1.9B\times10^6$ μA/m^2，假设把 $B=10\times10^{-6}$ T，i_{max} 约为 19 μA/m^2。

从以上的说明可知，电场的感应电流密度在截面积小的颈部与脚腕处比较大，与此相反，磁场下的特性是在截面积大的部分感应电流密度比较大。如果只看人体的头部与颈部，在电场强度 1 kV/m、磁场 10 μT 下的感应电流时，电场的最大感应电流密度比磁场的最大感应电流约大 20 倍。

（三）关于人体内的电磁感应

当接触到电力线下面设置的金属长栅栏等时，有时会形成经人体的闭合回路，在人体内将有电磁感应产生的电流。因为在电力线附近进行通信线施工的工作人员可能受到电击，所以感应电压限制在 60 V。特别是接地事故等有零序电流流动时，将会有较大的电击发生，所以要加以注意。这时，如果事故时间短，可以容许高的感应电压。对 100 kV 以上的输电线，事故持续时间在 0.1 s 以下时，这个感应电压限制值为 430 V，最近这个值已提高到 650 V。

（四）电磁场对人体影响的总体评价

根据到目前为止的研究，有关国家和国际组织在免疫调查、动物及其细胞实验、人体实

验等方面进行了许多工作。表 7 - 5 上汇总了各专门机构对人体影响的评价结果概要。

表 7 - 5 各专门机构对人体影响评价

发表年份	机 构 名 称	评 价 内 容
1984	世界卫生组织 （WHO）	10 kV 没有任何问题
1987		5 G（1 G＝10^{-4} T）以下的磁场中没有看到对生物有影响
1992	调查研究委员会 （日本资源能源厅）	居住环境水平的磁场没有证据说明对人体有不良的影响
1995	研究委员会 （日本环境协会）	没有必要修改 WHO 的报告
1995	美国物理学会	未能证明电力线的电磁场与癌的相关性
1996	全美科学学会	没有科学证据证明电磁场与人的健康的因果关系
1998	国际非电离放射线防护委员会 （ICNIRP）	对于公用的 50 Hz 时的限制水平，电场强度：5 kV/m、磁场： 1 G（60 Hz 时限制水平各为这个值的 5/6）
1998	EMF 特别委员会 （日本电气学会）	在现在居住环境水平的电磁场中尚不能说对人体有影响
1998	国立环境健康科学研究所（美国） （EMF Rapid Program）	根据动物实验结果，虽然不充分，但从免疫研究结果来看，对 人体的癌变或许多少有些关系（工作小组讨论）

五、高压直流输电线路的环境保护

（一）概述

高压直流输电线路的环保问题有的是与前述高压交流远距离输电是相同的，但也有一些是不同的。例如，直流下的电晕噪声，主要发生在正极性的线路上，其频谱与交流线路类似，是脉冲性的、随机发生的不连续的"噼啪"声，但是，它不会产生交流线路所具有的低频交流声。另外，直流负极性线路下的噪声水平比交流要小得多，甚至可以忽略不计。

此外，直流输电线路所产生的电晕噪声，在晴天时要比雨天时的数值高。国外试验研究表明，±500 kV 直流输电线路当导线表面电场强度为 28 kV/cm 以下时，所产生的噪声在线路走廊边缘一般不大于 50 dB（A）。我国对于 ±500 kV 试验线路的测量结果表明，在距正极性导线 20 m 处的可听噪声为 40 dB（A），这样的水平是完全可以接受的。

直流线路的电场与交流电场的最大区别在于，对交流输电线而言，由于不存在空间电荷的影响，最大导线表面电场强度较容易计算；但是，对于直流线路而言，由于其极性不变，因而直流电晕所产生的空间电荷将影响到导线表面电场强度及地面场强的值，这一影响称为直流离子流场问题，将在后面作进一步介绍。

对直流输电线而言，虽然不存在静电感应问题，但必需考虑离子流作用的影响；反之，在交流输电线的场合，每上半周所产生的正极性离子，往往多数被下半周所产生的负极性的离子所吸收，剩余的离子在往复交变运动中朝周围扩散，由于离子的再结合，到达地表时，离子已减小到极小程度，所以交流输电线下方的地面电场强度计算，完全可以不考虑离子流的影响。相反，对直流输电线下方场强度的计算则必须考虑离子流场的影响，这时计算将变得复杂化。

（二）离子流带电与离子流场简介

首先，交直流输电线路产生电晕的机理是相同的。当输电导线表面的直流电场强度达到皮克公式即式（7-31）所计算的电晕起始电场强度（与交流电场强度的峰值相对应）时，导线即发生电晕。不过，由于交、直流电压作用的形式不同，在导线表面产生电晕后，其发展过程则有很大差别。

直流导线上的电压极性是不改变的，因此，电晕放电所产生的电荷在空间形成了两个区域，即电离区和极间区。电离区是围绕导线很薄的一层，电离区内的电场强度很高，在那里由电子碰撞电离以电子崩的形式产生很多带电粒子。由电离区产生的与导线有相同极性的电荷质点，因被导线产生的电场所排斥，则进入极间区，这是指电极间布满了空间电荷的一个广阔区域。例如，对负的单极性线路来说，电离区内的电子以一定速度被排出后，它们很快与有一定亲和能力的中性分子结合成负离子。这些负离子不断向地面流动，形成负离子流。正的单极性短路也是一样，正极导线是产生正离子的源，从导线出发的正离子空间电荷充满了输电线导体和大地之间的极间空间。

对于双极输电线路来说，由每极导线分别发出的正离子和负离子不仅向大地漂移，还将向相反极性的导线漂移，因此，一条双极直流输电线路的极间区包括三个有着不同的空间电荷的区域，如图7-47所示。它有两个分别处在每极导线与大地之间的单极性正或负离子区域，以及一个处于相反极性导线之间同时具有两种离子的双极性区域。

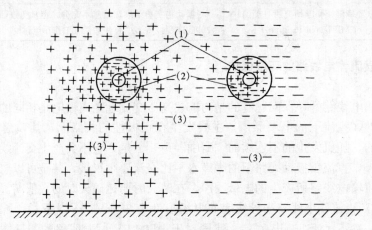

图 7-47　双极直流输电线路空间电荷产生的原理图
(1) 导线；(2) 电离区；(3) 极间区

直流线路极间区离子空间电荷的存在，对电晕起着一种抑制作用。当提高电压因而导线附近场强增高、电晕加剧时，同时使极间区也具有更多的空间电荷，这些与导线极性同符号的空间电荷反作用于导线，又使得导线附近的电场减弱。实际上，在放电稳定的状态下，离子空间电荷与导线上的电荷总是建立起这样的平衡条件，它使导线附近的电场强度限制在为维持一定强度的电离所需的最小值，不管导线上所加电压有多高，其表面附近几乎是保持着接近电晕起始电场强度。由于空间电荷对电晕放电的这种屏蔽效应，还使得直流电压下，导体表面附有水滴、灰尘等，并不会使电晕放电有像交流下那样明显的增加。

直流电晕的一部分离子空间电荷，在电场力的作用及风吹下会向地面迁移，形成持续离子流，它加强了线下方的电场强度，并对物体充电，这种作用称为离子流场效应，因此，直流输电线路的电场效应将与交流时不同。同样，由于离子流电荷的作用，高压直流输电环境参数的测量和计算技术也比较复杂。

为了进一步了解直线导线下方离子流的流动情况，还可参阅图 7-48。应当指出的是，风对离子流的分布有很大影响，当无风时，导线正下方的离子流的带电量最大；有风时，电荷的分布将偏于风向一侧。另外，如上所述，当正、负极性的输电线水平排列时，极间也有离子流，比起单极性输电线来，线下方物体的带电量将要减少，当设计输电线的走廊宽度时，应当考虑风向对离子流电场的影响。

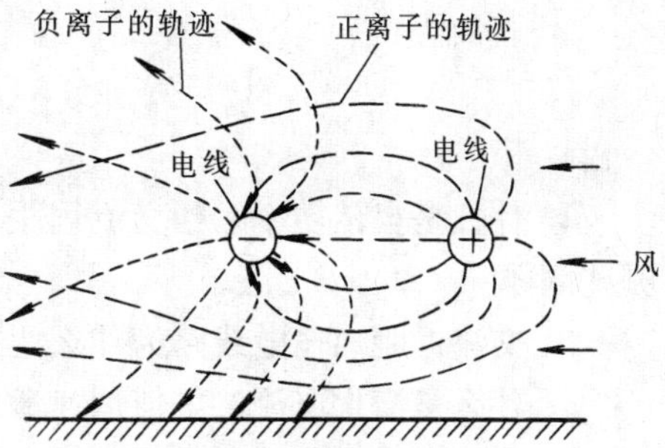

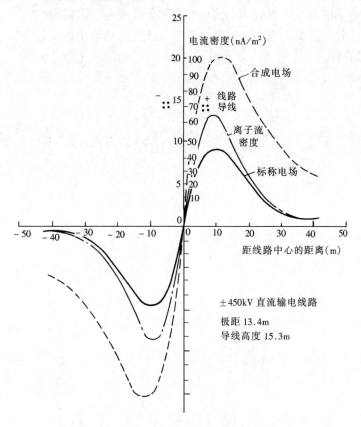

图 7-48 风对直流线路正、负极性下方离子流的流动情况的影响

由于受到离子流作用的物体或动物将要感生电压，因而人体若与之相接触时可能受到电击。但是根据国外的研究成果，这种带电电压大致与输电线距地面高度的平方成反比。因而，为了把它与交流静电感应作用的后果控制到相同程度，对直流 250 kV 的线路，导线距地面高度只要不低于 8 m 即可。

直流离子流场的计算，从理论上说依靠电磁场计算中的泊松方程式即可以解决，但空间电荷要受风以及其他一些自然条件的影响，从而使准确计算的难度大为增加，有时需要依靠一定模型试测来解决。图 7-49 为国外某 ±450 kV 双极直流输电线路的电场和离子流分布的实测数据，可供大致了解其分布规律时参考。

图 7-49 ±450 kV 双极直流输电线路下的电场和离子流密度分布的实测数据

复习思考题与习题

1. 什么是自然功率？当交流远距离输电线的传输功率大于或小于自然功率时，将出现哪些问题？

2. 交流远距离输电线路为什么要采用并联电抗器补偿？

3. 什么是潜供电流？如何加速潜供电弧的熄灭？

4. 试述高压直流输电的优、缺点与适用范围。

5. 什么是背靠背直流输电方式，它适用于什么场合？

6. 什么是换流装置的 α 角、β 角以及重叠角和裕度角？它们之间有什么关系？

7. 什么情况下会产生换相失败？如何避免产生这种事故？

8. 什么是定电流控制？什么是定裕度角控制？它们分别在什么情况下采用？

9. 什么是 FACTS 技术？为什么它是今后电力技术的发展方向之一？

10. 远距离输电线路的环保问题包括哪些方面？

11. 电晕危害主要有哪些方面？如何减少它的危害？

12. 静电感应的影响应如何来防止？

13. 试述输电线路产生对通信线路的干扰的机理。如何防止这种干扰？

14. 什么是直流输电线下方的离子流场？它的分布受哪些因素影响？

15. 试综合比较高压交流远距离输电与高压直流远距离输电的适用范围。并展望今后它们在我国的应用前景。

附　　录

附录一　多导线系统的磁链计算

附图 1 所示为空间中具有半径为 r_1，r_2，$\cdots$，r_n 的 n 根平行导线系统，各导线分别流过 i_1，i_2，$\cdots$，i_n 的电流，现假设各电流之和为零，即

$$i_1 + i_2 + \cdots + i_n = 0 \qquad\qquad （附 1 - 1）$$

下面进一步来分析这种多导线系统的磁场和电感。

首先，假定在远离各导线处有一点 P，取各导线与 P 点的距离分别为 D_{1P}，D_{2P}，$\cdots$，D_{nP}。并假定通过 P 点有一根与上述各导线相平行的假想导线，而且电流 i_1，i_2，$\cdots$，i_n 都通过这个假想的返回导线形成闭合环流。根据式（附 1 - 1），各电流之和为零，因而，这根返回导线上的电流并不产生磁场，故即使有这根假想的返回导线存在，也不对磁场分布造成任何影响。

下面，首先看一下导体 1 和假想返回导线之间所具有的磁链。这个磁链可以看作是由电流 i_1，$i_2\cdots$，i_n 等所产生的磁链的叠加而成。先看一下由于电流 i_1 在导体 1 与假想导线之间所建立的磁链，它是由导体内部的磁链和外部磁链所构成。当电流在导体内部均匀分布时，根据电磁场理论，其内部磁链的计算式为

$$\psi_n = \frac{\mu_0}{8\pi} \cdot i \ （\text{Wb/m}）$$

由电流 i_1 在导体 1 的表面至假想返回导线之间每单位长度上所产生的磁链数为（假定 $D_{1P} \gg r_1$，见附图 1）

$$\psi_{1e} = \int_{r_1}^{D_{1P}} \frac{\mu_0 i_1}{2\pi x} \mathrm{d}x = \frac{\mu_0 i_1}{2\pi} \ln \frac{D_{1P}}{r_1} \ （\text{Wb/m}） \qquad （附 1 - 2）$$

再加上内部磁链，即可得到在导线单位长度上由于电流 i_1 所产生的总磁链为

$$\begin{aligned}
\psi_{1P1} &= \frac{\mu_0 i_1}{8\pi} + \frac{\mu_0 i_1}{2\pi} \ln \frac{D_{1P}}{r_1} = \frac{\mu_0}{2\pi} \left[\frac{1}{4} i_1 + \left(\ln \frac{D_{1P}}{r_1} \right) i_1 \right] \\
&= 2 \times 10^{-7} \left[\frac{1}{4} i_1 + \left(\ln \frac{D_{1P}}{r_1} \right) i_1 \right] \ （\text{Wb/m}）
\end{aligned} \qquad （附 1 - 3）$$

下面看一下在流过导体 2 的电流 i_2 所产生的磁链中，在导体 1 和假想导体 P 之间，每单位长度上所穿过的磁链，参照附图 2 可有

$$\psi_{1P2} = \int_{D_{12}}^{D_{2P}} \frac{\mu_0 i_2}{2\pi x} \mathrm{d}x = \frac{\mu_0}{2\pi} i_2 \ln \frac{D_{2P}}{D_{12}} = 2 \times 10^{-7} i_2 \ln \frac{D_{2P}}{D_{12}} \ （\text{Wb/m}） \qquad （附 1 - 4）$$

根据上述原则，同样可求出电流 i_3，i_4，$\cdots$，i_n 在导体 1 和假想导体之间每单位长度上所穿过的磁链。最后，可以得出由电流 i_1 所产生的磁链以及由电流 i_2，i_3，$\cdots$，i_n 所产生的位于导体 1 与返回导线 P 之间的磁链之和的总磁链为

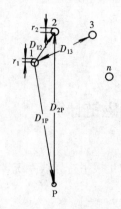

附图 1 平行多导线系统

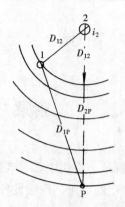

附图 2 磁链数的计算

$$\psi_{1P} = \psi_{1P1} + \psi_{1P2} + \cdots + \psi_{1Pn}$$

$$= 2 \times 10^{-7} \left[\frac{1}{4} i_1 + \left(\ln \frac{D_{1P}}{D_1} \right) i_1 + \left(\ln \frac{D_{2P}}{D_{12}} \right) i_2 + \cdots + \left(\ln \frac{D_{nP}}{D_{1n}} \right) i_n \right]$$

$$= 2 \times 10^{-7} \left[\frac{1}{4} i_1 + \left(\ln \frac{1}{r_1} \right) i_1 + \left(\ln \frac{1}{D_{12}} \right) i_2 + \cdots + \left(\ln \frac{1}{D_{1n}} \right) i_n \right.$$

$$\left. + (\ln D_{1P}) i_1 + (\ln D_{2P}) i_2 + \cdots + (\ln D_{nP}) i_n \right] \qquad \text{(附 1 - 5)}$$

由于
$$i_n = -(i_1 + i_2 + \cdots + i_{n-1}) \qquad \text{(附 1 - 6)}$$

故代入式（附 1 - 6）后可得

$$\psi_{1P} = 2 \times 10^{-7} \left[\frac{1}{4} + \left(\ln \frac{1}{r_1} \right) i_1 + \left(\ln \frac{1}{D_{12}} \right) i_2 + \cdots + \left(\ln \frac{1}{D_{1n}} \right) i_n \right.$$

$$\left. + \left(\ln \frac{D_{1P}}{D_{nP}} \right) i_1 + \left(\ln \frac{D_{2P}}{D_{nP}} \right) i_2 + \left(\ln \frac{D_{(n-1)P}}{D_{nP}} \right) i_{n-1} \right] \text{ (Wb/m)} \qquad \text{(附 1 - 7)}$$

在式（附 1 - 7）中，P 点应为无穷远，则所有 $\ln D_{iP}/D_{nP}$ 项均为零，这样可以把 φ_{1P} 改写为 φ_1 并得出

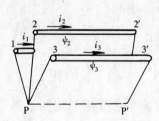

附图 3 多导体系统的磁链

$$\psi_1 = 2 \times 10^{-7} \left[\frac{1}{4} + \left(\ln \frac{1}{r_1} \right) i_1 + \left(\ln \frac{1}{D_{12}} \right) i_2 + \cdots \right.$$

$$\left. + \left(\ln \frac{1}{D_{1n}} \right) i_n \right] \text{ (Wb/m)} \qquad \text{(附 1 - 8)}$$

式（附 1 - 8）即为多导线系统磁链计算的一般式。同样，还可以写出 ψ_2，ψ_3，$\cdots$，ψ_n 等类似计算式，这些磁链可以看成如附图 3 所示的处在无限远处的假想返回导体 P—P' 与导线 1，2$\cdots$，n 之间所包围的平面内单位长度上所穿过的磁链。

附录二　考虑大地影响后多导线系统的电容计算法

如附图 4 所示，在距地面高度分别为 h_1，h_2，…，h_n(m) 的地方，存在有半径为 r_1，r_2，…，r_n 的平行多导线系统。假设每根导线所带的电荷分别为 q_1，q_2，…，q_n，电位分别为 U_1，U_2，…，U_n。为考虑大地影响，如取 q_1，q_2，…，q_n 的镜像电荷分别为 $-q_1$，$-q_2$，…，$-q_n$，并假定导线之间的相互距离 $D_{km}(=D_{mk})$ 比导线的半径要大得多，则根据电磁场理论，可分别写出各导体电位的计算式为

$$\left.\begin{aligned}
U_1 &= \frac{1}{2\pi\varepsilon_0}\left(q_1\ln\frac{2h_1}{r_1} + q_2\ln\frac{D_{12'}}{D_{12}} + \cdots + q_n\ln\frac{D_{1n'}}{D_{1n}}\right)\ (\text{V})\\
U_2 &= \frac{1}{2\pi\varepsilon_0}\left(q_1\ln\frac{D_{21'}}{D_{21}} + q_2\ln\frac{2h_2}{r_2} + \cdots + q_n\ln\frac{D_{2n'}}{D_{2n}}\right)\ (\text{V})\\
&\vdots \qquad\quad \vdots \qquad\quad \vdots\\
U_n &= \frac{1}{2\pi\varepsilon_0}\left(q_1\ln\frac{D_{n1'}}{D_{n1}} + q_2\ln\frac{D_{n2'}}{D_{n2}} + \cdots + q_n\ln\frac{2h_n}{r_n}\right)\ (\text{V})
\end{aligned}\right\}\quad (\text{附}2\text{-}1)$$

为简化式（附 2-1），可以引入电位系数的概念，即

$$P_{kk} = \frac{1}{2\pi\varepsilon_0}\ln\frac{2h_k}{r_k}\quad k = 1,2,\cdots,n$$

(附 2-2)

$$P_{km} = \frac{1}{2\pi\varepsilon_0}\ln\frac{D_{km'}}{D_{km}}$$

$k \neq m$，而 k、$m = 1,2,\cdots,n$　（附 2-3）

式（附 2-3）中的 P_{kk} 是指仅对导线 k 给以 1 C/m 的电荷时导线 k 的电位，又称为自电位系数，式（附 2-3）中的 P_{km} 是指仅对导线 m 给以 1 C/m 的电荷时导线 k 的电位，又称互电位系数。D_{km} 为导线 k 与 m 之间的距离，$D_{km'}$ 为导线 k 和导线 m 的镜像之间距离，并具有 $D_{km} = D_{mk}$，$D_{km'} = D_{mk'}$ 的关系。

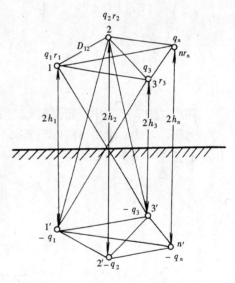

附图 4　处于大地上方的多导体系统

把式（附 2-2）、式（附 2-3）代入式（附 2-1）中并加以整理后可得

$$\begin{bmatrix} U_1 \\ U_2 \\ \vdots \\ U_n \end{bmatrix} = \begin{bmatrix} p_{11} & p_{12} & \cdots & p_{1n} \\ p_{21} & p_{22} & \cdots & p_{2n} \\ \vdots & \vdots & \cdots & \vdots \\ p_{n1} & p_{n2} & \cdots & p_{m} \end{bmatrix} \begin{bmatrix} q_1 \\ q_2 \\ \vdots \\ q_n \end{bmatrix}$$

(附 2-4)

下面，如取电位系数矩阵的逆矩阵则可得出

$$\begin{bmatrix} p_{11} & p_{12} & \cdots & p_{1n} \\ p_{21} & p_{22} & \cdots & p_{2n} \\ \vdots & \vdots & \cdots & \vdots \\ p_{n1} & p_{n1} & \cdots & p_{m} \end{bmatrix}^{-1} = \begin{bmatrix} q_{11} & q_{12} & \cdots & q_{1n} \\ q_{21} & q_{22} & \cdots & q_{2n} \\ \vdots & \vdots & \cdots & \vdots \\ q_{n1} & q_{n1} & \cdots & q_{m} \end{bmatrix}$$

(附 2-5)

则将有

$$
\begin{bmatrix} q_1 \\ q_2 \\ \vdots \\ q_n \end{bmatrix} = \begin{bmatrix} q_{11} & q_{12} & \cdots & q_{1n} \\ q_{21} & q_{22} & \cdots & q_{2n} \\ \vdots & \vdots & \cdots & \vdots \\ q_{n1} & q_{n2} & \cdots & q_{nn} \end{bmatrix} \begin{bmatrix} U_1 \\ U_2 \\ \vdots \\ U_n \end{bmatrix} \qquad \text{(附 2 - 6)}
$$

或者

$$
\left.\begin{aligned}
q_1 &= (q_{11} + q_{12} + \cdots + q_{1n})U_1 - q_{12}(U_1 - U_2)\cdots - q_{1n}(U_1 - U_n) \\
q_2 &= q_{21}(U_2 - U_1) + (q_{21} + q_{22} + \cdots + q_{2n})U_2\cdots - q_{2n}(U_2 - U_n) \\
\vdots\quad & \\
q_n &= -q_{n1}(U_n - U_1) - q_{2n}(U_n - U_2)\cdots + (q_{n1} + q_{n2} + \cdots + q_{nn})U_n
\end{aligned}\right\} \quad \text{(附 2 - 7)}
$$

据式（附 2 - 7），可得出导体 k 的对地电容以及导体 k 和 m 之间的互电容 C_{kn} 分别为

$$
C_{kk} = q_{k1} + q_{k2} + \cdots + q_{kn} \qquad \text{(附 2 - 8)}
$$

$$
C_{kn} = C_{mk} = -q_{kn} \qquad \text{(附 2 - 9)}
$$

利用式（附 2 - 8）和式（附 2 - 9）的关系，可得出

$$
\begin{bmatrix} q_1 \\ q_2 \\ \vdots \\ q_n \end{bmatrix} = \begin{bmatrix} C_{11} + C_{12} + \cdots + C_{1n} & -C_{12} & -C_{1n} \\ -C_{21} & C_{21} + C_{22} + \cdots + C_{2n} & -C_{2n} \\ \vdots & \vdots & \vdots \\ -C_{n1} & -C_{n2} & C_{n1} + C_{n2} + \cdots + C_{nn} \end{bmatrix} \times \begin{bmatrix} U_1 \\ U_2 \\ \vdots \\ U_n \end{bmatrix}
$$

$$
\text{(附 2 - 10)}
$$

在式（附 2 - 5）中所定义的 q_{kk} 常称为电容系数，而 $q_{kn}(k \neq m)$ 则称为静电感应系数。

另外，对式（附 2 - 8）、式（附 2 - 9）所表示的多导线系统的电容关系，还可以用附图 5 所示的等值电路来表示。

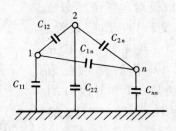

附图 5 多导体系统电容关系的
等值电路

附录三　线路常用导线技术数据

附表 3-1　钢芯铝绞线的结构及主要技术参数

型号类型	标称截面 (mm²)	结构尺寸 根数/直径 (mm) 铝	结构尺寸 根数/直径 (mm) 钢	截面 (mm²) 铝	截面 (mm²) 钢	铝钢截面比	直径 (mm) 导线	直径 (mm) 钢芯	直流电阻 (Ω/km)(20℃)	拉断力 (×9.8 N)	弹性系数 (kg·mm²)	线胀系数 1/℃ (×10⁻⁶)	单位质量 (kg/km)	载流量 (A) 70℃	载流量 (A) 80℃	载流量 (A) 90℃
LGJ 普通型	10	6/1.50	1/15	10.6	1.77	6.0	4.50	1.5	2.774	367	7800	19.1	42.9	65	77	87
	16	6/1.80	1/18	15.3	2.54	6.0	5.40	1.8	1.926	530	7800	19.1	61.7	82	97	109
	25	6/2.20	1/2.2	22.8	3.80	6.0	6.60	2.2	1.289	790	7800	19.1	92.2	104	123	139
	35	6/2.80	1/2.8	37.0	6.16	6.0	8.40	2.8	0.796	1190	7800	19.1	149	138	164	183
	50	6/3.20	1/3.2	48.3	8.04	6.0	9.60	3.2	0.609	1550	7800	19.1	195	161	190	212
	70	6/3.80	1/3.8	68.0	11.3	6.0	11.40	3.8	0.432	2130	7800	19.1	275	194	228	255
	95	28/2.07	7/1.8	94.2	17.8	5.3	13.68	5.4	0.315	3490	8000	18.8	401	248	302	345
	95 (1)	7/4.14	7/1.8	94.2	17.8	5.3	13.68	5.4	0.312	3310	8000	18.8	398	230	272	304
	120	28/2.30	7/2.0	116.3	22.0	5.3	15.20	6.0	0.255	4310	8000	18.8	495	281	344	394
	120 (1)	7/4.60	7/2.0	116.3	22.0	5.3	15.20	6.0	0.253	4090	8000	18.8	492	256	303	340
	150	28/2.53	7/2.2	140.8	26.6	5.3	16.72	6.6	0.211	5080	8000	18.8	598	315	387	444
	185	28/2.88	7/2.5	182.4	34.4	5.3	19.02	7.5	0.163	6570	8000	18.8	774	368	453	522
	240	28/3.22	7/2.8	228.0	43.1	5.3	21.28	8.4	0.130	7860	8000	18.8	969	420	520	600
	300	28/3.80	19/2.0	317.5	59.7	5.3	25.20	10.0	0.0935	11100	8000	18.8	1348	511	638	740
	400	28/4.17	19/2.2	382.4	72.2	5.3	27.68	11.0	0.0778	13400	8000	18.8	1626	570	715	832

续表

型号类型	标称截面 (mm²)	结构尺寸 根数/直径 (mm) 铝	钢	截面 (mm²) 铝	钢	铝钢截面比	直径 (mm) 导线	钢芯	直流电阻 (Ω/km)(20℃)	拉断力 (×9.8 N)	弹性系数 (kg·mm²)	线胀系数 1/℃ (×10⁻⁶)	单位质量 (kg/km)	载流量 (A) 70℃	80℃	90℃
LGJQ 轻型	150	24/2.76	7/1.8	143.6	17.8	8.0	16.44	5.4	0.207	4150	7400	19.8	537	318	389	447
	185	24/3.06	7/2.0	176.5	22.0	8.0	18.24	6.0	0.168	5110	7400	19.8	661	359	442	509
	240	24/3.67	7/2.4	253.9	31.7	8.0	21.88	7.2	0.117	7120	7400	19.8	951	446	553	638
	300	54/2.65	7/2.6	297.8	37.2	8.0	23.70	7.8	0.0997	8630	7400	19.8	1116	485	602	695
	300 (1)	24/3.98	7/2.6	298.6	37.2	8.0	23.72	7.8	0.0994	8360	7400	19.8	1117	491	610	707
	400	54/3.06	7/3.0	397.1	49.5	8.0	27.36	9.0	0.0748	11100	7400	19.8	1487	573	716	829
	400 (1)	54/4.60	7/3.0	398.9	49.5	8.0	27.40	9.0	0.0744	10700	7400	19.8	1491	582	729	847
	500	54/3.36	19/2.0	478.8	59.7	8.0	30.16	10.0	0.0620	13900	7400	19.8	1795	639	802	929
	600	54/3.70	19/2.2	580.6	72.2	8.0	33.20	11.0	0.0511	16200	7400	19.8	2175	714	900	1040
	700	54/4.04	19/2.4	692.2	86.0	8.0	36.24	12.0	0.0429	19400	7400	19.8	2592	790	995	1150
LGJJ 加强型	150	30/2.50	7/2.5	147.3	34.4	4.3	17.50	7.5	0.202	6170	8370	18.2	677	326	400	460
	185	30/2.80	7/2.8	184.7	43.1	4.3	19.60	8.4	0.161	7200	8370	18.2	850	373	460	530
	240	30/3.20	7/3.20	241.3	56.3	4.3	22.40	9.6	0.123	9410	8370	18.2	1110	437	542	626
	300	30/3.67	19/2.2	317.4	72.2	4.4	25.68	11.0	0.0937	12500	8330	18.3	1446	513	640	743
	400	30/4.17	19/2.5	409.7	93.3	4.4	29.18	12.5	0.0726	16100	8330	18.3	1868	596	750	873

附表 3-2　　　　　　　　　　　用钢芯铝绞线敷设的架空线路的感抗和电阻

导线型号	LGJ-35	LGJ-50	LGJ-70	LGJ-95	LGJ-120	LGJ-150	LGJ-185	LGJ-240	LGJ-300	LGJ-400	LGJ-300	LGJ-400
电阻 (Ω/km)	0.91	0.63	0.45	0.33	0.27	0.21	0.17	0.131	0.105	0.078	0.105	0.078
线间几何均距 (m)	线路感抗 (Ω/km)											
2.0	0.403	0.392	0.382	0.371	0.365	0.358	—	—	—	—	—	—
2.5	0.417	0.406	0.396	0.385	0.379	0.372	—	—	—	—	—	—
3.0	0.429	0.418	0.408	0.397	0.391	0.384	0.377	0.369	—	—	—	—
3.5	0.438	0.427	0.417	0.406	0.400	0.398	0.386	0.378	—	—	—	—
4.0	0.446	0.435	0.425	0.414	0.408	0.401	0.394	0.386	—	—	—	—
4.5	—	—	0.433	0.422	0.416	0.409	0.402	0.394	—	—	—	—
5.0	—	—	0.440	0.429	0.423	0.416	0.409	0.401	—	—	—	—
5.5	—	—	—	0.429	0.422	0.415	0.407	—	—	—	—	—
6.0	—	—	—	—	0.435	0.425	0.420	0.413	0.404	0.396	0.402	0.393
6.5	—	—	—	—	0.432	0.425	0.420	0.409	0.400	0.407	0.398	
7.0	—	—	—	—	0.438	0.430	0.424	0.414	0.406	0.412	0.403	
7.5	—	—	—	—	—	0.435	0.428	0.418	0.409	0.417	0.408	
8.0	—	—	—	—	—	—	0.432	0.422	0.414	0.421	0.412	
8.5	—	—	—	—	—	—	—	0.425	0.418	0.424	0.416	

附表 3-3　　　　　　　　　　　用钢芯铝绞线敷设的架空线路的电纳

导线型号	LGJ-70	LGJ-95	LGJ-120	LGJ-150	LGJ-185	LGJ-240	LGJ-300	LGJ-400	LGJ-300	LGJ-400
线间几何均距 (m)	线路电纳 (S/km)×10⁻⁶									
3.0	2.79	2.87	2.92	2.97	3.03	3.10	—	—	—	—
3.5	2.73	2.81	2.85	2.90	2.96	3.02	—	—	—	—
4.0	2.68	2.75	2.79	2.85	2.90	2.96	—	—	—	—
4.5	2.62	2.69	2.74	2.79	2.84	2.89	—	—	—	—
5.0	2.58	2.62	2.69	2.74	2.82	2.85	—	—	—	—
5.5	—	2.62	2.67	2.70	2.74	2.80	—	—	—	—
6.0	—	—	2.64	2.68	2.71	2.76	2.81	2.88	2.84	2.91
6.5	—	—	2.60	2.63	2.69	2.72	2.78	2.84	2.80	2.87
7.0	—	—	—	2.60	2.66	2.70	2.74	2.78	2.77	2.83
7.5	—	—	—	—	2.62	2.67	2.71	2.76	2.73	2.80
8.0	—	—	—	—	—	2.65	2.69	2.73	2.70	2.77
8.5	—	—	—	—	—	—	2.67	2.70	2.68	2.75

注: 线路电纳 (S/km)×10⁻⁶

附表 3-4　　　　　　　　　　110～750kV 架空线路导线的电容及充电功率

导线型号	110kV		220kV				330kV（双分裂）		550kV（三分裂）		750kV（四分裂）	
			单导线		双分裂							
	电容（μF/100km）	充电功率（$MV \cdot A$/100km）	电容	充电功率	电容	充电功率	电容	充电功率	电容	充电功率	电容	充电功率
LGJ-50	0.808	3.06										
LGJ-70	0.818	3.14										
LGJ-95	0.84	3.18										
LGJ-120	0.854	3.24										
LGJ-150	0.87	3.3										
LGJ-185	0.885	3.35			1.14	17.3						
LGJ-240	0.904	3.43	0.837	12.7	1.15	17.5	1.09	36.9				
LGJQ-300	0.913	3.48	0.848	12.9	1.16	17.7	1.10	37.3	1.18	94.4		
LGJQ-400	0.939	3.54	0.867	13.2	1.18	17.9	1.11	37.5	1.19	95.4	1.22	215
LGJQ-500			0.882	13.4	1.19	18.1	1.13	38.2	1.2	96.2	1.23	217
LGJQ-600			0.895	13.6	1.20	18.2	1.14	38.6	1.205	96.7	1.235	228
LGJQ-700			0.912	14.8	1.22	18.3	1.15	38.8	1.21	97.2	1.24	219

附表 3-5　　　　　　　　　　铜芯三芯电缆的感抗和电纳

标称截面（mm²）	感抗（Ω/km）				电纳（$\times 10^{-6}$S/km）			
	电缆额定电压（kV）							
	6	10	20	35	6	10	20	35
10	0.100	0.113			60	50		
16	0.094	0.104			69	57		
25	0.085	0.094	0.135		91	72	57	
35	0.079	0.088	0.129		104	82	63	
50	0.076	0.082	0.119		119	94	72	
70	0.072	0.079	0.116	0.132	141	100	82	63
95	0.069	0.076	0.110	0.126	163	119	91	68
120	0.069	0.076	0.107	0.119	179	132	97	72
150	0.066	0.072	0.104	0.116	202	144	107	79
185	0.066	0.069	0.100	0.113	229	163	116	85
240	0.063	0.069						

附录四　单相接地电容电流的计算

1. 架空线路的单相接地电容电流

该电流计算式为

$$I_C = (2.7 \sim 3.3)U_N l \times 10^{-3} \quad (A) \qquad (附4-1)$$

式中　U_N——线路的额定电压，kV；

l——线路的长度，km。

在式（附4-1）中，系数2.7～3.3的取值原则为：

（1）对没有架空地线的采用2.7；

（2）对有架空地线的采用3.3。

对于同杆双回线路，电容电流为单回路的1.3～1.6倍。由变电所增加的接地电容电流附加值可见附表4-1。

附表4-1　　　　　　　　　变电所增加的接地电容电流附加值

电网额定电压（kV）	6	10	15	35	60	110
电容电流附加值（%）	18	16	15	13	12	10

2. 电缆线路的单相接地电容电流

该电流计算式为

$$I_C = 0.1U_N l \quad (A) \qquad (附4-2)$$

式中　U_N——线路的额定电压，kV；

l——电缆的长度，km。

6～35kV电缆线路单相接地时电容电流的每km的值列于附表4-2。

附表4-2　　　　　　　　6～35kV电缆线路单相接地电容电流　（A/km）

导线截面（mm²）	额定电压（kV）			导线截面（mm²）	额定电压（kV）		
	6	10	35		6	10	35
10	0.33	0.46	—	70	0.71	0.9	3.7
16	0.37	0.52	—	95	0.82	1.0	4.1
25	0.46	0.62	—	120	0.89	1.1	4.4
35	0.52	0.69	—	150	1.1	1.3	4.8
50	0.59	0.77	—	185	1.2	1.4	5.2

3. 汽轮发电机定子绕组单相接地电容电流

汽轮发电机定子绕组单相接地电容电流列于附表4-3中。

附表 4-3　　　　　　　　　　　**部分汽轮发电机定子绕组单相接地电容电流**

发电机视在功率 （kV·A）	额定电压 （kV）	单相接地电容 电流（A）	发电机视在功率 （kV·A）	额定电压 （kV）	单相接地电容电流 （A）
4375	6.3	0.17	31250	6.3	0.69
7500	6.3	0.17	31250	10.5	0.92
15000	6.3	0.34	58900	10.5	1.43
15000	10.5	0.46			

附录五　短路电流运算曲线图

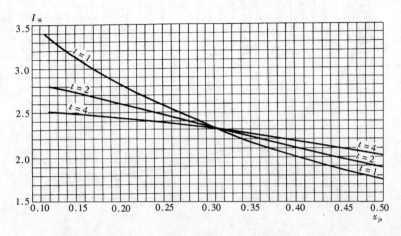

附图6　汽轮发电机运算曲线（二）（$x_{js}=0.12\sim0.50$）

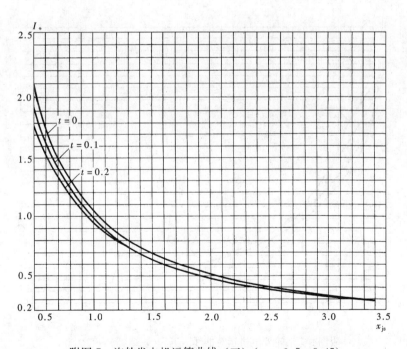

附图7　汽轮发电机运算曲线（三）（$x_{js}=0.5\sim3.45$）

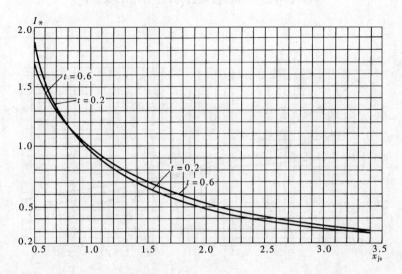

附图 8　汽轮发电机运算曲线（四）（x_{js}＝0.5～3.45）

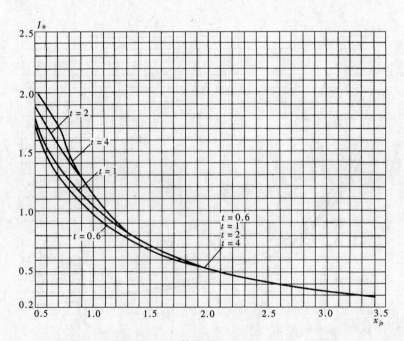

附图 9　汽轮发电机运算曲线（五）（x_{js}＝0.5～3.45）

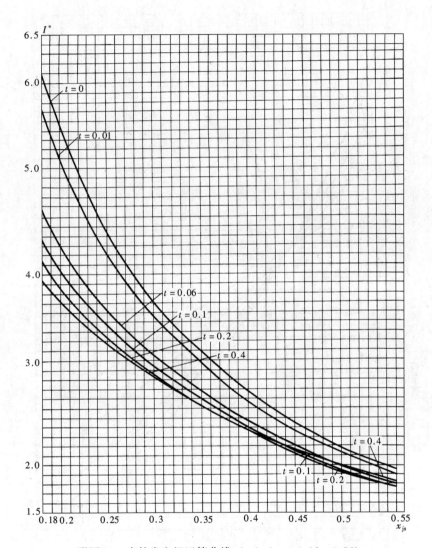

附图 10　水轮发电机运算曲线（一）（x_{js}＝0.18～0.56）

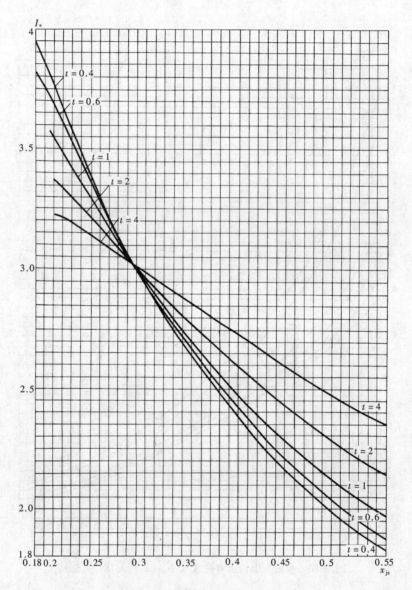

附图 11　水轮发电机运算曲线（二）（$x_{js} = 0.18 \sim 0.56$）

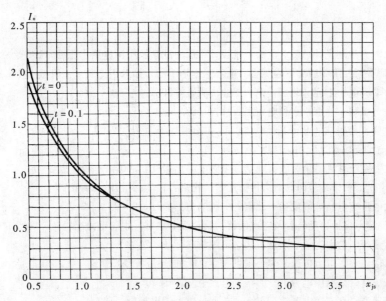

附图 12　水轮发电机运算曲线（三）（$x_{js}=0.5\sim3.50$）

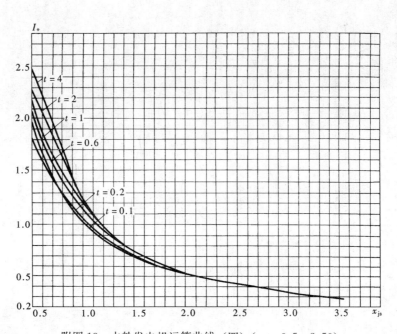

附图 13　水轮发电机运算曲线（四）（$x_{js}=0.5\sim3.50$）

参 考 文 献

[1] 电力工业部电力规划设计总院．电力系统设计手册．北京：中国电力出版社，1998.

[2]《电气工程师手册》第 3 版编辑委员会．电气工程师手册，第 3 版．北京：机械工业出版社，2006.

[3] 西安交通大学．电力工程．北京：电力工业出版社，1981.

[4] 尹克宁．电力工程．北京：水利电力出版社，1987.

[5] 陈慈萱．电气工程基础（上、下册）．北京：中国电力出版社，2003.

[6] 陆敏政．电力工程．北京：中国电力出版社，1997.

[7] 杨以涵．电力系统基础，第 2 版．北京．中国电力出版社，2007.

[8]［日］松浦虔士．曹广益等译．电力传输工程．北京：科学出版社，2001.

[9] 卢文鹏．发电厂变电站电气设备．北京：中国电力出版社，2002.

[10] 熊为群等．继电保护自动装置及二次回路，第 2 版．北京：中国电力出版社，2000.

[11]［日］宅间董等．电力工学．东京：共立出版株式会社，2002.

[12]［日］木下仁志等．电力传送工学．东京：コロナ社，1989.

[13]［日］尾崎勇造．高电压电力工学．东京电气书院，1997.

[14]［日］町田武彦．直流送电工学．东京：东京电机大学出版局，1999.

[15] 韩英铎．现代电力系统与 FACTS＆DFACTS 技术．电力设备，2003 [1]：5～10.

[16] 尹克宁．变压器设计原理．北京：中国电力出版社，2003.

[17] 粟福珩．高压输电的环境保护．北京：水利电力出版社，1989.

[18] 刘振亚．特高压输电．北京：中国电力出版社，2007.